江苏“十四五”普通高等教育本科规划教材

“十三五”江苏省高等学校重点教材

U1010460

大学物理学

（第三版）

University Physics

主　编　何跃娟　陈国庆　吴亚敏　张　薇

DAXUE WULIXUE

中国教育出版传媒集团
高等教育出版社·北京

内容提要

本书参照教育部高等学校大学物理课程教学指导委员会编制的《理工科类大学物理课程教学基本要求》(2023年版),在第二版基础上修订而成。本书以二维码的形式内嵌了微课视频,微课内容涵盖了“基本要求”的核心内容,把课堂融入教材,是一本新形态立体化教材。全书简洁明了,易学易教。

本书可作为高等学校理科非物理学类专业和工科各专业60～90学时大学物理课程的教材,也可供其他相关专业选用。

图书在版编目(CIP)数据

大学物理学 / 何跃娟等主编. -- 3版. --北京:高等教育出版社,2024. 12. -- ISBN 978-7-04-063525-6

Ⅰ. O4

中国国家版本馆CIP数据核字第2024AT1364号

DAXUE WULIXUE

策划编辑 张琦玮　　责任编辑 汤雪杰　　封面设计 王 洋　　版式设计 杜微言

责任绘图 裴一丹　　责任校对 张 然　　责任印制 张益豪

出版发行 高等教育出版社

社 址 北京市西城区德外大街4号

邮政编码 100120

印 刷 河北鹏盛贤印刷有限公司

开 本 787mm×1092mm 1/16

印 张 22.75

字 数 560千字

购书热线 010-58581118

咨询电话 400-810-0598

网 址 http://www.hep.edu.cn

http://www.hep.com.cn

网上订购 http://www.hepmall.com.cn

http://www.hepmall.com

http://www.hepmall.cn

版 次 2017年2月第1版

2024年12月第3版

印 次 2024年12月第1次印刷

定 价 46.40元

物 料 号 63525-00

第三版前言

物理学是研究物质的基本结构、基本运动形式、相互作用和转化规律的自然科学，物理学的基本理论渗透于自然科学的各个学科，是自然科学的基础。物理学的基本规律支撑着工程技术的各个方面，是工程技术的基础。

本书第二版简洁明了，以二维码的形式嵌入了许多教学素材，如拍摄的演示实验、制作的动画、物理学史及物理学家介绍等，丰富了教材内容，但素材仍以静态呈现为主。为响应教育部建设新形态教材的号召，充分利用新一代信息技术，创新教材形式，编者拍摄制作了微课视频，微课内容以教育部高等学校大学物理课程教学指导委员会编制的《理工科类大学物理课程教学基本要求》（2023 年版）为依据，涵盖“基本要求”的核心内容。编者把核心内容知识点碎片化，利用多媒体手段拍摄制作成时长为 5～10 分钟的微课视频，方便学生随时利用碎片化时间进行学习。

本书由江南大学理学院物理系组织修订，具体微课的讲解分工如下：何跃娟（第 1、第 2、第 8、第 9、第 10、第 11 章），朱云（第 3、第 4、第 5 章），张子越（第 6、第 12 章），吴亚敏（第 7 章）。同时，对第二版教材中光学和量子力学部分进行了适当的修改和完善，全书由何跃娟进行最后统稿和审定。

本书第三版的修订和微课的讲解录制参考了国内外多种优秀教材，使用了其他学校教师的一些优质实验项目，也得到了不少同行和专家的指导和帮助，在此，编者对相关作者、同行和专家致以诚挚的谢意。同时，编者衷心感谢江南大学教务处和理学院领导的支持，感谢高等教育出版社张琦玮编辑等为本书的出版付出的努力。

书中和微课中难免存在问题或不妥之处，敬请读者批评指正。

编　者

2024 年 6 月于江南大学

第二版前言

物理学是研究物质的基本结构、基本运动形式、相互作用和转化规律的自然科学。物理学的基本理论渗透于自然科学的各个学科，是自然科学的基础；物理学的基本规律支撑着工程技术的各个方面，是工程技术的基础。

为适应我国高等教育的新形势和新要求，体现“新工科”建设要求，围绕“立德树人”总目标，更好地培养学生的科学精神、辩证思维和创新能力，更有效地发挥大学物理教学在人才培养中的独特作用，编者对《大学物理学》进行修订。

《大学物理学》(第二版)仍以教育部高等学校物理学与天文学教学指导委员会编制的《理工科类大学物理课程教学基本要求》(2010年版)为依据，涵盖“基本要求”的核心内容。本版保持第一版体系完整、简洁明了和条理清晰的特点，力求丰富教材内涵和现代气息，加强经典和现代的融合、理论和应用的联系，体现物理学的新发展、新突破和新应用。

调整充实基本内容。刚体力学稍做简化，增加了流体力学的基础知识，第2章改为“刚体的定轴转动和流体力学基础”。第8章“机械振动机械波”改为第8章“机械振动和电磁振荡”和第9章“机械波和电磁波”，第8章稍简化机械振动内容，增加了电磁振荡，第9章稍简化机械波内容，增加了电磁波和声波。适当增加近代物理内容，将第10章“近代物理基础”扩充为第11章“相对论基础”和第12章“量子物理基础”，分别增加了广义相对论简介和不确定关系。

优化充实其他内容。替换和补充应用案例，增加了物理学发展应用前沿的新内容，如引力波探测和量子计算等。替换和补充例题、思考题和习题，增加探究性讨论的、来自实际的和应用现代数学方法处理的例题、思考题和习题。努力使教材具有拓展性和开放性，以二维码的形式，增添了相关课程内容、演示实验和拓展内容的动画、视频和文档，丰富了物理学家事迹和物理学史故事，增加了与课程知识点契合的“课程思政”元素与素材。

本书第1、第2章由张薇负责修订，第3、第4、第8、第9章由何跃娟负责修订，第5、第6、第7章由吴亚敏负责修订，第10、第11、第12章由陈国庆负责修订，全书由陈国庆定稿。

本书在修订过程中，参考了国内外多种优秀物理教材并汲取了一些优点，也得到了不少同行和专家的指导和帮助，在此，编者对相关作者、同行和专家致以诚挚谢意。同时，衷心感谢高等教育出版社程福平编辑为本书的顺利出版付出的努力。

对于书中的不妥或问题，敬请读者批评指正。

编　者

2019年11月于江南大学

第一版前言

物理学是研究物质的基本结构、基本运动形式及相互作用规律的自然科学。物理学的基本理论渗透在自然科学的各个学科，是自然科学的基础。物理学的基本规律应用于工程技术的许多领域，是工程技术的基础。

近年来，高等教育发展迅猛，已趋大众化，高等学校中物理课程的设置和基本要求也呈多样化，许多专业的大学物理课程学时较少。为适应新形势的要求，编者在多年大学物理教学实践的基础上，紧密结合教学实际和学生特点编写了这本大学物理教材。

本教材适用于高等学校本科各专业学生 60～90 学时的大学物理课程，是高等学校本科和专科及成人高等院校都可选用的大学物理教材。

本书的编写，以教育部高等学校物理学与天文学教学指导委员会编制的《理工科类大学物理课程教学基本要求》(2010 年版)为依据，内容上有所取舍，以适应不同专业对大学物理课程的需求。全书以适合大学物理课程教学、方便学生学习为目标，力求体系完整、条理清晰、简洁明了、通俗易懂。书中在相关物理学家的照片下加上了二维码，以方便读者由此阅读物理学家的有关介绍。每章均编写了本章相关内容的应用案例，以培养学生理论联系实际的能力，拓宽视野，并激发学习兴趣。每章后面配有精心设计的思考题和习题，以考查学生对物理知识的理解和掌握。

全书内容包括力学、气体动理论和热力学、电磁学、机械振动与机械波、光学、近代物理基础，共 11 章。其中第 1、第 2 章由张薇编写，第 3、第 4、第 8 章由何跃娟编写，第 5、第 6、第 7 章由吴亚敏编写，第 9、第 10 章由陈国庆编写，全书由陈国庆、何跃娟定稿。

本书在编写过程中，参考了国内外多种优秀物理教材并汲取了其中的优点。江南大学理学院物理系诸位教师对本书的编写提出了许多很好的设想和建议，编者在此一并表示衷心的感谢。同时，感谢高等教育出版社高建、张海雁、缪可可、付晓杰为本书的顺利出版付出的辛勤劳动。

由于编者水平有限，书中难免有不妥甚至错误之处，敬请读者批评指正，我们将在此基础上不断完善。

编　者

2016 年 5 月于江南大学

目录

第1章 质点力学

质点是牛顿(I. Newton)力学中一个极其重要的理想模型．质点力学包括质点运动学和质点动力学．本章首先讨论质点运动学，主要介绍描述物体机械运动的方法，以及所需的几个基本物理量，并用它们描述物体位置随时间变化的规律．在此基础上转入质点动力学的研究，由牛顿第二定律导出质点动力学的三个基本定理(质点动量定理、质点角动量定理及质点动能定理)，从不同的方面建立起动力学特征量与作用力累积效应之间的普遍联系．质点力学是研究质点系(包括刚体)运动规律的基础．

1-1 质点运动的描述

1-1-1 质点 参考系 运动方程

NOTE

1. 质点

任何宏观物体都具有一定的形状、大小和内部结构，物体运动时，其大小、形状一般会发生变化，故其内部各点的运动状态各不相同．若在我们研究的问题中，物体的线度、形变所起的作用可忽略不计，就可以把物体当成一个有质量的几何点来处理，这样抽象出的理想模型被称为质点．

质点是一个十分有用的物理模型，它的应用可以使研究的问题得以简化．但能否将研究的对象当成质点，要对研究的问题具体分析后才能确定．把研究的物体抽象为质点来处理，在理论上和实际应用中都有着重要意义．例如，当不能把研究的物体整个看成一个质点时，可以把它看成由许多质点组成，弄清楚各质点的运动，也就可以了解整个物体的运动规律．因此，研究质点的运动是研究一般物体运动的基础．

物理学中还有一些其他理想模型，以后还将陆续介绍，如刚体、理想气体、点电荷等．这种在一定条件下，把复杂的、具体的物体抽象为一个简单的理想模型的方法，是自然科学中常用的研究方法，此方法称为理想模型法．它可以抓住事物的本质，突出主要矛盾，找出物体所遵循的主要规律．

2. 参考系 坐标系 质点位置的确定方法

通常要描述一个质点的机械运动，首先应确定该物体每一瞬时在空间的位置，但物体的位置是相对的，总要选定其他物体作为参照物．为描述物体的运动而选的参照物叫做**参考系**．选取的参照物不同，对同一物体的运动描述也就不同，这就是运动描述的相对性，因此在讲述物体的运动时，一定要指明是对哪个参考系而言的．在运动学中参考系是可以任意选取的，主要依研究问题的性质和计算是否方便而定．

选择合适的参考系后，为了定量地描述质点的位置和其位置随时间的变化等问题，可在参照物上任选一个参考点 O，并在其上建立一适当的坐标系，这样就可把物体在各个时刻相对于参考系的位置用坐标表示出来．

质点位置的确定方法跟选用的坐标系有关，常用的坐标系有直角坐标系、自然坐标系和平面极坐标系等．

(1) 直角坐标表示

设某时刻质点在 P 处，在参考系中任意选定一点 O 作为参考点，以 O 点为原点，建立直角坐标系 $Oxyz$，如图 1-1 所示，这样质点的位置可以由坐标 x、y、z 确定．

微课：描述质点运动的物理量 1

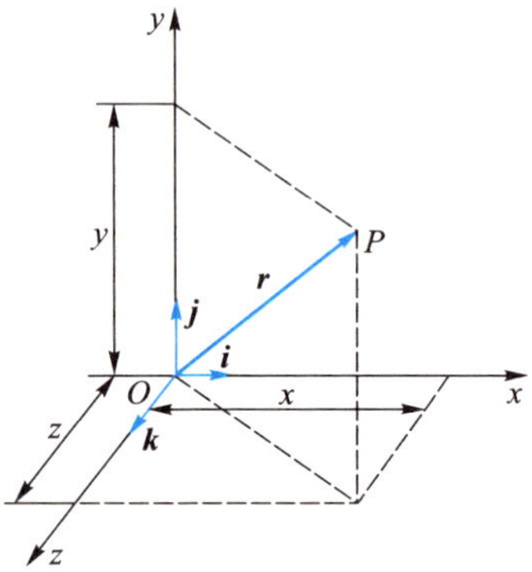

图 1-1 直角坐标表示

(2) 位置矢量表示

质点的位置可以用一个矢量来表示．在参考系中任意选定一点 O 作为参考点，从 O 点指向质点在某一时刻所处的位置 P 作一矢量 $\boldsymbol{r}$，$\boldsymbol{r}$ 的大小和方向确定了质点相对参考系的位置，称为质点在该时刻的位置矢量，简称**位矢**．

如图 1-2 所示，以 O 点为原点，建立直角坐标系 $Oxyz$，坐标 x、y、z 就是 $\boldsymbol{r}$ 沿坐标轴的三个分量．如取 $\boldsymbol{i}$、$\boldsymbol{j}$、$\boldsymbol{k}$ 分别为沿 Ox、Oy、Oz 轴的单位矢量，那么位矢可写为

$$\boldsymbol{r}=x\boldsymbol{i}+y\boldsymbol{j}+z\boldsymbol{k} \tag{1-1}$$

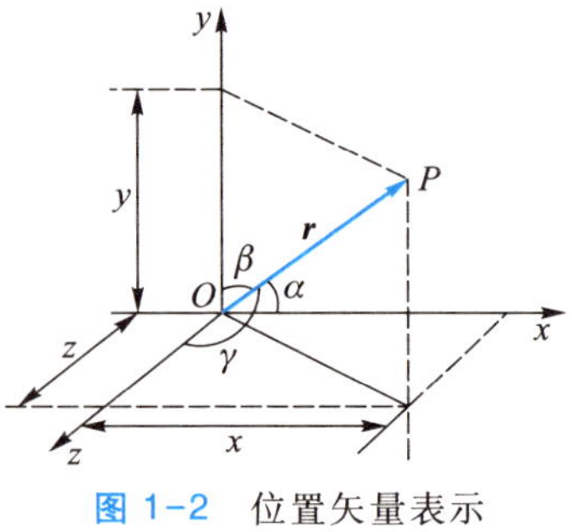

图 1-2 位置矢量表示

其大小为

$$r=|\boldsymbol{r}|=\sqrt{x^2+y^2+z^2}$$

$\boldsymbol{r}$ 的方向可由方向余弦确定：

$$\cos\alpha=\frac{x}{r},\quad \cos\beta=\frac{y}{r},\quad \cos\gamma=\frac{z}{r}$$

式中 α、β、γ 是 $\boldsymbol{r}$ 与 Ox、Oy、Oz 轴之间的夹角．

(3) 自然坐标表示

如已知质点在平面上运动的轨迹,那么可建立平面自然坐标系(简称自然坐标)来表示质点的位置. 首先在已知的运动轨迹上任意选定一点 O 作为坐标原点,而后规定从 O 点起沿轨迹的某一方向(如向右)为自然坐标的正方向,如图 1-3 所示. 设在某一时刻质点位于 P 点,量取 P 点至 O 点的曲线长度 s,这样质点的位置就可以由 s 确定,图中 P 点在 O 点右侧,s 取正值,s 称为自然坐标.

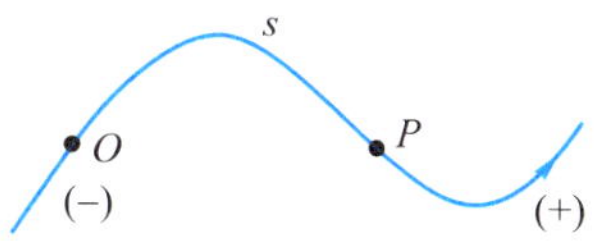

图 1-3 自然坐标表示

(4) 平面极坐标表示

若质点在如图 1-4 所示的 Oxy 平面内运动,某时刻位于 P 点,质点的位置可由 r,θ 确定. r 为 P 点到 O 点的长度,称为 P 点的极径;θ 是 r 与 Ox 轴的夹角,称为极角. 通常规定从 Ox 轴沿逆时针方向量得的 θ 为正,反之为负. 这种以(r,θ)为坐标的坐标系称为平面极坐标系. P 点在两种坐标系中坐标的变换关系为

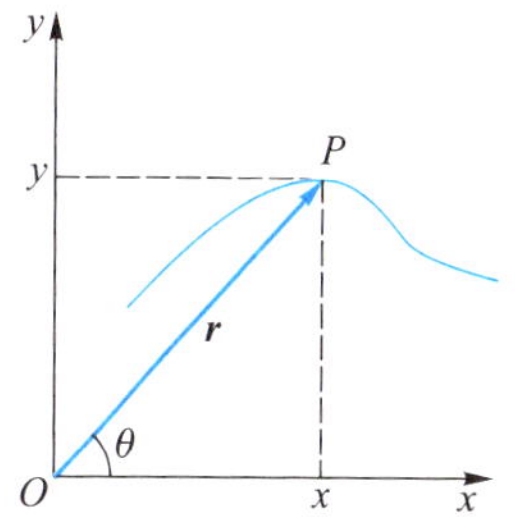

图 1-4 平面极坐标表示

$$x=r\cos\theta,\quad y=r\sin\theta$$

3. 质点运动方程

当质点运动时,在不同时刻将占据空间的不同位置. 描述质点的运动,在数学上就是要给出质点位置随时间变化的函数式,即 $\boldsymbol{r}$ 是 t 的函数,可表示为

$$\boldsymbol{r}=\boldsymbol{r}(t)=x(t)\boldsymbol{i}+y(t)\boldsymbol{j}+z(t)\boldsymbol{k} \tag{1-2a}$$

我们把上式称为质点的运动方程.

在直角坐标系中,质点的运动方程可写为如下分量式:

$$x=x(t),\quad y=y(t),\quad z=z(t) \tag{1-2b}$$

如果知道了质点的运动方程,则质点在任意时刻的位置就知道了,因而也就掌握了质点的运动情况. 质点经历的路径,称为质点运动的轨迹. 从质点的运动方程[式(1-2b)]中消去时间 t,便可求得质点的轨迹方程.

在自然坐标系中,质点的运动方程可写为

$$s=s(t) \tag{1-2c}$$

根据具体条件确定质点的运动方程,是运动学的重要任务之一.

1-1-2 质点的位移 速度 加速度

1. 位移

在给定的参考系中,质点按规律 $\boldsymbol{r}=\boldsymbol{r}(t)$ 沿一根轨迹运动,在时

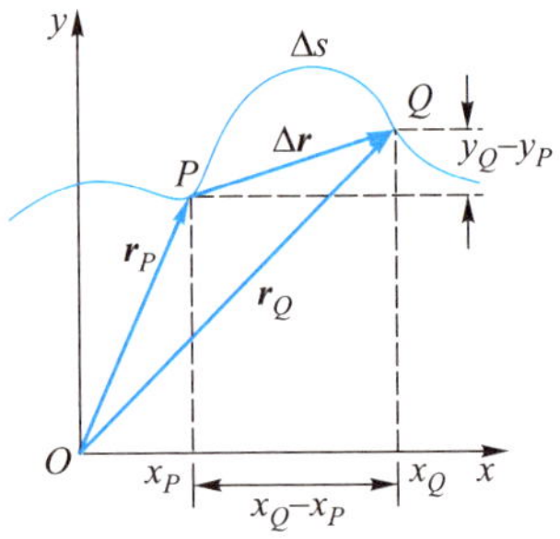

图 1-5 位移

刻 t 到达 P 点，其位矢为 $\boldsymbol{r}_P$，经过时间 Δt 后，在时刻 $t+\Delta t$，质点到达 Q 点，位矢为 $\boldsymbol{r}_Q$. 如图 1-5 所示，在时间 Δt 内，质点位置的变化可以用由 P 点到 Q 点的有向线段$\overrightarrow{PQ}$来表示，记作 $\Delta\boldsymbol{r}=\overrightarrow{PQ}$，按矢量相加(减)的三角形法则，它就是位矢 $\boldsymbol{r}_Q$ 与 $\boldsymbol{r}_P$ 之差，即位矢的增量：

$$\Delta\boldsymbol{r}=\boldsymbol{r}_Q-\boldsymbol{r}_P=(x_Q-x_P)\boldsymbol{i}+(y_Q-y_P)\boldsymbol{j}=\Delta x\boldsymbol{i}+\Delta y\boldsymbol{j}$$

$\Delta\boldsymbol{r}$ 称为质点在 Δt 时间内由 P 点到 Q 点的位移．显然位移是矢量，它既表示质点位置变化的大小，又表示这种变化的方向．

若质点做一般空间运动，则位移的正交分解式为

$$\Delta\boldsymbol{r}=\Delta x\boldsymbol{i}+\Delta y\boldsymbol{j}+\Delta z\boldsymbol{k} \tag{1-3}$$

位移的大小为

$$|\Delta\boldsymbol{r}|=\sqrt{(\Delta x)^2+(\Delta y)^2+(\Delta z)^2}$$

必须指出，位矢是表示在某一确定时刻 t 时质点位置的，是瞬时量；而位移是表示某一确定时间间隔 Δt 内质点位置的变化，是过程量．

质点在 Δt 时间内沿轨迹运动所经历的实际行程的长度，称为路程，即图 1-5 中曲线 PQ 的长度，写作 Δs，它是一个正的标量. 显然，一般情况下，路程 Δs 与位移 $\Delta\boldsymbol{r}$ 是不同的，$|\Delta\boldsymbol{r}|\neq\Delta s$. 例如，小球沿半径为 R 的圆周运动一圈，其位移大小 $|\Delta\boldsymbol{r}|=0$，而路程 $\Delta s=2\pi R$. 只有在质点做单向直线运动时，位移的大小才等于路程，或者当 $\Delta t\to 0$ 时，可认为 $|\Delta\boldsymbol{r}|=\Delta s$.

位移和路程的单位相同，在国际单位制中为米，符号为 m.

2. 速度

为了描述质点运动位置变化的快慢和方向，需要引入速度的概念．

(1) 平均速度

如图 1-5 所示，质点在 Δt 时间内的位移为 $\Delta\boldsymbol{r}$，我们把位移 $\Delta\boldsymbol{r}$ 与所经时间 Δt 之比，称为在这段时间内的平均速度，即

$$\bar{\boldsymbol{v}}=\frac{\Delta\boldsymbol{r}}{\Delta t}$$

平均速度是矢量，其方向与位移 $\Delta\boldsymbol{r}$ 的方向相同，大小等于 $\dfrac{|\Delta\boldsymbol{r}|}{\Delta t}$. 一般情况下，平均速度的大小和方向与所取时间 Δt 的长短有关．它反映的是在某一段时间内质点运动快慢的平均值，故不能反映质点在某一瞬时的运动快慢．

(2) 瞬时速度(简称速度)

为了精确地描述质点的运动，可将时间间隔 Δt 无限减小，当 Δt 趋近于零时，平均速度的极限值就反映了质点在时刻 t 的真实

运动，叫做质点在时刻 t 的瞬时速度，简称速度，用 $\boldsymbol{v}$ 表示．

$$\boldsymbol{v}=\lim_{\Delta t\to 0}\frac{\Delta\boldsymbol{r}}{\Delta t}=\frac{\mathrm{d}\boldsymbol{r}}{\mathrm{d}t} \tag{1-4a}$$

质点的瞬时速度等于位置矢量对时间的变化率．速度是矢量，具有大小和方向．从速度的定义式可看出：t 时刻速度的方向就是 Δt 趋近于零时平均速度的极限方向．如图 1-6 所示，当 $\Delta t\to 0$ 时，$\boldsymbol{v}$ 趋于和轨迹上 P 点处的切线重合，所以当质点做曲线运动时，质点在某点的速度方向沿轨迹在该点处曲线的切线方向并指向质点运动的一方．

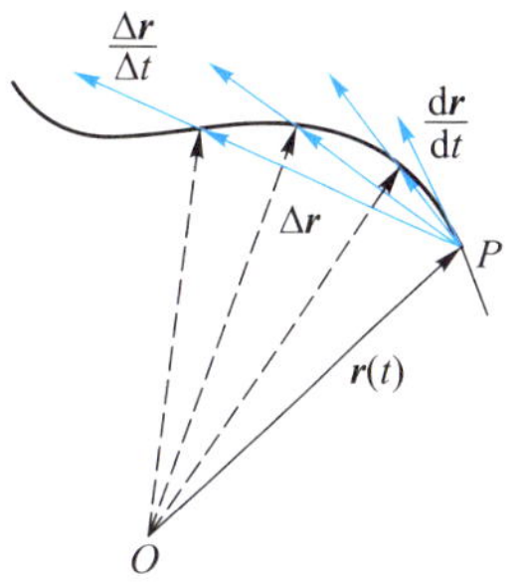

图 1-6 瞬时速度

在国际单位制中，速度的单位是米每秒，符号为 $\mathrm{m\cdot s^{-1}}$.

在直角坐标系中，可将速度用分量式表示：

$$\boldsymbol{v}=\frac{\mathrm{d}\boldsymbol{r}}{\mathrm{d}t}=\frac{\mathrm{d}x}{\mathrm{d}t}\boldsymbol{i}+\frac{\mathrm{d}y}{\mathrm{d}t}\boldsymbol{j}+\frac{\mathrm{d}z}{\mathrm{d}t}\boldsymbol{k}=v_x\boldsymbol{i}+v_y\boldsymbol{j}+v_z\boldsymbol{k} \tag{1-4b}$$

其中，$v_x=\frac{\mathrm{d}x}{\mathrm{d}t}$，$v_y=\frac{\mathrm{d}y}{\mathrm{d}t}$，$v_z=\frac{\mathrm{d}z}{\mathrm{d}t}$. v_x、v_y 和 v_z 是速度 $\boldsymbol{v}$ 在 Ox、Oy 和 Oz 轴上的分量大小．

动画：质点运动速度

速度的大小和方向余弦可以用下式表示：

$$v=\sqrt{v_x^2+v_y^2+v_z^2}$$

$$\cos\alpha=\frac{v_x}{v},\quad \cos\beta=\frac{v_y}{v},\quad \cos\gamma=\frac{v_z}{v}$$

式中 α、β、γ 分别为速度矢量 $\boldsymbol{v}$ 与 Ox、Oy、Oz 轴之间的夹角．

在自然坐标系中，质点运动方程为 $s=s(t)$. 设在 Δt 时间内，质点由 P 点运动到 Q 点，其位移为 $\Delta\boldsymbol{r}$，路程为 Δs，如图 1-7 所示. 当 $\Delta t\to 0$ 时，$\Delta s\to 0$，有 $|\Delta\boldsymbol{r}|=\Delta s$，所以

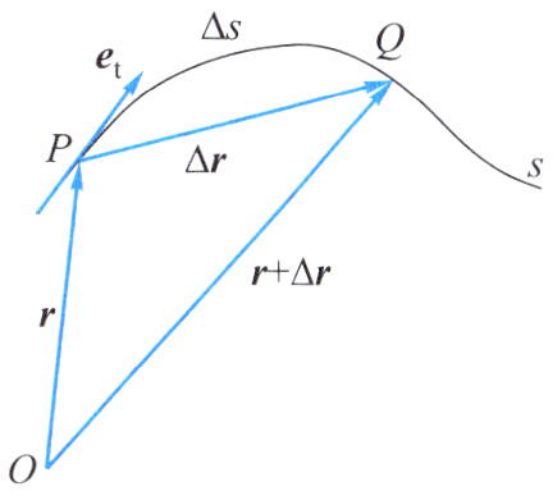

图 1-7 速度的计算

$$\lim_{\Delta s\to 0}\left|\frac{\Delta\boldsymbol{r}}{\Delta s}\right|=\left|\frac{\mathrm{d}\boldsymbol{r}}{\mathrm{d}s}\right|=1$$

由于 $\Delta\boldsymbol{r}$ 是矢量，其极限方向沿轨迹的切线，因而 $\frac{\mathrm{d}\boldsymbol{r}}{\mathrm{d}s}$ 是沿轨迹切线的单位矢量，其指向沿自然坐标的正方向，即 $\frac{\mathrm{d}\boldsymbol{r}}{\mathrm{d}s}=\boldsymbol{e}_t$，或 $\mathrm{d}\boldsymbol{r}=\mathrm{d}s\cdot\boldsymbol{e}_t$. 所以速度也可表示为

$$\boldsymbol{v}=\frac{\mathrm{d}\boldsymbol{r}}{\mathrm{d}t}=\frac{\mathrm{d}s}{\mathrm{d}t}\cdot\boldsymbol{e}_t \tag{1-4c}$$

微课：描述质点运动的物理量 2

速度的大小 $v=|\boldsymbol{v}|=\frac{\mathrm{d}s}{\mathrm{d}t}$，称为速率，它是一个标量，反映了质点运动的快慢程度．

3. 加速度

质点运动时，其速度大小和方向都可能随时改变，为了描述

每一时刻质点速度变化的情况，需要引入加速度的概念．加速度的引入是力学发展中的大事，它为动力学的发展准备了条件，并且是联系运动学和动力学的桥梁．

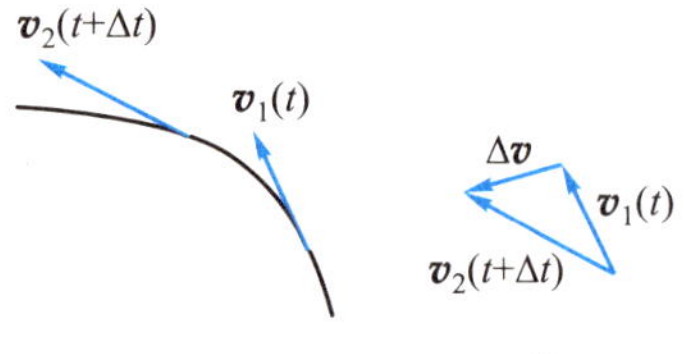

图 1-8 加速度的计算

如图 1-8(a)所示，质点在平面内做一般曲线运动，在 t 时刻的速度为 $\boldsymbol{v}_1(t)$，经 Δt 时间后速度变为 $\boldsymbol{v}_2(t+\Delta t)$，其速度增量为 $\Delta\boldsymbol{v}=\boldsymbol{v}_2(t+\Delta t)-\boldsymbol{v}_1(t)$，把 $\Delta\boldsymbol{v}$ 与 Δt 之比，称为这段时间内质点的平均加速度，

$$\bar{\boldsymbol{a}}=\frac{\Delta\boldsymbol{v}}{\Delta t}$$

当 $\Delta t\to 0$ 时，平均加速度的极限值称为**瞬时加速度**，简称**加速度**，用 $\boldsymbol{a}$ 表示，

$$\boldsymbol{a}=\lim_{\Delta t\to 0}\frac{\Delta\boldsymbol{v}}{\Delta t}=\frac{\mathrm{d}\boldsymbol{v}}{\mathrm{d}t} \tag{1-5a}$$

即质点的瞬时加速度等于速度矢量对时间的变化率．又因 $\boldsymbol{v}=\frac{\mathrm{d}\boldsymbol{r}}{\mathrm{d}t}$，所以 $\boldsymbol{a}=\frac{\mathrm{d}\boldsymbol{v}}{\mathrm{d}t}=\frac{\mathrm{d}^2\boldsymbol{r}}{\mathrm{d}t^2}$.

$\boldsymbol{a}$ 的方向是 $\Delta t\to 0$ 时 $\Delta\boldsymbol{v}$ 的极限方向，一般不同于速度 $\boldsymbol{v}$ 的方向，即一般不沿曲线的切线方向，如图 1-8(b)所示．从 $\Delta\boldsymbol{v}$ 的极限方向看出，加速度总是指向运动轨迹凹的一侧．

在直角坐标系下 $\boldsymbol{v}=v_x\boldsymbol{i}+v_y\boldsymbol{j}+v_z\boldsymbol{k}$，故可将加速度写成

$$\boldsymbol{a}=\frac{\mathrm{d}\boldsymbol{v}}{\mathrm{d}t}=\frac{\mathrm{d}v_x}{\mathrm{d}t}\boldsymbol{i}+\frac{\mathrm{d}v_y}{\mathrm{d}t}\boldsymbol{j}+\frac{\mathrm{d}v_z}{\mathrm{d}t}\boldsymbol{k}=a_x\boldsymbol{i}+a_y\boldsymbol{j}+a_z\boldsymbol{k} \tag{1-5b}$$

式中，a_x、a_y、a_z 是加速度在 Ox、Oy、Oz 三个轴上的投影式，即

$$a_x=\frac{\mathrm{d}v_x}{\mathrm{d}t},\quad a_y=\frac{\mathrm{d}v_y}{\mathrm{d}t},\quad a_z=\frac{\mathrm{d}v_z}{\mathrm{d}t}$$

加速度的大小和方向余弦可以用下式表示：

$$a=\sqrt{a_x^2+a_y^2+a_z^2}$$

$$\cos\alpha=\frac{a_x}{a},\quad \cos\beta=\frac{a_y}{a},\quad \cos\gamma=\frac{a_z}{a}$$

式中 α、β、γ 分别为加速度矢量 $\boldsymbol{a}$ 与 Ox、Oy、Oz 轴之间的夹角．

在用自然坐标研究质点一般平面曲线运动的加速度时，常用它在轨迹的切线和法线方向的投影来表示(图 1-9).

在自然坐标系中，速度表示为

$$\boldsymbol{v}=v\boldsymbol{e}_{\mathrm{t}}$$

将上式对时间 t 求导，得到加速度为

$$\boldsymbol{a}=\frac{\mathrm{d}v}{\mathrm{d}t}\cdot\boldsymbol{e}_{\mathrm{t}}+v\cdot\frac{\mathrm{d}\boldsymbol{e}_{\mathrm{t}}}{\mathrm{d}t}$$

微课：曲线运动的自然坐标表示

上式中等号右边第一项$\dfrac{\mathrm{d}v}{\mathrm{d}t}\cdot\boldsymbol{e}_{\mathrm{t}}$表示加速度在切向的分量．现在分析第二项的意义，首先求矢量导数$\dfrac{\mathrm{d}\boldsymbol{e}_{\mathrm{t}}}{\mathrm{d}t}$，由图 1-9(b)可知，当$\Delta t\to0$时，$\Delta\theta$亦趋于零，有$|\Delta\boldsymbol{e}_{\mathrm{t}}|=|\boldsymbol{e}_{\mathrm{t}}|\cdot\Delta\theta=\Delta\theta$，因此

$$\left|\frac{\mathrm{d}\boldsymbol{e}_{\mathrm{t}}}{\mathrm{d}t}\right|=\lim_{\Delta t\to0}\frac{|\Delta\boldsymbol{e}_{\mathrm{t}}|}{\Delta t}=\lim_{\Delta t\to0}\frac{\Delta\theta}{\Delta t}=\lim_{\Delta t\to0}\frac{\Delta\theta}{\Delta s}\cdot\frac{\Delta s}{\Delta t}$$

$$=\lim_{\Delta t\to0}\frac{\Delta\theta}{\Delta s}\cdot\lim_{\Delta t\to0}\frac{\Delta s}{\Delta t}=\frac{1}{\rho}v$$

其中，$\lim\limits_{\Delta t\to0}\dfrac{\Delta\theta}{\Delta s}=\dfrac{\mathrm{d}\theta}{\mathrm{d}s}$为轨迹曲线在 P 点处的曲率，或此处曲率半径 ρ 的倒数$\dfrac{1}{\rho}$，$\lim\limits_{\Delta t\to0}\dfrac{\Delta s}{\Delta t}=\dfrac{\mathrm{d}s}{\mathrm{d}t}=v$. $\dfrac{\mathrm{d}\boldsymbol{e}_{\mathrm{t}}}{\mathrm{d}t}$的方向应与$\Delta\boldsymbol{e}_{\mathrm{t}}$的极限方向相同，由图可看出$\Delta\boldsymbol{e}_{\mathrm{t}}$与$\boldsymbol{e}_{\mathrm{t}}$的夹角为$\dfrac{\pi}{2}-\dfrac{\Delta\theta}{2}$，并指向轨迹内凹的一侧．当$\Delta\theta$趋于零，$\Delta\boldsymbol{e}_{\mathrm{t}}$与$\boldsymbol{e}_{\mathrm{t}}$的夹角趋于$\dfrac{\pi}{2}$，所以得出$\Delta\boldsymbol{e}_{\mathrm{t}}$的极限方向垂直于$\boldsymbol{e}_{\mathrm{t}}$，即沿 P 点的法线方向并指向曲率中心．选用$\boldsymbol{e}_{\mathrm{n}}$表示法线方向的单位矢量，那么

$$\frac{\mathrm{d}\boldsymbol{e}_{\mathrm{t}}}{\mathrm{d}t}=\frac{v}{\rho}\boldsymbol{e}_{\mathrm{n}}$$

因此

$$\boldsymbol{a}=\frac{\mathrm{d}v}{\mathrm{d}t}\cdot\boldsymbol{e}_{\mathrm{t}}+v\cdot\frac{\mathrm{d}\boldsymbol{e}_{\mathrm{t}}}{\mathrm{d}t}=\frac{\mathrm{d}v}{\mathrm{d}t}\cdot\boldsymbol{e}_{\mathrm{t}}+\frac{v^2}{\rho}\cdot\boldsymbol{e}_{\mathrm{n}}\qquad(1-5\mathrm{c})$$

由此可见，加速度有两个分量：一个是切向分量$\boldsymbol{a}_{\mathrm{t}}$，它是由速度大小变化产生的；另一个是法向分量$\boldsymbol{a}_{\mathrm{n}}$，它是由速度方向变化产生的．加速度$\boldsymbol{a}=\boldsymbol{a}_{\mathrm{t}}+\boldsymbol{a}_{\mathrm{n}}=a_{\mathrm{t}}\boldsymbol{e}_{\mathrm{t}}+a_{\mathrm{n}}\boldsymbol{e}_{\mathrm{n}}$(图 1-10)，显然，$a_{\mathrm{t}}=\dfrac{\mathrm{d}v}{\mathrm{d}t}=\dfrac{\mathrm{d}^2s}{\mathrm{d}t^2}$，$a_{\mathrm{n}}=\dfrac{v^2}{\rho}$.

由此可以求得加速度的大小和方向(用 $\boldsymbol{a}$ 与 $\boldsymbol{v}$ 所成的角 α 表示)，即

$$a=\sqrt{a_{\mathrm{n}}^2+a_{\mathrm{t}}^2}=\sqrt{\left(\frac{v^2}{\rho}\right)^2+\left(\frac{\mathrm{d}v}{\mathrm{d}t}\right)^2}$$

$$\tan\alpha=\frac{a_{\mathrm{n}}}{a_{\mathrm{t}}}$$

加速度的方向总是指向运动轨迹凹的一侧．

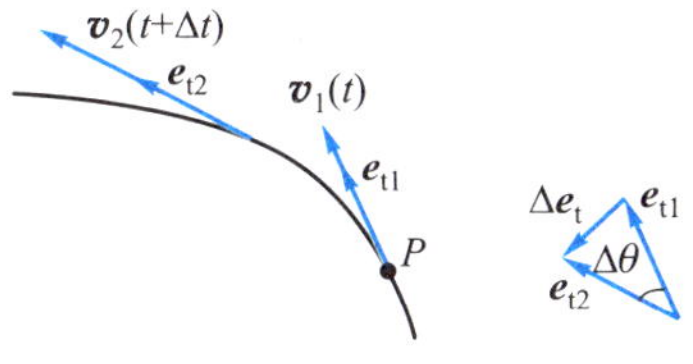

图 1-9 自然坐标系下瞬时速度

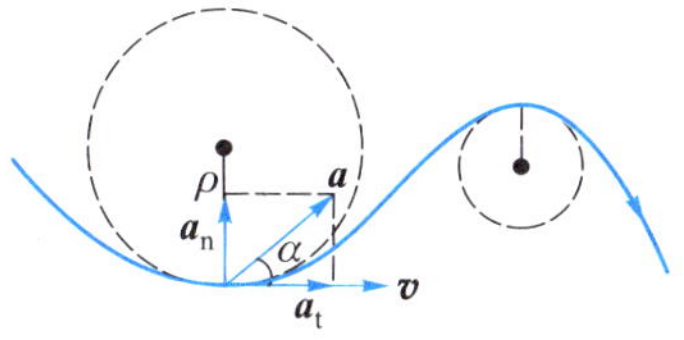

图 1-10 自然坐标系下加速度的计算

微课：运动学中的第一类问题

微课：运动学中的第二类问题

例 1-1

已知物体的运动方程为 $\boldsymbol{r}=5\sin 2\pi t\boldsymbol{i}+4\cos 2\pi t\boldsymbol{j}$，求：

（1）物体在 0.25~1 s 内的位移；

（2）物体在 1 s 末的速度；

（3）物体在 1 s 末的加速度；

（4）物体运动的轨迹方程.（本题 r 的单位为 m，t 的单位为 s，速度的单位为 $\mathrm{m\cdot s^{-1}}$.）

解：由题意可知

$$x=5\sin 2\pi t,\quad y=4\cos 2\pi t$$

所以在任意时刻 t，速度分量为

$$v_x=\frac{\mathrm{d}x}{\mathrm{d}t}=10\pi\cos 2\pi t,\quad v_y=\frac{\mathrm{d}y}{\mathrm{d}t}=-8\pi\sin 2\pi t$$

加速度分量为

$$a_x=\frac{\mathrm{d}v_x}{\mathrm{d}t}=-20\pi^2\sin 2\pi t,\quad a_y=\frac{\mathrm{d}v_y}{\mathrm{d}t}=-16\pi^2\cos 2\pi t$$

a_x、a_y 的单位为 $\mathrm{m\cdot s^{-2}}$.

（1）物体在 $t=0.25$ s 时的位矢为

$$\boldsymbol{r}_1=5\sin 2\pi t\,\boldsymbol{i}+4\cos 2\pi t\,\boldsymbol{j}\Big|_{t=0.25\ \mathrm{s}}=5\boldsymbol{i}\ \mathrm{m}$$

物体在 $t=1$ s 时的位矢为

$$\boldsymbol{r}_2=5\sin 2\pi t\,\boldsymbol{i}+4\cos 2\pi t\,\boldsymbol{j}\Big|_{t=1\ \mathrm{s}}=4\boldsymbol{j}\ \mathrm{m}$$

在 0.25~1 s 这段时间内物体的位移为

$$\begin{aligned}\Delta\boldsymbol{r}&=\boldsymbol{r}_2-\boldsymbol{r}_1=(x_2-x_1)\boldsymbol{i}+(y_2-y_1)\boldsymbol{j}\\&=[(0-5)\boldsymbol{i}+(4-0)\boldsymbol{j}]\ \mathrm{m}\\&=(-5\boldsymbol{i}+4\boldsymbol{j})\ \mathrm{m}\end{aligned}$$

（2）物体在 $t=1$ s 时的速度为

$$\boldsymbol{v}_1=(v_x\boldsymbol{i}+v_y\boldsymbol{j})\Big|_{t=1\ \mathrm{s}}=10\pi\boldsymbol{i}\ \mathrm{m\cdot s^{-1}}$$

（3）物体在 $t=1$ s 时的加速度为

$$\boldsymbol{a}_1=(a_x\boldsymbol{i}+a_y\boldsymbol{j})\Big|_{t=1\ \mathrm{s}}=-16\pi^2\boldsymbol{j}\ \mathrm{m\cdot s^{-2}}$$

（4）运动方程的分量式为

$$x=5\sin 2\pi t,\quad y=4\cos 2\pi t$$

从上式中消去时间 t，得轨迹方程为

$$\frac{x^2}{5^2}+\frac{y^2}{4^2}=1$$

因此，在 Oxy 坐标系中，物体运动的轨迹是一椭圆.

例 1-2

潜水艇在下沉力不大的情况下，自静止开始以加速度 $a=A\beta\mathrm{e}^{-\beta t}$ 竖直下沉（A、β 为常量），求任一时刻 t 的速度和运动方程.

解：以潜水艇开始运动处为坐标原点 O，作竖直向下的坐标轴 Ox，如图 1-11 所示.因其向下做直线运动，故只需写出 x 方向分量式，由加速度定义式，有

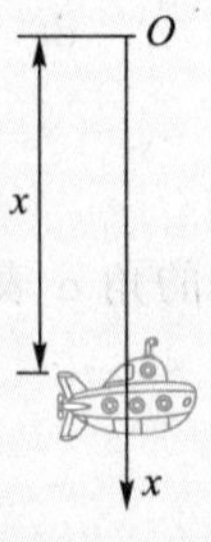

图 1-11　例 1-2 图

$$a=\frac{\mathrm{d}v}{\mathrm{d}t}$$

分离变量，有

$$\mathrm{d}v=a\mathrm{d}t \tag{1}$$

按题意，潜水艇运动的初始条件是：当 $t=0$ 时，$x=0$，$v=0$.

将 $a=A\beta\mathrm{e}^{-\beta t}$ 代入式（1），根据初始条件确定相应的积分上、下限，有

$$\int_0^v \mathrm{d}v=\int_0^t A\beta\mathrm{e}^{-\beta t}\mathrm{d}t$$

解得任一时刻 t 潜水艇速度大小为

$$v=A(1-\mathrm{e}^{-\beta t}) \tag{2}$$

再由 $v=\dfrac{\mathrm{d}x}{\mathrm{d}t}$，将上式写作

$$\frac{\mathrm{d}x}{\mathrm{d}t}=A(1-\mathrm{e}^{-\beta t})$$

分离变量，有

$$\mathrm{d}x=A(1-\mathrm{e}^{-\beta t})\mathrm{d}t$$

对上式积分,并代入初始条件,有

$$\int_0^x \mathrm{d}x = \int_0^t A(1-\mathrm{e}^{-\beta t})\mathrm{d}t$$

解得

$$x=\frac{A}{\beta}(\mathrm{e}^{-\beta t}-1)+At \qquad (3)$$

上式即潜水艇的运动方程.

由本例可见,在解题过程中要学会应用微积分工具.当质点做变加速直线运动时,$a\neq$常量,可根据已知的初始条件,通过积分相应求出质点的速度和运动方程.

概括来说,质点运动学有两类基本问题:① 由质点的运动方程可通过求导求得质点在任一时刻的位矢、速度和加速度;② 已知质点的加速度以及初始条件,可通过积分求质点速度及其运动方程.相对而言,解决第二类问题比第一类问题难度要大些.

1-1-3 质点的圆周运动

圆周运动是研究物体转动的基础.当质点做圆周运动时,若在轨迹上各处的速度大小不同,则称为变速率圆周运动,简称**变速圆周运动**.

1. 变速圆周运动 切向加速度和法向加速度

(1) 速度

质点在以 O 点为圆心、半径为 R 的圆周上运动.在时刻 t,质点位于圆周上的 P 点,如图 1-12 所示.质点在圆周上 P 点的速度为 $\boldsymbol{v}$,用自然坐标系表示其速度为

$$\boldsymbol{v}=v\boldsymbol{e}_{\mathrm{t}}=\frac{\mathrm{d}s}{\mathrm{d}t}\boldsymbol{e}_{\mathrm{t}} \qquad (1-6)$$

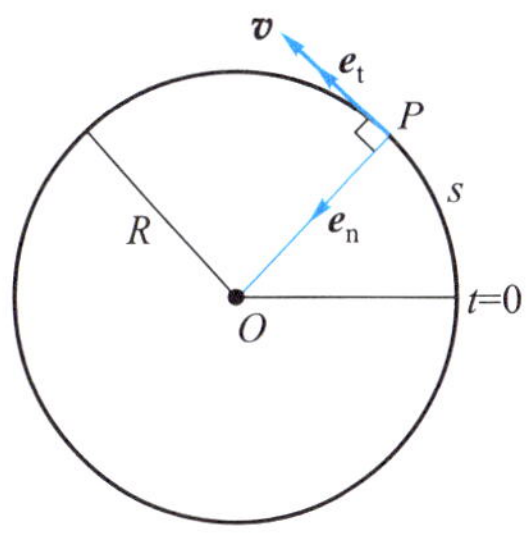

图 1-12 圆周运动的速度

由上式看出,只要已知用自然坐标表示的质点运动方程 $s=s(t)$,就可求出任意时刻质点的运动速度.

(2) 切向加速度和法向加速度

因圆周运动曲率半径 ρ 恒等于 R,应用式(1-5c),得质点在 t 时刻的加速度为

$$\boldsymbol{a}=\frac{\mathrm{d}\boldsymbol{v}}{\mathrm{d}t}=\frac{\mathrm{d}v}{\mathrm{d}t}\boldsymbol{e}_{\mathrm{t}}+\frac{v^2}{R}\boldsymbol{e}_{\mathrm{n}}=\boldsymbol{a}_{\mathrm{t}}+\boldsymbol{a}_{\mathrm{n}} \qquad (1-7)$$

式中 $\boldsymbol{a}_{\mathrm{t}}$ 为**切向加速度**,大小为 $a_{\mathrm{t}}=\frac{\mathrm{d}v}{\mathrm{d}t}=\frac{\mathrm{d}^2s}{\mathrm{d}t^2}$,方向沿着该时刻质点所在圆周处的切线方向,$\boldsymbol{a}_{\mathrm{n}}$ 为**法向加速度**,大小为 $a_{\mathrm{n}}=\frac{v^2}{R}$,方向垂直于该点的速度方向,并沿着半径指向圆心.质点加速度(也称

总加速度)的大小和方向(用 $\boldsymbol{a}$ 与 $\boldsymbol{v}$ 所成的夹角 α 表示)分别为

$$a=\sqrt{a_n^2+a_t^2}=\sqrt{\left(\frac{v^2}{R}\right)^2+\left(\frac{dv}{dt}\right)^2}$$

$$\tan\alpha=\frac{a_n}{a_t}$$

若质点做匀速率圆周运动,则 $a_t=0$,但因其速度方向仍在不断改变,故 $a_n\neq0$,其加速度大小 $a=a_n=\frac{v^2}{R}$,方向沿着半径指向圆心,故常将此加速度称为向心加速度.

2. 圆周运动的角量描述

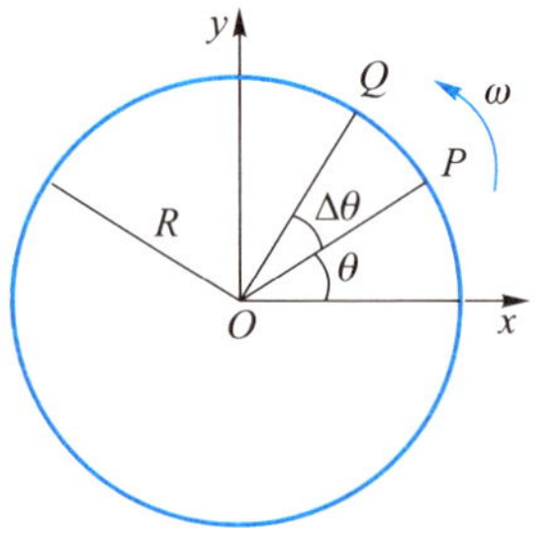

图 1-13 圆周运动的角位移

微课:圆周运动的角量描述

如图 1-13 所示,质点绕 O 点做半径为 R 的圆周运动,因 R 是一个常量,所以在任意时刻 t,质点的位置可由角坐标 θ 完全确定(θ 为质点对原点 O 的位矢与 Ox 轴的夹角).

(1) 圆周运动的角量描述

角坐标 θ 是时间 t 的函数,可表示为 $\theta=\theta(t)$,此式即用角坐标表示的质点做圆周运动时的运动方程.

质点在 t 时刻位于图中 P 点,$t+\Delta t$ 时刻运动到 Q 点,在时间 Δt 内,质点所转过的角度为 $\Delta\theta$,称为**角位移**.

我们把 $\Delta\theta$ 与 Δt 之比称为**平均角速度**,用 $\overline{\omega}$ 表示,$\overline{\omega}=\frac{\Delta\theta}{\Delta t}$,它反映的是某一段时间内质点转动的平均快慢. 为了精确地描述质点的转动,令 $\Delta t\to0$,得 $\overline{\omega}$ 的极限值,称为 t 时刻质点运动的**瞬时角速度**,简称**角速度**,用 ω 表示,即

$$\omega=\lim_{\Delta t\to0}\frac{\Delta\theta}{\Delta t}=\frac{d\theta}{dt} \tag{1-8}$$

通常 θ、$\Delta\theta$ 的单位是弧度,记作 rad,因此角速度 ω 的单位是弧度每秒,记作 $rad\cdot s^{-1}$. 在圆周运动中,质点的角速度可看做代数量,其正负取决于质点的运动方向.

为了描述质点角速度变化的快慢,我们引入角加速度的概念,用 α 表示质点在 t 时刻运动的角加速度:

$$\alpha=\lim_{\Delta t\to0}\frac{\Delta\omega}{\Delta t}=\frac{d\omega}{dt}=\frac{d^2\theta}{dt^2} \tag{1-9}$$

角加速度的单位是弧度每二次方秒,记作 $rad\cdot s^{-2}$. 在圆周运动中,质点的角加速度也可看做代数量,其正负与 Δt 趋于 0 时 $\Delta\omega$ 的正负相同.

(2) 角量与线量的关系

由前面的讨论可看出,描述物体转动的物理量 θ、$\Delta\theta$、ω、α 都和运动的角度有关,我们通常称之为角量. 若研究物体运动时所

用物理量和运动的线度有关，则称之为线量，如 r、v、a 等．

研究质点做圆周运动时，既可以用线量描述，又可以用角量描述，显然这些线量和角量之间应有一定的关系．由图 1-13 可知：$\Delta s=\widehat{PQ}=R\Delta\theta$，由此可得质点速度的大小（即速率）$v$ 与角速度 ω 的关系，即

$$v=\lim_{\Delta t\to 0}\frac{\Delta s}{\Delta t}=R\lim_{\Delta t\to 0}\frac{\Delta\theta}{\Delta t}=R\omega \tag{1-10}$$

质点做变速率圆周运动时，在 P 点的加速度可分解为法向加速度和切向加速度，

$$a_n=\frac{v^2}{R}=\omega v=R\omega^2 \tag{1-11a}$$

$$a_t=\frac{dv}{dt}=\frac{d}{dt}(R\omega)=R\frac{d\omega}{dt}=R\alpha \tag{1-11b}$$

质点在 P 点处加速度的大小可表示为

$$a=\sqrt{a_t^2+a_n^2}=R\sqrt{\alpha^2+\omega^4}$$

式（1-10）、式（1-11a）和式（1-11b）描述的是圆周运动的线量 v、a_t、a_n 和角量 ω、α 之间的关系．

例 1-3

一质点沿圆心为 O、半径为 R 的圆周运动，设质点在 P 点时开始计时（即 $t=0$），其路程从 P 点开始用圆弧 $\widehat{PQ}$ 表示，并令 $\widehat{PQ}=s$．它随时间变化的规律为 $s=v_0t-\frac{1}{2}bt^2$，v_0、b 都是正的常量．

（1）求时刻 t 质点的加速度；

（2）t 为何值时加速度的大小等于 b？

（3）加速度大小达到 b 值时，质点已沿圆周运行了几圈？

解：（1）由题设，可得质点的速率为

$$v=\frac{ds}{dt}=\frac{d}{dt}\left(v_0t-\frac{1}{2}bt^2\right)=v_0-bt$$

由上式可知，质点做匀减速的变速圆周运动．由上式可先求出质点加速度的切向分量 a_t 和法向分量 a_n，即

$$a_t=\frac{dv}{dt}=\frac{d}{dt}(v_0-bt)=-b$$

$$a_n=\frac{v^2}{R}=\frac{(v_0-bt)^2}{R}$$

由此得到质点在 t 时刻的加速度 $\boldsymbol{a}$（图 1-14）的大小为

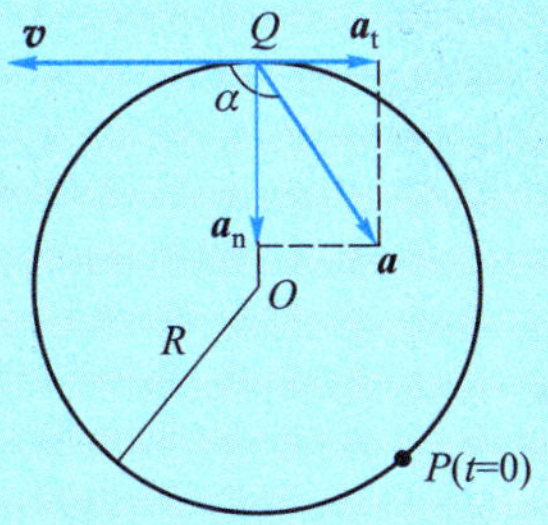

图 1-14 例 1-3 图

$$a=\sqrt{a_t^2+a_n^2}=\sqrt{(-b)^2+\left[\frac{(v_0-bt)^2}{R}\right]^2}$$

$$=\frac{1}{R}\sqrt{R^2b^2+(v_0-bt)^4}$$

其方向与速度间的夹角为

$$\alpha=\arctan\left[\frac{(v_0-bt)^2}{-Rb}\right]$$

(2) 当加速度的大小等于 b 时，有

$$\frac{1}{R}\sqrt{R^2b^2+(v_0-bt)^4}=b$$

解得 $t=\frac{v_0}{b}$.

(3) 由(1)中求出的 v 的表达式按题设可知，在 $t=\frac{v_0}{b}$ 时，$v=0$，可见在 $t=0$ 到 $t=\frac{v_0}{b}$ 这段时间内，v 恒为正值. 因此，质点已转过的圈数 n 为

$$n=\frac{s}{2\pi R}=\frac{v_0\left(\frac{v_0}{b}\right)-\frac{1}{2}b\left(\frac{v_0}{b}\right)^2}{2\pi R}=\frac{v_0^2}{4\pi Rb}$$

例 1-4

一质点做半径 $R=0.1$ m 的圆周运动，其角坐标 $\theta=2+4t^3$(SI 单位).

(1) 求 $t=2$ s 时质点的法向加速度和切向加速度；

(2) 当 t 为多少时，法向加速度和切向加速度的数值相等？

解：(1) 质点的角速度为

$$\omega=\frac{d\theta}{dt}=12t^2$$

角加速度为

$$\alpha=\frac{d\omega}{dt}=24t$$

所以任意时刻 t 质点的 a_t 和 a_n 分别为

$$a_t=R\alpha=24Rt$$

$$a_n=R\omega^2=144Rt^4$$

当 $t=2$ s 时，切向加速度 $a_t=4.8\ \mathrm{m\cdot s^{-2}}$，法向加速度 $a_n=2.3\times10^2\ \mathrm{m\cdot s^{-2}}$.

(2) 当 $a_n=a_t$ 时，即 $144Rt^4=24Rt$，解得 $t\approx0.55$ s.

1-1-4 相对运动

微课：相对运动

在描述物体的运动时，总是相对选定的参考系而言的．例如，无风时雨滴从空中落下，地面上观察者看到雨滴竖直下落，这是以地面为参考系来描述雨滴运动的；若观察者坐在运动的车子里，那么他观察到雨滴是斜向后下落的，这时他是以车子为参考系描述雨滴运动的，所以同一运动在不同的参考系中有不同的描述. 下面简单介绍同一质点在有相对运动的两个参考系中的位移、速度、加速度之间的关系，即相对运动问题．

通常先选定某一物体作为参考系 S，另有一个参考系 S′系相对于 S 系在运动．设一运动物体 P 在某一时刻相对于参考系 S 和 S′的位置，分别用位置矢量 $\boldsymbol{r}$ 和 $\boldsymbol{r}'$ 表示，而 S′系上的原点 O' 在 S 系中的位矢为 $\boldsymbol{r}_0$，如图 1-15 所示，它们之间有如下关系：

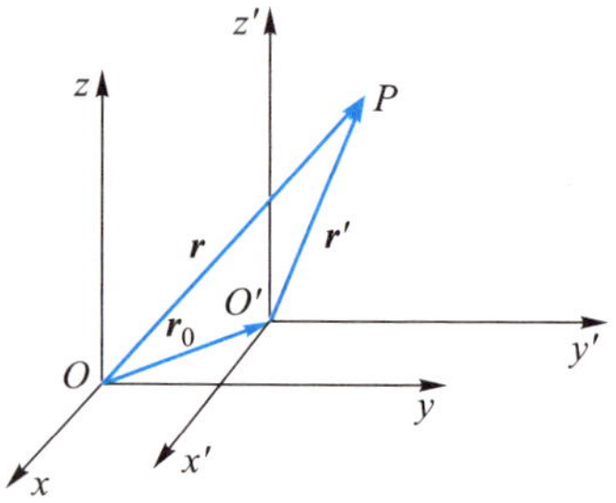

图 1-15 相对运动

$$\boldsymbol{r}=\boldsymbol{r}_0+\boldsymbol{r}' \tag{1-12}$$

将上式两边对时间 t 求导，得

$$\frac{\mathrm{d}\boldsymbol{r}}{\mathrm{d}t}=\frac{\mathrm{d}\boldsymbol{r}_0}{\mathrm{d}t}+\frac{\mathrm{d}\boldsymbol{r}'}{\mathrm{d}t}$$

根据速度定义，上式即

$$\boldsymbol{v}=\boldsymbol{u}+\boldsymbol{v}' \tag{1-13}$$

$\boldsymbol{v}$ 就是在 S 系中测得的质点运动速度（常称为绝对速度），$\boldsymbol{v}'$ 为在 S′中测得的质点运动速度（常称为相对速度），$\boldsymbol{u}$ 为 S′系相对于 S 系的平动速度（常称为牵连速度），其相互关系可用图 1-16 表示，这一关系称为伽利略（G. Galilei）速度变换．

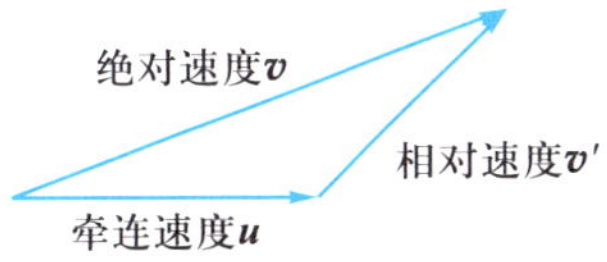

图 1-16　绝对速度、牵连速度与相对速度三者之间的关系

伽利略（1564—1642）

文档：伽利略

动画：相对运动

例如，在匀速前进的平板车上，一人在车上行走．取地面为 S 系，车为 S′系，若车对地的速度为 $\boldsymbol{v}_{车地}$（即牵连速度），人对车的速度为 $\boldsymbol{v}_{人车}$（即相对速度），人对地的速度为 $\boldsymbol{v}_{人地}$（即绝对速度），那么有

$$\boldsymbol{v}_{人地}=\boldsymbol{v}_{人车}+\boldsymbol{v}_{车地}$$

在此需要说明，伽利略速度变换关系只适用于低速运动情况（$v \ll c$）．当运动速度接近光速时，必须考虑相对论效应，代之以洛伦兹（H. A. Lorentz）速度变换．

1-2　牛顿运动定律

上一节介绍了如何描述质点的运动，以及描述运动的物理量之间的关系，即质点运动学．本节开始讨论质点的运动变化与外界作用之间的内在联系，即质点动力学问题．介绍牛顿总结的三条运动定律，以及如何运用牛顿运动定律解决具体问题．牛顿运动定律是经典力学的基础，在科学发展中起着巨大的作用．

牛顿（1643—1727）

文档：牛顿

1-2-1　力学中常见的几种力

力的种类很多，现代物理学按物体之间相互作用的性质把它分为四类：万有引力、电磁力、强相互作用和弱相互作用．后两类作用都是短程作用，它们只有在距离小于 10^{-15} m 的范围内才显示出来．由于牛顿力学的规律在原子核内的运动中不再适用，所以在力学中只讨论前两类力以及它们对物体运动的影响．

力学中最常见的力有三种：即万有引力（包括重力）、弹性力

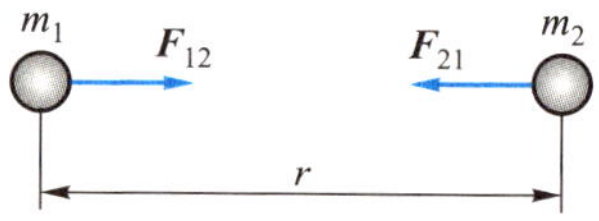

图 1-17 万有引力

微课:几种常见的力

和摩擦力.

1. 万有引力

宇宙间任何有质量的物体与物体之间都存在着相互吸引力,这种力称为万有引力.

如图 1-17 所示,若两物体可视为质点,其质量分别为 m_1、m_2,它们之间的距离为 r,则两质点间相互作用的万有引力沿两质点的连线,其大小与两质点的质量之积 m_1m_2 成正比,与 r^2 成反比,即

$$F_{12}=F_{21}=G\frac{m_1m_2}{r^2} \tag{1-14}$$

式中,G 是一个对任何彼此吸引的物体都适用的普适常量,称为引力常量,可由实验测得,通常取近似值:

$$G=6.67\times10^{-11}\ \mathrm{N\cdot m^2\cdot kg^{-2}}$$

地球上物体间的万有引力与其所受的其他力相比十分微弱,通常可忽略不计,但在研究天体运动的规律时,因天体质量巨大,所以万有引力会起主要作用.

通常把地球对地面附近物体的万有引力叫做重力,其方向竖直向下,常用 $\boldsymbol{P}$ 表示. 处在地表附近的物体受到重力作用,在不受其他力作用时具有的加速度叫做重力加速度 $\boldsymbol{g}$. 设物体质量为 m,有

$$\boldsymbol{P}=m\boldsymbol{g} \tag{1-15}$$

又

$$P=G\frac{m_{\mathrm{E}}m}{R^2}$$

由以上两式可得

$$g=G\frac{m_{\mathrm{E}}}{R^2}$$

式中 m_{E} 为地球质量,R 是地球半径,G 是引力常量. 若取 $m_{\mathrm{E}}=5.98\times10^{24}\ \mathrm{kg}$,$R=6.37\times10^{6}\ \mathrm{m}$,将此数据代入,有 $g\approx9.83\ \mathrm{m\cdot s^{-2}}$. 一般计算时,地球表面附近的重力加速度取 $g\approx9.80\ \mathrm{m\cdot s^{-2}}$.

2. 弹性力

弹性力是物体在外力作用下发生形变,物体内部产生试图恢复原来形状的力,它的方向要根据物体形变的情况来确定.

常见的弹性力有:弹簧被拉伸或压缩时产生的弹性力、绳索被拉紧时产生的张力、重物放在支撑面上产生作用在支撑面上的正压力和作用在物体上的支持力等.

设绳子两端分别受拉力 $\boldsymbol{F}$ 和 $\boldsymbol{F}'$,假想在绳中任一点 P 把绳

"切断",使绳子分成 AP 和 PB 两段,为了保持平衡它们之间必定互向对方施以拉力 $\boldsymbol{F}_{\mathrm{T}}$ 和 $\boldsymbol{F}'_{\mathrm{T}}$,如图 1-18 所示. $\boldsymbol{F}_{\mathrm{T}}$ 和 $\boldsymbol{F}'_{\mathrm{T}}$ 是一对作用力和反作用力(见 1-2-2 节),方向为沿绳子并把绳拉紧的方向.

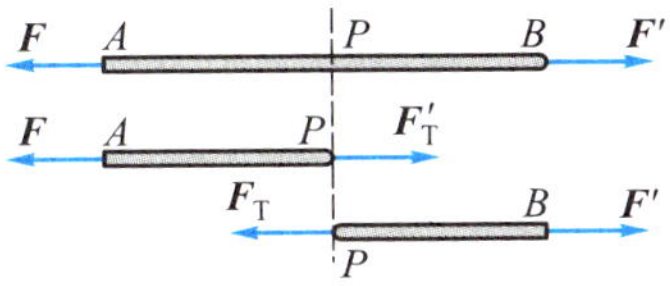

图 1-18 绳子的拉力

通常绳子被拉紧后绳内各处的张力是不相等的,但在绳子质量忽略不计的情况下,可以认为绳内各处的张力是相等的,如图 1-18所示的情况,就有 $F=F'_{\mathrm{T}}=F_{\mathrm{T}}=F'$. 一般在力学问题中,遇到轻质柔软绳索,如果不特别指明,绳子质量均可略去不计.

3. 摩擦力

在直接接触的两物体间,若有相对运动或相对运动趋势,在接触面上就有摩擦力产生. 摩擦力的方向沿两物体接触面的切线方向,并与物体相对运动或相对运动趋势的方向相反.

静摩擦力是当两个相互接触的物体间有相对滑动的趋势但还未开始滑动时,在接触面上产生的阻碍发生滑动的力. 如一物体静置在地面上,这时,它与支撑面之间没有相对运动或相对运动趋势,故两者的接触面之间就不存在摩擦力;若用不大的力 $\boldsymbol{F}$ 去拉该物体,物体虽相对于地面有滑动趋势,但并不会发生相对运动,这是由于物体与支撑面之间出现了摩擦力,它与力 $\boldsymbol{F}$ 相互平衡,两者在数值上相等,但方向相反,这个摩擦力叫做静摩擦力,以 F_{fs} 表示. 随着 $\boldsymbol{F}$ 的增大,F_{fs} 也相应增大,当拉力 $\boldsymbol{F}$ 增大到某一数值时,物体即将滑动,此时静摩擦力达到最大值,称为最大静摩擦力,用 $F_{\mathrm{f,max}}$ 表示. 静摩擦力 F_{fs} 总是满足下面的关系:

$$0<F_{\mathrm{fs}}\leqslant F_{\mathrm{f,max}}$$

$$F_{\mathrm{f,max}}=\mu_0 F_{\mathrm{N}}$$

式中 μ_0 称为静摩擦因数,F_{N} 为两物体之间正压力的大小.

当作用于上述物体的力 F 超过最大静摩擦力而发生相对滑动时,两接触面之间的摩擦力称为滑动摩擦力,用 F_{f} 表示. 滑动摩擦力的方向与两物体之间相对滑动的方向相反.

实验证明

$$F_{\mathrm{f}}=\mu F_{\mathrm{N}} \tag{1-16}$$

μ 称为动摩擦因数,通常它比静摩擦因数 μ_0 略小一些.

动摩擦因数 μ 和静摩擦因数 μ_0 的大小与两物体接触面的材料性质、表面粗糙度、干湿程度等诸多因素有关,可由实验测定. 一般计算时可不加以区别,近似认为 $\mu\approx\mu_0$.

自然界中,摩擦力的作用随处可见,其产生的影响对人类既有有利的一面,也有有害的一面. 合理有效地利用其有益的一面,避免其不利的一面,一直是人们关注的课题.

文档:牛顿与《自然哲学的数学原理》

微课:牛顿运动定律力学相对性原理

1-2-2 牛顿运动定律及其应用

1. 牛顿第一定律

牛顿第一定律表述为:任何质点都保持静止或匀速直线运动状态,直到其他物体对它施加力的作用迫使它改变这种状态为止.

牛顿第一定律引入了力和惯性两个重要概念.一个物体对另一个物体的作用称为力,任何物体具有保持其原有运动状态不变的特性称为惯性.因此,这个定律也称为惯性定律.牛顿第一定律指出了力是改变物体运动状态的原因,若物体不受力,它将保持静止或匀速直线运动状态.实际上自然界中不受力的物体是不存在的,所谓不受力应理解为受平衡力系的作用,因此牛顿第一定律不能简单地直接用实验来验证.

需要指出的是,牛顿第一定律还涉及一个重要问题,即物体的静止或匀速直线运动是相对于哪个参考系而言的.在质点运动学中,参考系的选择是任意的,完全视解题的方便而定;但在动力学中,牛顿运动定律不是对任何参考系都成立,所以这个参考系不能任意选取.例如,车厢内光滑的桌面上放一小球,车内观察者注意到,当车辆静止时,小球也静止不动.当观察者突然看到小球向车尾方向滚动,自己的身体也向车尾方向倾斜,他马上向车窗外观看,这才发现原来车辆开动了.这表明,在由静止开始运动(即做加速运动)的车辆上,人和物体都会自动地改变其运动状态.可见,惯性定律并非在任何参考系中都适用.

如果牛顿第一定律在某个参考系中适用,则这个参考系称为惯性参考系,简称惯性系.地球不是一个精确的惯性参考系.在短暂的时间内,分析地面上物体相对于地球的运动时,把地球作为惯性系可以得到相当精确的结果.而在研究人造地球卫星的轨道、洲际导弹的飞行等问题时,由于地球自转的影响不能忽略,此时不能把地球作为惯性参考系了,所以地球是个近似的惯性参考系.

2. 牛顿第二定律

牛顿第一定律仅定性地指出了力和质点运动状态变化的关系,而牛顿第二定律则研究物体在外力作用下运动状态的变化情况,并给出了力、质量(惯性的量度)和加速度三者之间的定量关系.

设质量为 m 的物体,某时刻的运动速度为 $\boldsymbol{v}$,其动量(见 1-3 节)为 $\boldsymbol{p}=m\boldsymbol{v}$. 当物体受到不为零的外力 $\boldsymbol{F}=\sum\limits_i \boldsymbol{F}_i$ 作用时,其动

量要发生改变，实验表明

$$\boldsymbol{F}=\frac{\mathrm{d}(m\boldsymbol{v})}{\mathrm{d}t} \tag{1-17a}$$

牛顿第二定律表述为：动量为 $\boldsymbol{p}$ 的物体，在合外力 $\boldsymbol{F}$ 的作用下，其动量随时间的变化率等于该时刻作用在物体上的合外力．

当质点低速（$v\ll c$）运动时，其质量可看做常量，上式可写为

$$\boldsymbol{F}=m\frac{\mathrm{d}\boldsymbol{v}}{\mathrm{d}t}=m\boldsymbol{a} \tag{1-17b}$$

在国际单位制中，力的单位是牛顿，简称牛，符号为 N，1 N＝1 kg·m·s^{-2}.

式（1-17b）是牛顿第二定律的矢量形式，说明了力和加速度之间的瞬时定量关系．在解决具体问题时，通常写出相应的分量式来分析．

在直角坐标系中，它在 Ox、Oy、Oz 轴三个方向上的分量式为

$$\begin{aligned}F_x&=m\frac{\mathrm{d}v_x}{\mathrm{d}t}=ma_x\\F_y&=m\frac{\mathrm{d}v_y}{\mathrm{d}t}=ma_y\\F_z&=m\frac{\mathrm{d}v_z}{\mathrm{d}t}=ma_z\end{aligned} \tag{1-18a}$$

所以有

$$\boldsymbol{F}=F_x\boldsymbol{i}+F_y\boldsymbol{j}+F_z\boldsymbol{k}=m(a_x\boldsymbol{i}+a_y\boldsymbol{j}+a_z\boldsymbol{k}) \tag{1-18b}$$

在自然坐标系中，如图 1-19 所示，它在切线方向和法线方向的分量式为

$$\begin{aligned}F_\mathrm{t}&=ma_\mathrm{t}=m\frac{\mathrm{d}v}{\mathrm{d}t}\\F_\mathrm{n}&=ma_\mathrm{n}=m\frac{v^2}{\rho}\end{aligned} \tag{1-19a}$$

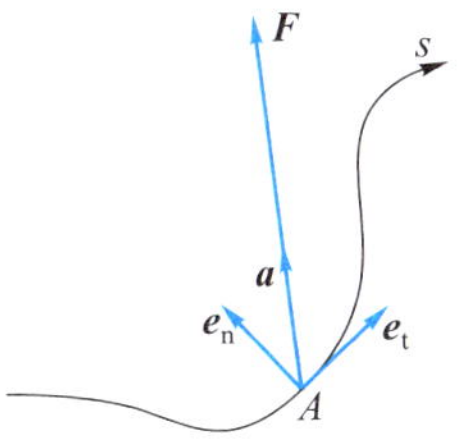

图 1-19 力与加速度

所以有

$$\boldsymbol{F}=F_\mathrm{t}\boldsymbol{e}_\mathrm{t}+F_\mathrm{n}\boldsymbol{e}_\mathrm{n}=m(\boldsymbol{a}_\mathrm{t}+\boldsymbol{a}_\mathrm{n})=m\frac{\mathrm{d}v}{\mathrm{d}t}\boldsymbol{e}_\mathrm{t}+m\frac{v^2}{\rho}\boldsymbol{e}_\mathrm{n} \tag{1-19b}$$

由式（1-18b）和式（1-19b）可看出：合外力产生的加速度等于各分力产生的加速度的矢量和．

需要指出：牛顿运动定律仅适用于做低速运动（$v\ll c$）的质点或可视为质点的物体．

3. 牛顿第三定律

牛顿第三定律表述为：当物体 A 以力 $\boldsymbol{F}_{12}$ 作用在物体 B 上时，物体 B 同时也以力 $\boldsymbol{F}_{21}$ 作用在物体 A 上，$\boldsymbol{F}_{12}$ 与 $\boldsymbol{F}_{21}$ 在一条直线

上、大小相等而方向相反，即

$$\boldsymbol{F}_{12}=-\boldsymbol{F}_{21} \tag{1-20}$$

牛顿第三定律指出了物体间的作用总是相互的．若把物体 A 对物体 B 的作用称为作用力，那么物体 B 对物体 A 的作用就称为反作用力．作用力和反作用力总是同时出现、同时消失，任何一方都不能孤立存在，并分别作用在不同的物体上，它们不能相互抵消，是同一性质的力．

4. 牛顿运动定律的应用

牛顿运动定律是物体做机械运动的基本规律，有着广泛的应用．通常，质点动力学问题大致可分为两类：

(1) 已知质点的运动状况，求作用于质点上的力；

(2) 已知作用于质点上的力，求质点的运动．

求解质点动力学的第一类问题比较简单，因为质点的运动方程或速度函数是已知的，只需对时间求导就可求得加速度，代入质点运动的微分方程便可求出未知的作用力．求解质点动力学的第二类基本问题，主要是解微分方程或求积分问题，出现的积分常量可由给定的质点运动的初始条件确定．在具体问题中，已知的作用力有的是常力，有的是变力，变力可表示为时间、速度、坐标等的函数，求解比较麻烦．下面将通过实例来说明，如何应用牛顿第二定律求解动力学的两类基本问题．

牛顿运动定律只适用于质点，若涉及两个或两个以上质点的运动，就得采用“隔离体法”对各个物体进行受力分析，而后逐个分别运用牛顿第二定律求解．在用隔离体法解题时，大致可按下列步骤进行：

(1) 依据题目要求，选一个或几个物体作为研究对象；

(2) 分析各物体的受力情况，画受力分析图，并标出其运动情况；

(3) 选定恰当的惯性参考系，并建立合适的坐标系；

(4) 按牛顿第二定律列出质点运动微分方程，解出所需结果，必要时对所求结果进行讨论．

例 1-5

质量为 m 的摩托车，在恒定牵引力 $\boldsymbol{F}$ 的作用下在水平地面上做直线运动，它所受的阻力与其速度成正比，它能达到的最大速率是 v_m．试计算：

(1) 摩托车从静止加速到 $\frac{v_m}{2}$ 所需的时间；

(2) 这阶段摩托车所走过的路程．

解:(1) 选摩托车为研究对象,其受重力 $\boldsymbol{P}$、地面的支持力 $\boldsymbol{F}_N$、牵引力 $\boldsymbol{F}$ 和阻力 $\boldsymbol{F}_f$(设阻力 $\boldsymbol{F}_f=-k\boldsymbol{v}$)作用,如图 1-20 所示. 将它的直线轨迹选作 x 轴,并规定运动方向为 x 轴正方向,应用牛顿第二定律,有

$$\boldsymbol{F}+\boldsymbol{F}_f=m\boldsymbol{a}$$

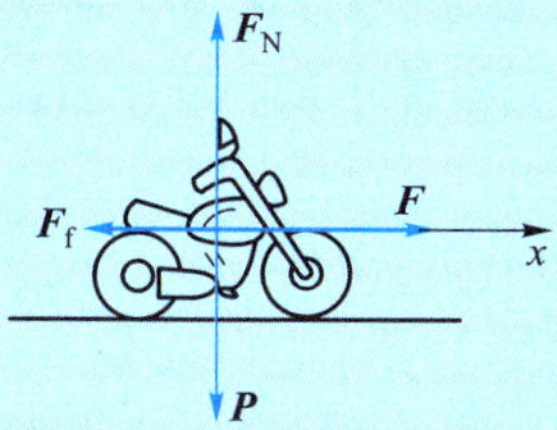

图 1-20 例 1-5 图

因摩托车只在水平方向上运动,故只需写出 x 方向分量式:

$$F-kv=m\frac{dv}{dt} \tag{1}$$

当 $a=\frac{dv}{dt}=0$ 时,摩托车的速度最大. 因此可得 $k=\frac{F}{v_m}$. 将 k 代入式(1),有

$$F\left(1-\frac{v}{v_m}\right)=m\frac{dv}{dt} \tag{2}$$

对上式分离变量,并代入初、末条件积分,得

$$\frac{F}{mv_m}\int_0^t dt=\int_0^{\frac{v_m}{2}}\frac{dv}{v_m-v}$$

解得
$$t=\frac{mv_m}{F}\ln 2$$

(2) 利用变量代换,将式(1)写为

$$F-kv=m\frac{dv}{dt}=\frac{mvdv}{dx}$$

再分离变量,得

$$dx=\frac{mv}{F-kv}dv$$

利用初、末条件积分,有

$$\int_0^x dx=\int_0^{\frac{v_m}{2}}\frac{mvdv}{F-kv}=\frac{mv_m}{F}\int_0^{\frac{v_m}{2}}\frac{vdv}{v_m-v}$$

解得
$$x=\frac{mv_m^2}{F}\left(\ln 2-\frac{1}{2}\right)$$

1-3 动量和冲量

质点动力学的三个基本定理(质点动量定理、质点角动量定理、质点动能定理)可以由牛顿第二定律导出,其重要性在于从不同的方面建立起动力学特征量与作用力累积效应之间的普遍联系.

动量是描述物体机械运动的一个重要物理量,动量守恒定律是物理学的基本规律之一.

1-3-1 动量和冲量 质点动量定理

1. 动量

在日常生活中我们察觉到,质点机械运动的强弱不仅与速度大小有关,而且与质量大小也有关,我们把质点的质量 m 与其速

微课:动量 冲量 动量定理

度 $\boldsymbol{v}$ 的乘积定义为动量,即

$$\boldsymbol{p}=m\boldsymbol{v} \tag{1-21}$$

动量是一个矢量,其大小为 $|m\boldsymbol{v}|=mv$,方向为速度的方向.在国际单位制中,动量的单位是千克米每秒,符号是 $\mathrm{kg\cdot m\cdot s^{-1}}$.

2. 冲量 质点的动量定理

在第二节中讲过牛顿第二定律可表述为:"质点在合外力 $\boldsymbol{F}$ 的作用下,其动量对时间的变化率等于该时刻作用在质点上的合外力",即

$$\boldsymbol{F}=\frac{\mathrm{d}\boldsymbol{p}}{\mathrm{d}t}=\frac{\mathrm{d}(m\boldsymbol{v})}{\mathrm{d}t} \tag{1-22}$$

在经典力学范围内,m 是常量,牛顿第二定律的常用形式为 $\boldsymbol{F}=m\boldsymbol{a}$. 但当物体的运动速率达到可与光速相比拟时,根据相对论原理,其质量会显著增大,$\boldsymbol{F}=m\boldsymbol{a}$ 这种形式不再正确,而式(1-22)却仍然有效.

一般情况下,作用在质点上的力是随时间而变化的,是时间 t 的函数,即 $\boldsymbol{F}=\boldsymbol{F}(t)$,于是式(1-22)可写成

$$\boldsymbol{F}\mathrm{d}t=\mathrm{d}(m\boldsymbol{v}) \tag{1-23a}$$

上式称为质点动量定理的微分形式.

考虑在时间间隔 $\Delta t=t_2-t_1$ 内,对上式积分,得

$$\int_{t_1}^{t_2}\boldsymbol{F}\mathrm{d}t=\int_{\boldsymbol{p}_1}^{\boldsymbol{p}_2}\mathrm{d}\boldsymbol{p}=m\boldsymbol{v}_2-m\boldsymbol{v}_1 \tag{1-23b}$$

上式称为质点动量定理的积分形式. 上式右边表示质点动量的增量,左边 $\int_{t_1}^{t_2}\boldsymbol{F}\mathrm{d}t$ 是力对时间的积分,它是描述力对时间累积作用的一个物理量,称为冲量,用 $\boldsymbol{I}$ 表示.

若质点所受合外力是变力,$\boldsymbol{F}=\boldsymbol{F}(t)$,其冲量为

$$\boldsymbol{I}=\int_{t_1}^{t_2}\boldsymbol{F}\mathrm{d}t$$

它是一个矢量,在国际单位制中,冲量的单位是牛顿秒,符号为 $\mathrm{N\cdot s}$.

式(1-23b)表明:在给定的时间内,质点所受合外力的冲量等于在此时间内质点动量的增量,这就是质点动量定理.

上述表达式(1-23b)是矢量式,在应用时常取在直角坐标系中的分量形式,即

$$\left.\begin{aligned}\int_{t_1}^{t_2}F_x\mathrm{d}t&=mv_{2x}-mv_{1x}\\ \int_{t_1}^{t_2}F_y\mathrm{d}t&=mv_{2y}-mv_{1y}\\ \int_{t_1}^{t_2}F_z\mathrm{d}t&=mv_{2z}-mv_{1z}\end{aligned}\right. \tag{1-23c}$$

式(1-23c)表明：在一段时间内，质点在某坐标轴上动量的增量，等于合外力在此轴上的分量的冲量．

虽然动量定理与牛顿第二定律都反映了质点运动状态的变化与力的作用之关系，但是它们是有差别的：牛顿第二定律表示的是在力的作用下质点动量的瞬时变化规律，而动量定理则表示在力的持续作用下动量的变化情况．

我们把两物体碰撞时相互作用时间很短的力称为冲力．由于冲力大小随时间而变化的情况比较复杂，所以很难把每一时刻的冲力测量出来．若我们能够知道物体在碰撞前、后的动量，那么根据动量定理，就可得出物体所受的冲量，若我们还能测出碰撞时间 Δt，也就可以由冲量算出在碰撞时间 Δt 内的平均冲力 $\overline{\boldsymbol{F}}$ 为

$$\overline{\boldsymbol{F}}=\frac{m\boldsymbol{v}_2-m\boldsymbol{v}_1}{\Delta t}$$

尽管这个平均值不是冲力的确切描述，但在不少实际问题中，如打击、碰撞等实际工程问题中，这样估算也能满足实际需求了．

例 1-6

质量 $m=10$ kg 的质点受力 $F=30+40t$ 的作用，且力的方向不变．在 $t=0$ s 时，质点以 $v_0=10\ \mathrm{m\cdot s^{-1}}$ 开始做直线运动($\boldsymbol{v}_0$ 方向与力的方向相同)，题中力的单位为 N，时间的单位为 s．求：

(1) 0~2 s 内该力的冲量 I；

(2) $t=2$ s 时质点的速率 v_2．

解：(1) 因质点做直线运动，故由冲量定义 $\boldsymbol{I}=\int \boldsymbol{F}\cdot \mathrm{d}t$，有

$$I=\int_{t_1}^{t_2}F(t)\cdot \mathrm{d}t=\int_0^2(30+40t)\mathrm{d}t=140\ \mathrm{N\cdot s}$$

(2) 应用质点动量定理，有

$$mv_2-mv_0=I$$

代入数据，得 $v_2=24\ \mathrm{m\cdot s^{-1}}$．

1-3-2 质点系动量定理　质点系动量守恒定律

微课：动量守恒定律

1. 质点系动量定理

前面我们讨论了质点动量定理，而在很多实际情形中，我们的研究对象往往是由多个质点组成的质点系，下面我们把质点动

量定理推广应用到质点系.

设质点系由 n 个质点组成,各质点的质量分别为 $m_1, m_2, \cdots, m_n$. 质点系内任意一个质点所受的力可以分为两类:一类是质点系以外的物体对它的作用,称为外力;另一类是质点系内其他质点对它的作用力,称为内力. 设在时刻 t,各个质点所受的内力之和分别为 $\boldsymbol{F}_1^{(\mathrm{in})}, \boldsymbol{F}_2^{(\mathrm{in})}, \cdots, \boldsymbol{F}_n^{(\mathrm{in})}$,所受的外力之和分别为 $\boldsymbol{F}_1^{(\mathrm{ex})}, \boldsymbol{F}_2^{(\mathrm{ex})}, \cdots, \boldsymbol{F}_n^{(\mathrm{ex})}$,它们的速度分别为 $\boldsymbol{v}_1, \boldsymbol{v}_2, \cdots, \boldsymbol{v}_n$. 若用 $\boldsymbol{p}$ 表示质点系在时刻 t 的动量,则

$$\boldsymbol{p} = \sum_{i=1}^{n} m_i \boldsymbol{v}_i \tag{1-24}$$

用 $\boldsymbol{F}_i^{(\mathrm{in})}$ 及 $\boldsymbol{F}_i^{(\mathrm{ex})}$ 分别表示作用在第 i 个质点上的内力之和及外力之和,由质点动量定理,有

$$\frac{\mathrm{d}(m_i \boldsymbol{v}_i)}{\mathrm{d}t} = \boldsymbol{F}_i^{(\mathrm{in})} + \boldsymbol{F}_i^{(\mathrm{ex})} \quad (i = 1, 2, \cdots, n)$$

将 n 个方程两端相加,得

$$\frac{\mathrm{d}}{\mathrm{d}t}\left(\sum_i m_i \boldsymbol{v}_i\right) = \sum_i \boldsymbol{F}_i^{(\mathrm{in})} + \sum_i \boldsymbol{F}_i^{(\mathrm{ex})}$$

因系统内质点间相互作用的内力总是成对出现,所以质点系全部内力的矢量和等于零,所以上式可写为

$$\frac{\mathrm{d}}{\mathrm{d}t}\left(\sum_i m_i \boldsymbol{v}_i\right) = \sum_i \boldsymbol{F}_i^{(\mathrm{ex})} \tag{1-25a}$$

上式表明:质点系的动量对时间的一阶导数等于作用在质点系上外力的矢量和,这就是质点系动量定理的微分形式.

上式也可写为

$$\mathrm{d}\boldsymbol{p} = \sum_i \boldsymbol{F}_i^{(\mathrm{ex})} \mathrm{d}t \tag{1-25b}$$

将式(1-25b)在 t_0 到 t 的时间间隔内积分,得

$$\begin{aligned}\sum_i m_i \boldsymbol{v}_i - \sum_i m_i \boldsymbol{v}_{i0} &= \int_{t_0}^{t} \left(\sum_i \boldsymbol{F}_i^{(\mathrm{ex})}\right) \mathrm{d}t \\ &= \int_{t_0}^{t} \boldsymbol{F}_1 \mathrm{d}t + \int_{t_0}^{t} \boldsymbol{F}_2 \mathrm{d}t + \cdots + \int_{t_0}^{t} \boldsymbol{F}_n \mathrm{d}t\end{aligned} \tag{1-26}$$

式中 $\sum_i m_i \boldsymbol{v}_{i0}$、$\sum_i m_i \boldsymbol{v}_i$ 分别表示质点系在初态和末态的总动量,$\int_{t_0}^{t} \left(\sum_i \boldsymbol{F}_i^{(\mathrm{ex})}\right) \mathrm{d}t$ 表示外力矢量和的冲量(也等于各外力冲量的矢量和).

式(1-26)表明:在某一段给定的时间内,系统所受合外力的冲量等于质点系动量的增量,这就是质点系动量定理的积分形式.

需要说明:由式(1-26)可知,对整个系统来说,质点系动量的改变仅取决于系统所受合外力的冲量.但系统内各个质点动量的变化,不仅与该质点所受合外力的冲量有关,而且还与内力的冲量有关.换句话说,内力不能改变系统的总动量,但可以改变系统内各质点的动量.

2. 质点系动量守恒定律

文档:动量守恒定律的形成

若在一定的过程中,当系统所受合外力等于零或完全不受外力,即满足 $\sum_i \boldsymbol{F}_i^{(\mathrm{ex})}=\mathbf{0}$ 的条件时,则由式(1-26),有

$$\sum_i m_i \boldsymbol{v}_i-\sum_i m_i \boldsymbol{v}_{i0}=\mathbf{0}$$

或写为

$$m_1\boldsymbol{v}_1+m_2\boldsymbol{v}_2+\cdots+m_n\boldsymbol{v}_n=m_1\boldsymbol{v}_{10}+m_2\boldsymbol{v}_{20}+\cdots+m_n\boldsymbol{v}_{n0} \quad (1-27)$$

即

$$m_1\boldsymbol{v}_1+m_2\boldsymbol{v}_2+\cdots+m_n\boldsymbol{v}_n=\text{常矢量}$$

上式表明,如果系统不受外力或所受合外力为零,那么质点系总动量保持不变,这个结论称为质点系动量守恒定律.

视频:小球弹性碰撞

关于质点系动量守恒定律,有以下几点说明:

(1) 质点系动量守恒的条件是系统不受外力或所受合外力为零.不过在具体问题中,这个条件往往不会严格满足.若在所考虑的时间内,系统所受外力与系统内相互作用的内力相比甚小从而可忽略不计时,可近似认为系统的总动量守恒.如碰撞、爆炸等过程,内力很大,此时重力等外力的作用可以忽略,便可认为系统总动量保持不变.

(2) 当我们分析系统所受的外力时,时常遇到系统所受外力矢量和并不等于零,但如果外力在某一方向(如 x 轴方向)的分量之代数和为零,即

$$\sum_i F_{ix}^{(\mathrm{ex})}=0$$

此时,虽然质点系总动量不守恒,但由式(1-26)可知,系统动量在该方向(x 方向)的分量却是守恒的,即

$$m_1 v_{1x}+m_2 v_{2x}+\cdots+m_n v_{nx}=m_1 v_{1x0}+m_2 v_{2x0}+\cdots+m_n v_{nx0} \quad (1-28)$$

这一结论在很多实际问题中常常用到.

(3) 动量守恒定律不仅适用于宏观领域,也适用于微观领域.动量守恒定律是物理学的基本规律之一.

1-4 功和能

功和能是物理学中非常重要的概念．外力对物体做功，物体运动的能量必然要发生相应的变化．为此，本节还要进一步讨论与功和能相关的动能定理、功能原理和机械能守恒定律等．可以认为这些定理和原理是牛顿运动定律的推论．我们将看到，用它们解决某些力学问题比用牛顿运动定律更便捷．功和能的概念不仅在机械运动的范围内应用，在物理学的其他领域仍是极其重要的基本概念．

1-4-1 功和功率

牛顿第二定律 $\boldsymbol{F}=m\boldsymbol{a}$ 只能说明物体的运动状态在力作用的瞬时具有相应的变化率．而外力对物体作用一段距离产生的效果，我们称它为力对物体的空间累积效应，描写这个空间累积效应的物理量就是功．

微课：功　功率

1. 功

(1) 恒力沿直线所做的功

如图 1-21 所示，物体（可视作质点）在恒力 $\boldsymbol{F}$ 作用下做直线运动，其位移为 $\Delta\boldsymbol{r}$，力与位移的夹角为 θ，则力 $\boldsymbol{F}$ 所做的功为：力在这段位移上的分量与该位移大小的乘积，即

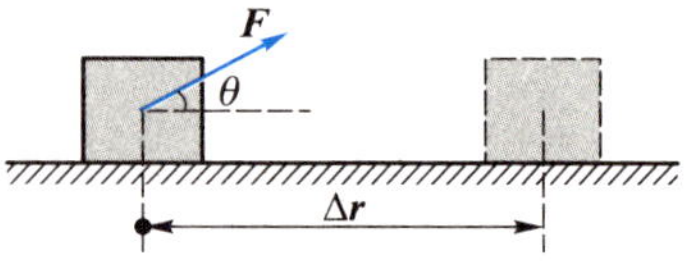

图 1-21　恒力所做的功

$$W=F\left|\Delta\boldsymbol{r}\right|\cos\theta$$

或用 $\boldsymbol{F}$ 与 $\Delta\boldsymbol{r}$ 的矢量标积表示为

$$W=\boldsymbol{F}\cdot\Delta\boldsymbol{r} \qquad (1-29a)$$

功是标量，有正负之分．当 $0\leqslant\theta<\dfrac{\pi}{2}$ 时，$W>0$，力对质点做正功；当 $\dfrac{\pi}{2}<\theta\leqslant\pi$ 时，$W<0$，力对质点做负功；当 $\theta=\dfrac{\pi}{2}$ 时，$W=0$，力对质点不做功．

在国际单位制中，功的单位是焦［耳］，符号为 J，1 J＝1 N·m.

(2) 变力沿曲线路径所做的功

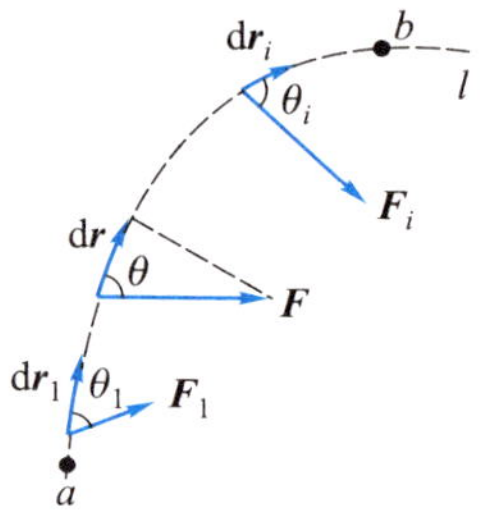

图 1-22　变力所做的功

一般情况下，力和位移的大小、方向都在变化．如图 1-22 所示，质点沿曲线 l 从 a 点移动到 b 点．在计算力 $\boldsymbol{F}$ 所做的功时，

我们可把 ab 分割成许多微小的路段 Δs_i，其对应的位移为 $\Delta \boldsymbol{r}_i$，只要 Δs_i 足够小，$\Delta \boldsymbol{r}_i$ 就可写作位移元 $\mathrm{d}\boldsymbol{r}$，可认为力 $\boldsymbol{F}$ 在其上的变化甚小，即可看做恒力，那么 $\boldsymbol{F}$ 在位移元 $\mathrm{d}\boldsymbol{r}$ 上做的元功为

$$\mathrm{d}W=\boldsymbol{F}\cdot\mathrm{d}\boldsymbol{r}=F|\mathrm{d}\boldsymbol{r}|\cos\theta$$

若近似地用 $\mathrm{d}s$ 表示 $\mathrm{d}\boldsymbol{r}$ 的大小，即 $\mathrm{d}s=|\mathrm{d}\boldsymbol{r}|$，上式也可写为

$$\mathrm{d}W=F\mathrm{d}s\cos\theta$$

于是，质点从 a 点移到 b 点时，变力所做的总功 W 为所有位移元上该力所做元功之和，即

$$W=\int_a^b\mathrm{d}W=\int_a^b\boldsymbol{F}\cdot\mathrm{d}\boldsymbol{r}=\int_a^b F|\mathrm{d}\boldsymbol{r}|\cos\theta=\int_a^b F\mathrm{d}s\cos\theta \tag{1-29b}$$

式(1-29b)是变力做功的一般表达式．要计算上面的积分，必须知道 $\boldsymbol{F}$ 和 θ 随路程变化的函数关系．功的大小不仅与力的大小方向和质点的始、末位置有关，还与质点经过的路径有关，所以功是过程量．

在直角坐标系中，合力 $\boldsymbol{F}$、位移元 $\mathrm{d}\boldsymbol{r}$ 可以写为

$$\boldsymbol{F}=F_x\boldsymbol{i}+F_y\boldsymbol{j}+F_z\boldsymbol{k}$$

$$\mathrm{d}\boldsymbol{r}=\mathrm{d}x\boldsymbol{i}+\mathrm{d}y\boldsymbol{j}+\mathrm{d}z\boldsymbol{k}$$

将以上两式同时代入式(1-29b)，得

$$W=\int_a^b(F_x\mathrm{d}x+F_y\mathrm{d}y+F_z\mathrm{d}z)$$

若 $W_x=\int_{x_a}^{x_b}F_x\mathrm{d}x$，$W_y=\int_{y_a}^{y_b}F_y\mathrm{d}y$，$W_z=\int_{z_a}^{z_b}F_z\mathrm{d}z$，则

$$W=W_x+W_y+W_z$$

该式表示，合力所做的功等于其直角分量所做功的代数和．

2. 功率

在一些实际问题中，完成一定量功的快慢是衡量一个机械做功性能的重要指标．功随时间的变化率叫做功率，用 P 表示，

$$P=\frac{\mathrm{d}W}{\mathrm{d}t} \tag{1-30a}$$

或

$$P=\frac{\boldsymbol{F}\cdot\mathrm{d}\boldsymbol{r}}{\mathrm{d}t}=\boldsymbol{F}\cdot\frac{\mathrm{d}\boldsymbol{r}}{\mathrm{d}t}=\boldsymbol{F}\cdot\boldsymbol{v} \tag{1-30b}$$

上式表明：某时刻 t，瞬时功率等于作用力与质点速度的标积．

一般汽车发动机的功率是恒定的，在启动或爬坡时，因所需驱动力较大，司机总是调到低挡驾驶；而在平坦的路上行驶所需

要的牵引力较小,可调到高挡高速行驶.

在国际单位制中,功率的单位是瓦[特],符号为 W,1 W = 1 J · s^{-1}. 工程上常用的单位还有 kW(千瓦).

例 1-7

质量为 10 kg 的质点,在外力作用下做平面曲线运动,该质点的速度为 $\boldsymbol{v}=4t^2\boldsymbol{i}+16\boldsymbol{j}$(SI 单位),开始时质点位于坐标原点. 求质点从 $y_1=16$ m 运动到 $y_2=32$ m 的过程中外力做的功.

解: 根据题意可知,质点做变速运动,由速度随时间的变化可计算出所受的力,由此再计算外力做的功.

由已知条件知,质点在任意时刻的速度分量为

$$v_x=\frac{\mathrm{d}x}{\mathrm{d}t}=4t^2,\quad v_y=\frac{\mathrm{d}y}{\mathrm{d}t}=16$$

所以有

$$\mathrm{d}x=4t^2\mathrm{d}t,\quad \mathrm{d}y=16\mathrm{d}t$$

对以上两式两边积分,并代入初始条件 $t=0$, $x_0=0$, $y_0=0$,从而有

$$x=4\cdot\frac{t^3}{3},\quad y=16t$$

在质点从 $y_1=16$ m 运动到 $y_2=32$ m 的过程中,时间从 $t_1=1$ s 到 $t_2=2$ s. 因有

$$F_x=m\frac{\mathrm{d}v_x}{\mathrm{d}t}=80t,\quad F_y=m\frac{\mathrm{d}v_y}{\mathrm{d}t}=0$$

所以外力做的功为

$$W=\int F_x\mathrm{d}x+F_y\mathrm{d}y=\int_1^2 320t^3\mathrm{d}t=1\ 280\ \mathrm{J}$$

1-4-2 质点的动能定理

下面将从牛顿运动定律出发,导出外力对物体做功与物体动能改变之间的关系.

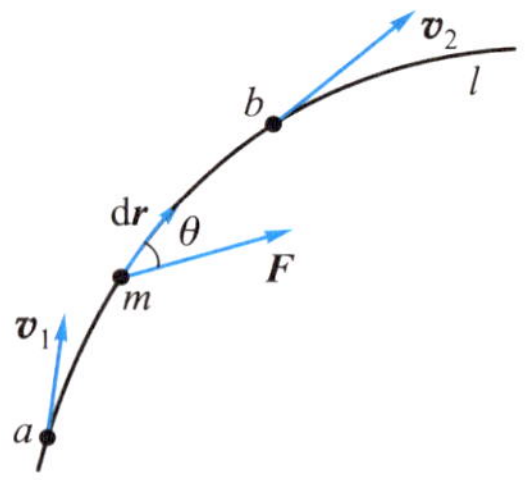

图 1-23 动能定理的推导

如图 1-23 所示,质量为 m 的物体在合外力 $\boldsymbol{F}$ 作用下自 a 点沿曲线 l 运动到终点 b. 设物体在 a 点的速度为 $\boldsymbol{v}_1$,在 b 点的速度为 $\boldsymbol{v}_2$,设在位移元 $\mathrm{d}\boldsymbol{r}$ 处的合外力 $\boldsymbol{F}$ 与 $\mathrm{d}\boldsymbol{r}$ 间的夹角为 θ,由牛顿第二定律切向分量式,有

$$F_t=F\cos\theta=ma_t$$

则合外力 $\boldsymbol{F}$ 所做的功为

$$W=\int_l\boldsymbol{F}\cdot\mathrm{d}\boldsymbol{r}=\int_l F_t\cdot|\mathrm{d}\boldsymbol{r}|=\int_l ma_t\cdot|\mathrm{d}\boldsymbol{r}|$$

考虑到 $a_t=\dfrac{\mathrm{d}v}{\mathrm{d}t}$, $\mathrm{d}s=|\mathrm{d}\boldsymbol{r}|$, $\mathrm{d}s=v\mathrm{d}t$,故有

$$W=\int_l m\frac{\mathrm{d}v}{\mathrm{d}t}\cdot|\mathrm{d}\boldsymbol{r}|=\int_l m\frac{\mathrm{d}v}{\mathrm{d}t}\cdot v\mathrm{d}t=\int_{v_1}^{v_2}mv\mathrm{d}v$$

即

$$W=\frac{1}{2}mv_2^2-\frac{1}{2}mv_1^2\tag{1-31}$$

为使上式的物理意义更鲜明,我们引入质点的动能这一概念,用 E_k 表示,其定义为:质点的质量与其运动速率平方的乘积的一半,即

$$E_k=\frac{1}{2}mv^2$$

这样,式(1-31)的右边 $\frac{1}{2}mv_2^2-\frac{1}{2}mv_1^2$ 是物体在合外力作用过程中,末态与初态的动能之差,即动能的增量. 此式可写为

$$W=E_{k2}-E_{k1}$$

上式表明合外力对物体所做的功等于物体动能的增量,这个结论称为质点的动能定理. 它表明了外力做功与物体运动状态改变(即动能的增量)之间的关系.

动能是标量,其单位与功的单位相同,也是 J(焦[耳]).

关于质点的动能定理需作如下说明:

(1) 功与动能是两个不同的概念,不能混为一谈. 动能是反映物体运动状态的物理量,是一种状态量,而功是一个过程量,与质点所经路径有关.

(2) 动能定理是由牛顿第二定律推导出的,故只适用于惯性参考系.

1-4-3 质点系的动能定理

质点系是指有相互作用的两个或两个以上质点组成的物体系统,质点系内各物体所受的力可分为内力和外力两类,其中质点系内各个物体之间的相互作用力称为系统的内力,系统外的物体对质点系内任一物体的作用力称为系统的外力.

下面我们把质点动能定理推广到质点系的情况. 如图 1-24 所示,设质点系由 n 个质点组成,其中第 $i(i=1,2,\cdots,n)$ 个质点的质量为 m_i,在某一过程的初态速率为 v_{i1},末态速率为 v_{i2},用 W_i 表示作用于该质点的所有力在该过程中所做功的总和,把质点动能定理应用于该质点,有

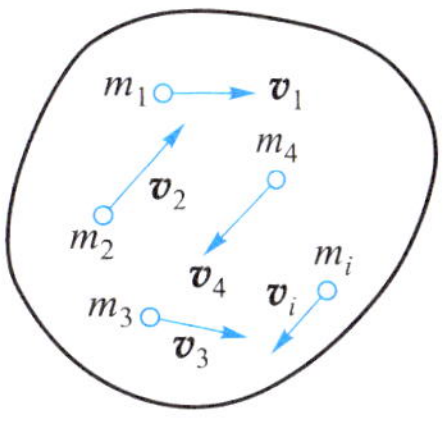

图 1-24 质点系

$$W_i=\frac{1}{2}m_iv_{i2}^2-\frac{1}{2}m_iv_{i1}^2$$

把质点动能定理应用于质点系内所有质点并把所得方程相加,有

$$\sum_i W_i=\sum_i\frac{1}{2}m_iv_{i2}^2-\sum_i\frac{1}{2}m_iv_{i1}^2$$

而
$$\sum_i W_i = \sum_i W_{i外} + \sum_i W_{i内}$$
令 $E_{k2} = \sum_i \frac{1}{2} m v_{i2}^2$ 和 $E_{k1} = \sum_i \frac{1}{2} m_i v_{i1}^2$，则有
$$\sum_i W_{i外} + \sum_i W_{i内} = E_{k2} - E_{k1} \tag{1-32}$$

这表明：在力学过程中，质点系从一个状态变化到另一个状态，质点系动能的增量等于质点系内所有内力做的功与所有外力做的功之和．这就是**质点系的动能定理**．

需要指出，系统内力做功一般不为零，但当两物体间的相对位置保持不变时，那么其相互作用的一对内力做功之代数和等于零．如图 1-25 所示，设第 i 个质点和第 j 个质点间的一对相互作用的内力分别为 $\boldsymbol{F}_{ij}$ 和 $\boldsymbol{F}_{ji}$，虽有 $\boldsymbol{F}_{ij}+\boldsymbol{F}_{ji}=\boldsymbol{0}$，但它们做的功之和为

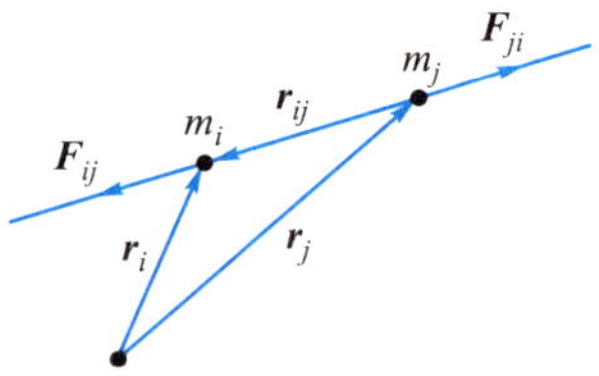

图 1-25　一对内力的功

$$\begin{aligned} \mathrm{d}W &= \boldsymbol{F}_{ij} \cdot \mathrm{d}\boldsymbol{r}_i + \boldsymbol{F}_{ji} \cdot \mathrm{d}\boldsymbol{r}_j = \boldsymbol{F}_{ij} \cdot (\mathrm{d}\boldsymbol{r}_i - \mathrm{d}\boldsymbol{r}_j) \\ &= \boldsymbol{F}_{ij} \cdot \mathrm{d}(\boldsymbol{r}_i - \boldsymbol{r}_j) = \boldsymbol{F}_{ij} \cdot \mathrm{d}\boldsymbol{r}_{ij} \end{aligned}$$

式中 $\boldsymbol{r}_{ij}$ 是质点 i 对质点 j 的位矢，一般 $\mathrm{d}\boldsymbol{r}_{ij} \neq \boldsymbol{0}$，因此内力做的功之和不为零．但在质点间距离不变的情况下，有 $\mathrm{d}\boldsymbol{r}_{ij}=\boldsymbol{0}$，此时内力做的功之和等于零．

1-4-4 保守力　系统的势能

微课:保守力的功　势能

在诸多作用力做功的情况中，有一种力做功具有特殊意义，即它做功与路径无关，只取决于物体的始、末位置，这种力称为保守力，由保守力做功的特点可引出势能的概念．

1. 重力的功

设物体在重力作用下，从位置 a 沿任一曲线路径 acb 运动到位置 b，如图 1-26 所示．在地面附近，重力 $m\boldsymbol{g}$ 可以看做恒力，而始、末位置 a 点和 b 点相对于地面的高度分别为 h_a 和 h_b.

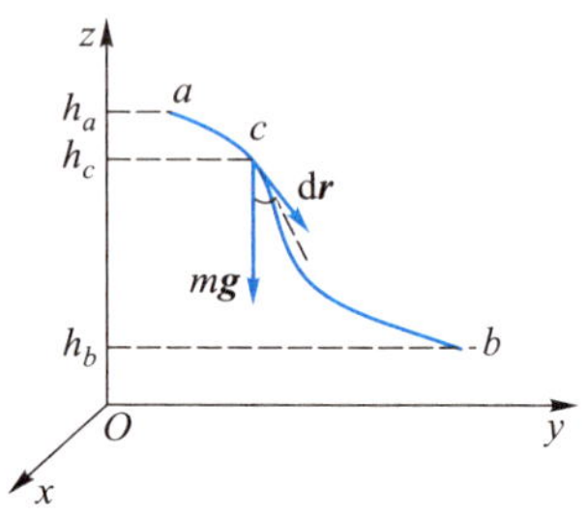

图 1-26　重力的功

在位移元 $\mathrm{d}\boldsymbol{r}$ 中，重力所做的元功是
$$\mathrm{d}W = m\boldsymbol{g} \cdot \mathrm{d}\boldsymbol{r} = -mg\boldsymbol{k} \cdot (\mathrm{d}x\boldsymbol{i} + \mathrm{d}y\boldsymbol{j} + \mathrm{d}z\boldsymbol{k}) = -mg\mathrm{d}z$$
这样在整个过程中，重力 $m\boldsymbol{g}$ 所做的功为
$$\begin{aligned} W &= \int_{acb} \mathrm{d}W = \int_{h_a}^{h_b} (-mg)\mathrm{d}z = mgh_a - mgh_b \\ &= -(mgh_b - mgh_a) \end{aligned} \tag{1-33}$$

从以上结果可以看出：重力所做的功与物体所经过的路径无关，只与物体的始、末位置有关．如果物体由任一点出发沿任一

路径绕行又回到起点，重力所做的功必为零.

2. 万有引力的功

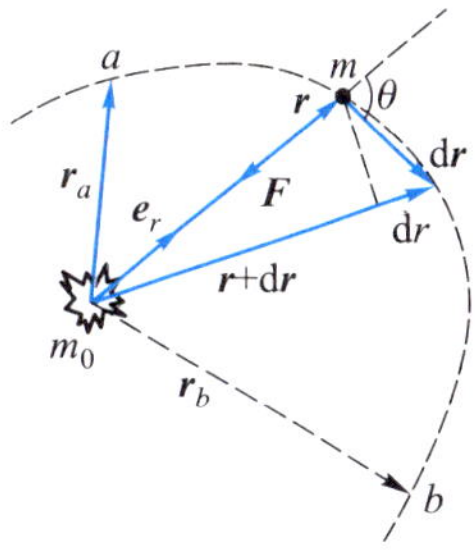

图 1-27 万有引力的功

如图 1-27 所示，设有一质量为 m_0 的质点，可看做固定不动，另有一质量为 m 的质点，在 m_0 对它的万有引力 $\boldsymbol{F}$ 作用下，从起始位置 a（离 m_0 距离 r_a）沿任意曲线运动到位置 b（离 m_0 距离 r_b），$\boldsymbol{e}_r$ 为位矢 $\boldsymbol{r}$ 的单位矢量. 质点 m 在曲线上任一点受到的万有引力为

$$\boldsymbol{F}=-G\frac{m_0 m}{r^2}\boldsymbol{e}_r$$

$\boldsymbol{F}$ 的方向指向 m_0 点，与位移元 $\mathrm{d}\boldsymbol{r}$ 之间的夹角为 $\pi-\theta$，$\boldsymbol{F}$ 在位移元 $\mathrm{d}\boldsymbol{r}$ 上的元功为

$$\mathrm{d}W=\boldsymbol{F}\cdot\mathrm{d}\boldsymbol{r}=-G\frac{m_0 m}{r^2}\boldsymbol{e}_r\cdot\mathrm{d}\boldsymbol{r}$$

由图 1-27 可看出

$$\boldsymbol{e}_r\cdot\mathrm{d}\boldsymbol{r}=|\boldsymbol{e}_r|\cdot|\mathrm{d}\boldsymbol{r}|\cos\theta=\mathrm{d}r$$

万有引力 $\boldsymbol{F}$ 在全部路程中所做的功为

$$\begin{aligned}W&=\int\boldsymbol{F}\cdot\mathrm{d}\boldsymbol{r}=\int_{r_a}^{r_b}-G\frac{m_0 m}{r^2}\boldsymbol{e}_r\cdot\mathrm{d}\boldsymbol{r}=\int_{r_a}^{r_b}-G\frac{m_0 m}{r^2}\mathrm{d}r\\&=Gm_0 m\left(\frac{1}{r_b}-\frac{1}{r_a}\right)=-\left[\left(-\frac{Gm_0 m}{r_b}\right)-\left(-\frac{Gm_0 m}{r_a}\right)\right]\end{aligned}\tag{1-34}$$

由上式可看出：万有引力的功，只与质点 m 所经过的始、末位置有关，而与质点所经过的路径无关.

3. 弹性力的功

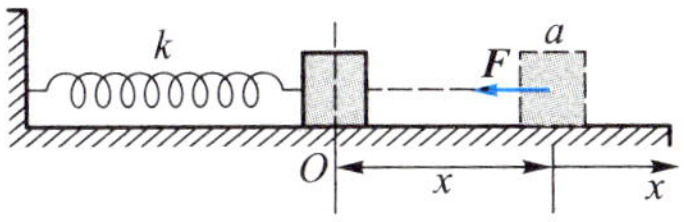

图 1-28 弹性力的功

如图 1-28 所示的弹簧振子系统，弹簧的弹性系数为 k，放在光滑水平桌面上，以弹簧的平衡位置 O 为原点，取向右为 x 轴正方向，相应的单位矢量为 $\boldsymbol{i}$，则将弹簧向右拉伸 $x(x>0)$ 时，物体受弹簧给予的向左的弹性力 $\boldsymbol{F}=-kx\boldsymbol{i}$.

当质点发生位移 $\mathrm{d}\boldsymbol{r}=\mathrm{d}x\boldsymbol{i}$ 时，弹性力做的元功为

$$\mathrm{d}W=\boldsymbol{F}\cdot\mathrm{d}\boldsymbol{r}=-kx\mathrm{d}x$$

当物体从起始位置 x_1 运动到末位置 x_2 的过程中，弹性力对物体所做的功为

$$W=\int_{x_1}^{x_2}F\mathrm{d}x=\int_{x_1}^{x_2}-kx\mathrm{d}x=-\left(\frac{1}{2}kx_2^2-\frac{1}{2}kx_1^2\right)\tag{1-35}$$

由此可见，弹性力所做的功只和始、末位置 x_1、x_2 有关，而与物体移动的具体路径无关.

4. 保守力和非保守力

(1) 保守力

前面讨论的重力、万有引力和弹性力做功都具有一个共同的特点，即力所做的功仅取决于受力物体的始、末位置，而与物体所经过的路径无关，我们把做功具有这种特点的力称为保守力．系统中相互作用的万有引力（重力归属万有引力）、弹性力、分子间相互作用的分子力和静电力等都属于保守力．

由于保守力做功与路径无关的特点，故保守力 $\boldsymbol{F}$ 沿任意闭合路径 l 所做的功为零，所以保守力的特性可用数学公式表示为

$$\oint_l \boldsymbol{F} \cdot \mathrm{d}\boldsymbol{r} = 0 \tag{1-36}$$

(2) 非保守力

凡是做功与路径有关的力称为非保守力．如常见的摩擦力做功是与其经过的路径有关的，故摩擦力属于非保守力．

5. 系统的势能

因保守力做功只与物体始、末位置有关，与其经过的路径无关，所以只要受力物体的始、末位置一定，保守力做的功便确定了．为此，我们可以引入与质点位置有关的能量，称为势能，用 E_p 表示．

用 $E_{\mathrm{p}1}$ 和 $E_{\mathrm{p}2}$ 分别表示质点在初、末两态的势能，用 $W_{\text{保}}$ 表示由起始位置到末位置过程中保守力做的功，则这种保守力所做的功等于相应势能增量的负值，即

$$W_{\text{保}} = -(E_{\mathrm{p}2} - E_{\mathrm{p}1}) = -\Delta E_\mathrm{p} \tag{1-37}$$

上式表明系统势能的变化可用保守力所做的功来量度．若保守力做正功，则势能减少；反之，若保守力做负功，则势能增加．

势能的单位与功的单位相同，也是 J（焦[耳]）．

关于势能有如下说明：势能是属于有保守力相互作用的物体所组成的系统的，而不是属于其中个别物体的．例如，重力势能是属于地球与受重力作用的物体所组成的系统的．对弹簧的弹性势能来说，它是属于物体与弹簧所组成的系统的．但为了叙述方便，常把系统共有的势能说成物体的势能．势能只有相对意义．某一位置的势能与势能零点的选取有关，若选定位置 c 处为势能零点，则某一位置 a 的势能在数值上等于保守力从该位置到势能零点所做的功，可表示为

$$E_{\mathrm{p}a} = \int_a^c \boldsymbol{F}_{\text{保}} \cdot \mathrm{d}\boldsymbol{r}$$

（1）重力势能

如图 1-26 所示，选 Oyz 平面内任意一点 c 为势能零点，则质点在 a 点的重力势能应等于把质点从 a 点移动到势能零点 c 的过程中重力所做的功，即

$$E_{pa}=W_{ac}=\int_{h_a}^{h_c}(-mg)\mathrm{d}z=mg(h_a-h_c)$$

一般选定地面作为重力势能零点，即 $h_c=0$，所以有

$$E_{pa}=mgh_a \tag{1-38}$$

（2）引力势能

一般引力势能零点选取在无限远处，在式（1-34）中选取 b 点为无限远，$r_b=\infty$，则

$$E_{pa}=W_{ab}=\int_{r_a}^{\infty}-G\frac{m_0m}{r^2}\mathrm{d}r=-\frac{Gm_0m}{r_a} \tag{1-39}$$

不难看出，质点从 a 点位置移到无限远处，引力做负功，使系统的引力势能从负值增大到零；反之，引力做正功，系统的引力势能减少.

（3）弹性势能

如图 1-28 所示，质点处在弹簧形变量为 x 的 a 点所具有的弹性势能等于把质点从 a 点移动到势能零点 O 的过程中弹性力所做的功，即

$$E_{pa}=W_{aO}=\int_{x_a}^{x_O}-kx\mathrm{d}x=-\left(\frac{1}{2}kx_O^2-\frac{1}{2}kx_a^2\right)$$

弹性势能零点一般取在弹簧原长处，$x_O=0$，所以有

$$E_{pa}=\frac{1}{2}kx_a^2 \tag{1-40}$$

1-4-5 质点系的功能原理 机械能守恒定律

1. 质点系的功能原理

前面已介绍了质点系的动能定理及系统势能的概念，下面我们将从质点系的动能定理出发推导质点系的功能原理.

根据质点系的动能定理表达式（1-32），把系统内力的功分为保守内力做的功 $\sum_i W_{保内i}$ 和非保守内力做的功 $\sum_i W_{非保内i}$，即

$$\sum_i W_{内i}=\sum_i W_{保内i}+\sum_i W_{非保内i}.$$

微课：动能定理 功能原理 机械能守恒

这样系统的动能定理表达式可写为

$$\sum_i W_{外i} + \sum_i W_{保内i} + \sum_i W_{非保内i} = \sum_i E_{ki2} - \sum_i E_{ki1}$$

而保守内力做的功 $\sum_i W_{保内i} = -\left(\sum_i E_{pi2} - \sum_i E_{pi1}\right)$，即系统末位置的势能 $\sum_i E_{pi2}$ 减去系统起始位置的势能 $\sum_i E_{pi1}$ 之负值，则

$$\sum_i W_{外i} + \sum_i W_{非保内i} = \left(\sum_i E_{ki2} + \sum_i E_{pi2}\right) - \left(\sum_i E_{ki1} + \sum_i E_{pi1}\right) \tag{1-41a}$$

在力学中，我们把某状态系统中各物体的动能和势能之和称为系统的机械能，用 E 表示，$E = E_k + E_p$. $E_1 = \sum_i E_{ki1} + \sum_i E_{pi1}$，表示系统的初态机械能；$E_2 = \sum_i E_{ki2} + \sum_i E_{pi2}$ 表示系统的末态机械能．这样，式(1-41a)可表述为：系统机械能的增量等于它所受的外力做功与非保守内力做功之代数和，这就是**质点系的功能原理**，可表示为

$$\sum_i W_{外i} + \sum_i W_{非保内i} = E_2 - E_1 \tag{1-41b}$$

需要指出：质点系的功能原理和动能定理并无本质区别，在利用质点系功能原理求解力学问题时，不必计算保守内力做的功，因为它们所做的功已由相应的势能的减少所置换了．

2. 机械能守恒定律

在一个力学过程中，若外力和非保守内力都不做功，即 $\sum_i W_{外i} = 0$，$\sum_i W_{非保内i} = 0$，则由式(1-41b)，有

$$E_2 = E_1 \tag{1-42a}$$

或

$$E_k + E_p = 常量 \tag{1-42b}$$

这就是说，如果一系统的所有外力和非保守内力都不做功，则系统的机械能总是保持为一常量．这个结论称为系统的**机械能守恒定律**．

需要注意的是，机械能守恒定律是牛顿运动定律的推论，所以也只适用于惯性系．

文档：我国航天工程成就简介

例 1-8

如图 1-29(a)所示，小球的质量 $m=2$ kg，沿固定的四分之一圆弧由 A 点静止滑下，到达 B 点时的速率 $v=6\ \text{m}\cdot\text{s}^{-1}$，求摩擦力做的功．

解：小球在下滑的过程中受三个力作用，即重力 $\boldsymbol{P}$、圆弧给其的正压力 $\boldsymbol{F}_N$ 及摩擦力 $\boldsymbol{F}_f$，如图 1-29(b) 所示，而 $\boldsymbol{F}_N$ 及 $\boldsymbol{F}_f$ 都是变力，$\boldsymbol{F}_N$ 始终与运动方向垂直，它是不做功的．应用质点动能定理，有

$$W_P+W_f+W_N=\frac{1}{2}mv^2-0$$

又因 $W_P=mgR,\quad W_N=0$

所以 $W_f=\frac{1}{2}mv^2-mgR=-42.4\ \text{J}$

此题也可应用功能原理求．设 B 处为重力势能零点，物体与圆弧、地球组成一系统，系统不受外力作用，系统内摩擦力是非保守内力，所以有

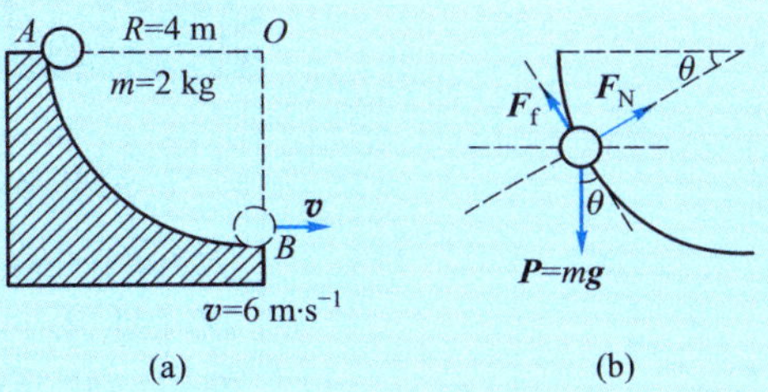

图 1-29 例 1-8 图

$$W_f=(E_{kB}+E_{pB})-(E_{kA}+E_{pA})$$
$$=\frac{1}{2}mv^2-mgR=-42.4\ \text{J}$$

负号表示摩擦力对物体做负功．

例 1-9

长为 l 的匀质链条，部分置于水平面上，另一部分自然下垂，如图 1-30 所示．已知链条与水平面间的静摩擦因数为 μ_0，动摩擦因数为 μ：

(1) 链条下垂长度 b_0 满足什么条件时，链条将开始滑动？

(2) 若链条下垂部分长度为 $b(b>b_0)$ 时，自静止开始滑动到离开桌面的过程中，摩擦力对链条所做的功为多少？

(3) 当链条末端刚刚滑离桌面时，其速率等于多少？

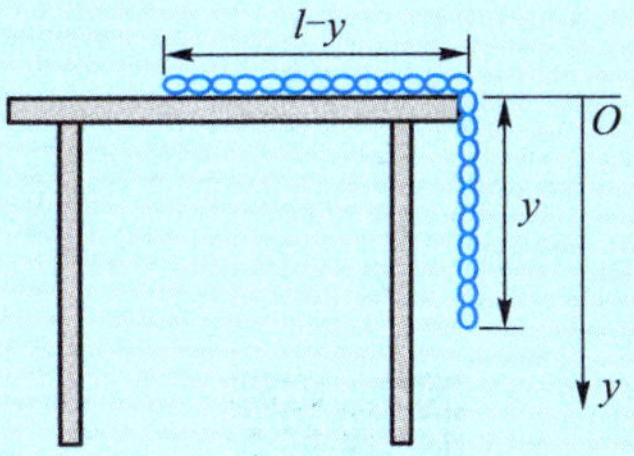

图 1-30 例 1-9 图

解：(1) 以链条的水平部分为研究对象．设链条的质量线密度为 ρ，沿竖直线向下取 Oy 轴．设链条下垂长度 $y=b_0$ 时，处于临界状态，即

$$\rho b_0 g-\mu_0\rho(l-b_0)g=0$$

得

$$b_0=\frac{\mu_0}{1+\mu_0}l$$

当 $y>b_0$ 时，拉力大于最大静摩擦力，链条将开始滑动．

(2) 以整个链条为研究对象，建立如图 1-30 所示的坐标系，任意时刻链条下落的长度为 y，摩擦力大小为

$$F_f=(l-y)\rho g\mu$$

在其离开桌面的过程中，摩擦力做的功为

$$W_f=-\int_b^l(l-y)\rho g\mu\,\mathrm{d}y=-\frac{1}{2}\rho g\mu(l-b)^2$$

(3) 在链条离开桌面的过程中，重力做的功为

$$W_P=\int_b^l\rho gy\,\mathrm{d}y=\frac{\rho g}{2}(l^2-b^2)$$

应用系统动能定理，有

$$\frac{1}{2}\rho g(l^2-b^2)-\frac{1}{2}\mu\rho g(l-b)^2=\frac{1}{2}\rho lv^2-0$$

解得链条离开时的速率为

$$v=\sqrt{\frac{g}{l}[(l^2-b^2)-\mu(l-b)^2]}$$

1-4-6 能量守恒定律

如果系统存在非保守内力,并且这种非保守内力(如摩擦力)做负功,则系统的机械能将减少. 例如,因克服摩擦力做功而机械能减少时,必然有热产生,“热”也是一种能量,不过它是一种超出机械能范围的另一种形式的能量.

物质的运动形式除机械运动外,还有热运动,电磁运动,原子、原子核和粒子运动,化学运动以及生命运动等. 与这些运动形式相对应,也存在热能、电磁能、核能、化学能以及生物能等各种形式的能量. 大量事实表明,不同形式的能量之间可以彼此转化. 在系统的机械能减少或增加的同时,必然有等量的其他形式的能量增加或减少,而系统的机械能和其他形式能量的总和是恒定的. 所以说,**能量不会消失,也不会产生,只能从一种形式转化为另一种形式**. 这个结论称为**能量守恒定律**. 根据这个定律,对于一个与外界没有能量交换的孤立系统来说,无论在这个系统内发生何种变化,各种形式的能量可以互相转化,但能量的总和始终保持不变.

能量守恒定律是在概括了无数实验事实的基础上建立起来的,它是物理学中最具有普遍性的定律之一,也是整个自然界都服从的普遍规律. 应当指出:在能量转化的过程中,能量的变化常用功来量度. 在机械运动范围内,功是机械能变化的唯一量度. 但是,不能把功和能量等同起来. 功是和能量转化过程联系在一起的,是个过程量;而能量只和系统的状态有关,是系统状态的函数.

文档:亥姆霍兹

应用案例 离子推进器

人造地球同步卫星在赤道上方一定高度做圆周运动,其角速度等于地球自转角速度. 这种卫星在持续运行若干年的过程中,不可能准确地保持它们相对地球的位置长期不变. 另外,卫星的方位还受到月球的干扰,这使得卫星上天线偏离原来指向. 利用离子推进器,可以使卫星保持适当的方位并处在指定的轨道上.

下面分析其原理:

(1) 图 1-31 是离子推进器示意图.

(2) 推进剂在 P 处进入，在 S 处电离成为正离子．A 是射束成型电极，B 是加速电极．在加速电压 U 的作用下，形成正离子束．卫星的整体呈电中性，在它射出正离子的同时，自身也获得负电荷．为了获得推力，在出口处的灯丝 C 发射的电子注入正离子束中，使其成为中性的粒子束排出．这种高速粒子流喷射出去，导致一个反方向的推力，推动卫星运动．

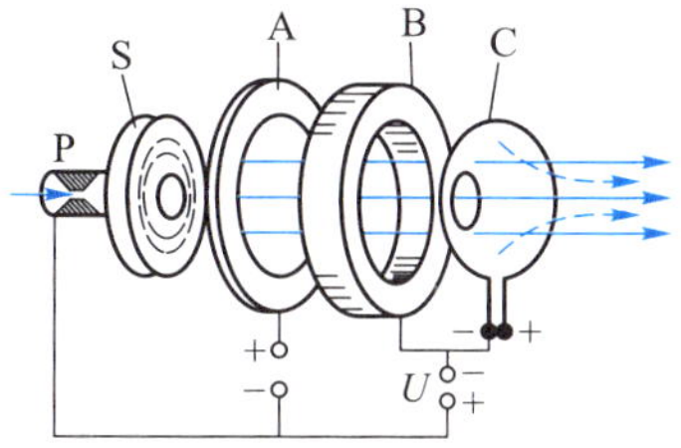

图 1-31

(3) 设正离子在 S 处的速率为 v_0，在出口处喷出的速率为 v ($v_0 \ll v$)．若推进器单位时间喷出的离子（或中性粒子）质量为 μ，则根据动量定理，推进器推力大小 F 为

$$F=-v\mathrm{d}m/\mathrm{d}t=\mu v$$

(4) 若单位时间内排出 N 个质量为 m，带电荷 q 的正离子，则根据电流的定义，粒子束中的正离子电流的大小为

$$I=Nq$$

推进器单位时间喷出离子的质量为

$$\mu=Nm=Im/q$$

所以有

$$F=Imv/q$$

根据能量守恒有

$$mv_0^2/2=mv^2/2+qU\approx 0$$

得离子在出口处喷出的速率为 v 与加速电压 U 之间的关系为

$$v=\sqrt{-2qU/m}$$

由此可知

$$F=Imv/q=I\sqrt{-2mU/q}$$

——摘自马文蔚等主编的《物理学原理在工程技术中的应用》(第四版)

思考题

1-1 请说明选取参考系、建立坐标系的必要性．就描述质点运动而言，参考系应该如何选择？

1-2 现有一矢量 $\boldsymbol{r}$ 是时间 t 的函数，问 $\dfrac{\mathrm{d}|\boldsymbol{r}|}{\mathrm{d}t}$ 与 $\left|\dfrac{\mathrm{d}\boldsymbol{r}}{\mathrm{d}t}\right|$ 在一般情况下是否相等？为什么？

1-3 一质点做直线运动，速度和加速度的大小分别为 $v=\dfrac{\mathrm{d}s}{\mathrm{d}t}$ 和 $a=\dfrac{\mathrm{d}v}{\mathrm{d}t}$，试证明：当 a 为常量时，式 $v^2=v_0^2+2a(s-s_0)$ 成立．（设质点运动初始条件为当 $t=0$ 时，$s=s_0$，$v=v_0$）

1-4 设质点的位置与时间的关系为 $x=x(t)$，$y=y(t)$，在计算质点的速度和加速度时，如果先求出 $r=\sqrt{x^2+y^2}$，然后根据 $v=\dfrac{\mathrm{d}r}{\mathrm{d}t}$ 和 $a=\dfrac{\mathrm{d}^2r}{\mathrm{d}t^2}$ 求得结果；或用另一

种方法计算，先算出速度和加速度分量再合成，得到的结果为 $v=\sqrt{\left(\frac{dx}{dt}\right)^2+\left(\frac{dy}{dt}\right)^2}$ 和 $a=\sqrt{\left(\frac{d^2x}{dt^2}\right)^2+\left(\frac{d^2y}{dt^2}\right)^2}$. 你认为哪一组结果正确？为什么？

1-5 一质点沿螺线匀速率运动，如图所示，问：(1)质点的速度是不变的吗？(2)加速度的大小变化吗？如果加速度的大小是变化的，那么它是增大还是减小？

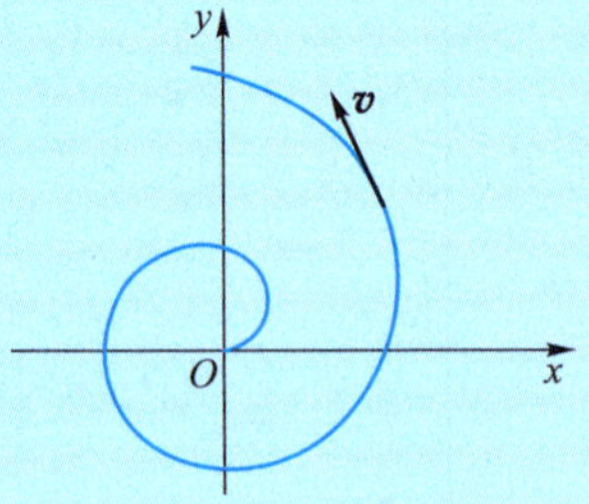

思考题 1-5 图

1-6 有人说："由于作用于质点系内所有质点上的内力的矢量和恒等于零，所以内力不能改变质点系的总动能．"这种说法对吗？

1-7 一个硬币放在转盘上随转盘运动，硬币受到哪些力作用？在此怎样分析静摩擦力的方向？

1-8 动量的大小和方向与参考系的选择有关吗？冲量的大小和方向与参考系的选择有关吗？

1-9 有一人造地球卫星，质量为 m，在地球表面上空 2 倍于地球半径 R 的高度沿圆轨道运行，请用 m、R、引力常量 G 和地球质量 m_E 表示卫星的动能和系统的引力势能．

1-10 两个质量相等的小球，分别从两个高度相同、倾角不同的光滑斜面的顶端由静止滑到底部，它们的动量和动能是否相同？

1-11 人从大船上容易跳上岸，而从小舟上不容易跳上岸，这是为什么？

1-12 一质量为 m 的均匀分布的圆环，其半径为 R，几何轴与水平轴垂直，如图所示，若它能经受的最大张力为 $\boldsymbol{F}_T$，求此圆环可以绕几何轴旋转的最大角速度．

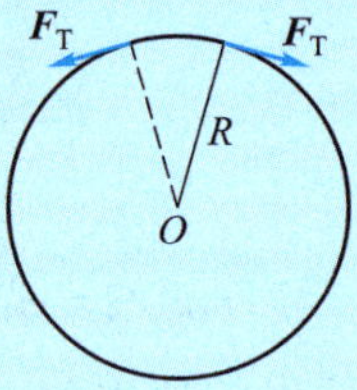

思考题 1-12 图

1-13 Matlab 解常微分方程的能力很强且方便．请应用 Matlab 求质点在万有引力场中的运动．

习题

1-1 有一质点沿 x 轴做直线运动，t 时刻的坐标为 $x=4.5t^2-2t^3$(SI 单位)，试求：

(1) 第 2 s 内的平均速度；

(2) 第 2 s 末的瞬时速度；

(3) 第 2 s 内的路程．

1-2 一质点沿 x 轴运动，其加速度 a 与位置坐标 x 的关系为

$$a=2+6x^2 \quad (\text{SI 单位})$$

如果质点在原点处的速度为零，试求其在任意位置处的速度．

1-3 一质点从静止开始做直线运动，开始时加速度为 a_0，此后加速度随时间均匀增加，经过时间 τ 后，加速度为 $2a_0$，经过时间 2τ 后，加速度为 $3a_0$……求经过时间 $n\tau$ 后，该质点的速度和走过的距离．

1-4 一艘正在沿直线行驶的电艇，在发动机关闭后，其加速度方向与速度方向相反，大小与速度平方成正比，即 $\frac{dv}{dt}=-kv^2$，式中 k 为常量．试证明电艇在关闭发动机后又行驶 x 距离时的速度为 $v=v_0e^{-kx}$，其中 v_0 是发动机关闭时的速度．

1-5　质点 M 在水平面内的运动轨迹如图所示，OA 段为直线，$\widehat{AB}$、$\widehat{BC}$ 段分别为半径不同的两个 $\frac{1}{4}$ 圆周，设 $t=0$ 时，M 在 O 点，已知质点的运动方程为

$$s=30t+5t^2\quad(\text{SI 单位})$$

求 $t=2$ s 时刻质点 M 的切向加速度和法向加速度．

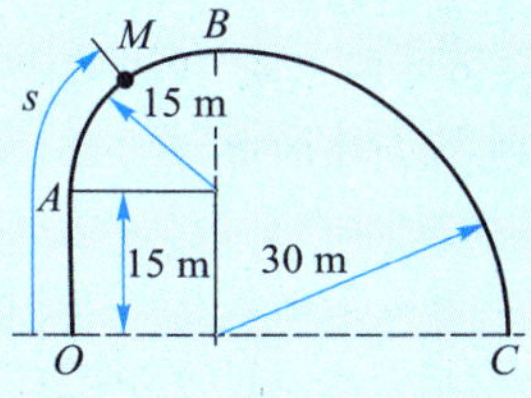

习题 1-5 图

1-6　一质点沿半径为 R 的圆周运动．质点所经过的弧长与时间的关系为 $s=bt-\frac{1}{2}ct^2$，其中 b、c 是大于零的常量，求从 $t=0$ 开始到切向加速度与法向加速度大小相等时所经历的时间．

1-7　如图所示，质点 P 在水平面内沿一半径 $R=2$ m 的圆形轨迹转动．转动的角速度 ω 与时间 t 的函数关系为 $\omega=kt^2$（k 为常量）．已知 $t=2$ s 时，质点 P 的速度值为 32 m · s^{-1}．试求 $t=1$ s 时，质点 P 的速度与加速度的大小．

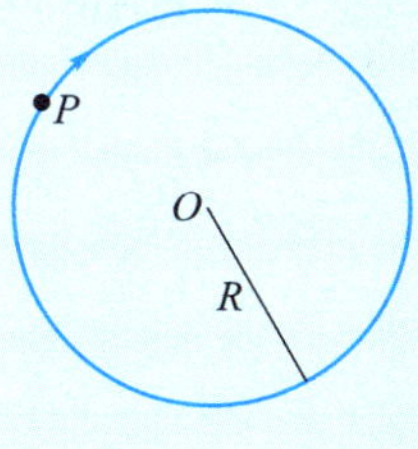

习题 1-7 图

1-8　质量为 m 的子弹以速率 v_0 水平射入沙土中，设子弹所受阻力与速度反向，大小与速度成正比，比例系数为 k，忽略子弹的重力．求：

（1）子弹射入沙土后速度随时间变化的关系式；

（2）子弹进入沙土的最大深度．

1-9　在光滑的水平面上固定一半径为 R 的圆环形围屏，质量为 m 的滑块沿环形内壁转动，滑块与壁间的动摩擦因数为 μ，如图所示．

（1）当滑块速度为 v 时，求它与壁间的摩擦力及滑块的切向加速度；

（2）求滑块的速率由 v 变为 $\frac{v}{3}$ 所需的时间．

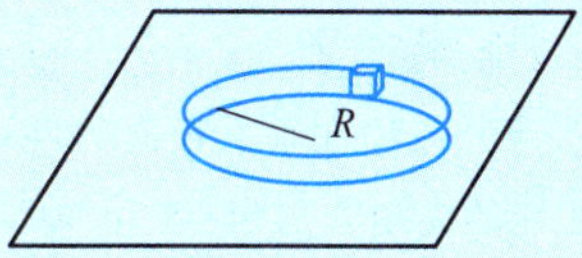

习题 1-9 图

1-10　一辆质量 $m=4$ kg 的雪橇，沿着与水平面夹角 $\theta=36.9°$ 的斜坡向下滑动，所受空气阻力与速率成正比，比例系数 k 未知．今测得雪橇运动的 $v-t$ 关系如图中曲线所示，$t=0$ 时，$v_0=5$ m · s^{-1}，且曲线在该点的切线通过坐标为(4,14.8)的 B 点．随着时间 t 的增加，v 趋近于 10 m · s^{-1}，求阻力系数 k 及雪橇与斜坡间的动摩擦因数 μ．(sin 36.9° = 0.6，cos 36.9° = 0.8．)

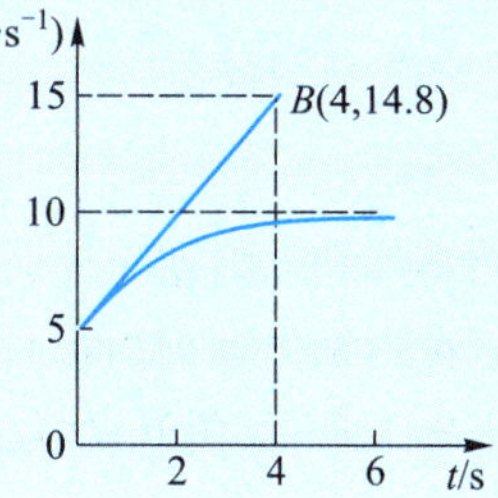

习题 1-10 图

1-11　三个物体 A、B、C，质量都为 m，B 和 C 靠在一起，放在光滑的水平桌面上，两者之间由宽松的细绳相连，B 的另一侧则由另一细绳跨过桌边定滑轮与 A 相连，如图所示．若滑轮和绳子的质量不计，滑轮轴上的摩擦也可忽略．当 A 下落 h 高度时，C 开始运动，问：C 开始运动时速度多大？

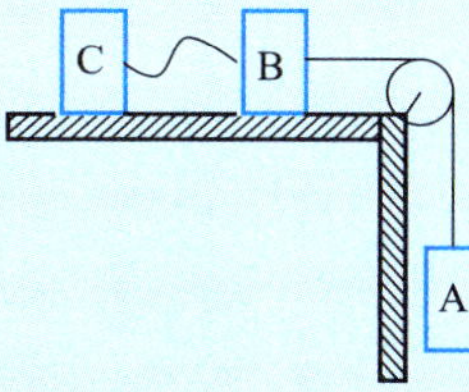

习题 1-11 图

1-12 力 F 作用在质量 $m=1$ kg 的质点上，使之沿 Ox 轴运动．已知在此力作用下质点的运动方程为 $x=(3t-4t^2+t^3)$（SI 单位）．求在 0～4 s 的时间间隔内力 F 的冲量．

1-13 质量为 2.5 g 的乒乓球以 $v_1=10\ \mathrm{m\cdot s^{-1}}$ 的速率飞来，被板推挡后，又以 $v_2=20\ \mathrm{m\cdot s^{-1}}$ 的速率飞出，如图所示．设 $\boldsymbol{v}_1$、$\boldsymbol{v}_2$ 在垂直板面的同一平面内，且它们与板面法线的夹角分别为 45°和 30°.

（1）求乒乓球受到的冲量；

（2）若撞击时间为 0.01 s，求板施于球的平均冲力．

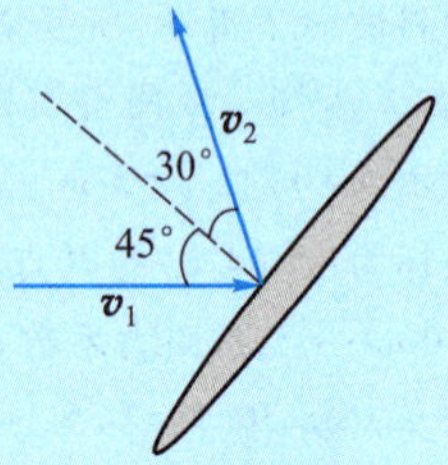

习题 1-13 图

1-14 一质量为 2 kg 的质点，在 Oxy 平面内运动，其位置矢量为 $\boldsymbol{r}=5\cos\pi t\boldsymbol{i}+4\sin\pi t\boldsymbol{j}$（SI 单位）．求：

（1）质点在 $A(5,0)$ 点和 $B(0,4)$ 点时的动能；

（2）质点从 A 点运动到 B 点，合外力的 x 分量和 y 分量所做的功．

1-15 质量为 m 的汽车沿 x 轴正方向运动，初始位置 $x_0=0$，从静止开始加速．在其发动机的功率 P 维持不变，且不计阻力的条件下：

（1）证明其速度表达式为 $v=\sqrt{\dfrac{2Pt}{m}}$；

（2）证明其位置表达式为 $x=\sqrt{\dfrac{8P}{9m}}t^{3/2}$.

1-16 一人从 10 m 深的井中提水．起始时桶中装有 10 kg 的水，桶的质量为 1 kg，由于水桶漏水，每升高 1 m 要漏去 0.2 kg 的水，求水桶被匀速地从井中提到井口过程中，人所做的功．

1-17 质量为 m 的滑块在水平地面上滑动．已知初速度为 v_0，滑块与地面间的动摩擦因数为 μ，所受空气阻力与速度平方成正比（比例常量为 b）．问经过多长距离后滑块停止运动？

1-18 在光滑的水平桌面上有一如图所示的固定半圆形屏障．质量为 m 的滑块以初速度 $\boldsymbol{v}_0$ 沿切线方向进入屏障内，滑块与屏障间的动摩擦因数为 μ. 试证明当滑块从屏障另一端滑出时，摩擦力所做的功为

$$W_{\mathrm{f}}=\frac{1}{2}mv_0^2(\mathrm{e}^{-2\mu\pi}-1)$$

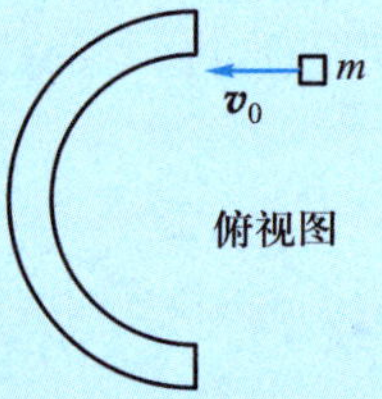

习题 1-18 图

第 1 章参考答案

第 2 章　刚体的定轴转动和流体力学基础

NOTE

前一章我们讨论了质点的运动规律，但在实际问题中，有许多物体的线度和形状不能忽略，因而不能被看做质点，同时物体在外力作用下，一般都要发生形变，这给研究物体的运动规律带来了困难．如果研究的物体形变甚小，物体内各部分之间的相对运动忽略不计，那么可认为它是任意两点间的距离都保持恒定不变的物体，我们称这种物体为刚体．显然，刚体是力学中的又一个理想模型．

刚体的运动根据其运动的特征可分为平动和转动，而转动又可分为定轴转动和非定轴转动．刚体的一般运动，可以看做随质心的平动和绕质心的转动的合成．本章着重介绍刚体的定轴转动．

2-1　刚体的运动

2-1-1　刚体的平动

刚体运动时，若在刚体内所作的任一条直线始终保持平行，则这种运动称为刚体的平动，如图 2-1 所示．由平动的定义不难看出，平动过程中刚体上所有的点运动状态是完全相同的，其上各点应有完全相同的位移、速度和加速度，这样我们就可用刚体内任意一点的运动来代表整个刚体的运动，也就可以用前面所学的质点力学知识，来解决刚体平动的运动学问题及动力学问题．

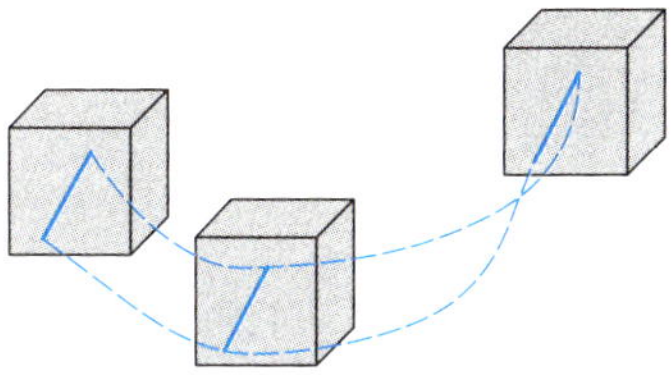

图 2-1　刚体的平动

动画：刚体的平动

2-1-2　刚体的定轴转动

刚体可看做由许多小部分组成的特殊质点系，每一小部分可看做一个质点，称为刚体的质元．刚体转动时，如果刚体内各个质元都绕同一直线做圆周运动，这种运动称为**刚体的转动**，这一直线称为轴．若此轴相对于我们所取的参考系是固定不动的，就称为刚体绕固定轴的转动，简称**定轴转动**．需要注意的是固定轴可能通过刚体内部，也可能在刚体外部．

微课：刚体转动的描述

刚体做定轴转动时，刚体内不在轴上的各点都在通过该点并垂直于轴的平面内绕轴做圆周运动，圆心就是这些平面分别与轴的交点，半径就是各点与轴的垂直距离．因为刚体内各点之间的相对位置是不随刚体转动变化的，所以各点在同一时间内绕轴转过的角度是相等的，因此各点的角位移、角速度和角加速度都相同，所以我们可用角量来描述整个刚体的运动．由于各点到转轴的距离不同，因此各点的位移、速度和加速度并不相等．

1. 刚体做定轴转动的角速度　角加速度

（1）角坐标

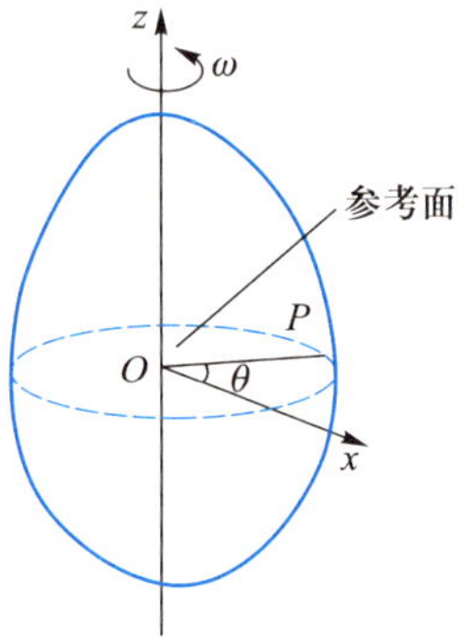

图 2-2　刚体的定轴转动

设刚体绕 z 轴转动，如图 2-2 所示，为了确定刚体在任一时刻的位置，取垂直于轴的任一平面作为参考平面，它与轴交于 O 点，并在该平面内取某一固定直线 Ox 作为计量角坐标的参考位置．任意时刻 t，在刚体上取一点 P，连线 OP 与参考轴 Ox 之间的夹角 θ 可确定刚体在任一时刻的方位，故 θ 称为刚体的角坐标．规定以 P 点沿逆时针方向转动的角坐标为正；反之为负．刚体转动时，角坐标 θ 随时间 t 变化，是时间的单值连续函数，可用函数关系

$$\theta=\theta(t)$$

描述，上式称为刚体绕定轴转动的转动方程．

（2）角位移

设刚体做定轴转动在时刻 t 的角坐标为 θ，在时刻 $t+\Delta t$ 的角坐标为 $\theta(t+\Delta t)$，我们定义刚体在时间 Δt 内的角位移 $\Delta\theta$ 为

$$\Delta\theta=\theta(t+\Delta t)-\theta(t)$$

角位移 $\Delta\theta$ 反映刚体在 Δt 时间内的位置改变．

（3）角速度

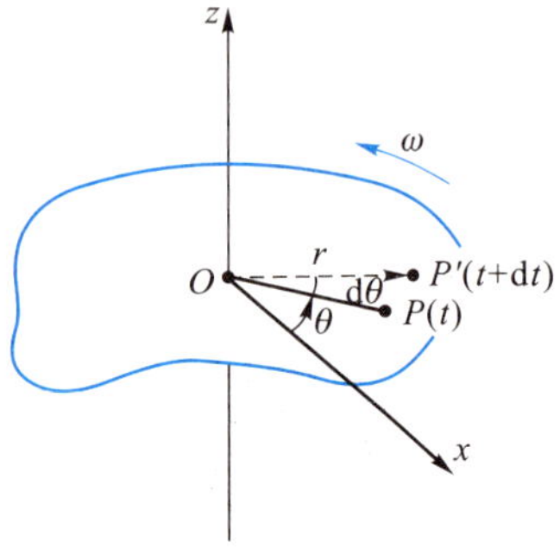

图 2-3　角速度的方向

为了定量描述刚体做定轴转动位置变化快慢和方向，需引入角速度概念．我们把 t 时刻角速度定义为

$$\omega=\lim_{\Delta t\to 0}\frac{\Delta\theta}{\Delta t}=\frac{\mathrm{d}\theta}{\mathrm{d}t}$$

取定轴为 z 轴，当 $\mathrm{d}\theta>0$ 时，刚体逆时针转动，$\omega>0$，如图 2-3 所示；当 $\mathrm{d}\theta<0$ 时，刚体顺时针转动，$\omega<0$.

工程上常用转速（每分钟转数）表示机器的转动，记作 n，单位为 $\mathrm{r\cdot min^{-1}}$，则 ω 与转速 n 的关系为

$$\omega=\frac{2\pi n}{60}$$

（4）角加速度

当刚体做匀速转动时，角速度是常量，如果刚体做变速转动，即其角速度发生了变化，那么可用角加速度来描述其运动状态的改变，我们把 t 时刻的角加速度 α 定义为

$$\alpha=\lim_{\Delta t\to 0}\frac{\Delta\omega}{\Delta t}=\frac{\mathrm{d}\omega}{\mathrm{d}t}$$

对于做定轴转动的刚体，角加速度的方向也可由其正负来表示．当刚体做加速转动时，角加速度 α 与角速度 ω 同号；做减速转动时，α 与 ω 异号．

若角加速度 α 为一常量，则刚体做匀变速转动．当 $t=0$ s 时，$\omega=\omega_0$，$\theta=\theta_0$，则通过简单的积分计算，可求得角速度公式和运动方程：

$$\omega=\omega_0+\alpha t$$

$$\theta=\theta_0+\omega_0 t+\frac{1}{2}\alpha t^2$$

从以上两式消去时间 t，得

$$\omega^2=\omega_0^2+2\alpha(\theta-\theta_0)$$

2. 定轴转动刚体角量与线量的关系

前面讲过，刚体做定轴转动时，其上各点都在做圆周运动，则其速度、法向加速度和切向加速度等线量与角量关系，可由 1-1 节中有关质点圆周运动中的角量与线量的相应关系来表述．如图 2-4 所示，若其中某点 P 到轴的垂直距离为 r，a_t 和 a_n 分别表示 P 点的切向加速度和法向加速度，这些量的关系为

$$v=r\omega$$

$$a_n=\frac{v^2}{r}=r\omega^2 \qquad (2-1)$$

$$a_t=\frac{\mathrm{d}v}{\mathrm{d}t}=\frac{\mathrm{d}}{\mathrm{d}t}(r\omega)=r\frac{\mathrm{d}\omega}{\mathrm{d}t}=r\alpha$$

由上述各式可看出，在某一时刻离转轴越远的点，其速度、切向加速度和法向加速度的大小也越大．

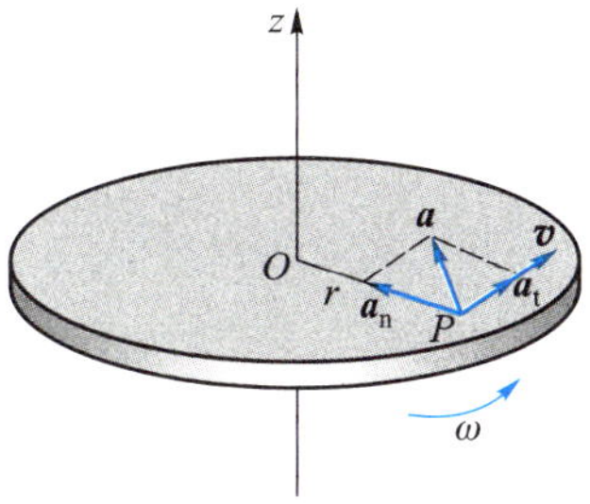

图 2-4 角量与线量的关系

微课：刚体转动的两类问题

例 2-1

一飞轮半径为 0.2 m，转速为 150 r · min^{-1}，因受制动而均匀减速，经 30 s 停止转动．试求：

（1）飞轮的角加速度和在此时间内飞轮所转的圈数；

（2）制动开始后 $t=6$ s 时飞轮的角速度；

（3）$t=6$ s 时飞轮边缘上一点的线速度、切向加速度和法向加速度．

解：(1) 根据已知条件，得

$$\omega_0=\frac{2\pi n}{60}=5\pi\ \mathrm{rad\cdot s^{-1}}$$

$t=30$ s 时，$\omega=0$. 设 $t=0$ s 时，$\theta_0=0$，因飞轮做匀减速运动，所以有

$$\alpha=\frac{\omega-\omega_0}{t}=\frac{0-5\pi}{30}\mathrm{rad\cdot s^{-2}}=-\frac{\pi}{6}\mathrm{rad\cdot s^{-2}}$$

飞轮 30 s 内转过的角度为

$$\Delta\theta=\frac{\omega^2-\omega_0^2}{2\alpha}=\frac{0^2-(5\pi)^2}{2\times\left(-\frac{\pi}{6}\right)}\mathrm{rad}=75\pi\ \mathrm{rad}$$

在此时间内转过的圈数为

$$N=\frac{\theta}{2\pi}=\frac{75\pi}{2\pi}\ \mathrm{r}=37.5\ \mathrm{r}$$

(2) $t=6$ s 时，飞轮的角速度为

$$\omega=\omega_0+\alpha t=\left(5\pi-\frac{\pi}{6}\times6\right)\mathrm{rad\cdot s^{-1}}=4\pi\ \mathrm{rad\cdot s^{-1}}$$

(3) $t=6$ s 时，飞轮边缘上一点的线速度大小为

$$v=r\omega=0.2\times4\pi\ \mathrm{m\cdot s^{-1}}\approx2.5\ \mathrm{m\cdot s^{-1}}$$

该点的切向加速度和法向加速度的大小分别为

$$a_t=r\alpha=0.2\times\left(-\frac{\pi}{6}\right)\mathrm{m\cdot s^{-2}}\approx-0.105\ \mathrm{m\cdot s^{-2}}$$

$$a_n=r\omega^2=0.2\times(4\pi)^2\ \mathrm{m\cdot s^{-2}}\approx31.6\ \mathrm{m\cdot s^{-2}}$$

2-2 力矩 转动定律

前一节讨论了刚体定轴转动的运动学问题，本节将介绍刚体做定轴转动的动力学基础知识，即刚体绕定轴转动时所遵循的转动定律．

2-2-1 力矩

微课：力矩

在中学物理中，我们已经知道力矩的大小等于力的大小乘以力臂，现在要对力矩作进一步说明．对于刚体定轴转动而言，外力对其转动的影响，不仅与作用力的大小有关，而且与力的作用点及作用力的方向有关，我们用力矩来描述力对刚体转动所起的作用，它与力对质点运动所起的作用类似．

1. 对轴的力矩

图 2-5 所示是刚体的一个横截平面，z 轴为刚体的转轴，它与横截面的交点为 O. $\boldsymbol{F}$ 是作用在刚体内一点 P 上的外力．把力分解为平行和垂直于转轴方向的两个分量 $\boldsymbol{F}_z$ 和 $\boldsymbol{F}_\perp$. 实践证明，分力 $\boldsymbol{F}_z$ 不能使刚体转动，只有分力 $\boldsymbol{F}_\perp$ 才能使刚体绕 z 轴转动．设 $\boldsymbol{r}$ 是 O 点到力 $\boldsymbol{F}$ 作用点的径矢，h 是 O 点到分力 $\boldsymbol{F}_\perp$ 的垂直距离（称为力臂），θ 为 $\boldsymbol{r}$ 与力 $\boldsymbol{F}_\perp$ 之间的夹角（小于 180°的夹角），于是定义力 $\boldsymbol{F}$ 对 z 轴的力矩大小为

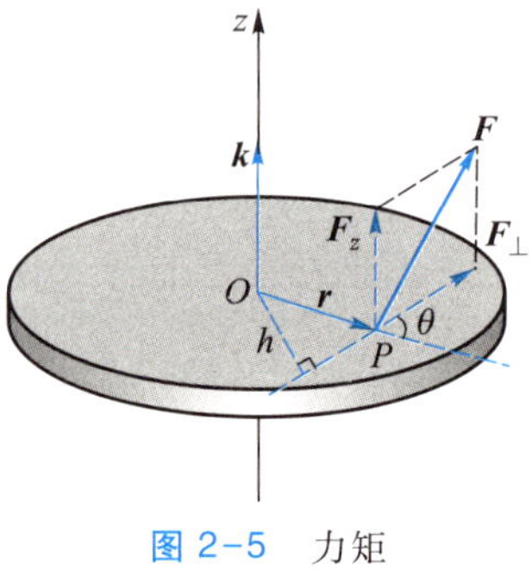

图 2-5 力矩

$$M_z=\pm F_\perp h=\pm F_\perp r\sin\theta$$

力矩的正、负由右手螺旋定则确定：若力 $\boldsymbol{F}$ 使物体沿逆时针方向转动，则力矩 M_z 为正；反之为负．因本章只讨论刚体定轴转动问题，为方便起见，以后力对轴的力矩不再加下标表示．

图 2-6(a) 和(b) 表示有大小相等、方向相反的力分别作用于两个相同的静止圆盘的边缘上，显然这两个力的力矩所产生的转动效果是不同的，一个驱使转盘沿逆时针方向转动，而另一个则驱使转盘沿顺时针方向旋转．由此可见，对于绕定轴转动的刚体，力矩的正、负也就反映了力矩的矢量性．

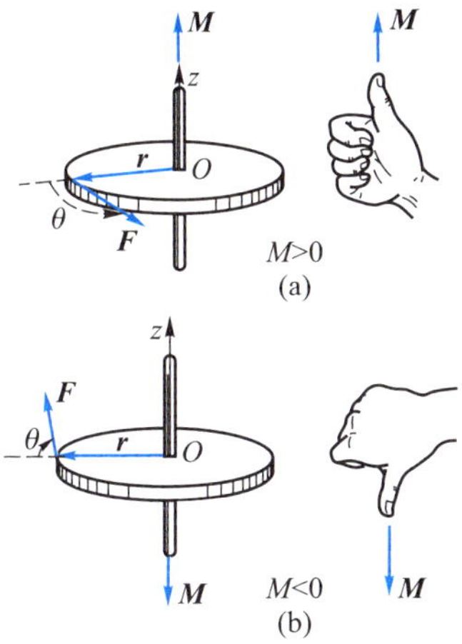

图 2-6 力矩的方向

当刚体在多个外力作用下做定轴转动时（图 2-7），其合力矩大小等于各力矩的代数和，即

$$M=M_1+M_2+M_3=-F_1r_1\sin\theta_1+F_2r_2\sin\theta_2+F_3r_3\sin\theta_3$$

2. 对点的力矩

在研究刚体更一般的转动时，需使用力对点的力矩．

按矢积定义，力矩矢量 $\boldsymbol{M}$ 可用位矢 $\boldsymbol{r}$ 和力 $\boldsymbol{F}$ 的矢积表示，即

$$\boldsymbol{M}=\boldsymbol{r}\times\boldsymbol{F} \tag{2-2}$$

$\boldsymbol{M}$ 的方向垂直于 $\boldsymbol{r}$ 和 $\boldsymbol{F}$ 所构成的平面，如图 2-8 所示，其大小 $M=|\boldsymbol{M}|=|\boldsymbol{r}|\cdot|\boldsymbol{F}|\cdot\sin\theta$. 显然力矩取决于力的大小、方向和作用点．

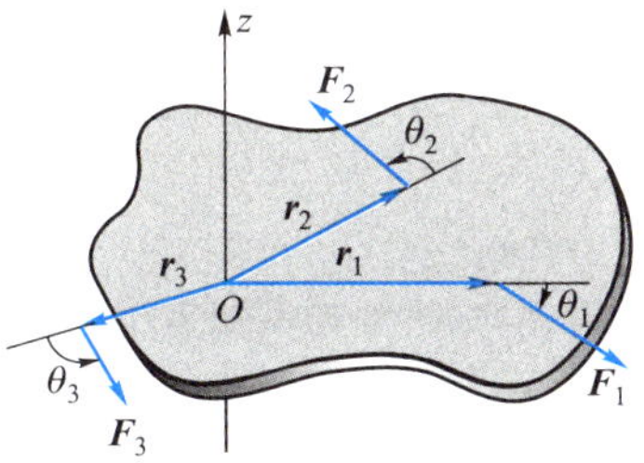

图 2-7 合力的力矩

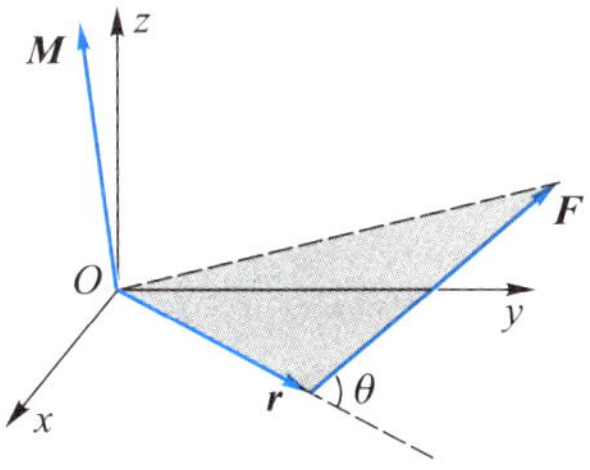

图 2-8 对点的力矩

微课：力矩的计算

在国际单位制中，力矩的单位为牛顿米，符号为 N·m.

例 2-2

已知均匀直棒长为 L，质量为 m，可在水平桌面上绕通过其一端的竖直固定轴转动，直棒与桌面的动摩擦因数为 μ，如图 2-9 所示．求直棒逆时针转动时受到的摩擦力矩的大小．

解：以杆的端点 O 为坐标原点，建立如图 2-9 所示的坐标系，假设直棒绕竖直轴 z 轴逆时针转动．

在直棒上距离端点 O 为 x 处取线元 $\mathrm{d}x$，根据题意，这一线元的质量为

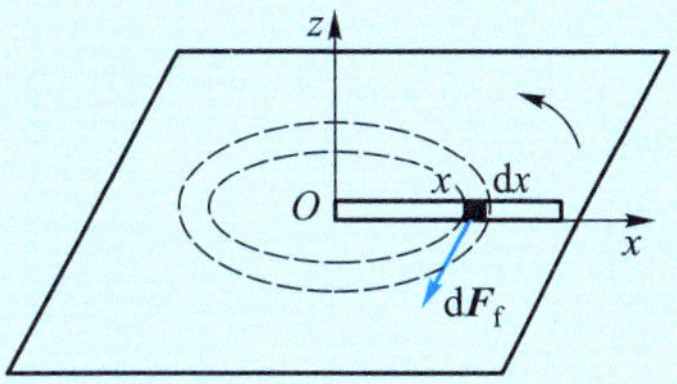

图 2-9 例 2-2 图

$$dm=\frac{m}{L}dx$$

该线元产生的摩擦力方向与棒垂直,其大小为

$$dF_f=\mu g dm$$

该线元的摩擦力对竖直轴的力矩为

$$dM=-x\mu g dm$$

对上式积分,得直棒受到的摩擦力矩大小为

$$M=-\int x\mu g dm=-\frac{\mu mg}{L}\int_0^L x dx=-\frac{1}{2}\mu mgL$$

负号表示摩擦力矩方向与棒转动方向相反.

2-2-2 刚体绕定轴转动时的转动定律

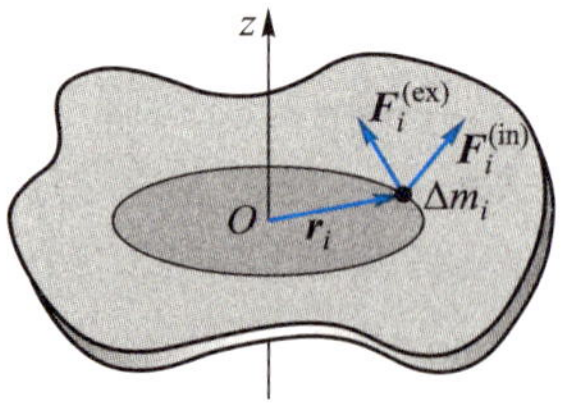

图 2-10 刚体绕定轴的转动

微课:转动定律

刚体绕定轴 z 转动,某时刻 t 角速度为 ω,角加速度为 α. 把刚体看做特殊的质点系,在刚体上任取一质元 Δm_i,r_i 为质元到转轴的垂直距离. 将作用在质元上的力分为两类:来自刚体外的力的合力 $\boldsymbol{F}_i^{(ex)}$(称为外力);来自刚体内各质元对该质元作用力的合力 $\boldsymbol{F}_i^{(in)}$(称为内力),如图 2-10 所示. 刚体绕定轴 z 转动过程中,质元做半径为 r_i 的圆周运动,按牛顿第二定律,有

$$\boldsymbol{F}_i^{(ex)}+\boldsymbol{F}_i^{(in)}=\Delta m_i\boldsymbol{a}_i$$

写出上式在切向上的分量式为

$$F_{it}^{(ex)}+F_{it}^{(in)}=\Delta m_i a_{it}$$

因 $a_{it}=r_i\alpha$,所以上式为

$$F_{it}^{(ex)}+F_{it}^{(in)}=\Delta m_i r_i\alpha$$

再将此式两边乘以 r_i,则得

$$F_{it}^{(ex)}r_i+F_{it}^{(in)}r_i=\Delta m_i r_i^2\alpha$$

若对刚体内所有质元列方程,再将所有方程两端相加,有

$$\sum_i F_{it}^{(ex)}r_i+\sum_i F_{it}^{(in)}r_i=\left(\sum_i \Delta m_i r_i^2\right)\alpha$$

等式左边第一项为合外力矩,用 M 表示;左边第二项为所有内力对 z 轴的力矩总和,由于内力总是成对出现,每对内力大小相等、方向相反,作用在一条直线上,所以内力对 z 轴的力矩之和恒等于零.

等式右边 $\left(\sum_i \Delta m_i r_i^2\right)$ 只与质量对轴的分布及转轴位置有关,用 J 表示,称为转动惯量. 这样上式可写成

$$M=J\alpha \tag{2-3}$$

上式表明:**在刚体绕定轴转动时,刚体对轴的转动惯量 J 与角加速度 α 的乘积在数值上等于刚体所受的合外力矩 M.** 这一结论叫做**刚体绕定轴转动时的转动定律**. 它表述了刚体在合外力矩作用下绕定轴转动的瞬时效应. 显然当不同的刚体在相同外力矩作用下,转动惯量较大的刚体,获得的角加速度小,转动状态不容易改变;而转动惯量较小的刚体,获得的角加速度大,转动状态

容易改变．因此，刚体转动惯量是刚体转动惯性大小的量度．

2-2-3 转动惯量

1. 转动惯量

刚体对某一轴的转动惯量 J 等于此刚体所有质元的质量与它们各自到该轴距离平方的乘积之总和．

$$J=\sum_i \Delta m_i r_i^2 \qquad (2-4a)$$

对质量是连续分布的刚体，应把上式中的求和转为积分，因此

$$J=\int r^2 \mathrm{d}m \qquad (2-4b)$$

若以 ρ 表示刚体的体密度，$\mathrm{d}V$ 表示质量元 $\mathrm{d}m$ 的体积元，于是转动惯量可写为

$$J=\int_V \rho r^2 \mathrm{d}V \qquad (2-4c)$$

在国际单位制中，转动惯量的单位为千克二次方米，符号为 $\mathrm{kg}\cdot\mathrm{m}^2$.

由转动惯量的定义可看出，刚体对定轴转动惯量的大小取决于三个因素：刚体的质量、质量的分布情况和转轴的位置．表 2-1 给出了几种常见刚体的转动惯量，读者解题时，可直接查用．

微课：转动惯量 平行轴定理

表 2-1 几种常见的质量均匀分布的刚体的转动惯量

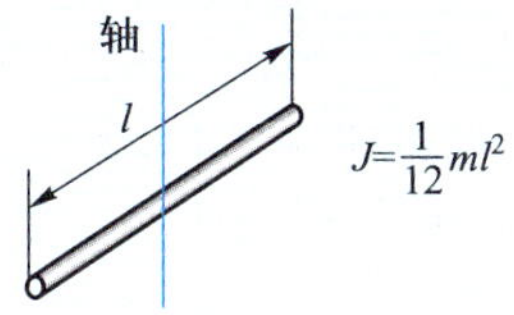

细棒(转动轴通过中心与棒垂直)

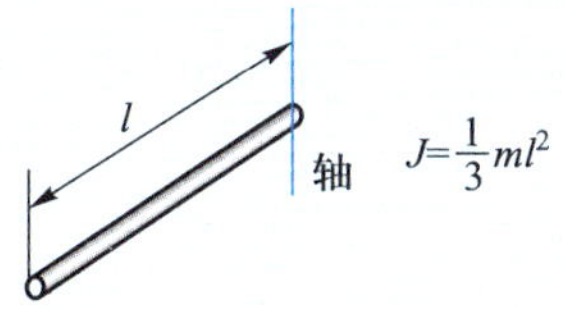

细棒(转动轴通过棒的一端与棒垂直)

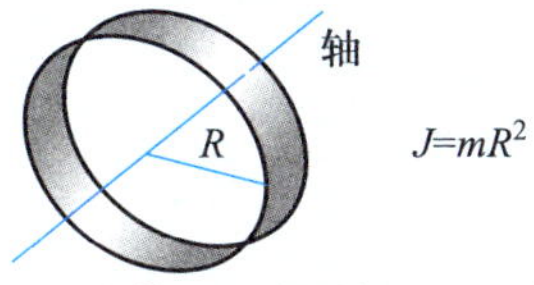

细环或薄圆环(转动轴沿几何轴)

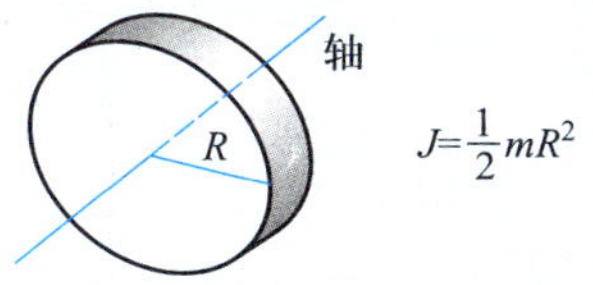

圆盘或圆柱体(转动轴沿几何轴)

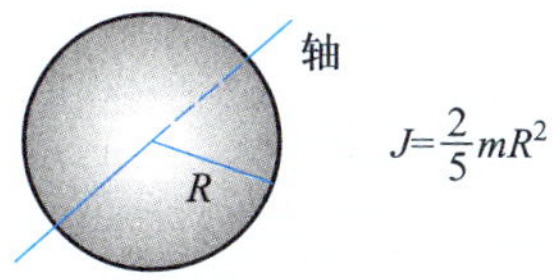

球体(转动轴沿球的任一直径)

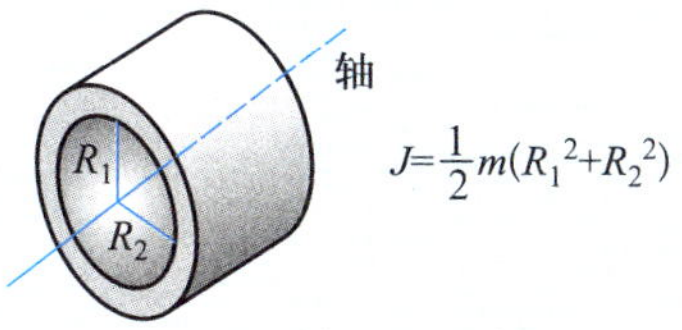

圆筒(转动轴沿几何轴)

微课：转动惯量的讨论

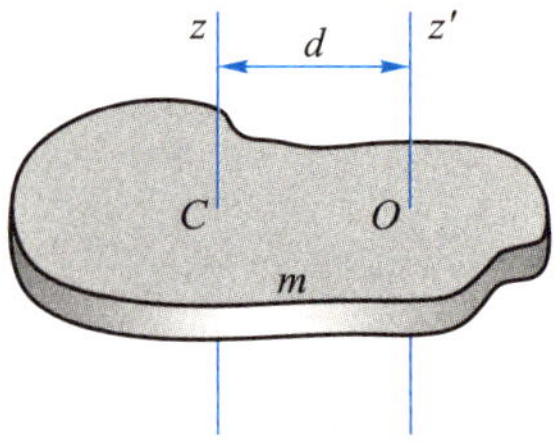

图 2-11 平行轴定理

2. 平行轴定理

如图 2-11 所示，如果刚体对通过质心 C 的 z 轴的转动惯量为 J_C，那么对与此轴平行的任意 z' 轴的转动惯量可以表示为

$$J = J_C + md^2 \qquad (2-5)$$

式中 m 是刚体的质量，d 是两平行轴之间的距离，此式称为平行轴定理．利用这个定理可以方便地计算刚体对某些转轴的转动惯量．

工程上通常用实验方法来测定刚体的转动惯量．

2-2-4 转动定律的应用

微课：转动定律的应用

由刚体转动定律 $M=J\alpha$ 可知，当合外力矩为零时，角加速度也为零，则刚体处于静止或匀角速转动状态；若合外力矩为一常量，则刚体做匀角加速转动；若合外力矩时时变化，则刚体将做变角加速转动，即

$$M = J\frac{\mathrm{d}\omega}{\mathrm{d}t} = J\frac{\mathrm{d}^2\theta}{\mathrm{d}t^2}$$

下面通过例题来说明如何应用转动定律来解决定轴转动的刚体动力学问题．

例 2-3

用落体观察法测定飞轮的转动惯量，将半径为 R 的飞轮支撑在 O 点上，然后在绕过飞轮的细绳的一端挂一质量为 m 的重物，另一端固定在飞轮上，如图 2-12 所示．令重物以初速度为零下落，带动飞轮转动，记下重物下落的距离 h 和时间 t，就可算出飞轮的转动惯量．试写出它的计算过程．（假设轴承间无摩擦．）

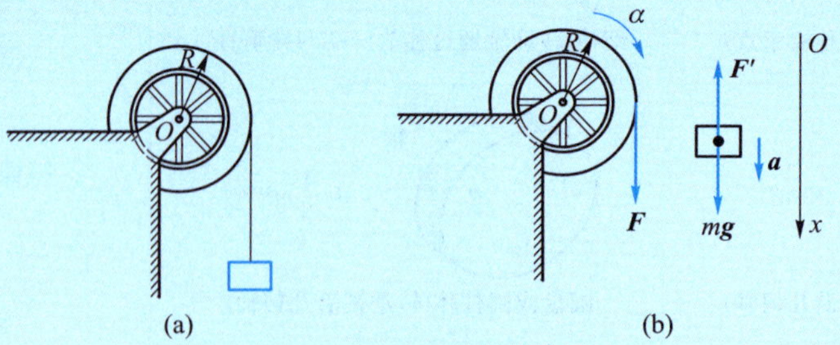

图 2-12 例 2-3 图

解： 用隔离体法分别对定滑轮和重物进行受力分析，并建立如图 2-12(b) 所示的坐标系．

设绳子的拉力为 $\boldsymbol{F}$，飞轮转动的角加速度为 α，重物向下运动的加速度为 $\boldsymbol{a}$．对飞轮应用转动定律，有

$$FR = J\alpha \qquad (1)$$

而对重物应用牛顿运动定律，有

$$mg-F'=ma \tag{2}$$

又 $F=F'$

由于绳子不可伸长，因此有

$$a=R\alpha \tag{3}$$

重物做匀加速下落，则有

$$h=\frac{1}{2}at^2 \tag{4}$$

由上述各式可解得飞轮的转动惯量为

$$J=mR^2\left(\frac{gt^2}{2h}-1\right)$$

例 2-4

一转动惯量为 J 的圆盘绕一固定轴转动，在 $t=0$ 时，角速度为 ω_0. 设它所受阻力矩与转动角速度的平方成正比，即 $M=-k\omega^2$（k 为正的常量），求：

（1）当 $\omega=\frac{1}{3}\omega_0$ 时，圆盘的角加速度 α；

（2）圆盘的角速度从 ω_0 变为 $\frac{1}{3}\omega_0$ 时所需的时间 t.

解：（1）根据转动定律 $M=J\alpha$，有

$$\alpha=\frac{M}{J}=-\frac{k\omega^2}{J}\Bigg|_{\omega=\frac{\omega_0}{3}}=\frac{-k\left(\frac{\omega_0}{3}\right)^2}{J}=-\frac{k\omega_0^2}{9J}$$

（2）因 $-k\omega^2=J\frac{\mathrm{d}\omega}{\mathrm{d}t}$

分离变量，得

$$\frac{\mathrm{d}\omega}{\omega^2}=-\frac{k}{J}\mathrm{d}t$$

对上式两边积分，代入初、末条件，有

$$\int_{\omega_0}^{\omega_0/3}\frac{1}{\omega^2}\mathrm{d}\omega=-\int_0^t\frac{k}{J}\mathrm{d}t$$

得

$$t=-\frac{J}{k}\left(\frac{1}{\omega_0}-\frac{3}{\omega_0}\right)=\frac{2J}{k\omega_0}$$

需要指出，当刚体转动所受力矩 $M\neq$ 常量时，刚体做变加速转动，即 $\alpha\neq$ 常量，但这时若已知角加速度随时间 t 的变化规律 $\alpha=\alpha(t)$，或 $\alpha=\alpha(\omega)$，或 $\alpha=\alpha(\theta)$，就可根据已知的始、末条件，通过积分求出刚体的转动情况.

2-3 质点的角动量和角动量守恒定律

在研究物体平动时，我们用物体的动量来描述物体的状态. 当研究刚体定轴转动时，如研究匀质圆盘绕通过其中心并与盘面垂直的定轴转动时，按质点系动量的定义，其总动量等于零，这说明仅用动量描述物体的状态是不够的，因此我们还要引入另一物理量，即角动量（也称动量矩）来描述物体的机械运动.

微课：质点的角动量和角动量定理

2-3-1 质点对定点的角动量

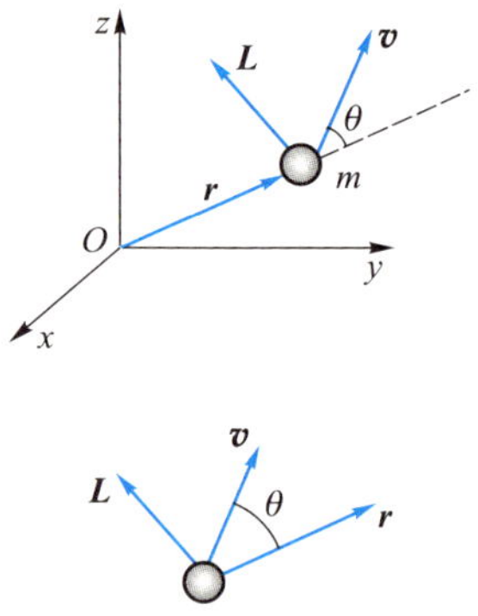

图 2-13 质点的角动量

设质量为 m 的质点在时刻 t 以速度 $\boldsymbol{v}$ 运动，它对所取参考点 O(图 2-13)的角动量 $\boldsymbol{L}$ 定义为

$$\boldsymbol{L}=\boldsymbol{r}\times\boldsymbol{p}=\boldsymbol{r}\times m\boldsymbol{v} \tag{2-6}$$

式中 $\boldsymbol{r}$ 是质点相对于 O 点的位矢，$\boldsymbol{p}=m\boldsymbol{v}$ 是质点在 t 时刻的动量，角动量 $\boldsymbol{L}$ 是矢量．$\boldsymbol{L}$ 垂直于质点的位矢 $\boldsymbol{r}$ 与动量 $m\boldsymbol{v}$ 所构成的平面，其指向由右手螺旋定则判定：把右手的大拇指伸直，其余四指指向 $\boldsymbol{r}$ 的方向，再从小于 π 角转到 $m\boldsymbol{v}$ 的方向，则大拇指所指方向即为角动量 $\boldsymbol{L}$ 的方向，角动量的大小为

$$L=rmv\sin\theta$$

θ 为位矢 $\boldsymbol{r}$ 与动量 $m\boldsymbol{v}$ 之间小于 π 的夹角．

在国际单位制中，角动量的单位为千克二次方米每秒，符号为 $kg\cdot m^2\cdot s^{-1}$.

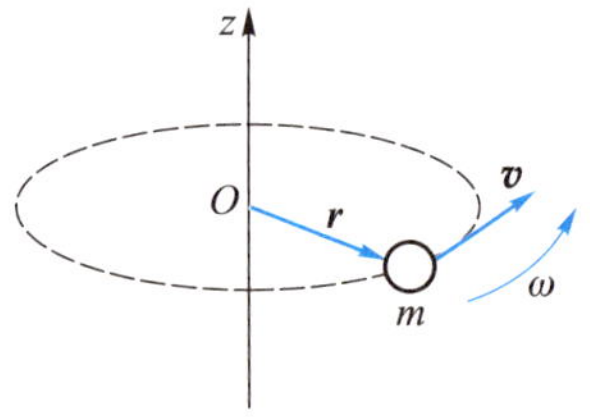

图 2-14 做圆周运动质点的角动量

若质点在半径为 r 的圆周上运动，如图 2-14 所示．以圆心 O 为参考点，那么 $\boldsymbol{r}$ 与 $\boldsymbol{v}$(或 $\boldsymbol{p}=m\boldsymbol{v}$)总是相垂直的，于是质点对圆心 O 的角动量的大小为

$$L=rmv$$

因为 $v=r\omega$，所以上式可写成

$$L=rmv=mr^2\omega$$

$\boldsymbol{L}$ 的方向平行于 z 轴，且与 $\boldsymbol{\omega}$ 的方向相同．我们称这种情况下的角动量为质点对轴的角动量，此时可把该角动量作为标量来处理．

2-3-2 质点的角动量定理

将式(2-6)对时间求一阶导数，得

$$\frac{\mathrm{d}\boldsymbol{L}}{\mathrm{d}t}=\frac{\mathrm{d}}{\mathrm{d}t}(\boldsymbol{r}\times\boldsymbol{p})=\boldsymbol{r}\times\frac{\mathrm{d}\boldsymbol{p}}{\mathrm{d}t}+\frac{\mathrm{d}\boldsymbol{r}}{\mathrm{d}t}\times\boldsymbol{p}$$

因为

$$\frac{\mathrm{d}\boldsymbol{r}}{\mathrm{d}t}=\boldsymbol{v},\quad \boldsymbol{v}\times\boldsymbol{p}=\boldsymbol{0},\quad \frac{\mathrm{d}\boldsymbol{p}}{\mathrm{d}t}=\boldsymbol{F}$$

所以有

$$\frac{\mathrm{d}\boldsymbol{L}}{\mathrm{d}t}=\boldsymbol{r}\times\boldsymbol{F}$$

而 $\boldsymbol{r}\times\boldsymbol{F}=\boldsymbol{M}$，则有

$$\frac{\mathrm{d}\boldsymbol{L}}{\mathrm{d}t}=\boldsymbol{M} \tag{2-7a}$$

上式表明，质点所受合外力对某一参考点的力矩等于质点对该点的角动量随时间的变化率，这就是质点对定点的角动量定理．

式(2-7a)是角动量定理的微分形式．如果两边同乘以 dt，而后考虑在 t_1 到 t_2 时间内对上式积分，则得

$$\int_{t_1}^{t_2} \boldsymbol{M} \mathrm{d}t = \boldsymbol{L}_2 - \boldsymbol{L}_1 \tag{2-7b}$$

式中 $\boldsymbol{L}_1$、$\boldsymbol{L}_2$ 分别为质点在 t_1、t_2 时刻的角动量．

式(2-7b)即质点的角动量定理的积分形式．式中 $\int_{t_1}^{t_2} \boldsymbol{M} \mathrm{d}t$ 称为作用于质点上的合力矩 $\boldsymbol{M}$ 在 t_1 到 t_2 时间内的冲量矩，故质点角动量的增量等于在该时间内质点所受的冲量矩．

2-3-3 质点的角动量守恒定律

由式(2-7a)可知，当 $\boldsymbol{M}=\mathbf{0}$ 时，有 $\boldsymbol{L}=$常矢量．即当质点所受合外力对某定点的力矩为零时，质点对该点的角动量始终保持不变，这就是质点的角动量守恒定律．

应当注意：因 $\boldsymbol{M}=\boldsymbol{r}\times\boldsymbol{F}$，所以 $\boldsymbol{F}=\mathbf{0}$ 或虽 $\boldsymbol{F}\neq\mathbf{0}$ 但 $\boldsymbol{F}$ 在任意时刻总是与径矢 $\boldsymbol{r}$ 平行或反向，均可使 $\boldsymbol{M}=\mathbf{0}$. 有心力问题就具有这一特征．例如，太阳系中行星的轨道为椭圆，太阳位于两焦点之一，太阳作用于行星的引力是指向太阳的有心力，因此如以太阳为参考点 O，则行星的角动量是守恒的．

角动量守恒定律是物理学的基本定律之一，有着广泛的应用，它不仅适用于宏观体系，也适用于微观体系．

2-4 刚体定轴转动的角动量和角动量守恒定律

2-4-1 刚体定轴转动的角动量

如图 2-15 所示，刚体绕定轴转动时，刚体上每一个质元都以相同的角速度绕轴做圆周运动．其中，质量为 Δm_i 的质元对轴的

微课：刚体的角动量和角动量定理

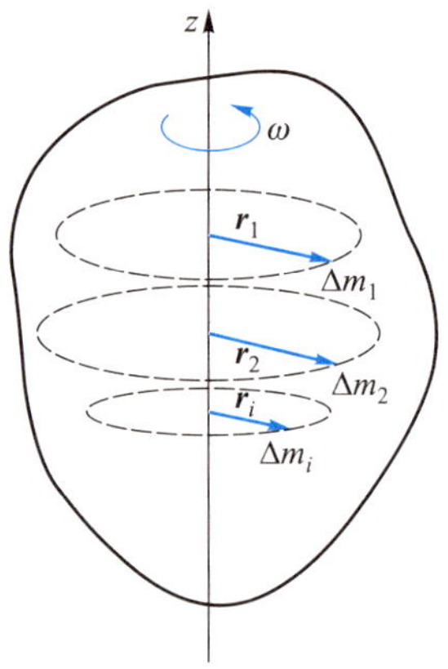

图 2-15 刚体定轴转动的角动量

角动量为

$$L_i=\Delta m_i v_i r_i=\Delta m_i r_i^2\omega$$

那么刚体内所有质元对轴的角动量之和，即刚体对轴的角动量为

$$L=\sum_i L_i=\sum_i \Delta m_i r_i^2\omega \tag{2-8}$$

又因为刚体内各质元的角速度相同，所以有

$$L=\sum_i \Delta m_i r_i^2\omega=\left(\sum_i \Delta m_i r_i^2\right)\omega=J\omega \tag{2-9}$$

其中 $J=\sum_i \Delta m_i r_i^2$ 是刚体对定轴的转动惯量．上式表明：刚体对定轴的角动量等于它对该轴的转动惯量与角速度的乘积．

2-4-2 刚体定轴转动的角动量定理

当刚体绕定轴 z 转动时，刚体中质量为 Δm_i 的第 i 个质元对 z 轴的角动量为

$$L_i=\Delta m_i r_i^2\omega$$

对这个质元应用质点对转轴的角动量定理，有

$$M_i=\frac{\mathrm{d}L_i}{\mathrm{d}t}=\frac{\mathrm{d}}{\mathrm{d}t}(\Delta m_i r_i^2\omega)$$

式中 M_i 为第 i 个质元所受合外力对 z 轴的力矩，M_i 包括刚体外作用在质元 i 上的外力矩 $M_i^{(\mathrm{ex})}$ 及刚体内其他质元作用在质元 i 上的内力对 z 轴的力矩 $M_i^{(\mathrm{in})}$，所以上式可写为

$$M_i^{(\mathrm{ex})}+M_i^{(\mathrm{in})}=\frac{\mathrm{d}L_i}{\mathrm{d}t}=\frac{\mathrm{d}}{\mathrm{d}t}(\Delta m_i r_i^2\omega)$$

对刚体内所有质元应用角动量定理列方程，再将所有方程两端相加，考虑到刚体内各质元的内力矩之和为零，即 $\sum M_i^{(\mathrm{in})}=0$，所以有

$$\sum_i M_i^{(\mathrm{ex})}=\frac{\mathrm{d}}{\mathrm{d}t}\left(\sum_i L_i\right)=\frac{\mathrm{d}}{\mathrm{d}t}\left(\sum_i \Delta m_i r_i^2\omega\right)$$

式中 $\sum_i M_i^{(\mathrm{ex})}$ 为作用在刚体上的合外力矩，用 M 表示；$\sum_i \Delta m_i r_i^2$ 表示刚体对定轴的转动惯量，用 J 表示．这样上式可写成

$$M=\frac{\mathrm{d}L}{\mathrm{d}t}=\frac{\mathrm{d}}{\mathrm{d}t}(J\omega) \tag{2-10a}$$

上式表明：**刚体绕某定轴转动时，作用于刚体的合外力矩 M，**

等于刚体绕此定轴的角动量 L 随时间 t 的变化率，此即刚体定轴转动的角动量定理．

对照式（2-3）可见，上式是转动定律的另一种表达方式，但其意义更加普遍．例如，若在绕定轴转动物体的转动惯量 J 因内力作用而发生改变时，式（2-3）不再适用，但上式仍然成立．

将式（2-10a）两边乘以 $\mathrm{d}t$ 并在 t_1 到 t_2 时间内积分，即得

$$\int_{t_1}^{t_2} M\mathrm{d}t = \int_{L_1}^{L_2} \mathrm{d}L = L_2 - L_1 \qquad (2-10b)$$

式中 L_1 和 L_2 分别是物体在 t_1 和 t_2 时刻的角动量，$\int_{t_1}^{t_2} M\mathrm{d}t$ 称为在 t_1 到 t_2 时间内力矩对给定轴的冲量矩，它表示力矩在一段时间内的累积效果．式（2-10b）表明：在某一时间间隔内刚体角动量的增量，等于这段时间内作用在刚体上的冲量矩．

2-4-3 刚体定轴转动的角动量守恒定律

根据刚体定轴转动的角动量定理，若刚体绕定轴转动时所受的合外力矩为零，即 $M=0$ 时，得刚体在转动过程中角动量保持不变，即

$$L = J\omega = \text{常量} \qquad (2-11)$$

微课：角动量守恒的讨论及应用

这就是说，若物体所受的合外力矩为零，或不受外力矩的作用时，物体的角动量保持不变，这个结论即刚体定轴转动的角动量守恒定律．

刚体对定轴的角动量守恒定律，不仅适用于做定轴转动的刚体，也适用于围绕同一转轴转动的多个刚体的组合（可称为刚体组或刚体系）．

刚体定轴转动的角动量守恒的例子是经常可以见到的．

当物体对定轴的转动惯量 J 保持不变时，若其所受外力对定轴的合外力矩 M 为零，则该刚体对定轴的角动量是守恒的，即任一时刻的角动量 $J\omega$ 应等于初始时刻的角动量 $J\omega_0$，因 J 保持不变，所以有 $\omega=\omega_0$，这时物体绕定轴做匀角速转动．

当物体绕定轴转动时，如果它对定轴的转动惯量是可变的，则在满足角动量守恒的条件下，物体的角速度 ω 随转动惯量 J 的改变而变化，但两者之乘积 $J\omega$ 却保持不变，因而当 J 变大时，ω 变小；J 变小时，ω 变大．花样滑冰运动员表演绕通过重心的竖

视频：花样滑冰

直轴高速旋转时，由于重力矩和地面支撑力矩等于零，而摩擦力矩非常小，可忽略不计，即认为 $M=0$，因此表演者对旋转轴的角动量守恒．运动员表演时，先把两臂张开，侧向伸出一条腿，绕过足尖的垂直转轴以初始角速度旋转，然后把两臂和腿向身边迅速靠拢，这时由于对轴的转动惯量 J 的变小，根据角动量守恒定律，角速度必加大，所以旋转更快．

例 2-5

一根长为 l、质量为 m_0 的均匀细棒，可绕离其一端 $\frac{l}{4}$ 的水平光滑轴 O 在竖直平面内转动，当杆自由悬挂时，有一质量为 m 的子弹，以水平速度 v_0 射入棒的下端而不射出．求棒和子弹开始一起运动时的角速度．设 $m_0=12m$.

解：子弹从进入棒到二者开始一起运动所经过的时间极短，在这一过程中棒的位置基本不变，仍保持竖直，如图 2-16 所示．因此，对于棒和子弹组成的系统，在子弹冲入过程中，系统所受的外力对轴 O 的力矩都是零，这样，系统对轴 O 的角动量守恒．设以 v 和 ω 分别表示子弹和棒一起转动时棒端点的速度和角速度，则由角动量守恒定律，有

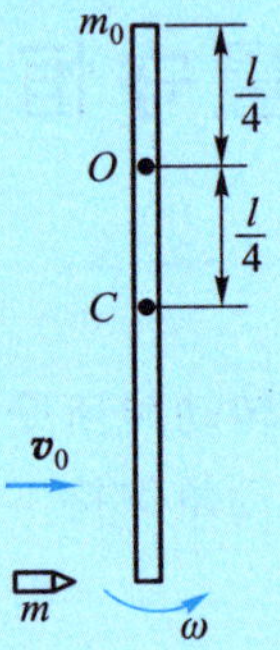

图 2-16　例 2-5 图

$$mv_0\cdot\frac{3l}{4}=mv\cdot\frac{3l}{4}+J_{棒}\ \omega$$

利用平行轴定理，求出

$$J_{棒}=J_C+m_0d^2=\frac{1}{12}m_0l^2+m_0\left(\frac{l}{4}\right)^2=\frac{7}{48}m_0l^2$$

再利用关系式 $v=\frac{3}{4}l\omega$，可解得 $\omega=\frac{12v_0}{37l}$.

2-5　力矩的功　刚体定轴转动的动能定理

2-5-1　力矩的功

微课：力矩的功　刚体定轴转动的动能定理

在质点力学中我们已经知道，如果质点在外力作用下发生位移，那么我们说外力对质点做了功．当刚体在外力矩作用下转动发生了角位移，那么该力矩也做了功，这就是力矩在空间上的累积效果．

如图 2-17 所示，设物体在力 $\boldsymbol{F}$ 作用下，在 $\mathrm{d}t$ 时间内绕 z 轴转过的角位移为 $\mathrm{d}\theta$，$\boldsymbol{F}$ 的作用点位移为 $\mathrm{d}\boldsymbol{r}$，因 $\mathrm{d}\theta\to 0$，可近似认为 $\mathrm{d}\boldsymbol{r}$ 与 $\boldsymbol{r}$ 垂直，$\mathrm{d}r=r\mathrm{d}\theta$. 根据功的定义，力 $\boldsymbol{F}$ 做的元功为

$$\mathrm{d}W=\boldsymbol{F}\cdot\mathrm{d}\boldsymbol{r}=F\cos\theta\mathrm{d}r$$

$$=F\cos\left(\frac{\pi}{2}-\varphi\right)\mathrm{d}r=Fr\sin\varphi\mathrm{d}\theta$$

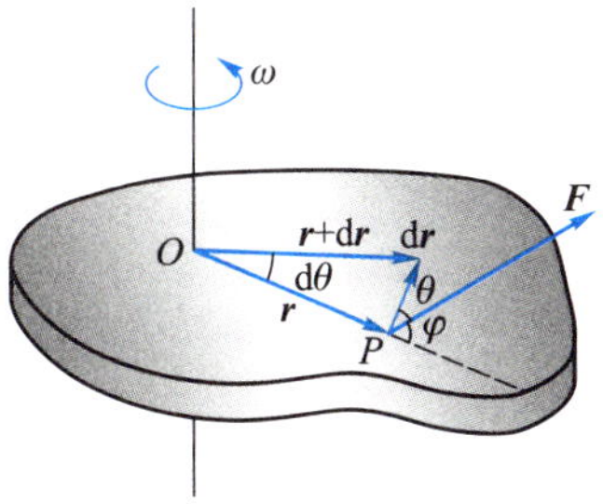

图 2-17 力矩的功

式中 $Fr\sin\varphi$ 为力 F 对转轴的力矩，用 M 表示，则有

$$\mathrm{d}W=M\mathrm{d}\theta$$

上式表明，在 $\mathrm{d}t$ 时间内，力矩所做的元功 $\mathrm{d}W$ 等于力对转轴的力矩 M 与刚体的角位移 $\mathrm{d}\theta$ 的乘积.

如果在 t_1 到 t_2 时间内，刚体从角坐标 θ_1 转到 θ_2，在此过程中力矩对刚体所做的功为

$$W=\int_{\theta_1}^{\theta_2}M\mathrm{d}\theta \tag{2-12}$$

如果 M 为恒力矩，即 $M=$ 常量，则上式中 M 可从积分号内提出，有

$$W=\int_{\theta_1}^{\theta_2}M\mathrm{d}\theta=M(\theta_2-\theta_1)=M\cdot\Delta\theta$$

力矩做的功，其单位仍是 J（焦[耳]）.

2-5-2 力矩的功率

按功率的定义，可得力矩的瞬时功率为

$$P=\frac{\mathrm{d}W}{\mathrm{d}t}=M\frac{\mathrm{d}\theta}{\mathrm{d}t}=M\omega \tag{2-13}$$

即力矩对转动刚体所做的功，其瞬时功率等于力矩与角速度的乘积. 力矩的功率的单位仍是 W（瓦[特]）. 显然，在功率一定时，转速越低，力矩越大；反之，转速越高，力矩越小.

2-5-3 刚体的转动动能 定轴转动的动能定理

1. 刚体的转动动能

刚体以角速度 ω 绕定轴 O 转动时，体内各质元的线速度各不相同. 如图 2-18 所示，设其中第 i 个质元的质量为 Δm_i，与轴 O 相距为 r_i，其线速度大小为 $v_i=r_i\omega$，其动能为

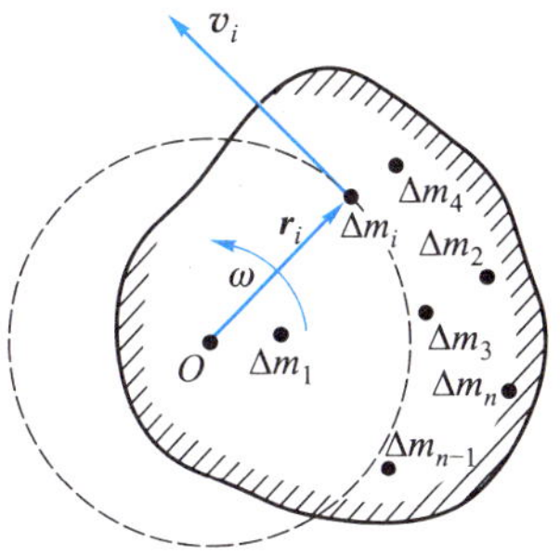

图 2-18 刚体的转动动能

$$E_{ki}=\frac{1}{2}\Delta m_i v_i^2=\frac{1}{2}\Delta m_i r_i^2\omega^2$$

整个刚体的转动动能 E_k 就是刚体内所有质元的动能之和，即

$$E_k=\sum_i\frac{1}{2}\Delta m_i v_i^2=\frac{1}{2}\left(\sum_i\Delta m_i r_i^2\right)\omega^2$$

式中 $\sum_i\Delta m_i r_i^2$ 为刚体对轴的转动惯量 J，故上式可写成

$$E_k=\frac{1}{2}J\omega^2 \tag{2-14}$$

它表示刚体绕定轴的转动动能等于刚体对此轴的转动惯量与角速度平方乘积的二分之一．

将刚体的转动动能 $E_k=\frac{1}{2}J\omega^2$ 与平动动能 $E_k=\frac{1}{2}mv^2$ 相比较，可以看出刚体的转动惯量 J 对应于物体平动时的质量 m，刚体的转动角速度对应于物体平动时的速度．

2. 刚体定轴转动的动能定理

由刚体定轴转动的转动定律

$$M=J\frac{\mathrm{d}\omega}{\mathrm{d}t}$$

则刚体在 $\mathrm{d}t$ 时间内转过角位移 $\mathrm{d}\theta$ 时，外力矩所做的元功为

$$\mathrm{d}W=M\mathrm{d}\theta=J\frac{\mathrm{d}\omega}{\mathrm{d}t}\mathrm{d}\theta=J\omega\mathrm{d}\omega$$

如果在 t_1 到 t_2 时间内，刚体转动的角位置从 θ_1 转动到 θ_2，角速度从 ω_1 变为 ω_2，那么在此过程中，合外力矩对刚体所做的功为

$$W=\int\mathrm{d}W=\int_{\theta_1}^{\theta_2}M\mathrm{d}\theta=\int_{\omega_1}^{\omega_2}J\omega\mathrm{d}\omega=\frac{1}{2}J\omega_2^2-\frac{1}{2}J\omega_1^2 \tag{2-15}$$

上式表明，刚体定轴转动的动能增量等于合外力矩对刚体所做的功，这就是刚体定轴转动的动能定理．

微课：刚体转动动能定理的讨论

动能定理在工程上有很多应用．例如，为了储能，很多机器都配置飞轮，因飞轮的转动惯量很大，转动时可以把能量以转动动能的形式储存起来，并在需要做功的时候再释放出来．

例 2-6

留声机的转盘绕通过盘心垂直盘面的轴以角速度 ω 做匀速转动．放上唱片后，唱片将在摩擦力作用下随转盘一起转动．设唱片的半径为 R，质量为 m，它与转盘间的动摩擦因数为 μ．求：

(1) 唱片与转盘间的摩擦力矩；

(2) 唱片达到角速度 ω 时需要的时间；

(3) 在这段时间内，转盘的驱动力矩做的功．

解：(1) 如图 2-19 所示，在唱片上半径为 r 处，取一长为 $\mathrm{d}l$、宽为 $\mathrm{d}r$ 的面积元 $\mathrm{d}S=\mathrm{d}r\mathrm{d}l$，该面积元所受的摩擦力为

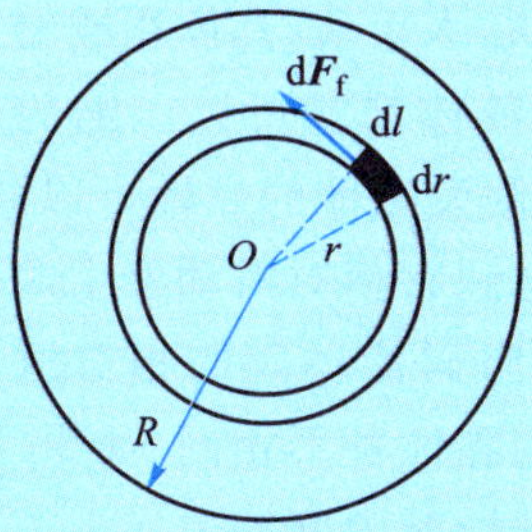

图 2-19 例 2-6 图

$$\mathrm{d}F_\mathrm{f}=\frac{\mu mg}{\pi R^2}\mathrm{d}r\mathrm{d}l$$

此力对 O 点的力矩为

$$r\mathrm{d}F_\mathrm{f}=\frac{\mu mg}{\pi R^2}r\mathrm{d}r\mathrm{d}l$$

于是，在宽为 $\mathrm{d}r$ 的圆环上，唱片所受的摩擦力矩为

$$\mathrm{d}M=\frac{\mu mg}{\pi R^2}r\mathrm{d}r(2\pi r)=\frac{2\mu mg}{R^2}r^2\mathrm{d}r$$

所以唱片所受的总摩擦力矩为

$$M=\frac{2\mu mg}{R^2}\int_0^R r^2\mathrm{d}r=\frac{2}{3}\mu Rmg$$

(2) 唱片的转动惯量 $J=\dfrac{mR^2}{2}$，当 $t=0$ 时，$\theta_0=0$，$\omega_0=0$，$M=\dfrac{2}{3}\mu Rmg$，由角动量定理 $M\Delta t=L-L_0$，可得唱片达到角速度 ω 时所需的时间为

$$\Delta t=\frac{L-L_0}{M}=\frac{\dfrac{mR^2}{2}\omega-0}{\dfrac{2\mu Rmg}{3}}=\frac{3\omega R}{4\mu g}$$

(3) 由转动定律 $M=J\alpha$，得

$$\alpha=\frac{M}{J}=\frac{4\mu g}{3R}$$

再由 $\omega^2=\omega_0^2+2\alpha(\theta-\theta_0)$ 可得，在 $0\sim t$ 时间内，唱片转过的角度为

$$\theta=\frac{\omega^2-\omega_0^2}{2\alpha}=\frac{3\omega^2R}{8\mu g}$$

在此时间内转盘驱动力矩所做的功为

$$W=M\theta=\frac{1}{4}mR^2\omega^2$$

2-6 流体力学基础

前面我们已研究了质点力学以及刚体的定轴转动，但在日常生活中，还会遇到大量的流体及流体运动的现象．空气和水是人们时刻接触的流体，大气的运动、江水的奔流以及石油在地下流动等，这些都是流体的流动．流体力学是研究流体（含液体、气体以及等离子体）运动的力学规律及其应用的学科，是力学的一个

重要分支．本节以液体为例介绍流体的基本性质和运动规律．

2-6-1 理想流体的运动

1. 理想流体

流体最显著的特征是没有固定形状且可以流动，但它还具有黏性和可压缩性．对任何一种实际流体的运动，要精确地描述其运动规律，往往是非常复杂的，有些甚至是不可能的，因此需要针对不同情况对流体运动作适当简化，即建立理想流体模型．

首先，假设在外加压强下流体运动，其体积或密度保持不变，即流体是不可压缩的，实际上液体都是可以压缩的，但压缩量很小，一般可以忽略不计；其次，假设流体的黏性可以忽略不计．所谓黏性是指当实际流体各层之间有相对滑动发生时，各相邻层面间存在着摩擦力，这种摩擦力阻碍流体间的相对滑动，流体的这种性质称为黏性．不同对象的黏性各不相同，如果流体在小范围内流动，层面间相对速度不大时，其内摩擦力所引起的影响很小，此时可把黏性忽略不计．当然，尽管有的流体黏性确实很小，但在把其完全忽略前提下得到的结论，在实际应用中要特别谨慎．

概括来说，不可压缩的、没有黏性的流体可称为理想流体．显然这是一个理想模型．

2. 理想流体的定常流动

(1) 描述流体运动的方法

为了求解流体的运动情况，人们尝试了很多描述流体流动的方法，通常有两种：一种是把流体分成许多无限小的质元，如果每个质元的运动规律知道了，那么整体的流动情况也就清楚了，但是用这种方法去研究流体运动是极其困难的；另一种是瑞士科学家莱昂哈德·欧拉(Leonhard Euler)提出的较为简便的“流场法”，此法不必弄清每个质元的运动过程，而是研究在流体流动空间中，任意一点在不同时刻流经该点的流动质元的运动情况．

(2) 流线和流管

流体的流动情况非常复杂，在有流体流动的空间中，空间不同点的流体质元的流速 $\boldsymbol{v}$ 一般是不同的．从数学描述角度看，流体流动情况可表示为流速场的空间分布随时间的变化函数关系，即

$$\boldsymbol{v}=\boldsymbol{v}(x,y,z,t) \tag{2-16}$$

若在流速场中，流速只取决于空间位置而不随时间变化，即空间任一固定点的流速始终不变，即

$$\boldsymbol{v}=\boldsymbol{v}(x,y,z) \tag{2-17}$$

我们把这种流动称为定常流动，像水龙头中缓缓流出的细流就可视为定常流动．为了方便研究流速场，我们引入流线和流管的概念．流线是在流速场中人为画出的一些曲线，曲线上每一点的切线方向均与流速场中该点的速度方向一致，如图 2-20 所示．在液体流速较大的地方，流线比较密；在液体流速较小的地方，流线比较稀．由于流速场中的每一点仅有一个流速方向，所以流线不会相交．一般情况下，流速场中的流速是随时间而变化的，但对于定常流动，流线的形状和分布是不随时间变化的．图 2-21 是做定常流动的流体经过几种不同障碍物时的流线分布图．图 2-21(a)所示是粗细均匀管子中的流线，图 2-21(b)所示是粗细不均匀的管子中的流线，图 2-21(c)所示和图 2-21(d)所示是流体中分别放置圆柱体和机翼模型时的流线图．

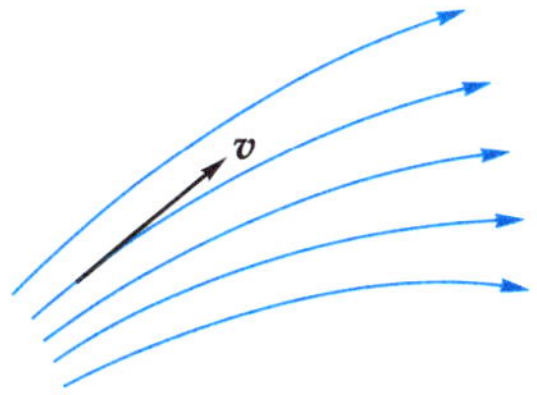

图 2-20

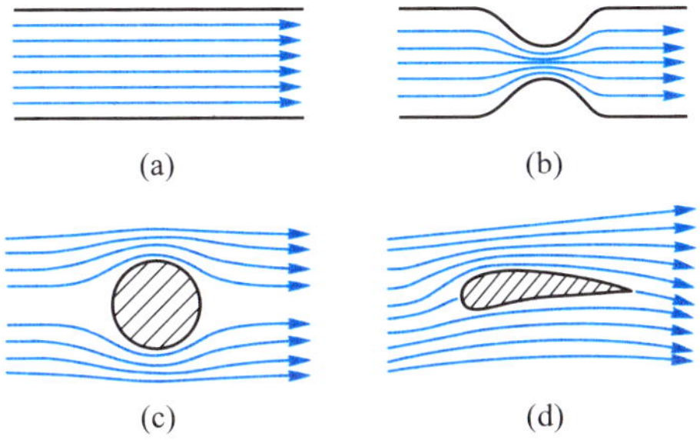

图 2-21

流管是通过流速场中某一小面元边界上各点的流线所围成的一个管，如图 2-22 所示，由于流线不会相交，所以流管内的流体不会流出管外，流管外的流体也不会流入管内．

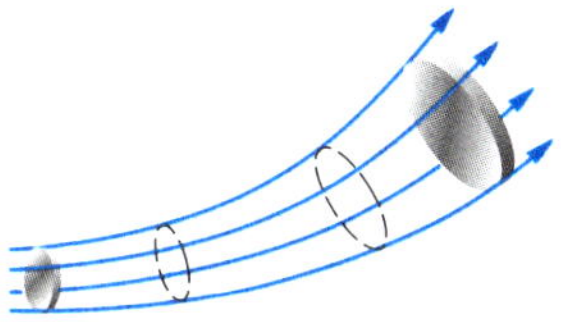

图 2-22

流线和流管概念的引入很有意义，定常流动时，流管的形状不随时间而变，通过了解一个细流管中流体的流动情况就可以知道做定常流动的整个流体的流动规律．

3. 流体连续性方程

在做定常流动的流体中，取一个截面积很小的细流管，由于流管很细，可以认为同一截面上各点的流速相等．设流管两端的截面积分别为 ΔS_1 与 ΔS_2，通过 ΔS_1 和 ΔS_2 的流体流速分别为 $\boldsymbol{v}_1$ 和 $\boldsymbol{v}_2$，如图 2-23 所示．在理想流体的定常流动中，假设液体不可压缩，在很小的时间 Δt 内流进流管的流体质量应该等于在相同时间内流出流管的流体质量，即有

$$\rho\Delta S_1 v_1 \Delta t=\rho\Delta S_2 v_2 \Delta t \tag{2-18}$$

其中，ρ 为液体的密度，由上式可得

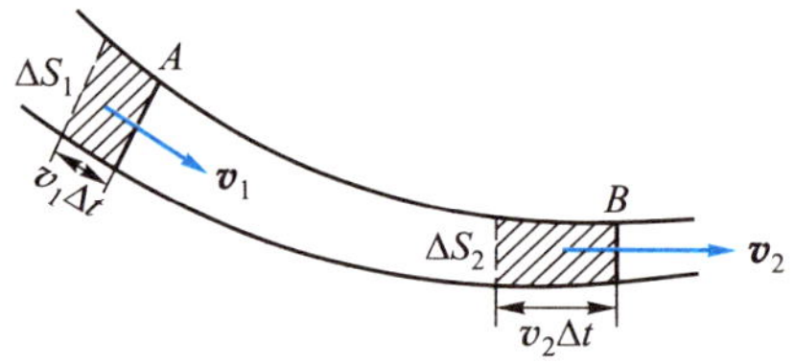

图 2-23

$$\Delta S_1 v_1 = \Delta S_2 v_2 \tag{2-19}$$

或者

$$\Delta S v = 常量 \tag{2-20}$$

式(2-19)和式(2-20)称为理想流体定常流动的连续性方程.

连续性方程表明,在理想流体做定常流动的空间中,在同一流管中截面积大的地方流速小,而截面积小的地方流速大.

2-6-2 理想流体的伯努利方程

流体的力学特征和固体不相同,流体力学初期发展较慢,直到 1738 年,瑞士科学家丹尼尔·伯努利(D. Bernoulli)首先提出,把牛顿力学中的功能原理应用到理想流体中,才建立了理想流体运动的基本方程,即伯努利方程,下面介绍它的推导过程.

伯努利(1700—1782)

文档:伯努利

如图 2-24 所示,设通过流管中的是定常流动的理想流体,由于流管很细,可认为任一截面上各点的流速相等,设在很小的时间 Δt 内,流管中的流体从 AB 流动到 $A'B'$,若不考虑液体的黏性,即忽略流体内部各层之间的摩擦内力(即有 $W_{非保内}=0$),流管内的液体整体应服从功能原理[见本书式(1-41b)],有

$$W_{合外} = E_2 - E_1 \tag{2-21}$$

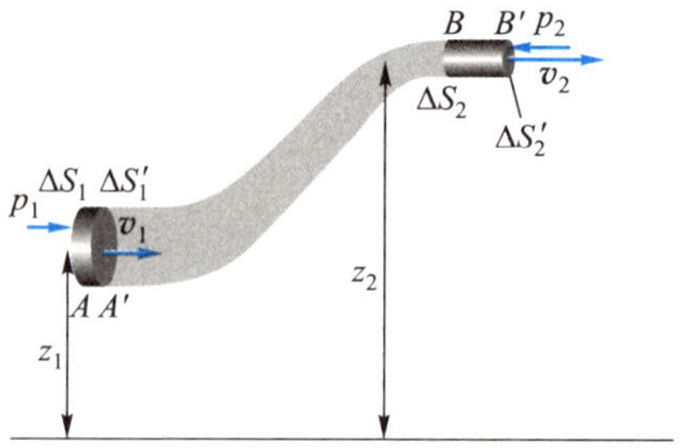

图 2-24

在流管中的流体从 AB 流动到 $A'B'$ 的过程中,只有流体两端面所受的压力对流体做功,设作用在流管两端面 ΔS_1 与 ΔS_2 上的

压强分别为 p_1 与 p_2，则在 Δt 时间内，合外力做的功为左端面上的压力 $F_1=p_1\Delta S_1$ 做的功 W_1（正功）与右端面的压力 $F_2=p_2\Delta S_2$ 做的功 W_2（负功）之和，即

$$W_{合外}=W_1+W_2=p_1\Delta S_1v_1\Delta t-p_2\Delta S_2v_2\Delta t \qquad (2-22)$$

由于 $\Delta S_1v_1\Delta t$ 和 $\Delta S_2v_2\Delta t$ 分别为 Δt 时间内通过 ΔS_1 面与 ΔS_2 面的流体体积，由连续性方程可知两者相等，设为 ΔV，那么式（2-22）可以写为

$$W_{合外}=p_1\Delta V-p_2\Delta V \qquad (2-23)$$

式（2-21）中机械能的变化 $\Delta E=E_2-E_1=\Delta E_k+\Delta E_p$，由于起始流管中的流体元可看做由 AA' 和 $A'B$ 两部分组成，经过 Δt 时间后，流体元可看做由 $A'B$ 和 BB' 两部分组成，在此时间内，流管中机械能的改变为

$$\Delta E=\Delta E_k+\Delta E_p=\frac{1}{2}\rho\Delta V(v_2^2-v_1^2)+\rho\Delta Vg(z_2-z_1) \qquad (2-24)$$

上式中 ρ 为流体的密度，而 AA' 和 BB' 的流体质量相等，均为 $\Delta m=\rho\Delta V$，于是根据功能原理式（2-21），有

$$p_1\Delta V-p_2\Delta V=\frac{1}{2}\rho\Delta V(v_2^2-v_1^2)+\rho\Delta Vg(z_2-z_1) \qquad (2-25)$$

化简后为

$$p_1+\frac{1}{2}\rho v_1^2+\rho gz_1=p_2+\frac{1}{2}\rho v_2^2+\rho gz_2 \qquad (2-26)$$

或写为

$$p+\frac{1}{2}\rho v^2+\rho gz=常量 \qquad (2-27)$$

式（2-26）和式（2-27）称为伯努利方程，它是流体力学中的一个基本方程．对于实际流体，只要其黏性很小，就可以应用伯努利方程．若流管水平放置，有 $z_1=z_2$，则伯努利方程变为 $p_1+\frac{1}{2}\rho v_1^2=p_2+\frac{1}{2}\rho v_2^2$，由此可知，流速大的地方压强小，流速小的地方压强大．

需要指出的是，伯努利方程中的压强 p 指的是运动流体中一点的压强，它的分布规律与静止流体内压强的分布规律是不同．例如，图 2-25 表示具有不同横截面的柱状容器，内装理想流体，当堵住容器下端开口时，液体处于静止状态，对于距离液面分别为 z_A 和 z_B 的 A、B 两点的压强差为

$$p_B-p_A=\rho g(z_B-z_A) \qquad (2-28)$$

若将容器下端的塞子拔掉使液体流动，这时可选一条经过

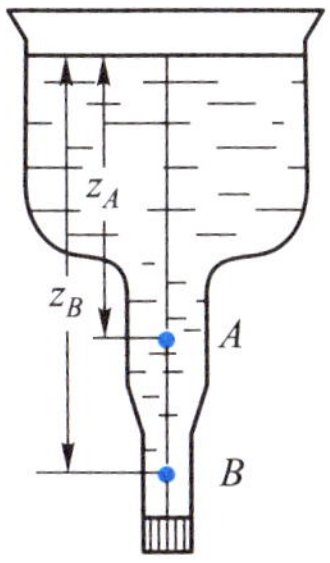

图 2-25

A、B 两点的流线,应用伯努利方程,得

$$p_A+\frac{1}{2}\rho v_A^2+\rho g(-z_A)=p_B+\frac{1}{2}\rho v_B^2+\rho g(-z_B) \quad (2-29)$$

即

$$p_B-p_A=\rho g(z_B-z_A)+\frac{1}{2}\rho(v_A^2-v_B^2) \quad (2-30)$$

显然,由式(2-28)和式(2-30)看出,当液体处于静止和流动两种情况下,A、B 两点间的压强差是不同的.

2-6-3 伯努利方程的应用

伯努利方程在流体力学中的作用是非常重要的,它不仅适用于液体,在气体中也是适用的,下面列举两个应用.

1. 喷雾器

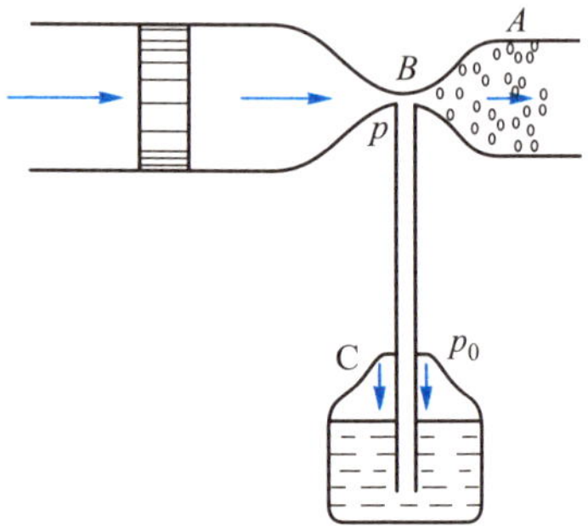

图 2-26 喷雾器

喷雾器的构造如图 2-26 所示,由于水平管中的活塞向右运动,管中产生的气流,在截面大的 A 处,速度小,压强近似等于大气压 p_0,在截面缩小的 B 处,速度大,压强 p 小于大气压 p_0,则储液器 C 中的液面上的大气压 p_0 将液体压上去,液体在 B 处混入气流,被吹散成雾,由喷嘴喷出. 农药喷雾器、沐浴液压缩喷口和空气升力演示仪等都是利用这个原理.

视频:机翼升力

2. 足球场上的“香蕉球”

“香蕉球”是足球场上流行的直接任意球踢法之一,是运动员运用脚法踢出球后使球在空中向前做弧线运行的踢球技术,如图 2-27(a)所示. 怎样才会形成“香蕉球”呢?

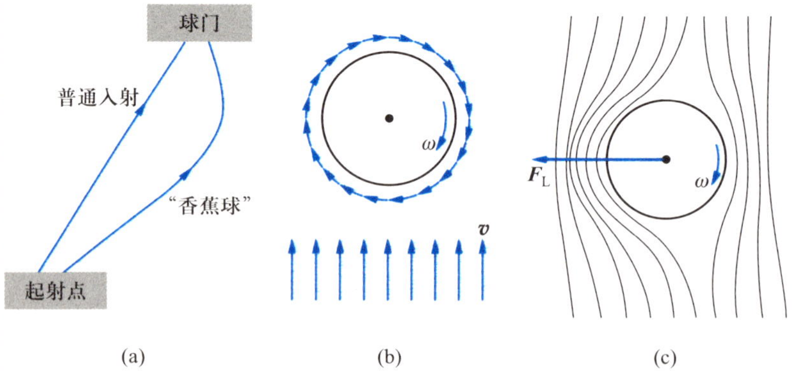

图 2-27

为了踢出香蕉球,球员并不会直接踢球的正中,而是会用脚弓接触足球下方的某一侧,因为脚和球面有摩擦,所以足球不仅

会向着球门飞行，还会在空中有绕自身对称轴的转动．当足球转动时，因空气有一定的黏性，空气会和球面发生摩擦，旋转的球带动周围空气层一起转动，会在球的周围形成同心圆环状的流线分布，如图 2-27(b)所示．若球体在空中转动的同时还做平动，球左侧摩擦产生的气流的流动方向与飞行中遇到的气流方向相同，所以球左侧的空气流动速度较快，而球右侧的这两股气流的方向相反，所以球右侧气流速度较慢，由伯努利方程可知，流速加快的一侧压力减少，流速减慢的一侧压力增大，两侧的压力差使得球体受到一个侧向的作用力 $\boldsymbol{F}_L$，称为马格纳斯(Magnus)力，如图 2-27(c)所示．该力的方向与球体的自转轴垂直，并与球体的运动方向垂直，从而使球的运动方向发生改变，如图 2-28 所示．

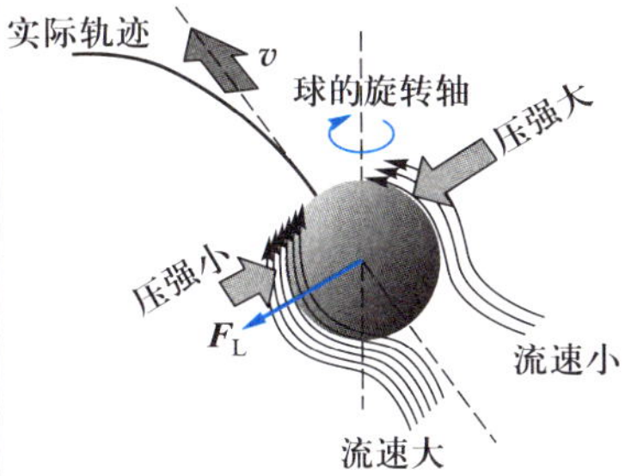

图 2-28

应用案例　走钢丝表演中的物理学——转动定律

杂技演员在走钢丝表演时如履平地，自如地做着走、跳、跪、卧，甚至跳绳、翻跟斗等动作，让观众惊叹不已．图 2-29 是钢丝表演的照片．应用转动定律可看出，演员手持的棒越长，质量越大，越容易完成表演．其原理如下：

图 2-29

(1) 图 2-30 是转动定律实验仪原理图．该仪器包含两套转动装置，它们的结构完全相同．调节转臂上的重物滑块到转轴的距离，可改变系统的转动惯量；调节绕过定滑轮的绳子下端悬挂的砝码数量，可改变外力矩的大小．

(2) 刚体绕固定轴转动的角加速度 α 与刚体受到的合外力矩 M 成正比，与刚体绕定轴转动的转动惯量 J 成反比，即

$$\alpha=\frac{M}{J}\quad 或 \quad M=J\alpha$$

这是刚体绕固定轴的转动定律．

根据转动定律，在相同外力矩的作用下，转动惯量小的系统，获得较大的角加速度；在转动惯量相同的情况下，受到较大外力矩作用的系统，转动的角加速度大．由于角加速度为角速度随时间的变化率，角加速度大的系统，其角速度的时间变化率大，对于上述实验中同时开始转动的两套装置，可观察到角加速度大的系统转得快．

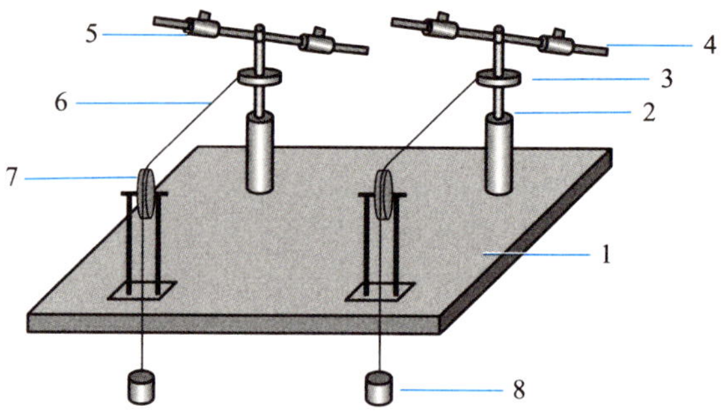

图 2-30

1—底座;2—转轴;3—绕线轮;4—转臂;5—重物滑块;6—绳子;7—定滑轮;8—砝码

(3) 演员站在钢丝上时,受到重力和钢丝对人的支持力作用. 由于钢丝很细,给人的支撑面极小,要使重力作用线恰巧落在钢丝绳上就很难. 当演员的身体有倾斜时,重力矩不为零,根据转动定律 $M=J\alpha$,人在重力矩 M 的作用下会产生倾斜方向转动的角加速度 α,身体会进一步倾斜而从钢丝上掉下来,然而训练有素的演员却能够灵活自如地控制平衡.

如果是空手表演,当身体开始向某一方向偏转时,演员便及时向内收缩手臂或腿,或向反方向伸展手臂或腿,在左右晃动中调整重心的位置和改变转动惯量 J,从而控制平衡并做出优美的动作;如果演员表演时,手里拿一根长长的竹竿或铝合金棒(图 2-29),这些物品起着延长手臂的作用,更有利于帮助身体平衡. 例如,当身体稍向右偏离时,演员将棒及时向左移动,使棒的质心移向左边. 当棒产生的向左转动的力矩大于人体重心右移所产生的向右转动的力矩时,根据转动定律,人和棒整体便会向左翻转来调节平衡. 容易看出,演员手持的棒越长,质量越大,越容易调节和控制平衡从而完成表演.

——摘自陈健等编的《物理课程探究性实验》

思考题

2-1 为什么在研究刚体转动时,要研究力矩的作用? 力矩和哪些因素有关?

2-2 有几何对称中心的物体,它的质心就在对称中心处,这种说法对吗?

2-3 两个匀质圆盘 A 和 B,密度分别为 ρ_A 和 ρ_B,且 $\rho_A>\rho_B$,但两圆盘质量和厚度相同. 如果两盘对通过盘心垂直于盘面的轴的转动惯量分别为 J_A 和 J_B,问:J_A 和 J_B 哪个大?

2-4 为什么质点系动能的改变不仅与外力有关，而且与内力有关，而刚体绕定轴转动动能的改变只与外力矩有关，而与内力矩无关呢？

2-5 一个转动着的飞轮，如果不供给它能量，最终将停下来，试用转动定律解释此现象．

2-6 一个有竖直光滑固定轴的水平转台，人站立在转台上，身体的中心轴线与转台竖直轴线重合，两臂伸开各举着一个哑铃．当转台转动时，此人把两哑铃水平地收缩到胸前，在这一收缩过程中：

（1）转台、人与哑铃以及地球组成的系统机械能守恒吗？为什么？

（2）转台、人与哑铃组成的系统角动量守恒吗？为什么？

（3）每个哑铃的动量与动能守恒吗？为什么？

2-7 液体流动的连续性方程的物理意义是什么？

2-8 理想流体与实际流体的主要区别在于哪几方面？

习题

2-1 某发动机飞轮绕轴转动的方程为

$$\theta=at+bt^3-ct^4$$

式中 a、b、c 为已知常量，求 t 时刻飞轮的角速度和角加速度．

2-2 某种电机启动后转速随时间变化的关系为 $\omega=\omega_0(1-e^{-\frac{t}{\tau}})$，式中 $\omega_0=9.0\ \text{rad}\cdot\text{s}^{-1}$，$\tau=2.0$ s．求：

（1）$t=6.0$ s 时电机的转速；

（2）角加速度随时间变化的规律；

（3）电机启动后 6.0 s 内转过的圈数．

2-3 一刚体绕固定轴从静止开始转动，角加速度为一常量，试证明该刚体中任一点的法向加速度和刚体的角位移成正比．

2-4 如图所示，一长为 l 的均匀直棒可绕过其一端且与棒垂直的水平光滑固定轴转动．抬起另一端使棒向上与水平面成 60°，然后无初转速地将棒释放．

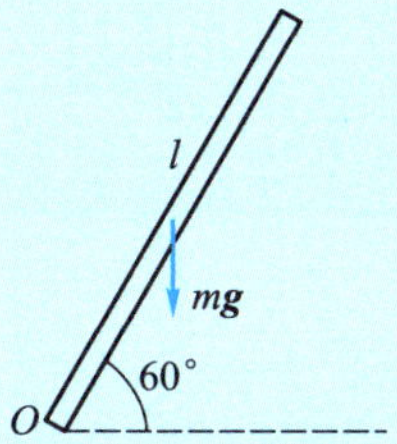

习题 2-4 图

已知棒对轴的转动惯量为 $\frac{1}{3}ml^2$，其中 m 和 l 分别为棒的质量和长度．求：

（1）放手时棒的角加速度；

（2）棒转到水平位置时的角加速度及角速度．

2-5 如图所示，一轻绳跨过两个质量分别为 m 和 $2m$、半径分别为 R 和 $2R$ 的匀质定滑轮，绳的两端分别挂着质量为 m 和 $2m$ 的重物．当重物由静止开始运动时，求：

（1）重物加速度的大小；

（2）两滑轮之间绳子的张力大小．

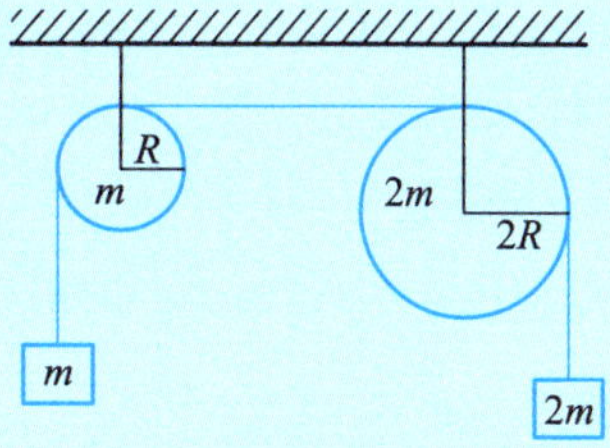

习题 2-5 图

2-6 如图所示的阿特伍德机装置中，滑轮和绳子间没有相对滑动且绳子不可伸长，轴与轮间有阻力矩，求滑轮两边的绳子张力．已知 $m_1=20$ kg，$m_2=10$ kg，滑轮质量 $m_3=5$ kg，滑轮半径 $r=0.2$ m，滑轮可视为均匀圆盘，阻力矩 $M_f=6.6\ \text{N}\cdot\text{m}$．（圆盘对过其中心且与盘面垂直的轴的转动惯量为$\frac{1}{2}m_3r^2$.)

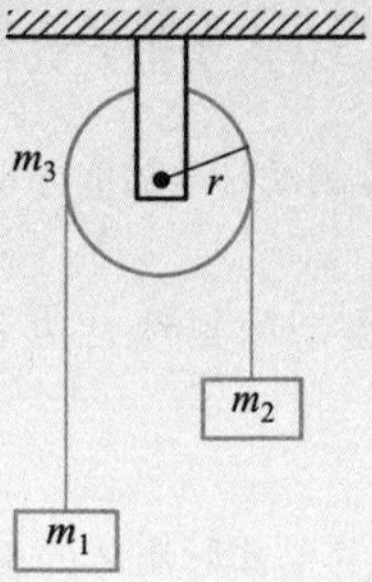

习题 2-6 图

2-7 一转动惯量为 J 的圆盘绕一固定轴转动，起初角速度为 ω_0，设它所受阻力矩与转动角速度成正比，即 $M=-k\omega$（k 为正的常量）．求：

（1）圆盘的角速度从 ω_0 变为$\frac{1}{2}\omega_0$ 时所需的时间；

（2）在上述过程中阻力矩所做的功．

2-8 电扇在开启电源后，经过 t_1 时间达到了额定转速，此时相应的角速度为 ω_0，当关闭电源后，经过 t_2 时间风扇停转．已知风扇转子的转动惯量为 J，并假定摩擦阻力矩和电机的电磁力矩均为常量，试根据已知量推算电机的电磁力矩．

2-9 一质量均匀分布的圆盘，质量为 m_0，半径为 R，放在一粗糙水平面上，圆盘可绕通过其中心 O 的竖直固定光滑轴转动．开始时，圆盘静止，一质量为 m 的子弹以水平速度 $\boldsymbol{v}_0$ 垂直于圆盘半径打入圆盘边缘并嵌在盘边上，如图所示．设摩擦因数为 μ.（圆盘绕通过 O 点的竖直轴的转动惯量为$\frac{1}{2}m_0R^2$，忽略子弹重力造成的摩擦阻力矩.）求：

（1）子弹击中圆盘后盘所获得的角速度；

（2）经过多少时间后圆盘停止转动．

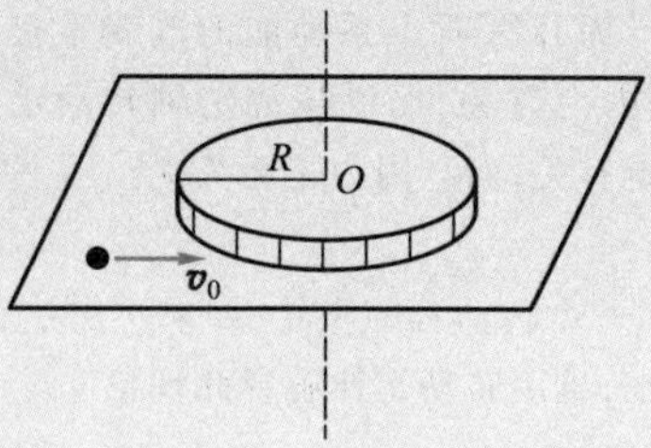

习题 2-9 图

2-10 一长为 L 的均匀木棒，质量为 m，可绕水平光滑轴 O 在竖直面内转动，开始时棒自然地竖直悬垂．现有质量为 m 的子弹以速率 v 从 A 点水平地射入棒中．假定 A 点与 O 点的距离为$\frac{3}{4}L$，如图所示．求：

（1）棒开始转动时的角速度；

（2）棒上升的最大偏转角．

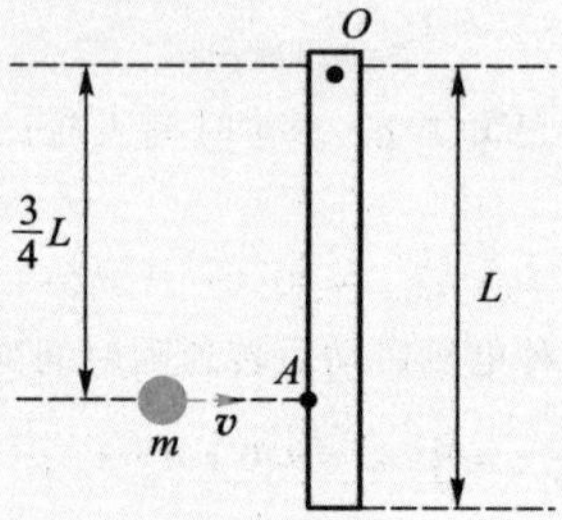

习题 2-10 图

2-11 如图所示，利用压缩空气把水从一密封的大筒内通过一管子以 1.0 m·s^{-1}的流速压出．当管子的出口处高于筒内液面 60 cm 时，问筒内空气的压强多大？

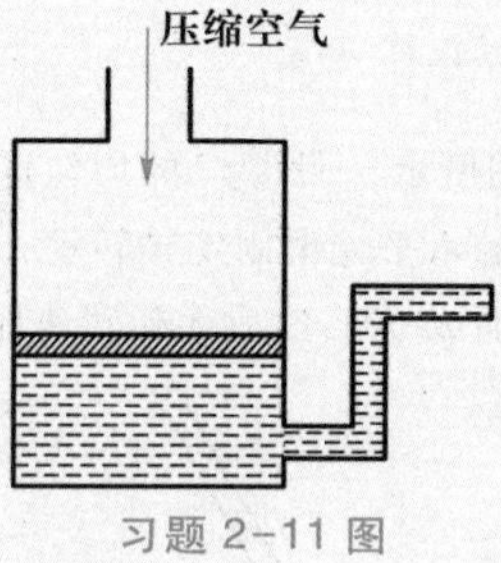

习题 2-11 图

第 2 章参考答案

第 3 章　气体动理论

NOTE

物质的运动形式是多种多样的，在力学部分我们研究了物质最简单的运动形式——机械运动，本部分我们将研究物质的热运动．通常的固体、液体和气体都是宏观物体，实验和理论都已指出，宏观物体具有微观结构，且是由大量的微观粒子（分子、原子等）所组成的，而这些微观粒子在不停地做无规则的运动．微观粒子的无规则的运动，称为热运动．宏观物体的物理特征正是建立在微观粒子热运动的基础上的．

研究热运动的规律有热力学方法和统计物理方法两种，热力学方法是以观察和实验为基础，总结热现象所具有的规律，这将在下一章中讨论．统计物理方法是从物质的微观结构出发，通过合理的假设，应用概率论和统计的方法，研究大量微观粒子热运动的规律，从而对热现象给以本质的解释．总的来说，热力学方法与统计物理方法在热现象的研究中起到了相辅相成的作用．

本章主要研究气体分子热运动的统计概念及规律，我们将根据所假定的气体分子模型，运用统计方法，研究气体的宏观性质和规律，以及它们与分子微观量的平均值之间的关系，从而揭示这些性质和规律的本质．

3-1　宏观与微观　统计规律

3-1-1　宏观量与微观量　理想气体物态方程

微课：热学的基本概念

在热力学中，一般把研究的宏观物体称为热力学系统，简称系统，而把与热力学系统相互作用的环境称为外界．在一定条件下（外界环境不随时间变化），系统的宏观性质将不再随时间变

微课：平衡态
理想气体的物态方程

化，因此可以使用相应的物理量来具体描述系统的状态，这些描述状态的变量叫做状态参量．研究质点的运动时，我们用位矢、位移、速度等来描述质点的运动状态，而在讨论由大量做热运动的分子构成的气体状态时，这些量只能用来描述各个分子的状态，这些描述个别分子的物理量称为微观量．而从宏观角度来看，为了研究整个气体的宏观状态，对一定量的气体，除它的质量 m 和摩尔质量 M 外，它的状态一般可用气体的体积 V、压强 p 和温度 T 来表示，这三个物理量叫做气体的状态参量，其中体积是几何量，压强是力学量，温度属热学量，它们都是宏观量．状态参量不随时间变化的状态称为平衡态，即宏观性质不再发生变化的状态称为平衡态．

气体的体积是指组成系统的分子的活动范围．在国际单位制中，体积的单位是 m^3（立方米）．气体的压强，表现为气体对容器壁单位面积上产生的压力，它是大量气体分子对器壁碰撞的宏观表现，显然与分子无规则热运动的剧烈程度有关．在国际单位制中，压强的单位是 Pa（帕[斯卡]），通常人们把 45°纬度海平面处测得的 0 ℃时的大气压值（1.013×10^5 Pa）称为标准大气压．温度是指系统冷热程度的数值表示，温度的数值标定方法称为温标．常用的有热力学温标 T、摄氏温标 t 等．国际单位制中采用热力学温标，单位是 K（开[尔文]），摄氏温标单位是℃．摄氏温标与热力学温标的关系为

$$t/℃ = T/\mathrm{K} - 273.15 \qquad (3-1)$$

实验表明，从宏观上看，状态参量之间存在着一定关系，我们把反映气体的 p、V、T 之间的关系式称为气体的物态方程，即状态参量所满足的关系式称为物态方程，因此状态参量 p、V、T 中只有两个变量是独立变量．一般来说物态方程的形式是复杂的，它与气体的性质有关．在中学物理中我们已经知道玻意耳（R. Boyle）定律、盖吕萨克（J. Gay-Lussac）定律和查理（J. Charles）定律，这三个定律是在密度不太高、压强不太大（与大气压比较）和温度不太低（与室温比较）的实验条件下总结出来的．可以设想有这样一种气体，它在任何情况下都遵守上述三条实验定律，这种气体称为理想气体，可见理想气体也是一种理想模型，一般气体在温度不太低、压强不太大时都可近似当做理想气体．理想气体的物态方程可从气体的上述三个实验定律导出，对质量为 m、摩尔质量为 M 的理想气体处于平衡态时，其物态方程为

$$pV = \frac{m}{M}RT \qquad (3-2)$$

式中 $R = 8.31\ \mathrm{J \cdot mol^{-1} \cdot K^{-1}}$，叫做摩尔气体常量．理想气体的物

态方程还可以写成其他形式．大家知道，任何一种物质 1 mol 所含的分子数叫做阿伏伽德罗常量，用符号 N_A 表示，一般计算时取 $N_A=6.02\times10^{23}\ \mathrm{mol}^{-1}$．设每个气体分子的质量为 m_0，N 为气体分子总数，则理想气体物态方程可改写为

$$pV=\frac{m}{M}RT=\frac{m_0N}{m_0N_A}RT=\frac{N}{N_A}RT$$

即

$$p=\frac{N}{V}\frac{R}{N_A}T$$

令 $n=\frac{N}{V}$，即系统单位体积的分子数，称为**分子数密度**．另外，令 $k=\frac{R}{N_A}$，k 也是一常量，称为**玻耳兹曼常量**，一般计算时，其值取 $k=1.38\times10^{-23}\ \mathrm{J\cdot K^{-1}}$．这样得到理想气体物态方程的另一种表示形式：

$$p=nkT \tag{3-3}$$

式（3-2）和式（3-3）都称为理想气体的物态方程，物态方程表明了在平衡态下理想气体的各个状态参量之间的关系．当系统从一个平衡态变化到另外的平衡态时，各状态参量发生变化，但它们之间仍然要满足物态方程．

3-1-2 分子热运动和统计规律性

微课：物质的微观模型

按照物质微观结构理论，自然界所有物体都由许多不连续的、相隔一定距离的分子组成，而分子则由更小的原子组成．所有物体的原子和分子都处在永不停息的运动之中，实验告诉我们，热现象是物质中大量分子无规则运动的集体表现，因此人们把**大量分子的无规则运动叫做分子热运动**．布朗（R. Brown）在 1827 年用显微镜观察到悬浮在水中的植物颗粒（如花粉等）不停地在做无规则运动，这就是所谓的**布朗运动**．布朗运动是由做无规则运动的液体分子碰撞植物颗粒引起的，它虽不是液体分子本身的热运动，却如实地反映了液体分子热运动的情况．

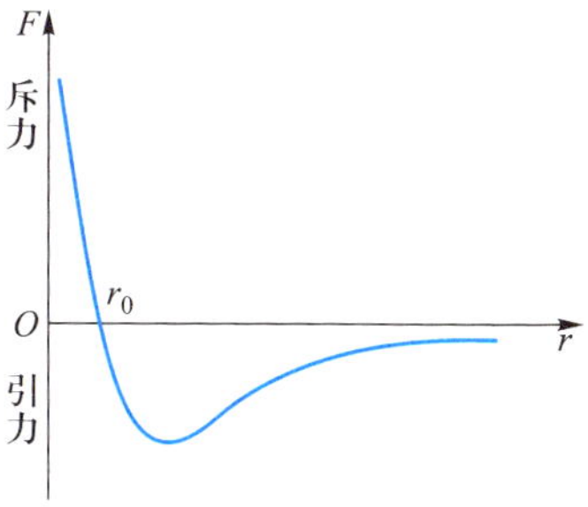

图 3-1 分子力与分子间距离的关系

固体和液体分子之所以会聚在一起而不分开是因为分子之间有相互吸引力．例如，切削一块金属需要用力，要使固体发生形变也需要用力，这都说明物体各部分之间都存在着相互吸引力．而液体和固体又都很难压缩，这又说明分子之间还存在着排斥力，阻止它们相互靠拢，即分子之间不仅表现有吸引力，而且也表现有排斥力．如图 3-1 所示为分子力 F 与分子间距离 r 的关

系曲线图，从图 3-1 可以看出，当分子之间距离 $r<r_0$ 时，分子力主要表现为斥力，并且随 r 的增大斥力急剧减小；当 $r=r_0$ 时，分子力为零；当 $r>r_0$ 时分子力主要表现为引力．r_0 约为10^{-10}m，当 r 继续增大到大于10^{-9}m 时，分子之间的作用力就可以忽略不计了．可见，分子力的作用范围很小，分子力属于短程力．

综上所述可知，一切宏观物体都是由大量分子（或原子）组成的；所有分子都处在不停的、无规则的热运动中；分子之间有相互作用的引力和斥力，这就是关于物质微观结构的三个基本观点．

微课：热运动平衡的统计规律

宏观系统所包含的分子的数目都相当大，每一个别分子的运动都属于机械运动，服从力学规律，只要知道分子的初始条件就可确定以后任一时刻的运动状态，但是系统所包含的分子数量是如此之大，实际无法对每个分子求解，而且由于分子之间频繁碰撞的无规则性，每个分子如何运动完全是偶然的，它们的起始条件也是无法确定的．那么怎样能从物质结构的分子论出发来解释宏观热现象呢？分子动理论指出尽管每个分子的运动是无规则的，它在给定时刻取什么坐标和速度是偶然的，但在一定条件下，这些做无规则运动的大量分子在总体上的行为却存在着某种必然性，具有一种不同于力学规律性的另一种规律性——统计规律性．

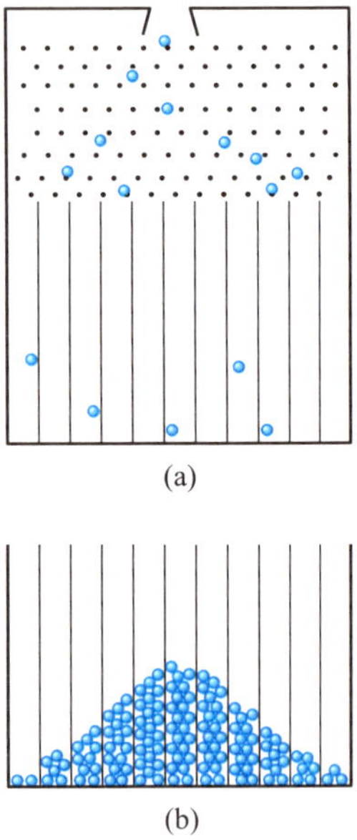

图 3-2 小球在伽尔顿板中的分布

什么是统计规律性？我们举例说明．往桌上掷一个硬币，结果究竟是菊花朝上还是数字朝上，这完全是偶然的，但是如果掷成千上万次，或者一次同时掷成千上万枚相同面值的硬币，那么对所得的结果进行统计就会发现，菊花和数字出现的次数大约各占一半．重复做此实验，结果基本上都是菊花和数字出现的次数各占一半，这就是一种统计规律性．

伽尔顿板的实验也可说明存在统计规律性．如图 3-2(a)所示，有一块竖直平板，上部钉上一排排等间隔的铁钉，下部用隔板隔成等宽的狭槽，板顶装有漏斗形入口，小球可通过此入口落入狭槽内，这个装置称为伽尔顿板．若在入口处投入一个小球，小球在下落过程中将与一些铁钉发生碰撞，最后落入某一槽中，再投入另一小球，它落入槽中的位置与前者可能完全不相同．小球从入口处下落后，与哪些铁钉相碰撞以及落入哪个槽中完全是偶然的．但是，如果我们投入很多小球，可以发现落入槽中的小球有规律地分布，如图 3-2(b)所示，重复这个实验可得到相似的结果．因此这个实验表明，尽管单个小球落入哪个狭槽是完全偶然的，而大量小球在各个狭槽内的分布则是近似确定的，小球的分布具有统计规律性．

视频：伽尔顿板实验

例 3-1

一容器内储有气体，温度为 27 ℃．问：

（1）压强为 1.013×10^{5} Pa 时，在 $1\ \mathrm{m}^3$ 中有多少个分子？

（2）在高真空，压强为 1.33×10^{-5} Pa 时，在 $1\ \mathrm{m}^3$ 中有多少个分子？

解：按公式 $p=nkT$ 可知：

（1）$n=\dfrac{p}{kT}=\dfrac{1.013\times10^{5}}{1.38\times10^{-23}\times300}\ \mathrm{m}^{-3}\approx2.45\times10^{25}\ \mathrm{m}^{-3}$

（2）$n=\dfrac{p}{kT}=\dfrac{1.33\times10^{-5}}{1.38\times10^{-23}\times300}\ \mathrm{m}^{-3}\approx3.21\times10^{15}\ \mathrm{m}^{-3}$

可以看出，两者相差约10^{10}倍．

3-2 理想气体的压强与温度

3-2-1 理想气体的微观模型

在宏观上，理想气体是一种在任何情况下都遵守玻意耳定律、盖吕萨克定律和查理定律的气体，但从微观上看什么样的分子组成的气体才具有这种宏观特性呢？气体分子的运动是肉眼看不见的，所以理想气体的微观模型是通过对宏观实验结果的分析和综合提出的一个假说．通过这个假说得到的结论与宏观实验结果进行比较来判断模型的正确性．前人通过多年的努力，总结出理想气体的微观模型具有以下特征：

（1）分子本身的大小与分子间平均距离相比可以忽略不计，分子可以看做质点．

（2）除碰撞的瞬间外，分子与容器壁和分子与分子之间的相互作用可以忽略不计．

（3）分子与容器壁以及分子与分子之间的碰撞可看做完全弹性碰撞．

实验证明，实际气体中分子本身占的体积只约占气体体积的千分之一，气体分子之间的平均距离远大于分子的几何尺寸，所以将分子看成质点是完全合理的．从另一个方面看，对已达到平衡态的气体如果没有外界影响，其温度、压强等状态参量都不会因分子与容器壁以及分子与分子之间的碰撞而发生改变，因而分子与容器壁以及分子与分子之间的碰撞是完全弹性碰撞也是理所当然的．

这样,从气体动理论的观点来看,理想气体可看成是由大量不断做无规则运动的、本身体积可以略去不计的、彼此间相互作用可不予考虑的弹性小球所组成的,这就是理想气体的微观模型.显然这是一个理想的模型,它只是实际气体在压强较小时的近似模型.

3-2-2 平衡态的统计假设

上述模型主要是针对分子的运动特征而建立起来的一个假设.为了以此模型为基础,求出平衡态时气体的一些宏观状态参量,还必须知道理想气体在处于平衡态时分子的群体特征.这些特征也叫做平衡态的统计特性.在忽略重力场影响时,从平衡态的定义分析可知,气体分子的数密度总是处处相同的,即气体分子在容器中任何空间位置分布的机会均等,具有分布的空间均匀性,如若不然就会发生扩散,也就不是平衡态.另一方面,在平衡态下,向各个方向运动的气体的分子数是相同的,即气体分子向各个方向运动的概率是一样的,具有运动的各向同性.显然,若这一特征不能满足时气体就有定向运动,也不是平衡态.因此,将上述分析的结果归纳为平衡态的统计假设:**理想气体处于平衡态时气体分子出现在容器内任何空间位置概率相等;气体分子向各个方向运动的概率相等.**

根据上述假设,还可以进一步有如下一些结论:

(1) 速度和它的各个分量的平均值为零,即

$$\overline{\boldsymbol{v}}=\mathbf{0},\quad \overline{v_x}=\overline{v_y}=\overline{v_z}=0$$

平衡态理想气体中各个分子朝各个方向运动的概率相等.因此,分子速度的平均值为零,各种方向的速度矢量相加会相互抵消.类似地,分子速度的各个分量的平均值也为零.

(2) 分子沿各个方向运动的速率分量的各种统计平均值应该相等.

如沿 x、y、z 三个方向速率分量的方均值应该相等,即

$$\overline{v_x^2}=\overline{v_y^2}=\overline{v_z^2}$$

而方均速率$\overline{v^2}=\overline{v_x^2+v_y^2+v_z^2}=\overline{v_x^2}+\overline{v_y^2}+\overline{v_z^2}$,所以有

$$\overline{v_x^2}=\overline{v_y^2}=\overline{v_z^2}=\frac{\overline{v^2}}{3} \tag{3-4}$$

即速率分量的方均值等于方均速率的三分之一.这个结论在下面证明压强公式时要用到.

3-2-3 压强公式的推导

微课:气体压强的微观解释

气体压强对科学家曾经是一个谜,直到牛顿力学诞生以后,科学家们才对压强有了很清楚的认识.最早使用力学规律来解释气体压强的科学家是伯努利(D. Bernoulli).他认为:气体压强是大量气体分子单位时间内给予器壁单位面积上的平均冲力.

为了简化讨论,假设有同种理想气体盛于一个长、宽、高分别为 l_1、l_2、l_3 的长方形容器中并处于平衡态,如图 3-3 所示.设气体共有 N 个分子,每个分子的质量均为 m_0.在平衡态下,器壁各处的压强完全相同.现在我们先考察其中一个面上的压强,如图中的 S 面,其面积为 l_2l_3.

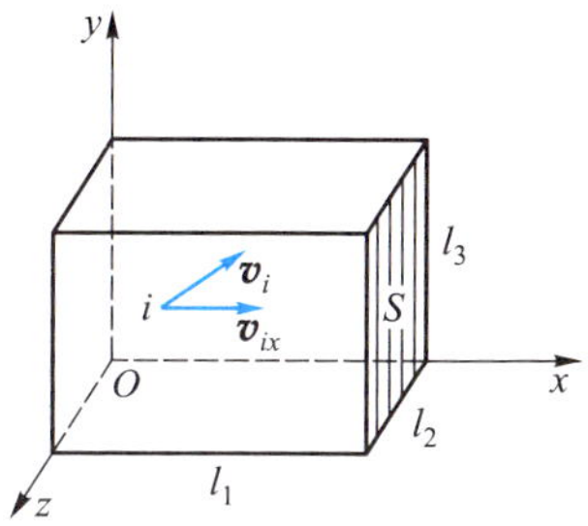

图 3-3 理想气体压强公式的推导

设序号为 i 的分子以速度(v_{ix}, v_{iy}, v_{iz})运动($v_{ix}>0$)并与 S 面碰撞,碰撞后速度变为($-v_{ix}, v_{iy}, v_{iz}$).按理想气体平衡态的统计假设,分子与器壁间的碰撞是完全弹性的,由动量定理可得,一次碰撞中分子给 S 面的冲量为 $2m_0v_{ix}$.分子与 S 面碰撞后,它以 $-v_{ix}$ 从 S 面弹回飞向 S 面的对面并与之碰撞后又以 v_{ix} 向 S 面运动,因此分子在容器中沿 x 方向来回运动,不断与 S 面发生碰撞,与 S 面相邻两次碰撞的时间间隔为 $\dfrac{2l_1}{v_{ix}}$,单位时间的碰撞次数为 $\dfrac{v_{ix}}{2l_1}$,则 i 分子在单位时间内给 S 面的冲量为 $2m_0v_{ix}\cdot\dfrac{v_{ix}}{2l_1}=\dfrac{m_0v_{ix}^2}{l_1}$,气体的 N 个分子在单位时间内给 S 面的冲量为各分子给 S 面冲量的总和,即 $\sum\limits_{i=1}^{N}\dfrac{m_0v_{ix}^2}{l_1}=\dfrac{m_0}{l_1}\sum\limits_{i=1}^{N}v_{ix}^2$.

按力学的理解,气体在单位时间内给 S 面的冲量也就是气体给 S 面的平均冲力 $\overline{F}$.由前面平衡态的统计假设可知分子沿各个方向运动的速度分量的各种平均值应该相等,即 $\dfrac{\sum\limits_{i=1}^{N}v_{ix}^2}{N}=\overline{v_x^2}=\dfrac{\overline{v^2}}{3}$,我们得到气体给 S 面的平均冲力为

$$\overline{F}=\frac{m_0}{l_1}\sum_{i=1}^{N}v_{ix}^2=\frac{m_0N\cdot\overline{v^2}}{3l_1}$$

由于大量气体分子的密集碰撞,分子对器壁的冲力在宏观上表现为一个恒力,它等于平均冲力.因而我们可以求得 S 面上的压强为

$$p=\frac{\overline{F}}{S}=\frac{\overline{F}}{l_2l_3}=\frac{m_0N\overline{v^2}}{3l_1l_2l_3}=\frac{m_0N\overline{v^2}}{3V}$$

其中 $V=l_1l_2l_3$ 为容器的体积，我们设 $n=\dfrac{N}{V}$，则 n 是单位体积内的分子数，即气体的分子数密度，最后我们得到

$$p=\frac{1}{3}nm_0\overline{v^2} \tag{3-5}$$

再考虑到分子的平均平动动能 $\overline{\varepsilon_k}=\dfrac{1}{2}m_0\overline{v^2}$，则得到理想气体的压强为

$$p=\frac{2}{3}n\overline{\varepsilon_k} \tag{3-6}$$

式(3-5)和式(3-6)均称为理想气体的压强公式．上述表明：气体的压强与分子数密度和平均平动动能都成正比．这个结论与实验是高度一致的，它说明了我们对压强的理论解释以及理想气体平衡态的统计假设都是合理的．只有在气体的分子数足够大时，器壁所获得的冲量才有确定的统计平均值，若说个别分子产生多大压强，这是无意义的，压强是一个统计量．

3-2-4 理想气体温度公式

微课：理想气体的温度公式

前面推导得到理想气体的压强公式 $p=\dfrac{2}{3}n\overline{\varepsilon_k}$，又根据理想气体的物态方程 $p=nkT$，可以得到

$$\overline{\varepsilon_k}=\frac{3}{2}kT \tag{3-7}$$

这就是平衡态下理想气体的温度公式．该式说明气体分子的平均平动动能唯一取决于温度，并与热力学温度成正比．由此可知，描写系统宏观状态的参量——温度的高低唯一地由微观量的统计平均值——分子平均平动动能的大小来确定．因此我们说**气体的温度是气体分子平均平动动能的量度**，并可以将上式作为温度的定义式．由此可见，温度是大量气体分子热运动的集体表现，具有统计意义，对个别分子，说它有温度是没有意义的．

式(3-7)表明，在相同的温度下，气体分子的平均平动动能相同，而与气体的种类无关．也就是说，如果有一团由不同种类的气体混合而成的气体处于热平衡状态，不同的气体分子的运动可能很不相同，但它们的平均平动动能却是相同的．

3-3 能量均分定理 理想气体的内能

3-3-1 气体分子的自由度

前面研究大量气体分子的无规则运动时，只考虑了每个分子的平动．实际上，有的气体分子具有比较复杂的结构，不能看做质点，因此分子的运动不仅有平动，还有转动和分子内原子间的振动．分子热运动的能量应将这些运动的能量都包括在内．为了说明分子无规则运动的能量所遵从的统计规律，并在这个基础上计算理想气体的内能，需要讨论自由度的概念．

确定一个物体空间位置所需要的独立坐标数，叫做该物体的运动自由度，或简称**自由度**．例如，将飞机看成一个质点时，确定它的位置所需要的独立坐标数是三个，自由度为 3，分别是飞机的经度、纬度和高度．若将大海中航行的船看成质点，确定它的位置所需要的独立坐标数为两个，自由度为 2，分别是船的经度和纬度．

微课：自由度

气体分子的情况比较复杂，按分子的结构，气体分子可以是单原子的、双原子的和多原子的结构（图 3-4）．由于原子很小，单原子气体分子可以看成一个质点，并且运动是完全自由的，根据自由度定义其分子需要 x、y、z 三个独立的空间坐标才能确定其位置，所以单原子气体分子的自由度为 3；对双原子气体分子，如果原子间的相对位置保持不变，这样的分子称为刚性分子，刚性双原子气体分子除用 x、y、z 确定其质心位置外，还要用两个独立的方位角才能确定其双原子连线的方位，而两质点以连线为轴的转动可不计，因而刚性双原子气体分子的自由度是 5．刚性双原子气体分子的 5 个自由度常常也因此分解为 3 个平动自由度和 2 个转动自由度．对于刚性的多原子气体分子，则在确定质心位置和任一过质心的轴线的方位后，还需要一个用以确定绕该轴转动的角坐标，因而它有 6 个自由度．它的 6 个自由度也常常分解为 3 个平动自由度和 3 个转动自由度．

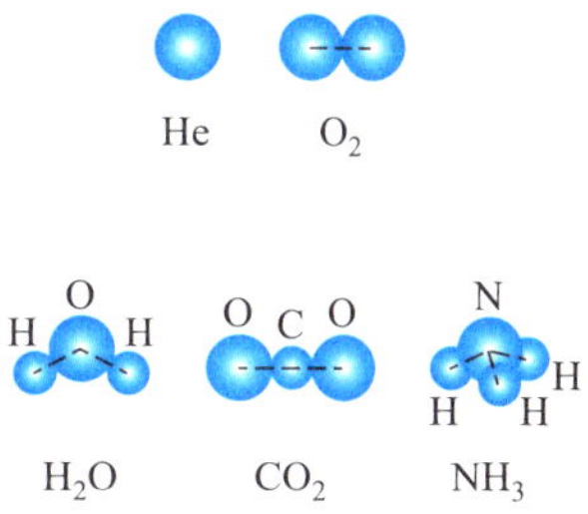

图 3-4 不同分子的结构

分子的自由度通常用 i 表示，则单原子分子自由度 $i=3$，都是平动自由度．刚性双原子分子自由度 $i=5$，其中有 3 个平动自由度和 2 个转动自由度．刚性多原子分子自由度 $i=6$，其中有 3 个平动自由度和 3 个转动自由度．

事实上双原子或多原子的气体分子一般不是完全刚性的，原子间的距离在原子间的相互作用下要发生变化，分子内部要出现振动．因此，对非刚性的双原子分子和多原子分子，除了有平动自由度和转动自由度之外，还有振动自由度．但在常温下，振动自由度可以不予考虑．

微课：能量均分定理
理想气体的内能

3-3-2 能量按自由度均分定理

处于平衡态下的理想气体，分子的平均平动动能为

$$\frac{1}{2}m_0\overline{v^2}=\frac{3}{2}kT$$

由式(3-4)可知：$\overline{v_x^2}=\overline{v_y^2}=\overline{v_z^2}=\frac{1}{3}\overline{v^2}$，所以

$$\frac{1}{2}m_0\overline{v_x^2}=\frac{1}{2}m_0\overline{v_y^2}=\frac{1}{2}m_0\overline{v_z^2}=\frac{1}{2}kT$$

上式表明，气体分子沿 x、y、z 三个方向运动的平均平动动能完全相等．可以认为，分子的平均平动动能$\frac{3}{2}kT$ 是均匀地分配在每一个平动自由度上的，因为分子平动有 3 个自由度，所以相当于每一个平动自由度的平均能量是$\frac{1}{2}kT$.

对于这一结果可作如下解释：气体平衡态的建立和维持是靠分子的无规则运动和频繁的碰撞实现的，在碰撞中，能量可以由一个分子传递给另一个分子，可以由一种运动形式转化为另一种运动形式．这些转变都是无规则的，但总的趋势是各种形式的平均能量趋于相等，因为没有任何理由使得哪一种运动形式更占优势．当达到平衡态时，从微观上说这些转变仍在不断进行，但总能量却是通过碰撞而机会均等地分配到每一个自由度上的．这个结论是否可以推广到转动和振动的自由度？经典统计力学从理论上证明了这个推广是成立的，即不论哪一种运动，平均地说，相当于分子每种运动形式的每一自由度都具有$\frac{1}{2}kT$ 的动能，没有哪个自由度的运动更占优势，这个结论称为**能量按自由度均分定理**．其全面叙述为：**在温度为 T 的平衡态下，分子任何一种运动形式的每一个自由度都具有相同的平均动能$\frac{1}{2}kT$.** 如果气体分子有 i 个自由度，则每个分子的总平均动能就是$\frac{i}{2}kT$.

如果气体分子不是刚性的，那么除平动和转动自由度外还存在振动自由度，对应于每一个振动自由度，每个分子除有$\frac{1}{2}kT$的平均动能外，还具有$\frac{1}{2}kT$的平均势能，在每一个振动自由度上将分配到量值为kT的平均能量.

3-3-3 理想气体的内能

除上述的分子平动（动能）、转动（动能）和振动（动能、势能）以外，气体分子与分子之间还存在着一定的相互作用力，所以气体的分子与分子之间也具有一定的势能，气体分子的能量以及分子与分子之间的势能构成气体内部的总能量，称为**气体的内能**.对于理想气体来说，不计分子与分子之间的相互作用力，所以分子与分子之间相互作用的势能也就忽略不计. 理想气体的内能只是分子各种运动能量的总和. 应该注意，内能与力学中的机械能有着明显的区别，静止于地球表面的物体的机械能可以等于零，但物体内部的分子仍然在运动着和相互作用着，因此内能永远不会等于零. 下面的讨论我们只考虑刚性分子.

因为每一个分子的平均动能为$\frac{i}{2}kT$，而 1 mol 理想气体有N_A个分子，所以 1 mol 理想气体的内能为

$$E_m = N_A \cdot \frac{i}{2}kT = \frac{i}{2}RT \tag{3-8}$$

质量为m、摩尔质量为M的理想气体的内能为

$$E = \frac{m}{M}\frac{i}{2}RT = \nu\frac{i}{2}RT \tag{3-9}$$

式中ν为物质的量. 由此可见，一定量的理想气体的内能完全取决于分子运动的自由度i和气体的热力学温度T，而与气体的体积和压强无关. 也就是说，**理想气体平衡态的内能是温度的单值函数**. 系统内能是一个态函数，只要状态确定了，那么相应的内能也就确定了.

如果状态发生变化，则系统的内能也将发生变化，与状态变化所经历的具体过程无关. 对于理想气体系统来说，内能的变化为

$$\Delta E = \nu\frac{i}{2}R\Delta T \tag{3-10}$$

例 3-2

1 mol 的水蒸气分解成同温度的氢气和氧气，求分解前、后的平均平动动能之比和内能之比．设分解前、后的气体均为刚性理想气体分子．

解：由化学方程式

$$2H_2O \rightarrow 2H_2 + O_2$$

因分解后气体的温度未变，分子的平动自由度也不变，故分解前、后分子的平均平动动能不变．

1 mol 的水蒸气将分解成 1 mol 的氢气和 0.5 mol 的氧气．H_2O 的自由度 $i=6$，H_2 和 O_2 的自由度都是 $i=5$．

分解前，水蒸气的内能为

$$E_1 = \nu \frac{i}{2}RT = 1\ \text{mol} \times \frac{6}{2}RT = 3\ \text{mol} \times RT$$

分解后，氢气和氧气的总内能为

$$E_2 = E_{H_2} + E_{O_2} = 1\ \text{mol} \times \frac{5}{2}RT + 0.5\ \text{mol} \times \frac{5}{2}RT$$

$$= \frac{15}{4}\ \text{mol} \times RT$$

故分解前、后的内能之比为

$$\frac{E_1}{E_2} = \frac{3RT}{\frac{15}{4}RT} = \frac{4}{5}$$

例 3-3

1 mol 温度为 T_1 的氢气与 2 mol 温度为 T_2 的氦气混合后的温度为多少？

解：利用混合前、后内能相等就可以求解此题．氢气的自由度 $i=5$，氦气的自由度 $i=3$，则混合前的总内能为

$$E_{前} = 1\ \text{mol} \times \frac{5}{2}RT_1 + 2\ \text{mol} \times \frac{3}{2}RT_2$$

设混合后温度为 T，则混合后的总内能为

$$E_{后} = 1\ \text{mol} \times \frac{5}{2}RT + 2\ \text{mol} \times \frac{3}{2}RT = \frac{11}{2}\ \text{mol} \times RT$$

混合前、后内能相等，则有

$$T = \frac{5T_1 + 6T_2}{11}$$

3-4 气体分子热运动的速率分布

3-4-1 分子的速率分布函数

随机量的分布通常用分布函数来表示．用分布函数表示统计分布规律有两种描述方式：一种是用离散值的方式，如讨论掷骰子行为中的统计规律；另一种是用连续值的方式．我们先看对掷骰子的描述．

用 x 表示掷骰子每次所掷出的数值．假设共掷了 N 次，其中

出现 x_i 值的次数有 N_i 次(i 可取 1,2,3,4,5,6),各离散值出现的比率为 $W_i=\frac{N_i}{N}$. 当 N 充分大时,这个比率趋于一个稳定值,这就是掷出数值 x 的分布函数．分布函数的物理意义通常可以用两种完全等价的方式来阐明．其一是,掷出数值 x_i 的次数 N_i 占总投掷次数 N 的比率;其二是,任意投掷一次,掷出数值为 x_i 的概率(可能性). 对于掷骰子这个具体例子来说,只要 N 充分大,出现 x_i 的概率肯定是无限接近 $\frac{1}{6}$,无论 x_i 为何值,这个概率都是相同的,而且还必然要满足归一化条件:

$$\sum_i W_i = \sum_i \frac{N_i}{N} = \frac{\sum_i N_i}{N} = \frac{N}{N} = 1$$

即全部事件的总概率等于 1.

上述方法可以用来描述气体分子的速率分布．气体分子由于频繁的热运动,分子之间不断地碰撞将使某个分子的速率不断改变．设想能够跟踪这个分子并测量它在不同时刻的速率,大家可以想象得出每次测量的分子速率是随机分布的,这种分布有什么特点和性质正是要讨论的问题．需要指出的是,多次测量一个分子的速率所得到的速率分布与同时测量气体的所有分子所得到的速率分布是完全相同的．为了方便起见,下面使用后一种方式讨论．

在平衡态下,气体分子速率的大小各不相同．由于分子的数目巨大,速率 v 可以看做在 $0\sim\infty$ 之间连续分布．此时分子的速率分布函数应该这样来定义:假设系统的总分子数为 N,在速率 $v\sim v+\mathrm{d}v$ 之间的分子数为 $\mathrm{d}N$,则 $\frac{\mathrm{d}N}{N}$ 表示在速率 $v\sim v+\mathrm{d}v$ 之间的分子数占系统总分子数的比率;或者对于任意一个分子来说,这是它的速率处于 $v\sim v+\mathrm{d}v$ 之间的概率．由于 $\frac{\mathrm{d}N}{N}$ 和速率区间 $\mathrm{d}v$ 的大小成正比,通常用 $\frac{\mathrm{d}N}{N\mathrm{d}v}$ 来反映气体分子的速率分布,它与所取区间 $\mathrm{d}v$ 的大小无关而仅与速率 v 有关．我们把这个比值定义为平衡态下的**速率分布函数**:

$$f(v)=\frac{\mathrm{d}N}{N\mathrm{d}v} \tag{3-11}$$

速率分布函数 $f(v)$ 的物理意义是:**在速率 v 附近,单位速率间隔内的分子数占系统总分子数的比率**;或者说,**对于任意一个**

微课:速率分布函数

分子而言,它的速率刚好处于 v 值附近单位速率间隔内的概率,故 $f(v)$ 也称为分子速率分布的概率密度. 对于任意一个分子来说,它的速率多大是偶然的,但却具有一定的概率分布. 只要给出了速率分布函数,整个分子的速率分布就完全确定了.

由速率分布函数 $f(v)$ 可求出 $v \sim v+\mathrm{d}v$ 区间的分子数为

$$\mathrm{d}N = Nf(v)\,\mathrm{d}v$$

$v \sim v+\mathrm{d}v$ 区间的分子数在总分子数中占的比率,即一个分子的速率在 $v \sim v+\mathrm{d}v$ 区间的概率为

$$\frac{\mathrm{d}N}{N} = f(v)\,\mathrm{d}v$$

$v_1 \sim v_2$ 区间的分子数占总分子数的比率,即一个分子的速率在 $v_1 \sim v_2$ 区间的概率为

$$\frac{\Delta N}{N} = \int_{v_1}^{v_2} f(v)\,\mathrm{d}v$$

令 $v_1 = 0, v_2 \to \infty$,则 ΔN 为全部分子数 N,故有

$$\int_0^{\infty} f(v)\,\mathrm{d}v = 1 \tag{3-12}$$

此式称为速率分布函数的归一化条件,表示所有分子与分子总数的比率为 1,即一个分子速率在 $0 \sim \infty$ 区间的概率为 1. 在分布曲线[$f(v)-v$ 曲线]图上,它表示在 $0 \sim \infty$ 区间曲线下的面积为 1.

3-4-2 统计平均值

下面讨论如何用统计分布函数来求统计平均值.

一般来说,假定某物理量有 N 个测量值,测量结果为 x_1 的有 N_1 个,为 x_2 的有 N_2 个……为 x_k 的有 N_k 个,按照求平均值的方法,该测量量的平均值应该是

$$\bar{x} = \frac{N_1 x_1 + N_2 x_2 + \cdots + N_k x_k}{N_1 + N_2 + \cdots + N_k} = \frac{\sum_{i=1}^{k} N_i x_i}{N} = \sum_{i=1}^{k} \frac{N_i}{N} x_i = \sum_{i=1}^{k} W_i x_i$$

同理,该测量量的方均值应该是

$$\overline{x^2} = \frac{\sum_{i=1}^{k} N_i x_i^2}{N} = \sum_{i=1}^{k} \frac{N_i}{N} x_i^2 = \sum_{i=1}^{k} W_i x_i^2$$

对于总分子数 N 很大的平衡态气体,由于分子速率在 $v \sim v+\mathrm{d}v$ 之

间的分子数有dN个，这 dN 个分子的速率严格来说肯定是不相同的，但差别极其微小，因此可以近似认为这 dN 个分子速率都等于 v，所以这 dN 个分子的速率加起来等于 $v\mathrm{d}N=vNf(v)\mathrm{d}v$，全部气体分子的速率加起来等于

$$\int_0^\infty v\mathrm{d}N=\int_0^\infty vNf(v)\mathrm{d}v$$

故分子的平均速率为

$$\bar{v}=\frac{\int_0^\infty v\mathrm{d}N}{N}=\frac{\int_0^\infty vNf(v)\mathrm{d}v}{N}=\int_0^\infty vf(v)\mathrm{d}v \qquad (3-13)$$

同理，方均速率只要将上式中的 v 用 v^2 代替即可很方便地写出：

$$\overline{v^2}=\frac{\int_0^\infty v^2\mathrm{d}N}{N}=\frac{\int_0^\infty v^2Nf(v)\mathrm{d}v}{N}=\int_0^\infty v^2f(v)\mathrm{d}v \qquad (3-14)$$

从上式可以清楚地看出，只要给定速率分布函数 $f(v)$，就可以计算 $\bar{v}$ 和$\overline{v^2}$，可见速率分布函数 $f(v)$ 的重要性．

例 3-4

一个由 N 个粒子组成的系统，平衡态下粒子的速率分布曲线如图 3-5所示．试求：

（1）速率分布函数；

（2）速率在 $0\sim\frac{v_0}{2}$范围内的粒子数；

（3）粒子的平均速率．

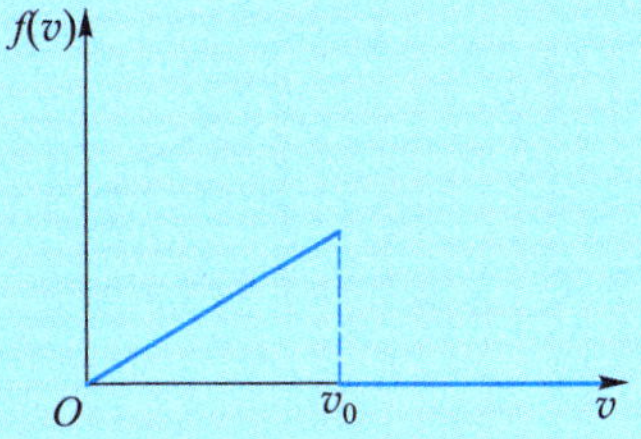

图 3-5　例 3-4 图

解：（1）按图 3-5 所示的速率分布曲线形状，应有

$$f(v)=\begin{cases}kv, & v\leqslant v_0\\ 0, & v>v_0\end{cases}$$

k 为 $0\sim v_0$ 之间直线段的斜率．由速率分布函数的归一化条件，可得

$$\int_0^\infty f(v)\mathrm{d}v=\int_0^{v_0}kv\mathrm{d}v=\frac{1}{2}kv_0^2=1$$

$$k=\frac{2}{v_0^2}$$

故速率分布函数为

$$f(v)=\begin{cases}\frac{2v}{v_0^2}, & v\leqslant v_0\\ 0, & v>v_0\end{cases}$$

（2）速率在 $0\sim\frac{v_0}{2}$范围内的分子数为

$$\Delta N=\int_0^{\frac{v_0}{2}}Nf(v)\mathrm{d}v=\int_0^{\frac{v_0}{2}}N\frac{2v}{v_0^2}\mathrm{d}v=\frac{N}{4}$$

（3）由式(3-13)可得粒子的平均速率为

$$\bar{v}=\int_0^{v_0}vf(v)\mathrm{d}v=\int_0^{v_0}v\frac{2v}{v_0^2}\mathrm{d}v=\frac{2}{3}v_0$$

3-4-3 麦克斯韦速率分布律

物质内部的分子都在做无规则的热运动，对一个分子而言，它的速率是随机的，然而在给定温度 T 的情况下，由式(3-7)可知分子的方均速率却又是确定的．这就是说，在给定温度下，处于平衡态的气体，个别分子的速率是偶然的，而大量分子的速率是有一定分布规律的．麦克斯韦(J. C. Maxwell)在 1859 年就已经根据气体在平衡态下大量分子无规则运动所满足的统计假定并借助概率论，从理论上导出了气体分子的数目按速率分布的规律：当气体处于平衡态时，分布在速率间隔 $v \sim v+\mathrm{d}v$ 内的分子数 $\mathrm{d}N$ 占总分子数 N 的比率为

$$\frac{\mathrm{d}N}{N}=4\pi\left(\frac{m_0}{2\pi kT}\right)^{\frac{3}{2}}\mathrm{e}^{-\frac{m_0v^2}{2kT}}v^2\mathrm{d}v$$

与前面速率分布函数的定义式进行对比可知，理想气体在平衡态下，气体分子速率分布函数的具体形式为

$$f(v)=\frac{\mathrm{d}N}{N\mathrm{d}v}=4\pi\left(\frac{m_0}{2\pi kT}\right)^{\frac{3}{2}}\mathrm{e}^{-\frac{m_0v^2}{2kT}}v^2 \tag{3-15}$$

这个函数表达的速率分布规律叫做**麦克斯韦速率分布律**．式中，T 为理想气体平衡态的热力学温度，m_0 为单个气体分子的质量，k 为玻耳兹曼常量．大家可以看到麦克斯韦速率分布取决于两个参量：T 和 m_0．上式表达的分布规律从数学形式上看是较为复杂的，以 $f(v)$ 为纵坐标、v 为横坐标，可画出麦克斯韦速率分布曲线，如图 3-6 所示．由麦克斯韦速率分布曲线可以更清楚地看到它的特点．图中阴影部分的面积为 $\int_{v_1}^{v_2}f(v)\mathrm{d}v=\frac{\Delta N}{N}$，表示速率分布在 $v_1 \sim v_2$ 区间内的分子数占总分子数的比率．从麦克斯韦速率分布曲线可以看出，气体分子的速率可以取零到无限大之间的任意值，但速率很大和很小的分子其相对分子数很少，而具有中等速率的分子，其相对分子数很大．

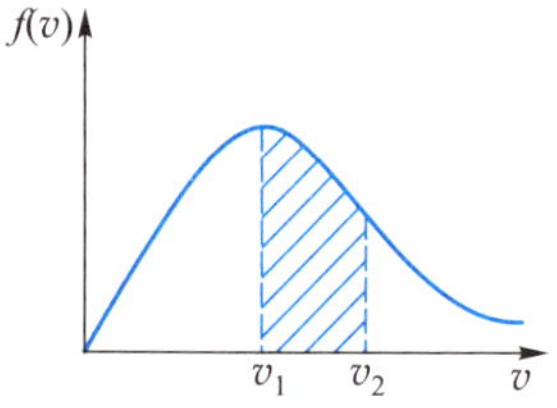

图 3-6 麦克斯韦速率分布曲线

文档：麦克斯韦速率分布律的建立

麦克斯韦速率分布只适用于平衡态下包含大量分子的理想气体，少量气体分子的速率没有确定的分布规律．非平衡态的理想气体，也不遵守麦克斯韦速率分布．

3-4-4 气体分子速率分布的实验测定

微课：测定气体分子速率分布的实验

1920 年，施特恩(O. Stern)最早用实验方法测出了银蒸气分

子的速率分布．其后又有很多人，包括我国物理学家葛正权，对不同物质的蒸气分子进行了更为精确的测定．精确度最高的是1956年进行的米勒(R. C. Miller)－库什(P. Kusch)实验．如图3-7所示，S是炽热的钍分子射线源，C是一个可绕中心轴旋转的铝合金圆柱体，上面沿纵向刻有一系列长螺距的螺旋形细槽(图中只画出了一条)，圆柱体的半径为r，长为L，在侧视图上，细槽两端对圆柱体轴线的张角为φ. S′是根据电离计原理制成的分子射线探测器，它可以通过钍分子电离空气产生的电流大小，测出进入探测器的钍分子射线的强度．

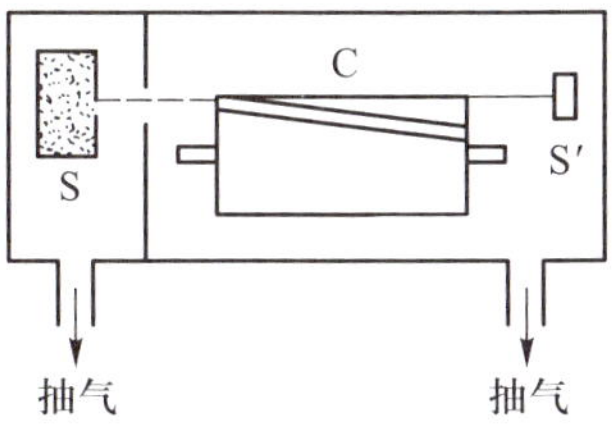

(a)

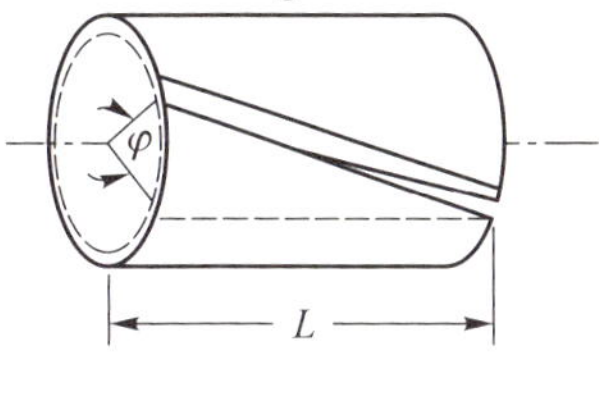

(b)

图 3-7 米勒-库什实验

整个装置都放在抽成高真空的容器内．实验时，圆柱体以一定的角速度ω旋转，从加热的蒸气源逸出后进入沟槽的分子中，只有那些沿轴向通过距离L所用时间恰好等于圆柱体转动角度φ所需时间的分子，即速率满足如下关系的分子才能沿着沟槽进入探测器：

$$\Delta t=\frac{L}{v}=\frac{\varphi}{\omega} \quad \text{或} \quad v=\frac{L\omega}{\varphi}$$

而其他速率的分子都会先后沉积在沟槽的侧壁上．事实上，由于沟槽有一定的宽度，相当于张角φ有一定的偏差范围，实际进入探测器的分子的速率，将包含在$v \sim v+\Delta v$的范围内．改变ω的大小，就能测出不同速率范围的钍分子射线强度，从而得到不同速率范围的分子数比率．图3-8所示是分析实验结果作出的气体分子射线中分子速率分布图线．

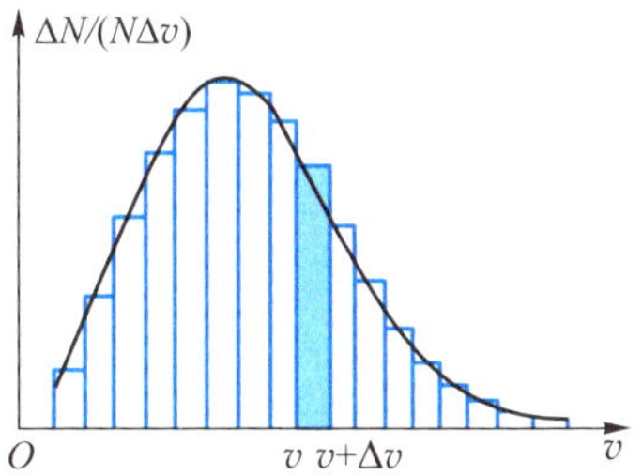

图 3-8 实验所得分子速率分布情况

根据实验条件对实验数据进行必要的拟合，得到的实验结果与麦克斯韦速率分布曲线符合得相当好．

3-4-5 气体分子的特征速率

微课：三种速率

作为平衡态的理想气体系统，它的热运动常用三种具有代表性的特征速率：平均速率、方均根速率和最概然速率来表示．按前面讲述的定义和计算方法，利用麦克斯韦速率分布函数可得平衡态下理想气体的平均速率、方均根速率和最概然速率．

1. 平均速率 $\bar{v}$

把麦克斯韦速率分布函数即式(3-15)代入式(3-13)，可得

$$\bar{v}=\int_0^\infty vf(v)\,\mathrm{d}v=4\pi\left(\frac{m_0}{2\pi kT}\right)^{\frac{3}{2}}\int_0^\infty \mathrm{e}^{-\frac{m_0v^2}{2kT}}v^3\,\mathrm{d}v=\sqrt{\frac{8kT}{\pi m_0}}$$

所以气体分子的平均速率为

$$\bar{v}=\sqrt{\frac{8kT}{\pi m_0}}=\sqrt{\frac{8RT}{\pi M}} \tag{3-16}$$

2. 方均根速率$\sqrt{\overline{v^2}}$

前面由气体分子的平均平动动能推出了气体分子的方均速率,现在由麦克斯韦的速率分布律也可求出. 把麦克斯韦速率分布函数式(3-15)代入式(3-14),可得方均速率为

$$\overline{v^2}=\int_0^\infty v^2 f(v)\,\mathrm{d}v=4\pi\left(\frac{m_0}{2\pi kT}\right)^{\frac{3}{2}}\int_0^\infty \mathrm{e}^{-\frac{m_0v^2}{2kT}}v^4\,\mathrm{d}v=\frac{3kT}{m_0}$$

所以方均根速率为

$$\sqrt{\overline{v^2}}=\sqrt{\frac{3kT}{m_0}}=\sqrt{\frac{3RT}{M}} \tag{3-17}$$

3. 最概然速率 v_p

还有一个常用的速率,也是与速率分布函数直接有关的,这就是最概然速率. 从 $f(v)$ 与 v 的关系曲线中可以看到,$f(v)$ 有一极大值,**与 $f(v)$ 的极大值相对应的速率叫做最概然速率**,并用 v_p 表示. v_p 的物理意义是:**在 v_p 附近单位速率间隔内的分子数占系统总分子数的比率最大,即在 v_p 附近单位速率间隔内的分子数最多**. 也就是说,分子分布在 v_p 附近的概率最大. 根据数学知识可知

$$\left.\frac{\mathrm{d}f(v)}{\mathrm{d}v}\right|_{v=v_p}=0$$

把麦克斯韦速率分布函数式代入,可求得最概然速率为

$$v_p=\sqrt{\frac{2kT}{m_0}}=\sqrt{\frac{2RT}{M}} \tag{3-18}$$

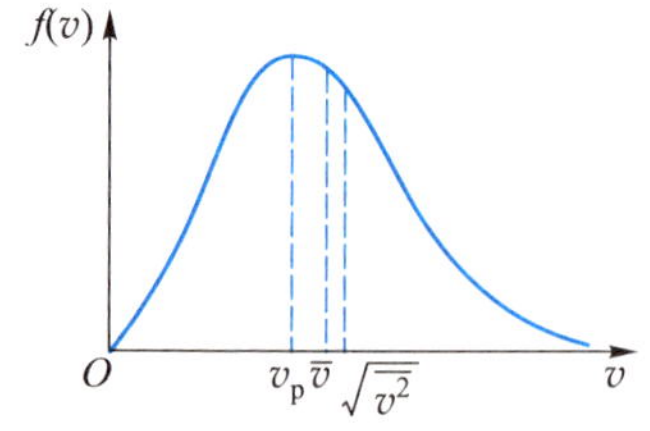

图 3-9 气体分子三种特征速率的比较

平均速率 $\bar{v}$、方均根速率$\sqrt{\overline{v^2}}$和最概然速率 v_p 统称为气体分子的三种特征速率. 从它们的表达式很容易看出,三个特征速率都和$\sqrt{T}$成正比,和$\sqrt{M}$成反比,在数值上$\sqrt{\overline{v^2}}$最大,$\bar{v}$ 次之,v_p 最小(图 3-9).

在室温下,三个特征速率的数量级一般为几百米每秒. 三个特征速率就不同的问题有各自的应用. 举例来说,在讨论速率分布时,要用到最概然速率;在计算分子运动的平均自由程时,要用到平均速率;在计算分子的平均平动动能时,则要用到方均根速率.

例 3-5

如图 3-10 所示，有速率分布曲线 a、b. 若：

(1) a、b 表示同一种气体分子在不同温度下的速率分布，则 T_a、T_b 哪个温度高？

(2) a、b 表示相同温度下的 H_2 和 O_2 的速率分布，则哪个是 H_2 的曲线，哪个是 O_2 的曲线？

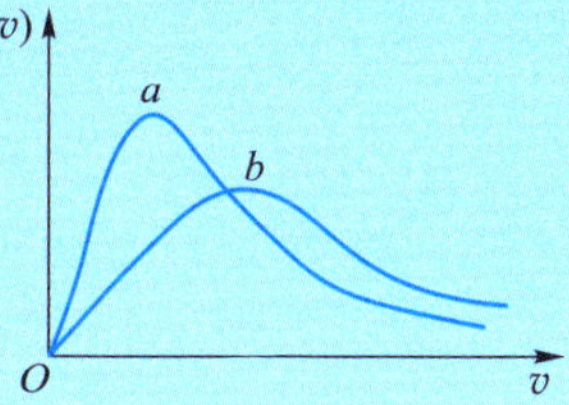

图 3-10 例 3-5 图

解：(1) 从式(3-18)可以看出，气体的温度越高，v_p 越大，故 $T_b>T_a$. 又由于曲线下的总面积始终等于 1，故速率分布曲线会随温度升高而变得比较平坦．所以曲线的峰值 $f(v_p)$ 会随温度升高反而降低．

(2) 在相同温度下，v_p 与气体摩尔质量 M 成反比，故 a 曲线是 O_2 的速率分布，b 曲线是 H_2 的速率分布．

前面我们在研究麦克斯韦速率分布时，常把分子速率区间定在 0~∞，如速率分布函数的归一化条件式(3-12)以及平均速率公式(3-13)都是把速率积分的上限取作无限大．但在相对论中我们将知道实物粒子的极限速率是真空中的光速 c，显然不可能存在速率大于真空中光速 c 的分子，能不能估算一下分子速率最大值 v_{max} 大概是多大的数量级呢？麦克斯韦的速率分布 $f(v)$ 描述的是在平衡态下气体分子速率在 v 附近单位速率区间内的分子数占总分子数的比率．现在我们可编写一个 MATLAB 程序，用数值解的方法估算这个速率最大值，在一定温度下，气体分子数 ΔN 占总分子数 N 的比率为

$$\frac{\Delta N}{N}=\int_{v_{\min}}^{v_{\max}}4\pi\left(\frac{m_0}{2\pi kT}\right)^{3/2}\mathrm{e}^{-\frac{m_0v^2}{2kT}}v^2\mathrm{d}v$$

设定 v_{min} 和 v_{max}，可以计算任一速率区间内分子数的概率．

以氢气为例，计算结果[①]列在表 3-1 中，氢气分子在室温下(300 K)的最概然速率 v_p 为 1 578 $m\cdot s^{-1}$，那么在 $v<v_p$ 范围内分子数的概率为 42.76%，在 $v<3.3v_p$ 范围内分子数概率已达 99.99%以上，而在 $3\times10^4\sim3\times10^8$ $m\cdot s^{-1}$ 的速率范围内的概率已降至 4.36×10^{-151}，速率高于 3×10^4 $m\cdot s^{-1}$ 的概率是如此之小，这意味着不可能有分子的速率达到 3×10^4 $m\cdot s^{-1}$.

相对论指出一切实物粒子的速率都不可能超过真空中光速 c，分子运动的速率当然不会趋于无限大，计算结果已说明分子运动的速率在远小于光速的一个很大范围内概率已基本为零了，所以我们把这个最大速率值 v_{max} 定为无限大并不影响计算结果，然

① 详细计算程序参见程守洙、江之永主编的《普通物理学》(第六版)上册 P186.

而在数学处理上却带来了很大的方便．

表 3-1　室温下氢分子在不同速率范围内的分子数占总分子数的比率

速率范围		比率
$v_{min}/(m\cdot s^{-1})$	$v_{max}/(m\cdot s^{-1})$	
0	1 578(室温下氢分子的最概然速率 v_p)	0.427 6
0	5 207(大约是 $3.3v_p$)	0.999 9
3×10^4	3×10^8(光速 c)	4.36×10^{-151}

3-5　气体分子的平均碰撞频率和平均自由程

如上一节所说，在常温下，气体分子是以几百米每秒的平均速率运动着的，这样看来气体中的一切过程好像都应在一瞬间就会完成，但实际情况并不如此．例如，经验告诉我们，打开香水瓶以后，香味并没有立即传到远处，而要经过几分钟才能传过几米的距离．克劳修斯(R. J. E. Clausius)首先提出的“分子间相互碰撞”的概念回答了这个问题．他指出，这是因为分子的运动并不是畅通无阻的，在分子由一处移至另一处的过程中，它要不断地与其他分子碰撞，这就使分子沿着迂回的折线前进，如图 3-11 所示．因此分子从 A 处到达 B 处要经历很长的时间．气体的扩散、热传导过程等进行的快慢都取决于分子相互碰撞的频繁程度．

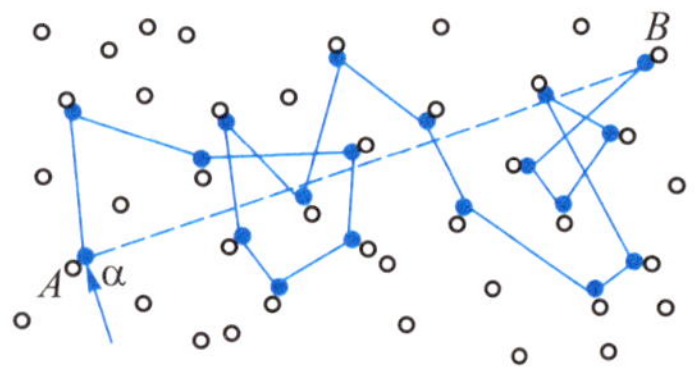

图 3-11　分子碰撞示意图

动画：气体分子自由程

分子相邻两次碰撞之间自由通过的路程叫做**自由程**，由图 3-11可以看出，在任意两次连续的碰撞之间，一个分子所经过的自由程的长短显然不同，经过的时间也是不同的，我们不可能也没有必要一个个地求出这些距离和时间，但是我们可以求出在 1 s 内一个分子和其他分子碰撞的平均次数，以及每两次连续碰撞间一个分子自由运动的平均路程．前者叫做分子的**平均碰撞频率**，以 $\overline{Z}$ 表示；后者叫做分子的**平均自由程**，以 $\overline{\lambda}$ 表示．如果设想分子以平均速率 $\overline{v}$ 运动，则平均碰撞频率和平均自由程之间存在着下列关系：

$$\overline{\lambda}=\frac{\overline{v}}{\overline{Z}} \tag{3-19}$$

上式表明：分子间的平均碰撞频率越大，则平均自由程就越短．$\overline{Z}$ 和 $\overline{\lambda}$ 的大小反映了分子间碰撞的频繁程度．

下面用一个曲折圆柱体模型来计算分子的平均碰撞频率及平均自由程．

设分子 a 是直径为 d 的弹性小球，以平均速率 $\overline{v}$ 运动，其余分子都看成是静止不动的，它与其他静止的分子发生的碰撞都是弹性碰撞．在 Δt 时间内，其质心由 A 曲折地运动到 D，$ABCD$ 的长度等于 $\overline{v}\Delta t$．以 $ABCD$ 为轴，以 d 为半径作一曲折圆柱体，如图 3-12所示，则在 Δt 时间内，凡质心处于圆柱体内的分子均会与该分子相碰撞．圆柱体内的分子数为 $n\pi d^2\overline{v}\Delta t$，所以单位时间内的平均碰撞次数为

$$\overline{Z}=n\pi d^2\overline{v} \tag{3-20}$$

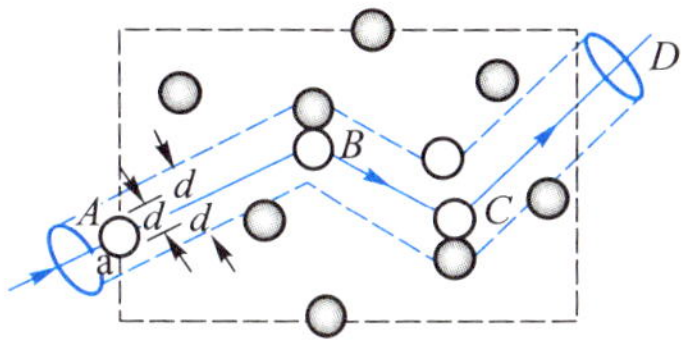

图 3-12 分子平均碰撞频率的计算

在推导上式的过程中，曾作如下假设：分子 a 以平均速率 $\overline{v}$ 运动，而其他分子都静止，这个假设与实际情况有很大差别．实际上，除 a 分子外，其他分子也在运动，因此，上式中的平均速率 $\overline{v}$ 应该用相对平均速率 $\overline{u}$ 来代替，可以证明 $\overline{u}=\sqrt{2}\,\overline{v}$，修改后，分子的平均碰撞频率为

$$\overline{Z}=\sqrt{2}\,n\pi d^2\overline{v} \tag{3-21}$$

上式表明，平均碰撞频率 $\overline{Z}$ 与分子数密度 n、分子平均速率 $\overline{v}$ 成正比，也与分子直径 d 的平方成正比．

把式(3-21)代入式(3-19)，得平均自由程为

$$\overline{\lambda}=\frac{1}{\sqrt{2}\,n\pi d^2} \tag{3-22a}$$

上式表明，平均自由程与分子数密度 n 成反比，而与分子平均速率无关．又 $p=nkT$，式(3-22a)还可以写成

$$\overline{\lambda}=\frac{kT}{\sqrt{2}\,\pi d^2 p} \tag{3-22b}$$

由此可见，当温度 T 一定时，$\overline{\lambda}$ 与压强 p 成反比，压强越小，则平均自由程越长．应该注意，气体分子的碰撞与力学中质点的碰撞不同，它不是分子间的直接接触，而是两个分子相互接近到极限或最小距离后，由于相互间的斥力作用而迅速分离的过程．分子并不是真正的球体，分子间的相互斥力开始起显著作用时，两分子质心间的最小距离的平均值就是 d，所以 d 叫做**分子的有效直径**．

根据计算，在标准状态下，各种气体分子的平均碰撞频率 $\overline{Z}$ 的数量级为$10^9\ \mathrm{s}^{-1}$，平均自由程的数量级为$10^{-8}\sim10^{-7}\mathrm{m}$．也就是

说，一个分子在 1 s 内要与其他分子发生约几十亿次碰撞，由于频繁的碰撞，分子平均自由程非常之短．

应用案例 保温瓶的真空度

保温瓶的瓶胆为具有双层薄壁的玻璃容器，其两壁间抽成气压较低的“真空”．为达到保温目的，壁间的真空度为多高才适宜呢？下面作一简要分析．

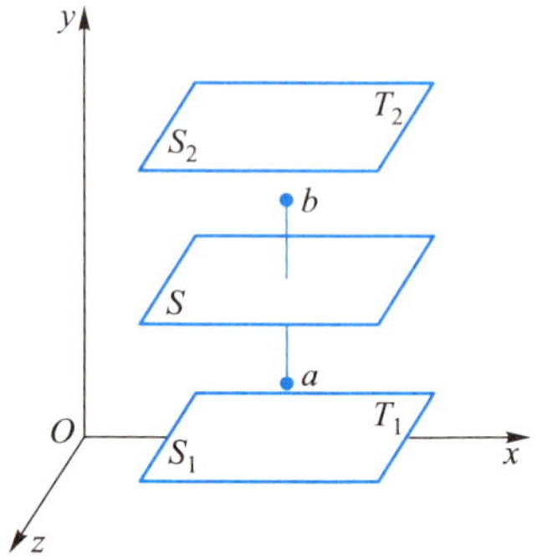

图 3-13 保温瓶胆热传导简化模型

常压下气体的热传导是气体分子热运动和分子间碰撞的结果．在图 3-13 的简化模型中，设下壁 S_1 的温度为 T_1，上壁 S_2 的温度为 T_2，且 $T_1>T_2$．将两壁间的气体看做理想气体，其温度沿 y 轴正向逐渐减小．设想在 S_1 与 S_2 之间，有一平行平面 S，且 $S_1=S_2=S$．由于分子热运动，面 S 两侧的气体分子将不断地穿过面 S．如果在面 S 的下方，距其为平均自由程 $\overline{\lambda}$ 的 a 处的温度是 T'_1，在面 S 的上方，距其为平均自由程 $\overline{\lambda}$ 的 b 处的温度是 T'_2．由于 $T'_1>T'_2$，所以，当面 S 上方和下方无碰撞地每交换一对分子时，就有 $\frac{i}{2}k(T'_1-T'_2)$ 的平均能量，从下方转移到上方（i 为气体分子的自由度）．从宏观上看，有热量从面 S 的下方传递到面 S 的上方．

下面讨论常压下压强与热传导速度的关系．一方面由理想气体的物态方程 $p=nkT$ 可见，在一定温度下，当压强降低时，分子数密度 n 减小，从而通过面 S 上下交换的分子对数也减少，这就使得热传导的速度变慢．另一方面若设沿 y 轴方向气体的温度梯度 $\frac{\mathrm{d}T}{\mathrm{d}y}$ 为一常量，则 a 点与 b 点之间的温度差为

$$\Delta T=\frac{\mathrm{d}T}{\mathrm{d}y}\cdot|ab|=\frac{\mathrm{d}T}{\mathrm{d}y}\cdot 2\overline{\lambda}$$

由理想气体分子的平均自由程公式 $\overline{\lambda}=\frac{1}{\sqrt{2}n\pi d^2}$ 可知，随着 n 的减小，$\overline{\lambda}$ 将增大，这样，由上式可见，a 点与 b 点之间的温度差 ΔT 也随之增大．由此可见，每交换一对分子，由下方传递到上方的能量 $\frac{i}{2}k(T'_1-T'_2)$ 变大，这就使得热传导的速度增大．由于这两种相反的影响，热传导的速度与压强几乎无关．因此，在通常压强下，降低压强并不能减小气体的热传导速度．

然而当气体压强 p 减小到一定程度，使得分子的平均自由程 $\bar{\lambda}$ 大于器壁之间的距离 l 时，情况就大不相同了．此时，分子之间碰撞的概率小到可以忽略，碰撞主要发生在分子与器壁之间．下面说明，在这种情况下，降低压强就能够减小热传导的速度．

如图 3-14 所示，下壁温度为 T_1，上壁温度为 T_2，且 $T_1>T_2$，两壁之间充满低压气体．设分子与任一壁碰撞后，即获得与该壁温度相当的平均能量 $\frac{i}{2}kT$，那么，一个分子与下壁碰一次后，再与上壁碰一次，从下壁传递给上壁的能量为 $\frac{i}{2}k(T_1-T_2)$．由于单位时间与单位面积器壁碰撞的分子数为 $\frac{1}{4}n\bar{v}$（参阅李椿的《热学》），那么，由于气体分子不断在上下壁之间碰撞，单位时间内从下壁传给上壁的能量（即热传导的速度）为

$$\frac{\Delta Q}{\Delta t}=\frac{1}{4}n\bar{v}\frac{i}{2}k(T_1-T_2)A$$

式中，A 为器壁的面积，将 $n=\frac{p}{kT}$，$\bar{v}=\sqrt{\frac{8RT}{\pi M}}$（作近似讨论，式中 T 为两壁温度的平均值）代入上式，得

$$\frac{\Delta Q}{\Delta t}=\sqrt{\frac{R}{2\pi MT}}\frac{i}{2}p(T_1-T_2)A \tag{3-23}$$

可见，热传导的速度与压强成正比，只要减小压强，就能降低热传导速度．若要使热传导速度小于给定值，即可由上式算出所需压强的最大允许值．

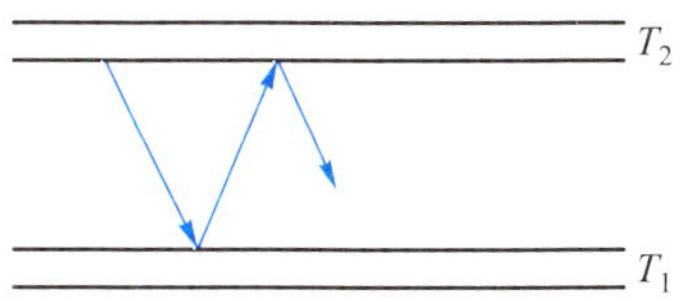

图 3-14　分子在上、下壁间碰撞示意图

现以普通型保温瓶为例，设瓶胆的容积为 2 L，装满水的质量 $m=2$ kg，瓶胆内壁面积 $A_1=980\ \mathrm{cm}^2$，外壁面积 $A_2=1\ 060\ \mathrm{cm}^2$，保温的质量指标为装满 100 ℃的水，24 h 后温度不低于69 ℃，下面计算压强 p 的数值．因为热水的温度逐渐降低，而环境的温度不变，所以散热速度开始较快，然后逐渐减慢．为简化计算假设散热的速度是均衡的，则保温瓶的散热速度为

$$\frac{\Delta Q_1}{\Delta t}=\frac{4.18\times2\times10^3\times(100-69)\ \mathrm{J}}{24\times60\times60\ \mathrm{s}}=3\ \mathrm{J\cdot s^{-1}}$$

在一般保温瓶中，80%的热量是由于瓶塞及热辐射等原因散失的，仅 20%的热量由瓶胆夹层真空散失，故通过瓶胆夹层的热传递速度为

$$\frac{\Delta Q}{\Delta t}=0.2\left(\frac{\Delta Q_1}{\Delta t}\right)=0.2\times3\ \mathrm{J\cdot s^{-1}}=0.6\ \mathrm{J\cdot s^{-1}}$$

虽然瓶胆为一圆柱形容器，但内壁面积与外壁面积相差甚

小，可近似看做平板，取平均面积为

$$A=\frac{1\ 060+980}{2}\ \text{cm}^2=1\ 020\ \text{cm}^2=0.102\ \text{m}^2$$

内壁的温度 T_1 取 100 ℃ 与 69 ℃ 的平均温度

$$T_1=\frac{100+69}{2}\ ℃=84.5\ ℃$$

外壁的温度 T_2 为室温，设 $T_2=20$ ℃，气体的平均温度 T 取内壁与外壁的平均温度

$$T_1=\frac{84.5+20}{2}\ ℃=52.25\ ℃\approx 325\ \text{K}$$

空气的主要成分为氮气与氧气，两者皆为双原子分子气体，其自由度 $i=5$，空气的平均摩尔质量 $M=28.9\times10^{-3}\ \text{kg}\cdot\text{mol}^{-1}$，将上述所有数据代入式(3-23)，得

$$p=0.097\ \text{Pa}$$

保温瓶厂生产的保温瓶真空度一般为 0.6~0.1 Pa. 可见，上述近似计算的结果与实际保温瓶的真空度是相接近的 .

——摘自马文蔚等主编的《物理学原理在工程技术中的应用》(第四版)

思考题

3-1 推导理想气体压强公式时，为什么可以不用考虑分子间的相互碰撞?

3-2 一定量的某种理想气体，当温度不变时，其压强随体积的增大而变小；当体积不变时，其压强随温度的升高而增大 . 试从微观角度分析，压强改变的原因是什么 .

3-3 对汽车轮胎打气，使其达到所需的压强，问在夏天与冬天，打入轮胎内的空气质量是否相同? 为什么?

3-4 若某气体分子的自由度为 i，能否说明每个分子的能量都等于 $\frac{i}{2}kT$?

3-5 最概然速率的物理意义是什么? 最概然速率是否就是速率分布中的最大速率值?

3-6 已知速率分布函数 $f(v)$，气体分子总数为 N，试说明下列各式的物理意义：

(a) $f(v)\mathrm{d}v$;

(b) $Nf(v)\mathrm{d}v$;

(c) $\int_{v_1}^{v_2}f(v)\mathrm{d}v$;

(d) $\int_{v_1}^{v_2}Nf(v)\mathrm{d}v$.

3-7 试问速率在 $v_1\sim v_2$ 之间分子的平均速率是否是 $\int_{v_1}^{v_2}vf(v)\mathrm{d}v$? 若是，其原因是什么? 若不是，则正确答案是什么?

3-8 若气体中所有分子在某一瞬时速率的平均值是 $\bar{v}$，则一个气体分子在较长时间内的平均速率应如何考虑?

3-9 在一定温度下，气体分子数 ΔN 占总分子数 N 的比率为

$$\frac{\Delta N}{N}=\int_{v_{\min}}^{v_{\max}}4\pi\left(\frac{m_0}{2\pi kT}\right)^{3/2}\exp\left(-\frac{m_0v^2}{2kT}\right)v^2\mathrm{d}v$$

试以氢气为例，编写 MATLAB 程序计算室温下（300 K）分子速率在 v_p-10 m/s 与 v_p+10 m/s 之间的分子数所占百分比．

习题

3-1 一容器内储有氧气，其压强为 1.01×10^5 Pa，温度为 27 ℃，求：

（1）气体分子的数密度；

（2）氧气的密度．

3-2 已知在标准状态下 1.0 m^3 气体中有 2.69×10^{25} 个分子，试求在此状态下分子的平均平动动能．

3-3 将 1 kg 氦气和质量为 m 的氢气混合，平衡后混合气体的内能是 2.45×10^6 J，氦分子的平均动能是 6×10^{-21} J，求氢气的质量 m.

3-4 水蒸气分解成同温度的氢气和氧气，即 $H_2O=H_2+\frac{1}{2}O_2$，也就是 1 mol 的水蒸气可分解成同温度的 1 mol 氢气和 $\frac{1}{2}$mol 氧气，当不计振动自由度时，求此过程中内能的增量．

3-5 假定 N 个粒子的速率分布函数为

$$f(v)=\begin{cases}C, & 0<v\leqslant v_0\\ 0, & v>v_0\end{cases}$$

（1）作出速率分布曲线；

（2）由 v_0 求常数 C；

（3）求粒子的平均速率．

3-6 有 N 个质量均为 m_0 的同种气体分子，速率分布如图所示．

（1）由 N 和 v_0 求 a 值；

（2）求速率在 $\frac{v_0}{2}\sim\frac{3v_0}{2}$ 间隔内的分子数；

（3）求分子的平均平动动能．

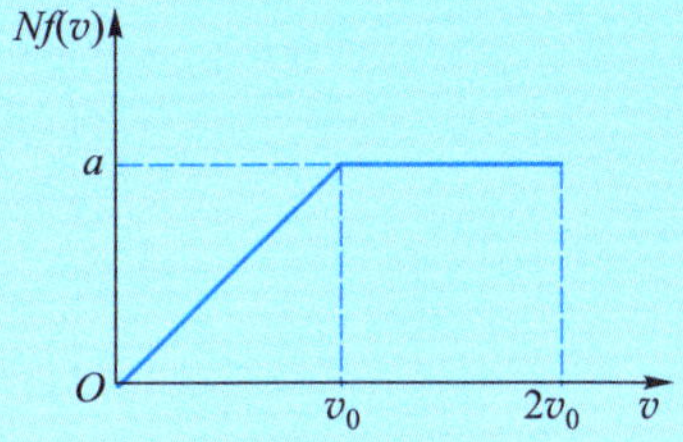

习题 3-6 图

3-7 导体中自由电子的运动类似于气体分子的运动．设导体中共有 N 个自由电子，电子气中电子的最大速率 v_F 叫做费米速率．电子的速率在 $v\sim v+\mathrm{d}v$ 之间的概率为

$$\frac{\mathrm{d}N}{N}=\begin{cases}\dfrac{4\pi v^2A\mathrm{d}v}{N}, & v_F>v>0\\ 0, & v>v_F\end{cases}$$

式中 A 为常量．

（1）由归一化条件求 A；

（2）证明电子气中电子的平均动能 $\bar{\varepsilon}=\frac{3}{5}\left(\frac{1}{2}mv_F^2\right)=\frac{3}{5}E_F$，此处 E_F 叫做费米能．

3-8 真空管的真空度为 1.333×10^{-3} Pa. 设空气分子的有效直径为 3×10^{-10} m，求在温度为 300 K 时空气的分子数密度、平均碰撞频率和平均自由程．已知空气的平均摩尔质量 $\overline{M}=28.9\times10^{-3}$ kg·mol^{-1}.

第 3 章参考答案

第 4 章　热力学基础

上一章从气体分子热运动观点出发，运用统计方法研究了热运动的规律及理想气体的一些热学性质．19 世纪，焦耳（J. P. Joule）等人通过多次实验，将热确定为能的一种形式，从而建立了热力学．热力学是研究热现象及热运动宏观状态及其变化规律的，是以实验事实为依据，用能量转化的观点研究物质热现象的宏观基本规律及其应用．分子动理论的正确性依赖于热力学的研究结果并得以验证，而分子动理论能促进我们认识热现象的本质，两者的有机结合使人们能全面认识热运动的规律．

本章用热力学的方法来处理热学问题，讨论热力学中的几个基本定律，重点讨论热力学第一定律的物理意义及其在理想气体方面的应用，并通过循环过程，介绍热机和制冷机的工作原理．

4-1　热力学第零定律　准静态过程

NOTE

4-1-1　热力学第零定律

在热力学中，把所研究的物体或物体系称为热力学系统，简称系统．系统的周围环境称为外界．假设有两个热力学系统 A 和 B，原先处在各自的平衡态，现在使系统 A 和 B 互相接触，人们由经验和实验中知道若两个系统之间有能量传递，我们就说两个系统之间有温差，这种接触称为热接触．一般来说，热接触后系统 A 和 B 的状态都将发生变化，但经过充分长一段时间后，系统 A 和 B 将达到一个共同的平衡态，由于这种共同的平衡态是在有传热的条件下实现的，因此称为热平衡．**如果有 A、B、C 三个热力学系统，当系统 A 和系统 B 分别都与系统 C 处于热平衡，那么系统 A 和系统 B 此时也必然处于热平衡**．这个结果称为**热力学第零定律**．

热力学第零定律为温度概念的建立提供了可靠的实验基础．根据这个定律，我们有理由相信，处于同一热平衡状态的所有热力学系统都具有某种共同的宏观性质，描述这个宏观性质的物理量就是温度．也就是说，一切互为热平衡的系统都具有相同的温度，这为我们用温度计测量物体或系统的温度提供了依据．

文档：温度计的发明

4-1-2 准静态过程

微课：准静态过程

当气体的外界条件改变时，它的状态就发生变化，系统状态随时间的变化称为过程．过程进展的速度可以很快，也可以很慢，实际过程常常是比较复杂的，如果过程进展得十分缓慢，使气体在变化过程的每一个中间状态都无限接近平衡态，则这样的过程称为**准静态过程**．反之，称为非准静态过程．由于任何过程进行时都要破坏原来的平衡，从而使系统处于非平衡态．系统从非平衡态达到新的平衡态需要一定的时间，这个时间称为弛豫时间．当过程进行的时间比弛豫时间长得多时，我们就把这个过程视为准静态过程．一切实际过程都不是真正的准静态过程，准静态过程是一种理想过程，但我们可尽量趋近它．系统在准静态过程中的任何时间都有确定的状态参量，因此准静态过程能用 $p-V$ 图上的一条曲线来描绘．图 4-1 中 abc、adc 曲线分别表示两个不同的准静态过程．

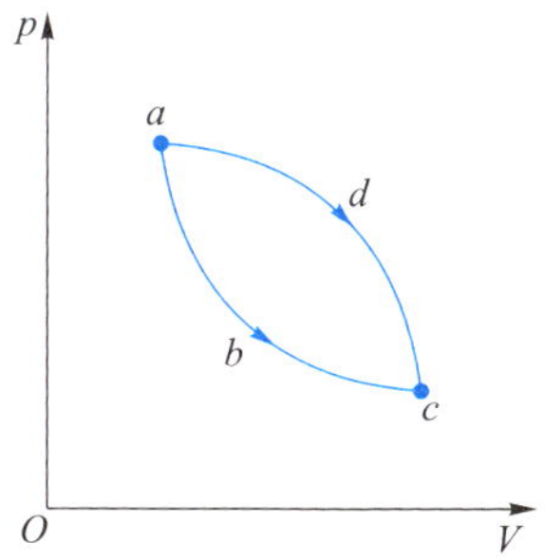

图 4-1 两个不同的准静态过程

4-2 热力学第一定律

在热力学中一般不考虑系统整体的机械运动．系统状态的变化，是通过外界对系统做功或向系统传递热量来实现的．

4-2-1 热量 功 内能

由于系统与外界间存在温差而使系统与外界间交换的能量称为**热量**．热量常用符号 Q 表示，国际单位制单位为 J（焦）．过去习惯用 cal（卡）作热量的单位，现已不推荐使用．它们之间的关系为 1 cal = 4.18 J，称为热功当量．热量不属于系统本身的性质，只有进行一个过程以后，才有热量的交换．热量传递的多少与其传递的方式有关，所以，热量是与热力学过程有关的量，称为**过程量**．热力学上规定：在某一个过程中，若系统从外界中吸收热量，Q 值为正；反之，系统向外界散热，Q 值为负．

微课：内能　功

除热量以外，系统与外界之间能量交换的所有形式统称为功．功与热量一样，不属于系统本身的性质，只有进行一个过程以后，才有功的概念，所以功也是一个过程量．功用 W 表示，并规定：系统对外界做功，W 为正值；外界对系统做功，W 为负值．在热力学中，由于体积膨胀或者压缩所做的功具有特殊的意义，常把这种功称为体积功．除体积功以外，其他的功统称为非体积功，如电流的功和表面张力的功等．

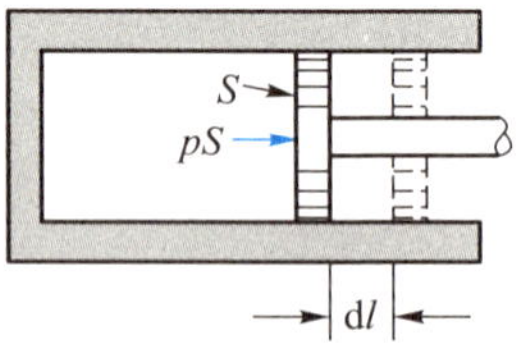

图 4-2　气体膨胀做功

现在讨论系统在准静态过程中，由于体积变化所做的功．如图 4-2 所示，在一有活塞的汽缸内盛有一定量的气体，气体的压强为 p，活塞的面积为 S，则作用在活塞上的力为 $F=pS$．当系统经历一微小的准静态过程使活塞移动一微小段距离 $\mathrm{d}l$ 时，气体所做的元功为

$$\mathrm{d}W=F\mathrm{d}l=pS\mathrm{d}l=p\mathrm{d}V$$

其中 $\mathrm{d}V$ 为气体体积的变化量．故气体在由如图 4-3 中实线所示的状态 a 变化到状态 b 的准静态过程中所做的功为

$$W=\int_{V_a}^{V_b}p\mathrm{d}V \tag{4-1}$$

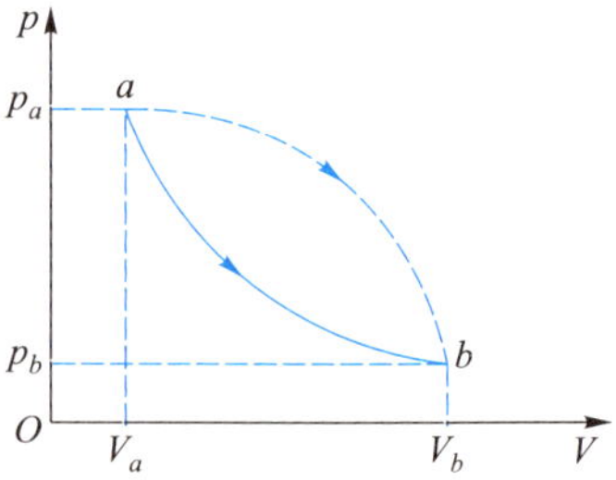

图 4-3　功与路径有关

上式是计算体积功的公式，它等于 $p-V$ 图上曲线下的面积，因此气体所做的功等于 $p-V$ 图上过程曲线下面的面积．当气体膨胀时，它对外界做正功；当气体被压缩时，它对外界做负功．假定气体从状态 a 到状态 b 经历另一个路径，如图 4-3 中的虚线所示，则气体所做的功应该是虚线下面的面积．气体状态变化过程不同，系统所做的功也就不同．总之，系统所做的功不仅与系统的初、末状态有关，还与路径有关，所以说功不是状态的函数，功是一个过程量．式(4-1)是气体体积膨胀做功的一般表达式，对任何气体的准静态过程都适用．一般情况下，压强 p 和体积 V 存在函数关系，只要确定了具体过程中 p 和 V 的函数关系，就可求出气体在准静态过程中所做的功．

系统的内能是系统内分子无规则运动的动能、分子间相互作用的势能及分子中原子间相互作用的势能的总和．即内能是系统内部各种能量的总和，它是表征系统本身性质的物理量，在一定的状态下内能具有一定的数值，且与物质的量多少成正比关系，因此对一定的系统，内能只与系统的状态有关，它是**状态量**，又称态函数．如一定量的理想气体的内能由式(3-9)可知仅是

状态参量 T 的函数．内能用符号 E 来表示，国际单位制单位为 J（焦[耳]）．系统状态发生变化后内能的改变量用 ΔE 表示，热力学上规定，如果其内能增加，ΔE 为正值；反之，内能减少，ΔE 为负值．

4-2-2 热力学第一定律

微课：热量 热力学第一定律

由前面的论述可知，系统状态的变化是通过外界对系统做功或向系统传递热量来实现的，而系统状态发生变化，系统的内能就发生变化，因此，外界对系统做功可以改变系统的内能，外界对系统传递热量，同样可以改变系统的内能，做功和传热是内能变化的形式，其量值是内能变化的量度．

设一个热力学系统在初始状态时的内能为 E_0，经过任一变化过程后末状态的内能为 E，在这一过程中系统从外界吸收的热量为 Q，对外界做的功为 W，则由能量守恒定律，有

$$Q=E-E_0+W=\Delta E+W \tag{4-2a}$$

式（4-2a）的物理意义是：系统从外界吸收的热量，一部分用于系统对外做功，另一部分用来增加系统的内能，这就是**热力学第一定律**．显然，热力学第一定律实际上是热现象中的能量守恒定律．对式（4-2a）规定：系统从外界吸热时，Q 为正值；系统向外界放热时，Q 为负值．系统对外做功时，W 为正值；外界对系统做功时，W 为负值．系统内能增加时，ΔE 为正值；内能减少时，ΔE 为负值．对于状态变化的微小过程，热力学第一定律可写成以下微分形式：

$$\mathrm{d}Q=\mathrm{d}E+\mathrm{d}W \tag{4-2b}$$

文档：永动机的否定

由热力学第一定律可知，要使系统对外做功，必然要消耗系统的内能或从外界吸收热量，或两者都有．历史上曾有不少人试图制造一种机器，既不消耗系统的内能，又不需要外界向它传递热量，即不消耗任何能量而能不断地对外做功，这种机器叫做**第一类永动机**．很明显，它由于违反了热力学第一定律而终未制成，热力学第一定律也可表述为：第一类永动机是不可能实现的．

4-2-3 热力学第一定律的应用

微课：热力学第一定律的应用——等容 等压 等温

热力学第一定律确定了系统在状态变化过程中被传递的热量、功和内能之间的相互关系，不论是气体、液体或固体的系统都

适用．作为热力学第一定律的应用，我们讨论理想气体的几种过程．

1. 等容过程

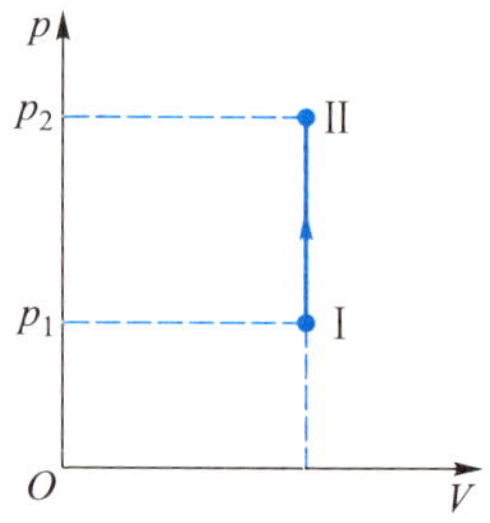

图 4-4 等容过程示意图

假设汽缸内理想气体的体积保持不变，使它的温度缓慢上升，气体的压强会逐渐增大．在 $p-V$ 图上，该过程用一条平行于 p 轴的线段表示（图 4-4），该线段称为**等容线**．等体过程的特征是体积 V 保持恒定不变，所以 $\mathrm{d}W=0$，即气体不做功．由热力学第一定律，得

$$\mathrm{d}Q_V=\mathrm{d}E \tag{4-3}$$

式中，Q_V 表示在等体过程中系统从外界吸收的热量．在等容过程中，系统从外界吸收的热量全部用于增加系统的内能．

为了计算向气体传递的热量，要用到摩尔热容的概念，1 mol 气体在某一过程中温度每升高（或降低）1 K 时从外界吸收（或放出）的热量称为**摩尔热容**．物体的热容通常与物质的性质、质量及过程有关，同一种气体在不同过程中有不同的热容，最常用的是等容过程和等压过程中的两种热容．1 mol 气体在体积不变的条件下温度升高（或降低）1 K 时吸收（或放出）的热量，称为该气体的**摩尔定容热容**，用 $C_{V,\mathrm{m}}$ 表示．其数学表示式为

$$C_{V,\mathrm{m}}=\frac{\mathrm{d}Q_{V,\mathrm{m}}}{\mathrm{d}T} \tag{4-4}$$

对于 1 mol 理想气体，其内能 $E_{\mathrm{m}}=\dfrac{i}{2}RT$（$i$ 为气体分子的自由度总数），由式（4-3）和式（4-4），得

$$C_{V,\mathrm{m}}=\frac{i}{2}R \tag{4-5}$$

单原子分子理想气体的 $C_{V,\mathrm{m}}=\dfrac{3}{2}R$，刚性双原子分子理想气体的 $C_{V,\mathrm{m}}=\dfrac{5}{2}R$.

因此在等容过程中，物质的量为 ν 的理想气体温度由 T_1 改变为 T_2 时所吸收的热量为

$$Q_V=\nu C_{V,\mathrm{m}}\Delta T \tag{4-6}$$

物质的量为 ν 的理想气体，不论其状态变化的过程如何，只要初态和末态都为平衡态，其内能变化总可以写为

$$\Delta E=\nu\frac{i}{2}R\Delta T=\nu C_{V,\mathrm{m}}\Delta T \tag{4-7}$$

2. 等压过程

系统在状态变化的过程中，其压强始终保持不变，这种过程

称为等压过程．在 $p-V$ 图上，用一条平行于 V 轴的线段表示（图 4-5），该线段叫做等压线．等压过程中气体做的功为

$$W=\int_{V_1}^{V_2} p\mathrm{d}V=p(V_2-V_1) \tag{4-8a}$$

由理想气体的物态方程 $pV=\nu RT$，式（4-8a）可写为

$$W=\nu R(T_2-T_1) \tag{4-8b}$$

气体的内能增量仍为式（4-7），由热力学第一定律，系统从外界吸收的热量为

$$\begin{aligned}Q_p&=\nu C_{V,\mathrm{m}}(T_2-T_1)+\nu R(T_2-T_1)\\&=\nu(C_{V,\mathrm{m}}+R)(T_2-T_1)\end{aligned} \tag{4-9}$$

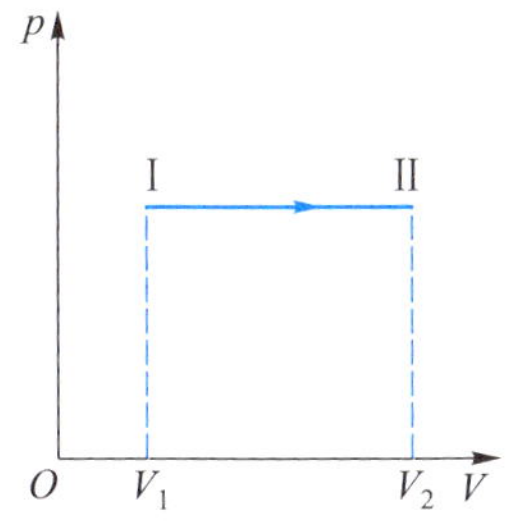

图 4-5 等压过程示意图

和等体过程一样，在等压过程中可以定义摩尔定压热容．1 mol 理想气体在压强不变的条件下温度升高（或降低）1 K 时从外界吸收（或放出）的热量，称为该气体的**摩尔定压热容**，用 $C_{p,\mathrm{m}}$ 表示，其数学表示式为

$$C_{p,\mathrm{m}}=\frac{\mathrm{d}Q_{p,\mathrm{m}}}{\mathrm{d}T} \tag{4-10}$$

对于 1 mol 理想气体，取式（4-9）的微分，并且取 $\nu=1$ mol，得

$$\mathrm{d}Q_{p,\mathrm{m}}=(C_{V,\mathrm{m}}+R)\,\mathrm{d}T$$

代入式（4-10），得

$$C_{p,\mathrm{m}}=C_{V,\mathrm{m}}+R \tag{4-11}$$

式（4-11）只适用于理想气体，定义了摩尔定压热容后，在等压过程中，物质的量为 ν 的理想气体温度由 T_1 改变为 T_2 时，所吸收的热量为

$$Q_p=\nu C_{p,\mathrm{m}}\Delta T \tag{4-12}$$

从式（4-11）可看出 $C_{p,\mathrm{m}}>C_{V,\mathrm{m}}$，摩尔定压热容 $C_{p,\mathrm{m}}$ 与摩尔定容热容 $C_{V,\mathrm{m}}$ 的比值称为**摩尔热容比**，用 γ 表示，即

$$\gamma=\frac{C_{p,\mathrm{m}}}{C_{V,\mathrm{m}}} \tag{4-13}$$

对单原子理想气体，$C_{V,\mathrm{m}}=\frac{3}{2}R, C_{p,\mathrm{m}}=\frac{5}{2}R, \gamma=\frac{5}{3}=1.67$.

3. 等温过程

系统的温度始终保持不变的过程称为等温过程．在等温的准静态过程中，理想气体的压强与体积的乘积保持不变，即 $pV=$ 常量．在 $p-V$ 图上用一条双曲线表示该过程，这条曲线称为**等温线**（图 4-6）.

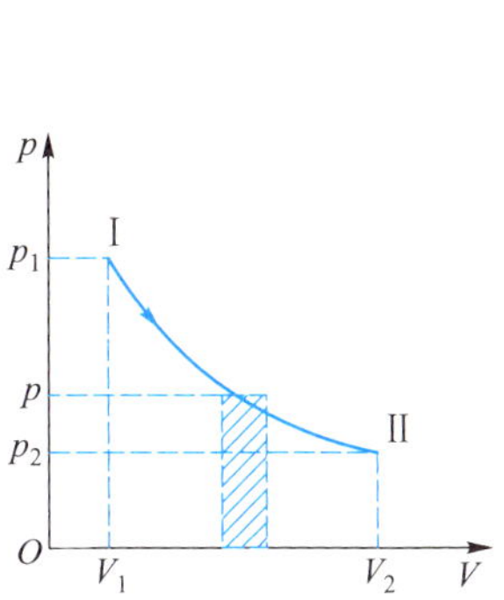

图 4-6 等温过程示意图

在等温过程中，温度不变，故对于理想气体 $\Delta E=0$，热力学第一定律变为 $Q=W$. 如果从状态 Ⅰ（p_1, V_1, T）变化到状态 Ⅱ（p_2, V_2, T），系统对外做的功为

$$W=\int_{V_1}^{V_2} p\mathrm{d}V=\int_{V_1}^{V_2} \nu RT\frac{\mathrm{d}V}{V}$$

$$=\nu RT\ln\frac{V_2}{V_1}=p_1V_1\ln\frac{p_1}{p_2} \tag{4-14}$$

$$Q_T=W=p_1V_1\ln\frac{V_2}{V_1}=p_1V_1\ln\frac{p_1}{p_2} \tag{4-15}$$

理想气体在等温过程中吸收的热量全部用来对外做功．

微课:绝热过程

4. 绝热过程

一个热力学系统在状态变化的过程中与外界没有热量的交换($\mathrm{d}Q=0$),这种过程称为**绝热过程**．在用良好的绝热材料包扎的系统中进行的过程,以及过程进行得很快、来不及与外界交换热量的过程都可近似地看做绝热过程．

绝热过程的特征是 $\mathrm{d}Q=0$,根据热力学第一定律,得

$$\mathrm{d}W=p\mathrm{d}V=-\mathrm{d}E=-\nu C_{V,\mathrm{m}}\mathrm{d}T$$

则

$$W=-\Delta E=-\nu C_{V,\mathrm{m}}\Delta T \tag{4-16}$$

由此可知,气体绝热膨胀时对外做的功等于气体内能的减少,即对外做功是以消耗系统的内能为代价的．由式(4-16)可以看出,如果 $\Delta T<0$,则 $W>0$,气体绝热膨胀;如果 $\Delta T>0$,则 $W<0$,气体被绝热压缩．气体在绝热压缩时温度升高,绝热膨胀时温度降低,这两个结论常在许多实际问题中用到．例如,用打气筒向轮胎打气时,筒壁会发热;压缩空气从喷嘴中急速喷出时,气体绝热膨胀,使气体变冷,甚至液化．

绝热过程中气体的温度、压强和体积同时发生变化,过程方程可用系统的状态参量来表示,推导如下:

在绝热过程中

$$p\mathrm{d}V=-\nu C_{V,\mathrm{m}}\mathrm{d}T \tag{4-17}$$

将理想气体物态方程 $pV=\nu RT$ 取微分,得

$$p\mathrm{d}V+V\mathrm{d}p=\nu R\mathrm{d}T \tag{4-18}$$

联立式(4-17)和式(4-18),可得

$$C_{V,\mathrm{m}}p\mathrm{d}V+C_{V,\mathrm{m}}V\mathrm{d}p=-Rp\mathrm{d}V$$

又 $C_{p,\mathrm{m}}=C_{V,\mathrm{m}}+R$ 及 $\gamma=\dfrac{C_{p,\mathrm{m}}}{C_{V,\mathrm{m}}}$,代入上式,得

$$\gamma\frac{\mathrm{d}V}{V}=-\frac{\mathrm{d}p}{p}$$

积分得

$$\ln p+\gamma\ln V=C'$$

即

$$pV^{\gamma}=C \tag{4-19a}$$

上式中,C'和 C 均为常量. 将理想气体物态方程代入式(4-19a),分别消去 p 或 V,可得绝热过程方程的另外两种表达形式:

$$TV^{\gamma-1}=C_2 \tag{4-19b}$$

$$T^{-\gamma}p^{\gamma-1}=C_3 \tag{4-19c}$$

式(4-19a)、式(4-19b)和式(4-19c)均称为绝热过程方程. 有了绝热过程方程,可直接计算出理想气体由初态(p_1,V_1,T_1)经绝热过程到末态(p_2,V_2,T_2)所做的功为

$$W=\int_{V_1}^{V_2}p\mathrm{d}V=\int_{V_1}^{V_2}C\frac{\mathrm{d}V}{V^{\gamma}}=C\frac{V_2^{1-\gamma}-V_1^{1-\gamma}}{1-\gamma}$$

而 $C=p_1V_1^{\gamma}=p_2V_2^{\gamma}$,代入得

$$W=\frac{p_1V_1-p_2V_2}{\gamma-1} \tag{4-20}$$

比较式(4-16)和式(4-20),简单推导一下就可发现两式所得结论相同.

在 $p-V$ 图上用式(4-19a)描绘的曲线叫做**绝热线**. 为了比较绝热线和等温线,在 $p-V$ 图上作出这两个过程的过程曲线,如图 4-7 中的实线是绝热线,虚线是同一种气体的等温线. 两线在图中的 A 点相交,显然绝热线比等温线要陡些. 因为由理想气体物态方程 $p=nkT=\frac{N}{V}kT$ 可知,在等温过程中,只有体积的变化引起压强的变化;而在绝热过程中,体积的变化引起压强变化,气体的温度变化也要引起压强的变化. 因此同一系统在两个不同过程中改变相同的体积,绝热过程中压强的变化比等温过程中压强的变化要大. 另外,还可以用数学方法求两曲线在 A 点的斜率进行比较,绝热线在 A 点的斜率为

$$\left(\frac{\mathrm{d}p}{\mathrm{d}V}\right)_{绝热}=-\gamma\frac{p_A}{V_A} \tag{4-21}$$

而等温线的斜率为

$$\left(\frac{\mathrm{d}p}{\mathrm{d}V}\right)_{等温}=-\frac{p_A}{V_A} \tag{4-22}$$

因为 $\gamma>1$,所以绝热线比等温线要陡些.

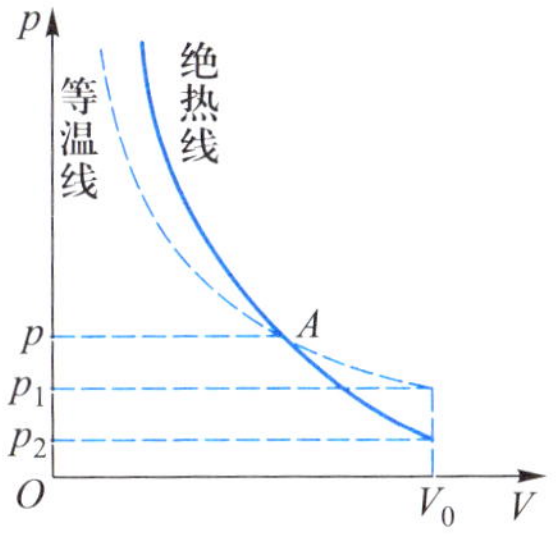

图 4-7 等温线与绝热线的斜率比较

微课:绝热自由膨胀过程

微课:热力学第一定律的应用——例题

例 4-1

一汽缸中储有氮气,质量为 1.25 kg,在标准大气压下缓慢地加热,使温度升高 1 K. 试求气体膨胀时所做的功 W、气体内能的增量 ΔE 以及气体所吸收的热量 Q_p.(活塞的质量以及它与汽缸壁的摩擦均可略去.)

解：因过程是等压的，有

$$W=p\Delta V=\frac{m}{M}R\Delta T=\frac{1.25}{0.028}\times 8.31\times 1\ \mathrm{J}=371\ \mathrm{J}$$

因 $i=5$，所以 $C_{V,\mathrm{m}}=\frac{i}{2}R=20.8\ \mathrm{J/(mol\cdot K)}$. 由式(4-7)可得

$$\Delta E=\frac{m}{M}C_{V,\mathrm{m}}\Delta T=\frac{1.25}{0.028}\times 20.8\times 1\ \mathrm{J}=929\ \mathrm{J}$$

所以，气体在这一过程中吸收的热量为

$$Q_p=\Delta E+W=1\ 300\ \mathrm{J}.$$

例 4-2

设有 8×10^{-3} kg 氧气，体积为 $0.41\times10^{-3}\ \mathrm{m^3}$，温度为 27 ℃. 如氧气做绝热膨胀，膨胀后的体积为 $4.1\times10^{-3}\ \mathrm{m^3}$，问气体做功多少？如氧气做等温膨胀，膨胀后的体积也是 $4.1\times10^{-3}\mathrm{m^3}$，问这时气体做功又是多少？

解：已知 $m=0.008$ kg，$M=0.032\ \mathrm{kg\cdot mol^{-1}}$，$T_1=300$ K，$V_1=0.41\times10^{-3}\ \mathrm{m^3}$，$V_2=4.1\times10^{-3}\ \mathrm{m^3}$.

绝热过程：$(T_1,V_1)\to(T_2,V_2)$

$$W_1=-\frac{m}{M}C_{V,\mathrm{m}}(T_2-T_1)$$

先求 T_2，由绝热过程方程，有 $V_1^{\gamma-1}T_1=V_2^{\gamma-1}T_2$，而双原子分子

$$\gamma=\frac{C_{p,\mathrm{m}}}{C_{V,\mathrm{m}}}=\frac{7}{5}=1.4$$

所以得

$$T_2=T_1\left(\frac{V_1}{V_2}\right)^{\gamma-1}=300\times\left(\frac{0.41\times10^{-3}}{4.1\times10^{-3}}\right)^{1.4-1}\ \mathrm{K}\approx 119\ \mathrm{K}$$

所以

$$W_1=-\frac{m}{M}C_{V,\mathrm{m}}(T_2-T_1)$$

$$=-\frac{0.008}{0.032}\times\frac{5}{2}\times 8.31\times(119-300)\ \mathrm{J}\approx 940\ \mathrm{J}$$

等温过程：$(T_1,V_1)\to(T_1,V_2)$

$$W_2=\frac{m}{M}RT_1\ln\frac{V_2}{V_1}$$

$$=\frac{0.008}{0.032}\times 8.31\times 300\times\ln\frac{4.1\times10^{-3}}{0.41\times10^{-3}}\ \mathrm{J}=1\ 435\ \mathrm{J}$$

显然等温过程做的功比绝热过程做的功要来得多，因为绝热线比等温线陡，同样体积从 V_1 至 V_2，等温线下的面积比绝热线下的面积来得大.

4-3 循环过程 卡诺循环

微课：循环过程 热机 制冷机

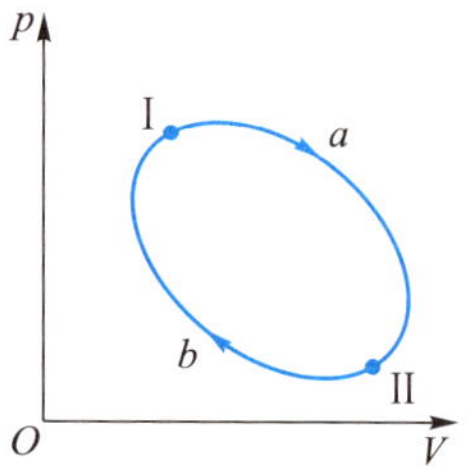

图 4-8 准静态循环过程

4-3-1 循环过程

一系统从某一状态出发，经过任意的一系列过程，最后又回到原来的状态，这样的过程称为**循环过程**，简称**循环**. 准静态循环过程在 $p-V$ 图中对应一条闭合曲线(图 4-8). 参与循环的物质叫做工作物质. 在 $p-V$ 图中沿顺时针方向进行的循环过程称为**正循环**，沿逆时针方向进行的循环过程称为**逆循环**.

由于内能是状态的单值函数，经一循环过程后，系统的内能不变，即 $\Delta E=0$. 这是循环的一个基本特征.

现在讨论图 4-8 中正循环过程的能量转化关系. 当工作物质沿 a 过程由状态 Ⅰ 变到状态 Ⅱ 时，系统对外做功；沿 b 过程由状态 Ⅱ 回到状态 Ⅰ 时，外界对系统做功. 完成一个循环后，系统对外做的净功等于曲线围成的面积. 对于正循环，系统做的净功大于零；而逆循环时，系统做的净功小于零.

4-3-2 热机 制冷机 热泵

在实践中，往往要求利用工作物质持续不断地把热转化为功，这种装置叫做热机. 表面上看来，理想气体的等温膨胀过程是最有利的，工作物质吸收的热量可完全转化为功，但是，只靠单调的气体膨胀过程来做功的机器是不切实际的，因为汽缸的长度总是有限的，气体的膨胀过程就不可能无限制地进行下去. 即使不切实际地把汽缸做得很长，最终当气体的压强减到与外界的压强相同时，也是不能继续做功的. 十分明显，要连续不断地把热转化为功，只有利用上述的循环过程：使工作物质从膨胀做功之后的状态，再回到初始状态，一次又一次地重复进行下去，只要经过每一循环系统对外做的净功都大于零，这样就能保证系统持续不断地对外做功.

由上所述，热机所需的循环都是正循环. 柴油机、汽油机等都是热机，是利用燃料燃烧时产生的热量对外做功的机器. 工作物质做逆循环的机器有一类叫做制冷机. 它是利用外界对系统做功使热量从低温处传向高温处，从而获得低温的机器，如空调、电冰箱等.

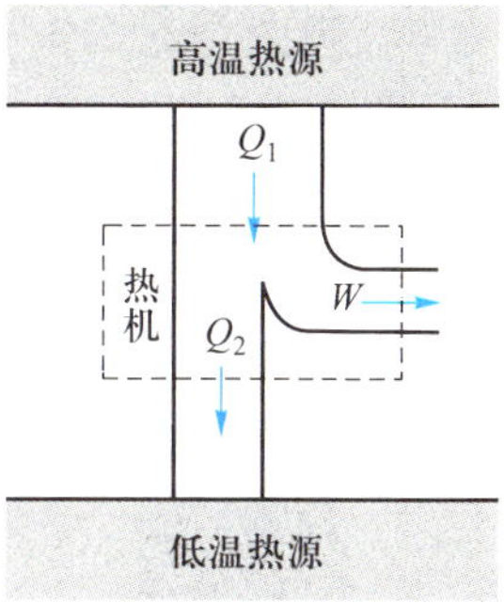

(a)

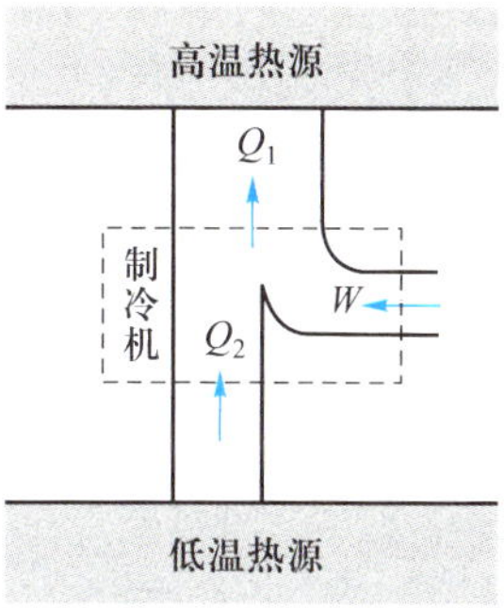

(b)

图 4-9 热机和制冷机工作过程示意图

图 4-9(a)所示是一热机工作过程示意图，热机经过一个循环回到原来的状态，其内能不变. 因此它从高温热源吸收的热量 Q_1 一部分用于对外做功，另一部分则向低温热源放出热量 Q_2(这里 Q_1、Q_2 均为热量的绝对值)，由热力学第一定律可知，在热机经历一个正循环后，吸收的热量 Q_1 不能全部转化为功，转化为功的只有 $W=Q_1-Q_2$. 因此把热机将热转化为功的效率称为热机效率，用 η 表示为

$$\eta=\frac{W}{Q_1}=\frac{Q_1-Q_2}{Q_1}=1-\frac{Q_2}{Q_1} \tag{4-23}$$

式(4-23)对任何热机都成立. Q_1 表示一循环中热机吸收的总热量，Q_2 为一循环中放出的总热量，W 表示热机一次循环对外所做

的净功．

图 4-9(b)是制冷机工作过程示意图．在逆循环中制冷机从低温热源吸热 Q_2，向高温热源放热 Q_1，外界对系统做功为 W. 由热力学第一定律可知，制冷机完成一个逆循环，外界对系统做的净功为 $W=Q_1-Q_2$. 正因为外界不断地对系统做功，才能把热量不断地从低温热源送到高温热源，达到制冷的目的．通常把 Q_2 与 W 的比值称为制冷机的**制冷系数**，用 e_r 表示，即

$$e_r=\frac{Q_2}{W}=\frac{Q_2}{Q_1-Q_2} \tag{4-24}$$

式(4-24)对任何制冷机都成立．

热泵是一种热回收装置，它可以从低温热源吸热，通过外界做功，在高温热源放出更多的热给热用户，热泵与制冷机的工作原理相同，都是热力学中的逆循环过程，但热泵和制冷机的工作目的不同，制冷机是利用逆循环从低温热源吸热，以达到进一步降低低温热源温度的目的．而热泵是把逆循环中工作物质向高温热源所放出的热量 Q_1 作为供热给热用户．因此热泵的效能用 Q_1 与 W 的比值来表示，称为**制热系数**，用 e_p 表示，即

$$e_p=\frac{Q_1}{W} \tag{4-25}$$

比较式(4-24)和式(4-25)可得

$$e_p=e_r+1 \tag{4-26}$$

即同一台装置用作热泵时的效能高于制冷机．这是由于在逆循环中，功可以全部转化为热．实际的热泵存在各种能量损失，其有效制热系数在式(4-25)基础上要乘以一个系数，但热泵用来供热，比采用电加热器供热效率要高，电加热器是把电功直接转化为热后被人们所利用，而热泵是把电功输给一台制冷机，使它从温度较低的室外或地下吸取了一部分热传到高温热源去，取暖效率要高很多．

动画：热机工作原理

动画：制冷机工作原理

微课：循环过程——例题

例 4-3

一定量的单原子分子理想气体，从初态 A 出发，经过等容、等压两过程后又经过图 4-10 所示的 CA 过程回到状态 A. 求：

(1) $A\to B$、$B\to C$、$C\to A$ 各过程中系统从外界吸收的热量 Q；

(2) 整个循环过程中系统对外所做的总功；

(3) 整个循环的效率．

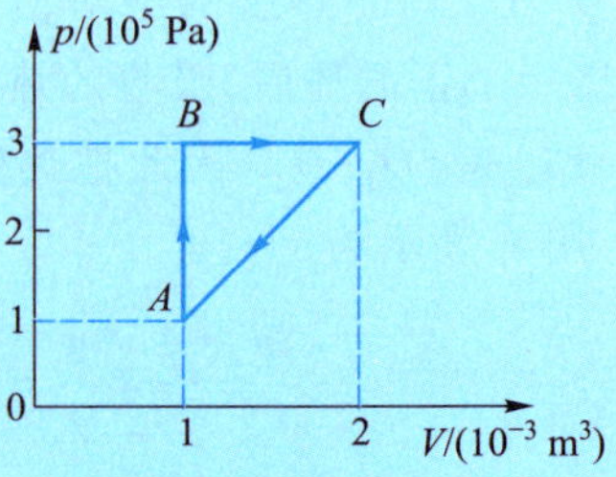

图 4-10 例 4-3 图

解：(1) $A\to B$ 是等容过程：

$$Q_{AB}=\frac{m}{M}C_{V,m}(T_B-T_A)=\frac{m}{M}\cdot\frac{3}{2}R(T_B-T_A)$$

$$=\frac{3}{2}(p_BV_B-p_AV_A)=\frac{3}{2}(300-100)\ \text{J}=300\ \text{J}$$

$B\to C$ 是等压过程：

$$Q_{BC}=\frac{m}{M}C_{p,\text{m}}(T_C-T_B)=\frac{5}{2}(p_CV_C-p_BV_B)$$

$$=\frac{5}{2}(600-300)\ \text{J}=750\ \text{J}$$

$C\to A$ 过程由热力学第一定律，可得

$$Q_{CA}=\frac{m}{M}C_{V,\text{m}}(T_A-T_C)+W_{CA}$$

$$=\frac{3}{2}(p_AV_A-p_CV_C)-\frac{1}{2}(p_A+p_B)(V_C-V_A)$$

$$=\left[\frac{3}{2}\times(100-600)-\frac{100+300}{2}\right]\ \text{J}=-950\ \text{J}$$

可见，$A\to B$ 和 $B\to C$ 过程系统从外界吸收热量，而 $C\to A$ 过程系统向外界放出热量．

（2）整个循环过程中系统对外所做的总功为

$$W=Q_{AB}+Q_{BC}+Q_{CA}=100\ \text{J}$$

（3）循环效率为

$$\eta=\frac{W}{Q_{吸}}=\frac{100}{300+750}\times100\%=9.5\%$$

例 4-4

四冲程汽油内燃机可近似看成如图 4-11 所示的 *bcde* 循环过程，此循环称为奥托(A. Otto)循环，其中 *de* 和 *bc* 为绝热过程，求此循环的效率．

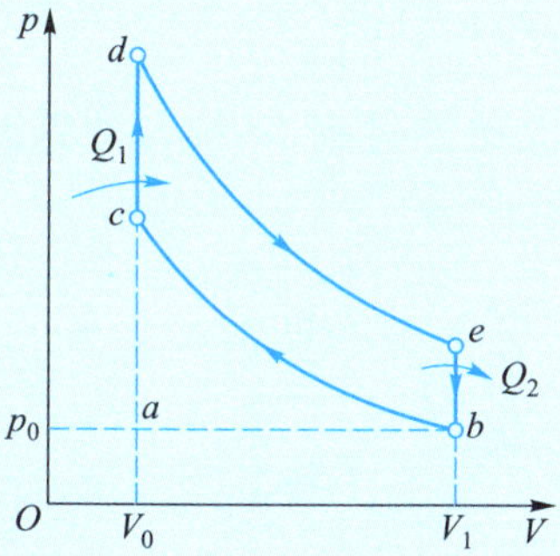

图 4-11 例 4-4 图（奥托循环）

解： $c\to d$ 为等容过程，做功为零，系统从外界吸收热量为

$$Q_1=\frac{m}{M}C_{V,\text{m}}(T_d-T_c)$$

$e\to b$ 为等容过程，系统从外界吸收热量为

$$Q_2=\frac{m}{M}C_{V,\text{m}}(T_b-T_e)=-\frac{m}{M}C_{V,\text{m}}(T_e-T_b)$$

由于 $T_b<T_e$，所以 $e\to b$ 过程实际向外放出热量．循环效率为

$$\eta=1-\frac{|Q_2|}{Q_1}=1-\frac{T_e-T_b}{T_d-T_c}$$

由绝热过程方程，有

$$\begin{cases}T_eV_1^{\gamma-1}=T_dV_0^{\gamma-1}\\ T_bV_1^{\gamma-1}=T_cV_0^{\gamma-1}\end{cases}$$

得 $$(T_e-T_b)V_1^{\gamma-1}=(T_d-T_c)V_0^{\gamma-1}$$

即 $$\frac{T_e-T_b}{T_d-T_c}=\left(\frac{V_0}{V_1}\right)^{\gamma-1}$$

即循环效率为

$$\eta=1-\left(\frac{V_0}{V_1}\right)^{\gamma-1}$$

4-3-3 卡诺循环

由上面的讨论可知，人们希望热机的效率越高越好，那么，提高热机效率的主要方向在哪里呢？提高热机效率有没有极限呢？

微课：卡诺循环

卡诺(1796—1832)

文档:卡诺

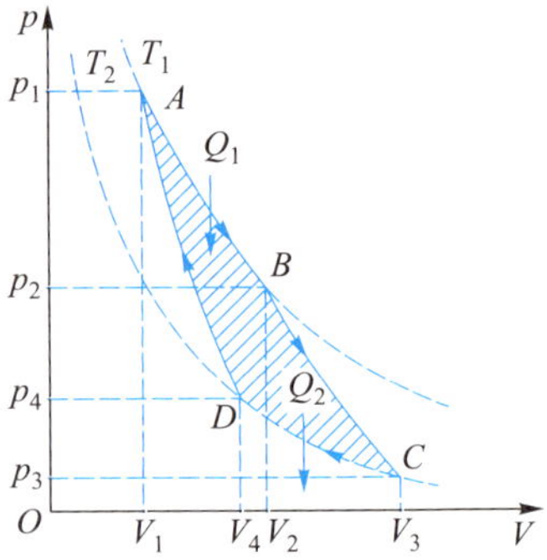

图 4-12 卡诺热机 $p-V$ 图

文档:通往低温的历史

为此,法国的年轻工程师卡诺(S. Carnot)于 1824 年提出了一个工作于两热源之间的理想循环——卡诺循环,找到了在两个给定热源温度的条件下热机效率的理论极限值. 他还进一步提出了卡诺定理,这里先介绍卡诺循环,卡诺定理于下一节讨论.

卡诺循环是在温度恒定的一高温热源和一低温热源之间工作的循环过程,在整个循环过程中,工作物质只和高温热源和低温热源交换能量,没有散热漏气等因素存在. 图 4-12 所示是卡诺正循环(又称卡诺热机)的示意图,整个循环由两条等温线 AB、CD 和两条绝热线 BC、DA 组成. 下面我们来分析卡诺正循环的效率.

设气体在 $A\to B$ 等温膨胀过程中,从高温热源吸收热量 Q_1,则

$$Q_1=\nu RT_1\ln\frac{V_2}{V_1} \tag{4-27}$$

气体在 $C\to D$ 等温压缩过程中,向低温热源放出热量 Q_2,则

$$Q_2=\nu RT_2\ln\frac{V_3}{V_4} \tag{4-28}$$

因为 $B\to C$ 及 $D\to A$ 过程都是绝热过程,系统与外界没有热量交换. 因此卡诺热机的效率为

$$\eta_{卡}=1-\frac{Q_2}{Q_1}=1-\frac{T_2\ln\frac{V_3}{V_4}}{T_1\ln\frac{V_2}{V_1}} \tag{4-29}$$

又 BC、DA 是绝热过程,根据绝热过程方程,有 $T_1V_2^{\gamma-1}=T_2V_3^{\gamma-1}$,$T_1V_1^{\gamma-1}=T_2V_4^{\gamma-1}$,得

$$\frac{V_2}{V_1}=\frac{V_3}{V_4} \tag{4-30}$$

将式(4-30)代入式(4-29),得

$$\eta_{卡}=1-\frac{T_2}{T_1} \tag{4-31}$$

式(4-31)表明:

(1) 卡诺热机的效率只与高、低温热源的温度有关,与工作物质及其他因素无关. 这为提高热机效率指明了方向,即尽可能提高高温热源的温度,降低低温热源的温度.

(2) 卡诺热机的效率总是小于 1. 这是因为不可能无限制地提高高温热源的温度,也不可能把低温热源的温度降到绝对零度.

假定图 4-12 所示的循环反向进行，即沿 $A\to D\to C\to B\to A$ 的顺序进行，则称为卡诺逆循环．设在一卡诺逆循环中外界对系统做功 W，系统从低温热源吸取热量 Q_2，向高温热源放出热量 Q_1，根据式(4-24)，可得卡诺制冷机的制冷系数为

$$e_{卡}=\frac{Q_2}{W}=\frac{Q_2}{Q_1-Q_2}=\frac{T_2}{T_1-T_2} \tag{4-32}$$

上式表明，卡诺逆循环的制冷系数也只取决于高温热源的温度 T_1 和低温热源的温度 T_2．当低温热源的温度 T_2 越低时，制冷系数 $e_{卡}$ 越小．这意味着系统从温度较低的低温热源中吸取一定热量时，外界必须消耗较多的功．

例 4-5

某理想气体做准静态卡诺循环．当高温热源的温度 $T_1=400\ \mathrm{K}$，低温热源的温度 $T_2=300\ \mathrm{K}$ 时，一循环中对外做净功 $W=8\ 000\ \mathrm{J}$. 如果维持低温热源温度不变，提高高温热源的温度，使其对外做净功增加到 $W'=10\ 000\ \mathrm{J}$，并且两次卡诺循环都工作在相同的两绝热过程之间(图 4-13). 试求：

(1) 第二次循环的效率 η'；

(2) 第二次循环中高温热源的温度 T_1'.

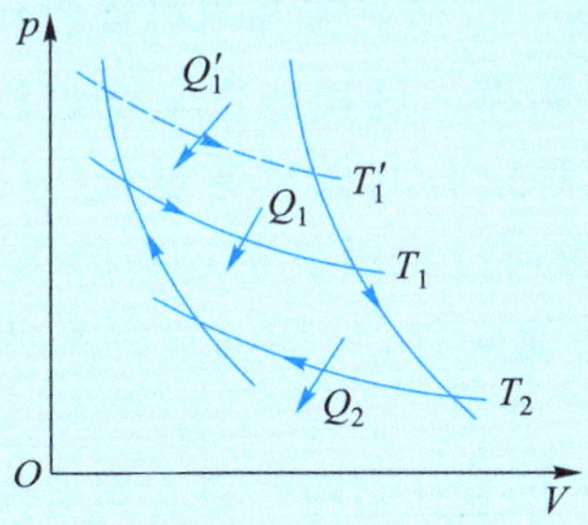

图 4-13 例 4-5 图

解：(1) 按卡诺循环效率公式，对第一次循环，有

$$\eta=\frac{W}{Q_1}=1-\frac{T_2}{T_1}=\left(1-\frac{300}{400}\right)\times100\%=25\%$$

此次循环从高温热源吸收的热量为

$$Q_1=\frac{W}{\eta}=\frac{8\ 000}{0.25}\ \mathrm{J}=32\ 000\ \mathrm{J}$$

向低温热源放出的热量为

$$Q_2=Q_1-W=24\ 000\ \mathrm{J}$$

对于第二次循环，设该循环从高温热源吸收的热量为 Q_1'，则循环效率 η' 为

$$\eta'=\frac{W'}{Q_1'}$$

又因为第二次循环的放热过程未变，所以有

$$Q_2'=Q_2=24\ 000\ \mathrm{J}$$

于是，从高温热源 T_1' 吸收的热量为

$$Q_1'=W'+Q'=(10\ 000+24\ 000)\ \mathrm{J}=34\ 000\ \mathrm{J}$$

所以
$$\eta'=\frac{W'}{Q_1'}=\frac{10\ 000}{34\ 000}\times100\%\approx29.4\%$$

(2) 由 $\eta'=1-\dfrac{T_2}{T_1'}$，得

$$T_1'=\frac{T_2}{1-\eta'}=\frac{300}{1-0.294}\ \mathrm{K}\approx425\ \mathrm{K}$$

例 4-6

有一卡诺制冷机，从温度为 $-10\ ℃$ 的冷藏室吸取热量，而向温度为 $20\ ℃$ 的物质放出热量．设该制冷机所耗功率为 15 kW，问每分钟从冷藏室吸取的热量为多少？

解：由题意知，高温热源 $T_1=293\ \mathrm{K}$，低温热源 $T_2=263\ \mathrm{K}$，则制冷系数为

$$e=\frac{T_2}{T_1-T_2}=\frac{263}{30}$$

每分钟做功为

$$W=15\times10^3\times60\ \mathrm{J}=9\times10^5\ \mathrm{J}$$

而

$$e=\frac{Q_2}{W}$$

所以每分钟从冷藏室中吸取的热量为

$$Q_2=eW=\frac{263}{30}\times9\times10^5\ \mathrm{J}=7.89\times10^6\ \mathrm{J}$$

此时，每分钟向温度为 20 ℃ 的物体放出的热量为

$$Q_1=Q_2+W=8.79\times10^6\ \mathrm{J}$$

4-4　可逆和不可逆过程　热力学第二定律

4-4-1　可逆过程和不可逆过程

微课：可逆过程和不可逆过程　卡诺定理

在自然界中，有关热力学过程的可逆性和不可逆性的讨论是很多的，必须给予确切的理解．可逆过程和不可逆过程的定义如下：在系统状态变化过程中，如果逆过程能重复正过程的每一状态，而且不引起其他变化，这种过程叫做可逆过程；反之，在不引起其他变化的条件下，不能使逆过程重复正过程的每一状态，或者虽然重复但必然会引起其他变化，这样的过程都叫做不可逆过程．

那么，实现可逆过程的条件是什么呢？只有当系统的状态变化过程是无限缓慢进行的准静态过程，而且在过程进行之中没有能量耗散效应，这时系统所经历的过程才是可逆过程，否则就是不可逆过程．下面举例说明．

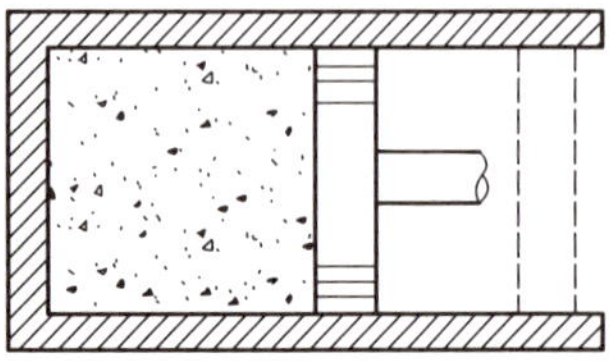

图 4-14　气体的准静态膨胀过程

如图 4-14 所示，假想汽缸内的气体在活塞无限缓慢地移动时经历准静态膨胀过程，它的每一个中间态都是无限接近平衡态的，若忽略汽缸与活塞间的摩擦力以及气体间的黏性力等所引起的能量耗散，那么不仅气体的正、逆两过程经历了相同的平衡态，正、逆过程都是准静态过程，而且由于没有能量耗散，在正、逆两过程终了时，外界环境也不发生任何变化，因此是可逆过程．

然而，活塞和汽缸间总有摩擦，摩擦力做功的结果要向外界放出热量，从而使外界的温度有所上升，使外界的状态发生变化．所以有摩擦的过程是不可逆过程．此外，实际上活塞的运动不可能无限缓慢，在正、逆过程中，不仅气体的状态不能重复，而且也

不能实现准静态过程，在这种情况下的过程是不可逆过程．

综上所述，只有无摩擦的准静态过程才是可逆过程，可逆过程是一种理想过程，而自然界中一切自发进行的宏观过程都是不可逆的．在自然界中不可逆过程的例子很多，如热传导过程、气体分子的扩散、水的汽化、固体的升华等都是不可逆过程，生命科学里的生长与衰老也都是不可逆过程．

4-4-2 卡诺定理

为了提高热机的效率，研究热机最大效率的极限，卡诺根据自己提出的理想卡诺循环，得到了以下两点结论：

（1）在相同的高温热源和相同的低温热源之间工作的一切可逆热机，都具有相同的效率 $\eta=1-\dfrac{T_2}{T_1}$，与工作物质无关．

（2）在相同的高温热源和相同的低温热源之间工作的一切不可逆热机，其效率都不可能大于可逆热机的效率．

以上两条称为卡诺定理．卡诺循环和卡诺定理对研究如何提高热机的效率具有重要的理论意义和实践意义．应用卡诺循环和卡诺定理还可以研究物质的某些性质．克拉珀龙在 1834 年利用一个很小的卡诺循环推导出了饱和蒸气压对温度变化率的克拉珀龙方程，得到了描述一般相变过程的基本方程．在热工学中，卡诺定理指出了提高热机效率的途径．这一途径是尽可能提高高温热源的温度，降低低温热源的温度，使实际的热机尽量地接近可逆卡诺热机．

文档：卡诺的热机理论

由于卡诺信奉热质说，他当时是基于热质说来证明卡诺定理的．直到开尔文和克劳修斯建立了热力学第二定律之后，卡诺定理才得到正确的证明．

4-4-3 热力学第二定律的描述

微课：热力学第二定律

文档：热力学第二定律的建立

热力学第一定律是能量守恒定律在热现象中的具体体现，它说明任何热力学过程都必须符合能量守恒定律．可是符合热力学第一定律的热力学过程都能够发生吗？实验表明，两个温度不同的物体互相接触时，高温物体会自动地放热给低温物体，可是低温物体却不能自动传热给高温物体，尽管这后一过程并不违反热力学第一定律．另外，打开香水瓶的盖子，香水分子很快会自动跑满整个空间，但它们却不会再自动地回到香水瓶中．这就表明热力学过程是有方向性的，自然界中必定存在着指示过程进行方向性的规律，这就是热力学第二定律．

热力学第二定律是关于自然界宏观过程进行的方向和限度的一条重要规律，它是在围绕如何最大限度地提高热机效率的过程中被发现的．从微观的角度来看，它与系统中大量分子的无规则热运动有关．通常有以下两种表述：

开尔文（1824—1907）

文档：开尔文

1. 热力学第二定律的开尔文（L. Kelvin）表述

热力学第二定律的**开尔文表述**为：**不可能制造出一种循环工作的热机，它只从单一热源吸收热量，使之完全变为有用的功，而对外界不产生其他影响．**

开尔文表述否定了热机效率达到 100% 的可能性．这里说的单一热源是指温度均匀一致且恒定不变的热源，其他变化是指热变功以外的任何变化．通常把违反开尔文说法的热机称为**第二类永动机**，第二类永动机并不违反能量守恒定律．开尔文表述可简捷地说成“第二类永动机是不可能造成的”．前面我们提醒过不要试图制造第一类永动机，因为违反热力学第一定律．现在更要强调一下，第二类永动机最易引人上当之处在于人们往往忘记热力学第二定律的告诫，误以为凡是遵守能量守恒的过程就一定能够实现，我们要牢记：热力学这两条定律都是不容违背的．

应当指出，热力学第二定律的开尔文说法指的是循环工作的热机，如果工作物质进行的不是循环过程，而是像理想气体等温膨胀这样的过程，那是可以把从一个热源吸收的热量全部用来做功的．但是，单一的等温膨胀过程并不是循环工作的机器，要用它来持续做功是不现实的．

克劳修斯（1822—1888）

文档：克劳修斯

2. 热力学第二定律的克劳修斯（R.J.E. Clausius）表述

热力学第二定律的**克劳修斯表述**为：**热量不可能自动地从低温物体传向高温物体，或热量从低温物体传向高温物体不引起其他变化是不可能的．**

例如，电冰箱虽然把热量从低温物体传到高温物体，但外界消耗了电能对它做功，热量并非自动地从低温物体传到高温物体去．

热力学第二定律的开尔文表述指出了热、功转化的方向性；克劳修斯表述指出热传导过程的方向性．大量的观察和实验都表明，自然界一切实际发生的过程都具有方向性，这种方向性就是前面讲述到的不可逆性．

应当指出，和热力学第一定律一样，热力学第二定律不能从更普遍的定律推导出来，它是大量实验和经验的总结，虽然我们不能直接去验证它的正确性，但从它所得出的推论与客观实际相符而得到肯定．热力学第二定律的开尔文表述与克劳修斯表述在表述方式上各不相同，但它们都道出了实际过程具有方向性的真谛，二者是等效的．热力学第二定律除开尔文说法和克劳修斯说法外还有其他一些说法，这里就不一一列举了，但所有的说法本质上都是一致的．热力学第二定律指明了自然界中一切与热现象有关的宏观过程都具有方向性，即不可逆性，这正是热力学第二定律的实质所在．

需要指出的是，热力学第二定律是由大量实验事实总结出来的宏观规律，具有统计意义．因此，对于由少数几个原子或分子组成的系统不再适用．热力学第二定律也不适用于整个宇宙．有人把整个宇宙看成一个孤立系统，根据热力学第二定律得出整个宇宙必将达到温度均衡而不再有热量传递的所谓“热寂”的错误结论．“热寂说”的错误在于宇宙中占主导地位的是引力，而热力学的结论是基于无引力场的系统．

文档：“热寂说”的提出

4-4-4 热力学第二定律的数学表示 熵 信息熵

热力学第二定律是有关过程进行方向的规律，它指出，一切与热现象有关的实际宏观过程都是不可逆的．由热力学第二定律可以断定，对于一个没有外来影响的热力学系统来说，在其中进行的不可逆过程从初态到末态，不可能凭借系统内部的任何其他过程而自动复原回初态．当然，我们可以借助外界的作用使系统从末态回到初态，但同时必然在外界留下了不能完全消除的变化．由此可见，热力学系统所进行的不可逆过程的初态和末态之间肯定有某种差异性，这种差异性决定了过程进行的方向，或者说初态和末态肯定有某个物理量不同，由于这个物理量的不同导致了过程进行的方向性，这个物理量是个态函数．根据热力学第二定律确实可以定义一个新的物理量——**熵**，熵的引入使得热力学第二定律不限于文字描述，而可以给出热力学第二定律的数学表述，并且熵可以作为在一定条件下确定过程进行方向的标志．

微课：热力学第二定律的统计解释

可以证明：在孤立系统中，可逆过程熵不变，不可逆过程熵增加，这称为**熵增加原理**．在孤立系统中，不可逆过程都是由不均匀趋向均匀，从有序趋向无序，而孤立系统不可逆过程熵都是增加的,显然,在孤立系统中,熵增加的过程是系统从有序趋于无序的过程.玻耳兹曼(S. Boltzmann)认为,系统的无序度可用系统的微观状态数来表示一个宏观状态,它所包含的微观状态的数目越多,分子运动的混乱程度就越高,实现这个宏观状态的方式也越多,亦即这个宏观状态出现的概率也越大.统计物理学中可以证明,熵 S 与热力学系统的微观状态数 W,或把 W 理解为宏观状态出现的概率称做热力学概率,两者之间满足

$$S=k\ln W$$

其中 k 为玻耳兹曼常量,上式叫做**玻耳兹曼关系**.由玻耳兹曼熵的公式,熵正比于热力学概率的自然对数,因此**熵反映了宏观态出现的概率的大小**,这就是熵的统计意义.熵值低,或说宏观态的热力学概率小,意味着"整齐"或"集中",物理学中称为有序.熵值高,或说热力学概率大,意味着"混乱"或"分散",物理学中称为无序.因此,熵的这个定义表明**熵是分子热运动无序性或混乱性的量度**.

当代社会是信息社会,信息既包括人类所有文化知识,也包括我们感官所能感受到的一切,要全面地研究信息相当困难,因为对信息既要有数量的计算,又应有质量的评价."信息论"这门科学,主要是对信息的数量进行研究.信息论的创始人香农(C. E.shannon)于 1948 年给出了从概率角度出发的信息量的定义.一般来说,事物具有多重可能性,为简单起见,我们考虑只有两种可能性的情况,比如是或非、有或无,这样做更重要的原因是,信息社会中最重要的计算机普遍采用二进制,数据的每一位非 0 即 1,也有两种可能性,如果没有信息,每种可能性出现的概率均为 $\frac{1}{2}$,在信息论中,**把由两种可能性中作出完全判断所需的信息量定为 1 bit(比特),这就是信息量的单位**.一般来说,从 N 种可能性中作出完全判断所需的信息量为 $n=\log_2^N=k\ln N(\mathrm{bit})$,式中 $k=\frac{1}{\ln 2}=1.442$. 在对 N 种可能性完全没有信息的条件下,我们则假定每种可能性出现的概率均为 $W=1/N$,由于 $\ln N=-\ln W$,则**从 N 种可能性中作出完全判断所需的信息量为 $-k\ln W$**,香农把它称为**信息熵**,也记为 S,则

$$S=-k\ln W$$

可见,信息熵 S 越高,W 就越小,可能性 N 越多,信息的不确定程度就越大.

综上所述,凡是有概率分布的问题中,都会有相应的熵存在,熵的概念并不必须与物理问题联系在一起.

应用案例　提高热机效率的两种方法

由热力学可知,热机进行卡诺循环的效率为

$$\eta=1-\frac{Q_{放}}{Q_{吸}}=1-\frac{T_2}{T_1}$$

式中,T_1、T_2 分别为高温热源和低温热源的温度.

由效率公式可见,提高高温热源温度或降低低温热源温度,可以提高循环效率. 但实际上,如果通过制冷的方法降低低温热源温度,虽然热机效率提高了但由于制冷需要耗能,所以总的效率并不高. 若提高高温热源温度,有时又受到工作物质等因素的制约难以实现. 例如,锅炉加热蒸气能够达到的最高温度具有一定的极限等.

在工程技术中,各种热机(如内燃机、蒸汽机等)也均有其高温热源和低温热源,但一般不是理想的卡诺循环. 由卡诺定理知,实际热机的效率

$$\eta\leqslant 1-\frac{T_{低}}{T_{高}}$$

实际情况下提高热机效率的方法有哪些?其物理原理又是什么?下面作些简单介绍.

1. 联合循环

提高热机效率的有效方法之一是让两台热机进行联合循环. 如图 4-15 所示,热机 I 从热源 T_1 处吸热 Q_1,对外做功 W_1,并向 T_2 处放热 Q_2. 热源 T_2 既是热机 I 的低温热源,同时也是热机 II 的高温热源. 热机 II 从 T_2 处吸热 Q_2,对外做功 W_2,并向热源 T_3 放热 Q_3.

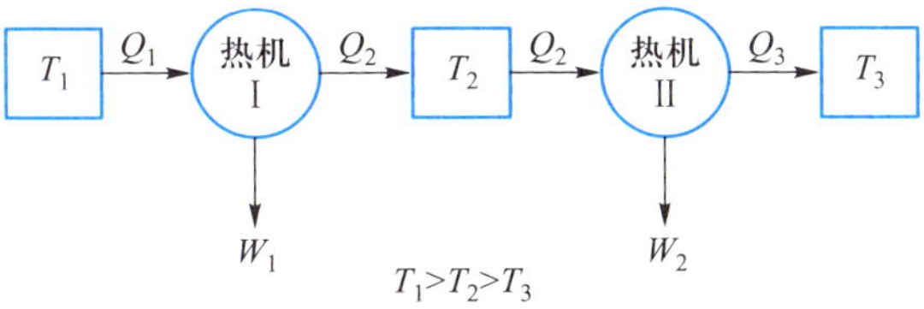

图 4-15　联合循环示意图

在此联合循环中,系统总的循环效率为

$$\eta_{总}=\frac{W_{总}}{Q_1}=\frac{W_1+W_2}{Q_1}$$

这显然大于单机循环效率 $\eta=\frac{W_1}{Q_1}$. 若将联合循环视为理想的卡

诺循环，则可在 $p-V$ 图上画出如图 4-16 所示的循环曲线．由图可知

$$\eta_{总}=1-\frac{T_3}{T_1}$$

$$\eta_1=1-\frac{T_2}{T_1}$$

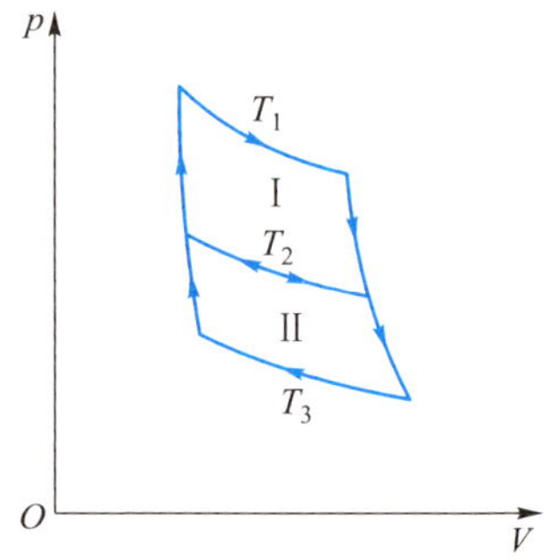

图 4-16 联合循环等效 $p-V$ 图

比较上面两个效率公式可以看出，联合循环等价于将低温热源的温度从 T_2 降到了 T_3，但这一效率提高过程不需要对低温热源制冷，而只是增加了一台热机，具有实用价值．

通常，联合循环是将两台不同类型的热机联合或将使用两种不同工质的热机进行联合，例如蒸汽机与燃气机的联合．由于燃气机依靠燃烧化学燃料进行循环，最高温度达 500 ℃ 以上，循环排出的废气仍具有较高的温度．若用一台蒸汽机作为第二级热机与其联合，则燃气机排出的热能可以为蒸汽机所利用，从而提高总的效率．

2. 回热式循环

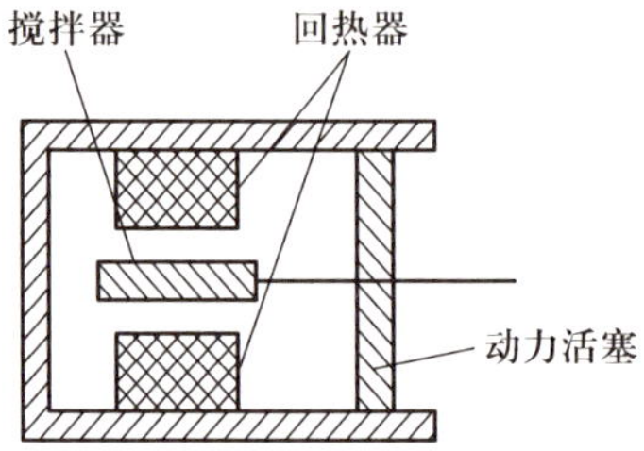

图 4-17 回热式循环示意图

有一类热机，其结构比普通热机多一回热装置．图 4-17 是一汽缸内装有回热器的示意图．所谓回热器就是储存和传递热量的装置．下面说明回热式循环的过程及回热器的作用．

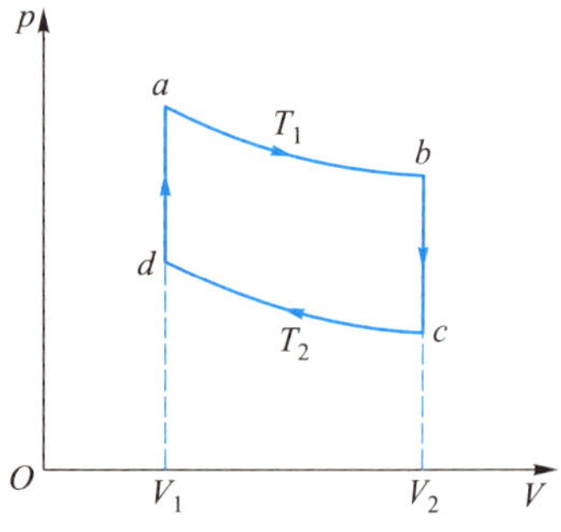

图 4-18 回热式循环等效 $p-V$ 图

如图 4-18 所示，回热式循环可以等效于 $a\to b\to c\to d\to a$ 的曲线．在 $a\to b$ 段相当于图 4-17 中动力活塞向右运动，气体等温膨胀，从外界吸收热量；然后活塞停止运动，搅拌器来回搅动，回热器从气体中吸热，这就是 $b\to c$ 过程；接着在 $c\to d$ 段，活塞向左运动，气体等温压缩；最后搅拌器再次搅拌，由于这时回热器温度高于气体温度，$d\to a$ 中气体仅从回热器中吸热而不再从外界吸热．可以算得：$b\to c$、$d\to a$ 两过程中气体吸、放热的绝对值相等．所以整个循环中，气体只有在 $a\to b$ 段从外界吸热．因此，循环效率应为

$$\eta=\frac{W}{Q_{ab}}=\frac{\frac{m}{M}R(T_1-T_2)\ln\frac{V_2}{V_1}}{\frac{m}{M}RT_1\ln\frac{V_2}{V_1}}=1-\frac{T_2}{T_1}$$

这与卡诺循环的效率相当．而如果不用回热器，对于图 4-18 所示的循环过程，其循环效率为

$$\eta'=\frac{W}{Q_{ab}+Q_{da}}$$

比较上面两个效率公式，显然，$\eta'<\eta$.

由此可见，回热式循环具有较高的循环效率．当然，回热器

与气体之间的传热需要有温度差，因热的利用总是不完全的，所以实际循环效率 $\eta_{实}$ 比 η 小，$\eta'<\eta_{实}<\eta$.

——摘自马文蔚等主编的《物理学原理在工程技术中的应用》（第四版）

思考题

4-1　能否说"系统含有热量"？能否说"系统含有功"？

4-2　"温度升高的过程总是吸热的"，这种说法对吗？

4-3　一系统能否吸收热量仅使其内能变化？一系统能否吸收热量而不使其内能变化？

4-4　一定量的理想气体分别经绝热、等温和等压过程后，膨胀了相同的体积，试从 $p-V$ 图上比较三种过程做功的差异．

4-5　有人说，因为在循环过程中系统对外做的净功在数值上等于 $p-V$ 图中封闭曲线所包围的面积，所以封闭曲线包围的面积越大，循环效率就越高，对吗？

4-6　任何可逆热机效率是否都可表示成 $\eta'=1-\dfrac{T_2}{T_1}$？

4-7　由 $\eta\leqslant 1-\dfrac{T_2}{T_1}$ 可知，当 $T_2=0$ 时，可以有 $\eta=100\%$，为什么不制造这样的效率为 100% 的机器？

4-8　墨水在水中的扩散过程是可逆过程还是不可逆过程？如果一个系统从状态 A 经历一个不可逆过程到达状态 B，那么这个系统是否可以回到状态 A 呢？

4-9　等温膨胀时，系统吸收的热量全部用来对外做功，这和热力学第二定律矛盾吗？

4-10　两条绝热线和一条等温线能否构成一个循环？为什么？

4-11　一条等温线与一条绝热线能否相交两次？为什么？

4-12　$p-V$ 图中表示循环过程的曲线所包围的面积，代表热机在一个循环中所做的净功．如图所示，如果体积膨胀得大些，面积就大了（图中面积 $S_{abc'd'}>S_{abcd}$），所做的净功就多了，因此热机效率也就可以提高了．这种说法对吗？

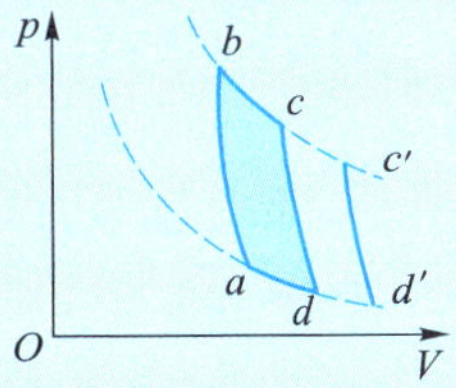

思考题 4-12 图

习题

4-1　如果一定量的理想气体，其体积和压强依照 $V=\dfrac{a}{\sqrt{p}}$ 的规律变化，其中 a 为已知常量．试求：

（1）气体从体积 V_1 膨胀到 V_2 所做的功；

（2）气体体积为 V_1 时的温度 T_1 与体积为 V_2 时的温度 T_2 之比．

4-2　1 mol 单原子分子理想气体从 300 K 加热到 350 K，体积保持不变时气体吸收了多少热量？增加了多少内能？对外做了多少功？压强保持不变时呢？

4-3　位于委内瑞拉的安赫尔瀑布是世界上落差最大的瀑布，它高 979 m，如果在水下落过程中，重力对它所做的功中有 50%转化为热量使水温升高，求水由瀑布顶部落到底部而产生的温差．(水的比热容为 $4.18\times10^3\ \mathrm{J\cdot kg^{-1}\cdot K^{-1}}$．)

4-4　一定量的单原子分子理想气体，从初态 A 出发，沿图示直线过程变化到另一状态 B，又经过等容、等压两过程回到状态 A.

(1) 求 $A\to B$、$B\to C$、$C\to A$ 各过程中系统对外所做的功 W、内能的增量 E 以及所吸收的热量 Q；

(2) 整个循环过程中系统对外所做的总功以及从外界吸收的总热量(每个过程吸热的代数和).

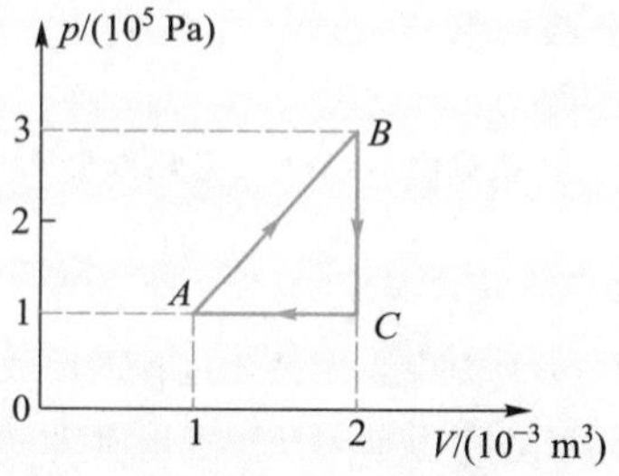

习题 4-4 图

4-5　一定量的刚性双原子分子理想气体，开始时处于压强 $p_0=1.0\times10^5$ Pa、体积 $V_a=4.0\times10^{-3}$ m^3、温度$T_0=300$ K 的初态．后经等压膨胀过程，温度上升到 $T_1=450$ K，再经绝热过程，温度降回到 $T_2=300$ K，求气体在整个过程中对外所做的功．

4-6　0.02 kg 的氦气(视为理想气体)，温度由 17 ℃升为 27 ℃．若在升温过程中，(1)体积保持不变；(2)压强保持不变；(3)不与外界交换热量．试分别求出气体内能的改变、吸收的热量、外界对气体所做的功．

4-7　一定量的某单原子分子理想气体装在封闭的汽缸里，此汽缸有可活动的活塞(活塞与汽缸壁之间无摩擦且无漏气)．已知气体的初压强 $p_1=1.013\times10^5$ Pa，体积 $V_1=1$ L，现将该气体在等压条件下加热直到体积变为原来的两倍，然后在等体积条件下加热直到压强变为原来的 2 倍，最后做绝热膨胀，直到温度下降到初温为止．

(1) 在 $p-V$ 图上将整个过程表示出来；

(2) 试求在整个过程中气体内能的改变；

(3) 试求在整个过程中气体所吸收的热量；

(4) 试求在整个过程中气体所做的功．

4-8　1 mol 单原子分子理想气体的循环过程如图中的 $T-V$ 图所示，其中 c 点温度 $T_c=600$ K. 试求：

(1) $a\to b$、$b\to c$、$c\to a$ 各个过程中系统吸收的热量；

(2) 经一循环过程系统所做的净功；

(3) 此循环的效率．

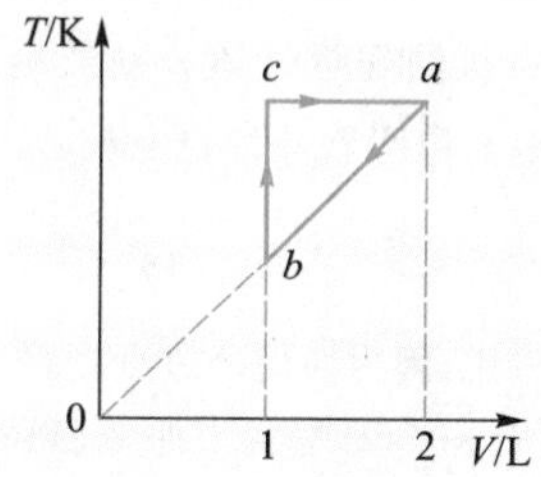

习题 4-8 图

4-9　如图所示，$abcda$ 为 1 mol 单原子分子理想气体的循环过程．ab、cd 为等压过程．已知 $p_a=2.026\times10^5$ Pa，体积 $V_a=1$ L；$p_c=1.013\times10^5$ Pa，体积 $V_c=2.0$ L. 气体循环一次时，

(1) 求气体对外做的净功；

(2) 求气体从外界吸收的热量 Q；

(3) 求循环的效率．

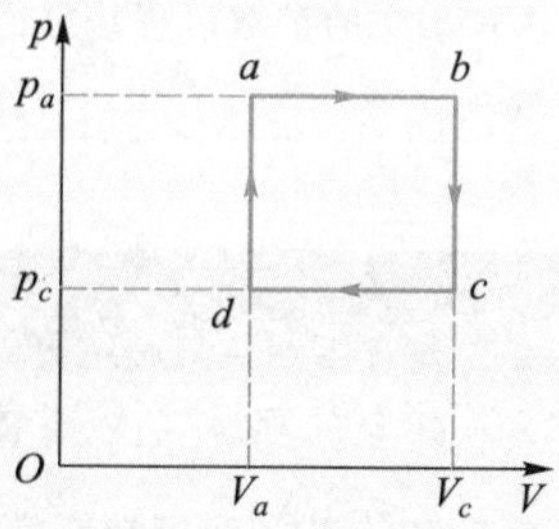

习题 4-9 图

4-10　一小型热电厂内，一台利用地热发电的热机工作于温度为 227 ℃的地下热源和温度为 27 ℃的地表之间，假定该热机每小时能从地下热源获取 1.8×10^{11} J 的热量，试从理论上计算其最大功率．

4-11　如图所示为理想气体的一个循环过程，其中 $a\to b$、$c\to d$ 为绝热过程，$b\to c$、$d\to a$ 分别是等压过程和等容过程．试证明此循环效率为 $\eta=1-\gamma\dfrac{T_b-T_c}{T_a-T_d}$，式中 T_a、T_b、T_c、T_d 分别是 a、b、c、d 各状态的温度．

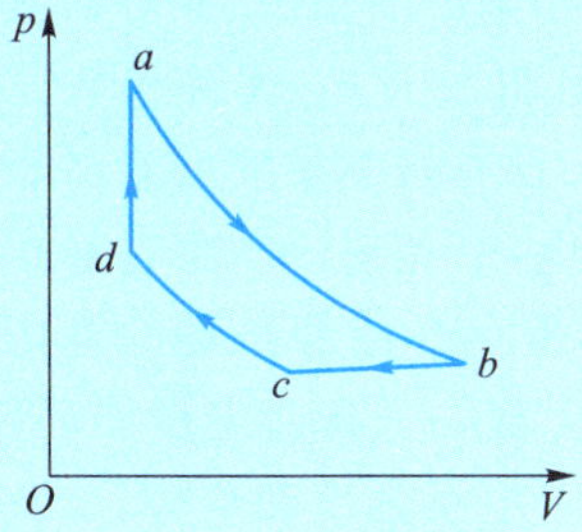

习题 4-11 图

4-12　在夏季，假定室外温度恒定为 37.0 ℃，启动空调使室内温度始终保持在 17.0 ℃．如果每天有 3.13×10^{8} J 的热量通过热传导等方式自室外流入室内，则空调一天耗电多少？（设该空调制冷机的制冷系数为同条件下的卡诺制冷机制冷系数的 60%．）

第 4 章参考答案

第 5 章　静　电　场

电磁运动是物质的又一种基本运动形式．电磁相互作用是自然界已知的四种基本相互作用之一，也是人们认识得较深入的一种相互作用．在日常生活和生产活动中，在对物质结构的深入认识过程中，都要涉及电磁运动．因此，理解和掌握电磁运动的基本规律，在理论上和实践上都有极其重要的意义．

任何带电体周围都存在电场，相对于观察者静止的电荷所激发的电场称为静电场．本章重点介绍静电场的基本定律——库仑定律，静电场的两个基本定理——高斯定理和环路定理，描述静电场的两个基本物理量——电场强度和电势，以及静电场中导体与电介质、电容器及静电场能量等内容．

5-1　库仑定律　电场　电场强度

5-1-1 库仑定律

微课:电荷　库仑定律

NOTE

1. 电荷

早在公元前 600 年左右，古希腊人泰勒斯（Thales）就发现摩擦过的琥珀能吸引轻小物体的现象．公元 1 世纪，我国学者王充在《论衡》一书中，也记载有"顿牟掇芥"（即用玳瑁壳来吸引轻小物体）的现象．16 世纪，英国人吉尔伯特（W. Gilbert）在研究电现象时，根据希腊文"琥珀"创造了"electricity"这个英文单词，用来表示琥珀经过摩擦以后具有的一种带电性质，即认为摩擦过的琥珀带有**电荷**．后来，人们发现很多物质都会由于摩擦而带电，并且带电物体间存在相互吸引或相互排斥的现象．

实验证明，在自然界中，电荷的种类只有两种，即**正电荷**与**负电荷**．物体带电荷的多少称为**电荷量**．在国际单位制中，电荷量的单位是库[仑],用符号 C 表示. 电荷间的相互作用规律为同种电荷相互排斥,异种电荷相互吸引.

2. 电荷的量子化

密立根油滴实验等无数实验表明,带电体所带的电荷量是不连续的,它是一个最小电荷量 e 的整数倍,也就是说,电荷量只能取 $0, \pm e, \pm 2e, \cdots$. 这个最小的电荷量称为元电荷,它就是电子电荷量的绝对值,e 的近似值为

$$e = 1.602 \times 10^{-19}\ \mathrm{C}$$

电荷的这种只能取离散的、不连续的量值的性质,叫做电荷的量子化.

20 世纪 50 年代以来,包括我国理论物理工作者在内的各国理论物理工作者陆续提出了一些关于物质结构更深层次的模型. 他们认为强子(质子、中子、介子等)是由更基本的粒子(称为层子或夸克)构成的. 夸克理论认为,夸克带有分数电荷,它们所带的电荷量是电子电荷量的$\pm 1/3$、$\pm 2/3$,如图 5-1 所示.

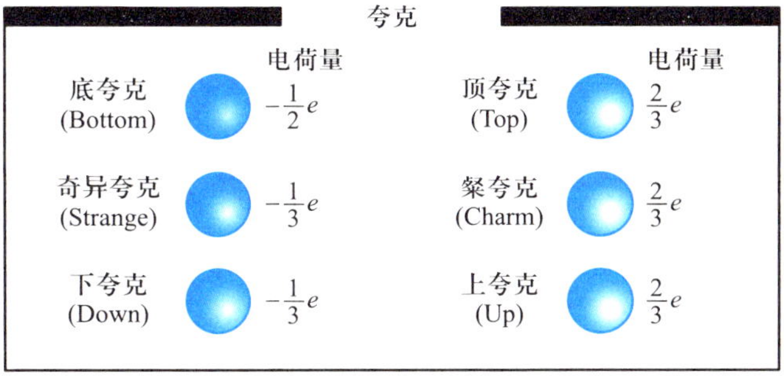

图 5-1 6 种夸克和所带的电荷

中子是中性的,按夸克理论,中子内包含一个带有 $2e/3$ 电荷量的上夸克和两个带有 $-e/3$ 电荷量的下夸克,总电荷量为零. 强子由夸克组成,在理论上已是无可置疑的,只是迄今为止,尚未在实验中找到自由状态的夸克. 但无论今后能否发现自由夸克的存在,都不会改变电荷量子化的结论.

量子化是微观世界一个基本概念,在微观世界中我们将看到,能量、角动量等也是量子化的.

3. 电荷守恒定律

在一个与外界没有电荷交换的系统内,无论进行怎样的物理过程,电荷的代数和总是保持不变,这就是**电荷守恒定律**.

电荷守恒定律是自然界最基本的规律之一. 该定律表明,电荷可以从一个物体转移到另一个物体,或从物体的某一部分转移到另一部分,在转移过程中,电荷的总量保持不变. 电荷守恒定

律已被无数实验所证实．

4. 库仑定律

任何带电体都有一定的形状、大小，其上的电荷也不会集中在一个点上．但是，当带电体本身的形状和大小在研究的问题中可以忽略时，我们就可以近似地把带电体看成是一个带电荷的点，即**点电荷**．点电荷是一个理想化的物理模型．

1785 年，法国科学家库仑（C. Coulomb）通过扭秤实验测定了两个带电球体之间相互作用的力，并在实验的基础上，提出了关于两个点电荷之间相互作用的库仑定律．库仑定律是电磁学史上的一个重要里程碑，它使电磁学的研究从定性进入了定量研究阶段．

库仑定律指出，**在真空中，两个静止点电荷之间的相互作用力，其大小与两个点电荷所带电荷量的乘积成正比，与它们距离的平方成反比，作用力的方向沿两点电荷的连线，同种电荷相互排斥，异种电荷相互吸引**．

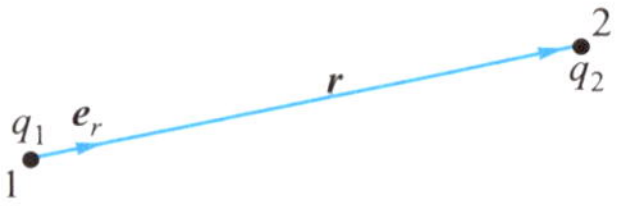

图 5-2 库仑定律

如图 5-2 所示，设两个点电荷的电荷量分别为 q_1 和 q_2，由 q_1 指向 q_2 的矢量用 $\boldsymbol{r}$ 表示，则电荷 q_2 受到电荷 q_1 的作用力 $\boldsymbol{F}$ 可用下式表示：

$$\boldsymbol{F}=\frac{1}{4\pi\varepsilon_0}\frac{q_1q_2}{r^2}\boldsymbol{e}_r \tag{5-1}$$

式（5-1）就是库仑定律的数学表达式．式中 $\boldsymbol{e}_r$ 为从电荷 q_1 指向电荷 q_2 的单位矢量，ε_0 称为真空的电容率，在国际单位制中，其大小为

$$\varepsilon_0=8.854\times10^{-12}\ \mathrm{C^2\cdot N^{-1}\cdot m^{-2}}$$

而

$$\frac{1}{4\pi\varepsilon_0}=9.00\times10^9\ \mathrm{N\cdot m^2\cdot C^{-2}}$$

静止电荷间的这种电相互作用力又称为**静电力**或**库仑力**，库仑力同样符合牛顿第三定律和力的叠加原理．

库仑（1736—1806）

文档：库仑定律的建立

文档：库仑

微课：静电场 电场强度

5-1-2 电场 电场强度

1. 电场

电荷与电荷之间存在库仑力的作用，这种相互作用力是如何传递的呢？围绕这一问题，历史上曾经有过长期的争论．19 世纪 30 年代，法拉第（M. Faraday）提出一种观点，认为电荷能产生电场，电荷间的相互作用是通过电场来实现的．例如，电荷 A 对电荷 B 的库仑力，就是电荷 A 在电荷 B 处产生的电场施予的；而电

荷 B 对电荷 A 的库仑力，就是电荷 B 在电荷 A 处产生的电场施予的，如图 5-3所示．

图 5-3 电荷之间通过电场相互作用

近代物理学的理论和实验完全证实了场的观点，即任何电荷或带电体在其周围都将激发起电场，并对处于电场中的其他电荷或带电体有电场力的作用．

2. 电场强度

电场的一个重要性质，是对放入电场中的电荷有电场力的作用．为了定量研究电场，我们可以把一个试探电荷 q_0放到电场中的不同位置，观察电场对试探电荷作用力的情况．试探电荷必须满足以下要求：试探电荷必须是点电荷，以便定点研究各点电场的性质；试探电荷的电荷量必须足够小，以至于把它放入电场中时，不致影响原先的电场分布．

实验发现，把试探电荷 q_0放入电场中某一点时，试探电荷所受电场力 $\boldsymbol{F}$ 的大小和方向与试探电荷的电荷量 q_0的大小和正负有关，但 $\boldsymbol{F}$ 与 q_0的比值却是一个与试探电荷无关的确定的矢量，这个矢量反映了该点电场本身的性质．于是，我们把试探电荷在电场中某点所受的电场力 $\boldsymbol{F}$ 与试探电荷的电荷量 q_0的比值，作为描述静电场中给定点的客观性质的一个物理量，定义为该点的电场强度，用符号 $\boldsymbol{E}$ 表示：

$$\boldsymbol{E}=\frac{\boldsymbol{F}}{q_0} \tag{5-2}$$

式(5-2)表明，电场中某点的电场强度的大小等于单位电荷在该点所受的力的大小，其方向为正电荷在该点的受力方向．在电场中给定的任一点 $\boldsymbol{r}(x、y、z)$ 处，就有一确定的电场强度 $\boldsymbol{E}$，在电场中不同点处的 $\boldsymbol{E}$ 一般不相同，因此，$\boldsymbol{E}$ 应是空间坐标$(x、y、z)$的函数，可记作 $\boldsymbol{E}(x、y、z)$，所有这些电场强度 $\boldsymbol{E}(x、y、z)$ 的总体形成一矢量场．如果电场空间中各点的电场强度大小处处相等、方向处处相同，这样的电场称为匀强电场．

视频：静电除尘

在国际单位制中，电场强度的单位为 $\mathrm{N\cdot C^{-1}}$．以后可以看到，电场强度的单位也可用 $\mathrm{V\cdot m^{-1}}$表示，并且$1\ \mathrm{V\cdot m^{-1}}=1\ \mathrm{N\cdot C^{-1}}$.

另一方面，如果已知电场中某点的电场强度 $\boldsymbol{E}$，就不难求得任一点电荷 q 在电场中的受力：

$$\boldsymbol{F}=q\boldsymbol{E} \tag{5-3}$$

3. 点电荷的电场

点电荷是最简单的带电体，了解点电荷的电场具有重要意义．如图 5-4 所示，设真空中点 O 处有一个电荷量为 q 的点电荷，现在我们根据库仑定律和电场强度的定义式，求离点电荷 q

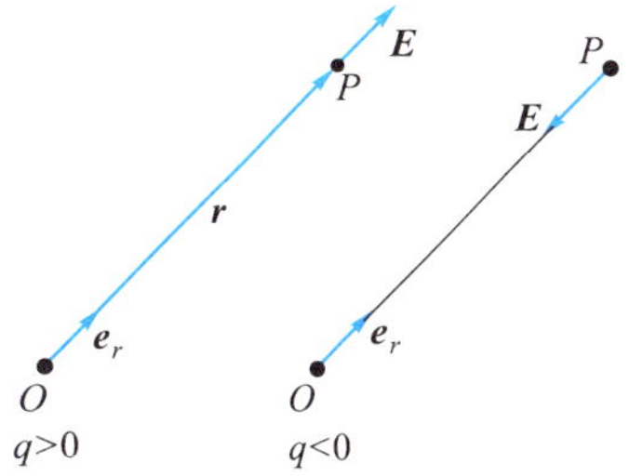

图 5-4 点电荷的电场强度

为 r 的 P 点的电场强度.

将一个正试验电荷 q_0 放在 P 点,由库仑定律知,试验电荷 q_0 受到的电场力为

$$\boldsymbol{F}=\frac{1}{4\pi\varepsilon_0}\frac{qq_0}{r^2}\boldsymbol{e}_r$$

视频:点电荷电场

根据电场强度的定义,P 点的电场强度为

$$\boldsymbol{E}=\frac{\boldsymbol{F}}{q_0}=\frac{1}{4\pi\varepsilon_0}\frac{q}{r^2}\boldsymbol{e}_r \tag{5-4}$$

式(5-4)中的 $\boldsymbol{e}_r$ 为从 O 点指向 P 点的单位矢量.

上述结果表明,真空中点电荷的电场为具有对称性的非均匀场,若以点电荷 q 为中心作一半径为 r 的球面,则球面上各点的电场强度大小处处相等. 当 q 为正电荷时,电场强度 $\boldsymbol{E}$ 的方向沿半径向外;当 q 为负电荷时,电场强度 $\boldsymbol{E}$ 的方向沿半径指向点电荷,参见图 5-4.

5-1-3 电场强度叠加原理

微课:电场强度叠加原理

对于由 n 个点电荷 $q_1,q_2,\cdots,q_n$ 组成的点电荷系所产生的电场,要计算空间某点的电场强度,同样可以在该点放置一试验电荷 q_0,先根据力的叠加原理,计算试验电荷 q_0 受到的合电场力 $\boldsymbol{F}$:

$$\boldsymbol{F}=\sum_i \boldsymbol{F}_i=\sum_i \frac{1}{4\pi\varepsilon_0}\frac{q_iq_0}{r_i^2}\boldsymbol{e}_i$$

再由电场强度的定义,得出点电荷系电场中某点的电场强度 $\boldsymbol{E}$ 为

$$\boldsymbol{E}=\frac{\boldsymbol{F}}{q_0}=\sum_i \frac{1}{4\pi\varepsilon_0}\frac{q_i}{r_i^2}\boldsymbol{e}_i \tag{5-5}$$

式(5-5)中 r_i 为第 i 个点电荷 q_i 到场点的距离,$\boldsymbol{e}_i$ 为从 q_i 指向场点的单位矢量. 由于点电荷 q_i 单独存在时在场点处产生的电场强度为

$$\boldsymbol{E}_i=\frac{1}{4\pi\varepsilon_0}\frac{q_i}{r_i^2}\boldsymbol{e}_i$$

故式(5-5)又可写成

$$\boldsymbol{E}=\sum_i \boldsymbol{E}_i=\boldsymbol{E}_1+\boldsymbol{E}_2+\cdots+\boldsymbol{E}_n \tag{5-6}$$

式(5-5)和式(5-6)表明,**点电荷系所激发的电场中某点的电场强度,等于各点电荷单独存在时在该点所产生的电场强度的**

矢量和，这就是电场强度叠加原理．

5-1-4 电场强度的计算

利用电场强度叠加原理，既可以计算点电荷系电场的电场强度，也可以计算电荷连续分布的带电体的电场强度．

任何带电体都可以看成许多个极小电荷元 dq 的集合，而每个电荷元 dq 都可以看成点电荷．如图 5-5 所示，在带电体上取一电荷元 dq，该电荷元 dq 在场点 P 的电场强度 $d\boldsymbol{E}$ 为

$$d\boldsymbol{E}=\frac{1}{4\pi\varepsilon_0}\frac{dq}{r^2}\boldsymbol{e}_r$$

式中 $\boldsymbol{e}_r$ 为从电荷元 dq 指向场点 P 的单位矢量．

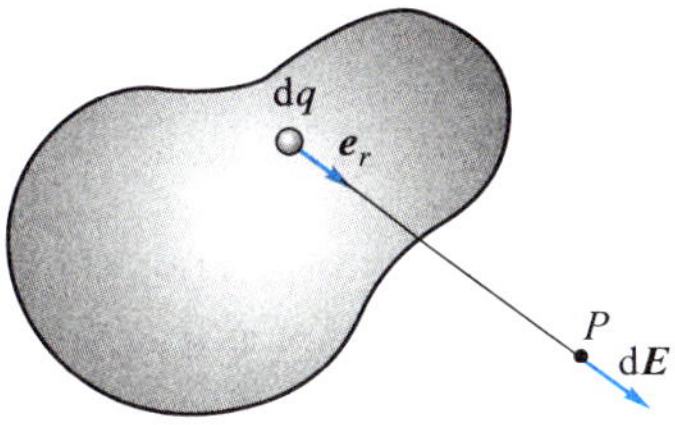

图 5-5 带电体的电场强度

根据电场强度叠加原理，整个带电体在场点 P 的电场强度为 $d\boldsymbol{E}$ 的矢量积分，即

$$\boldsymbol{E}=\int d\boldsymbol{E}=\int\frac{1}{4\pi\varepsilon_0}\frac{dq}{r^2}\boldsymbol{e}_r \tag{5-7}$$

对于电荷连续分布的带电体，若电荷体密度为 ρ，dq 的体积元为 dV，则电荷元 $dq=\rho dV$，式（5-7）中的积分为对整个带电体的积分．

对于电荷连续分布的带电面，若电荷面密度为 σ，dq 的面积元为 dS，则电荷元 $dq=\sigma dS$，式（5-7）中的积分为对整个带电面的积分．

对于电荷连续分布的带电线，若电荷线密度为 λ，dq 的线元长度为 dl，则电荷元 $dq=\lambda dl$，式（5-7）中的积分为对整个带电线的积分．

下面我们通过几个典型例题，介绍电场强度的计算方法．

微课：电场的叠加原理——例题

例 5-1

在直角三角形 AOB 中，$|AO|=3.0$ cm，$|BO|=4.0$ cm，点电荷 $q_1=1.5\times10^{-9}$ C，$q_2=-2.5\times10^{-9}$ C，分别放置在 A、B 两点上，如图 5-6 所示，求 O 点的电场强度．

解：q_1、q_2 周围空间各点的电场由两个点电荷共同产生，根据叠加原理，O 点的电场强度等于 q_1 和 q_2 单独存在时在该点产生的场强的矢量和．

以 O 点为原点，建立坐标系，如图 5-6 所示．

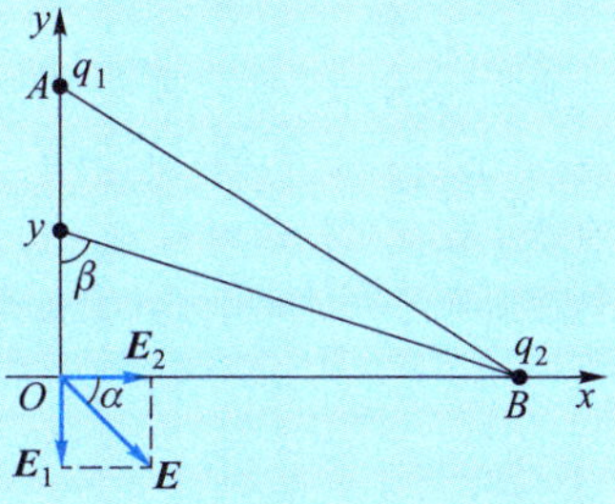

图 5-6

q_1 单独存在时，在 O 点的场强 E_1 的大小为

$$E_1=\frac{q_1}{4\pi\varepsilon_0\,|AO|^2}=1.5\times10^4\ \mathrm{V\cdot m^{-1}}$$

E_1 的方向沿 y 轴负方向．

q_2 单独存在时，在 O 点的场强 E_2 的大小为

$$E_2=\frac{q_2}{4\pi\varepsilon_0\,|BO|^2}=1.4\times10^4\ \mathrm{V\cdot m^{-1}}$$

E_2 的方向沿 x 轴正方向．

O 点的合场强为 $\boldsymbol{E}=\boldsymbol{E}_1+\boldsymbol{E}_2$，代入前面的计算结果得

$$E=\sqrt{E_1^2+E_2^2}=2.1\times10^4\ \mathrm{V\cdot m^{-1}}$$

E 对 x 轴的夹角 α 的大小为

$$\alpha=\arctan\frac{E_1}{E_2}=47^\circ$$

注意：电场强度的叠加是矢量叠加，计算时要给出矢量的大小和方向．

思考：若已知 Ay、By、β、q_1、q_2，则 y 点的电场强度怎样计算？

例 5-2

计算“无限长”均匀带电直线的电场．

设真空中有一“无限长”均匀带电直线，电荷线密度为 λ（设 $\lambda>0$），如图 5-7 所示，求离直线垂直距离为 r 的任一点 P 的电场强度．

解：取 P 点到直线的垂足 O 为原点，建立坐标轴，如图5-7所示．在 x 轴上离原点 O 为 x 处取一长为 $\mathrm{d}x$ 的电荷元 $\mathrm{d}q=\lambda\mathrm{d}x$，$\mathrm{d}q$ 在 P 点处产生的电场强度 $\mathrm{d}\boldsymbol{E}$ 的大小为

$$\mathrm{d}E=\frac{1}{4\pi\varepsilon_0}\frac{\mathrm{d}q}{x^2+r^2}=\frac{1}{4\pi\varepsilon_0}\frac{\lambda\mathrm{d}x}{x^2+r^2}$$

$\mathrm{d}\boldsymbol{E}$ 的方向与水平线成 θ 角．

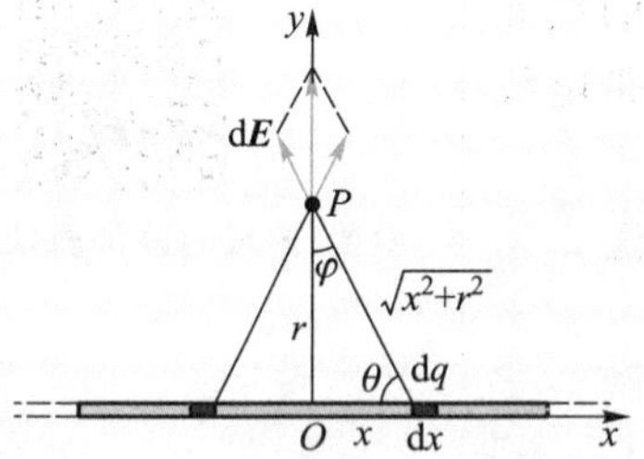

图 5-7 “无限长”均匀带电直线的电场

根据“无限长”均匀带电直线上电荷分布的对称性，我们以 y 轴为对称轴，在 O 点左侧离 O 为 $-x$ 的直线上找一对称的电荷元．由图中不难看出，O 点两侧对称的一对电荷元在 P 点产生的电场强度的 x 分量相互抵消，y 分量方向一致，电场强度叠加后指向 y 轴正方向．由于“无限长”均匀带电直线可分成无数对对称的电荷元，因此，P 点处电场强度 $\boldsymbol{E}$ 的方向为 y 轴正方向，$\boldsymbol{E}$ 的大小为

$$E=\int_l \mathrm{d}E_y=\int_l \mathrm{d}E\sin\theta$$

$$=2\int_0^\infty \frac{1}{4\pi\varepsilon_0}\frac{\lambda r}{(x^2+r^2)^{3/2}}\mathrm{d}x$$

为方便起见，取图 5-7 中的角度 φ 为积分变量，则有

$$x=r\tan\varphi,\quad \mathrm{d}x=\frac{r}{\cos^2\varphi}\mathrm{d}\varphi,\quad (x^2+r^2)^{3/2}=\frac{r^3}{\cos^3\varphi}$$

代入上式，得

$$E=\frac{\lambda}{2\pi\varepsilon_0 r}\int_0^{\frac{\pi}{2}}\cos\varphi\mathrm{d}\varphi=\frac{\lambda}{2\pi\varepsilon_0 r}\qquad(5\text{-}8)$$

由此可见，“无限长”均匀带电直线外任一点电场强度的大小，与该点到带电直线的垂直距离 r 成反比，与电荷线密度 λ 成正比．$\boldsymbol{E}$ 的方向垂直于均匀带电直线．若 λ 为正，$\boldsymbol{E}$ 垂直直线径向向外；若 λ 为负，$\boldsymbol{E}$ 垂直直线径向向内．

例 5-3

计算均匀带电圆环的电场．

设真空中有一半径为 R 的均匀带电圆环，圆环上总电荷量为 q（设 $q>0$），如图 5-8(a)所示．求圆环轴线上离环心为 x 的 P 点的电场强度．

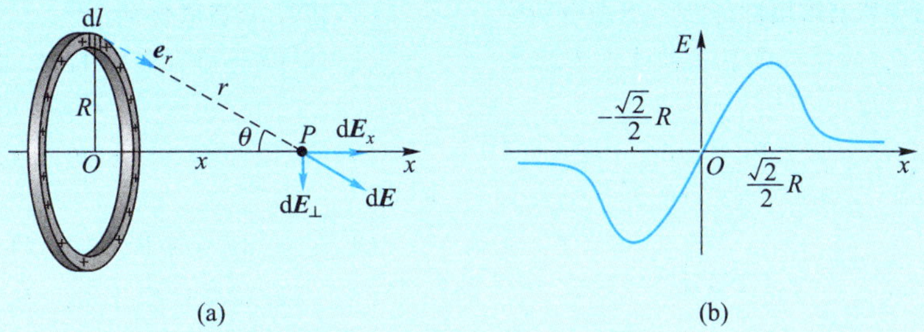

图 5-8 均匀带电圆环的电场

解：由于圆环均匀带电，故电荷线密度为 $\lambda=\frac{q}{2\pi R}$. 在圆环上任取一线元 dl，其上的电荷量为 $dq=\lambda dl$，dq 到 P 点的距离为 r，它在 P 点激发的电场强度 $d\boldsymbol{E}$ 的大小为

$$dE=\frac{1}{4\pi\varepsilon_0}\frac{dq}{r^2}=\frac{1}{4\pi\varepsilon_0}\frac{\lambda dl}{r^2}$$

$d\boldsymbol{E}$ 的方向与 x 轴的夹角为 θ，如图 5-8(a)所示．

由于圆环上电荷分布的对称性，圆环上各电荷元在 P 点激发的电场强度 $d\boldsymbol{E}$ 的分布也具有对称性，且它们在垂直于 x 轴方向上的分量 $d\boldsymbol{E}_\perp$ 相互抵消，即 $\int_l d\boldsymbol{E}_\perp=\boldsymbol{0}$；而各电荷元在 P 点电场强度沿 x 轴的分量 $d\boldsymbol{E}_x$ 方向一致，且 $dE_x=dE\cos\theta$，故 P 点的电场强度为

$$E=\int_l dE_x=\int_l dE\cos\theta$$
$$=\frac{1}{4\pi\varepsilon_0}\frac{\lambda x}{r^3}\int_0^{2\pi R}dl$$
$$=\frac{1}{4\pi\varepsilon_0}\frac{\lambda x}{(x^2+R^2)^{3/2}}2\pi R$$

即

$$E=\frac{1}{4\pi\varepsilon_0}\frac{qx}{(x^2+R^2)^{3/2}} \tag{5-9}$$

由式(5-9)知，当 $x=0$ 时，$E=0$，即环心处的电场强度为零；当 $x\gg R$ 时，有

$$E=\frac{1}{4\pi\varepsilon_0}\frac{q}{x^2}$$

即在远离圆环的地方，可把圆环看成点电荷．

均匀带电圆环轴线上电场强度 E 随坐标 x 的分布曲线如图 5-8(b)所示．

例 5-4

计算均匀带电圆盘的电场．

设一半径为 R 的圆盘均匀带电，电荷面密度为 σ，如图 5-9 所示．求圆盘轴线上离环心为 x 的 P 点的电场强度．

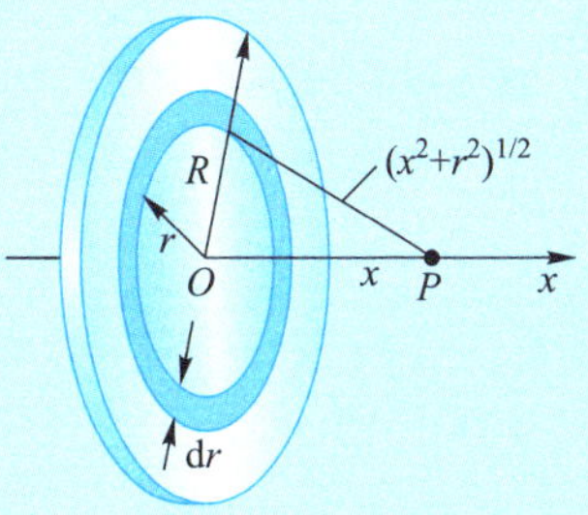

图 5-9 均匀带电圆盘的电场

解：本题可将带电圆盘看成无数个带电圆环的组合，利用例 5-3 中均匀带电圆环轴线上电场强度的结论和电场强度叠加原理求解．

在圆盘上取一半径为 r、宽度为 dr 的圆环，该圆

环所带电荷量为

$$dq=\sigma dS=\sigma\cdot 2\pi r dr$$

由式(5-9)知,dq 在 P 点产生的电场强度的大小为

$$dE=\frac{1}{4\pi\varepsilon_0}\frac{x dq}{(x^2+r^2)^{3/2}}=\frac{\sigma}{2\varepsilon_0}\frac{x r dr}{(x^2+r^2)^{3/2}}$$

由于均匀带电圆盘上所有带电圆环在 P 点的电场强度都沿 x 轴同一方向,故整个圆盘在轴线上 P 点的电场强度为

$$E=\int dE=\frac{\sigma}{2\varepsilon_0}\int_0^R\frac{x r dr}{(x^2+r^2)^{3/2}}=\frac{\sigma}{2\varepsilon_0}\left(1-\frac{x}{\sqrt{x^2+R^2}}\right)\tag{5-10}$$

当 $x\ll R$ 时,可将均匀带电圆盘看成"无限大"均匀带电平面,此时式(5-10)可写成

$$E=\frac{\sigma}{2\varepsilon_0}\tag{5-11}$$

上式表明,"无限大"均匀带电平面外一点的电场,与该点到平面的距离无关,即平面两侧的电场可看成匀强电场.

综合以上几个例题可以看到,运用电场强度叠加原理求解带电体的电场强度的一般步骤如下:

(1) 建立合适的坐标;

(2) 根据电荷分布的特征,选取适当的电荷元 dq;

(3) 求出电荷元 dq 在场点产生的电场强度 $d\boldsymbol{E}$;

(4) 求出 $d\boldsymbol{E}$ 在坐标轴方向的分量 $d\boldsymbol{E}_x$ 和 $d\boldsymbol{E}_y$;

(5) 通过对分量积分求出 $\boldsymbol{E}_x$、$\boldsymbol{E}_y$,最后求出合场强 $\boldsymbol{E}$.

对于较为复杂的带电体,可以把它看成是简单带电体的组合,运用简单带电体电场强度的计算公式,通过积分算出结果.

5-1-5 电场线

微课:电场线　电场强度通量

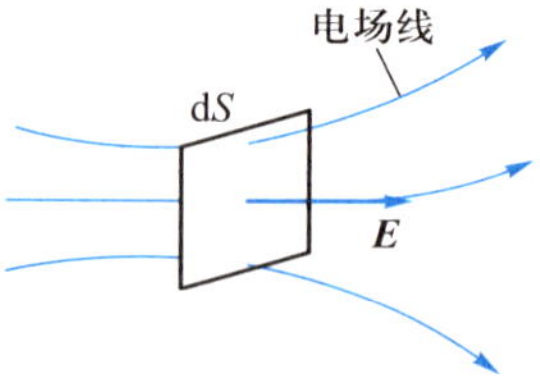

图 5-10　电场线密度与电场强度

为了形象地描述电场的空间分布情况,英国伟大的物理学家和化学家法拉第首先引入了电场线的概念,在电场中画一系列有方向的线来形象、直观地描绘电场.为了使电场线能够表示出电场强度的大小和方向,我们对电场线作如下规定:

(1) 电场线上每一点的切线方向,表示该点电场强度的方向;

(2) 电场线的疏密表示电场强度的大小,电场线密集的地方,电场强度较大;电场线稀疏的地方,电场强度较小.

如图 5-10 所示,在电场中任取一个垂直于该点场强的面积元 dS.设通过 dS 的电场线数为 dN,则根据电场线的规定有如下关系:

$$\frac{dN}{dS}=E\tag{5-12}$$

图 5-11 为几种典型电场的电场线分布图,从图中可以看到,电场线具有以下特点:

(1) 电场线总是起于正电荷,终止于负电荷;电场线不会在没有电荷的地方中断,也不会形成闭合曲线.

(2) 任何两条电场线都不相交.

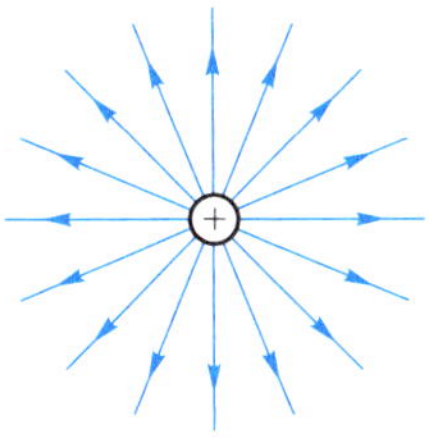

(a) 正电荷

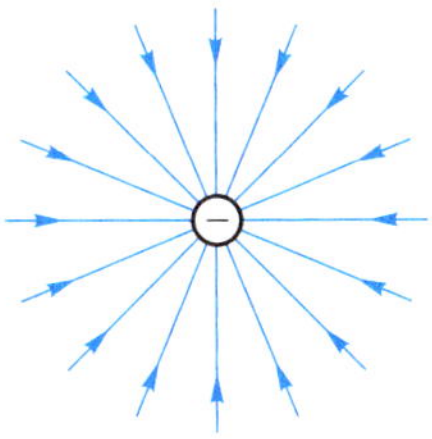

(b) 负电荷

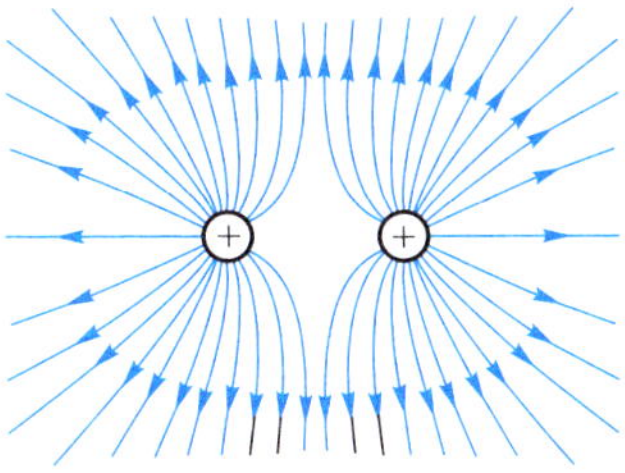

(c) 两个等量正电荷

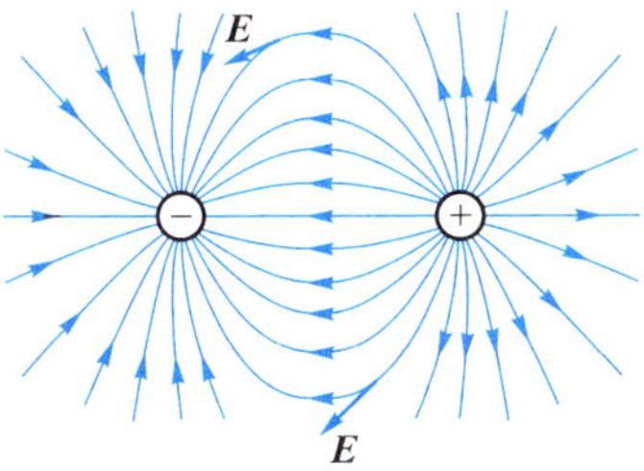

(d) 两个等量异号电荷

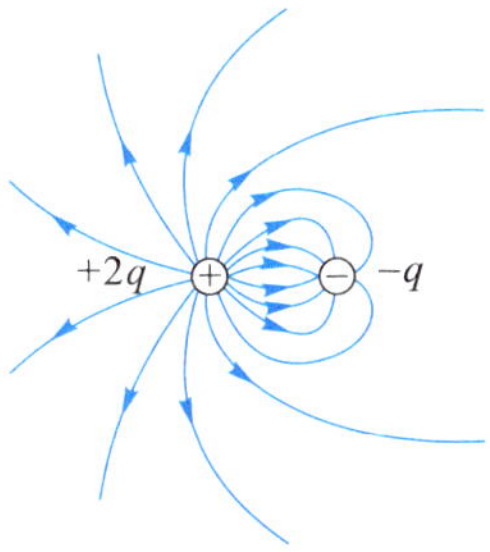

(e) 两个不等量异号电荷

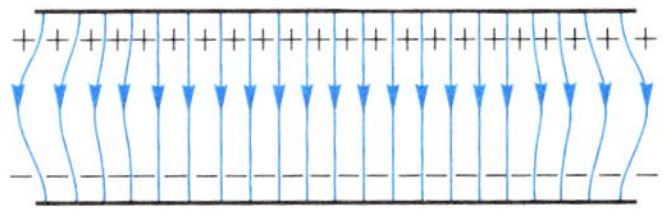

(f) 带等量异号电荷的两平行板

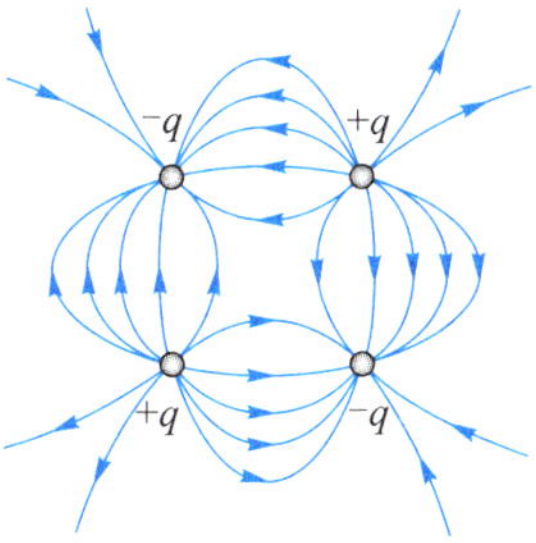

(g) 位于正方形四角上的四个点电荷

图 5-11 几种典型电场的电场线分布图

5-2 高斯定理与环路定理

5-2-1 电场强度通量

我们把垂直通过电场中某一个面的电场线数叫做通过这个面的**电场强度通量**，用符号 Φ_e 表示．下面我们从匀强电场出发，导出电场强度通量的表达式．

文档：静电学的数学研究

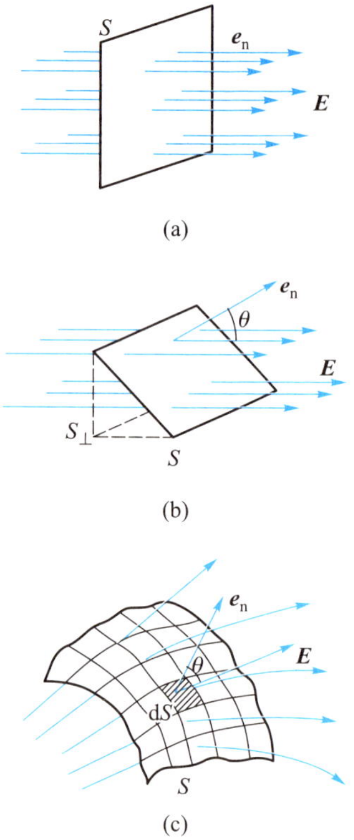

图 5-12 电场强度通量的计算

如图 5-12(a)所示，在匀强电场 $\boldsymbol{E}$ 中取一垂直电场线的平面 S，面 S 的法线方向 $\boldsymbol{e}_n$ 与电场强度 $\boldsymbol{E}$ 的方向一致．由电场强度通量的概念不难看出，通过面 S 的电场线数(即电场强度通量)，与该面面积 S 的大小和通过面 S 的电场线密度(电场强度 $\boldsymbol{E}$ 的大小)成正比关系，于是我们定义通过面 S 的电场强度通量为

$$\Phi_e = ES \tag{5-13}$$

如果平面 S 与匀强电场 $\boldsymbol{E}$ 的电场线不垂直，如图 5-12(b)所示，设面 S 的法线方向 $\boldsymbol{e}_n$ 与电场强度 $\boldsymbol{E}$ 的夹角为 θ，则通过该面 S 的电场强度通量等效于通过面 S 在垂直于电场线方向上的投影面积 $S_\perp = S\cos\theta$ 的电场强度通量，即通过面 S 的电场强度通量为

$$\Phi_e = ES\cos\theta$$

为了把面 S 在电场中的大小和方位同时表示出来，我们引入面积矢量 $\boldsymbol{S}$，规定其大小为 S，方向为面 $\boldsymbol{S}$ 的法线方向，即 $\boldsymbol{e}_n$ 的方向．于是匀强电场 $\boldsymbol{E}$ 中通过面积 S 的电场强度通量又可表示为

$$\Phi_e = \boldsymbol{E} \cdot \boldsymbol{S} \tag{5-14}$$

如果电场是非匀强电场，并且面 S 是任意曲面如图 5-12(c)所示，则可以把曲面分成无数微小的面积元 $\mathrm{d}S$，设面积元 $\mathrm{d}S$ 处的电场强度的大小为 E，则通过 $\mathrm{d}S$ 的电场强度通量 $\mathrm{d}\Phi_e$ 为

$$\mathrm{d}\Phi_e = E\mathrm{d}S\cos\theta = \boldsymbol{E} \cdot \mathrm{d}\boldsymbol{S}$$

通过整个曲面 S 的电场强度通量 Φ_e，等于通过面 S 上所有面积元的电场强度通量的积分，即

$$\Phi_e = \int_S \mathrm{d}\Phi_e = \int_S \boldsymbol{E} \cdot \mathrm{d}\boldsymbol{S} \tag{5-15}$$

如果曲面是闭合曲面，式(5-15)中的曲面积分应换成闭合曲面积分，闭合曲面积分用“$\oint_S$”表示，故通过闭合曲面 S 的电场强度通量可表示为

$$\Phi_e = \oint_S \mathrm{d}\Phi_e = \oint_S \boldsymbol{E} \cdot \mathrm{d}\boldsymbol{S} \tag{5-16}$$

一般来说，通过闭合曲面的电场线，有些是“穿进”的，有些是“穿出”的．这也就是说，通过曲面上各个面积元的电场强度通量 $\mathrm{d}\Phi_e$ 有正、有负．为此规定：曲面上某点的法线矢量的方向是垂直指向曲面外侧的①．依照这个规定，如图 5-13 所示，在曲面的 A 处，电场线从外穿进曲面里，$\theta>90°$，所以 $\mathrm{d}\Phi_e$ 为负；在 B 处，电场线从曲面里向外穿出，$\theta<90°$，所以 $\mathrm{d}\Phi_e$ 为正；而在 C 处，

① 我们知道，闭合曲面把空间分成两部分，即闭合曲面内和闭合曲面外．因此，闭合曲面上任意面积元 $\mathrm{d}S$ 的法线矢量都有外法线矢量和内法线矢量之分．在研究诸如电场强度通量、高斯定理这类问题时，我们规定闭合曲面上面积元 $\mathrm{d}S$ 的外法线矢量为正法线矢量．

电场线与曲面相切，$\theta=90°$，所以 $\mathrm{d}\Phi_e$ 为零．

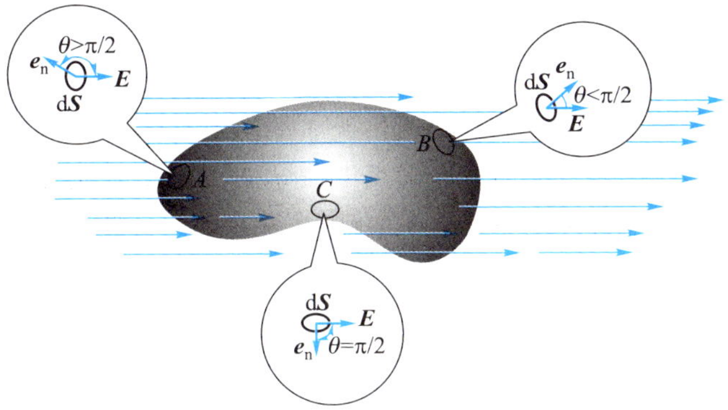

图 5-13　通过闭合曲面上不同地方面积元的电场强度通量正负的判别

5-2-2 高斯定理

微课：高斯定理

1. 高斯定理

高斯定理是描述电场性质的一个重要定理，由德国科学家高斯(C. F. Gauss)通过缜密运算论证得出．该定理给出了通过电场空间某一闭合曲面的电场强度通量与激发电场的场源电荷之间的关系．下面我们通过计算点电荷电场中穿过闭合曲面的电场强度通量导出高斯定理．

设真空中有一正点电荷 q，位于一个半径为 r 的闭合球面 S 的中心，如图 5-14 所示．根据点电荷电场的特点，球面上各点电场强度 $\boldsymbol{E}$ 的大小处处相等，即

$$E=\frac{1}{4\pi\varepsilon_0}\frac{q}{r^2}$$

$\boldsymbol{E}$ 的方向沿半径垂直球面向外，球面上任一面积元 $\mathrm{d}\boldsymbol{S}$ 的方向与该处电场强度 $\boldsymbol{E}$ 的方向相同．因此，通过球面上任一面积元 $\mathrm{d}\boldsymbol{S}$ 的电场强度通量为

$$\mathrm{d}\Phi_e=\boldsymbol{E}\cdot\mathrm{d}\boldsymbol{S}=E\mathrm{d}S$$

通过整个闭合球面 S 的电场强度通量为

$$\Phi_e=\oint_S\mathrm{d}\Phi_e=\oint_S\boldsymbol{E}\cdot\mathrm{d}\boldsymbol{S}=E\oint_S\mathrm{d}S=\frac{1}{4\pi\varepsilon_0}\frac{q}{r^2}\cdot4\pi r^2$$

即

$$\Phi_e=\oint_S\boldsymbol{E}\cdot\mathrm{d}\boldsymbol{S}=\frac{q}{\varepsilon_0}$$

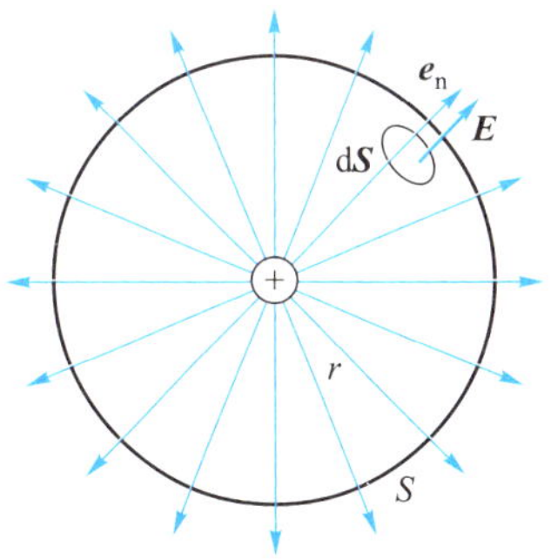

图 5-14　通过以点电荷为中心的闭合球面的电场强度通量

上式表明，通过闭合球面 S 的电场强度通量，等于球面所包围的电荷 q 除以真空电容率 ε_0，而与球面的半径无关．从电场强度通量的概念上，可以理解为通过半径不同的同心球面的电场线的总数量相等．

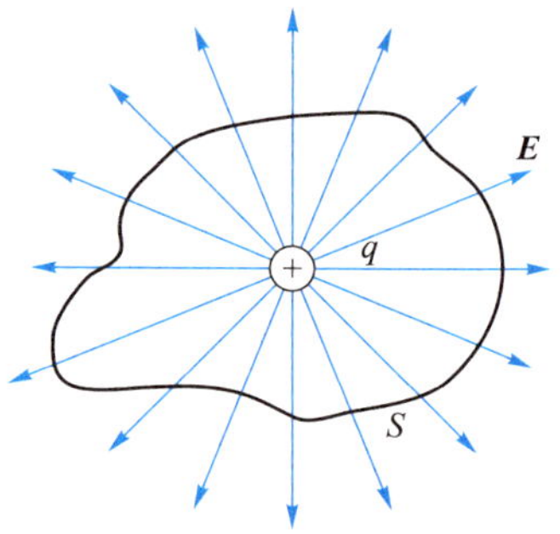

图 5-15 通过包围点电荷的任意闭合曲面的电场强度通量

上述结论可以推广到一般情况．如图 5-15 所示，如果作一个任意形状的闭合曲面 S 包围点电荷 q，那么从点电荷 q 发出的电场线必然全部穿过该闭合曲面，因而穿过该闭合曲面的电场强度通量也是 $\dfrac{q}{\varepsilon_0}$. 因此，通过该任意形状的闭合曲面 S 的电场强度通量为

$$\Phi_e=\oint_S \boldsymbol{E}\cdot \mathrm{d}\boldsymbol{S}=\frac{q}{\varepsilon_0} \qquad (5-17)$$

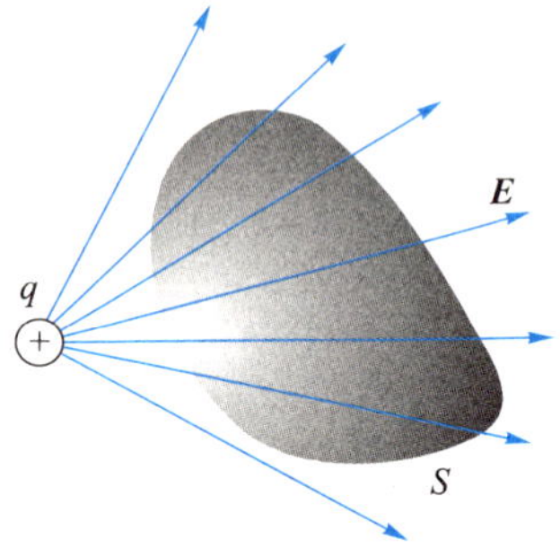

图 5-16 通过不包围点电荷的任意闭合曲面的电场强度通量

对于不包围点电荷 q 的任意闭合曲面，如图 5-16 所示，由电场线的连续性可知，由点电荷 q 发出的所有穿进闭合曲面 S 的电场线，必然全部穿出该闭合曲面．因此，通过该闭合曲面的电场强度通量为零．

当闭合曲面 S 内、外存在多个点电荷 $q_1,q_2,\cdots,q_n$ 时，根据电场强度叠加原理，闭合曲面上任一点的电场强度 $\boldsymbol{E}$ 为各点电荷单独存在时在该点电场强度 $\boldsymbol{E}_1,\boldsymbol{E}_2,\cdots\boldsymbol{E}_n$ 的矢量和，因此，通过闭合曲面 S 的电场强度通量，为每个电荷单独存在时通过面 S 的电场强度通量之和，即

$$\begin{aligned}\Phi_e&=\oint_S \boldsymbol{E}\cdot \mathrm{d}\boldsymbol{S}=\oint_S \boldsymbol{E}_1\cdot \mathrm{d}\boldsymbol{S}+\oint_S \boldsymbol{E}_2\cdot \mathrm{d}\boldsymbol{S}+\cdots+\oint_S \boldsymbol{E}_n\cdot \mathrm{d}\boldsymbol{S}\\&=\Phi_{e1}+\Phi_{e2}+\cdots+\Phi_{en}\end{aligned}$$

由于 S 面外的电荷对 S 面的电场强度通量为零，上式可写成

$$\Phi_e=\oint_S \boldsymbol{E}\cdot \mathrm{d}\boldsymbol{S}=\frac{1}{\varepsilon_0}\sum_i q_i^{\text{in}} \qquad (5-18)$$

式中 $\sum_i q_i^{\text{in}}$ 为 S 面内包围的电荷的代数和．

上式表明，**在真空的静电场中，穿过任意闭合曲面的电场强度通量，等于该闭合曲面所包围的所有电荷的代数和除以真空电容率 ε_0**，这就是**真空中静电场的高斯定理**．

在应用高斯定理时，我们常把所选取的闭合曲面称为**高斯面**.

不难证明，如果库仑力不是精确地与电荷间的距离平方成反比关系，那么当点电荷置于球中心时，通过该球面的 $\boldsymbol{E}$ 通量就不可能与球面的半径无关，高斯定理也就不可能成立．

(1) 高斯定理表明静电场是有源场：电荷是静电场的源．当闭合曲面内的电荷为正时，$\Phi_e>0$，表示有电场线从 q 发出并穿出闭合曲面，所以，正电荷 q 称为静电场的源头；当闭合曲面内的电

荷 q 为负时,$\Phi_e<0$,表示有电场线穿进闭合曲面而终止于 q,所以,负电荷称为静电场的尾闾．因此高斯定理说明了电场线起始于正电荷,终止于负电荷,因而静电场是有源场．高斯定理给出了场与场源的一种联系,这种联系是场强对封闭曲面的通量与场源间的联系,并非场强本身与源的联系．

(2) 高斯定理中的 $\boldsymbol{E}$ 问题:高斯定理中的 $\boldsymbol{E}$ 是空间所有电荷所产生的,而不管这电荷是在曲面内部或在曲面外部．同一高斯面上各点的 $\boldsymbol{E}$ 可能相同,也可能不同,因为高斯面是任意选取的.

2. 高斯定理的应用

当带电体的电荷分布具有某种很强的对称性(如轴对称性、球对称性、平面对称性)时,它产生的电场也具有很强的对称性．这时我们可以根据对称性分析,选取适当的高斯面,使高斯定理中的积分变得简单易算,从而求出空间的电场强度．下面通过几个例题,说明如何用高斯定理来求电场强度．

高斯(1777—1855)

文档:高斯

微课:高斯定理的应用

例 5-5

计算“无限长”均匀带电直线的电场．

设真空中有一“无限长”均匀带电直线,电荷线密度为 λ(设 $\lambda>0$),求离直线垂直距离为 r 的任一点 P 处的电场强度．

解:“无限长”均匀带电直线所产生的电场具有轴对称性,即距直线为 r 的同一圆柱面上各点的电场强度大小处处相等,方向沿半径垂直圆柱面向外．为此,我们以带电直线为轴,作一个底面半径为 r、高为 h 的圆柱形闭合面为高斯面 S,如图 5-17 所示．

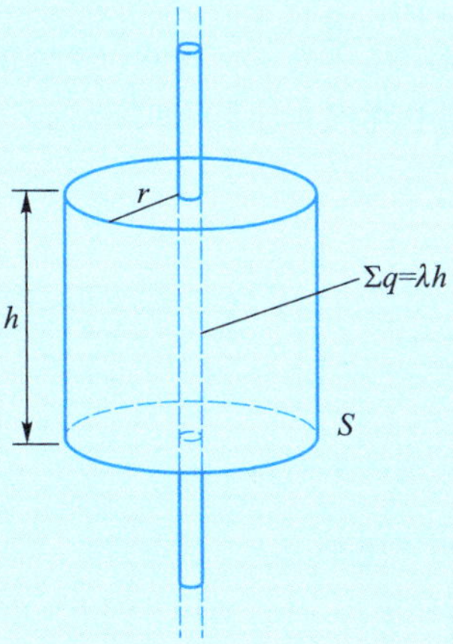

图 5-17 “无限长”均匀带电直线的电场

由于该圆柱上、下底面上的电场强度 $\boldsymbol{E}$ 与底面平行,即电场线不穿过这两个面,因此通过上、下底面的电场强度通量为零,而圆柱侧面上的电场强度通量为 $E\cdot 2\pi rh$,高斯面 S 内包围的电荷为 $\sum q=\lambda h$,由高斯定理有

$$\Phi_e=\oint_S \boldsymbol{E}\cdot \mathrm{d}\boldsymbol{S}=\frac{\sum q}{\varepsilon_0}$$

得

$$E\cdot 2\pi rh=\frac{\lambda h}{\varepsilon_0}$$

$$E=\frac{\lambda}{2\pi\varepsilon_0 r}$$

上述结论与例 5-2 中运用微元法求解的结果完全一致．

例 5-6

计算均匀带电球面的电场.

设有一半径为 R 的均匀带电球面,球面所带电荷量为 q(设 $q>0$),求球面内、外任一点的电场强度.

解:由于球面上均匀带电,该球面产生的电场具有球对称性,即距球心半径为 r 的同一球面上各点的电场强度大小处处相等,方向沿半径垂直球面向外. 为此,我们可以在球面内和球面外,分别作半径为 r 的同心闭合球面为高斯面,应用高斯定理求出球面内、外的电场强度,如图 5-18 所示.

通过半径为 r 的高斯面 S 的电场强度通量为

$$\Phi_e = \oint_S \boldsymbol{E}\cdot \mathrm{d}\boldsymbol{S} = E\oint_S \mathrm{d}S = E\cdot 4\pi r^2$$

当 $r>R$ 时,高斯面内包围的电荷为 q,根据高斯定理,有

$$E\cdot 4\pi r^2=\frac{q}{\varepsilon_0}$$

$$E=\frac{q}{4\pi\varepsilon_0 r^2}\quad (r>R)$$

上式表明,均匀带电球面外任一点的电场强度,等效于电荷集中在球心的点电荷产生的电场强度.

当 $r<R$ 时,高斯面内包围的电荷为零,根据高斯定理,有

$$E\cdot 4\pi r^2=0$$

$$E=0\quad (r<R)$$

上式表明,均匀带电球面内部的电场强度处处为零. 图 5-18(c)为均匀带电球面的电场强度 E 与场点坐标 r 的关系曲线.

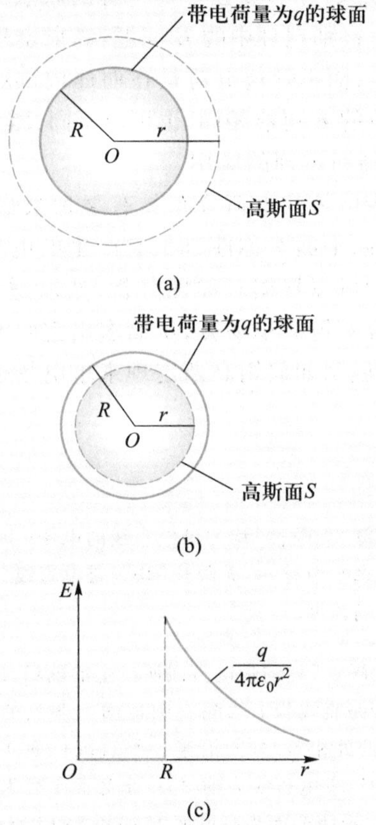

图 5-18 均匀带电球面的电场

思考:若为一半径为 R 的均匀带电球体,所带电荷量为 q,则其球内外的电场如何分布?

例 5-7

计算"无限大"均匀带电平面的电场.

设有一"无限大"均匀带电平面,电荷面密度为 σ(设 $\sigma>0$),求距离该平面为 r 的一点的电场强度.

解:由于"无限大"平面均匀带电,该平面产生的电场具有面对称性,即平面两侧与平面距离相等的各点电场强度大小处处相等,方向垂直于该平面向外. 为此,我们以带电平面为对称面,作一个垂直穿过带电平面的圆柱形高斯面,如图 5-19(a)所示. 该圆柱形高斯面的左右两个底面面积均为 S,与带电平面

平行，并且到带电平面的距离相等．

由于电场线与圆柱侧面平行，因此通过侧面的电场强度通量为零；而在圆柱的左右两个底面上，电场线垂直穿出底面，通过每个底面的电场强度通量均为 ES. 因此通过整个高斯面的电场强度通量为

$$\Phi_e = \oint_S \boldsymbol{E}\cdot \mathrm{d}\boldsymbol{S} = 2ES$$

圆柱形高斯面内包围的电荷为 σS，根据高斯定理，有

$$2ES=\frac{\sigma S}{\varepsilon_0}$$

$$E=\frac{\sigma}{2\varepsilon_0}$$

上式表明，"无限大"均匀带电平面所产生的电场与到平面的距离无关，即在平面的两侧为匀强电场，这与例 5-4 中用积分法推出的结果完全一致，但本题用高斯定理求解，计算过程要简便得多．

利用上述结果，可以计算两个"无限大"平行平面之间的电场强度．如图 5-19(b) 所示，设真空中两"无限大"均匀带电平面相互平行，电荷面密度分别为 $+\sigma$ 和 $-\sigma$. 它们所建立的电场分别为 $\boldsymbol{E}_A$ 和 $\boldsymbol{E}_B$，$\boldsymbol{E}_A$、$\boldsymbol{E}_B$ 的大小均为 $\dfrac{\sigma}{2\varepsilon_0}$，方向如图 5-19(b) 所示．根据电场强度叠加原理，两平板之外的电场强度为零，而两平板之间为匀强电场，电场强度的大小为

$$E=\frac{\sigma}{\varepsilon_0}$$

电场强度的方向由正带电平面指向负带电平面，如图 5-19(c) 所示．

综合以上各例题的分析可以看出，应用高斯定理，可以方便地求解一些具有对称分布的电场的电场强度.用高斯定理计算电场强度的一般步骤如下：

(1) 进行对称性分析，即由电荷分布的对称性，分析电场分布的对称性．

(2) 根据电场分布的对称性特点，过场点选取合适的高斯面，使高斯面上的电场强度或是对称的，或是均匀的，从而使穿过高斯面的电场强度通量易于计算．

(3) 计算穿过高斯面的电场强度通量和高斯面内包围电荷的代数和，应用高斯定理，求出电场强度的表达式．

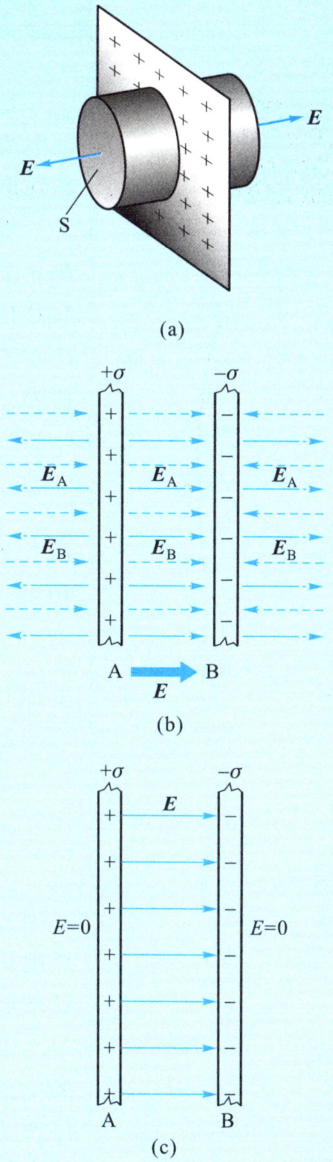

图 5-19 "无限大"均匀带电平面的电场

需要说明的是，在一般情况下并不能直接用高斯定理来求解电场强度，只能应用电场强度叠加原理或者应用电场强度与电势关系(见 5-3 节)来求解．只有当电荷分布具有某种对称性，从而使电场分布也具有某种对称性时，我们才可以直接用高斯定理通过电荷分布找到电场分布．

微课:电场力的功 静电场的环路定理

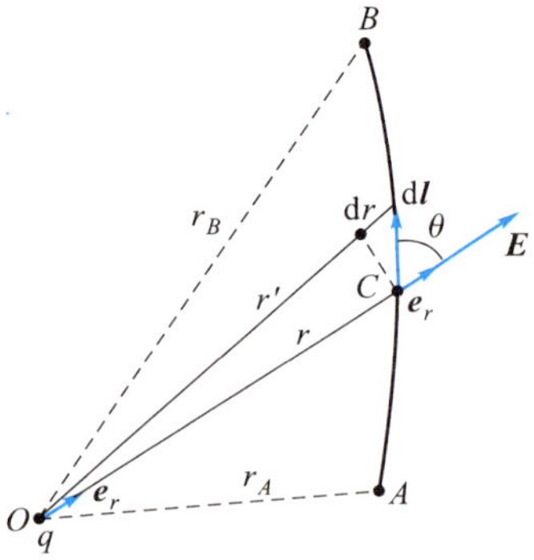

图 5-20 电场力所做的功

5-2-3 电场力的功

处在静电场中的电荷,会受到电场力的作用,当在电场中移动电荷时,电场力便会对电荷做功. 下面我们运用库仑定律和电场强度叠加原理,研究静电场力所做的功与哪些因素有关.

如图 5-20 所示,设真空中 O 点有一静止的点电荷 q(设 $q>0$),在 q 产生的电场中,有一试验电荷 q_0 从图中的 A 点沿任意路径 ACB 移动到 B 点,其中 C 为路径上任一点,其位置矢量为 $\boldsymbol{r}$. 当 q_0 在 C 点发生微小位移 d$\boldsymbol{l}$ 时,电场力 $\boldsymbol{F}=q_0\boldsymbol{E}$ 对试验电荷 q_0 做的元功为

$$\mathrm{d}W=\boldsymbol{F}\cdot\mathrm{d}\boldsymbol{l}=q_0\boldsymbol{E}\cdot\mathrm{d}\boldsymbol{l}=q_0E\mathrm{d}l\cos\theta=q_0\frac{1}{4\pi\varepsilon_0}\frac{q}{r^2}\mathrm{d}l\cos\theta$$

式中 θ 为 C 点处 $\boldsymbol{E}$ 与位移元 d$\boldsymbol{l}$ 的夹角,由图 5-20 可以看出,$\mathrm{d}l\cos\theta=\mathrm{d}r$,故上式可写成

$$\mathrm{d}W=\frac{1}{4\pi\varepsilon_0}\frac{q_0q}{r^2}\mathrm{d}r$$

当试验电荷 q_0 从 A 点移到 B 点时,电场力做的功为

$$W=\int_A^B\mathrm{d}W=\int_{r_A}^{r_B}\frac{1}{4\pi\varepsilon_0}\frac{q_0q}{r^2}\mathrm{d}r=\frac{q_0q}{4\pi\varepsilon_0}\left(\frac{1}{r_A}-\frac{1}{r_B}\right)\tag{5-19}$$

式中 r_A、r_B 分别为 A 点和 B 点到点电荷 q 的距离. 上式表明,在点电荷的电场中,电场力对试验电荷做的功与路径无关,只与路径的起点和终点位置有关.

上述结论可以推广到一般情况. 任意带电体都可看成由许多个点电荷组成的点电荷系,根据电场强度叠加原理,任意带电体所产生的电场强度,都可以看成由点电荷 $q_1,q_2,\cdots,q_n$ 所产生的电场强度的叠加,即 $\boldsymbol{E}=\boldsymbol{E}_1+\boldsymbol{E}_2+\cdots+\boldsymbol{E}_n$. 因此,在电场 $\boldsymbol{E}$ 中沿路径 l 移动试验电荷 q_0 时,电场力所做的功,等于各个点电荷单独存在时对试验电荷所做功的代数和,即

$$W=q_0\int_l\boldsymbol{E}\cdot\mathrm{d}\boldsymbol{l}=q_0\int_l\boldsymbol{E}_1\cdot\mathrm{d}\boldsymbol{l}+q_0\int_l\boldsymbol{E}_2\cdot\mathrm{d}\boldsymbol{l}+\cdots+q_0\int_l\boldsymbol{E}_n\cdot\mathrm{d}\boldsymbol{l}$$

$$=\sum_{i=1}^{n}\frac{q_0q_i}{4\pi\varepsilon_0}\left(\frac{1}{r_{iA}}-\frac{1}{r_{iB}}\right)\tag{5-20}$$

式中 r_{iA} 和 r_{iB} 分别为电荷 q_i 到路径 l 的起点 A 和终点 B 的距离.

式(5-20)表明,静电场力做功具有以下特点:在**静电场中移动试验电荷时,电场力所做的功,只与试验电荷的电荷量大小以**

及路径的起点和终点的位置有关，而与路径的形状无关．这与万有引力和弹性力做功的特性是一样的．

5-2-4 静电场的环路定理 电势能

1. 静电场的环路定理

由于电场力做功与路径无关，只与路径的始、末位置有关，因此静电场力和重力、弹性力、万有引力一样，属于保守力，静电场为保守场．根据静电场力做功的特点，不难证明，在静电场中沿闭合路径移动试验电荷 q_0 一周，电场力做功为零，如图 5-21 所示，有

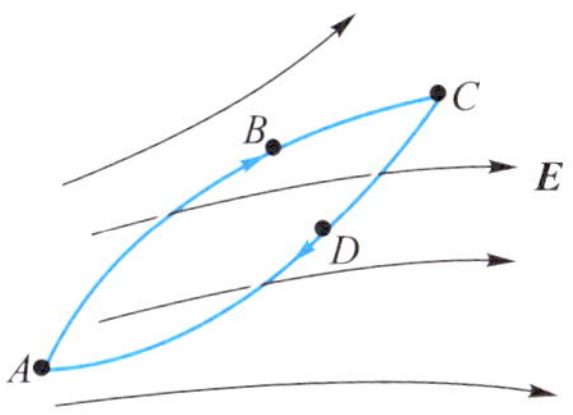

图 5-21 q_0 沿闭合路径移动一周电场力做功为零

$$W=\oint_l \boldsymbol{F}\cdot \mathrm{d}\boldsymbol{l}=q_0\oint_l \boldsymbol{E}\cdot \mathrm{d}\boldsymbol{l}=q_0\int_{ABC}\boldsymbol{E}\cdot \mathrm{d}\boldsymbol{l}+q_0\int_{CDA}\boldsymbol{E}\cdot \mathrm{d}\boldsymbol{l}$$

$$=q_0\int_{ABC}\boldsymbol{E}\cdot \mathrm{d}\boldsymbol{l}-q_0\int_{ADC}\boldsymbol{E}\cdot \mathrm{d}\boldsymbol{l}=0 \qquad (5-21)$$

由于 $q_0\neq 0$，所以上式又可写成

$$\oint_l \boldsymbol{E}\cdot \mathrm{d}\boldsymbol{l}=0 \qquad (5-22)$$

上式表明，在静电场中，电场强度沿任意闭合路径的线积分（即电场强度的环流）为零．这就是静电场的环路定理．

静电场的环路定理与静电场是保守场的说法是等价的．它的物理意义是：静电场做功与路径无关，只与起点和终点的位置有关；或者说，静电场对电荷在电场中沿任何闭合环路一周做功为零．

2. 电势能

由于静电场是保守场，因此，我们可以像在重力场中引入重力势能、在引力场中引入引力势能一样，在静电场中引入电势能的概念．

微课：电势能 电势

设试验电荷 q_0 在静电场中 A、B 两点的电势能分别为 E_{pA} 和 E_{pB}，将 q_0 从 A 点移动到 B 点时，根据保守力做功、相应的势能减少的特点，静电场力做的功为

$$W_{AB}=q_0\int_A^B \boldsymbol{E}\cdot \mathrm{d}\boldsymbol{l}=E_{pA}-E_{pB} \qquad (5-23)$$

电势能和重力势能一样，是一个相对的量．要确定电荷在电场中某点电势能的值，必须选定电势能的零点．如果我们将电势能零点选在 B 点，即 $E_{pB}=0$，则电荷 q_0 位于 A 点时的电势能为

$$E_{pA}=q_0\int_A^B \boldsymbol{E}\cdot \mathrm{d}\boldsymbol{l}\quad (E_{pB}=0) \qquad (5-24)$$

上式表明，电荷在电场中某点的电势能，在数值上等于将电荷从该点移动到电势能零点时电场力所做的功．

一般情况下，电势能零点的选取是任意的，处理问题时看怎么方便就怎么选．当电荷分布在有限空间时，我们通常选无限远处为电势能的零点．此时，电荷 q_0 位于电场中 A 点的电势能为

$$E_{pA}=q_0\int_A^{\infty}\boldsymbol{E}\cdot\mathrm{d}\boldsymbol{l}\quad(E_{p\infty}=0)\tag{5-25}$$

例如，试验电荷 q_0 位于点电荷 q 的电场中某点 A 时的电势能为

$$E_{pA}=q_0\int_r^{\infty}\frac{1}{4\pi\varepsilon_0}\frac{q}{r^2}\mathrm{d}r=\frac{1}{4\pi\varepsilon_0}\frac{q_0q}{r}\tag{5-26}$$

式中 r 为 A 点到点电荷 q 的距离．电势能的正负，取决于 q_0 和 q 是否同号．

在国际单位制中，电势能的单位为 J(焦[耳])．

5-3 电势 电场强度与电势梯度

5-3-1 电势 电势差

1. 电势

由电势能的表达式

$$E_{pA}=q_0\int_A^{B}\boldsymbol{E}\cdot\mathrm{d}\boldsymbol{l}\quad(E_{pB}=0)$$

可以看出，电势能不仅与静电场本身的性质有关，还与放在电场中的试验电荷 q_0 有关．因此，电势能不能作为描述静电场本身性质的物理量．但是电荷 q_0 在电场中 A 点的电势能 E_{pA} 与其电荷量 q_0 的比值为

$$\frac{E_{pA}}{q_0}=\int_A^{B}\boldsymbol{E}\cdot\mathrm{d}\boldsymbol{l}$$

却与试验电荷 q_0 无关，它只取决于电场本身的性质．于是，我们把这一比值称为电场中 A 点的电势，用 V_A 表示，即

$$V_A=\frac{E_{pA}}{q_0}=\int_A^{B}\boldsymbol{E}\cdot\mathrm{d}\boldsymbol{l}\tag{5-27}$$

式中取 B 点的电势为零，即 $V_B=0$.

上式表明，**电场中某点的电势，在数值上等于单位正电荷放在该点的电势能，也等于把单位正电荷从该点移动到电势零点时电场力所做的功**.

电场中某点的电势是个相对的量，其数值与电势零点的选取有关．一般情况下，电势零点的选取是任意的．但为了方便起见，对于电荷分布在有限空间的情况，我们通常把电势零点选在无限远处．此时，电场中 A 点的电势为

$$V_A=\int_A^{\infty}\boldsymbol{E}\cdot\mathrm{d}\boldsymbol{l}\quad(V_{\infty}=0)\tag{5-28}$$

于是，**电场中某点 A 的电势，在数值上等于把单位正电荷从 A 点移动到无限远处时电场力所做的功**.

例如，在点电荷 q 的电场中，离点电荷为 r 的一点的电势为

$$V=\int_r^{\infty}\boldsymbol{E}\cdot\mathrm{d}\boldsymbol{l}=\int_r^{\infty}E\mathrm{d}r=\int_r^{\infty}\frac{1}{4\pi\varepsilon_0}\frac{q}{r^2}\mathrm{d}r=\frac{1}{4\pi\varepsilon_0}\frac{q}{r}\tag{5-29}$$

电势是标量，有正负之分．在国际单位制中，电势的单位为 V(伏).

2. 电势差

电场中任意两点 A 和 B 的电势差 U_{AB} 为

$$U_{AB}=V_A-V_B=\int_A^{\infty}\boldsymbol{E}\cdot\mathrm{d}\boldsymbol{l}-\int_B^{\infty}\boldsymbol{E}\cdot\mathrm{d}\boldsymbol{l}=\int_A^{B}\boldsymbol{E}\cdot\mathrm{d}\boldsymbol{l}\tag{5-30}$$

上式表明，**静电场中 A、B 两点的电势差，在数值上等于把单位正电荷从 A 点移动到 B 点时电场力所做的功**.

由上式还能看出，电场中任意两点的电势差，与电势零点的选取无关.

已知电场中 A、B 两点的电势差 U_{AB}，就可以方便地计算出把电荷 q 从 A 点移动到 B 点时电场力做的功 W_{AB}：

$$W_{AB}=qU_{AB}\tag{5-31}$$

在实际应用中，常取大地的电势为零．这样，任何导体接地后，它的电势就为零．在电子仪器中，常取机壳或公共地线的电势为零，电路中各点的电势值就是它们与机壳或公共地线之间的电势差．检修人员常根据它的大小，来判别电路或电子器件是否正常工作．实际生活中几种常见的电势差列于表 5-1.

微课:电势叠加原理

表 5-1 几种常见的电势差			
生物电	10^{-3} V	家用电源	110 V 或 220 V
普通干电池	1.5 V	高压输电线	已达 5.5×10^{5} V
汽车电源	12 V	闪电	$10^{8}\sim10^{9}$ V

5-3-2 电势叠加原理 电势的计算

1. 电势叠加原理

在由 n 个点电荷 $q_1,q_2,\cdots,q_n$ 组成的点电荷系所产生的电场中,根据电场强度叠加原理,空间某点的电场强度为各点电荷单独存在时在该点电场强度的矢量和,即

$$\boldsymbol{E}=\sum_{i=1}^{n}\boldsymbol{E}_i=\boldsymbol{E}_1+\boldsymbol{E}_2+\cdots+\boldsymbol{E}_n$$

因此,点电荷系电场中某点 A 的电势为

$$V_A=\int_A^{\infty}\boldsymbol{E}\cdot\mathrm{d}\boldsymbol{l}=\int_A^{\infty}\boldsymbol{E}_1\cdot\mathrm{d}\boldsymbol{l}+\int_A^{\infty}\boldsymbol{E}_2\cdot\mathrm{d}\boldsymbol{l}+\cdots+\int_A^{\infty}\boldsymbol{E}_n\cdot\mathrm{d}\boldsymbol{l}$$

即

$$V_A=V_1+V_2+\cdots+V_n=\sum_{i=1}^{n}\frac{1}{4\pi\varepsilon_0}\frac{q_i}{r_i}\tag{5-32}$$

上式表明,在点电荷系产生的电场中,空间任一点的电势,等于各个点电荷单独存在时在该点电势的代数和,这就是电势叠加原理.

对于电荷连续分布的带电体,我们可以把它分成无数个电荷元,而每个电荷元可作为点电荷来处理.如图 5-22 所示,设带电体上任一电荷元 $\mathrm{d}q$ 到场点 A 的距离为 r,则 $\mathrm{d}q$ 在 A 点的电势为

$$\mathrm{d}V_A=\frac{1}{4\pi\varepsilon_0}\frac{\mathrm{d}q}{r}\tag{5-33}$$

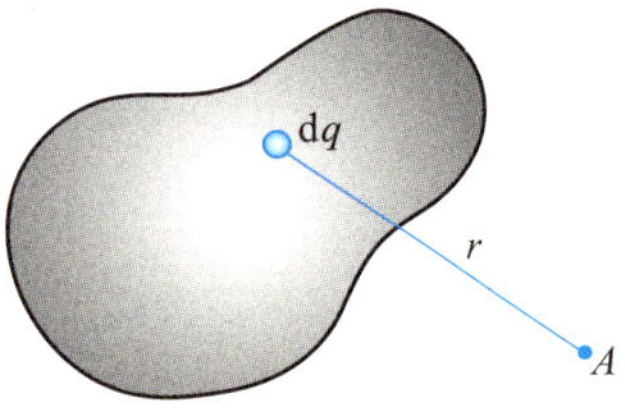

图 5-22 电荷连续分布的带电体的电势计算

而带电体在 A 点的电势为

$$V_A=\int\mathrm{d}V_A=\int\frac{1}{4\pi\varepsilon_0}\frac{\mathrm{d}q}{r}\tag{5-34}$$

式中的积分遍及整个带电体.

把式(5-34)和式(5-7)相比可以看出,电势的积分是一个标量积分,而电场强度积分则是一个矢量积分.所以一般来说,求电势要比求电场强度更简便一些.

2. 电势的计算

计算电场中各点的电势,通常有以下两种办法:一是根据电荷的分布,由点电荷的电势和电势叠加原理来计算;二是根据电场强度的分布,由电势与电场强度的积分关系来计算.下面我们通过几个例题,来说明电势的计算方法.

例 5-8

计算均匀带电圆环的电势.

设一半径为 R 的圆环均匀带电，总电荷量为 q，如图 5-23(a)所示．求圆环轴线上离环心为 x 的 P 点的电势.

解：在圆环上取一线元 $\mathrm{d}l$，其上的带电荷量为 $\mathrm{d}q$，$\mathrm{d}q$ 到 P 点的距离为 r，它在 P 点产生的电势为

$$\mathrm{d}V=\frac{1}{4\pi\varepsilon_0}\frac{\mathrm{d}q}{r}$$

由于圆环上各点到 P 点的距离都为 r，因此，整个圆环在 P 点的电势为

$$V=\int\mathrm{d}V=\int_l\frac{1}{4\pi\varepsilon_0}\frac{\mathrm{d}q}{r}=\frac{1}{4\pi\varepsilon_0 r}\int_l\mathrm{d}q$$

$$=\frac{1}{4\pi\varepsilon_0}\frac{q}{r}=\frac{1}{4\pi\varepsilon_0}\frac{q}{\sqrt{x^2+R^2}}$$

将 $x=0$ 代入上式，得圆心 O 处的电势为 $V_O=\frac{1}{4\pi\varepsilon_0}\frac{q}{R}$. 圆环轴线上电势随坐标 x 的变化曲线如图 5-23(b)所示.

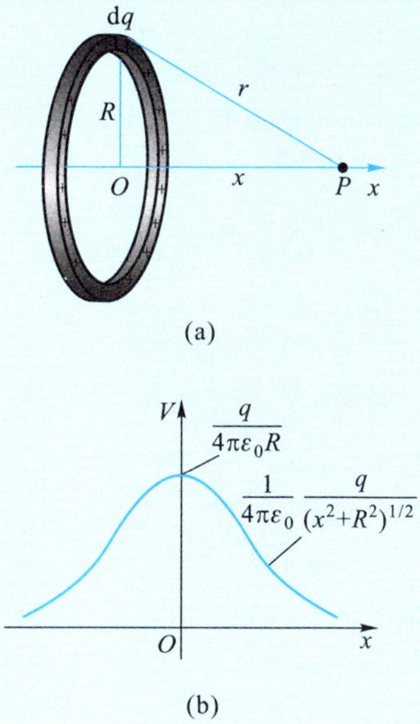

图 5-23 均匀带电圆环的电势

例 5-9

计算均匀带电圆盘的电势.

设一半径为 R 的圆盘均匀带电，电荷面密度为 σ，如图 5-24 所示．求圆盘轴线上离盘心为 x 的 P 点的电势.

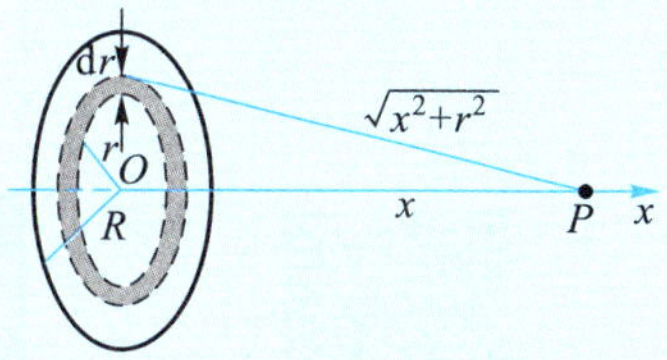

图 5-24 均匀带电圆盘的电势

解：本题可将带电圆盘看成无数个带电圆环的组合，利用电势叠加原理求解.

在圆盘上取一半径为 r、宽度为 $\mathrm{d}r$ 的圆环，该圆环的带电荷量为

$$\mathrm{d}q=\sigma\mathrm{d}S=\sigma 2\pi r\mathrm{d}r$$

$\mathrm{d}q$ 到 P 点的距离为 $\sqrt{x^2+r^2}$，它在 P 点产生的电势为

$$\mathrm{d}V=\frac{1}{4\pi\varepsilon_0}\frac{\mathrm{d}q}{\sqrt{x^2+r^2}}=\frac{\sigma}{2\varepsilon_0}\frac{r\mathrm{d}r}{\sqrt{x^2+r^2}}$$

因此，整个圆盘在 P 点的电势为

$$V=\int\mathrm{d}V=\int_0^R\frac{\sigma}{2\varepsilon_0}\frac{r\mathrm{d}r}{\sqrt{x^2+r^2}}=\frac{\sigma}{2\varepsilon_0}\left(\sqrt{x^2+R^2}-x\right)$$

将 $x=0$ 代入上式，得盘心 O 处的电势为 $V_O=\frac{\sigma R}{2\varepsilon_0}$.

例 5-10

计算均匀带电球面的电势.

设一半径为 R 的球面均匀带电，总电荷量为 q(设 $q>0$)，如图 5-25(a)所示．求球面内、外的电势分布.

解：在例5-6中，我们应用高斯定理，得到均匀带电球面内、外的电场强度为

$$E=\begin{cases}\dfrac{q}{4\pi\varepsilon_0 r^2}, & r>R\\[2ex] 0, & r<R\end{cases}$$

式中 r 为所求的点到球心的距离．

根据电势与电场强度的积分关系，对于球面外的点，$r>R$，其电势为

$$V=\int_r^{\infty}\boldsymbol{E}\cdot\mathrm{d}\boldsymbol{l}=\int_r^{\infty}E\mathrm{d}r=\int_r^{\infty}\frac{1}{4\pi\varepsilon_0}\frac{q}{r^2}\mathrm{d}r$$

$$=\frac{1}{4\pi\varepsilon_0}\frac{q}{r}$$

对于球面内的点，$r<R$，其电势为

$$V=\int_r^{\infty}E\mathrm{d}r=\int_r^{R}E\mathrm{d}r+\int_R^{\infty}E\mathrm{d}r$$

$$=\int_R^{\infty}\frac{1}{4\pi\varepsilon_0}\frac{q}{r^2}\mathrm{d}r=\frac{1}{4\pi\varepsilon_0}\frac{q}{R}$$

由此可见，均匀带电球面内各点的电势处处相等，整个球面和球面内部是一个等电势的区域；球面外任一点的电势，与电荷全部集中在球心的一个点电荷在该点的电势相同．电势随距离的变化关系如图5-25(b)所示．

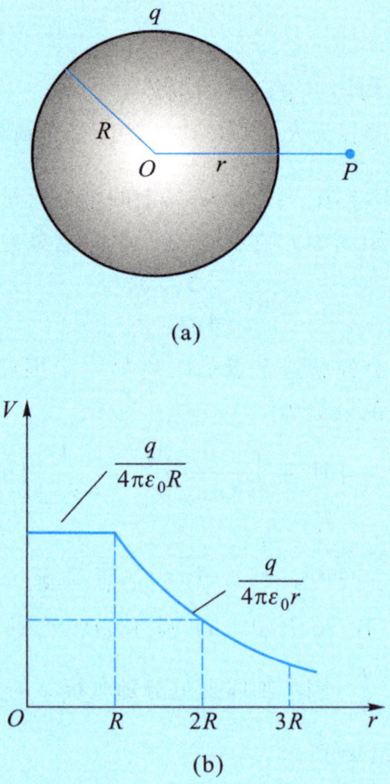

图5-25 均匀带电球面的电势

微课：电场强度与电势梯度的关系

5-3-3 等势面 电场强度与电势梯度

1. 等势面

在电场中，我们把电势相等的点所构成的面称为等势面．等势面可以形象地描述电场中电势的分布．

等势面满足方程

$$V(x,y,z)=C \tag{5-35}$$

式中常量 C 取不同的值，代表不同的等势面．

以点电荷的电场为例，根据点电荷 q 的电势公式 $V=\dfrac{1}{4\pi\varepsilon_0}\dfrac{q}{r}$，点电荷电场中的等势面是以点电荷为中心的一系列同心球面．

图 5-26 为几种典型电场的电场线和等势面的图形，图中实线为电场线，虚线为等势面．

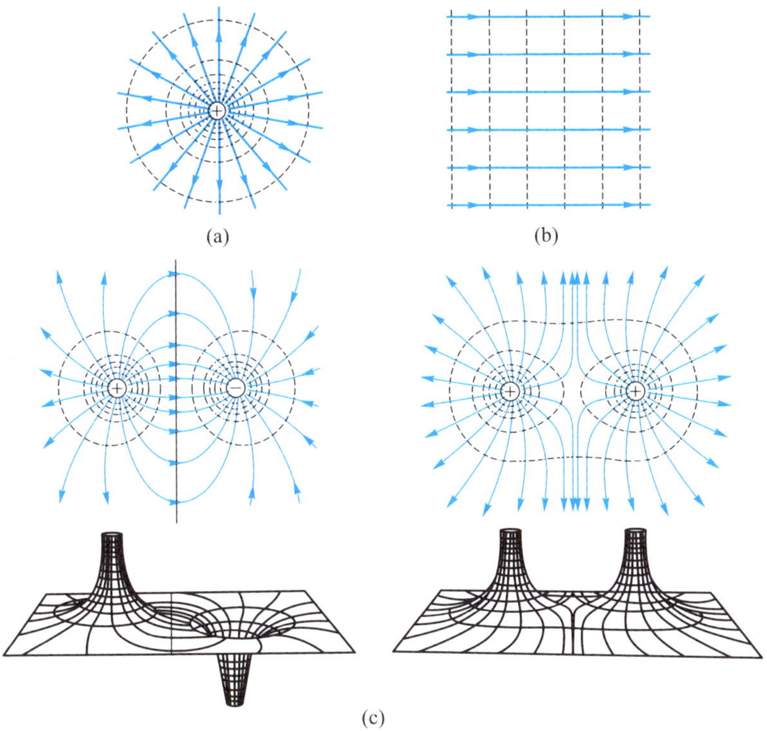

图 5-26　几种典型电场的电场线和等势面

在作等势面时，式(5-35)中的常量 C 通常取一系列等间隔的值，使电场中任意两个相邻等势面之间的电势差都相等．于是我们就可以用等势面的疏密来表示电场强度的大小．从图 5-26 可以看出，等势面具有以下特点：

(1) 等势面密集的地方，电场强度较大；等势面稀疏的地方，电场强度较小．

(2) 等势面和电场线处处垂直．

(3) 沿电场线方向，电势下降．

另外，由于等势面上各点的电势相等，因此，在等势面上移动电荷时，电场力不做功．

2. 电场强度与电势梯度的关系

如图 5-27 所示，设想在静电场中有两个靠得很近的等势面Ⅰ和Ⅱ，它们的电势分别为 V 和 $V+\Delta V$. 在两等势面上分别取 A 点和 B 点，这两点非常靠近，间距为 Δl，因此，它们之间的电场强度 $\boldsymbol{E}$ 可以认为是不变的．设 $\Delta \boldsymbol{l}$ 与 $\boldsymbol{E}$ 之间的夹角为 θ，则将正电荷由 A 点移到 B 点，由式(5-31)得电场力所做的功为

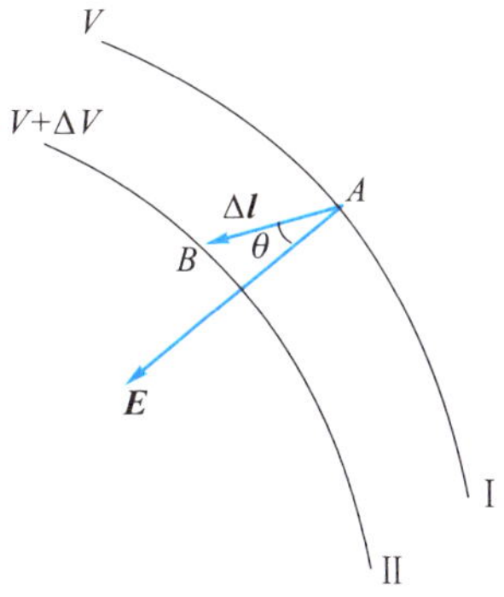

图 5-27　电势的方向导数

$$-q(V_B-V_A)=q\boldsymbol{E}\cdot\Delta\boldsymbol{l}=qE\Delta l\cos\theta$$

因为$-(V_B-V_A)=-\Delta V$，电场强度 $\boldsymbol{E}$ 在 $\Delta\boldsymbol{l}$ 上的分量为 $E\cos\theta=E_l$，所以有

$$-\Delta V=E_l\Delta l$$

或

$$E_l=-\frac{\Delta V}{\Delta l} \tag{5-36}$$

在式(5-36)中$\frac{\Delta V}{\Delta l}$为电势沿 $\Delta\boldsymbol{l}$ 方向上电势的变化率，式(5-36)中的负号表明，当$\frac{\Delta V}{\Delta l}<0$时，$E_l>0$，即沿着电场强度的方向，电势由高到低；逆着电场强度的方向，电势由低到高．还应指出，根据式(5-36)，电场强度的单位也常用 $\mathrm{V\cdot m^{-1}}$ 表示．

从式(5-36)可以看出，等势面密集处的电场强度大，等势面稀疏处的电场强度小．因此从等势面的分布可以定性地看出电场强度的强弱分布情况．

若把 Δl 取得极小，式(5-36)为

$$E_l=-\lim_{\Delta l\to 0}\frac{\Delta V}{\Delta l}=-\frac{\mathrm{d}V}{\mathrm{d}l} \tag{5-37}$$

$\mathrm{d}V/\mathrm{d}l$ 是沿 l 方向的电势变化率．式(5-37)表明，**电场中某一点的电场强度沿任一方向的分量，等于这一点的电势沿该方向电势变化率的负值**．这就是电场强度与电势的关系．

在直角坐标系中，电势是坐标 x、y、z 的函数，因此，电场强度又可写成

$$\boldsymbol{E}=-\mathrm{grad}\ V=-\left(\frac{\partial V}{\partial x}\boldsymbol{i}+\frac{\partial V}{\partial y}\boldsymbol{j}+\frac{\partial V}{\partial z}\boldsymbol{k}\right) \tag{5-38}$$

电场强度沿 x 轴、y 轴、z 轴的三个分量为

$$E_x=-\frac{\partial V}{\partial x},\quad E_y=-\frac{\partial V}{\partial y},\quad E_z=-\frac{\partial V}{\partial z} \tag{5-39}$$

由于电势是标量，与电场强度矢量相比，计算较为容易．因此，在一些实际问题中，常先计算电势，再根据(5-38)式电场强度与电势梯度的关系求出电场强度．

例 5-11

利用电场强度与电势梯度的关系，求半径为 R、总电荷量为 q 的均匀带电圆环轴线上任一点的电场强度．

解：在例 5-8 中，我们已经计算出均匀带电圆环轴线上任一点的电势 V 为坐标 x 的函数：

$$V=\frac{1}{4\pi\varepsilon_0}\frac{q}{\sqrt{x^2+R^2}}$$

利用电场强度与电势梯度的关系，得

$$E=-\frac{\partial V}{\partial x}=-\frac{\partial}{\partial x}\left(\frac{1}{4\pi\varepsilon_0}\frac{q}{\sqrt{x^2+R^2}}\right)=\frac{1}{4\pi\varepsilon_0}\frac{qx}{(x^2+R^2)^{3/2}}$$

这一结论，与例 5-3 中用叠加原理求出的结果式(5-9)相同．

5-4 静电场中的导体与电介质

5-4-1 静电场中的导体

微课：导导体的静电平衡

1．导体的静电平衡

导体由大量带负电的自由电子和带正电的晶格构成．导体中的自由电子都在做无规则的热运动．当导体不带电或不受外电场影响时，整个导体或导体内任一部分正负电荷总量相等，导体呈现电中性．

把一个不带电的导体放入静电场中时，导体内的自由电子在做无规则热运动的同时，还会在电场力的作用下发生宏观的定向运动，从而引起导体中电荷的重新分布，这就是导体的静电感应现象．由于静电感应，导体不再呈电中性，在导体表面出现了感应电荷．

导体的静电感应过程如图 5-28 所示．设将一块导体板放入一均匀电场 $\boldsymbol{E}_0$中，导体内的自由电子在电场力的作用下，逆着电场线向左做宏观定向运动[图 5-28(a)]，结果使导体的左侧带负电荷，右侧带正电荷．正负感应电荷在导体内激发电场 $\boldsymbol{E}'$，$\boldsymbol{E}'$的方向与外电场 $\boldsymbol{E}_0$方向相反，$\boldsymbol{E}'$的大小随感应电荷的增多而增大[图 5-28(b)]．当感应电荷激发的电场 $\boldsymbol{E}'$增大到与外电场 $\boldsymbol{E}_0$大小相等时，导体内部合电场强度 $\boldsymbol{E}=\boldsymbol{E}_0+\boldsymbol{E}'=\boldsymbol{0}$[图 5-28(c)]．此时导体内的电荷不再发生宏观定向运动，导体处于静电平衡状态．

从上述分析可见，导体达到静电平衡的必要条件是，导体内部电场强度处处为零．如果导体内某处电场强度不为零，则该处附近的自由电子就会在电场力的作用下发生宏观运动而使电荷重新分布，直到静电平衡为止．

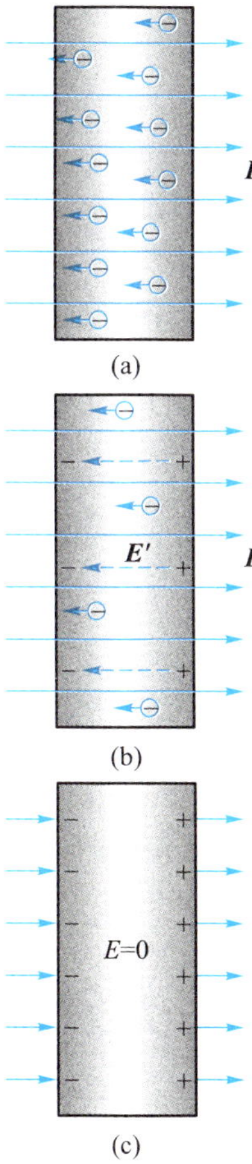

图 5-28 导体的静电感应与静电平衡

视频：法拉第圆筒

微课：静电平衡时导体上电荷的分布

2. 导体静电平衡时具有的性质

可以证明，导体达到静电平衡时，除导体内部电场强度处处为零外，还具有以下性质：

（1）导体为等势体，导体表面为等势面．

由于静电平衡时，导体内部电场强度 $\boldsymbol{E}$ 处处为零，如果我们在导体内部任取两点 A 和 B，这两点的电势差为

$$U_{AB}=V_A-V_B=\int_A^B \boldsymbol{E}\cdot \mathrm{d}\boldsymbol{l}=0$$

故 $V_A=V_B$，即导体内部任意两点的电势相等．如果 A、B 两点取在导体的表面，同理可得导体表面上任意两点的电势相等．因此，静电平衡时整个导体为等势体，导体表面为等势面．

（2）导体表面电场强度的方向与导体表面处处垂直．

由于电场线与等势面处处垂直，而导体表面为等势面，因而导体表面电场强度的方向必垂直于导体表面．

（3）电荷只分布在导体表面．

设有一个任意形状的带电实心导体处于静电平衡状态，如图 5-29(a)所示．在导体内作一个任意形状的闭合高斯面 S，由于高斯面 S 上各处的电场强度 $\boldsymbol{E}=\boldsymbol{0}$，根据高斯定理，有

$$\oint_S \boldsymbol{E}\cdot \mathrm{d}\boldsymbol{S}=0=\frac{\sum q}{\varepsilon_0}$$

故 $\sum q=0$，即该高斯面内所包围的电荷的代数和为零．由于高斯面是任取的，因此可以得出以下结论：在静电平衡时，导体所带的电荷只能分布在导体表面，导体内部没有净电荷．

对于带电的空腔导体（导体壳），如图 5-29(b)所示，根据高斯定理和静电平衡条件可证明，当空腔内部没有其他带电体时，不仅导体内部没有净电荷，而且在空腔的内表面上也没有电荷分布，电荷全部分布在导体的外表面上．

（4）导体表面附近的电场强度与该表面处电荷面密度成正比．

在导体表面上取一很小的圆形面积元 ΔS，如图 5-30 所示．ΔS 上电荷的分布可认为是均匀的，其电荷面密度为 σ，于是 ΔS 上的电荷为 $\Delta q=\sigma\Delta S$. 过 ΔS 作一扁平的圆柱形高斯面，其上底面在导体表面外紧靠表面处，下底面在导体内，两底面与导体表面平行，面积均为 ΔS，侧面与导体表面垂直．根据高斯定理，有

$$\oint_S \boldsymbol{E}\cdot \mathrm{d}\boldsymbol{S}=E\Delta S=\frac{\sigma\Delta S}{\varepsilon_0}$$

得导体表面附近的电场强度为

$$E=\frac{\sigma}{\varepsilon_0} \tag{5-40}$$

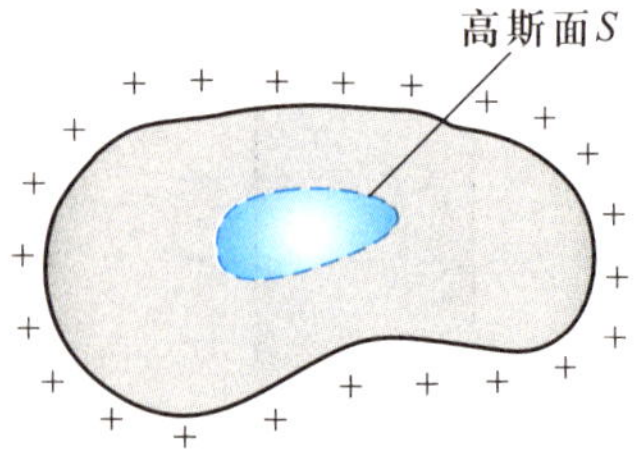

(a) 实心导体

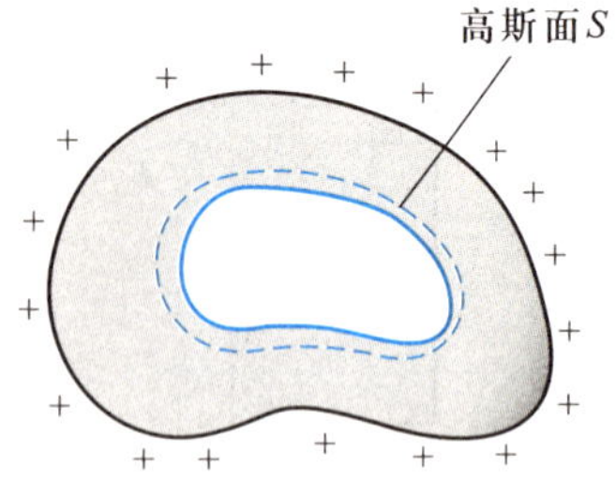

(b) 空腔导体

图 5-29 电荷分布在导体表面

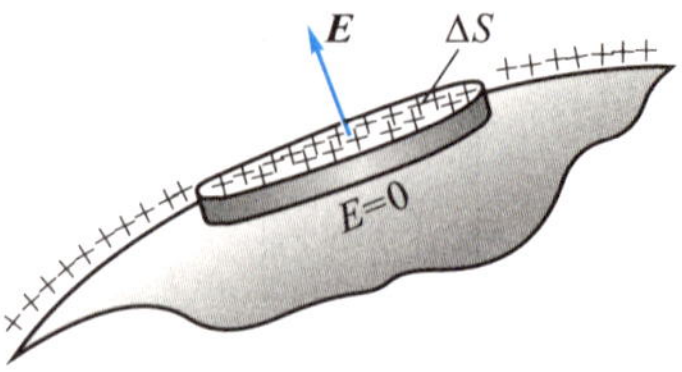

图 5-30 导体表面附近的电场强度

上式表明,导体表面附近的电场强度与该表面处电荷面密度成正比.

(5) 孤立导体表面的电荷分布与表面的曲率有关,曲率大的地方,电荷面密度较大.

孤立导体是指远离其他物体的导体.对于形状比较简单的孤立带电导体,电荷在其表面的分布,只由导体表面的形状所决定.实验研究表明,一般来说,导体表面曲率较大(凸出而尖锐)的地方,电荷面密度 σ 较大;导体表面曲率较小(较为平坦)的地方,电荷面密度 σ 较小;导体表面曲率为负(凹进去)的地方,电荷面密度 σ 更小,如图 5-31 所示.

视频:导体带电对比

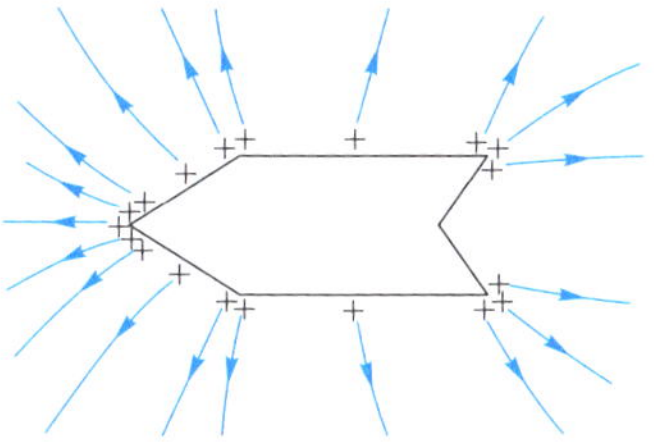

图 5-31 导体表面电荷分布

由于导体表面附近的电场强度与该表面处电荷面密度成正比,因此,具有尖端的带电导体在尖端附近的电场强度特别大.当电场强度达到一定值时,尖端附近的空气分子因电离而产生大量离子.与尖端电荷异号的离子被拉向尖端,和尖端上的电荷中和;而与尖端电荷同号的离子,则被排斥而离开尖端,这种现象叫做**尖端放电**,如图 5-32 所示.

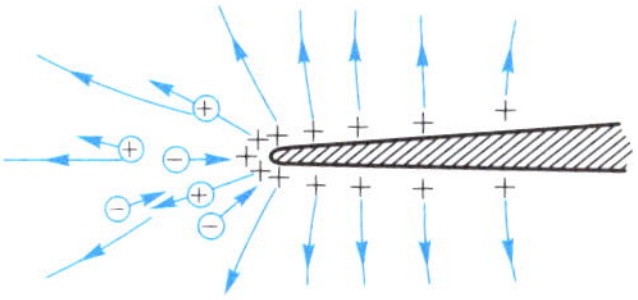

图 5-32 导体尖端放电示意图

视频:尖端放电

尖端放电会造成电能损耗,干扰精密测量和无线电通信,并容易产生放电火花,引发破坏性事故.为了防止尖端放电,许多高压电器设备的电极常做成光滑的球形,所有金属元件都应避免带有尖棱,高压输电线的表面也尽量做得光滑些.

尖端放电也有可利用的一面.避雷针就是利用了金属的尖端放电来避免雷击的.避雷针安装在建筑物的顶部,并通过粗导线与埋入地下的金属电极连接.当带电云层接近建筑物时,由于避雷针尖上感应电荷最多,其附近电场最强,利用尖端放电原理,经过避雷针缓慢、连续的放电,可消除带电云层中的大量电荷;当雷电发生时,强大的放电电流经避雷针接地线流入大地,从而避免建筑物遭受雷击的破坏,所以避雷针实际上是一个引雷针,它把可能击到周围建筑物的雷电引到自身上,然后流入大地.

微课:静电屏蔽

3. 静电屏蔽

根据导体静电平衡时具有的性质,我们可以设法消除静电场的影响,达到静电屏蔽的效果.

如果要使空间某个区域不受外电场的影响,我们可以用一个空腔导体(导体壳)把该区域包围起来,如图 5-33 所示.静电平衡时,导体壳外表面上的感应电荷在导体内和空腔中产生的电场与外电场相抵消,使导体和空腔内部的电场强度处处为零.因此,导体壳外表面以内的空间均不受外电场的影响.

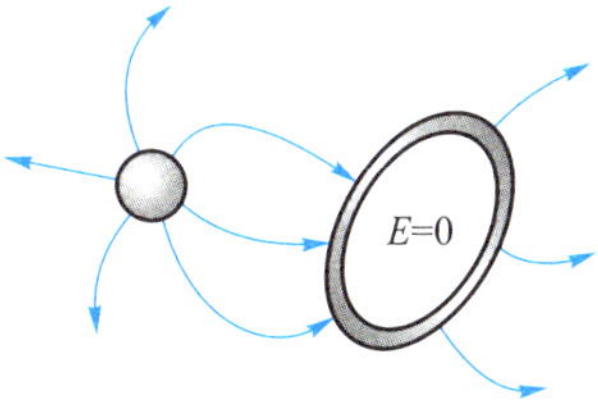

图 5-33 利用导体壳屏蔽外电场

如果要把某个带电体产生的电场屏蔽掉,我们可以把带电体用导体壳包起来,并将导体壳接地.如图 5-34 所示,此时导体壳

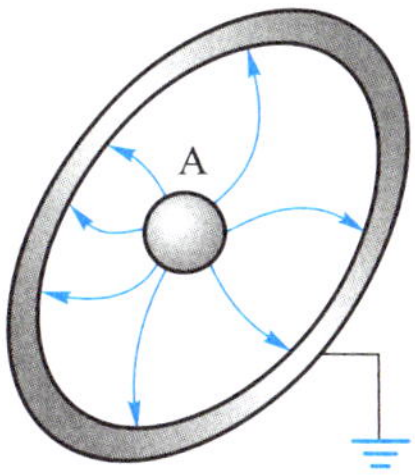

图 5-34 接地导体壳屏蔽带电体的电场

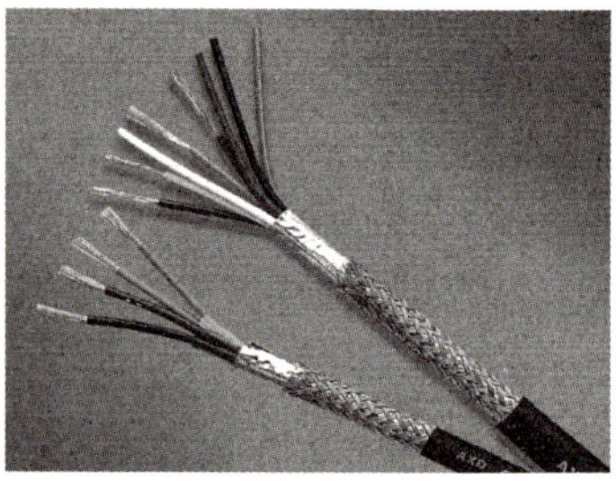

图 5-35 屏蔽线

外表面的感应电荷与从大地上来的等量异号电荷中和，使外表面不再带电．于是，接地导体壳内表面以外的空间不再受壳内带电体 A 的影响．

综上所述，空腔导体无论接地与否，腔内的空间将不受外电场的影响；对于接地的空腔导体，空腔内、外空间的电场互不影响，这就是空腔导体的静电屏蔽作用．

静电屏蔽的原理在工程技术上有着许多重要的应用．例如，在电子仪器中，为了使电路不受外电场的干扰，常把电路封闭在金属壳内．传送弱电信号的连接导线（屏蔽线）为了避免外界信号的干扰，其外表面就是用金属丝编织成的网包起来的（图 5-35）．同样，为了避免一些高压电器设备的电场对外界产生不良影响，一般都在这些设备外安装接地的金属外壳或网罩．高压作业时工作人员穿的屏蔽服也是利用这原理制成的．

例 5-12

两平行放置的带电大金属板 A 和 B，面积均为 S. A 板的电荷量为 Q_1，B 板的电荷量为 Q_2，忽略边缘效应，求两个导体板四个表面上的电荷．

解：如图 5-36 所示，设两块板四个面的电荷面密度分别为 $\sigma_1, \sigma_2, \sigma_3, \sigma_4$.

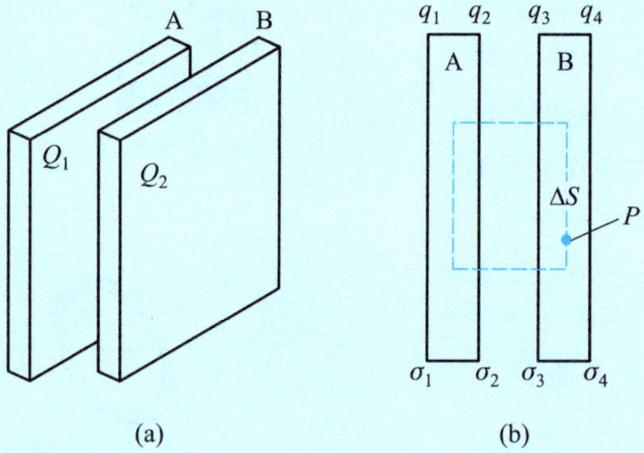

图 5-36 两平行放置的带电大金属板

作一圆柱形高斯面，圆柱面的两个圆面正好通过两个导体板内部，则根据高斯定理，有

$$\oint \boldsymbol{E}\cdot \mathrm{d}\boldsymbol{S} = 0 = \frac{(\sigma_2+\sigma_3)\Delta S}{\varepsilon_0}, \quad 即 \quad \sigma_2+\sigma_3=0$$

在导体板 B 中任取一点 P，由于导体板内的场强处处为零，所以，$E_P=0$，根据场强叠加原理，有

$$E_P=\frac{\sigma_1}{2\varepsilon_0}+\frac{\sigma_2}{2\varepsilon_0}+\frac{\sigma_3}{2\varepsilon_0}-\frac{\sigma_4}{2\varepsilon_0}=0$$

所以

$$\sigma_1+\sigma_2+\sigma_3-\sigma_4=0$$

利用上面的 $\sigma_2+\sigma_3=0$ 结果代入上式，得

$$\sigma_1-\sigma_4=0$$

再根据电荷守恒定律，有

$$Q_1=(\sigma_1+\sigma_2)S, \quad Q_2=(\sigma_3+\sigma_4)S$$

解得

$$q_1=q_4=\frac{1}{2}(Q_1+Q_2), \quad q_2=-q_3=\frac{1}{2}(Q_1-Q_2)$$

讨论：(1) 如果两个极板带等量异号电荷，$Q_2=-Q_1$，则

$$q_1=q_4=0, \quad q_2=-q_3=Q_1$$

即电荷全部分布在极板内侧．

(2) 如果两个极板都带正电荷，例如 $Q_1=1$ C，$Q_2=5$ C，则

$$q_1=q_4=3\ \text{C}, \quad q_2=-q_3=-2\ \text{C}$$

(3) 如果 A 板的电荷量为 Q_1，B 板不带电荷，$Q_2=0$，则

$$q_1=q_4=\frac{1}{2}Q_1, \quad q_2=-q_3=\frac{1}{2}Q_1$$

5-4-2 静电场中的电介质

1. 电介质的极化

(1) 电介质及其分类

电介质又称绝缘体，是电阻率很大、导电能力很差的物质．从物质的微观结构来看，电介质和导体有着很大的区别．导体中存在大量自由电子，它们在外电场作用下可在导体内做宏观定向运动；而在电介质中，电子与原子核结合得较为紧密，电子处于束缚状态．在外电场中，电介质分子中的电荷在电场力的作用下只能做微小的相对位移，它们仍处于束缚状态．只有在电介质被击穿的情况下，电介质中的电子才有可能解除束缚而做宏观定向运动，使电介质丧失绝缘性．电介质和导体在微观结构上的差异，导致了它们在电学性能上的不同．

按照电介质分子结构的不同，我们可以把电介质分成两类，即**无极分子电介质**和**有极分子电介质**．有些材料，如氢、氦、氮、甲烷、石蜡、聚苯乙烯等，它们的分子正、负电荷的等效中心在无外电场时是重合的，这种分子称为**无极分子**(图 5-37)；另有一些材料，如氨、水蒸气、有机玻璃、聚氯乙烯、甲醇等，它们的分子正、负电荷的等效中心不重合，这种分子称为**有极分子**(图 5-38)．每一个有极分子相当于一个有着固定电偶极矩的电偶极子．

当把电介质放入外电场中时，电介质中分子的运动将受到电场力的作用而发生改变，产生极化现象．由于无极分子和有极分子的结构不同，它们在电场中的极化机理也不同．

(2) 无极分子电介质的位移极化

一块均匀的无极分子电介质在没有外电场作用时，由于各个分子正、负电荷的中心是重合的，因而整个电介质呈电中性，如图 5-39(a)所示．

当把无极分子电介质放入外电场中时，在电场力的作用下，无极分子中正、负电荷的中心将发生相对位移而分开一段微小的距离，形成一个电偶极子，其电矩的方向沿电场方向，如图 5-39(b)所示．此时在电介质内部仍然呈电中性，但是在垂直于外电场的两端面出现了电荷分布．图 5-39(c)中，电介质左端表面出现了负电荷，右端表面出现了正电荷．这些电荷不能离开电介质，也不能在电介质中自由移动，我们称之为**极化电荷**或**束缚电荷**．在外电场作用下，电介质中出现极化电荷的现象称为**电介质的极化**．由于无极分子的极化主要是正、负电荷中心发生相对位移而产生的，因此这种极化称为**位移极化**．

微课：电介质的极化

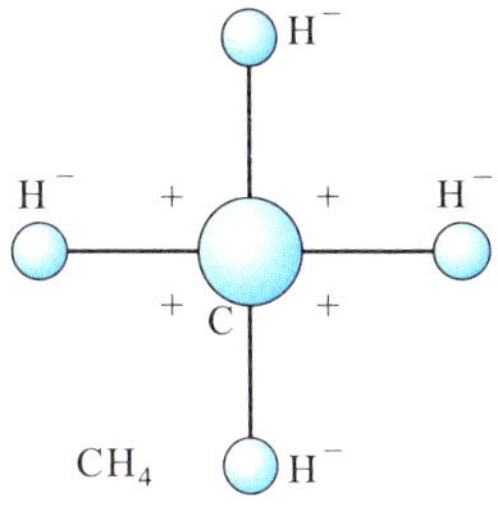

图 5-37 甲烷分子(CH_4)为无极分子

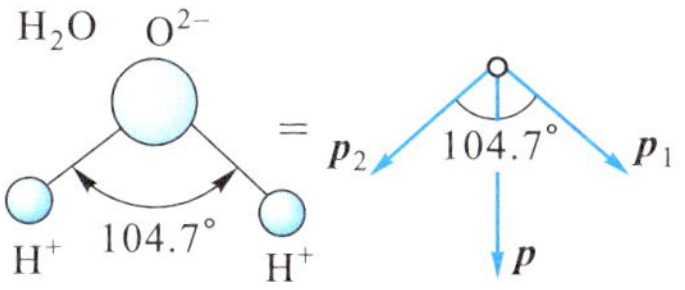

图 5-38 水分子(H_2O)为有极分子

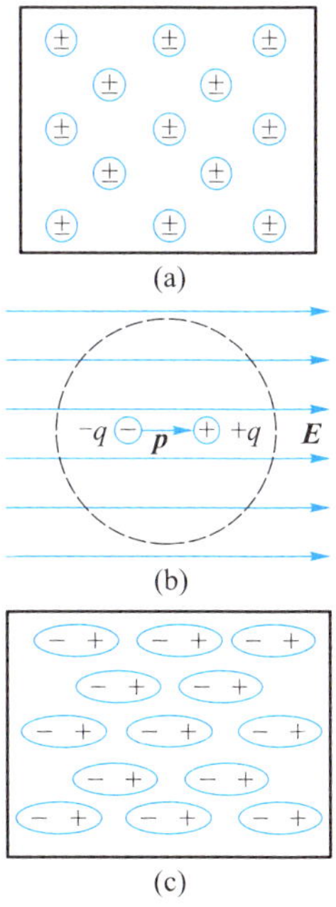

图 5-39 无极分子电介质的位移极化

视频：电介质的极化

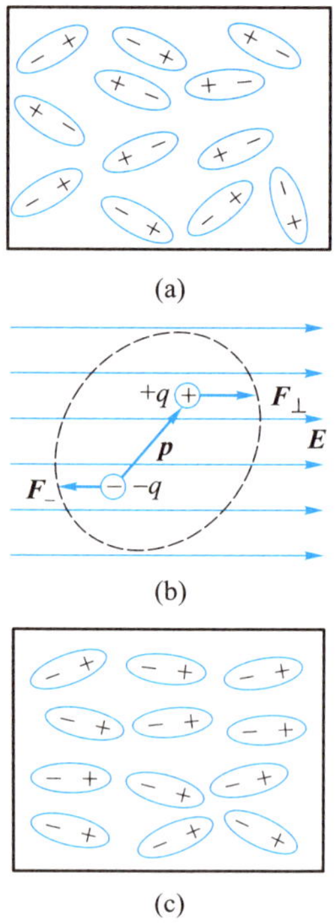

图 5-40 有极分子电介质的取向极化

微课:电极化强度

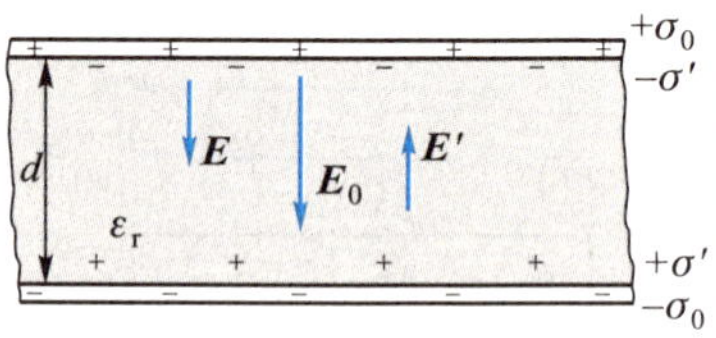

图 5-41 “无限大”均匀带电平板间的电场

(3) 有极分子电介质的取向极化

有极分子电介质的每个分子本来就等效于一个电偶极子,并有一固定的电偶极矩. 在没有外电场时,分子热运动使每个分子的电矩取向杂乱无序,因而电介质内各处仍然呈电中性,如图 5-40(a)所示.

当把有极分子电介质放入外电场中时,有极分子将受到力矩的作用,使分子的电偶极矩转向外电场的方向,如图 5-40(b)所示.

由于分子的热运动,有极分子的这种转向并不完全,但是对整块均匀电介质而言,在垂直电场方向的两端面也会出现极化电荷,如图 5-40(c)所示. 由于有极分子的极化主要是分子等效电偶极矩转向外电场的方向,因此这种极化称为**取向极化**.

综上所述,虽然两种电介质在外电场中极化的微观机理不同,但宏观效果是相同的,**即都会在电介质表面出现极化电荷. 电介质在外电场中,表面出现极化电荷的现象称为电介质的极化.** 在对电介质极化作宏观描述时,我们可不去细分这两类电介质.

2. 电介质对电场的影响

在外电场中,电介质极化时出现的极化电荷,也要产生电场. 因此,有电介质存在时,空间任一点的电场为外电场与极化电荷产生的电场的叠加. 在电介质内部,极化电荷产生的电场一般与外电场方向相反,因而极化电荷产生的电场削弱了原来的电场.

如图 5-41 所示,有两块相互平行的“无限大”均匀带电平板,两板上自由电荷面密度分别为 $+\sigma_0$ 和 $-\sigma_0$. 当两板间为真空时,由例 5-7 可知,自由电荷在两板间激发的电场强度 $\boldsymbol{E}_0$ 的大小为

$$E_0=\frac{\sigma_0}{\varepsilon_0}$$

其中 ε_0 为真空的电容率.

现若维持两板上的电荷面密度 σ_0 不变,而在两板之间充满某种各向同性的均匀电介质. 此时,电介质表面出现极化电荷,电介质中任一点的电场强度 $\boldsymbol{E}$ 为自由电荷在该点激发的电场强度 $\boldsymbol{E}_0$ 与极化电荷在该点激发的电场强度 $\boldsymbol{E}'$ 的叠加. 由于 $\boldsymbol{E}'$ 与 $\boldsymbol{E}_0$ 方向相反,因此,电介质中电场强度 $\boldsymbol{E}$ 的大小为

$$E=E_0-E' \tag{5-41}$$

实验测得对于大多数常见的电介质,放入电介质后,两板间的电场强度 E 减少为原来真空时电场强度 E_0 的 $\frac{1}{\varepsilon_r}$ $(\varepsilon_r>1)$,即

$$E=\frac{1}{\varepsilon_r}E_0 \tag{5-42}$$

式中 ε_r 为电介质相对真空的电容率，简称相对电容率，而 $\varepsilon_0\varepsilon_r=\varepsilon$ 为电介质的电容率．表 5-2 列出了几种常见电介质的相对电容率.

表 5-2 几种常见电介质材料的相对电容率与击穿场强

电介质材料	相对电容率 ε_r	击穿场强/(10^6 V · m^{-1})(室温)
真空	1	
空气(20 ℃)	1.000 59	3
水(20 ℃)	80.2	
变压器油	2.2~2.5	12
纸	2.5	5~14
玻璃	5~10	5~13
聚苯乙烯	2.56	24
聚乙烯	2.2~2.4	50
氯丁橡胶	6.6	10~20
陶瓷	8.0~11.0	4~25
云母	3.0~8.0	80~200
钛酸锶	约 250	8
钛酸钡锶	约 10 000	

根据式(5-41)与式(5-42)，可得极化电荷激发的电场强度 $\boldsymbol{E}'$ 的大小为

$$E'=\left(1-\frac{1}{\varepsilon_r}\right)E_0 \qquad (5-43)$$

由于 $E_0=\dfrac{\sigma_0}{\varepsilon_0}$，$E'=\dfrac{\sigma'}{\varepsilon_0}$，可得极化电荷面密度 σ' 与自由电荷面密度 σ_0 的关系为

$$\sigma'=\left(1-\frac{1}{\varepsilon_r}\right)\sigma_0 \qquad (5-44)$$

由于电介质的 $\varepsilon_r>1$，所以 σ' 总是比 σ_0 小．

3. 有电介质时的高斯定理

微课：有电介质时的高斯定理

当静电场中存在电介质时，空间的电场为自由电荷与极化电荷共同激发．由于极化电荷激发的电场，其性质与自由电荷的电场一样，因此，静电场中的高斯定理式(5-18)仍然成立，只是高斯定理中的电场强度 $\boldsymbol{E}$ 为自由电荷与极化电荷共同激发的电场强度，而在计算高斯定理右边电荷的代数时，应包括高斯面内的极化电荷．

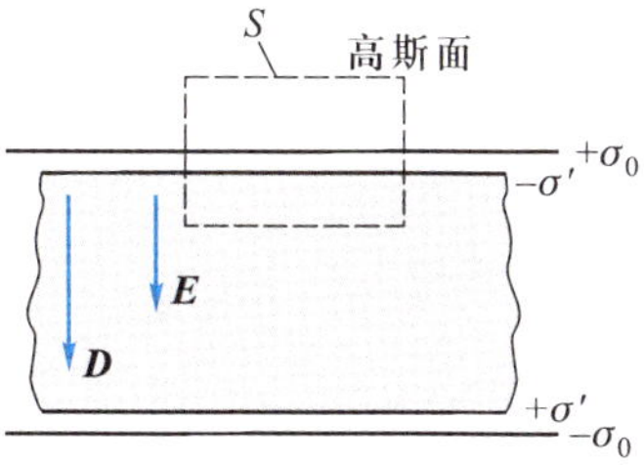

图 5-42 有介质时的高斯定理

我们仍以两平行带电平板间充满相对电容率为 ε_r 的各向同性均匀电介质的情况为例．如图 5-42 所示．作一闭合圆柱形高

斯面,高斯面两端面与极板平行,其中一个端面在电介质内,端面面积为 S,另一端面在极板内. 极板上自由电荷面密度为 σ_0,电介质表面极化电荷面密度为 σ'. 对此高斯面应用高斯定理,有

$$\oint_S \boldsymbol{E} \cdot \mathrm{d}\boldsymbol{S} = \frac{1}{\varepsilon_0}(q_0 - q') \qquad (5-45)$$

式中 $q_0=\sigma_0 S$、$q'=\sigma' S$ 分别为高斯面内包围的自由电荷与极化电荷. 由式(5-44),得

$$q_0 - q' = \frac{q_0}{\varepsilon_r}$$

将上式代入式(5-45),得

$$\oint_S \boldsymbol{E} \cdot \mathrm{d}\boldsymbol{S} = \frac{q_0}{\varepsilon_0 \varepsilon_r} = \frac{q_0}{\varepsilon}$$

或

$$\oint_S \varepsilon \boldsymbol{E} \cdot \mathrm{d}\boldsymbol{S} = q_0 \qquad (5-46)$$

令

$$\boldsymbol{D} = \varepsilon \boldsymbol{E} = \varepsilon_0 \varepsilon_r \boldsymbol{E} \qquad (5-47)$$

则式(5-46)可写成

$$\oint_S \boldsymbol{D} \cdot \mathrm{d}\boldsymbol{S} = q_0 \qquad (5-48)$$

式中 $\boldsymbol{D}$ 称为电位移,而 $\oint_S \boldsymbol{D} \cdot \mathrm{d}\boldsymbol{S}$ 为通过任意闭合曲面的电位移通量.

式(5-48)虽然是从两平行带电平板的电场推出的,但可以证明,这一结论是普遍成立的,这就是**有电介质时的高斯定理**,它可表述如下:**在静电场中,通过任意闭合曲面的电位移通量,等于该闭合曲面所包围的自由电荷的代数和**,其数学表达式为

$$\oint_S \boldsymbol{D} \cdot \mathrm{d}\boldsymbol{S} = \sum_i q_i^{(\mathrm{in})} \qquad (5-49)$$

有电介质时的高斯定理表明,通过闭合曲面的**电位移通量**,只与闭合曲面所包围的自由电荷有关,而与极化电荷以及闭合曲面外的自由电荷无关.

在国际单位制中,电位移 $\boldsymbol{D}$ 的单位是 $\mathrm{C \cdot m^{-2}}$.

对于各向同性的均匀电介质,在自由电荷及介质分布具有某种对称性的情况下,我们可以利用有电介质时的高斯定理以及 $\boldsymbol{D}=\varepsilon \boldsymbol{E}$ 的关系,方便地计算有电介质时电场中各点的 $\boldsymbol{D}$ 和 $\boldsymbol{E}$,这也显示了引入电位移 $\boldsymbol{D}$ 的好处,即在不知道极化电荷分布的情况下,我们仍有可能计算出有电介质存在时的电场.

5-5 电容 电容器 静电场的能量

5-5-1 电容 电容器

微课:电容 电容器

如图 5-43 所示. 当 A 带有 $+q$ 的电荷量时,B 的内表面将带上等量异号电荷 $-q$,而 A、B 间的电场和电势差 U_{AB} 将完全不受外界的影响,导体 A 所带电荷量 q 与电势差 U_{AB} 成正比关系. 我们把由导体 A 和 B 组成的系统称为电容器,组成电容器的两个导体称为电容器的两个极板,它们总是带等量异号电荷.

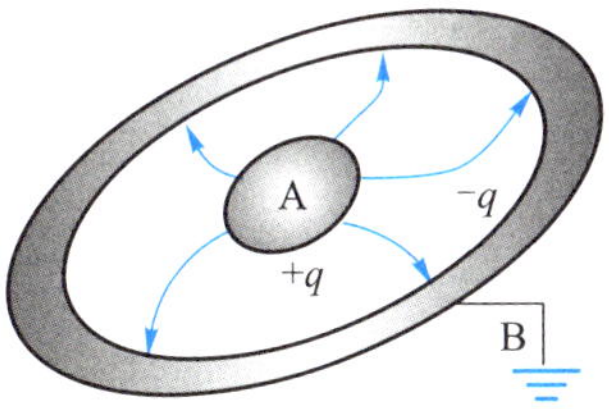

图 5-43 电容器

我们把电容器任意一块极板上的电荷量 q 与两极板间电势差 $U_{AB}(=V_A-V_B)$ 的比值,定义为电容器的电容,即

$$C=\frac{q}{U_{AB}} \tag{5-50}$$

电容器电容 C 的物理含义是,在两极板间产生单位电势差时极板上所容纳的电荷量. 电容 C 的大小,反映了电容器储存电荷量本领的大小,电容 C 越大,电容器储存电荷量的本领就越大.

在国际单位制中,电容的单位为 F(法[拉]). 在实际应用时,常用 μF(微法)、pF(皮法)等作为电容的单位,它们之间的关系为

$$1\,\text{F}=10^{6}\,\mu\text{F}=10^{12}\,\text{pF}$$

电容器两极板上所加的电压越高,极板间的电场强度就越大. 当电场强度增大到某一最大值时,极板间电介质中的分子就会发生电离,使电介质失去绝缘性,于是电介质被击穿. 电介质所能承受的最大电场强度称为电介质的击穿场强(表 5-2). 由于多数电介质的击穿场强都比空气的击穿场强大,因此,在电容器中充入电介质,一方面能使电容增大,另一方面能提高电容器的耐压能力. 电容器电容值的大小和它的耐压能力,是衡量电容器的两个主要指标.

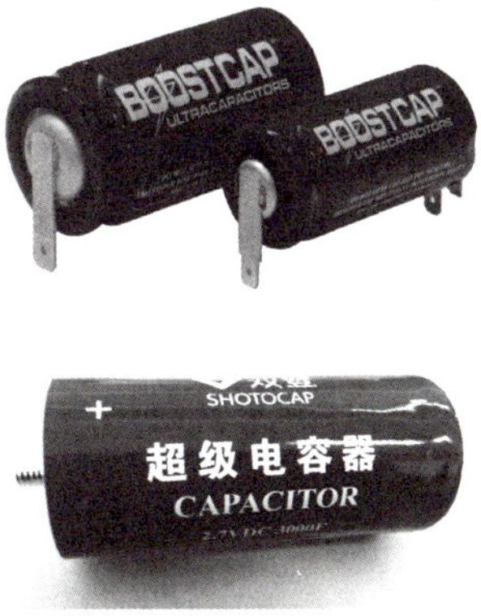

图 5-44 市场上几种超级电容器

电容器可以储存电荷和能量,是现代电工技术和电子技术中的重要元件,其大小、形状不一,种类繁多. 随着纳米材料的发展和制备技术的提高,电容值可达法拉量级,有的甚至达到几千法拉. 容量很大的超级电容器充电后可以直接作为汽车的工作动力,市场上几种超级电容器如图 5-44 所示.

下面计算平行板电容器、圆柱形电容器、球形电容器等几种典型电容器的电容.

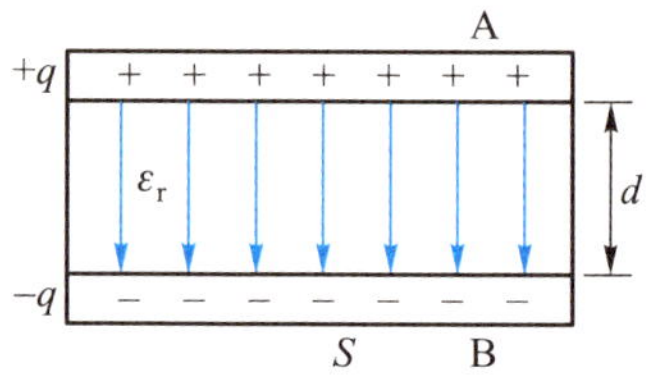

图 5-45 平行板电容器的电容

(1) 平行板电容器的电容

平行板电容器由两块彼此靠得很近并相互平行的金属板 A 和 B 组成，如图 5-45 所示．设两极板面积为 S，极板间距为 d，两极板间充满相对电容率为 ε_r 的电介质．由于板的线度远大于两极板间的距离，因而可忽略极板边缘处电场不均匀性的影响，两极板间的电场为匀强电场．

设平行板电容器两极板分别带 $+q$ 和 $-q$ 的电荷量，则极板上电荷面密度为 $\sigma=\dfrac{q}{S}$，两极板间的电位移和电场强度的大小分别为

$$D=\sigma,\quad E=\frac{D}{\varepsilon_0\varepsilon_r}=\frac{q}{\varepsilon_0\varepsilon_r S}$$

两极板间的电势差为

$$U_{AB}=Ed=\frac{qd}{\varepsilon_0\varepsilon_r S}$$

由电容器电容的定义式(5-50)，得平行板电容器的电容为

$$C=\frac{q}{U_{AB}}=\frac{\varepsilon_0\varepsilon_r S}{d}\tag{5-51}$$

(2) 圆柱形电容器的电容

圆柱形电容器由两个同轴金属圆柱面组成，如图 5-46 所示．两圆柱长为 l，半径分别为 R_1 和 R_2，且 $l\gg R_2$，两极板间充满相对电容率为 ε_r 的电介质．

由于 $l\gg R_2$，可将两极板间的电场看成“无限长”均匀带电圆柱面之间的电场．设圆柱形电容器内、外两极板带电荷量分别为 $+q$ 和 $-q$，则单位长度上的电荷 $\lambda=\dfrac{q}{l}$．在两圆柱面之间作一半径为 r、长为 l 的同轴闭合圆柱面，运用有电介质时的高斯定理以及电位移和电场强度的关系 $D=\varepsilon_0\varepsilon_r E$，得出两圆柱面之间距圆柱轴线为 r 的圆柱面上电位移和电场强度的大小分别为

$$D=\frac{\lambda}{2\pi r},\quad E=\frac{D}{\varepsilon_0\varepsilon_r}=\frac{\lambda}{2\pi\varepsilon_0\varepsilon_r r}$$

两极板间的电势差为

$$U=\int_{R_1}^{R_2}\boldsymbol{E}\cdot\mathrm{d}\boldsymbol{r}=\int_{R_1}^{R_2}\frac{\lambda}{2\pi\varepsilon_0\varepsilon_r r}\mathrm{d}r=\frac{q}{2\pi\varepsilon_0\varepsilon_r l}\ln\frac{R_2}{R_1}$$

由电容器电容的定义式(5-50)，得圆柱形电容器的电容为

$$C=\frac{q}{U}=\frac{2\pi\varepsilon_0\varepsilon_r l}{\ln\dfrac{R_2}{R_1}}\tag{5-52}$$

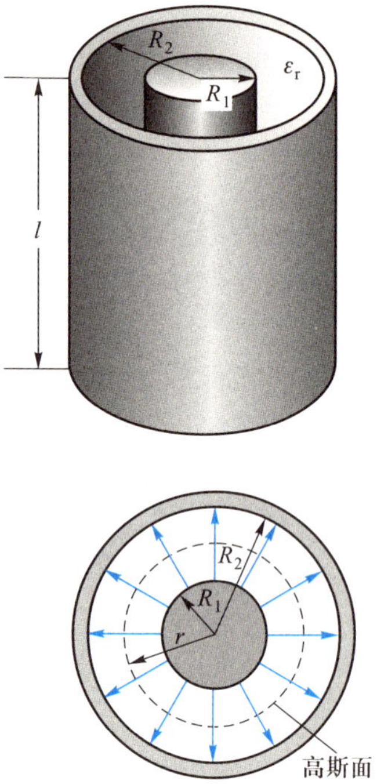

图 5-46 圆柱形电容器的电容

当圆柱形电容器两极板间的距离 $d=R_2-R_1$，远小于圆柱半径（即 $d \ll R_1$）时，有

$$\ln\frac{R_2}{R_1}=\ln\frac{R_1+d}{R_1}\approx\frac{d}{R_1}$$

式(5-52)可写成

$$C\approx\frac{2\pi\varepsilon_0\varepsilon_r lR_1}{d}=\frac{\varepsilon_0\varepsilon_r S}{d}$$

式中 $S=2\pi R_1 l$ 为圆柱面的面积．上式为平行板电容器的电容公式．可见，当 $d\ll R_1$ 时，圆柱形电容器可看成平行板电容器．

（3）球形电容器的电容

球形电容器由两个半径分别为 R_1 和 R_2 的同心金属球壳组成，两极板间充满相对电容率为 ε_r 的电介质，如图 5-47 所示．

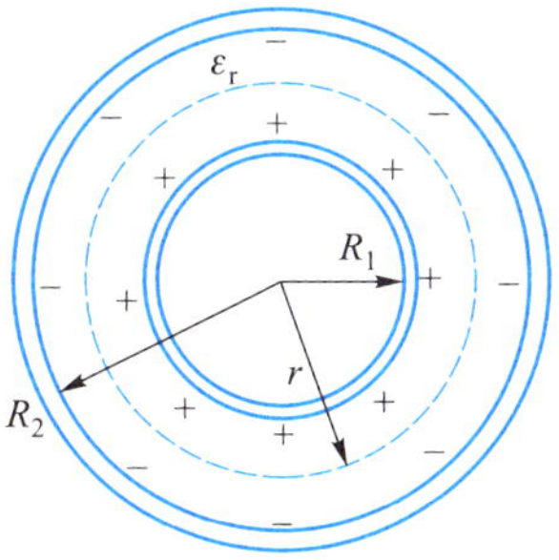

图 5-47　球形电容器的电容

设球形电容器内、外球壳分别带电荷量 $+q$ 和 $-q$，根据高斯定理，可求得两球壳间离球心为 r 的球面上电场强度的大小为

$$E=\frac{1}{4\pi\varepsilon_0\varepsilon_r}\frac{q}{r^2}$$

两极板间的电势差为

$$U=\int_{R_1}^{R_2}\boldsymbol{E}\cdot\mathrm{d}\boldsymbol{r}=\int_{R_1}^{R_2}\frac{1}{4\pi\varepsilon_0\varepsilon_r}\frac{q}{r^2}\mathrm{d}r=\frac{q}{4\pi\varepsilon_0\varepsilon_r}\left(\frac{1}{R_1}-\frac{1}{R_2}\right)$$

由电容器电容的定义式(5-50)，得球形电容器的电容为

$$C=\frac{q}{U}=4\pi\varepsilon_0\varepsilon_r\left(\frac{R_1R_2}{R_2-R_1}\right)\qquad(5-53)$$

如果组成球形电容器的外球壳在无限远处，即 $R_2\to\infty$，并且 $\varepsilon_r=1$，式(5-53)可写成

$$C=4\pi\varepsilon_0 R_1$$

上式为真空中半径为 R_1 的孤立导体球的电容．

（4）电容器的串、并联

在实际电路中，当单独一个电容器的电容或耐压能力不能满足要求时，常把几个电容器连接起来使用．电容器连接的基本方式有串联和并联两种．

微课：电容器的串、并联

（a）电容器的串联

如图 5-48 所示，将两个电容器 C_1、C_2 的极板首尾相连，这种连接叫做串联．电容器串联的特征是每个电容器极板上所带的电荷量值 q 都相等．设加在串联电容器组上的总电压为 U，则电容器 C_1、C_2 的电压分别为

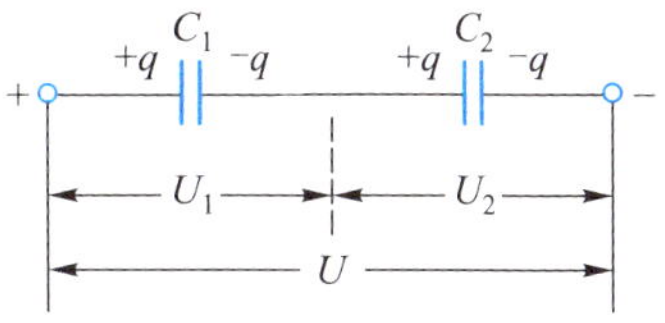

图 5-48　电容器的串联

$$U_1=\frac{q}{C_1},\quad U_2=\frac{q}{C_2}$$

总电压 U 为

$$U=U_1+U_2=\left(\frac{1}{C_1}+\frac{1}{C_2}\right)q$$

如果用一个等效电容 C 来替代串联电容器组，其两端的电压为 U，带电荷量为 q，则有

$$U=\frac{q}{C}=\left(\frac{1}{C_1}+\frac{1}{C_2}\right)q$$

由此得

$$\frac{1}{C}=\frac{1}{C_1}+\frac{1}{C_2} \tag{5-54}$$

上式表明，串联电容器组等效电容的倒数，等于电容器组中每个电容器电容的倒数之和．

(b) 电容器的并联

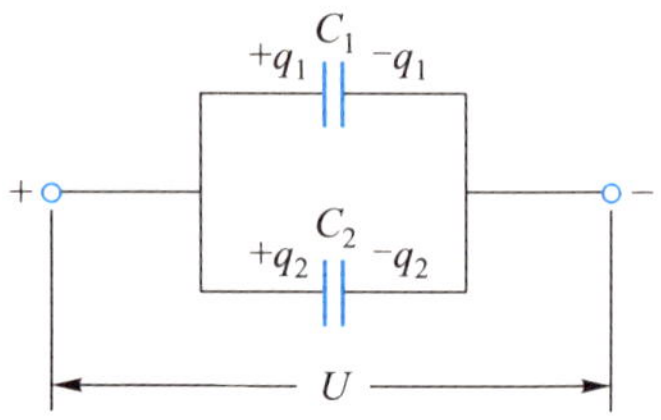

图 5-49　电容器的并联

如图 5-49 所示，将两个电容器 C_1、C_2 的极板一一对应连接，这种连接叫做并联．电容器并联的特征是每个电容器上的电压都相等．设将并联电容器组接在电压为 U 的电路上，C_1、C_2 上的电荷量分别为 q_1 和 q_2，则

$$q_1=C_1U,\quad q_2=C_2U$$

两电容器上的总电荷量 q 为

$$q=q_1+q_2=(C_1+C_2)U$$

如果用一个等效电容 C 来替代并联电容器组，其两端的电压为 U，带电荷量为 q，则有

$$q=CU=(C_1+C_2)U$$

由此得

$$C=C_1+C_2 \tag{5-55}$$

上式表明，并联电容器组的等效电容，等于电容器组中每个电容器的电容之和．

上述结论可以推广到多个电容器的串、并联．

微课：静电场的能量　能量密度

5-5-2 静电场的能量

1. 电容器的电能

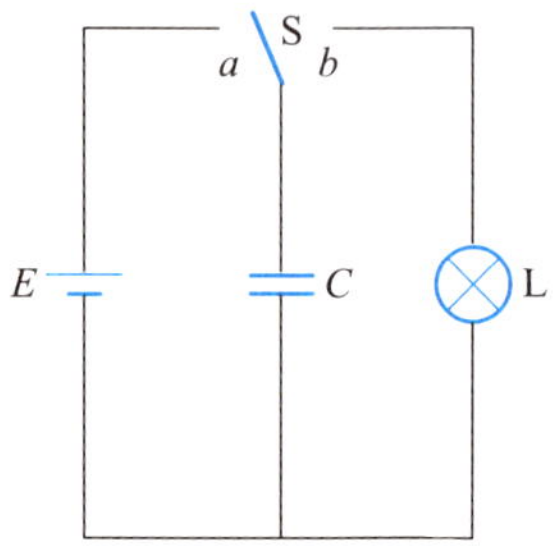

图 5-50　电容器的充放电电路

电容器在储存电荷的同时，也储存了电能．电容器带电时具有能量，可从下面的实验看出．将电容器 C、直流电源 E 和灯泡 L 连成如图 5-50 所示的电路，先将开关 S 拨到 a 给电容器充电，充电结束后再将开关 S 拨向 b，此时灯泡 L 会发出一次强闪光．有的照相机上的闪光灯就是利用了这样的电路．

上述实验中,灯泡发光所消耗的能量是从电容器释放出来的,而电容器的能量则是由给它充电的电源提供的. 电容器充电的过程,是电荷从电容器的一块极板不断向另一块极板迁移,从而使两极板带上等量异号电荷的过程. 这样的过程需要消耗电源的能量,也就是说需要外力做功.

设电容器的电容为 C,在充电过程中的某一时刻,两极板上已分别带有电荷量 $\pm q$,此时两极板间的电势差为

$$u=\frac{q}{C}$$

若再把 $\mathrm{d}q$ 的电荷从一块极板迁移到另一块极板,电源所做的功为

$$\mathrm{d}W=u\mathrm{d}q=\frac{1}{C}q\mathrm{d}q$$

从电容器极板上不带电到最后两极板分别带电荷量 $\pm Q$ 的过程中,外力做的总功为

$$W=\int \mathrm{d}W=\frac{1}{C}\int_0^Q q\mathrm{d}q=\frac{Q^2}{2C}$$

这个功全部转化为电容器储存的能量. 由于两极板最后的电势差 $U=\dfrac{Q}{C}$,上式可写成

$$W=\frac{Q^2}{2C}=\frac{1}{2}CU^2=\frac{1}{2}QU \tag{5-56}$$

式(5-56)就是电容器的储能公式,它对任何种类的电容器都成立.

通常电容器充电后的电压 U 是由电源给定的,从公式 $W=\dfrac{1}{2}CU^2$ 来看,在电压一定的情况下,电容 C 越大,电容器储存的电能就越多. 因此,电容 C 的大小决定了电容器储能本领的大小.

2. 静电场的能量

用描述电场的物理量来表征电场的能量更具有普遍意义. 以平行板电容器为例,设极板的面积为 S,两极板间距为 d,极板间充满电容率 $\varepsilon=\varepsilon_0\varepsilon_r$ 的电介质. 该电容器的电容 $C=\dfrac{\varepsilon S}{d}$,两极板间电压与电场的关系为 $U=Ed$,代入式(5-56),得电容器储存的能量为

$$W_e=\frac{1}{2}CU^2=\frac{1}{2}\frac{\varepsilon S}{d}(Ed)^2=\frac{1}{2}\varepsilon E^2Sd=\frac{1}{2}\varepsilon E^2V \tag{5-57}$$

上式中的 $V=Sd$ 就是电容器两极板间的电场占有的体积. 由于平行板电容器中的电场是均匀分布的,所储存的静电场能量也是

均匀分布的．由式(5-57)得单位体积内的电场能量，即**电场能量密度** w_e 为

$$w_e=\frac{1}{2}\varepsilon E^2=\frac{1}{2}DE \tag{5-58}$$

在国际单位制中，电场能量密度的单位为 $J\cdot m^{-3}$．式(5-58)虽然是从特例推出的，但可以证明该公式是普遍成立的．一般情况下，电场是不均匀分布的，要计算电场能量，可将电场空间划分为许多个小体积元，任一体积元 dV 内的电场能量为

$$dW_e=w_e dV=\frac{1}{2}\varepsilon E^2 dV=\frac{1}{2}DEdV$$

整个电场的能量为

$$W_e=\int_V \frac{1}{2}\varepsilon E^2 dV=\int_V \frac{1}{2}DEdV \tag{5-59}$$

式中的积分遍及整个电场空间 V．

微课：静电场的能量——例题

应用案例　电器接地与危险区域

一般的电力设备都要有接地的装置，其目的除保证电力设备正常工作外，更重要的是保证人与电力设备的安全．因此，也称为保护接地．

接地的方法是将金属导体埋入土中，再用接地线将设备与导体连接起来．埋入地内的导体或导体系统称为接地体．接地体与接地线总称为接地装置．电流由接地体流向大地，通常将接地装置对地的电压和流入地中的电流的比值称为接地电阻．它实际上包括接地体本身的电阻、接地导线的电阻、接地体与地之间的接触电阻及地中电阻．但前三者的电阻一般都比地中的电阻为小，因此，可近似用地中的流散电阻作为接地电阻．

当电流通地时，在地面上将产生电压降，而人在接地体附近行走时，因为两脚跨距之间存在电压降，则此电压降在人体内会形成环行电流，该电流可能会对人体生命构成威胁．为此，需要研究地中电流之分布．要讨论电流的分布，首先要计算流散电阻．

一般电力设备是在频率 50~60 Hz 条件下工作的．因此，地中的电流场可用静电模拟法讨论．计算接地电阻时，须知土壤的电导率，而土壤的电导率与土壤结构及成分有关，一般是非均匀的．因为土壤的电导率很小(平均约为 $10^{-2}\ S\cdot m^{-1}$)，在离接地体不远的地方，电流密度已大为减小，所以在 20 m 左右的范围

内，电导率 γ 可视为均匀的，电流从导体向各方向流散．因为导体的电导率远比土壤大，接地体表面可视为等势体，接地体附近的电流线垂直于该导体．

设接地体是一半径为 a 的半球形导体，如图 5-51 所示．球表面是个等势面，其电势为 V_0（取 $V_\infty=0$）．自接地体流出的电流为 I，到离球心为 r 处的电流密度 j_r 为

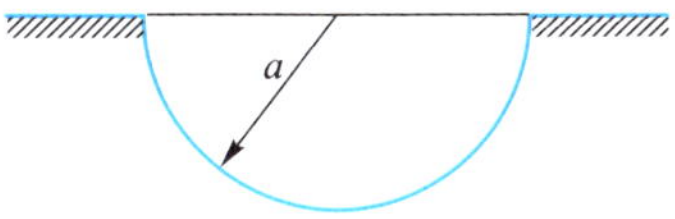

图 5-51　半球形接地体

$$j_r=\frac{I}{2\pi r^2}$$

按电流场中电流密度 $\boldsymbol{j}$ 与电场强度 $\boldsymbol{E}$ 之关系 $\boldsymbol{j}=\gamma\boldsymbol{E}$ 可得

$$E_r=\frac{j_r}{\gamma}=\frac{I}{2\pi r^2\gamma}$$

于是球面上（$r=a$）的电势为

$$V_a=\int_a^\infty \boldsymbol{E}\cdot \mathrm{d}\boldsymbol{r}=\frac{I}{2\pi a\gamma}$$

从而可得半球形接地体的流散电阻为

$$R=\frac{V_a}{I}=\frac{1}{2\pi a\gamma}=\frac{1}{2\pi}\frac{\rho}{a}$$

式中，γ 为电导率，ρ 为电阻率，$\rho=\dfrac{1}{\gamma}$.

当接地体是一半径为 a 的球体（图 5-52）时，由上述讨论可得在离球心为 r 处的电流密度 j_r 为

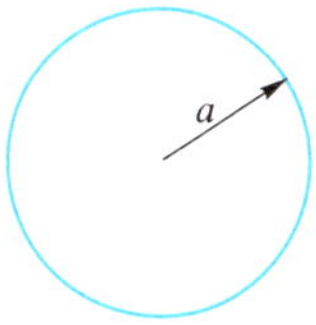

图 5-52　半径为 a 的球形接地体

$$j_r=\frac{I}{4\pi r^2}$$

因而球面上（$r=a$）的电势为

$$V_a=\frac{I}{4\pi a\gamma}$$

于是球形接地体的流散电阻为

$$R=\frac{V_a}{I}=\frac{1}{4\pi a\gamma}=\frac{1}{4\pi}\frac{\rho}{a}$$

当电流在土壤中流过时，在地面上，任意两点间有电压降．一般来说，人的跨步距离 b 约为 0.8 m，在此距离之间的电压称为跨步电压．若接地体是一半球形导体，则距半球体为 r 处的跨步电压为

$$U=\int_r^{r+b}\boldsymbol{E}\cdot \mathrm{d}\boldsymbol{r}=\frac{I}{2\pi\gamma}\left(\frac{1}{r}-\frac{1}{r+b}\right)$$

$$=V_a\frac{ab}{r(r+b)}$$

若接地体是一球形导体，距球体为 r 处的跨步电压为

$$U=\int_{r}^{r+b}\boldsymbol{E}\cdot\mathrm{d}\boldsymbol{r}=\frac{I}{4\pi\gamma}\left(\frac{1}{r}-\frac{1}{r+b}\right)$$
$$=V_a\frac{ab}{r(r+b)}$$

由于实际上影响安全的是通过人体的电流，当通过人体的工频电流达 0.1 A 时就会危及生命．因此，跨步电压不得大于安全值（我国规定为 50～70 V）．跨步电压大于安全值 U_K 的区域为危险区．操作者应避开此区域．如何确定区域范围呢？若以半球接地体的球心为中心，以 r_0 为半径作一圆，并规定在此圆内为危险区域．由下式

$$U_K=\int_{r_0-b}^{r_0}\boldsymbol{E}\cdot\mathrm{d}\boldsymbol{r}=V_a a\left(\frac{1}{r_0-b}-\frac{1}{r_0}\right)\approx\frac{ab}{r_0^2}V_a$$

可得

$$r_0=\sqrt{\frac{V_a ab}{U_K}}=\sqrt{\frac{IRab}{U_K}}$$

由上式可见，要缩小危险区域的范围，需减小流散电阻 R．为此，一般采用增大、增长接地体的几何尺寸．但这个办法对土壤电阻率较高的地区，收效不大且不经济．所以，有时采用降阻剂设法降低接地体的电阻，缩小危险区．总而言之，对操作者应明确电力设备的危险区，确保安全生产，对设计者应设法缩小危险区，留出更大的安全空间．

——摘自马文蔚等主编的《物理学原理在工程技术中的应用》（第四版）

思考题

5-1 在电场中引入试验电荷时，为什么要求试验电荷是点电荷，并且所带电荷量必须足够小？

5-2 电荷在电场中某点受到的电场力很大，该点的电场强度是否也一定很大？

5-3 如果把一个质量为 m 的点电荷 q 放在电场中，由静止释放，该电荷是否沿着电场线运动？

5-4 如果高斯面上电场强度处处为零，能否肯定此高斯面内一定没有电荷？

5-5 沿着电场线移动正试验电荷时，它的电势能是增加还是减少？

5-6 在电场中，电场强度为零的地方，电势是否一定为零？电势为零的地方，电场强度是否一定为零？请举例说明．

5-7 带正电的物体电势是否一定为正？电势等于零的物体是否一定不带电？

5-8 在地球表面附近，电场强度的方向指向地面，试分析在地面上电势随高度增加还是减少．

5-9 用一个带电的金属小球与一个不带电的大金属球相接触，小球上的电荷会全部传到大球上去吗？为什么？

5-10 为什么高压电器设备上的金属部件的表面要尽可能不带棱角?

5-11 微波炉的壳体都用金属材料制成,用于观察的玻璃炉门上还附有金属网格,这是为什么?

5-12 为什么带电棒能吸引轻小的物体?试从电介质的极化加以解释.

5-13 有人认为,一个电容器带电荷量多时电容大,带电荷量少时电容小,这种说法是否正确?为什么?

5-14 在一平行板电容器两极板间平行插入一金属板,金属板的厚度为两极板间距的一半,插入金属板后,该电容器的电容有何变化?

5-15 增大平行板电容器两极板的间距,该电容器的电容有何变化?两极板的电势差有何变化?极板上的电荷有何变化?极板间的电场强度有何变化?分别考虑以下两种情况:

(1) 电容器充电后切断电源;

(2) 电容器始终连接在电源上.

习题

5-1 点电荷如图所示分布,试求 P 点的电场强度.

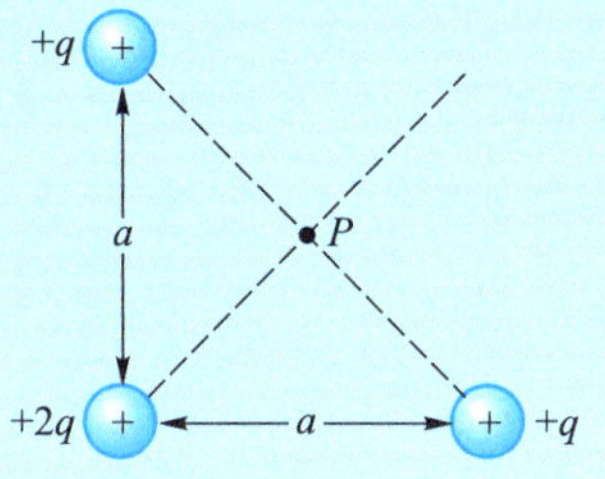

习题 5-1 图

5-2 电荷 Q 均匀分布在长为 L 的细直棒上,求:

(1) 在棒的延长线,离棒中心为 r 处的电场强度;

(2) 在棒的垂直平分线上,离棒中心为 r 处的电场强度.

5-3 如图所示,一个半圆环线带电体,沿其左半部分均匀分布电荷量 $+Q$,沿其右半部分均匀分布电荷量 $-Q$. 试求圆心 O 处的电场强度.

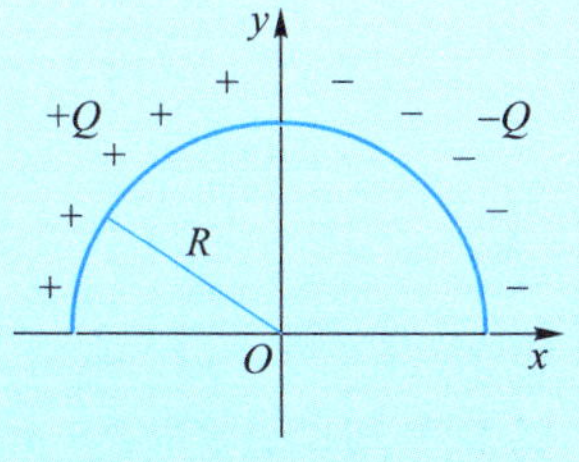

习题 5-3 图

5-4 一环形薄片由细绳悬吊着,环的外半径为 R,内半径为 $R/2$,并有电荷量 Q 均匀分布在环面上. 细绳长 $3R$,也有电荷量 Q 均匀分布在绳上,如图所示. 试求圆环中心 O 处的电场强度.

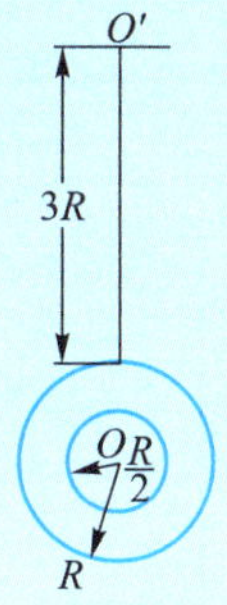

习题 5-4 图

5-5 如图所示,虚线所示为一立方形的高斯面,已知空间场强分别为: $E_x = bx, E_y = 0, E_z = 0$. 高斯面边长 $a = 0.1$ m,常量 $b = 1\ 000$ N·C^{-1}·m^{-1},试求该闭合面内包含的净电荷($\varepsilon_0 = 8.85\times10^{-12}$ C^2·N^{-1}·m^{-2}).

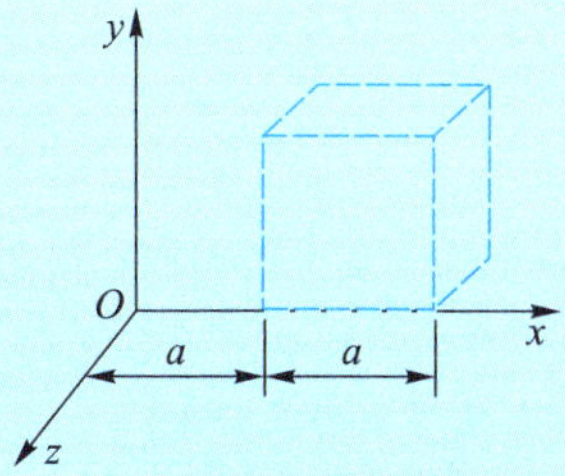

习题 5-5 图

5-6 地球周围的大气犹如一部大电机，由于雷雨云和大气气流的作用．在晴天区域大气电离层总是带有大量的正电荷，地球表面必然带有负电荷．晴天大气电场平均电场强度约为 120 $V \cdot m^{-1}$，方向指向地面．试求地球表面单位面积所带的电荷（以每平方厘米的电子数表示）．

5-7 一半径为 R 的带电球体，其电荷体密度分布为

$$\rho=\begin{cases}\dfrac{qr}{\pi R^4}, & r\leqslant R\\ 0, & r>R\end{cases}$$

式中 q 为一正的常量，试求：

（1）带电球体的总电荷量；

（2）球内、外各点的电场强度．

5-8 如图所示，一个半径为 R_1 的"无限长"圆柱体，沿轴线方向单位长度所带的电荷量为 λ，外面套一个半径为 R_2 的"无限长"同轴圆柱面，单位长度所带的电荷量为 $-\lambda$，求整个空间的电场强度．

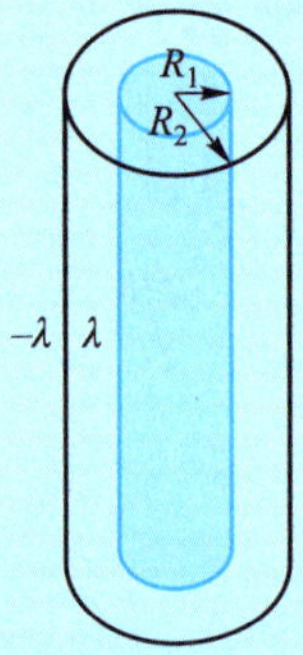

习题 5-8 图

5-9 已知一匀强电场的电场强度表达式为 $\boldsymbol{E}=(200\boldsymbol{i}+300\boldsymbol{j})$ $V \cdot m^{-1}$，求点 a(4 m，2 m) 和点 b(2 m，0) 间的电势差 U_{ab}．

5-10 两个均匀带电的同心球面的半径分别为 R_1 和 R_2，各自带有电荷量 Q_1 和 Q_2，求：

（1）空间各区域电势的分布；

（2）两球面的电势差．

5-11 半径为 R 的半球面，均匀带有电荷，电荷面密度为 σ，求其球心处的电势．

5-12 如图所示，一同轴"无限长"圆筒，内半径 $R_1=R_0$，外半径 $R_2=2R_0$，内、外圆筒均匀带正、负电荷，且知外圆筒与内圆筒的电势差为 $U=U_0$，试求电子在内圆筒 R_1 处（内圆筒外）所受的电场力的大小．

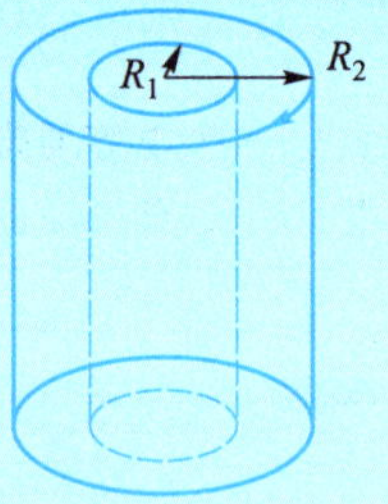

习题 5-12 图

5-13 如图所示，半径分别为 R_1、R_2 的均匀带电半圆环，若电荷面密度为 σ，求环心 O 处的电势．

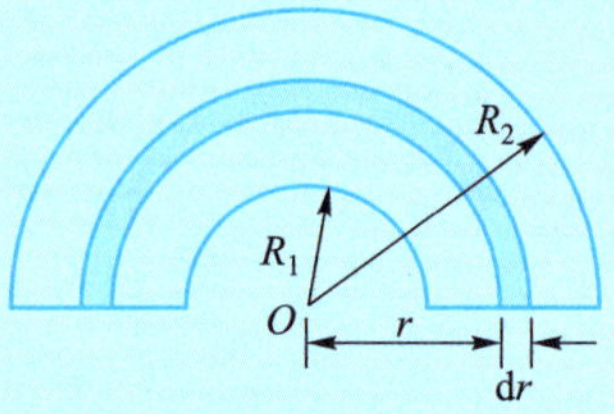

习题 5-13 图

5-14 如图所示，为两个半径均为 R 的非导体球壳，表面上均匀带电，带电荷量分别为 $+Q$ 和 $-Q$，两球心相距为 d($d>2R$)．求两球心间的电势差．

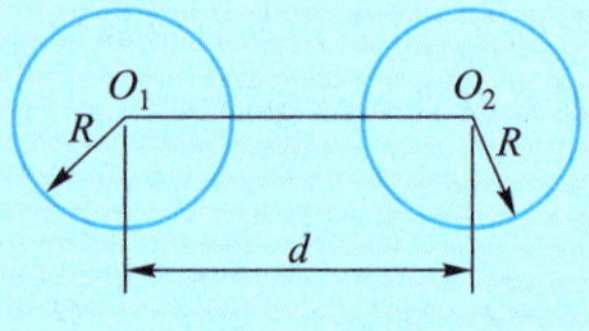

习题 5-14 图

5-15 如图所示．在 x 轴上放置一端在原点($x=0$)长为 l 的细棒，细棒上分布着 $\lambda=kx$ 的正电荷，其中 k 为常量．若取无限远处电势为零．试求：

(1) y 轴上任一点 P 的电势；

(2) 试用场强与电势关系求 E_y.

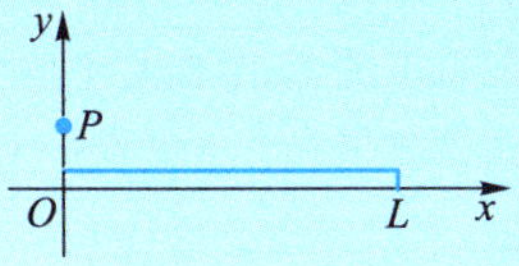

习题 5-15 图

5-16 如图所示，一半径为 R 的均匀带正电圆环，其电荷线密度为 λ. 在其轴线上有 A、B 两点，它们与环心的距离分别为 $OA=\sqrt{3}R$, $OB=\sqrt{8}R$. 一质量为 m、带电荷量为 q 的粒子从 A 点运动到 B 点．求在此过程中电场力所做的功．

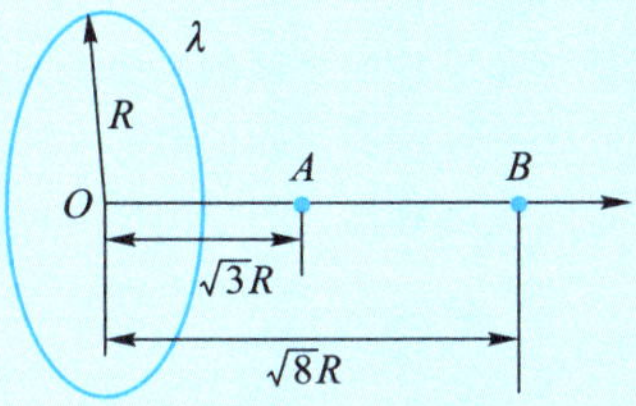

习题 5-16 图

5-17 如图所示，在真空中将半径为 R 的金属球接地，在与球心 O 相距为 $r(r>R)$ 处放置一点电荷 q，不计接地导线上电荷的影响，求金属球表面上的感应电荷总量．

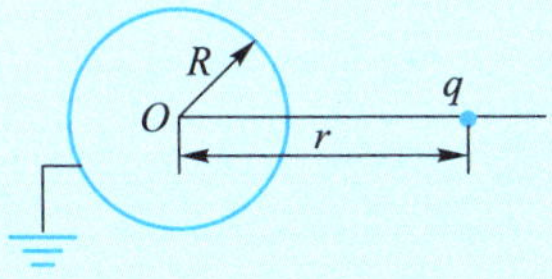

习题 5-17 图

5-18 点电荷 q 处在导体球壳的中心，壳的内、外半径分别为 R_1 和 R_2，如图所示，求场强和电势分布，并画出 $E-r$ 和 $V-r$ 曲线．

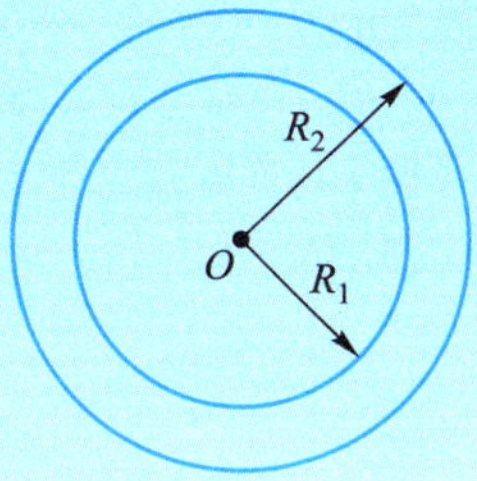

习题 5-18 图

5-19 如图所示，在半径为 R 的金属球外，有一与金属球同心的均匀各向同性的电介质球壳，其外半径为 R'，球壳外面为真空．电介质的相对电容率为 ε_r，金属球所带电荷量为 Q. 求：

(1) 电介质内、外的电场强度分布；

(2) 电介质内、外的电势分布．

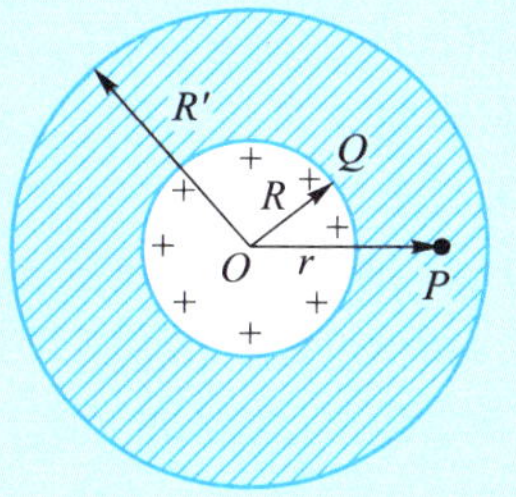

习题 5-19 图

5-20 极板面积为 S、间距为 d 的平行板电容器，中间有两层厚度各为 d_1 和 $d_2(d_1+d_2=d)$，相对电容率各为 ε_{r1} 和 ε_{r2} 的电介质层，如图所示，当上、下极板所带电荷的面密度为 $\pm\sigma$ 时，试求：

(1) 两层介质中的 D 和 E；

(2) 极板间电势差．

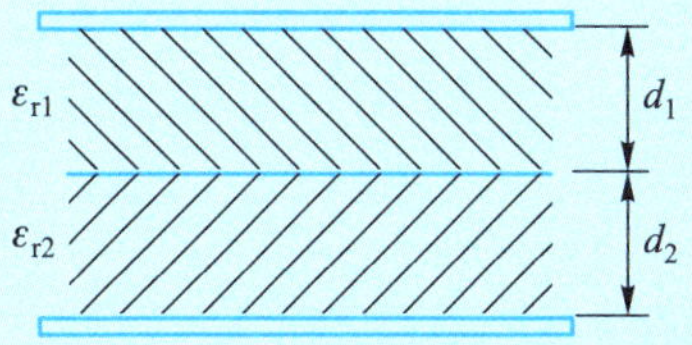

习题 5-20 图

5-21 如图所示，一半径为 a 的导体球，被围在内半径为 b、外半径为 c，相对电容率为 ε_r 的介质同心球壳内，若导体球带电荷量为 Q，求整个空间的电场强度分布和导体球表面的电势．

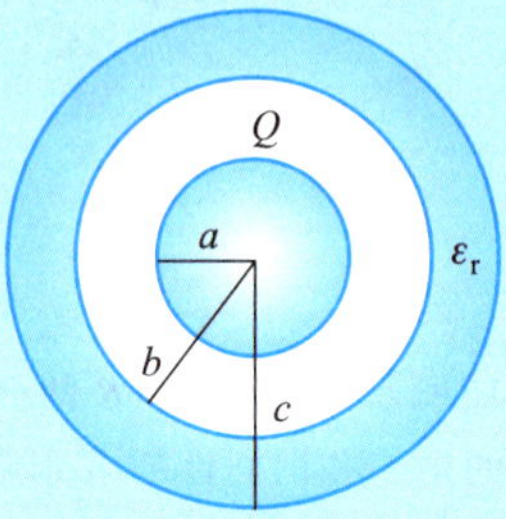

习题 5-21 图

5-22 电容式计算机键盘的每一个键下面连接一小块金属片，金属片与底板上的另一块金属片间保持一定空气间隙，构成一小电容器(如习题 5-22 图所示)．当按下按键时电容发生变化，通过与之相连的电子线路向计算机发出该键相应的代码信号．假设金属片面积为 50.0 mm^2，两金属片之间的距离是 0.600 mm．如果电路能检测出的电容变化量是 0.250 pF，试问按键需要按下多大的距离才能给出必要的信号？

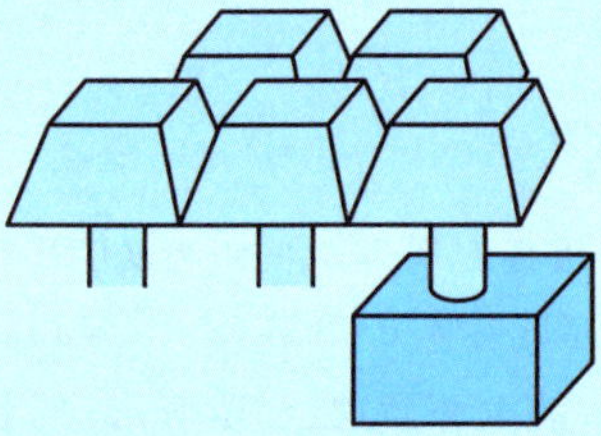
习题 5-22 图

5-23 两电容器的电容之比 $C_1:C_2=1:2$.

(1) 把它们串联后接到电压一定的电源上充电，它们的电能之比是多少？

(2) 如果是并联充电，电能之比是多少？

(3) 在上述两种情况下电容器系统的总电能之比又是多少？

5-24 一均匀带电球体，半径为 R，总电荷量为 Q，试求其产生的电场的能量．

5-25 如图所示，半径为 R_1、长为 l 的圆柱导体，外面套一个半径为 R_2、长为 l 的同轴圆柱面，圆柱导体的电荷线密度为 $-\lambda$，圆柱面的电荷线密度为 λ，圆柱体与圆柱面之间的空间充满相对电容率为 ε_r 的电介质．求：

(1) 圆柱体与圆柱面之间的电势差；

(2) 圆柱体与圆柱面之间的电容；

(3) 圆柱体与圆柱面之间空间储存的电场能量．

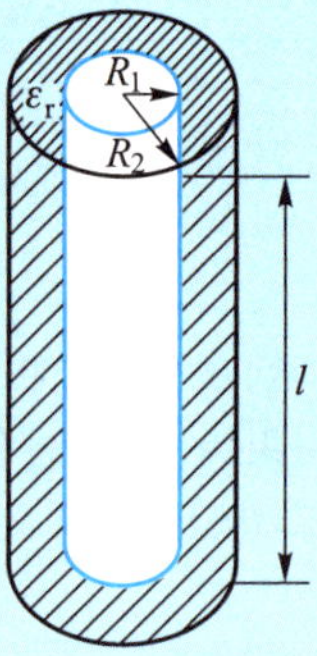

习题 5-25 图

第 5 章参考答案

第 6 章　恒定磁场

在静止电荷的周围存在着电场．如果电荷在运动，那么在它的周围就不仅有电场，而且还有磁场．这就是说电荷在导体中做恒定流动时（恒定电流）在它周围将激发起恒定磁场．磁场也是物质的一种形态，它只对运动电荷或电流施加作用，可用磁感应强度和磁场强度描写．如果磁场中有实物物质存在，在磁场作用下，其内部状态将发生变化，并反过来影响磁场的分布，这就是物质的磁化过程．

本章首先介绍描述磁场的重要物理量——磁感应强度，然后着重讨论毕奥-萨伐尔定律、磁场的高斯定理、安培环路定理、洛伦兹力公式、安培定律以及它们的应用．

NOTE

6-1　磁场　磁感应强度

6-1-1 磁现象

人们发现磁现象要比发现电现象早得多．根据历史记载，约在公元前 600 年人们就发现天然磁石（Fe_3O_4）能吸引铁的现象．

磁现象和电现象虽然早已被人们发现，但在很长时期内，电学和磁学被认为是互不相关、彼此独立的．直到 1820 年，丹麦物理学家奥斯特（H. Oersted）发现放在载流导线周围的磁针会受到磁场力作用而偏转；同年安培（A. Ampere）发现放在磁铁附近的载流导线也会受到磁场力的作用而发生运动，随后又发现载流导线之间的作用力和两磁铁之间的作用力遵从相似的规律，这时人们才知道磁现象与电荷的运动是密切相关的．1822 年，安培由此提出了有关物质磁性本质的假说，他认为一切磁现象的根源是电流．任何物质中的分子都存在有回路电流，称为分子电流，分子电流相当于一个基元磁铁，物质对外显示出磁性，就是物质中的

文档：电流的磁效应的发现

分子电流在外界作用下趋向于沿同一方向排列的结果．实验和近代理论都证实了一切磁现象起源于电荷的运动．静止电荷周围存在电场，运动电荷周围既有电场又有磁场．

奥斯特(1777—1851)

文档：奥斯特

微课：磁场中的基本概念

6-1-2 磁感应强度

电流(运动电荷)周围存在磁场，我们采用与研究静电场相类似的方法，在描述电场时，通过试探电荷 q_0 在电场中受力的特性，引入了电场强度 $\boldsymbol{E}=\dfrac{\boldsymbol{F}}{q_0}$ 来描述静电场的性质，在此，我们引入**试探电荷**，通过研究磁场对试探电荷的作用引入磁感应强度 $\boldsymbol{B}$ 这个物理量来定量描述磁场的性质，其地位与电场中的电场强度 $\boldsymbol{E}$ 相当．

实验发现当试探电荷在磁场中运动时，其受力具有以下特征：

(1) 当试探电荷以同一速率、不同方向通过磁场中某点 P 时，电荷所受磁场力的大小不同，方向也不同，但方向总是与试探电荷的速度方向垂直．

(2) 在磁场中的 P 点处存在着一个特定方向，当电荷沿这一特定方向(或其反方向)运动时，磁场力为零．显然，这个特定方向与试探电荷无关，它反映出磁场本身的一个性质．我们定义：**P 点处磁场的方向是沿着试探电荷通过该点时不受磁场力的方向．**

(3) 实验还发现，如果电荷在 P 点沿着与磁场方向垂直的方向运动时，所受到的磁场力最大，而且这个最大磁场力 $F_{\perp}$ 与 qv 成正比，且比值 $\dfrac{F_{\perp}}{qv}$ 在该点具有确定的量值，而与试探电荷 qv 的大小无关．由此可见，比值 $\dfrac{F_{\perp}}{qv}$ 反映该点磁场强弱的性质．

这样，从试探电荷所受磁场力的特征，可引入描述磁场中给定点性质的基本物理量——磁感应强度 $\boldsymbol{B}$，即该点磁感应强度的大小可定义为

$$B=\frac{F_{\perp}}{qv} \tag{6-1}$$

方向规定为零磁场力的方向，且应满足与运动正电荷所受最大磁

场力 $\boldsymbol{F}_{\perp}$ 的方向和速度 $\boldsymbol{v}$ 的方向成右手螺旋关系，即对正电荷而言，可由矢积 $\boldsymbol{F}_{\perp}\times\boldsymbol{v}$ 的方向确定 $\boldsymbol{B}$ 矢量的方向．由这种规定所确定的磁场方向与用小磁针的 N 极来确定的磁场方向是一致的．

图 6-1 分别描述了正、负电荷的运动方向与磁场方向一致和垂直时的受力情况．

在国际单位制中，磁感应强度 $\boldsymbol{B}$ 的单位是特［斯拉］，用 T 表示．

$$1\ \mathrm{T}=1\ \frac{\mathrm{N}}{\mathrm{A\cdot m}}$$

$\boldsymbol{B}$ 较早使用的单位是高斯，用 G 表示，现已不推荐使用．它与 T 的关系为

$$1\ \mathrm{G}=10^{-4}\ \mathrm{T}$$

表 6-1 为自然界中一些物体磁感应强度大小的近似值．

表 6-1 自然界中一些物体的磁感应强度的大小（近似值） 单位：T

中子星	10^{8}	地球赤道附近	3×10^{-5}
超导电磁铁	5~40	蟹状星云内	10^{-8}
电视机内偏转磁场	0.1	人体表面	3×10^{-10}
小型条形磁铁近旁	10^{-2}	磁屏蔽室内	3×10^{-14}

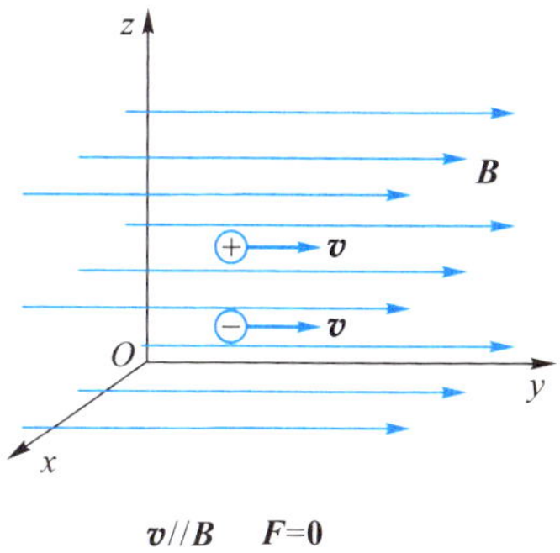

(a)

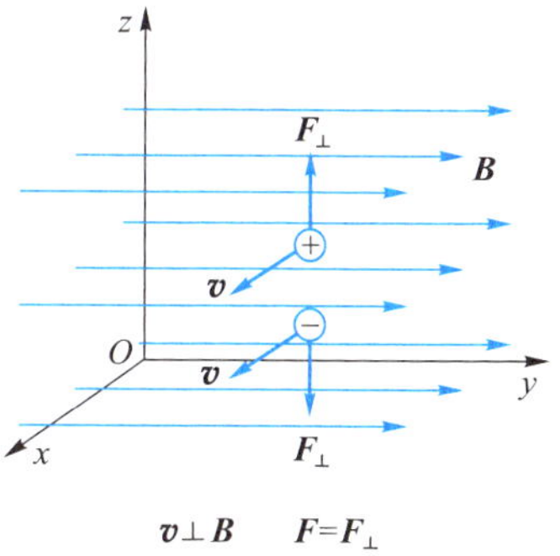

(b)

图 6-1 运动电荷在磁场中受力

6-2 磁通量 磁场的高斯定理

6-2-1 磁感线

微课：磁场中的高斯定理

文档：法拉第“场”思想的提出

为了形象地反映磁场的分布情况，如同在静电场中用电场线来表示静电场分布那样，我们用一些假想的线来形象地描绘磁场的分布．我们规定曲线上每一点的切线方向就是该点的磁感应强度 $\boldsymbol{B}$ 的方向，而曲线的疏密程度则表示该点磁感应强度 $\boldsymbol{B}$ 的大小，这样的线称为磁感线或 $\boldsymbol{B}$ 线，$\boldsymbol{B}$ 的大小也称为磁感线数密度．

磁感线和电场线及“场”的概念是由法拉第提出来的，它是物理学中极具想象力的具有开创意义的见解．爱因斯坦甚至认为，它的价值要比电磁感应的发现高出许多．爱因斯坦对科学家

的想象力给予了高度评价，他说："想象力比知识更重要，因为知识是有限的，而想象力概括着世界上的一切，推动着进步，并且是知识进化的源泉．"

在实验上可借助于小磁针或铁屑很容易地把磁感线显示出来．在水平放置的玻璃板上，撒上铁屑，使长直导线穿过玻璃板并通以电流，铁屑就被磁化，变成小磁针，轻轻地敲击玻璃板，铁屑就会有规则地排列起来，显示出磁感线的分布图像．图 6-2 和图6-3显示了几种不同形状的电流所激发的磁场的磁感线图．

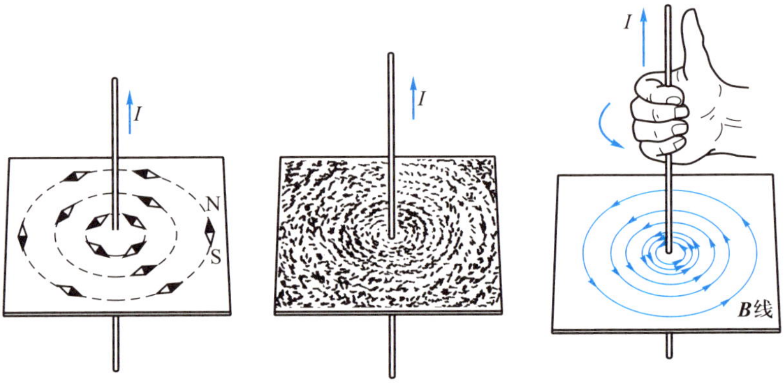

图 6-2 载流长直导线的磁感线

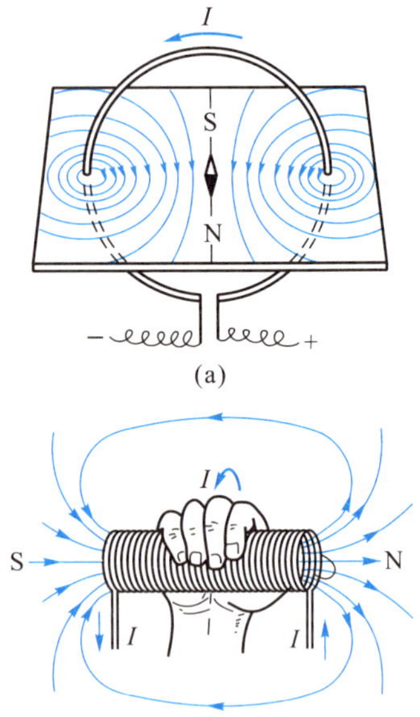

图 6-3 圆电流和载流长直螺线管的磁感线

从磁感线图示中可以得到一个重要的结论：在任何磁场中，每一条磁感线都是无头无尾的闭合曲线，并与电流相互套链，磁感线的环绕方向和电流流向成右手螺旋关系，如图 6-2(c) 所示．磁感线的这一特征与静电场中的电场线不同．

6-2-2 磁通量 磁场的高斯定理

在磁场中，通过一给定曲面的总磁感线数，称为通过该曲面的**磁通量**，用 Φ 表示．

在磁感应强度为 $\boldsymbol{B}$ 的均匀磁场中，有一面积为 S 的平面，该平面的法线方向与磁感应强度方向之间的夹角为 θ. 按磁通量的定义，通过 S 面的磁通量为

$$\Phi = BS\cos\theta$$

写成矢量标积的形式，即

$$\Phi = \boldsymbol{B} \cdot \boldsymbol{S}$$

规定 $\boldsymbol{S}$ 的方向为该面的面法线方向，即 $\boldsymbol{S} = S\boldsymbol{e}_n$.

下面讨论对于非均匀磁场中的任意曲面其磁通量的计算．

如图 6-4(b)所示，在曲面上取面积元 d$\boldsymbol{S}$，d$\boldsymbol{S}$ 的法线方向与该点处磁感应强度方向之间的夹角为 θ，则通过面积元 d$\boldsymbol{S}$ 的磁通量为

$$\mathrm{d}\Phi = B\cos\theta \mathrm{d}S \tag{6-2a}$$

或写成矢量标积的形式

$$\mathrm{d}\Phi = \boldsymbol{B}\cdot\mathrm{d}\boldsymbol{S} \tag{6-2b}$$

所以通过有限曲面 S 的磁通量为

$$\Phi = \int_S \boldsymbol{B}\cdot\mathrm{d}\boldsymbol{S} \tag{6-3}$$

在国际单位制中，磁通量的单位为 $\mathrm{T\cdot m^2}$，也称 Wb(韦[伯]).

对闭合曲面来说，一般规定由内向外为正法线方向，这样，磁感线从闭合曲面穿出，磁通量为正，穿入则为负．由于磁感线为闭合线，因此穿入闭合曲面的磁感线数必然等于穿出闭合曲面的磁感线数，所以通过任一闭合曲面的总磁通量必然为零，即

$$\oint_S \boldsymbol{B}\cdot\mathrm{d}\boldsymbol{S} = 0 \tag{6-4}$$

上式称为磁场的高斯定理，是电磁场理论的基本方程之一，它与静电学中的高斯定理 $\oint_S \boldsymbol{E}\cdot\mathrm{d}\boldsymbol{S} = \dfrac{\sum q_i}{\varepsilon_0}$ 相对应，这两个方程的差别反映出磁场和静电场是两类不同特性的场，磁场是无源场，磁感线是无头无尾的闭合曲线；而静电场是有源场，电场线起始于正电荷，终止于负电荷或无穷远处．

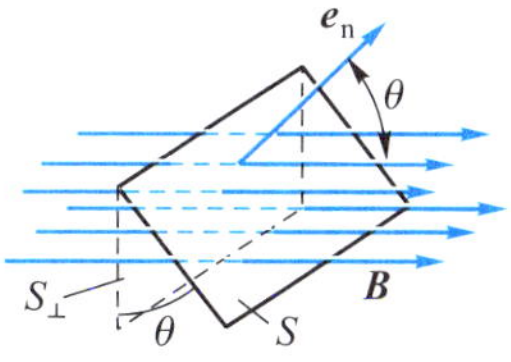

(a)

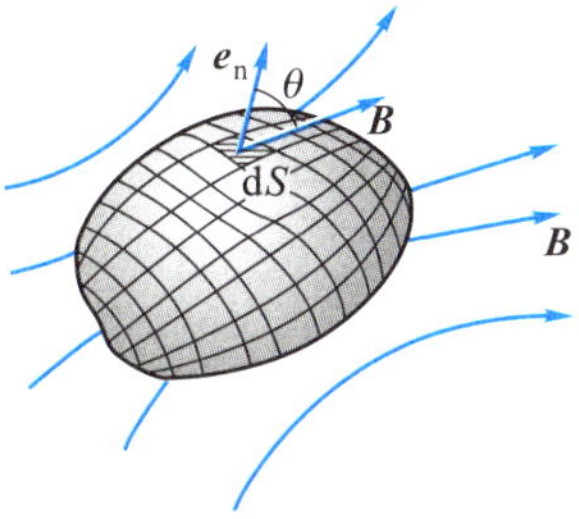

(b)

图 6-4 磁通量

6-3 毕奥-萨伐尔定律

6-3-1 毕奥-萨伐尔定律

微课：毕奥-萨伐尔定律

在静电场中，我们先从库仑定律出发，求出点电荷激发的场强，然后对于任意带电体所激发的电场，采用了微元法，即先将带电体分割成许多电荷元 dq，求出电荷元在场点激发的电场强度 d$\boldsymbol{E}$，再应用场强叠加原理，便可求出任意带电体周围的电场强度 $\boldsymbol{E}$，与此相似，为了求出任意形状载流导线周围的磁场，我们可以把载流导线看做无穷多小段载流导线的集合，各小段载流导线称为电流元，并用矢量 $I\mathrm{d}\boldsymbol{l}$ 表示，d$\boldsymbol{l}$ 表示沿电流方向的线元，I 为导线中的电流．任意形状载流导线激发的磁场等于各段电流元所

激发的磁场的矢量和．那么，电流元 $I\mathrm{d}\boldsymbol{l}$ 与它所激发的磁感应强度$\mathrm{d}\boldsymbol{B}$之间有怎样的关系呢？

毕奥-萨伐尔以实验为基础，研究了电流元激发磁场的规律，拉普拉斯又经过科学抽象得到了电流元 $I\mathrm{d}\boldsymbol{l}$ 在空间任一点 P 所激发的磁感应强度 $\mathrm{d}\boldsymbol{B}$ 的大小为

$$\mathrm{d}B=\frac{\mu_0}{4\pi}\frac{I\mathrm{d}l\sin\theta}{r^2} \tag{6-5a}$$

式中 r 是从电流元所在点到场点 P 的矢量 $\boldsymbol{r}$ 的大小，θ 为 $I\mathrm{d}\boldsymbol{l}$ 和 $\boldsymbol{r}$ 之间小于 180°的夹角．$\mathrm{d}\boldsymbol{B}$ 的方向垂直于 $I\mathrm{d}\boldsymbol{l}$ 和 $\boldsymbol{r}$ 组成的平面，指向为由 $I\mathrm{d}\boldsymbol{l}$ 经 θ 角转向 $\boldsymbol{r}$ 时的右螺旋前进方向（图 6-5）．在国际单位制中，$\mu_0=4\pi\times10^{-7}\ \mathrm{T\cdot m\cdot A^{-1}}$，称为真空磁导率．

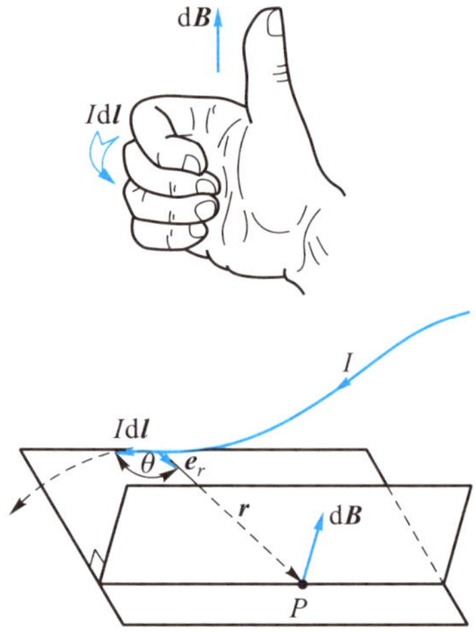

图 6-5 电流元所激发的磁感应强度

式（6-5a）用矢量式表示，则有

$$\mathrm{d}\boldsymbol{B}=\frac{\mu_0}{4\pi}\frac{I\mathrm{d}\boldsymbol{l}\times\boldsymbol{r}}{r^3} \tag{6-5b}$$

式（6-5）称为毕奥-萨伐尔定律，是计算载流导线周围磁场的基本公式，任意载流导线周围的磁感应强度可由式（6-5）求得：

$$\boldsymbol{B}=\int\mathrm{d}\boldsymbol{B}=\int\frac{\mu_0}{4\pi}\frac{I\mathrm{d}\boldsymbol{l}\times\boldsymbol{r}}{r^3} \tag{6-6}$$

需要指出的是，毕奥-萨伐尔定律是根据大量实验事实进行分析后得出的结果，但在实验上我们无法得到电荷能在其中做恒定运动的电流元，所以式（6-5）不能直接用实验来验证．但把式（6-6）用于各种形状的载流导线时，计算得到的结果与实验结果相符，这就间接证明了式（6-5）的正确性，同时也证明了磁感应强度 $\boldsymbol{B}$ 与电场强度 $\boldsymbol{E}$ 一样也遵循叠加原理．

6-3-2 毕奥-萨伐尔定律的应用举例

微课：毕奥-萨伐尔定律应用举例

1. 载流长直导线的磁场

设在真空中有通有电流 I 的长直导线 CD，要计算离直导线距离为 r_0的 P 点的磁感应强度，我们首先在直导线上任取一电流元 $I\mathrm{d}\boldsymbol{z}$，如图 6-6 所示．根据毕奥-萨伐尔定律，该电流元在 P 点处所激发的磁感应强度为

$$\mathrm{d}\boldsymbol{B}=\frac{\mu_0}{4\pi}\frac{I\mathrm{d}\boldsymbol{z}\times\boldsymbol{r}}{r^3}$$

$\mathrm{d}\boldsymbol{B}$ 方向由 $I\mathrm{d}\boldsymbol{z}\times\boldsymbol{r}$ 确定，即垂直于 $I\mathrm{d}\boldsymbol{z}$ 和 $\boldsymbol{r}$ 组成的平面（图 6-6）．由于长直导线上每一个电流元在 P 点激发的磁感应强度 $\mathrm{d}\boldsymbol{B}$ 的

方向都是一致的，所以矢量积分 $\boldsymbol{B}=\int \mathrm{d}\boldsymbol{B}$ 可改变为标量积分：

$$B=\int \mathrm{d}B=\int_{CD}\frac{\mu_0}{4\pi}\frac{I\mathrm{d}z\sin\theta}{r^2}$$

式中 z、r、θ 都是变量，但它们是有联系的，必须统一积分变量，然后才能积分．由图 6-6 可见

$$r=\frac{r_0}{\sin\theta},\quad z=-r_0\cot\theta,\quad \mathrm{d}z=\frac{r_0\mathrm{d}\theta}{\sin^2\theta}$$

从而

$$B=\frac{\mu_0 I}{4\pi r_0}\int_{\theta_1}^{\theta_2}\sin\theta\mathrm{d}\theta=\frac{\mu_0 I}{4\pi r_0}(\cos\theta_1-\cos\theta_2)\qquad(6-7)$$

对于“无限长”的载流直导线，取 $\theta_1=0$，$\theta_2=\pi$，因此由上式可求得

$$B=\frac{\mu_0 I}{4\pi r_0}(\cos 0-\cos\pi)=\frac{\mu_0 I}{2\pi r_0}\qquad(6-8)$$

这与实验结果完全符合．

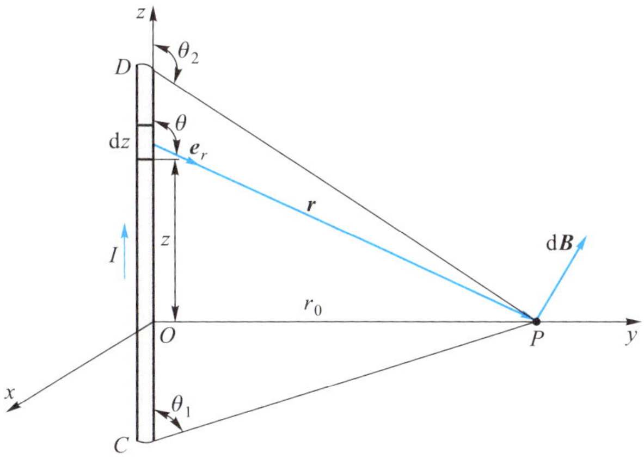

图 6-6 载流长直导线附近磁场的计算

2. 圆形载流线圈轴线上的磁场

设在真空中有一半径为 R 的圆形电流线圈，通以电流 I，如图 6-7 所示．在圆上任取一电流元 $I\mathrm{d}\boldsymbol{l}$，建立如图 6-7 所示坐标系，该电流元在 P 点激发的磁感应强度 $\boldsymbol{B}$ 的大小为

$$\mathrm{d}B=\frac{\mu_0}{4\pi}\frac{I\mathrm{d}l\sin 90^\circ}{r^2}$$

方向垂直于 $I\mathrm{d}\boldsymbol{l}$ 和 $\boldsymbol{r}$ 组成的平面（图 6-7），各电流元在 P 点激发的磁感应强度大小相等，方向各不相同，但各 $\mathrm{d}\boldsymbol{B}$ 与轴线成一相等的夹角 α．我们把 $\mathrm{d}\boldsymbol{B}$ 分解为平行于轴线的分矢量 $\mathrm{d}B_x=\mathrm{d}B\cos\alpha$ 和垂直于轴线的分矢量 $\mathrm{d}B_\perp=\mathrm{d}B\sin\alpha$．由于对称关系，任一直径两端的电流元在 P 点的磁感应强度的垂直轴线的分矢量 $\mathrm{d}B_\perp$ 大小

相等，方向相反，相互抵消．所以 P 点磁感应强度为圆形线圈上所有电流元的 $\mathrm{d}B_x$ 的代数和，即

$$B=\int_l \mathrm{d}B_x=\int_l \mathrm{d}B\cos\alpha=\int_l \frac{\mu_0}{4\pi}\cdot\frac{I\mathrm{d}l}{r^2}\cos\alpha$$

由于 $\cos\alpha=\dfrac{R}{r}$，且对给定点 P 来说，r、I 和 R 都是常量，有

$$B=\frac{\mu_0}{4\pi}\frac{IR}{r^3}\int_0^{2\pi R}\mathrm{d}l=\frac{\mu_0}{2}\frac{R^2I}{r^3}=\frac{\mu_0}{2}\frac{R^2I}{(R^2+x^2)^{3/2}} \tag{6-9}$$

$\boldsymbol{B}$ 的方向垂直于圆形导线平面，沿 Ox 轴正方向．

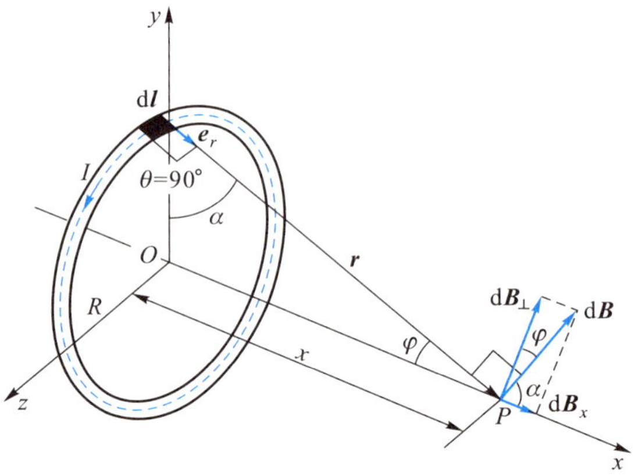

图 6-7 圆形电流线圈轴线上磁场的计算

讨论：

(1) 在圆心 O 点处，$x=0$，由上式得

$$B_0=\frac{\mu_0 I}{2R} \tag{6-10}$$

(2) 在远离线圈处，即 $x\gg R$ 时，轴线上各点的 B 值近似为

$$B=\frac{\mu_0}{2}\frac{R^2I}{x^3}=\frac{\mu_0}{2\pi}\frac{IS}{x^3} \tag{6-11}$$

引入 $\boldsymbol{m}=IS\boldsymbol{e}_\mathrm{n}$，代入上式，得

$$\boldsymbol{B}=\frac{\mu_0}{2\pi}\frac{\boldsymbol{m}}{x^3}$$

因为上式和电偶极子轴线上一点场强公式相似，所以我们把 $\boldsymbol{m}$ 称为**载流线圈的磁矩**，它的大小等于 IS，它的方向与线圈平面的法线方向相同（由线圈中电流流向按右手螺旋定则确定，见图 6-8），$\boldsymbol{e}_\mathrm{n}$ 表示法线方向的单位矢量．

微课：磁矩

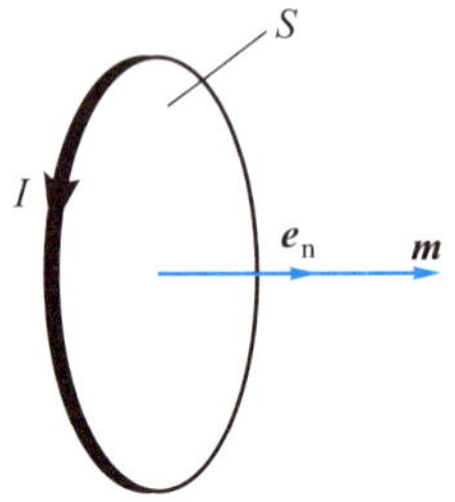

图 6-8 磁矩

如果线圈有 N 匝，则磁场加强 N 倍，这时线圈磁矩定义为

$$\boldsymbol{m}=NIS\boldsymbol{e}_\mathrm{n} \tag{6-12}$$

6-4 安培环路定理及其应用

微课:磁场中的安培环路定理

6-4-1 安培环路定理

在研究静电场时,我们根据电场力做功的特点,知道静电场是保守场,电场力做功与路径无关,只与始、末位置有关,则电场强度沿一闭合路径的积分等于零,即 $\oint_l \boldsymbol{E}\cdot \mathrm{d}\boldsymbol{l}=0$,这是静电场的一个重要特征,并由此引入电势这个物理量来描述静电场.

对由恒定电流所激发的磁场,我们研究磁感应强度沿一闭合曲线的线积分 $\oint_l \boldsymbol{B}\cdot \mathrm{d}\boldsymbol{l}$(又称 $\boldsymbol{B}$ 的环流),看它是否也等于零.由于 $\boldsymbol{B}$ 线总是闭合曲线,可以预期,对任一闭合曲线,$\boldsymbol{B}$ 的环流可以不为零.和 $\boldsymbol{E}$ 的环流不同,$\boldsymbol{B}$ 的环流不具有功的意义,但它的规律却揭示了磁场的一个重要特性.

下面通过"无限长"载流直导线周围磁场的特例具体计算 $\boldsymbol{B}$ 沿闭合路径的线积分.

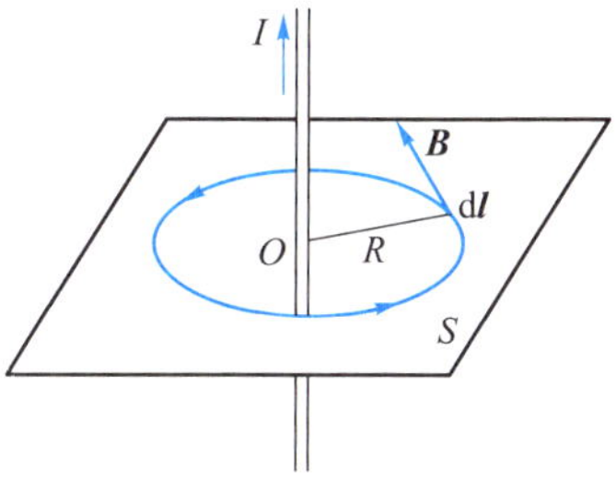

图 6-9 "无限长"载流直导线以 O 为圆心的环路

如图 6-9 所示,取一平面与载流直导线垂直,并以该平面与导线的交点 O 为圆心,在平面上作一半径为 R 的圆周.由式(6-8)可知,在该圆周上任意点的磁感应强度 $\boldsymbol{B}$ 的大小均为 $B=\dfrac{\mu_0 I}{2\pi R}$. 若选定圆周绕向为逆时针方向,则圆周上每一点 $\boldsymbol{B}$ 的方向与线元 $\mathrm{d}\boldsymbol{l}$ 的方向相同,即 $\boldsymbol{B}$ 与 $\mathrm{d}\boldsymbol{l}$ 之间的夹角 $\theta=0°$. 这样,$\boldsymbol{B}$ 沿着上述圆周的积分为

$$\oint_l \boldsymbol{B}\cdot \mathrm{d}\boldsymbol{l}=\oint_l B\cos\theta \mathrm{d}l=\oint_l \frac{\mu_0 I}{2\pi R}\mathrm{d}l=\frac{\mu_0 I}{2\pi R}\oint_l \mathrm{d}l=\mu_0 I$$

如果闭合回路不是以 O 为圆心的圆,而仅是在垂直于载流导线平面内包围载流导线的任意曲线,如图 6-10 所示,曲线上任一点的磁感应强度大小 $B=\dfrac{\mu_0 I}{2\pi r}$,方向如图 6-10(b)所示.由图可知 $\mathrm{d}l\cos\theta=r\mathrm{d}\varphi$,按图中所示的绕行方向沿这条闭合曲线 $\boldsymbol{B}$ 的线积分将为

$$\oint_l \boldsymbol{B}\cdot \mathrm{d}\boldsymbol{l}=\oint_l B\cos\theta \mathrm{d}l=\oint_l Br\mathrm{d}\varphi=\oint_l \frac{\mu_0 I}{2\pi r}r\mathrm{d}\varphi=\frac{\mu_0 I}{2\pi}\int_0^{2\pi}\mathrm{d}\varphi=\mu_0 I$$

上述结果表明,$\boldsymbol{B}$ 的环流与闭合曲线的形状无关,它只和闭合曲线内所包围的电流有关.

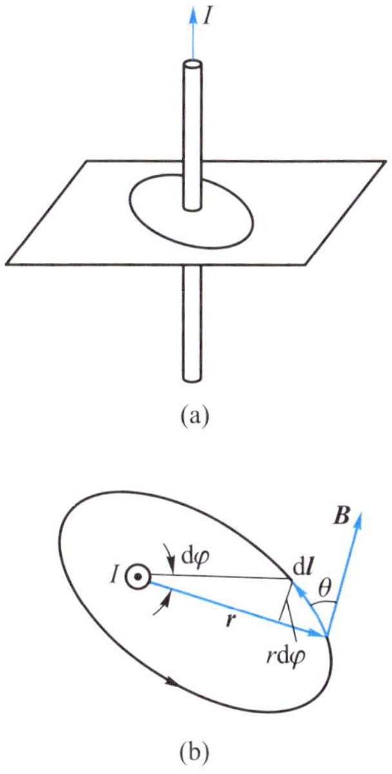

图 6-10 不以交点 O 为圆心的环路

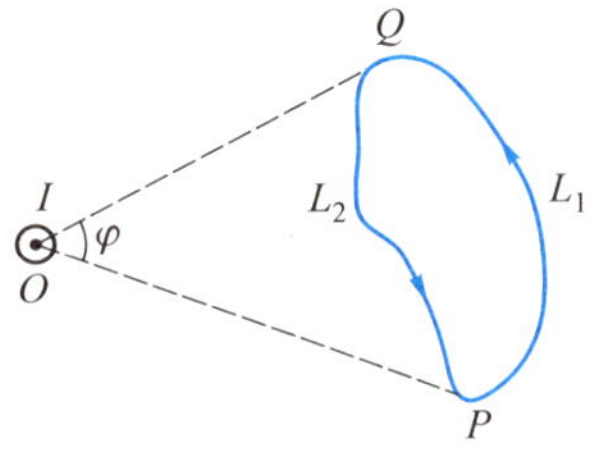

图 6-11 L 不包围电流的情况

如果所选闭合曲线中没有包围电流，如图 6-11 所示，我们从 O 点作闭合曲线的两条切线 OP 与 OQ，切点 P 和 Q 把闭合曲线分割为 L_1 和 L_2 两部分．按上面同样的分析，可以得出

$$\oint_l \boldsymbol{B}\cdot \mathrm{d}\boldsymbol{l}=\int_{L_1}\boldsymbol{B}\cdot \mathrm{d}\boldsymbol{l}+\int_{L_2}\boldsymbol{B}\cdot \mathrm{d}\boldsymbol{l}=\frac{\mu_0 I}{2\pi}\left(\int_{L_1}\mathrm{d}\varphi-\int_{L_2}\mathrm{d}\varphi\right)=0$$

即闭合曲线不包围电流时，$\boldsymbol{B}$ 的环流为零．

以上结果虽然是从长直载流导线的磁场的特例导出的，但其结论具有普遍性，对任意几何形状的通电导线的磁场都是适用的，而且当闭合曲线包围多根载流导线时也同样适用，故一般可写成

$$\oint_l \boldsymbol{B}\cdot \mathrm{d}\boldsymbol{l}=\mu_0\sum_i I_i \qquad (6-13)$$

上式表达了电流与它所激发的磁场之间的普遍规律，称为**安培环路定理**，可表述如下：

在真空的恒定磁场中，磁感应强度 $\boldsymbol{B}$ 沿任一闭合路径的积分（即 $\boldsymbol{B}$ 的环流）的值，等于 μ_0 乘以该闭合路径所包围的各电流的代数和．

上式中，电流流向若与积分回路成右手螺旋关系，电流取正值；反之，电流则取负值．

应当注意，定理中的电流 I 只是穿过环路的电流，它说明 $\boldsymbol{B}$ 的环流只和穿过环路的电流有关，而与未穿过环路的电流无关，但是环路上任一点的磁感应强度 $\boldsymbol{B}$ 却是所有电流（无论是否穿过环路）激发的场在该点叠加后的总场强．另外，定理仅适用于闭合的载流导线，而对于任意设想的一段载流导线是不成立的．

$\boldsymbol{B}$ 的环流不一定等于零，表明磁场不是保守场，它不是有势场，一般不能引进标量势的概念来描述磁场，这说明磁场和静电场的性质有着本质的区别．

安培（1775—1836）

文档：安培

6-4-2 安培环路定理的应用举例

微课：安培环路定理的应用

安培环路定理以积分形式表达了恒定电流和它所激发的磁场间的普遍关系，而毕奥-萨伐尔定律是部分电流和部分磁场相联系的微分形式．原则上两者都可以用来求解已知电流分布的磁场问题，但当电流分布具有某种对称性时，利用安培环路定理能很简单地算出磁感应强度来．下面举几个例子来说明．

1. 载流长直螺线管内的磁场

设有绕得很紧密且均匀的长螺线管，通有电流 I．由于螺线

管相当长，所以管内中间部分的磁场可以看成“无限长”螺线管内的磁场．这时，再根据电流分布的对称性，可确定管内的磁感线是一系列与轴线平行的直线，而且在同一磁感线上各点的 $\boldsymbol{B}$ 相同，在管的外侧，磁场很弱，可以忽略不计．

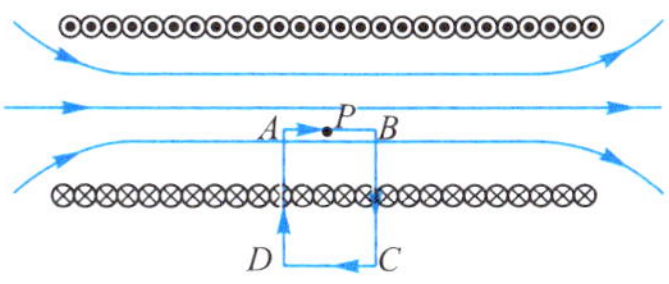

图 6-12 长直螺线管内的磁场的计算

为了计算管内中间部分一点 P 的磁感应强度，可以通过 P 点作一矩形闭合回路 $ABCD$，如图 6-12 所示．在线段 CD 上，以及在线段 BC 和 DA 的管外部分，因为在螺线管外，$B=0$．在 BC 和 DA 的位于管内部分，虽然 $B\neq 0$，但 $\mathrm{d}\boldsymbol{l}$ 与 $\boldsymbol{B}$ 垂直，即

$$\boldsymbol{B}\cdot\mathrm{d}\boldsymbol{l}=0$$

线段 AB 上各点磁感应强度大小相等，方向都与积分路径 $\mathrm{d}\boldsymbol{l}$ 一致，即从 A 到 B，则 $\boldsymbol{B}$ 沿闭合回路 $ABCD$ 的线积分为

$$\oint_l \boldsymbol{B}\cdot\mathrm{d}\boldsymbol{l}=\int_{AB}\boldsymbol{B}\cdot\mathrm{d}\boldsymbol{l}+\int_{BC}\boldsymbol{B}\cdot\mathrm{d}\boldsymbol{l}+\int_{CD}\boldsymbol{B}\cdot\mathrm{d}\boldsymbol{l}+\int_{DA}\boldsymbol{B}\cdot\mathrm{d}\boldsymbol{l}$$
$$=\int_{AB}\boldsymbol{B}\cdot\mathrm{d}\boldsymbol{l}=B\times|AB|$$

设螺线管的长度为 l，共有 N 匝线圈，则单位长度上的匝数 $n=\dfrac{N}{l}$，回路 $ABCD$ 所包围的电流的代数和为 $|AB|\times nI$，电流方向与回路成右手螺旋关系，故为正．于是，由安培环路定理，得

$$\oint_l \boldsymbol{B}\cdot\mathrm{d}\boldsymbol{l}=B\times|AB|=\mu_0\times|AB|\times nI$$

所以 $$B=\mu_0 nI$$

或 $$B=\frac{\mu_0 NI}{l}$$

由于矩形回路是任取的，不论 AB 段在管内任何位置，上式都成立．因此，“无限长”螺线管内任一点的 B 值均相同，方向平行于轴线，即“无限长”螺线管内中间部分的磁场是一个均匀磁场．利用毕奥-萨伐尔定律也能算出以上结果，但计算过程较繁．

2. 载流螺绕环内的磁场

绕在环形管上的一组圆形电流形成螺绕环，如图 6-13 所示．如果环上的线圈绕得很紧密，则磁场几乎全部集中在螺绕环内，环外磁场接近于零．由于对称性，环内磁场的磁感线都是一些同心圆，圆心在通过环心垂直于环面的直线上．在同一条磁感线上各点磁感应强度的大小相等，方向处处沿圆的切线方向，并和环面平行．

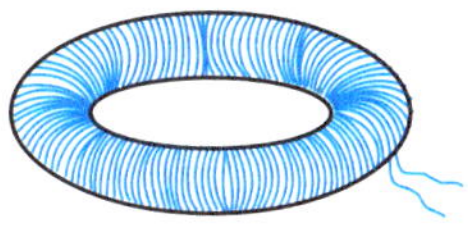
(a) 螺绕环

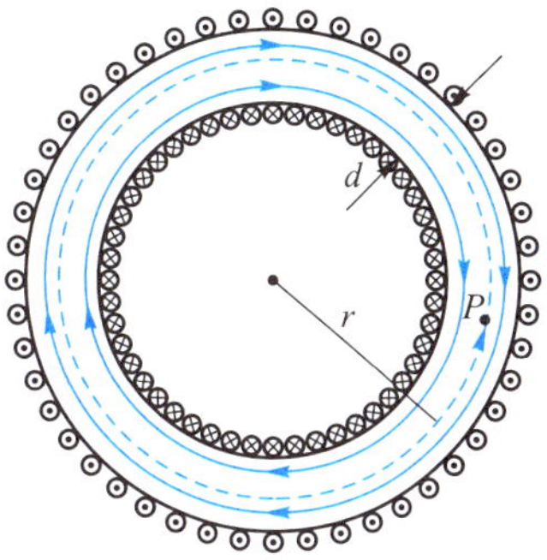

(b) 螺绕环内的磁场

图 6-13 载流螺绕环内的磁场

为了计算管内某一点 P 的磁感应强度，可选择通过 P 点的磁感线 l 作积分回路，由于线上任一点磁感应强度 $\boldsymbol{B}$ 的大小相

等，方向都与 $d\boldsymbol{l}$ 方向相同，故得 $\boldsymbol{B}$ 的环流为

$$\oint_l \boldsymbol{B} \cdot d\boldsymbol{l} = B\oint_l dl = B \cdot 2\pi r$$

式中 r 为回路的半径．设环上线圈的总匝数为 N，电流为 I，则由安培环路定理，得

$$\oint_l \boldsymbol{B} \cdot d\boldsymbol{l} = B \cdot 2\pi r = \mu_0 NI$$

计算出 P 点的磁感应强度为

$$B = \frac{\mu_0 NI}{2\pi r}$$

可以看出，螺绕环内的磁场与 r 有关．

3. “无限长”载流圆柱体内、外的磁场

在 6-3 中，我们用毕奥-萨伐尔定律计算了“无限长”载流直导线的磁场，当时认为导线的电流是线电流，而实际上，导线都有一定的半径，流过导线的电流是分布在整个截面内的．

设圆柱截面的半径为 R，恒定电流沿轴线方向流动，并呈轴对称分布，当所考察的场点 P 离导线的距离比 P 点离导线两端的距离小得多时，可以把导线看做无限长的．在该区域内，磁场对圆柱形轴线具有对称性，磁感线是在垂直轴线平面内以轴线为中心的同心圆．过 P 点取一半径为 r 的磁感线为积分回路，由于线上任一点的 $\boldsymbol{B}$ 的量值相等，方向与该点 $d\boldsymbol{l}$ 的方向一致，所以 $\boldsymbol{B}$ 的环流为

$$\oint_l \boldsymbol{B} \cdot d\boldsymbol{l} = B\oint_l dl = B \cdot 2\pi r$$

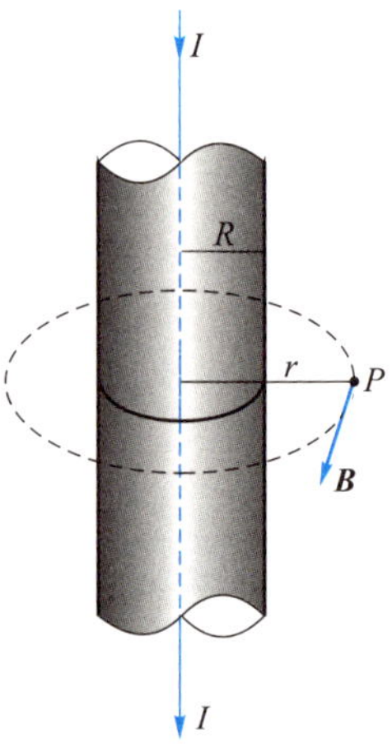

图 6-14 “无限长”圆柱体外一点的磁场计算

如果 $r>R$（图 6-14），全部电流 I 穿过积分回路，由安培环路定理得

$$B \cdot 2\pi r = \mu_0 I$$

即

$$B = \frac{\mu_0 I}{2\pi r}$$

由此可见，长圆柱形载流导线外的磁场与长直载流导线激发的磁场相同．

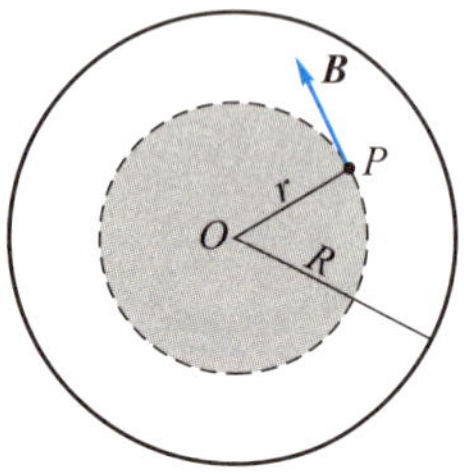

图 6-15 “无限长”圆柱体内一点的磁场计算

如果 $r<R$，即在圆柱形导线内部（图 6-15），由于导线的电流是均匀分布在圆柱形导线截面上的，则穿过积分回路的电流应是 $\frac{I}{\pi R^2}\pi r^2$，应用安培环路定理，得

$$\oint_l \boldsymbol{B} \cdot d\boldsymbol{l} = B \cdot 2\pi r = \mu_0 \frac{I}{\pi R^2}\pi r^2$$

由此求出导线内 P 点的磁感应强度为

$$B=\frac{\mu_0}{2\pi}\frac{Ir}{R^2}$$

可见在圆柱形导线的内部，磁感应强度与离轴线的距离 r 成正比．

图 6-16 所示是磁感应强度与离轴线的距离 r 的关系曲线．

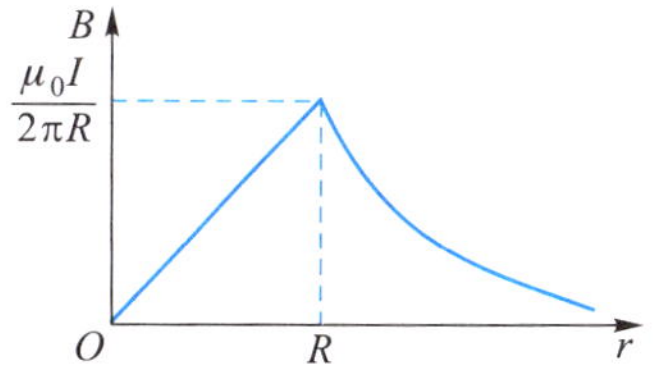

图 6-16 磁感应强度与离轴线的距离 r 的关系曲线

6-5 带电粒子在磁场中所受作用及其运动

6-5-1 洛伦兹力

微课：磁场中的带电粒子

视频：阴极射线管

运动电荷在磁场中受到的磁场力，称为洛伦兹力．在 6-1 节中已指出，当带电粒子沿磁场方向运动时，作用在带电粒子上的磁场力为零；当带电粒子的运动方向与磁场方向相互垂直时，所受的磁场力最大，记作 F_{m}，其值为

$$F_{\mathrm{m}}=qvB$$

并且磁场力 $\boldsymbol{F}_{\mathrm{m}}$、电荷运动速度 $\boldsymbol{v}$ 和磁感应强度 $\boldsymbol{B}$ 三者相互垂直．

在一般情况下，如果带电粒子运动的方向与磁场方向的夹角为 θ，则所受磁场力 $\boldsymbol{F}$ 的大小为

$$F=qvB\sin\theta$$

方向垂直于 $\boldsymbol{v}$ 和 $\boldsymbol{B}$ 组成的平面，指向由 $\boldsymbol{v}$ 经小于 180°的角转向 $\boldsymbol{B}$ 的右手螺旋定则决定，如图 6-17 所示，用矢量式表示为

$$\boldsymbol{F}=q\boldsymbol{v}\times\boldsymbol{B} \tag{6-14}$$

在普遍情形下，若带电粒子在既有电场 $\boldsymbol{E}$ 又有磁场 $\boldsymbol{B}$ 的区域里运动时，作用在带电粒子上的力应为电场力 $q\boldsymbol{E}$ 和洛伦兹力 $q\boldsymbol{v}\times\boldsymbol{B}$ 之和，即

$$\boldsymbol{F}=q(\boldsymbol{E}+\boldsymbol{v}\times\boldsymbol{B}) \tag{6-15}$$

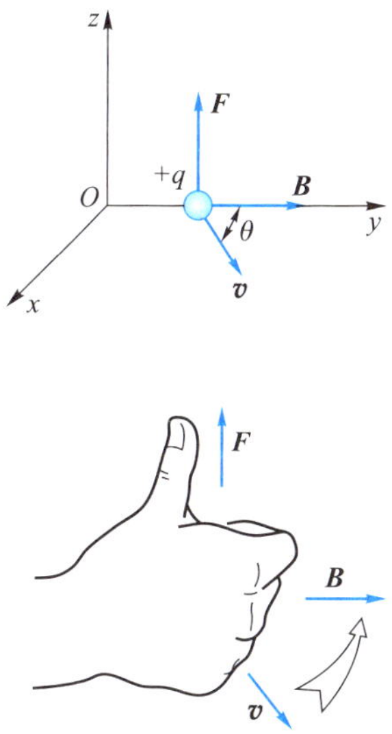

图 6-17 带电粒子所受的力

6-5-2 带电粒子在均匀磁场中的运动

在匀强磁场 $\boldsymbol{B}$ 中，质量为 m、电荷量为 q 的粒子以初速度 $\boldsymbol{v}_0$ 进入均匀磁场．

微课：磁场中带电粒子的应用

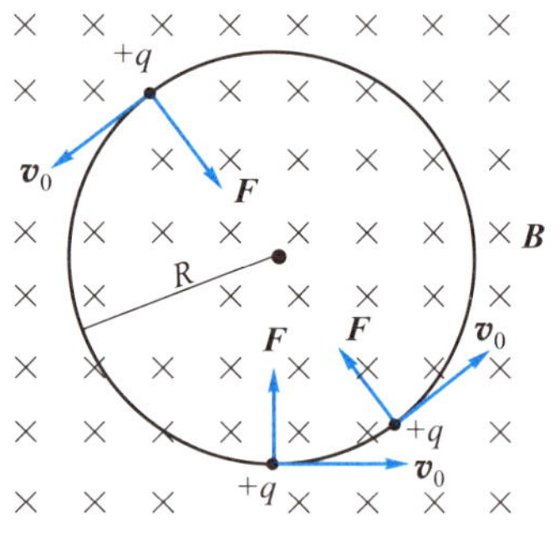

图 6-18 $\boldsymbol{v}_0$ 与 $\boldsymbol{B}$ 垂直的情况

（1）当 $\boldsymbol{v}_0$ 与 $\boldsymbol{B}$ 垂直时，如图 6-18 所示，如果略去重力作用，则作用在带电粒子上的力仅为洛伦兹力 $\boldsymbol{F}$，其值为 $F=qv_0B$，而方向垂直于 $\boldsymbol{v}_0$ 与 $\boldsymbol{B}$ 组成的平面．因此，带电粒子进入磁场后将以速度 v_0 做匀速圆周运动．由牛顿第二定律求得带电粒子做匀速圆周运动的半径为

$$R=\frac{mv_0}{qB} \tag{6-16}$$

轨道半径与带电粒子运动速度 $\boldsymbol{v}_0$ 的大小成正比，与磁感应强度 $\boldsymbol{B}$ 的大小成反比．

带电粒子做圆周运动的周期为

$$T=\frac{2\pi R}{v_0}=\frac{2\pi m}{qB} \tag{6-17a}$$

单位时间内粒子所绕的圈数叫做回旋频率，用 f 表示，有

$$f=\frac{1}{T}=\frac{qB}{2\pi m} \tag{6-17b}$$

从上式可看出，对于同一种带电粒子来说，周期或回旋频率与其运动速度的大小无关，这一点被应用在回旋加速器中．

（2）一般情况下，$\boldsymbol{v}_0$ 与 $\boldsymbol{B}$ 之间的夹角为 θ，如图 6-19 所示．

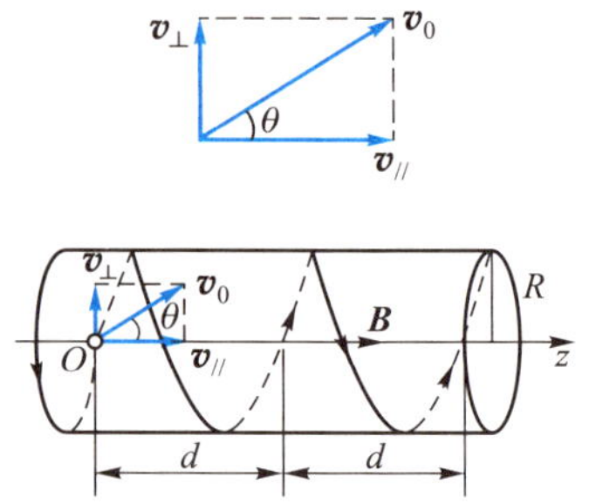

图 6-19 $\boldsymbol{v}_0$ 与 $\boldsymbol{B}$ 夹角为 θ 的情况

把 $\boldsymbol{v}_0$ 分解为：平行于 $\boldsymbol{B}$ 的纵向分矢量 $\boldsymbol{v}_{//}$ 和垂直于 $\boldsymbol{B}$ 的横向分矢量 $\boldsymbol{v}_\perp$，它们的值分别为 $v_{//}=v_0\cos\theta$ 和 $v_\perp=v_0\sin\theta$. 带电粒子一方面在磁场 $\boldsymbol{B}$ 的方向上以速度 $\boldsymbol{v}_{//}$ 做匀速直线运动，另一方面在与 $\boldsymbol{B}$ 垂直的方向上以速度 $v_\perp$ 做半径 $R=\dfrac{mv_\perp}{qB}$ 的匀速圆周运动．这样带电粒子的轨迹将是一条等螺距的螺旋线，其螺距为

$$d=v_{//}T=\frac{2\pi mv_{//}}{qB}$$

上式表明，带电粒子每回旋一周所前进的距离（即螺距）d 与 $v_\perp$ 无关，只与 $v_{//}$ 成正比．

图 6-20 磁透镜

运动电荷在磁场中做螺旋运动，被应用于磁聚焦技术．从电子枪出来的电子都有相同速率 v_0，但 $\boldsymbol{v}_0$ 与 $\boldsymbol{B}$ 之间有一发散角 θ，θ 很小，这就使 $v_{//}=v_0\cos\theta\approx v_0$，这样它们经过同一周期，在相同地方 $d=\dfrac{2\pi mv_{//}}{qB}$ 处相遇．这就是匀强磁场对带电粒子流的磁聚焦原理．它被广泛应用于电真空器件，特别是电子显微镜．实际应用中是用短线圈产生的非均匀磁场来完成对带电粒子流的磁聚焦作用，通常称这种短线圈为磁透镜，如图 6-20 所示．

6-5-3 霍耳效应

如图 6-21 所示，把一块宽为 b、厚为 d 的导电板放在磁感应强度为 $\boldsymbol{B}$ 的磁场中，并在导电板中通以纵向电流，此时在板的横向两侧面 A、A'之间就呈现出一定的电势差 U_H，这种现象称为**霍耳效应**．它是 1879 年霍耳发现的，所产生的电势差 U_H 称为**霍耳电压**．实验表明，霍耳电压与所加的磁场 B、电流 I 以及板的厚度 d 有如下关系：

视频：霍耳效应

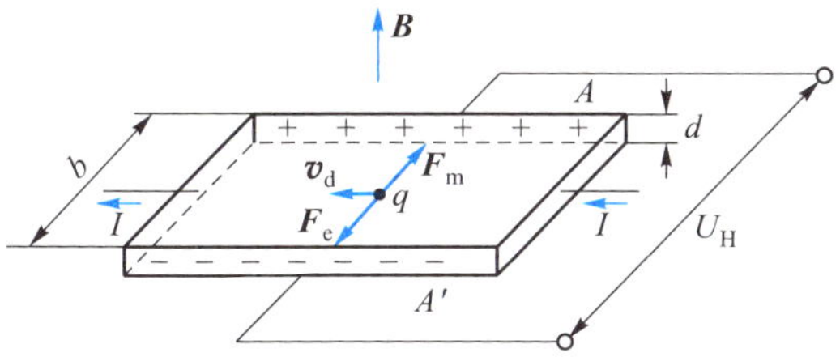

图 6-21 霍耳效应

$$U_H = K\frac{IB}{d} \tag{6-18}$$

式中 K 称为霍耳系数，它与导电材料的性质有关．如果撤去磁场，或者撤去电流，霍耳电压也随之消失．

霍耳电压 U_H 与电流 I 之比定义为霍耳电阻 R_H：

$$R_H = \frac{U_H}{I} = \frac{KB}{d}$$

这表明霍耳电阻与所加的磁场 B 有线性关系．霍耳效应最早是在金属导体中发现的，现在已经知道在半导体和导电流体（如等离子体）中也会产生．

下面用洛伦兹力来解释霍耳效应．在图 6-21 中，设导体板中的载流子为带电荷量为 q 的正电荷，其漂移速度为 $\boldsymbol{v}_d$，加上外磁场 $\boldsymbol{B}$ 后，由于受洛伦兹力 $F_m = qvB$ 作用，载流子将向板的 A 端移动，从而使 A、A'两侧面上分别有正、负电荷的积累．这样便在 A、A'间建立起静电场，于是载流子要受到一个与洛伦兹力方向相反的电场力 $\boldsymbol{F}_e$ 的作用，随着 A、A'上电荷积累的增多，$\boldsymbol{F}_e$ 也不断增大．当电场力增大到与洛伦兹力正好相等时，载流子达到了动态平衡，这时导体板 A、A'两侧面之间的横向电场称为霍耳电场 E_H，此时它与霍耳电压 U_H 的关系为

$$E_H = \frac{U_H}{b}$$

此时电场力与洛伦兹力相等，有

$$qE_H = qv_d B$$

将 E_H 代入上式，可得

$$U_H = bv_d B \tag{6-19a}$$

设导体板单位体积内的载流子数为 n，称为载流子数密度．考虑到 v_d 与电流 I 有 $I = qnv_d S$ 关系，则

$$I = qnv_d S = qnv_d bd$$

于是可将式(6-19a)改写为

$$U_H = \frac{IB}{nqd} \tag{6-19b}$$

与式(6-18)比较，可得霍耳系数为

$$K = \frac{1}{nq} \tag{6-20}$$

可见 K 与载流子数密度 n 成反比．

以上我们讨论了载流子带正电的情况，所得霍耳电压和霍耳系数亦是正的．如果载流子带负电，则产生的霍耳电压便是负的，所以从霍耳电压的正负，可以判断载流子的正负．

在金属导体中，由于自由电子的数密度很大，因而金属导体的霍耳系数很小，相应的霍耳电压也就很弱．在半导体中，载流子数密度要低得多，因而半导体的霍耳系数比金属导体大得多，所以半导体能产生很强的霍耳效应．

现在霍耳效应有多种应用，特别是用于半导体的测试．由测出的霍耳电压的正负可以判断半导体的载流子种类(是电子或是空穴)，还可以用式(6-19b)测定载流子数密度．利用半导体材料组成的霍耳元件，可用来测量磁场；测量直流或交流电路中的电流和功率；转换信号，如把直流电流转换成交流电流并对它进行调制；放大直流或交流信号等．

6-6 磁场对载流导线的作用

微课：磁场中的载流导线

6-6-1 安培定律

电流是由导线中载流子的定向运动形成的，当把载流导线放入磁场中时，这些运动的载流子将会受到洛伦兹力的作用，其结

果将表现为载流导线受到磁场的作用力.

如图 6-22 所示,我们在载流导线上任取一电流元 $I\mathrm{d}\boldsymbol{l}$,该电流元所处的磁场为 $\boldsymbol{B}$. 设导线横截面积为 S,单位体积内的载流子数为 n,每一载流子所带电荷量都是 q,假定电流元中载流子具有相同的漂移速度 v_d,在图示情形下载流子为自由电子,每个自由电子所受到的力的大小为 $F=qv_\mathrm{d}B\sin\theta$,在 $\mathrm{d}l$ 段中共有 $nS\mathrm{d}l$ 个载流子,所以这些载流子所受的力的总和就是

$$\mathrm{d}F=nS\mathrm{d}lqv_\mathrm{d}B\sin\theta$$

由于 $I=nqv_\mathrm{d}S$,所以上式可写成

$$\mathrm{d}F=I\mathrm{d}lB\sin\theta=I\mathrm{d}lB\sin\varphi$$

考虑受力方向,可写成以下矢量形式:

$$\mathrm{d}\boldsymbol{F}=I\mathrm{d}\boldsymbol{l}\times\boldsymbol{B} \tag{6-21}$$

上式称为**安培定律**,是安培首先由实验总结出来的基本规律.

知道了一段电流元受的磁场力,就可以用积分的方法求出一段有限长载流导线 L 受到的磁场力. 例如:

$$\boldsymbol{F}=\int_L I\mathrm{d}\boldsymbol{l}\times\boldsymbol{B} \tag{6-22}$$

式中 $\boldsymbol{B}$ 为各电流元所在处的"当地 $\boldsymbol{B}$".

下面我们举几个例子来说明.

1. 匀强磁场中弯曲导线所受的力

如图 6-23 所示,在均匀磁场 $\boldsymbol{B}$ 中有一段弯曲导线 ab,通有电流 I,此段导线受的磁场力为

$$\boldsymbol{F}=\int_a^b I\mathrm{d}\boldsymbol{l}\times\boldsymbol{B}=I\left(\int_a^b\mathrm{d}\boldsymbol{l}\right)\times\boldsymbol{B}$$

式中的积分是各段矢量长度元 $\mathrm{d}\boldsymbol{l}$ 的矢量和,它等于从 a 到 b 的矢量直线段 $\boldsymbol{l}$,因此得

$$\boldsymbol{F}=I\boldsymbol{l}\times\boldsymbol{B}$$

上式说明在匀强磁场中,弯曲导线受的磁场力的总和等于从起点到终点的直导线流有相同电流时受的磁场力. 在图示的情况下,$\boldsymbol{l}$ 和 $\boldsymbol{B}$ 的方向均与纸面平行,因而

$$F=IlB\sin\theta$$

此力的方向垂直纸面向外.

如果 a、b 两点重合,$l=0$,则 $F=0$. 这说明,在匀强磁场中的闭合载流回路整体上不受磁场力.

2. 非匀强磁场中导线所受的力

在一个圆柱形磁铁 N 极的正上方水平放置一半径为 R 的导线环,其中通有顺时针方向(俯视)的电流 I. 在导线环所在处磁场 $\boldsymbol{B}$ 的方向都与竖直方向成 α 角. 下面计算此导线环所受的磁场力.

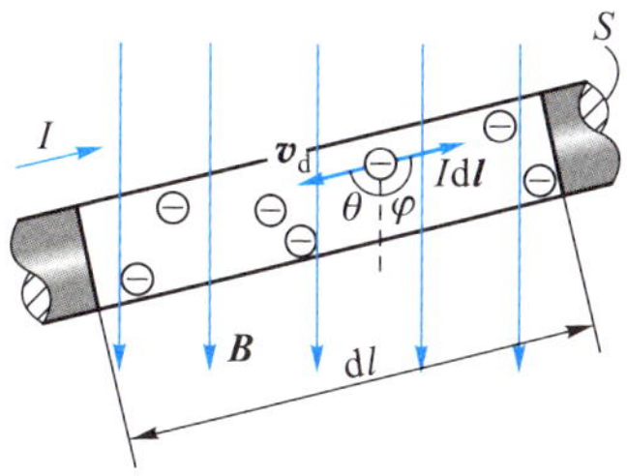

图 6-22 匀强磁场中电流元受力分析

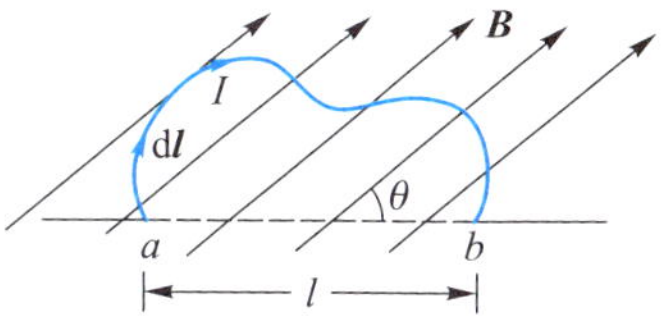

图 6-23 匀强磁场中弯曲导线受力

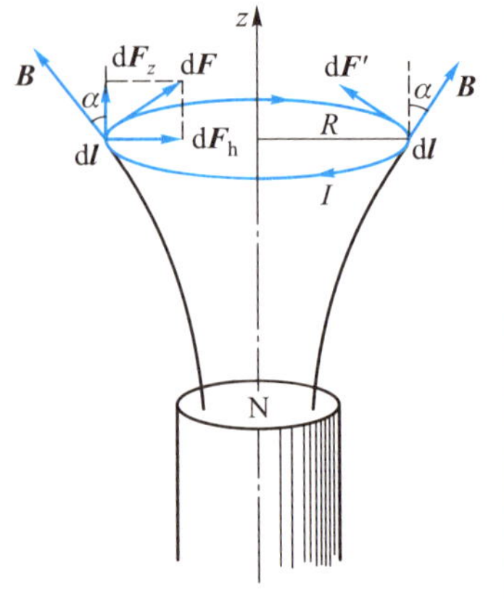

图 6-24 非匀强磁场中导线受力

微课：载流线圈在磁场中所受的力

如图 6-24 所示，在导线环上选电流元 $I\mathrm{d}\boldsymbol{l}$ 垂直纸面向里，此电流元所受的磁场力为

$$\mathrm{d}\boldsymbol{F}=I\mathrm{d}\boldsymbol{l}\times\boldsymbol{B}$$

此力的方向在纸面内垂直于磁场 $\boldsymbol{B}$.

将 $\mathrm{d}\boldsymbol{F}$ 分解为水平与竖直两个分量 $\mathrm{d}\boldsymbol{F}_h$ 和 $\mathrm{d}\boldsymbol{F}_z$. 由于磁场和电流的分布对竖直 z 轴的轴对称性，所以环上各电流元所受的磁场力 $\mathrm{d}\boldsymbol{F}$ 的水平分量 $\mathrm{d}\boldsymbol{F}_h$ 的矢量和为零．又由于各电流元的 $\mathrm{d}\boldsymbol{F}_z$ 的方向都相同，所以圆环所受的总磁场力的大小为

$$F=F_z=\int \mathrm{d}F_z=\int \mathrm{d}F\sin\alpha=\int_0^{2\pi R} IB\mathrm{d}l\sin\alpha=2IB\pi R\sin\alpha$$

此力的方向竖直向上．

6-6-2 磁场对载流线圈的作用

如图 6-25 所示，在磁感应强度为 $\boldsymbol{B}$ 的匀强磁场中，有一刚性的长方形平面载流线圈，边长分别为 l_1 和 l_2，电流为 I，设线圈的面法线方向 $\boldsymbol{e}_n$ 与磁感应强度 $\boldsymbol{B}$ 方向之间的夹角为 θ，MN、OP 边与磁场垂直．

根据安培定律，导线 NO 和 PM 所受的磁场力分别为

$$F_4=BIl_1\sin\phi$$

$$F_3=BIl_1\sin(\pi-\phi)=BIl_1\sin\phi$$

这两个力在同一直线上，大小相等而方向相反，相互抵消．

导线 MN 和 OP 所受的磁场力分别为 F_1 和 F_2，

$$F_1=F_2=BIl_2$$

这两个力大小相等，方向相反，但力的作用线不在同一直线上，因此形成一力偶，力臂为 $l_1\sin\theta$，作用在线圈上的力偶矩为

$$M=F_1l_1\sin\theta=BIl_2l_1\sin\theta=BIS\sin\theta \qquad (6\text{-}23\text{a})$$

式中 $S=l_2l_1$ 为线圈的面积．

前面定义了线圈的磁矩 $\boldsymbol{m}=IS\boldsymbol{e}_n$，上式可写成矢量式：

$$\boldsymbol{M}=\boldsymbol{m}\times\boldsymbol{B} \qquad (6\text{-}23\text{b})$$

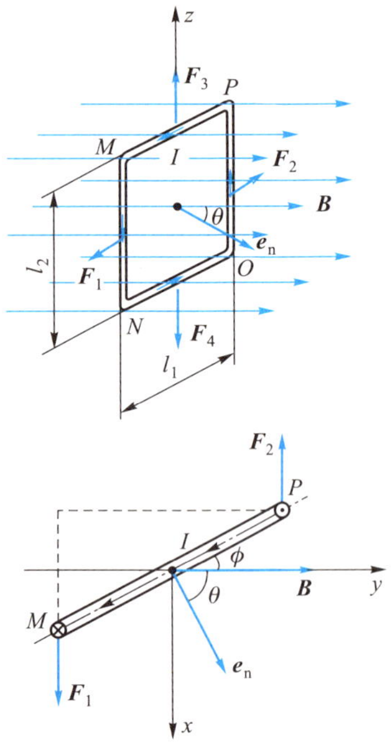

图 6-25 匀强磁场中平面载流线圈所受的磁力矩

上式不仅对长方形线圈成立，对于在匀强磁场中任意形状的平面线圈也同样成立．甚至对带电粒子沿闭合回路的运动以及带电粒子的自旋所具有的磁矩，计算在磁场中所受的磁力矩作用时也都可用上述公式．

下面讨论几种情况：

（1）当磁矩方向与磁感应强度方向相同时（即 $\theta=0°$），磁力矩为零，线圈处于稳定平衡状态［图 6-26(a)］.

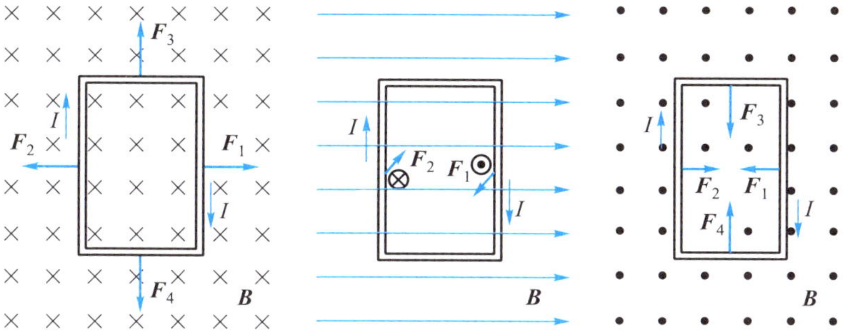

(a) $\theta=0°$　　(b) $\theta=90°$　　(c) $\theta=180°$

图 6-26　匀强磁场中载流线圈的 $\boldsymbol{m}$ 方向与磁场方向成不同角度时的磁矩

微课:载流线圈在磁场中所受的力矩

(2) 当磁矩方向与磁感应强度方向垂直时(即 $\theta=90°$),磁力矩最大,这一磁力矩有使 θ 减小的趋势[图 6-26(b)].

(3) 当磁矩方向与磁感应强度方向反平行时(即 $\theta=180°$)[图 6-26(c)],磁力矩虽然也为零,但这一平衡位置是不稳定的,线圈稍受扰动,它就会在磁力矩的作用下离开这一位置,而转到 $\theta=0°$的稳定位置上. 由此可见,磁场对载流线圈所施的磁力矩,总是促使线圈转到其线圈磁矩方向与外磁场方向相同的稳定平衡位置处.

6-7　磁介质中的磁场

6-7-1 磁介质　磁化强度

微课:磁场中的磁介质

1. 磁介质

在第 5 章中,我们已经说明了电场和电介质之间的相互作用,由于彼此影响,其结果是电介质在电场的作用下发生极化并激发附加电场,从而使电介质中的电场强度小于真空中的电场强度. 与此相似,放在磁场中的磁介质也要和磁场发生相互作用,彼此影响而被磁化,处于磁化状态的磁介质也要激发一个附加磁场,使磁介质中的磁场不同于真空中的磁场.

应当指出的是,磁介质对磁场的影响远比电介质对电场的影响要复杂得多. 不同的磁介质在磁场中的表现则是很不相同的. 假设在真空中某点的磁感应强度为 $\boldsymbol{B}_0$,放入磁介质后,因磁介质被磁化而建立的附加磁感应强度为 $\boldsymbol{B}'$,那么该点的磁感应

强度 $\boldsymbol{B}$ 应为这两个磁感应强度的矢量和，即

$$\boldsymbol{B}=\boldsymbol{B}_0+\boldsymbol{B}' \tag{6-24}$$

实验表明，附加磁感应强度 $\boldsymbol{B}'$ 的方向和大小随磁介质而异，有一些磁介质磁化后磁感应强度 $\boldsymbol{B}$ 稍大于 $\boldsymbol{B}_0$，即 $B>B_0$，这类磁介质称为**顺磁质**，如锰、铬、铂、铝、氧等都属于顺磁性物质；另一些磁介质磁化后使磁介质中的磁感应强度 $\boldsymbol{B}$ 稍小于 $\boldsymbol{B}_0$，即 $B<B_0$，这类磁介质称为**抗磁质**，如汞、铜、铋、硫、氯、氢、银、金、锌、铅等都属于抗磁性物质．一切抗磁质以及大多数顺磁质有一个共同点，那就是它们所激发的附加磁场极其微弱，$\boldsymbol{B}$ 和 $\boldsymbol{B}_0$ 相差很小．此外，还有另一类磁介质，它们磁化后所激发的附加磁感应强度 $\boldsymbol{B}'$ 远大于 $\boldsymbol{B}_0$，使得 $B\gg B_0$，这类能显著地增强磁场的物质，称为**铁磁质**，如铁、镍、钴、钆以及这些金属的合金，还有铁氧体等物质．

2. 抗磁质的磁化

在抗磁质中，外磁场为零时，每个原子或分子中所有电子的轨道磁矩和自旋磁矩的矢量和等于零，在外磁场 $\boldsymbol{B}_0$ 中电子轨道运动的平面在磁场中会发生进动，而且其轨道角动量进动的方向在任何情况下都是沿着磁场的方向，和电子轨道运动的速度方向无关，并在同一外磁场 $\boldsymbol{B}_0$ 中都以相同的角速度进动．因此，这时抗磁质中每个分子或原子中所有的电子形成一个整体绕外磁场进动，从而产生一个附加磁矩 $\Delta\boldsymbol{m}$，$\Delta\boldsymbol{m}$ 的方向与 $\boldsymbol{B}_0$ 的方向相反，大小与 $\boldsymbol{B}_0$ 的大小成正比，这样，抗磁材料在外磁场的作用下，磁体内任一体积元中大量分子或原子的附加磁矩的矢量和 $\sum\Delta\boldsymbol{m}$ 有一定的量值，结果在磁体内激发一个和外磁场方向相反的附加磁场，这就是抗磁性的起源．

抗磁性既然起源于外磁场对电子轨道运动作用的结果，应该在任何原子或分子的结构中都会产生，因此它是一切磁介质所共有的性质．

3. 顺磁质的磁化

对顺磁质而言，虽然每个原子或分子有一定的磁矩，但由于分子的无规则热运动，各个分子磁矩排列的方向是十分纷乱的，外磁场为零时，对顺磁质内任何一个体积元来说，其中各分子的分子磁矩的矢量和 $\sum\boldsymbol{m}=\boldsymbol{0}$，因而对外界不显示磁效应．在外磁场 $\boldsymbol{B}_0$ 的作用下，分子磁矩 $\boldsymbol{m}$ 的大小不改变，但是外磁场 $\boldsymbol{B}_0$ 要促使 $\boldsymbol{m}$ 绕磁场方向进动，并具有一定的能量．同时，介质中存在着大量原子或分子，由于这些原子或分子之间的相互作用和碰撞，促使分子磁矩 $\boldsymbol{m}$ 改变方向，从而改变 $\boldsymbol{m}$ 在外磁场中的能量状态．一方面，从能量的角度来看，分子磁矩要尽可能处于低的能量状态，即 $\boldsymbol{m}$ 与外磁场方向一致的状态；另一方面，分子热运动又是

破坏分子磁矩沿磁场方向有序排列的因素，使之取向不可能完全一致．当达到热平衡时，原子或分子的能量遵守玻耳兹曼分布律，处在较低能量状态的原子数或分子数比高能量状态的要多，亦即其分子磁矩 $\boldsymbol{m}$ 靠近外磁场方向的分子数较多．显然，磁场越强，温度越低，分子磁矩 $\boldsymbol{m}$ 排列也越整齐，这时，在顺磁体内任取一体积元 ΔV，其中各分子磁矩的矢量和 $\sum \boldsymbol{m}$ 将有一定的量值，因而在宏观上呈现出一个与外磁场同方向的附加磁场，这便是顺磁性的来源．

应当指出，顺磁质受到外磁场的作用后，其中的原子或分子也会产生抗磁性，但在通常情况下，多数顺磁质分子的附加磁矩 $\sum \Delta \boldsymbol{m}$ 比 $\sum \boldsymbol{m}$ 小很多，所以这些磁介质主要显示出顺磁性．

*4. 磁化强度

我们在此引入磁化强度这一物理量来表征磁介质磁化程度的强弱．在被磁化后的磁介质中，任取一体积元 ΔV，该体积元虽小，但其中仍包含有许多原子或分子，在该体积元中所有分子磁矩的矢量和为 $\sum \boldsymbol{m}$，那么磁化强度定义为

$$\boldsymbol{M}=\frac{\sum \boldsymbol{m}}{\Delta V} \tag{6-25}$$

即磁化强度为单位体积内分子磁矩的矢量和．

在国际单位制中，磁化强度的单位为 $\mathrm{A \cdot m^{-1}}$．

微课：磁介质中的安培环路定理

6-7-2 有磁介质时的安培环路定理 磁场强度

磁介质在磁场中被磁化，磁化的结果产生一附加的磁场，该附加磁场起源于磁化后的介质内所出现的磁化电流（实质上是分子电流的宏观表现）．

为简单起见，我们选一特例来讨论．设有一“无限长”直螺线管内充满着各向同性的均匀磁介质，线圈内的电流为 I，电流 I 在螺线管内激发的磁感应强度为 B_0（$B_0=\mu_0 nI$）．而磁介质在磁场 $\boldsymbol{B}_0$ 中被磁化，从而使磁介质内的分子磁矩在磁场 $\boldsymbol{B}_0$ 的作用下作有规则排列．从图 6-27 中可以看出，在磁介质内部各处的分子电流总是方向相反，相互抵消，只有在边缘处形成近似环形电流，这个电流即称为磁化电流或束缚电流．

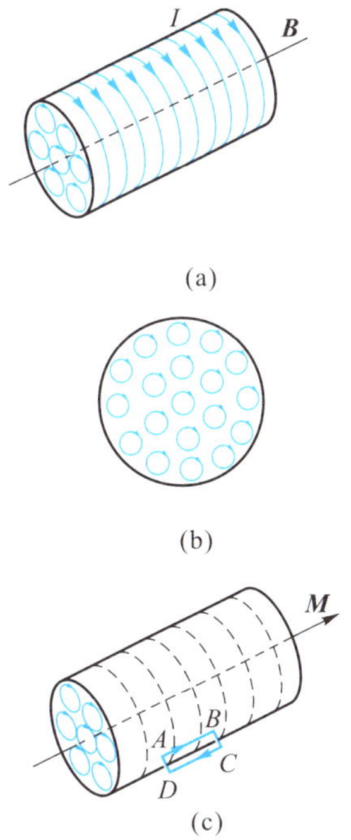

图 6-27 磁介质中磁感应强度计算图

在圆柱形磁介质表面上，沿柱体母线方向单位长度上的磁化

电流称为磁化电流面密度 i_s，那么在长为 L、横截面积为 S 的磁介质里，由于被磁化而具有的磁矩值为 $\sum m = i_s LS$，由磁化强度定义式可得磁化电流面密度和磁化强度的关系为

$$i_s = M$$

若在如图 6-27(a)所示的圆柱形磁介质内外作如图 6-27(c)所示的矩形安培环路 $ABCDA$，并设 $|AB| = l$，利用安培环路定理，有

$$\oint_l \boldsymbol{B} \cdot \mathrm{d}\boldsymbol{l} = \mu_0 \sum_i I_i$$

式中 $\sum_i I_i$ 为环路所包围线圈流过的传导电流 $\sum I$ 和束缚电流之和，故上式可写成

$$\oint_l \boldsymbol{B} \cdot \mathrm{d}\boldsymbol{l} = \mu_0 (\sum I + i_s l) \tag{6-26}$$

由于磁化强度 $\boldsymbol{M}$ 沿此环路的积分为

$$\oint_l \boldsymbol{M} \cdot \mathrm{d}\boldsymbol{l} = M \times |AB| = i_s l \tag{6-27}$$

代入式(6-26)，可得

$$\oint_l \boldsymbol{B} \cdot \mathrm{d}\boldsymbol{l} = \mu_0 \sum I + \mu_0 \oint_l \boldsymbol{M} \cdot \mathrm{d}\boldsymbol{l}$$

或写成

$$\oint_l \left(\frac{\boldsymbol{B}}{\mu_0} - \boldsymbol{M} \right) \cdot \mathrm{d}\boldsymbol{l} = \sum I$$

然后采用与电介质中引进辅助矢量 $\boldsymbol{D}$ 相似的方法，在此引进辅助矢量 $\boldsymbol{H}$，称为**磁场强度**，并定义

$$\boldsymbol{H} = \frac{\boldsymbol{B}}{\mu_0} - \boldsymbol{M} \tag{6-28}$$

这样，便有下列简单的形式：

$$\oint_l \boldsymbol{H} \cdot \mathrm{d}\boldsymbol{l} = \sum I \tag{6-29}$$

式(6-29)称为**有磁介质时的安培环路定理**，它说明：**磁场强度 $\boldsymbol{H}$ 沿任意闭合回路的线积分，等于该回路所包围的传导电流的代数和.**

当传导电流 I 给定以后，不论磁场中放进什么样的磁介质或者同一块磁介质放在不同的地方，虽然在不同情况下空间同一点 $\boldsymbol{H}$ 有所不同，但 $\boldsymbol{H}$ 的环流只和传导电流有关，因此引入磁场强度 $\boldsymbol{H}$ 这个物理量以后，在磁场分布具有高度对称性时，能够使我们比较方便地处理有磁介质时的磁场问题，就像引入电位移 $\boldsymbol{D}$ 后使我们能够比较方便地处理有电介质时的静电场问题一样. 有磁介质时的安培环路定理和恒定磁场的另一普遍规律——磁场中的高斯定理 $\oint_S \boldsymbol{B} \cdot \mathrm{d}\boldsymbol{S} = 0$ 一起，是处理静磁场问题的基本定理.

在国际单位制中,磁场强度 $\boldsymbol{H}$ 的单位是 $\mathrm{A\cdot m^{-1}}$.

式(6-28)是磁介质中任一点处的磁感应强度 $\boldsymbol{B}$、磁场强度 $\boldsymbol{H}$ 和磁化强度 $\boldsymbol{M}$ 之间的普遍关系,不论磁介质是否均匀,该式甚至对铁磁性物质都能适用.

实验表明,对于各向同性磁介质,在磁介质中任一点的磁化强度 $\boldsymbol{M}$ 和磁场强度 $\boldsymbol{H}$ 成正比,即

$$\boldsymbol{M}=\kappa\boldsymbol{H}$$

式中比例系数 κ 只与磁介质的性质有关,称为磁介质的磁化率.将上式代入式(6-28),得

$$\boldsymbol{H}=\frac{\boldsymbol{B}}{\mu_0}-\boldsymbol{M}=\frac{\boldsymbol{B}}{\mu_0}-\kappa\boldsymbol{H} \tag{6-30}$$

或

$$\boldsymbol{B}=\mu_0(1+\kappa)\boldsymbol{H}$$

通常令

$$\mu_r=1+\kappa$$

式中 μ_r 称为该磁介质的相对磁导率,则上式可写为

$$\boldsymbol{B}=\mu_0\mu_r\boldsymbol{H}=\mu\boldsymbol{H} \tag{6-31}$$

式中 $\mu=\mu_0\mu_r$ 称为磁介质的磁导率.对于真空中的磁场来说,由于 $M=0$,从式(6-28)得到 $\boldsymbol{B}=\mu_0\boldsymbol{H}$,这表明真空相当于 $\mu_r=1$ 的"磁介质".真空中各点处的磁场强度 $\boldsymbol{H}$ 等于该点磁感应强度 $\boldsymbol{B}$ 的 $\frac{1}{\mu_0}$ 倍,即 $\boldsymbol{H}=\frac{\boldsymbol{B}}{\mu_0}$.

对于各向同性的磁介质,κ 是常量,μ_r 也是常量,且单位都为 1,$\kappa=\mu_r-1$.磁介质的磁化率 κ、相对磁导率 μ_r、磁导率 μ 都是描述磁介质磁化特性的物理量,只要知道三个量中的任一个量,该介质的磁性就完全清楚了.

顺磁质和抗磁质的磁化率的值都很小,其相对磁导率几乎等于 1.因此,一般在讨论电流磁场问题时,常可略去抗磁质、顺磁质磁化的影响.表 6-2 列出了几种常见的磁介质的相对磁导率.

表 6-2 几种常见的磁介质的相对磁导率

顺磁质	μ_r	抗磁质	μ_r	铁磁质	μ_r
氧	$1+2.09\times10^{-6}$	氮	$1-5.0\times10^{-9}$	工程纯铁	5×10^{3}(最大值)
铝	$1+2.3\times10^{-5}$	铜	$1-9.8\times10^{-6}$	硅钢	7×10^{2}(最大值)
钨	$1+6.8\times10^{-5}$	铅	$1-1.7\times10^{-5}$	坡莫合金	1×10^{5}(最大值)
钛	$1+7.06\times10^{-5}$	汞	$1-2.9\times10^{-5}$	镍锌铁氧体	1×10^{3}(最大值)

对于铁磁质,其中任一点处的 $\boldsymbol{B}$、$\boldsymbol{M}$、$\boldsymbol{H}$ 三个矢量之间的关系式仍满足式(6-30),但是实验发现铁磁质中 $\boldsymbol{B}$ 与 $\boldsymbol{H}$ 之间不存在线性关系,甚至不存在单值关系,也即对于铁磁质而言 κ、μ_r、μ 都不是常量.

下面我们通过一个例子说明在有磁介质存在的磁场中,若磁介质分布具有一定的对称性,我们便可利用有磁介质存在时的安培环路定理求出磁介质内外的磁场分布.

例 6-1

如图 6-28 所示,一半径为 R_1 的"无限长"圆柱体(磁导率近似为 μ_0)中均匀地通有电流 I,在它外面有半径为 R_2 的"无限长"同轴圆柱面,两者之间充满着磁导率为 μ 的均匀磁介质,在圆柱面上通有方向相反的电流 I. 试求:

(1) 磁介质内的磁场;

(2) 圆柱体内一点的磁场;

(3) 圆柱面外一点的磁场.

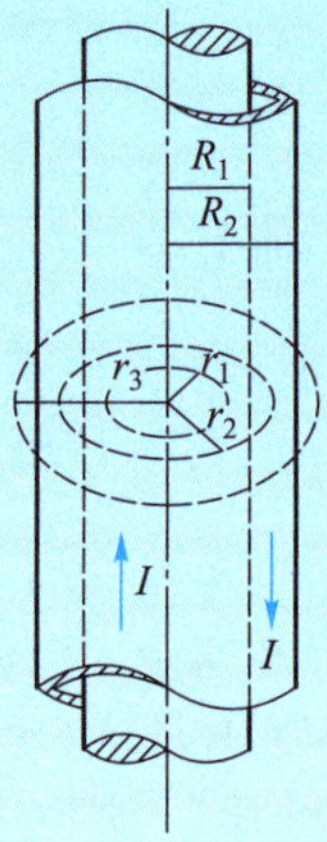

图 6-28 例 6-1 图

解:(1) 当"无限长"同轴圆柱体和圆柱面中有电流通过时,它们所激发的磁场是轴对称分布的,而磁介质亦呈相同的轴对称分布,因而不会改变场的这种对称分布. 设圆柱体外圆柱面内一点到轴的垂直距离是 r_2,以 r_2 为半径作一圆,取此圆为积分回路,根据安培环路定理,有

$$\oint_l \boldsymbol{H}\cdot \mathrm{d}\boldsymbol{l} = H\int_0^{2\pi r_2}\mathrm{d}l = H\cdot 2\pi r_2 = I$$

$$H=\frac{I}{2\pi r_2}$$

由式(6-31),得

$$B=\mu H=\frac{\mu I}{2\pi r_2}$$

(2) 设在圆柱体内一点到轴的垂直距离为 r_1,则以 r_1 为半径作一圆,应用安培环路定理,得

$$\oint_l \boldsymbol{H}\cdot \mathrm{d}\boldsymbol{l} = H\int_0^{2\pi r_1}\mathrm{d}l = H\cdot 2\pi r_1 = \frac{\pi r_1^2}{\pi R_1^2}I$$

式中 $\frac{\pi r_1^2}{\pi R_1^2}I$ 是该环路所包围的电流部分,由此得

$$H=\frac{Ir_1}{2\pi R_1^2}$$

由 $B=\mu_0 H$,得

$$B=\frac{\mu_0 I r_1}{2\pi R_1^2}$$

(3) 在圆柱面外取一点,它到轴的垂直距离是 r_3,以 r_3 为半径作一圆,应用安培环路定理,考虑到该环路中所包围的电流的代数和为零,所以得

$$\oint_l \boldsymbol{H}\cdot \mathrm{d}\boldsymbol{l} = H\int_0^{2\pi r_3}\mathrm{d}l = H\cdot 2\pi r_3 = 0$$

即 $H=0$

或 $B=0$

应用案例 托卡马克装置的磁场

托卡马克(tokamak)是"磁线圈圆环室"的俄文缩写,又称环

流器，主要用于实现核聚变．这是一个类似螺绕环的装置，内部为封闭的环形磁场，如图 6-29(a)所示，可用来约束等离子体（近似电中性的电离气体）．由于其磁场的封闭性，所约束的带电粒子不会泄漏．在上面所讲的磁镜装置中，一些投射角 $\theta<\theta_m$ 的带电粒子会穿过磁镜两端线圈而逃逸．上述环形容器也存在一个明显的缺点：其内部磁场是非均匀的，离环心近的地方磁场较强，离环心远的地方磁场较弱，等离子体在不均匀的磁场中做环形运动，将会产生漂移．漂移主要分为两部分，一是离心力引起的，漂移速度为 $\boldsymbol{v}_1=\frac{mv^2\boldsymbol{e}_R}{R}\times\frac{\boldsymbol{B}}{qB^2}$，式中 R 为曲率半径，$\boldsymbol{e}_R$ 为沿径向的单位矢量，这个漂移使带电粒子将向弱磁场区运动；二是由磁场梯度引起的，漂移速度为 $\boldsymbol{v}_{\nabla B}=-\mu\nabla B\times\frac{\boldsymbol{B}}{qB^2}$，这个漂移速度也使等离子体向弱磁场方向，因此带电粒子将出现朝管外侧集中的趋势，不利于对等离子体的有效磁约束．为克服这一缺点，可将环形容器作为一个变压器的次级线圈（因内部等离子体运动形成电流），增加初级线圈的匝数，构成一个降压变压器，在环形器内等离子体中产生很大的电流，形成相对等离子体中轴线轴对称圆形磁场，其磁感应强度 $B\propto r$，磁场从轴线向管壁逐渐变强，使得带电粒子向轴线处集中，避免触及管壁．中轴线附近的离子数密度增大，有利于聚变反应的持续进行．因此托卡马克装置中的磁场主要由两种磁场叠加，形成了环形的磁场分布，如图 6-29(b)所示．

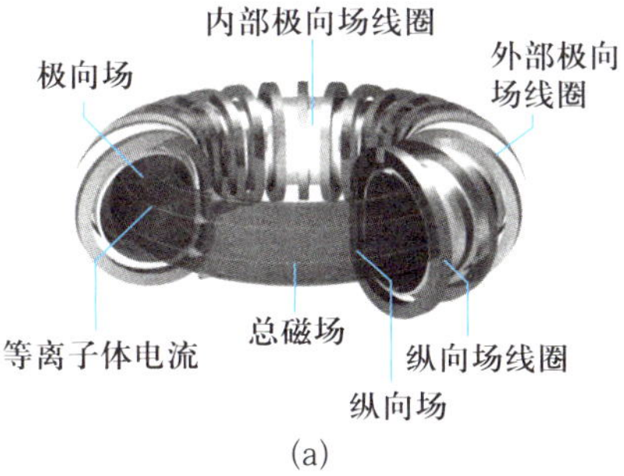

(a)

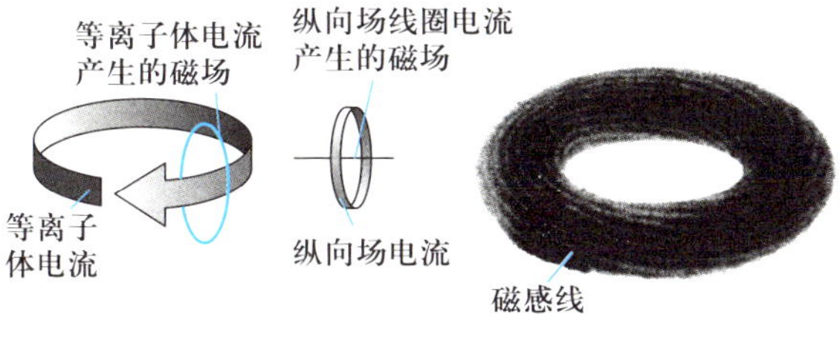

(b)

图 6-29　托卡马克磁约束装置和磁场示意图

现在我们来估算核聚变需要的温度．把带正电的两个粒子聚合在一起需要克服库仑势能，即

$$E_k=\frac{e^2}{4\pi\varepsilon_0 r},\quad e\sim10^{-19}\ \mathrm{C},\quad r\sim10^{-15}\ \mathrm{m}$$

则

$$E_k=10^{-13}\ \mathrm{J}$$

可以估算出对应的热力学温度为

$$T=\frac{E_k}{k}\sim7\times10^{9}\ \mathrm{K}$$

因此要产生核聚变，需要极高的温度．实际发生聚变（点火）的温度一般为 $10^8\sim10^9$ K．

历经半个世纪的研究，研究人员已经设计出了迄今最好的托卡马克磁约束等离子体装置．2007 年通过国家验收的中国科学院等离子体研究所设计研制的 EAST 装置，如图 6-30 所示，便是其中成功的事例，报刊上常将它称为“人造太阳”实验装置．环内等离子体中的氘（D）离子和氚（T）离子在高温下发生聚变反应：

图 6－30　全超导托卡马克装置——EAST（中国科学院等离子体研究所，合肥）

$$_1^2\mathrm{D}+{}_1^3\mathrm{T}\rightarrow{}_2^4\mathrm{He}+{}_0^1\mathrm{n}+17.5\ \mathrm{MeV}(\text{能量})$$

核聚变释放出大量核能．为使这反应能持续进行，必须使 Q 值（表示输出功率与输入功率之比）大于 1，也就是要使高温等离子体能维持足够长的时间 τ，有足够的核反应次数，后者要求足够高的离子数密度 n. 对氘、氚聚变反应来说，要求 $n\tau>3\times10^{20}\ \mathrm{m^{-3}\cdot s}$，称为劳森判据．目前，科学研究者们正在努力改进实验装置，延长高温等离子体的维持时间 τ，增大反应离子的数密度 n，以满足劳森判据，使热核聚变反应达到实用阶段，为人类提供新的取之不尽的污染最小的能源．

由于世界性的能源问题，国际上发达国家的科学家计划联合制造一个更大的核聚变装置——国际热核聚变实验堆（ITER，图 6-31），这是目前全球规模最大、影响最深远的国际科研合作项目之一．

——摘自叶邦角编著的《电磁学》

图 6－31　国际热核聚变实验堆（ITER）

思考题

6-1 如果一带电粒子做匀速直线运动通过某区域，是否能断定该区域的磁场为零？

6-2 为什么磁铁靠近电视机的屏幕时会使图像变形？

6-3 有两"无限长"的平行载流直导线，电流的流向相同．如果取一平面垂直这两根导线，此平面上的磁感线分布大致是怎样的？

6-4 如图所示，试证明穿过以闭合曲线 C 为边界的任意曲面 S_1 和 S_2 的磁通量相等．

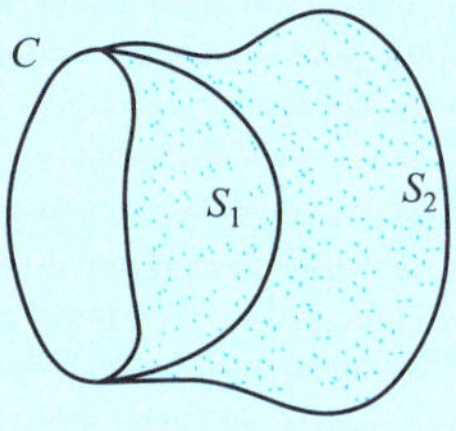

思考题 6-4 图

6-5 在载有电流 I 的圆形回路中，回路平面内各点的磁感应强度的方向是否相同？

6-6 在下面三种情况下，能否用安培环路定理来求磁感应强度？为什么？

(1) 有限长载流直导线产生的磁场；

(2) 圆电流产生的磁场；

(3) 两"无限长"同轴载流圆柱面之间的磁场．

6-7 如图所示，一长直密绕螺线管，通有电流 I，对 L 的环路积分 $\oint_L \boldsymbol{B}\cdot \mathrm{d}\boldsymbol{l}$ 等于多少？

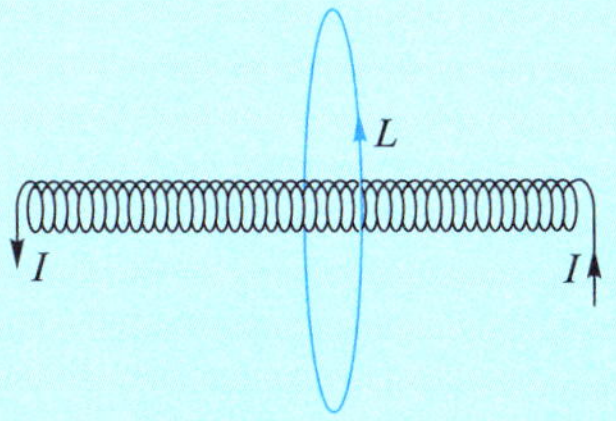

思考题 6-7 图

6-8 试探电流元 $I\mathrm{d}\boldsymbol{l}$ 在磁场中某处沿直角坐标系的 x 轴方向放置时不受力，把该电流元转到 $+y$ 轴方向时受到的力沿 $-z$ 轴方向，此处的磁感应强度 $\boldsymbol{B}$ 指向何方？

6-9 如图所示，一对正、负电子同时在同一点射入一均匀磁场中，已知它们的速度的大小分别为 $2v$ 和 v，方向都和磁场垂直．试指出它们的偏转方向．经磁场偏转后，哪个电子先回到出发点？

思考题 6-9 图

6-10 如图所示为磁流体发电机的示意图．将气体加热到很高温度（譬如 2 500 K 以上）使之电离（这样一种高度电离的气体叫做等离子体），并让它通过平行板电极 1、2 之间，在这里有一垂直于纸面向里的磁场 $\boldsymbol{B}$，试说明这时两极间会产生一个大小为 vBd 的电压（v 为气体流速，d 为电极间距）．哪个电极是正极？

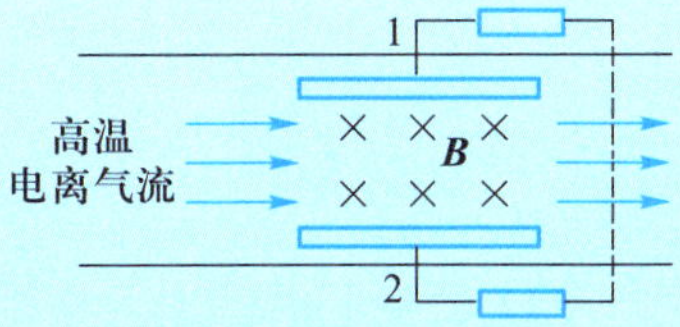

思考题 6-10 图

6-11 相互垂直的电场 $\boldsymbol{E}$ 和磁场 $\boldsymbol{B}$ 可做成一个带电粒子速度选择器，它能使某一速度的带电粒子垂直于电场和磁场射入后无偏转地前进．试求该带电粒子的速度和 $\boldsymbol{E}$ 及 $\boldsymbol{B}$ 的关系．

6-12 在磁场方向和电流方向一定的条件下，导体所受的安培力的方向与载流子的种类有无关系？霍耳电压的正负与载流子的种类有无关系？

6-13 安培力公式 $\mathrm{d}\boldsymbol{F}=I\mathrm{d}\boldsymbol{l}\times\boldsymbol{B}$ 三个矢量中的哪两个矢量始终是正交的？哪两个矢量之间可以有任意角度？

6-14 在均匀磁场中，载流线圈的取向与其所受的磁力矩有何关系？什么情况下磁力矩最大？什么情况下磁力矩最小？载流线圈处于稳定平衡时，其取向又如何？

6-15 设想你坐的房间中充满着均匀的磁场，$\boldsymbol{B}$ 方向竖直向上，一个圆形导线回路的平面与水平面一致．试问该回路上的电流沿哪个方向(从回路的上方向下俯视)流动时，回路处于稳定平衡？

6-16 在匀强磁场中，有两个面积相等、通有相同电流的线圈，一个是三角形，一个是圆形．这两个线圈所受的磁力矩是否相等？所受的最大磁力矩是否相等？所受磁场力的合力是否相等？两线圈的磁矩是否相等？

6-17 有两根铁棒，其外形完全相同，其中一根为磁铁，而另一根则不是，你怎样辨别它们？不准将任一根棒作为磁针而悬挂起来，也不准使用其他仪器．

6-18 一块永磁铁落到地板上就可能部分退磁，这是为什么？把一根铁条南北放置，敲它几下，就可能磁化，又是为什么？

6-19 工厂搬运烧至赤红的钢锭，为什么不用电磁铁起重机？

习题

6-1 如图所示，一"无限长"直导线通有电流 $I=10\ \mathrm{A}$，在一处折成夹角 $\theta=60°$ 的折线，求角平分线上与导线的垂直距离均为 $r=0.1\ \mathrm{cm}$ 的 P 点的磁感应强度．

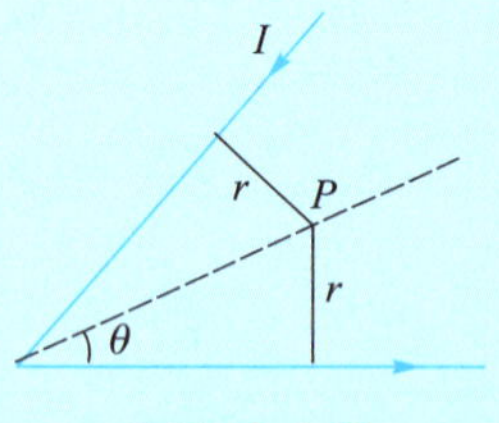

习题 6-1 图

6-2 一"无限长"载有电流 I 的直导线在一处折成直角，P 点位于导线所在平面内，距一条折线的延长线和另一条导线的距离都为 a，如图所示，求 P 点的磁感应强度．

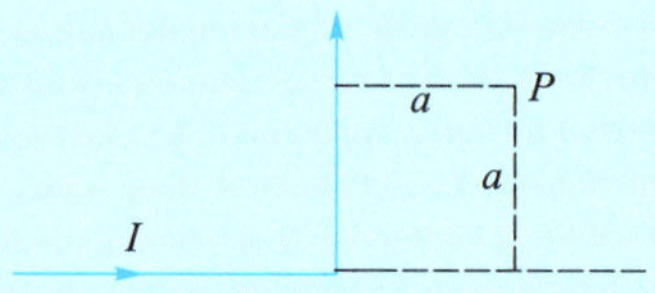

习题 6-2 图

6-3 两条穿过 y 轴且垂直于 Oxy 平面的平行长直导线的俯视图如图所示，两条导线皆通有电流 I，但方向相反，它们到 x 轴的距离皆为 a.

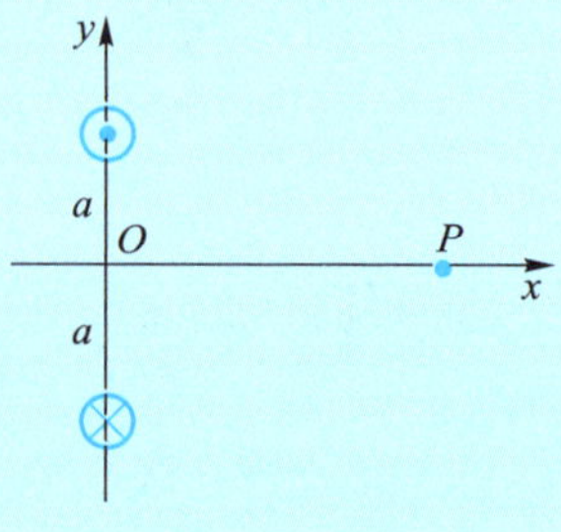

习题 6-3 图

(1) 试推导出 x 轴上 P 点的磁感应强度 $B(x)$ 的表达式；

(2) 求 P 点在 x 轴上何处时，该点的 B 取得最大值.

6-4 在真空中，电流由长直导线 1 沿底边 ac 方向经 a 点流入一电阻均匀分布的正三角形线框，再由 b 点沿平行于底边 ac 方向从三角形线框流出，经长直导线 2 返回，如图所示．已知直导线的电流为 I，三角形线框的每一边长为 l，求正三角形中心 O 点处的磁感应强度．

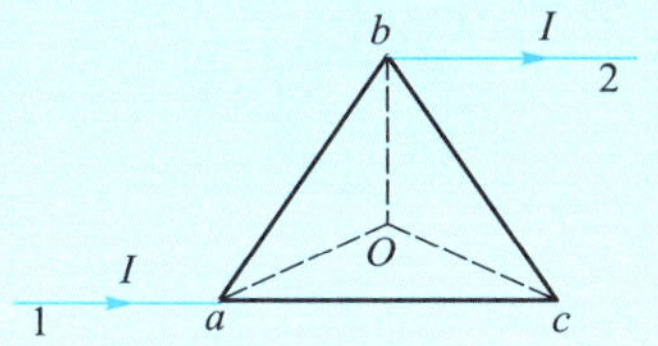

习题 6-4 图

6-5 两根导线沿半径方向引向铁环上的 A、B 两点，并在很远处与电源相连，如图所示．已知圆环的粗细均匀，求环中心 O 处的磁感应强度．

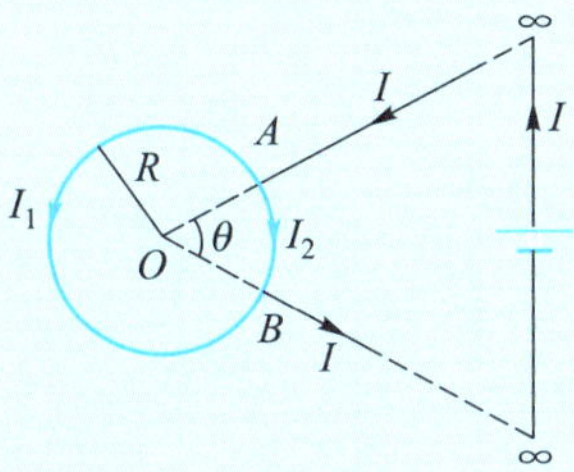

习题 6-5 图

6-6 如图所示，在纸面内有一宽度为 a 的“无限长”薄载流平面，电流 I 均匀分布在面上（或电流线密度 $i=\dfrac{I}{a}$），试求与载流平面共面的 P 点的磁感应强度. P 距板一边的距离为 b.

6-7 半径为 R 的圆片上均匀带电，电荷面密度为 σ_0，若该圆片以角速度 ω 绕它的轴旋转，如图所示．试求圆片轴线上距圆片中心为 x 处的磁感应强度 $\boldsymbol{B}$ 的大小．

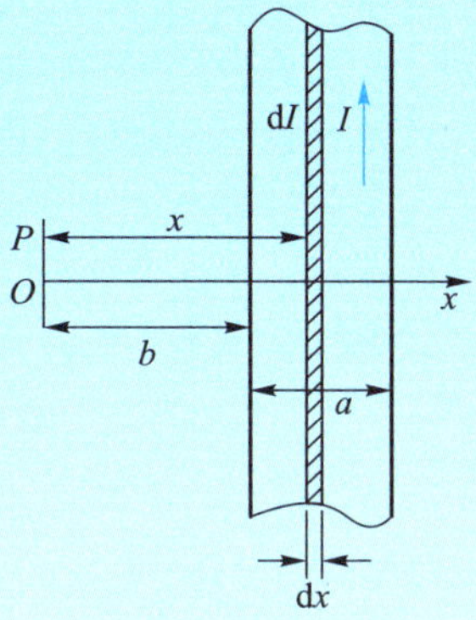

习题 6-6 图

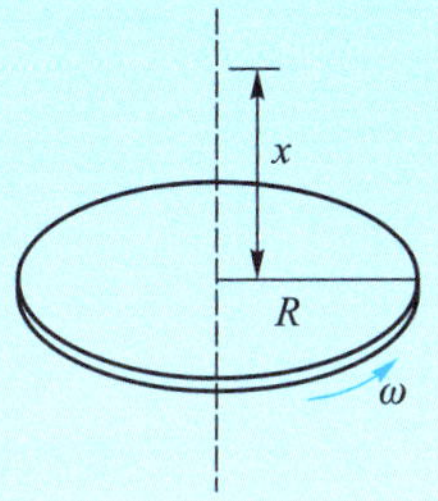

习题 6-7 图

6-8 已知 10 mm^2 裸铜线允许通过 50 A 电流而不会使导线过热．电流在导线横截面上均匀分布．求导线内、外磁感强度的分布．

6-9 N 匝线圈均匀密绕在截面为长方形的螺绕环中空骨架上，如图所示为其剖面图，求通入电流 I 后，环内外磁场的分布．

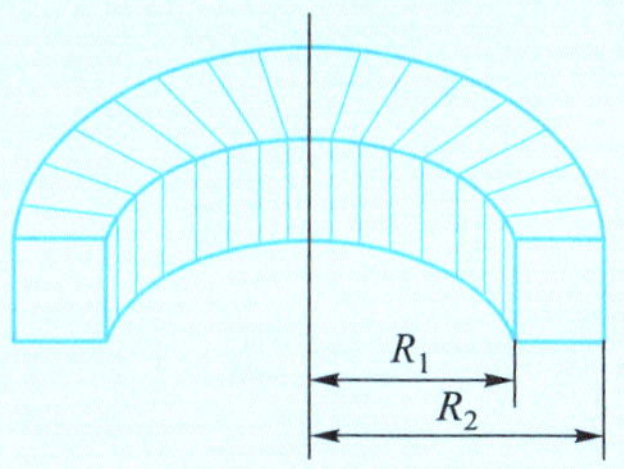

习题 6-9 图

6-10 两条长直载流导线与一长方形线圈共面，如图所示．已知 $a=b=c=10$ cm，$l=10$ cm，$I_1=I_2=100$ A，求通过线圈的磁通量．

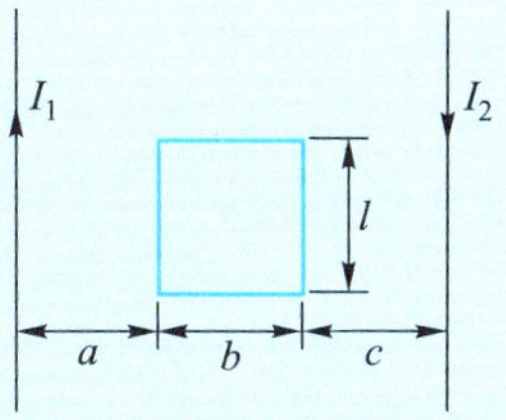

习题 6-10 图

6-11 如图所示，电缆由导体圆柱和一同轴的导体圆筒构成，使用时电流 I 从一导体流出，从另一导体流回，电流均匀分布在横截面上．设圆柱体的半径为 r_1，圆筒的内、外半径分别为 r_2 和 r_3，若场点到轴线的距离为 r，试求 r 从 0 到 ∞ 范围内各处磁感应强度的大小．

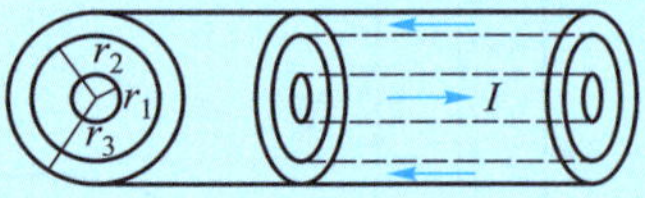

习题 6-11 图

6-12 一“无限长”圆柱体铜导体（磁导率为 μ_0），半径为 R，通有均匀分布的电流 I. 今取一矩形平面 S（长为 1 m，宽为 $2R$），位置如图中画斜线部分所示，求通过该矩形平面的磁通量．

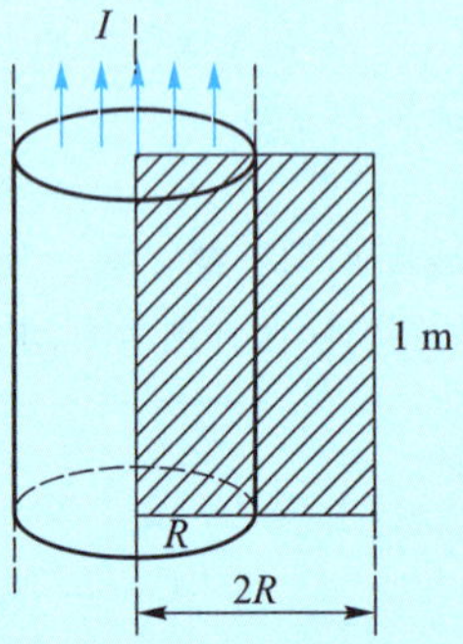

习题 6-12 图

6-13 有一长直导体圆筒，内、外半径分别为 R_1 和 R_2，如图所示．它所载的电流 I_1 均匀分布在其横截面上，导体旁边有一绝缘“无限长”直导线，载有电流 I_2，且在中部绕了一个半径为 R 的圆圈．设导体圆筒的轴线与长直导线平行，它们相距为 d，而且它们与导体圆圈共面，求圆心 O 点处的磁感应强度．

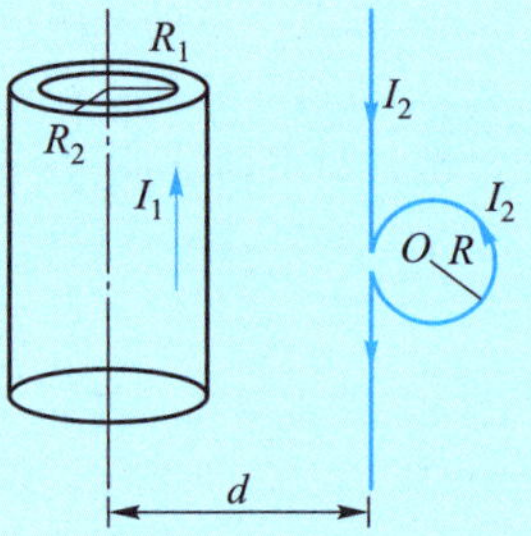

习题 6-13 图

6-14 霍耳效应可用来测量血流的速度，其原理如图所示．在动脉血管两侧分别安装电极并加以磁场.设血管直径为 $d=2.0$ mm，磁场为 $B=0.080$ T，电压表测出血管上下两端的电压为 $U_H=0.10$ mV，血流的流速为多大？

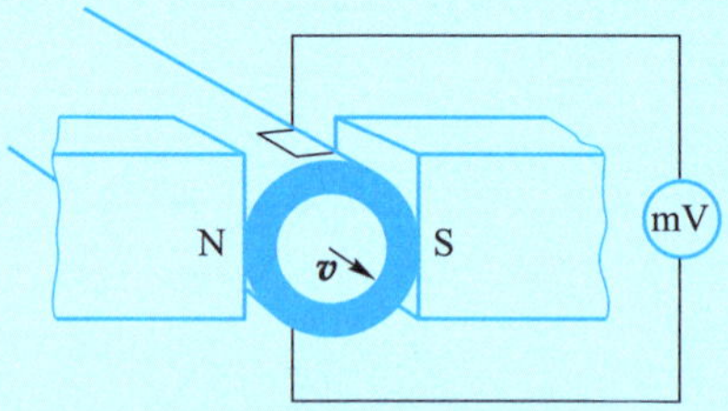

习题 6-14 图

6-15 如图所示，一根长直导线载有电流 $I_1=30$ A，矩形回路载有电流 $I_2=20$ A. 试计算作用在回路上的合力．已知 $d=1.0$ cm，$b=8.0$ cm，$l=0.12$ m.

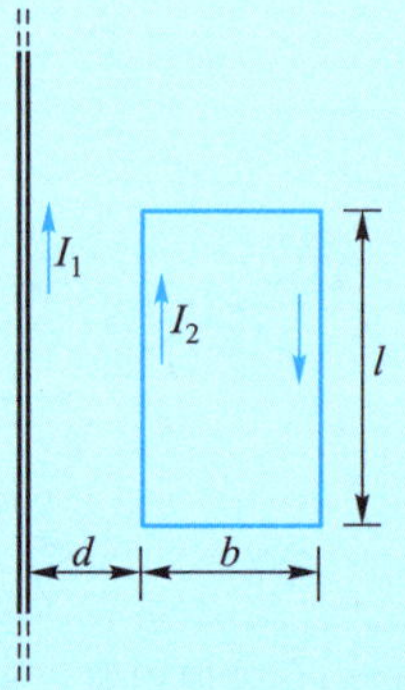

习题 6-15 图

第 6 章参考答案

第 7 章　电磁感应　电磁场

NOTE

自然界的许多规律都具有对称性,对称性也是人类认识自然界的一个重要法则．那么电和磁是否也具有对称性?

自 1820 年奥斯特发现电流的磁效应以后,善于思考的科学家想到,既然电能生磁,那么磁能否生电呢?许多科学家为此付出了艰苦的努力,特别是英国物理学家法拉第(M. Faraday),他在口袋里经常放一个小线圈,以提醒自己要不断思考磁产生电的问题．功夫不负有心人,经过近十年的不懈努力,法拉第终于在 1831 年首先发现了电磁感应现象．

本章介绍法拉第电磁感应定律、感生电场假设和位移电流假设、自感和互感以及麦克斯韦方程组．

7-1　电磁感应定律

7-1-1 电磁感应现象

文档:电磁感应现象的发现

法拉第(1791—1867)

文档:法拉第

1831 年 8 月 29 日,法拉第首次发现,处在随时间而变化的电流附近的闭合回路中有感应电流产生．在兴奋之余,他又做了一系列实验,用不同的方式证实电磁感应现象的存在及其规律.

法拉第的实验大体上可归纳为两类:一类实验是当磁铁与线圈有相对运动时,线圈中产生了电流(图 7-1);另一类实验是当一个线圈中电流发生变化时,在它附近的其他线圈中也产生了电流(图 7-2).

对所有的电磁感应实验的分析表明,当穿过一个闭合导体回路(或线圈)的磁通量发生变化时,回路中就出现电流,该电流叫做感应电流．这里要特别强调,引起电流的不是磁通量本身,而是磁通量的变化,磁通量的变化是产生电流的必要条件．

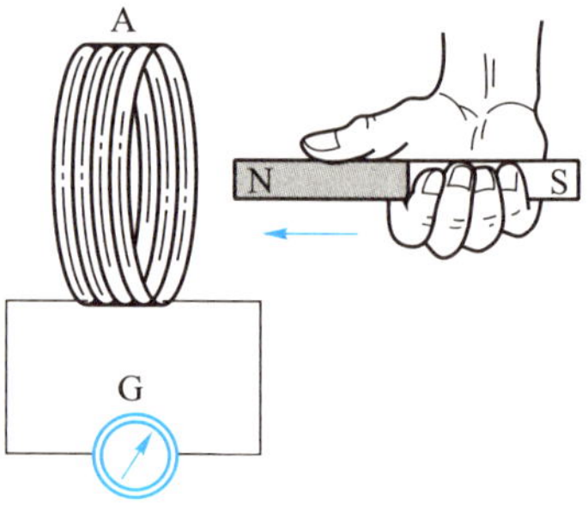

图 7-1 磁铁与线圈有相对运动时电流计的指针发生偏转

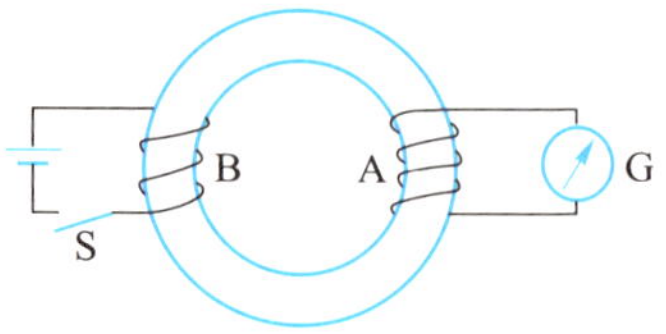

图 7-2 开关 S 闭合和断开的瞬间电流计指针发生偏转

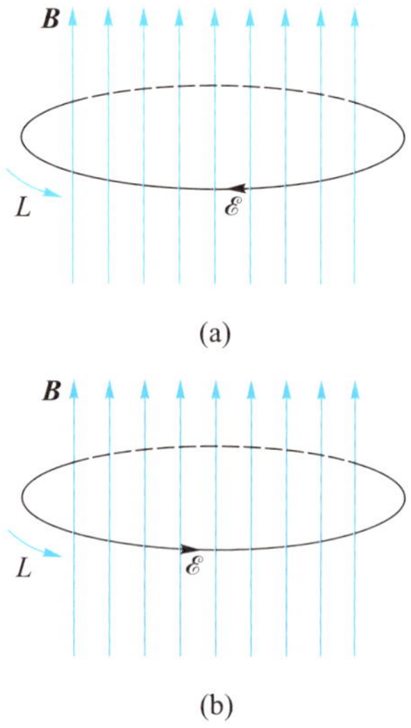

图 7-3 感应电动势方向的规定

结论:当穿过一个闭合回路所围面积的磁通量发生变化时,无论这种变化是由于什么原因引起的,回路中都会有电流产生,这种现象叫做电磁感应现象.

我们知道,在闭合导体回路中出现电流,表明回路中有电动势存在.当穿过闭合导体回路的磁通量发生变化时,回路中产生了电流,说明此时回路中产生了电动势,这种电动势叫做感应电动势.

7-1-2 法拉第电磁感应定律

法拉第进一步实验找到了感应电动势与磁通量变化率之间的定量关系式,即**法拉第电磁感应定律:当穿过闭合回路所围面积的磁通量发生变化时,不论这种变化是由什么原因引起的,回路中都会建立起感应电动势,且此感应电动势地等于磁通量对时间变化率的负值**,即

$$\mathscr{E} = -\frac{\mathrm{d}\Phi}{\mathrm{d}t} \tag{7-1a}$$

式中负号是反映感应电动势的方向与磁通量变化的关系的.在判定感应电动势的方向时,应先规定导体回路的绕行正方向.如图7-3 所示,当回路中磁感线的方向和所规定的回路的绕行正方向有右手螺旋关系时,磁通量 Φ 为正.这时如果穿过回路的磁通量增大,$\frac{\mathrm{d}\Phi}{\mathrm{d}t}>0$,则 $\mathscr{E}<0$,这表明此时感应电动势的方向和 L 的绕行正方向相反[图 7-3(a)].如果穿过回路的磁通量减小,即 $\frac{\mathrm{d}\Phi}{\mathrm{d}t}<0$,则 $\mathscr{E}>0$,这表示此时感应电动势的方向和 L 的绕行正方向相同[图 7-3(b)].

导体回路中产生的感应电动势将按自己的方向产生感应电流,该感应电流将在导体回路中产生自己的磁场.在图 7-3 中,当磁通量增大时,感应电流产生的磁场向下,与原磁场方向相反[图 7-3(a)];当磁通量减小时,感应电流产生的磁场向上,与原磁场方向相同[图 7-3(b)].综上所述,式(7-1a)中的负号所表示的感应电动势方向的规律可以表述如下:感应电动势总具有这样的方向,即使它产生的感应电流在回路中产生的磁场去阻碍引起感应电动势的磁通量的变化,这个规律叫做**楞次定律**.它是由俄国物理学家楞次(H.F.E. Lenz)通过对大量的实验结果进行研究总结,于 1833 年得出的.图 7-3 所示的感应电动势的方向是

符合这一规律的．我们也可以这样说式(7-1a)中的负号是楞次定律的反映．

实际使用的线圈常常是由许多匝线圈串联而成的，在这种情况下，在整个线圈中产生的感应电动势应为每匝线圈中产生的感应电动势之和．当穿过各匝线圈的磁通量分别为 $\Phi_1,\Phi_2,\cdots,\Phi_n$ 时，总电动势应为

$$\mathscr{E}=-\left(\frac{\mathrm{d}\Phi_1}{\mathrm{d}t}+\frac{\mathrm{d}\Phi_2}{\mathrm{d}t}+\cdots+\frac{\mathrm{d}\Phi_n}{\mathrm{d}t}\right)=-\frac{\mathrm{d}}{\mathrm{d}t}\left(\sum_{i=1}^{n}\Phi_i\right)=-\frac{\mathrm{d}\Psi}{\mathrm{d}t} \qquad (7-1\mathrm{b})$$

式中 $\Psi=\sum_{i=1}^{n}\Phi_i$ 是穿过各匝线圈的磁通量的总和，称为穿过线圈的全磁通．当穿过各匝线圈的磁通量相等时，N 匝线圈的全磁通为 $\Psi=N\Phi$，叫做磁链，这时

$$\mathscr{E}=-\frac{\mathrm{d}\Psi}{\mathrm{d}t}=-N\frac{\mathrm{d}\Phi}{\mathrm{d}t} \qquad (7-1\mathrm{c})$$

式(7-1)中各量的单位采用国际单位制，Ψ 或 Φ 的单位为 Wb(韦[伯])，t 的单位为 s(秒)，$\mathscr{E}$ 的单位为 V(伏[特])．于是由上式可知

$$1\ \mathrm{V}=1\ \mathrm{Wb}\cdot\mathrm{s}^{-1}$$

微课：电磁感应定律和楞次定律

例 7-1

交流发电机的原理.在如图 7-4(a)所示的均匀磁场中，置有面积为 S 的可绕 OO'轴转动的 N 匝线圈.若线圈以角速度 ω 做匀速转动，求线圈中的感应电动势.

解：设在 $t=0$ 时，线圈平面的正法线 $\boldsymbol{e}_n$ 的方向与磁感强度 $\boldsymbol{B}$ 的方向相同，那么，在时刻 t，$\boldsymbol{e}_n$ 与 $\boldsymbol{B}$ 之间的夹角为 $\theta=\omega t$.此时，穿过 N 匝线圈的磁链 $N\Phi$ 为

$$N\Phi=NBS\cos\theta=NBS\cos\omega t$$

由式(7-1c)可得线圈中的感应电动势为

$$\mathscr{E}=-\frac{\mathrm{d}(N\Phi)}{\mathrm{d}t}=NBS\omega\sin\omega t$$

式中 N、S、B 和 ω 均是常量.令 $\mathscr{E}_m=NBS\omega$，上式为

$$\mathscr{E}=\mathscr{E}_m\sin\omega t$$

线圈单位时间转动的周数用 f 表示，$\omega=2\pi f$.上式亦可写成

$$\mathscr{E}=\mathscr{E}_m\sin 2\pi ft$$

由上述计算可知，在均匀磁场中，匀速转动的线圈内所建立的感应电动势是时间的正弦函数.$\mathscr{E}_m$ 为感应电动势的最大值[图 7-4(b)]，叫做电动势的振幅.它与磁场的磁感强度、线圈的面积、匝数 N 和转动的角速度成正比.

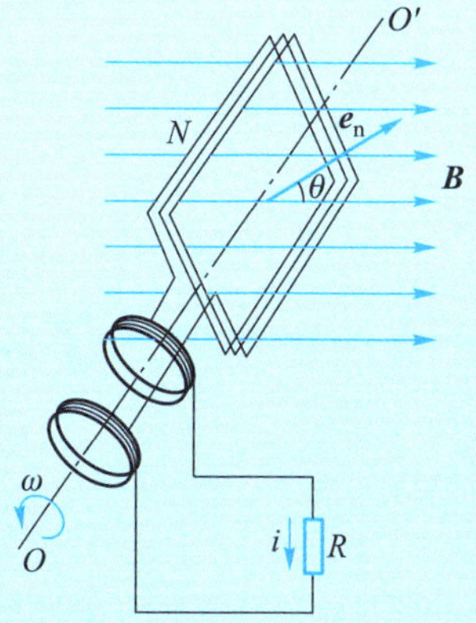

(a)

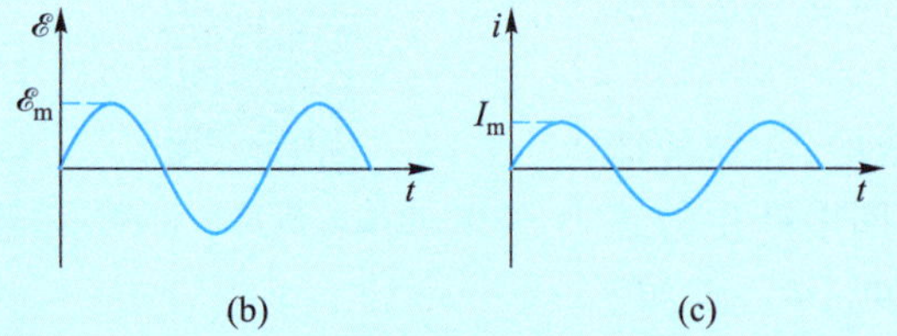

图 7-4

当外电路的电阻 R 较之线圈的电阻 R_i 大得很多，即 $R \gg R_i$ 时，则根据欧姆定律，闭合回路中的感应电流为

$$i=\frac{\mathscr{E}_m}{R}\sin \omega t=I_m \sin \omega t$$

式中 $I_m=\frac{\mathscr{E}_m}{R}$ 为感应电流的振幅[图 7-4(c)].可见，在均匀磁场中匀速转动的线圈内的感应电流也是时间的正弦函数.这种电流叫做正弦交变电流，简称交流电.

应当指出，这里分析的是交流发电机的基本工作原理.实际上大功率的交流发电机输出交流电的线圈是固定不动的，转动的部分则是提供磁场的电磁铁线圈(即转子)，它以角速度 ω 绕 OO' 轴转动，而形成所谓旋转磁场.这种结构的发电机是由特斯拉发明的.

三峡水电站图

长江三峡水电站的大坝坝顶总长 3 035 m，坝顶高 185 m，正常蓄水位 175 m，总库容 393×10^8 m^3，共装 32 台单机容量为 7.0×10^5 kW 的发电机组.

7-2 动生电动势和感生电动势

法拉第电磁感应定律指出，不论什么原因，只要使穿过回路的磁通量发生变化，回路中就会有感应电动势产生. 由磁通量的定义 $\Phi=\int \boldsymbol{B}\cdot d\boldsymbol{S}=\int B\cos\theta dS$ 可知，引起磁通量变化的因素有三个:① 回路面积;② 回路面积在磁场中的取向;③ 磁感应强度.根据引起磁通量变化因素的不同,我们通常把由于回路所围面积的变化或面积取向变化而引起的感应电动势,叫做**动生电动势**;而把由于磁感应强度变化而引起的感应电动势,叫做**感生电动势**.下面分别讨论这两种电动势.

7-2-1 动生电动势

如图 7-5 所示,一矩形导体回路,可动边是一根长为 l 的导体棒 ab,它以恒定速度 $\boldsymbol{v}$ 在垂直于磁场 $\boldsymbol{B}$ 的平面内,沿垂直于它自身的方向向右平移,其余边不动.某时刻穿过回路面积的磁通量为

$$\Phi = BS = Blx$$

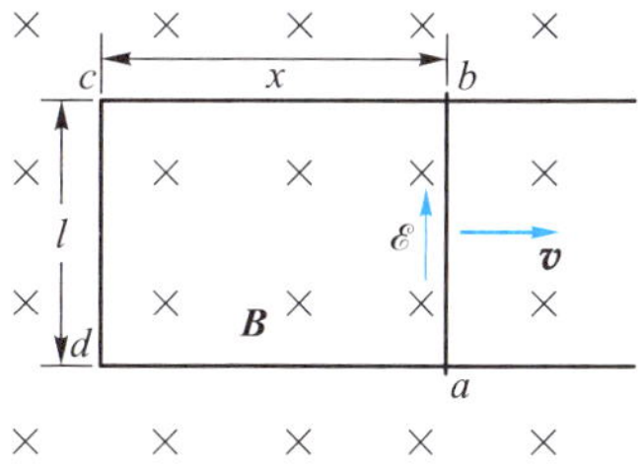

图 7-5 动生电动势

微课:动生电动势

随着棒 ab 的运动,回路所围面积扩大,因而回路的磁通量发生变化.用式(7-1a)计算感应电动势的大小(暂不考虑方向),可得

$$|\mathscr{E}| = \frac{\mathrm{d}\Phi}{\mathrm{d}t} = \frac{\mathrm{d}}{\mathrm{d}t}(Blx) = Bl\frac{\mathrm{d}x}{\mathrm{d}t} = Blv$$

利用楞次定律判定电动势的方向为逆时针方向.由于其他边都未动,所以动生电动势归于 ab 棒的运动.因而只在棒内产生动生电动势,方向为由 a 到 b.这里的 ab 棒可视为整个回路中的电源部分.由于在电源内电动势的方向是由低电势指向高电势,所以在棒 ab 上 b 点电势高于 a 点电势.

我们知道电动势是非静电力作用的表现.引起动生电动势的非静电力是洛伦兹力.当棒 ab 向右以速度 $\boldsymbol{v}$ 运动时,棒内的自由电子被带着以同一速度 $\boldsymbol{v}$ 向右运动,因而每个电子都受到洛伦兹力 F_m 的作用,由式(6-14),有

$$\boldsymbol{F}_m = (-e)\,\boldsymbol{v}\times\boldsymbol{B}$$

式中$(-e)$为电子的电荷量,$\boldsymbol{F}_m$的方向与 $\boldsymbol{v}\times\boldsymbol{B}$ 的方向相反,由 b 指向 a(图 7-6).这个力是非静电场力,它驱使电子沿导线由 b 向 a 移动,致使 a 端积累负电荷,b 端则积累了正电荷,从而在导线内建立了静电场,当作用在电子上的静电场力 $\boldsymbol{F}_e$ 与洛伦兹力 $\boldsymbol{F}_m$ 相平衡时,a、b 两端间便有稳定的电势差.

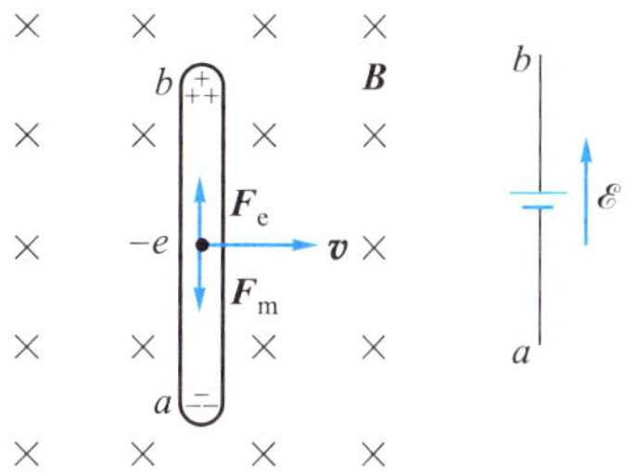

图 7-6 动生电动势与洛伦兹力

这里洛伦兹力为非静电场力,我们把这个力看成一种等效的"非静电场"的作用,则这一非静电场的强度应为

$$\boldsymbol{E}_k = \frac{\boldsymbol{F}_m}{-e} = \boldsymbol{v}\times\boldsymbol{B}$$

根据电动势的定义:**单位正电荷从负极经电源内部移至正极时非静电力所做的功为电源的电动势**. 于是在磁场中运动的导体棒 ab 所产生的动生电动势为

$$\mathscr{E}=\int_{ab}\boldsymbol{E}_{\mathrm{k}}\cdot \mathrm{d}\boldsymbol{l}=\int_{ab}(\boldsymbol{v}\times\boldsymbol{B})\cdot \mathrm{d}\boldsymbol{l} \tag{7-2}$$

如图 7-5 所示,由于 $\boldsymbol{v}$、$\boldsymbol{B}$ 和 $\mathrm{d}\boldsymbol{l}$ 相互垂直,所以上一积分的结果应为

$$\mathscr{E}=Blv$$

导线 ab 上动生电动势的方向也可由 $\boldsymbol{v}\times\boldsymbol{B}$ 所指的方向来确定,$\boldsymbol{v}\times\boldsymbol{B}$ 所指的方向为高电势端. 应当指出,上式只能用来计算在匀强磁场中直导线以恒定速度垂直磁场运动时产生的动生电动势. 对任意形状的导线在非匀强磁场中运动时所产生的动生电动势,用式(7-2)计算.

例 7-2

一根长为 L 的铜棒,在磁感应强度为 $\boldsymbol{B}$ 的均匀磁场中,以角速度 ω 在垂直于磁场的平面内匀角速转动(图 7-7),求铜棒两端的感应电动势.

解:在铜棒 l 处取一小段 $\mathrm{d}\boldsymbol{l}$,其速度为 $v=\omega l$,并且 $\boldsymbol{v}$、$\boldsymbol{B}$ 和 $\mathrm{d}\boldsymbol{l}$ 相互垂直(图 7-7),于是 $\mathrm{d}\boldsymbol{l}$ 两端的动生电动势为

$$\mathrm{d}\mathscr{E}=(\boldsymbol{v}\times\boldsymbol{B})\cdot \mathrm{d}\boldsymbol{l}=Bv\mathrm{d}l=Bl\omega\mathrm{d}l$$

于是铜棒两端之间的动生电动势为各线元产生的电动势之和,即

$$\mathscr{E}=\int_0^L Bl\omega\mathrm{d}l=\frac{1}{2}B\omega L^2$$

由于 $\boldsymbol{v}\times\boldsymbol{B}$ 方向指向 P 端,所以 P 端电势高.

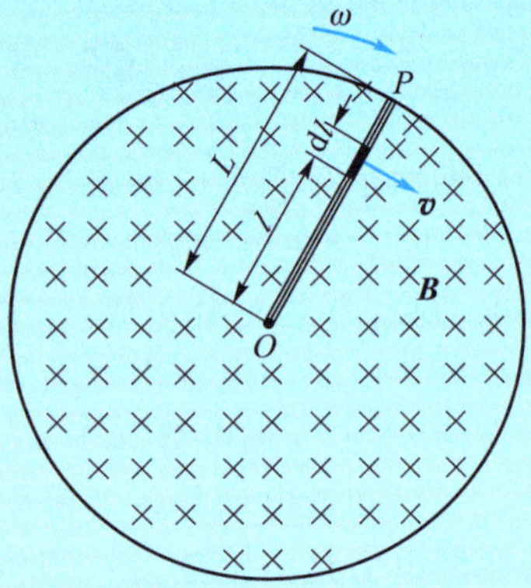

图 7-7 例 7-2 图

微课:感生电动势

视频:感应加热

7-2-2 感生电动势和感生电场

本节讨论引起回路磁通量变化的另一种情况. 一个静止的导体回路,当它包围的磁场发生变化时,穿过它的磁通量也会发生变化,这时回路中也会产生感应电动势. 这样产生的感应电动势称为感生电动势. 感生电动势和磁通量变化率之间的关系仍符合法拉第电磁感应定律式(7-1).

产生感生电动势的非静电场力是什么力呢？由于导体回路未动，所以它不可能像在动生电动势中那样是洛伦兹力．由于这时的感应电流是原来宏观静止的电荷受非静电场力作用形成的，而静止电荷受到的力只能是电场力，所以这时的非静电场力也只能是一种电场力．麦克斯韦（J.C. Maxwell）在分析了一些电磁感应现象以后，提出了如下假设：变化的磁场在其周围空间要激发一种电场，这个电场叫做感生电场，用符号 $\boldsymbol{E}_{\mathrm{k}}$ 表示，感生电场与静电场一样都对电荷有力的作用．它们之间的不同之处是：静电场是由静止电荷激发产生的，感生电场则是由变化磁场所激发的；静电场的电场线起始于正电荷、终止于负电荷，而感生电场的电场线是闭合的，是一系列无头无尾的闭合曲线，所以感生电场也称为有旋电场.

正是由于感生电场的存在（它就是产生感生电动势的非静电场），这样当在变化磁场中放入一静止的导体回路时，导体回路中才有感生电动势产生．由电动势的定义式，有 $\mathscr{E}=\oint \boldsymbol{E}_{\mathrm{k}}\cdot \mathrm{d}\boldsymbol{l}$，式中 $\boldsymbol{E}_{\mathrm{k}}$ 为非静电场强度，在此为感生电场强度．上式表示感生电动势也为感生电场的线积分.

根据法拉第电磁感应电律，有

$$\oint_l \boldsymbol{E}_{\mathrm{k}}\cdot \mathrm{d}\boldsymbol{l}=-\frac{\mathrm{d}\Phi}{\mathrm{d}t} \tag{7-3}$$

式（7-3）反映出感生电场与静电场不同，因静电场是保守场，静电场的电场强度沿一闭合回路的环流恒为零，即 $\oint_l \boldsymbol{E}\cdot \mathrm{d}\boldsymbol{l}=0$. 而感生电场沿任意一闭合回路的环流一般不等于零．这就是说，感生电场不是保守场.

法拉第当时只着眼于导体回路中感应电动势的产生，麦克斯韦则更着重于电场和磁场的关系的研究．他提出，在磁场变化时，不但会在导体回路中，而且在空间任一地点都会产生感生电场，而且感生电场沿任何闭合路径的环路积分都满足式（7-3）．将磁通量 Φ 的表示式代入，则式（7-3）可写成

$$\oint_l \boldsymbol{E}_{\mathrm{k}}\cdot \mathrm{d}\boldsymbol{l}=-\frac{\mathrm{d}}{\mathrm{d}t}\int_S \boldsymbol{B}\cdot \mathrm{d}\boldsymbol{S}=-\int_S \frac{\partial \boldsymbol{B}}{\partial t}\cdot \mathrm{d}\boldsymbol{S} \tag{7-4}$$

式中 $\dfrac{\partial \boldsymbol{B}}{\partial t}$ 是闭合回路所围面积内某点的磁感应强度随时间的变化率．式（7-4）表明，只要存在变化的磁场，就一定会有感生电场；而且 $\dfrac{\partial \boldsymbol{B}}{\partial t}$ 与 $\boldsymbol{E}_{\mathrm{k}}$ 在方向上遵从左手螺旋关系.

例 7-3

在半径为 R 的圆柱形空间内有匀强磁场 $\boldsymbol{B}$，如图 7-8 所示，且$\frac{\mathrm{d}B}{\mathrm{d}t}>0$. 试求任意半径 r 处涡旋电场 $\boldsymbol{E}_k$ 的大小.

解：作半径为 r 的圆，如图 7-8(a) 所示. 由对称性可知，圆周上各点的涡旋电场 $\boldsymbol{E}$ 的大小相等，方向与圆周相切，为逆时针方向，即涡旋电场的电场线在此题中为一系列同心圆.

(1) 当 $r<R$ 时，通过回路的磁通量 $\Phi=\pi r^2 B$，代入式(7-3)，得

$$E_k \cdot 2\pi r=-\frac{\mathrm{d}\Phi}{\mathrm{d}t}=-\pi r^2\frac{\mathrm{d}B}{\mathrm{d}t}$$

$$E_k=-\frac{r}{2}\cdot\frac{\mathrm{d}B}{\mathrm{d}t}$$

式中"-"号表示涡旋电场反抗磁场的变化.

(2) 当 $r>R$ 时，通过回路的磁通量 $\Phi=\pi R^2 B$. 代入式(7-3)，得

$$E_k \cdot 2\pi r=-\frac{\mathrm{d}\Phi}{\mathrm{d}t}$$

$$=-\pi R^2\frac{\mathrm{d}B}{\mathrm{d}t}$$

得

$$E_k=-\frac{R^2}{2r}\cdot\frac{\mathrm{d}B}{\mathrm{d}t}$$

图 7-8(b) 所示为涡旋电场 $\boldsymbol{E}_k$ 的大小随 r 的变化曲线.

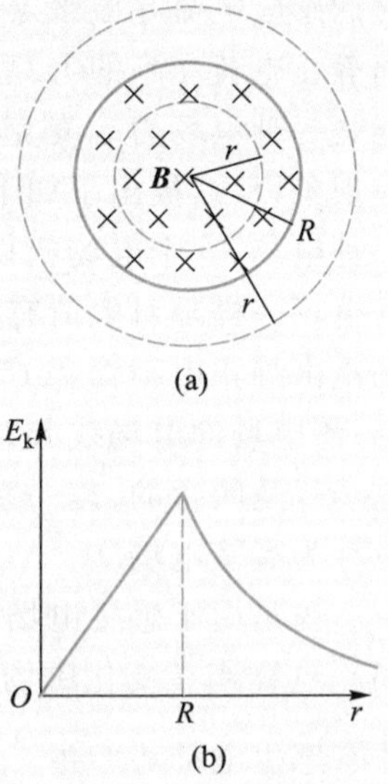

图 7-8 例 7-3 图

例 7-4

在半径为 R 的无限长圆柱形空间内部有均匀的磁场 B 以恒定的变化率 $\mathrm{d}B/\mathrm{d}t=k(k>0)$ 变化，有一内阻可忽略的等腰梯形导线框 $abcd$ 如图 7-9 所示放置，a、b 两点在圆柱面上，长度关系为 $cd=2ab=2R$，bc 边和 ad 边延长线正好通过圆心 O，求 ab 导体棒中感应电动势的大小和方向.

解：首先求出圆柱形管内外的涡旋电场，设定回路逆时针为正方向，由电磁感应定律

$$\oint_L \boldsymbol{E}_k\cdot\mathrm{d}\boldsymbol{l}=-\int_S\frac{\partial\boldsymbol{B}}{\partial t}\cdot\mathrm{d}\boldsymbol{S}$$

得到螺线管内外涡旋电场的分布为(参见例 7-3)

$$\begin{cases}E_k=\frac{r}{2}\frac{\mathrm{d}B}{\mathrm{d}t}=\frac{rk}{2}, & r<R\\ E_k=\frac{R^2}{2r}\frac{\mathrm{d}B}{\mathrm{d}t}=\frac{R^2k}{2r}, & r>R\end{cases}$$

涡旋电场方向与标定的正方向相同，即逆时针方向.

导线 ab 中的感应电动势为

$$\mathscr{E}_{ba}=\int_b^a\boldsymbol{E}_k\cdot\mathrm{d}\boldsymbol{l}=\int_b^a E_k\mathrm{d}l\cos\theta=\int_b^a\frac{rk}{2}\mathrm{d}l\cos\theta$$

由图 7 - 9 可得 $r\cos\theta=h=R\cos 30°$，则

$$\mathscr{E}_{ba}=\frac{Rk\cos 30°}{2}\int_0^R\mathrm{d}l=\frac{\sqrt{3}}{4}R^2k$$

a 端电势高.

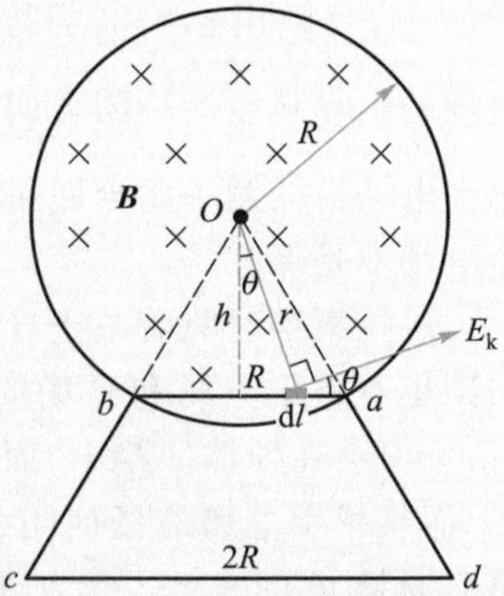

图 7-9 例 7-4 图

思考：1. 有无其他方法求解 ab 中的感应电动势？

2. cd 中有无感应电动势？如何求？

7-3 自感和互感

在实际电路中，磁场的变化常常是由于电流的变化引起的，因此，把感生电动势直接和电流的变化联系起来是有重要实际意义的．自感和互感现象的研究就是要找出这方面的规律．

7-3-1 自感

当一个电流回路的电流 I 随时间变化时，通过回路自身的全磁通也发生变化，因而回路自身也产生感生电动势（图 7-10）．这就是自感现象，这时产生的感生电动势叫做自感电动势．

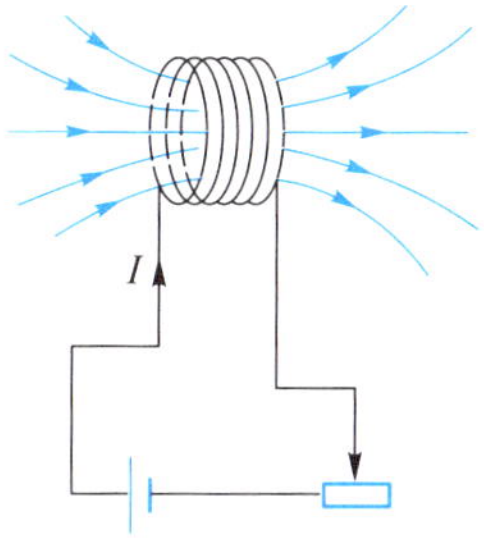

图 7-10 自感现象

微课：自感

根据毕奥-萨伐尔定律，电流 I 在空间任意点激发的磁感应强度与 I 成正比，因此，穿过回路自身的全磁通也与 I 成正比，即

$$\Psi = LI \tag{7-5}$$

式中比例系数 L 叫做回路的**自感系数**（简称**自感**）．实验表明，自感系数 L 只与回路的形状、大小、线圈的匝数以及周围磁介质的分布有关．

在国际单位制中，自感系数的单位为亨［利］，用符号 H 表示．由式（7-5）可知，$1\ \mathrm{H}=1\ \mathrm{Wb}\cdot\mathrm{A}^{-1}$．由于亨利的单位比较大，实用上常用毫亨（mH）与微亨（μH）作为自感系数的单位．

由电磁感应定律，在 L 一定的条件下，由式（7-5）可求得自感电动势为

$$\mathscr{E}_L = -\frac{\mathrm{d}\Psi}{\mathrm{d}t} = -L\frac{\mathrm{d}I}{\mathrm{d}t} \tag{7-6}$$

式（7-6）中负号是楞次定律的数学表示．在图 7-8 中，回路的正方向一般取电流 I 的方向．当电流增大，即 $\frac{\mathrm{d}I}{\mathrm{d}t}>0$ 时，由式（7-6）知 $\mathscr{E}_L<0$，说明自感电动势的方向与电流方向相反；当 $\frac{\mathrm{d}I}{\mathrm{d}t}<0$ 时，$\mathscr{E}_L>0$，说明自感电动势的方向与电流方向相同．由此可知自感电动势总是起阻碍回路本身电流变化的作用．

通常，自感系数由实验测定，只是在某些简单的情形下才可由定义式计算出来．

在工程技术和日常生活中，自感现象的应用非常广泛，日光

灯上装置的镇流器和无线电技术、电工中使用的扼流圈就是利用自感效应制成的．

例 7-5

计算长直螺线管的自感．设其横截面积为 S，长度为 l，线圈的总匝数为 N，管中充满相对磁导率为 μ_r 的磁介质．

解： 设长直螺线管通有电流 I，则管内的磁场可近似看做是均匀的，磁感应强度 $\boldsymbol{B}$ 的大小为

$$B=\mu_0\mu_r nI$$

n 为单位长度的线圈匝数，$\boldsymbol{B}$ 的方向可看成与螺线管的轴线平行，则穿过管内的全磁通为

$$\Psi=N\Phi=N\mu_0\mu_r nIS=\mu_0\mu_r n^2 lSI$$

由自感系数的定义式(7-5)，得长直螺线管的自感为

$$L=\mu_0\mu_r n^2 V$$

式中 V 为长直螺线管的体积．从结果看出，长直螺线管的自感与单位长度的匝数、相对磁导率等因素有关，也即与其自身的性质有关，与是否通电流没有关系．

例 7-6

一根电缆由同轴的两个薄壁金属管构成，半径分别为 R_1 和 R_2 $(R_1<R_2)$，其间充满磁导率为 μ 的磁介质．电缆中电流由内管流出，由外管流回．试求这种电缆单位长度的自感系数．

解： 这种电缆可视为单匝回路，如图 7-11 所示，其磁通量为通过任一纵截面的磁通量．以 I 表示通过的电流，则在两管壁间距轴 r 处的磁感应强度为

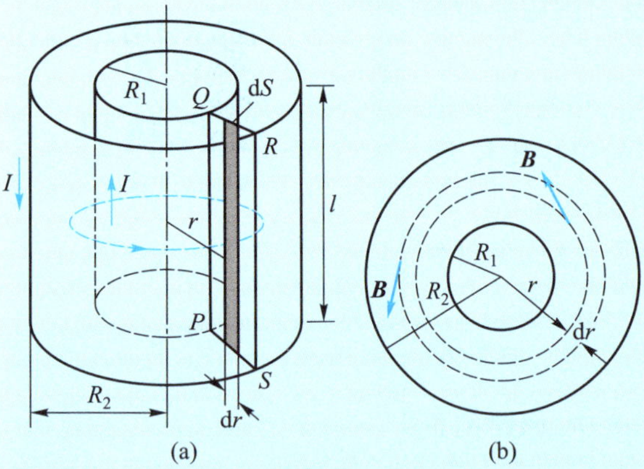

图 7-11 例 7-6 图

$$B=\frac{\mu I}{2\pi r}\quad (R_1<r<R_2)$$

如图 7-11(a)所示，在两圆筒之间取一长为 l 的面 $PQRS$，通过该纵截面的磁通量为

$$\Phi=\int \boldsymbol{B}\cdot \mathrm{d}\boldsymbol{S}=\int_{R_1}^{R_2} Bl\mathrm{d}r$$

$$=\int_{R_1}^{R_2}\frac{\mu I}{2\pi r}l\mathrm{d}r=\frac{\mu Il}{2\pi}\ln\frac{R_2}{R_1}$$

由自感系数的定义，可得单位长度电缆的自感系数为

$$L'=\frac{\Phi}{Il}=\frac{\mu}{2\pi}\ln\frac{R_2}{R_1}$$

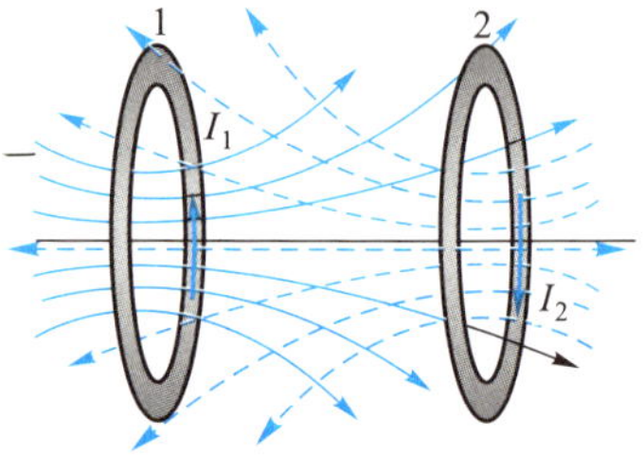

图 7-12 两邻近的导体回路

7-3-2 互感

设有两个邻近的导体回路(图 7-12)，其中分别通有电流，则任一回路中电流所产生的磁场线将有一部分通过另一个回路所

包围的面积．当其中任意一个回路中的电流发生变化时，通过另一个导体回路所围面积的磁通量也随之变化，因而在回路中产生感生电动势．这种由于一个回路中的电流变化而在邻近另一个回路中产生感生电动势的现象，称为**互感现象**，这时产生的感生电动势称为**互感电动势**．

视频：互感通信

微课：互感

若回路 1 中电流 I_1 所激发的磁场通过回路 2 的全磁通为 Ψ_{21}，根据毕奥－萨伐尔定律，电流 I_1 在空间任意点激发的磁感应强度与 I_1 成正比，因此穿过线圈 2 的全磁通 Ψ_{21} 也与 I_1 成正比，即

$$\Psi_{21}=M_{21}I_1$$

式中比例系数 M_{21} 叫做回路 1 对回路 2 的**互感系数**．

同理，回路 2 中电流 I_2 所激发的磁场穿过回路 1 的全磁通 Ψ_{12} 应与 I_2 成正比，所以有

$$\Psi_{12}=M_{12}I_2$$

式中 M_{12} 叫回路 2 对回路 1 的**互感系数**．

理论和实验表明，对于任意形状的两个导体回路，总有 $M_{21}=M_{12}$，因此统一用符号 M 来表示，它反映了两个相邻回路各在另一回路中产生互感电动势的能力．M 称为这两个导体回路的**互感系数**，简称**互感**，于是有

$$\Psi_{21}=MI_1,\quad \Psi_{12}=MI_2 \tag{7-7}$$

或

$$M=\frac{\Psi_{21}}{I_1},\quad M=\frac{\Psi_{12}}{I_2}$$

从上式可看出，**两个回路之间的互感系数等于其中一个回路中单位电流激发的磁场通过另一回路所围面积的全磁通**．它的大小取决于两个回路的几何形状、相对位置、它们各自的匝数以及它们周围磁介质的分布．

互感的单位和自感的单位相同，都是 H（亨［利］）．

由电磁感应定律，在 M 一定的条件下，由式（7-7）可求得回路 1 中电流 I_1 发生变化时，回路 2 中引起的互感电动势为

$$\mathscr{E}_{21}=-\frac{\mathrm{d}\Psi_{21}}{\mathrm{d}t}=-M\frac{\mathrm{d}I_1}{\mathrm{d}t} \tag{7-8a}$$

同理，当回路 2 中的电流 I_2 发生变化时，回路 1 中引起的互感电动势为

$$\mathscr{E}_{12}=-\frac{\mathrm{d}\Psi_{12}}{\mathrm{d}t}=-M\frac{\mathrm{d}I_2}{\mathrm{d}t} \tag{7-8b}$$

式（7-8）中的负号表示，在一个回路中所引起的互感电动势，要反抗另一个线圈中电流的变化．

互感现象在一些电器及电子线路中时常遇到，有些电器利用互感现象把电能从一个回路输送到另一个回路中去．例如，变压

器及感应充电器(图 7-13)等．有时互感现象也会带来不利的一面．例如,收音机各回路之间、电话线与电力输送线之间会因互感现象产生有害干扰．了解了互感现象的物理本质,就可以设法改变电器间的布置,以尽量减小回路间相互磁耦合的影响．

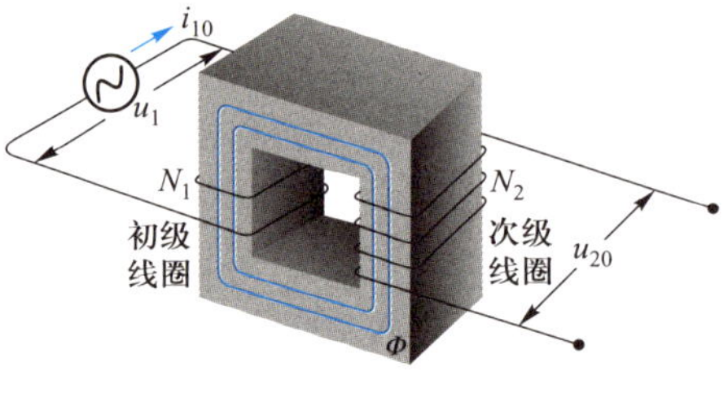

(a) 变压器

(b) 手机感应充电

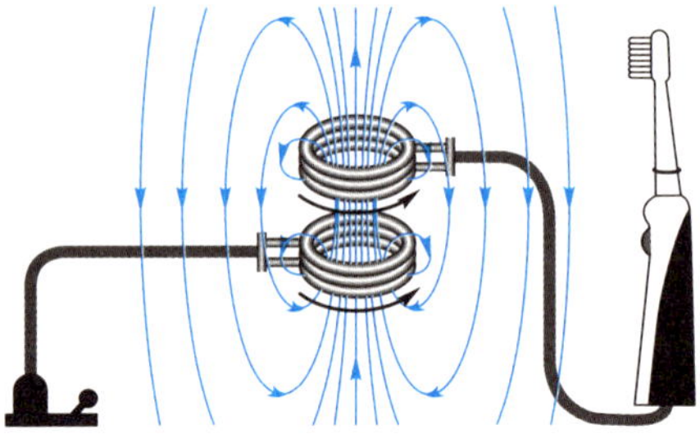
(c) 电动牙刷感应充电原理图

图 7-13

互感系数通常用实验方法测定,但对于一些形状规则的回路系统,仍能通过计算求得．

例 7-7

计算两同轴长直螺线管的互感．如图 7-14 所示,两同轴长直螺线管长度均为 l,半径分别为 r_1 和 r_2(且 $r_1<r_2$),匝数分别为 N_1 和 N_2．

解: 设电流 I_1 通过半径为 r_1 的螺线管,此螺线管内的磁感应强度为

$$B_1=\mu_0 n_1 I_1=\mu_0\frac{N_1}{l}I_1$$

考虑到螺线管是密绕的,则在两螺线管之间的区域内的磁感应强度为零．于是通过半径为 r_2 的螺线管的全磁通为

$$\Psi_{21}=N_2B_1\pi r_1^2=N_2\frac{\mu_0N_1I_1}{l}\pi r_1^2=\frac{\mu_0N_1N_2}{l}\pi r_1^2I_1$$

由式(7-7)可得

$$M_{21}=\frac{\Psi_{21}}{I_1}=\frac{\mu_0N_1N_2}{l}\pi r_1^2$$

我们还可以设电流 I_2 通过半径为 r_2 的螺线管,用同样的方法可计算出互感 M_{12},结果为

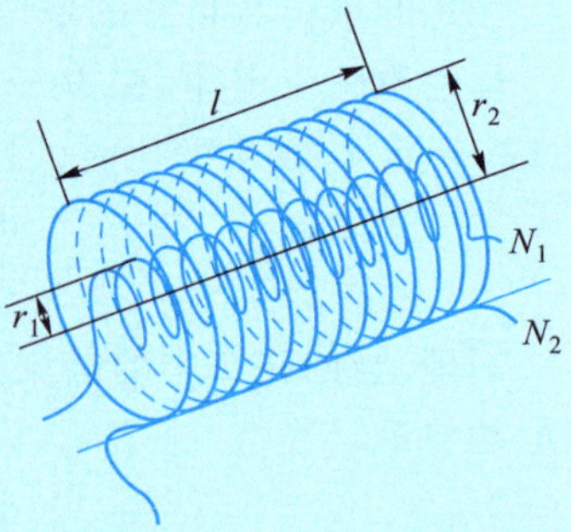

图 7-14 例 7-7 图

$$M_{12}=M_{21}=M=\frac{\mu_0N_1N_2}{l}\pi r_1^2$$

对于两个大小、形状和相对位置确定的线圈,它们的互感是确定的．

7-4 磁场的能量

前面关于静电场的研究中,在形成带电系统的过程中,外力必须克服静电场力而做功.根据功能原理,外界做功所消耗的能量最后转化为电荷系统或电场的能量,电场的能量密度为

$$w_e=\frac{1}{2}\varepsilon E^2$$

同样在回路系统中通以电流时,由于各回路的自感和回路之间互感的作用,回路中的电流要经历一个从零到稳定值的暂态过程,在这个过程中,电源必须提供能量,用来克服自感电动势及互感电动势而做功,这个功最后转化为载流回路的能量和回路电流间的相互作用能,也就是磁场的能量.

微课:磁场的能量

我们以 RL 电路为例,如图 7-15 所示,讨论回路中电流增长过程中能量的转化情况.

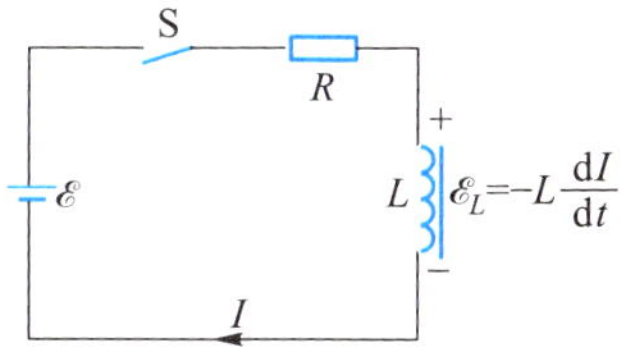

图 7-15 RL 电路

当合上开关 S 时,电路中的电流由零逐渐增大,最后电流达到稳定值.在电流增大的过程中,线圈中会产生自感电动势,它会阻碍磁场的建立.自感电动势为

$$\mathscr{E}_L=-L\frac{\mathrm{d}I}{\mathrm{d}t}$$

由闭合电路欧姆定律,有

$$\mathscr{E}+\mathscr{E}_L=RI$$

即

$$\mathscr{E}=L\frac{\mathrm{d}I}{\mathrm{d}t}+RI \qquad (7-9)$$

上式两边同时乘以 $I\mathrm{d}t$,有

$$\mathscr{E}I\mathrm{d}t=LI\mathrm{d}I+RI^2\mathrm{d}t$$

若在 $t=0$ 时 $I=0$,到 t 时刻,电流增长到 I,则上式的积分为

$$\int_0^t\mathscr{E}I\mathrm{d}t=\frac{1}{2}LI^2+\int_0^t RI^2\mathrm{d}t \qquad (7-10)$$

式中左端为电源在 t 时间内所做的功,也即电源供给的能量.右端的积分为这段时间内回路中的导体所放出的焦耳热;而 $\frac{1}{2}LI^2$ 则为电源反抗自感电动势所做的功,由于当电路中的电流从零增大到 I 时,电感线圈中伴随着电流的磁场也正在逐渐增强,且没有其他的变化,所以电源因反抗自感电动势所做的功而消耗的能量,显然在建立磁场的过程中转化成了磁场的能量.因此从能量守恒的角度来看,电源供给的能量一部分转化成了热能消耗在电阻上,另一部分则转化成了线圈中的磁场能量储存在线圈中.

因此,对自感为 L 的线圈来说,当其电流为 I 时所具有的磁能为

$$W_m=\frac{1}{2}LI^2 \tag{7-11}$$

前面我们用磁感应强度来描述磁场的性质,在电场中用电场强度来表示电场能量,在此也能用磁感应强度来表示磁场能量．为简单起见,我们以长直螺线管为例进行讨论．上节中我们已求出长直螺线管的自感系数为 $L=\mu n^2V$,当其通有电流 I 时,螺线管中的磁感应强度为 $B=\mu nI$,把它们代入式(7-11),可得螺线管内的磁场能量为

$$W_m=\frac{1}{2}LI^2=\frac{1}{2}\mu n^2V\left(\frac{B}{\mu n}\right)^2=\frac{1}{2}\frac{B^2}{\mu}V$$

由于长直螺线管的磁场集中于管内,其体积为 V,并且管内磁场基本均匀,所以管内的**磁场能量密度**为

$$w_m=\frac{1}{2}\frac{B^2}{\mu} \tag{7-12}$$

w_m 的单位为 $\mathrm{J\cdot m^{-3}}$．上式表明,磁场的能量与磁感应强度的二次方成正比．对于均匀的磁介质,由于 $B=\mu H$,上式可写成

$$w_m=\frac{1}{2}\frac{B^2}{\mu}=\frac{1}{2}\mu H^2=\frac{1}{2}BH \tag{7-13}$$

此式虽然是从一个特例中推出的,但是可以证明它对磁场普遍有效．利用它可以求得某一磁场所储存的总能量为

$$W_m=\int w_m\mathrm{d}V=\int\frac{1}{2}BH\mathrm{d}V$$

此式的积分应遍及整个磁场分布的空间．

例 7-8

用计算磁场能量的方法,求如图 7-16 所示的同轴电缆单位长度的自感系数(设可略去金属芯线内的磁场).

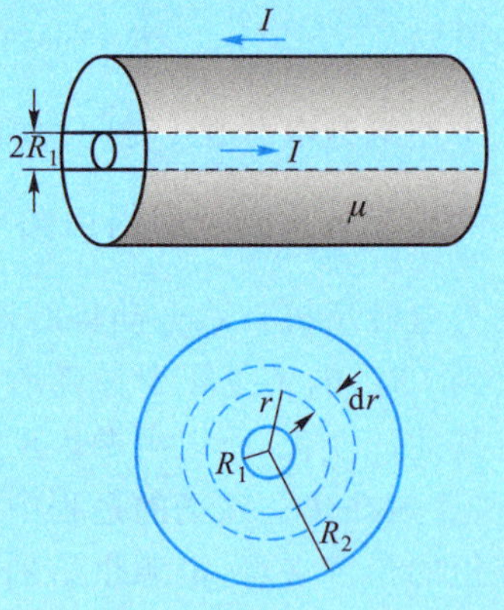

图 7-16 例 7-8 图

解:设在同轴电缆中通有如图 7-16 所示方向的电流,若在圆筒间充满磁导率为 μ 的磁介质,则由安培环路定理可求得电缆外面磁场强度为零．这样,只有圆筒间存在磁场,在圆筒间离轴线距离为 r 处的磁场强度为

$$H=\frac{I}{2\pi r}$$

则

$$B=\frac{\mu I}{2\pi r}$$

由式(7-13)得圆筒间 r 处的磁能密度为

$$w_m=\frac{1}{2}BH=\frac{\mu I^2}{8\pi^2 r^2}$$

在半径 r 至 $r+\mathrm{d}r$ 之间，长为 l 的圆柱壳空间的磁能为

$$\mathrm{d}W_m=w_m\mathrm{d}V=\frac{\mu I^2}{8\pi^2 r^2}2\pi r\mathrm{d}r l=\frac{\mu I^2 l}{4\pi}\cdot\frac{\mathrm{d}r}{r}$$

对上式积分，可求得储存在圆筒间的总磁能为

$$W_m=\int_V w_m\mathrm{d}V$$

$$=\frac{\mu I^2 l}{4\pi}\int_{R_1}^{R_2}\frac{\mathrm{d}r}{r}$$

$$=\frac{\mu I^2 l}{4\pi}\ln\frac{R_2}{R_1}$$

由磁能公式 $W_m=\frac{1}{2}LI^2$，可求得单位长度同轴电缆的自感系数为

$$L'=\frac{\mu}{2\pi}\ln\frac{R_2}{R_1}$$

所得结果与 7-3 节例 7-6 完全相同．

7-5 位移电流 电磁场基本方程的积分形式

自从 1820 年奥斯特发现电流的磁效应以后，由于安培、法拉第、亨利(J. Henry)等人的工作，电磁学的理论有了很大发展，在电磁学范围内已建立了许多定律、定理和公式．然而，人们迫切地期盼能对电磁学定律进行归纳总结，找出电磁学的基本方程．在这种情况下，麦克斯韦总结了从库仑到安培、法拉第等人的电磁理论的全部学说，在此基础上提出了“涡旋电场”和“位移电流”的假设，于 1864 年归纳出电磁场的基本方程，即描述电磁场变化规律的麦克斯韦方程组，并预言了电磁波的存在，推导出了电磁波在真空中的传播速度为

$$v=c=\frac{1}{\sqrt{\varepsilon_0\mu_0}}=3\times10^8\ \mathrm{m\cdot s^{-1}}$$

麦克斯韦的预言被赫兹实验所证实，并证明了电磁波不仅传播速度与光速一样，而且具有类似光的特性，如反射、折射、衍射和偏振等．从此麦克斯韦不仅将电与磁统一起来，而且将物理学的另一个分支——光学也归并到电磁统一体之中，即将电学、磁学、光学都统一起来了，实现了继牛顿力学和能量守恒定律提出以来的物理学史上的第三次大综合，是 19 世纪科学史上最伟大的成就．

麦克斯韦(1831—1879)

文档：麦克斯韦

7-5-1 位移电流 全电流安培环路定理

微课：位移电流

在 6-7 节中，我们讨论了恒定电流磁场中的安培环路定理：

$$\oint_L \boldsymbol{H}\cdot \mathrm{d}\boldsymbol{l}=I=\int_S \boldsymbol{j}\cdot \mathrm{d}\boldsymbol{S} \qquad (7-14)$$

式中 I 是穿过以闭合曲线 L 为边线的任意曲面 S 的传导电流的代数和，$\boldsymbol{j}$ 为传导电流密度．由图 7-17 可知，一个以确定的闭合曲线 L 为边线的曲面 S 有无限多个．在恒定电流情况下，电流恒是闭合的，即

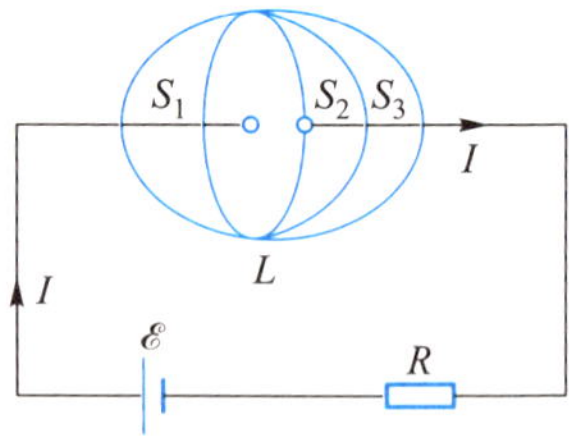

图 7-17 恒定电流回路

$$\int_S \boldsymbol{j}\cdot \mathrm{d}\boldsymbol{S}=0$$

这样，穿过同一个闭合曲线 L 为边线的不同曲面 S_1、S_2、S_3的电流都等于 I，式(7-14)在理论上没有矛盾，它正确地描述了恒定电流激发磁场的规律．

对于非恒定电流的情况式(7-14)是否也成立呢？如图 7-18(a)所示，以电容器放电电路为例来讨论这一问题．电容器在放电过程中，电路导线中的电流 I 是非恒定电流，它随时间而变化．如图 7-18(b)所示，若在极板 A 附近取一个闭合回路 L，则以此回路 L 为边界可作两个曲面 S_1和 S_2．其中 S_1与导线相交，S_2在两极板之间，不与导线相交；S_1和 S_2构成一个闭合曲面．现以曲面 S_1作为衡量有无电流穿过 L 所包围面积的依据，则由于它与导线相交，故知穿过 L 所围面积即 S_1面的电流为 I，由安培环路定理，有

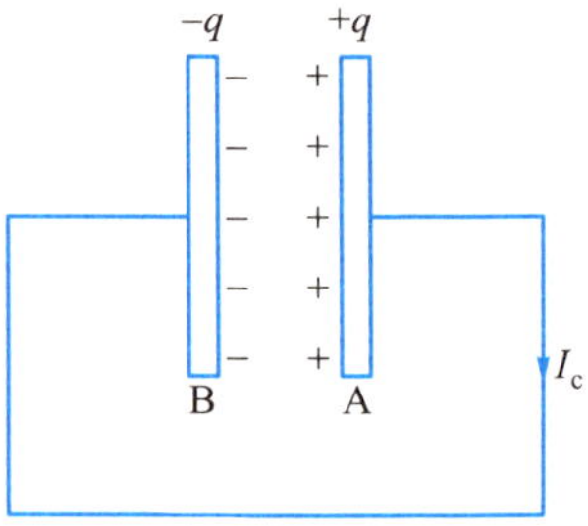

(a)

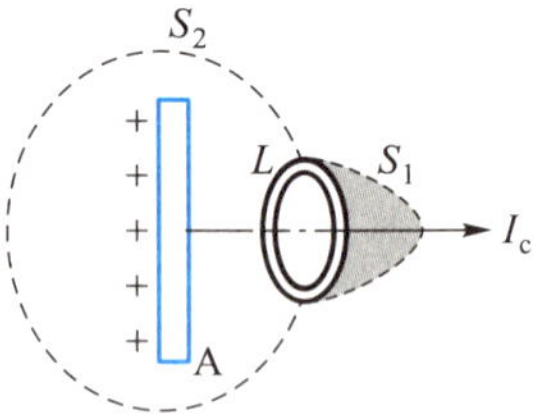

(b)

图 7-18 电容器放电

$$\oint_L \boldsymbol{H}\cdot \mathrm{d}\boldsymbol{l}=I$$

若以曲面 S_2为依据，则没有传导电流通过 S_2，则得到

$$\oint_L \boldsymbol{H}\cdot \mathrm{d}\boldsymbol{l}=0$$

显然这两个式子是相互矛盾的，即在恒定电流情况下正确的安培环路定理，在非恒定电流情况下就不正确了．问题的关键是，在非恒定电流电路中，传导电流不再连续，因而式(7-14)与电荷守恒定律相矛盾．鉴于电荷守恒定律是精确的普适定律，而式(7-14)仅仅是在恒定电流情况下从实验结果建立起来的特殊规律，显然在两者之间出现矛盾时理应修正式(7-14)，使之能符合普适的电荷守恒定律．

麦克斯韦提出位移电流的假设,很好地解决了上述矛盾.

仔细分析图 7-18(a)所示的电路,当电容器放电时,导线中的电流 I 在电容器极板处被截断了,但是,电容器两极板上的电荷量 q 和电荷面密度 σ 都随时间而变化,与此同时,在电容器两极板之间虽然没有自由电荷、传导电流,但其间的电位移 D 和通过整个截面的电位移通量 $\Psi=SD$ 也都随时间而变化.这就是说,导线中的传导电流、电容器极板上电荷量的变化、电容器极板间的变化电场存在依次相连的关系,下面定量计算这种相连关系.

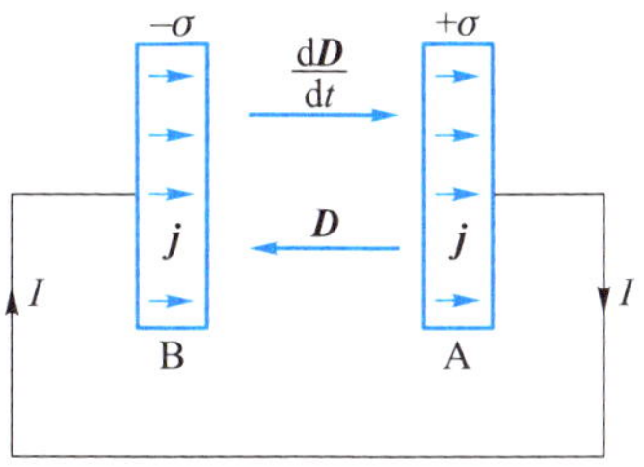

图 7-19 位移电流

在图 7-19 所示的电容器放电电路中,设某一时刻电容器极板上的电荷面密度为 σ,在放电过程中的任一瞬时,按照电荷守恒定律,导线中的电流应等于极板上电荷量的变化率,即

$$I=S\frac{\mathrm{d}\sigma}{\mathrm{d}t}$$

同时,两极板间的电场 E(或 D)也随时间发生变化.由电场一章可知,极板间该时刻的电位移大小 $D=\sigma$,代入上式得

$$I=S\frac{\mathrm{d}\sigma}{\mathrm{d}t}=S\frac{\mathrm{d}D}{\mathrm{d}t} \tag{7-15}$$

上式表明:导线中的电流 I 等于极板上的 $S\frac{\mathrm{d}\sigma}{\mathrm{d}t}$,又等于极板间的 $S\frac{\mathrm{d}D}{\mathrm{d}t}$.电容器放电时,电场减弱,$\frac{\mathrm{d}\boldsymbol{D}}{\mathrm{d}t}$的方向与电场方向相反,但与导线中的电流方向一致.如果是电容器充电电路,同样有$\frac{\mathrm{d}\boldsymbol{D}}{\mathrm{d}t}$的方向与导线中的电流方向一致的结论.可见,极板上电荷量的变化连接了导线中的电流,而极板间变化的电场又连接了极板上电荷量的变化,从而使电路中电流借助于电容器内的电场变化仍可视为连续的.于是,麦克斯韦大胆地提出了一个假设:变化的电场也是一种电流,并令

$$j_{\mathrm{d}}=\frac{\mathrm{d}D}{\mathrm{d}t} \tag{7-16a}$$

$$I_{\mathrm{d}}=S\frac{\mathrm{d}D}{\mathrm{d}t}=\frac{\mathrm{d}\Psi}{\mathrm{d}t} \tag{7-16b}$$

式中 j_{d} 和 I_{d} 分别称为**位移电流密度**和**位移电流**.上述定义说明,电场中某点的位移电流密度等于该点电位移的时间变化率,通过电场中某截面的位移电流等于通过该截面电位移通量的时间变化率.

麦克斯韦假设位移电流和传导电流一样，也会在其周围空间激发磁场．这样按照麦克斯韦位移电流的假设，在有电容器的电路中，在电容器极板表面中断了的传导电流 I，可以由位移电流 I_d 继续下去，两者一起构成电流的连续性．

就一般性质来说，麦克斯韦认为电路中可同时存在传导电流 I 和位移电流 I_d，它们之和

$$I_s = I + I_d$$

称为全电流．

位移电流 I_d 的存在不仅使全电流成为连续的，而且麦克斯韦假设它在磁效应方面也和传导电流等效，即它们都按同一规律在周围空间激发涡旋磁场，麦克斯韦运用这种思想把从恒定电流总结出来的磁场规律推广到一般情况，即既包括传导电流也包括位移电流所激发的磁场．他指出：**在磁场中沿任一闭合回路 L，$\boldsymbol{H}$ 的线积分在数值上等于穿过以该闭合回路为边线的任意曲面的传导电流和位移电流的代数和**，即

$$\oint_L \boldsymbol{H} \cdot \mathrm{d}\boldsymbol{l} = I_s = I + S\frac{\mathrm{d}D}{\mathrm{d}t} \tag{7-17a}$$

或

$$\oint_L \boldsymbol{H} \cdot \mathrm{d}\boldsymbol{l} = I_s = \int_S \left(\boldsymbol{j} + \frac{\partial \boldsymbol{D}}{\partial t}\right) \cdot \mathrm{d}\boldsymbol{S} \tag{7-17b}$$

这个方程称为**全电流安培环路定理**．

把上式用到图 7-18(b) 中 S_2 面的情况，有

$$\oint_L \boldsymbol{H} \cdot \mathrm{d}\boldsymbol{l} = I_d = S\frac{\mathrm{d}D}{\mathrm{d}t}$$

如前所述，$S\frac{\mathrm{d}D}{\mathrm{d}t} = \frac{\mathrm{d}q}{\mathrm{d}t} = I$，因而这个结论和取 S_1 面的结果是一致的，这不仅解决了前述的矛盾，而且式(7-17)必然与电荷守恒定律吻合，若$\frac{\partial D}{\partial t} = 0$，则回到恒定电流时的环路定理．

由此可见，位移电流的引入深刻揭露了电场和磁场的内在联系和依存关系，反映了自然现象的对称性．**法拉第电磁感应定律说明变化的磁场能激发涡旋电场，位移电流的论点说明变化的电场能激发涡旋磁场，两种变化的场永远互相联系着，形成了统一的电磁场**．麦克斯韦提出的位移电流的概念，已为无线电波的发现和它在实际中广泛的应用所证实，它和变化的磁场激发电场的概念都是麦克斯韦电磁场理论中很重要的基本概念．

例 7-9

有一半径 $R=3.0$ cm 的圆形平行平板空气电容器，由圆板中心处引入两根长直导线给电容器匀速充电，使电容器极板上电荷随时间的变化率 $\frac{\mathrm{d}q}{\mathrm{d}t}=2.5$ A. 若略去电容器的边缘效应，求两极板间的位移电流，并计算两极板间离开轴线的距离 $r=2.0$ cm 处 P 点的磁感应强度.

解： 根据位移电流是传导电流的延续，因此两极板间位移电流等于电路上的传导电流，在略去边缘效应且考虑对称性的情况下，位移电流在两极板之间的分布相当于半径为 R 的载流圆柱形导体中的分布，对称轴为两极板中心连线. 因此在两极板之间位移电流激发的磁场对于两极板中心连线也是对称的，可认为电容器内离两极板中心连线为 $r(r<R)$ 处的各点在同一磁感线上(图 7-20)，磁感线回转方向和电流方向之间的关系按右手螺旋定则确定，在这些点上磁场强度都为 H，取该磁感线为积分回路，应用全电流安培环路定理，得

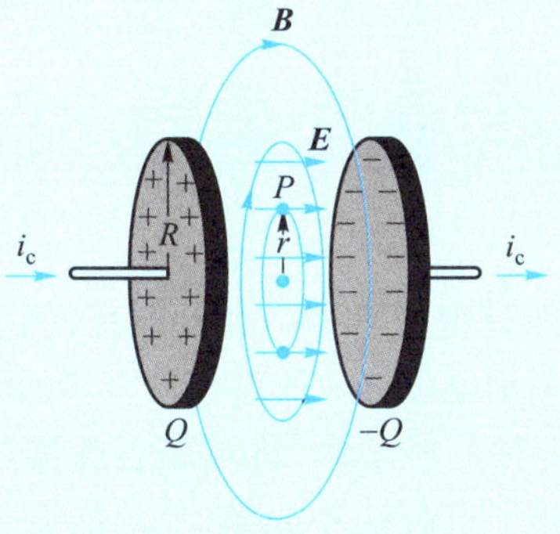

图 7-20　例 7-9 图

$$\oint_L \boldsymbol{H}\cdot \mathrm{d}\boldsymbol{l}=I_{\mathrm{d}}=\int_S \frac{\partial \boldsymbol{D}}{\partial t}\cdot \mathrm{d}\boldsymbol{S}$$

$$H\cdot 2\pi r=I_{\mathrm{d}}=\frac{\pi r^2}{\pi R^2}I=\frac{r^2}{R^2}I$$

$$H=\frac{r}{2\pi R^2}I=\frac{r}{2\pi R^2}\cdot\frac{\mathrm{d}q}{\mathrm{d}t}$$

于是可得两极板间与轴线相距为 r 的 P 点的磁感应强度为

$$B=\mu_0 H=\frac{\mu_0 r}{2\pi R^2}\cdot\frac{\mathrm{d}q}{\mathrm{d}t}$$

代入数据，得 P 点的磁感应强度为

$$B=2\times10^{-7}\times\frac{0.02}{(0.03)^2}\times2.5\ \mathrm{T}=1.11\times10^{-5}\ \mathrm{T}$$

应该指出，虽然在上述计算中只用到了极板间的位移电流，然而它是导线中传导电流的延续. 板外导线中的传导电流和极板之间的位移电流所构成的连续的全电流，相当于一个长直电流激发一轴对称分布的磁场，故所得的 $\boldsymbol{B}$ 实际上就是这样的全电流激发的总磁场，并不是单由极板之间的位移电流所激发的.

7-5-2 电磁场　麦克斯韦方程组的积分形式

微课：麦克斯韦方程组

文档：麦克斯韦电磁场理论的提出

麦克斯韦总结了从库仑到安培、法拉第等人的电磁理论的全部学说，在此基础上提出了“涡旋电场”和“位移电流”的假设. 它认为变化的磁场可以激发涡旋电场，而变化的电场也可以激发磁场. 这揭示了电场和磁场之间有内在联系，麦克斯韦把电场和磁场统一为电磁场，建立了描写电磁场变化规律的麦克斯韦方

程组．

$$
\begin{cases}
\oint_S \boldsymbol{D}\cdot \mathrm{d}\boldsymbol{S}=\int_V \rho \mathrm{d}V=q \\
\oint_L \boldsymbol{E}\cdot \mathrm{d}\boldsymbol{l}=-\int_S \dfrac{\partial \boldsymbol{B}}{\partial t}\cdot \mathrm{d}\boldsymbol{S} \\
\oint_S \boldsymbol{B}\cdot \mathrm{d}\boldsymbol{S}=0 \\
\oint_L \boldsymbol{H}\cdot \mathrm{d}\boldsymbol{l}=I+I_\mathrm{d}=\int_S \left(\boldsymbol{j}+\dfrac{\partial \boldsymbol{D}}{\partial t}\right)\cdot \mathrm{d}\boldsymbol{S}
\end{cases}
$$

这四个方程就是麦克斯韦方程组的积分形式.

麦克斯韦方程组的形式既简洁又优美，全面地反映了电场和磁场的基本性质，并把电磁场作为一个整体，用统一的观点阐明了电场和磁场之间的联系．因此麦克斯韦方程组是对电磁场基本规律所作的总结性、统一性的简明而完美的描述．

应用案例 感应加热的原理和应用

感应加热技术在金属热处理中得到广泛的应用，例如，金属的熔炼、焊接、表面淬火等．利用电磁感应的原理使金属加热，不仅加热速度快（能在数秒至数十秒的时间内，将金属表面加热到 800～1 400 ℃），而且不污染环境、不氧化、不脱碳、节约能源、易于实现自动化．因此，这一技术发展很快，被许多行业广泛采用．

一、感应加热的基本原理

感应加热的设备各种各样，其基本原理都是利用变化的电流激发变化的磁场，将待加热的金属工件放入变化的磁场中，金属工件发生电磁感应来使其加热的．

例如，一个长为 L，总匝数为 N 的密绕长直螺线管，螺线管的横截面半径远小于管长 L. 当螺线管通以角频率为 ω 的交变电流 $I=I_0\sin \omega t$ 时，管内的磁感应强度 $\boldsymbol{B}$ 处处相等，其大小为

$$B=\frac{\mu_0 N}{L}I=\frac{\mu_0 N}{L}I_0\sin \omega t$$

$\boldsymbol{B}$ 的方向沿螺线管的轴向．显然，管内的磁场也是交变的，其最

大磁感强度为

$$B_m=\frac{\mu_0 N}{L}I_0$$

如果待加热的金属工件为一半径为 r，高为 $h(h\ll r)$ 的扁圆柱形薄壳，电流在壳的横截面内流动时的电阻为 R. 现将此待加热工件放入如图 7-21 所示的螺线管中．通过金属工件的磁通量为

$$\Phi=B\cdot A=\left(\frac{\mu_0 N}{L}I_0\sin\ \omega t\right)(\pi r^2)$$

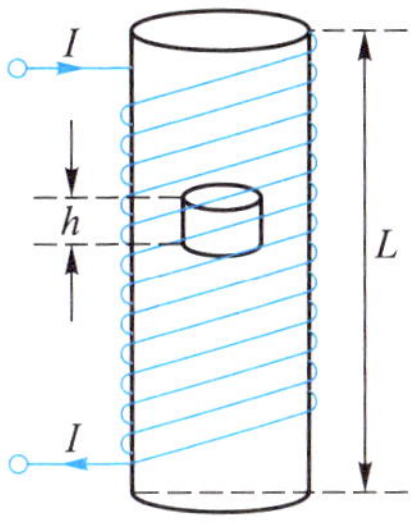

图 7-21　感应加热

当螺线管中电流变化时，在金属工件中因磁通量的变化而产生的感应电动势为

$$\mathscr{E}_i=-\frac{\mathrm{d}\Phi}{\mathrm{d}t}=-\frac{\mu_0 N\pi r^2}{L}I_0\omega\cos\ \omega t$$

这样，金属工件中的感应电流为

$$I_i=\frac{\mathscr{E}_i}{R}=-\frac{\mu_0 N\pi r^2}{LR}I_0\omega\cos\ \omega t$$

此电流在图 7-21 中垂直于纸面的水平面内呈涡旋状，故称为涡电流，简称涡流，正是涡流的焦耳热使金属工件加热．由于涡流 I_i 是随时间而周期变化的，故涡流的功率在一个周期内的平均值为

$$\overline{P}=\frac{1}{T}\int_0^T I_i^2R\mathrm{d}t=\frac{1}{T}\int_0^T\frac{\mu_0^2N^2\pi^2r^4I_0^2\omega^2}{L^2R}\cos^2\omega t\mathrm{d}t=\frac{\mu_0^2N^2\pi^2r^4I_0^2\omega^2}{2L^2R}$$

因此，t 时间内涡流产生的焦耳热为

$$Q=\overline{P}t=\frac{\mu_0^2N^2\pi^2r^4I_0^2\omega^2}{2L^2R}t=\frac{\pi^2r^4}{2R}B_m^2\omega^2t$$

由上式可见，涡流产生的焦耳热 Q 与螺线管内的最大磁感应强度 B_m 的平方成正比，与磁场变化的角频率（即交变电流的角频率）ω 的平方成正比．设计和选择感应加热设备时应根据待加热工件的要求来选择合适的角频率 ω 和最大磁感应强度 B_m.

二、感应电流在导体中的分布

为了更好地利用导体中的感应电流，需要弄清感应电流流过导体时，沿导体截面的分布情况．

在均匀导线的两端加上恒定电压后，导线的横截面上处处电流密度相等．但如果导线两端的电压随时间而改变，那么导线横截面上各点的电流密度也不相等，而按一定规律分布．可以证明，导线表面附近电流密度最大，而越深入导线内部，电流密度越

小,这种现象称为趋肤效应. 随着电流角频率的增大,导线中心处的电流密度减小,电流几乎全部集中在导线的表面层.

如以 j_0 表示导体表面处的电流密度,j 表示导体内某点的电流密度,通常把 j 减小到 j_0 的 $1/e\approx37\%$ 的点与导体表面的距离 δ 称为趋肤深度. 可以算得,趋肤深度①为

$$\delta=\sqrt{\frac{2}{\omega\mu_0\mu_r\gamma}}=\frac{503}{\sqrt{f\mu_r\gamma}}$$

式中,$f=\omega/2\pi$ 是交变电流的频率,μ_r 为相对磁导率,γ 为电导率. 可见,趋肤深度与电流变化的频率、相对磁导率及电导率的平方根成反比. 对此可作如下定性的解释:交变电流的频率越高,感生电动势就越大,产生的涡流也越大;导体的电导率越大,电阻率越小,电阻也就越小,从而涡流就越大. 导致趋肤效应更显著,亦即趋肤深度更小. 例如,铜导线在室温下的电导率 $\gamma=5.9\times10^7\ \mathrm{S\cdot m^{-1}}$,$\mu_r\approx1$, 当导线中通过的交变电流频率 $f=1.0\times10^3$ Hz 时,可算得趋肤深度 $\delta=0.21$ cm,这比一般铜导线的半径还大,这时趋肤效应很不显著. 而当 $f=1.0\times10^5$ Hz 时,$\delta=0.021$ cm,一般铜导线的半径为 0.1 cm,这时趋肤效应就很明显了.

由于趋肤效应,高频电流通过导体时,其中心部分无电流流过,所以常用空心铜管(横截面为圆形或方形)作为高频载流体. 这不仅可降低材料消耗、减轻设备重量,而且更为重要的是在大功率的感应加热设备中,空心铜管内还通水冷却,以降低铜管的温升.

三、感应加热的应用

通常利用感应加热铁磁质材料的金属工件. 由于趋肤效应,其感应电流主要分布在工件的外表面,这样外表面的温度升高得很快. 当外表面的温度超过该金属的居里点时,外表面失去铁磁性,其相对磁导率 μ_r 急剧下降为 1 左右. 实践表明,这时外表面的感应电流明显下降,此时的最大感应电流出现在与失去铁磁性的外表面毗邻的里面一层. 这一层的温度又急剧上升,就这样金属工件的外表面首先被加热,而且加热层不断向内部纵深推移. 这样,我们就可以根据待加热的金属工件的要求来控制加热层的厚度. 例如,对金属材料表面淬火可使金属表面的硬度增加,而内部仍保持原有的韧性. 为此,可以利用上述方法来控制加热层的厚度,以达到淬火的目的. 利用涡流产生的感应加热在工业上

① 关于趋肤深度公式的导出,可参阅梁文林、夏越良编的《高频感应加热设备的原理、工程计算、调整与维修》.

的应用很多,除淬火外,还有金属焊接、金属冶炼等,有兴趣的读者可参阅参考文献.

——摘自马文蔚主编的《物理学原理在工程技术中的应用》(第四版)

思考题

7-1 一闭合圆形线圈在均匀磁场中运动,在下列几种情况下哪些会产生感应电流,为什么?

(1) 线圈沿磁场方向平移;

(2) 线圈沿垂直磁场方向平移;

(3) 线圈以自身的直径为轴转动,轴与磁场方向平行;

(4) 线圈以自身的直径为轴转动,轴与磁场方向垂直.

7-2 下列各种情况下,线圈中是否会产生感应电动势?为什么?若产生感应电动势,其方向如何确定?

(1) 在均匀磁场中线圈变形[图(a)],线圈从圆形变为椭圆形;

(2) 在磁铁产生的磁场中线圈向右移动[图(b)];

(3) 两个相近的螺线管1与2,当1中电流变化时,试分别讨论电流增加与减少的情况下2中产生的感应电动势[图(c)].

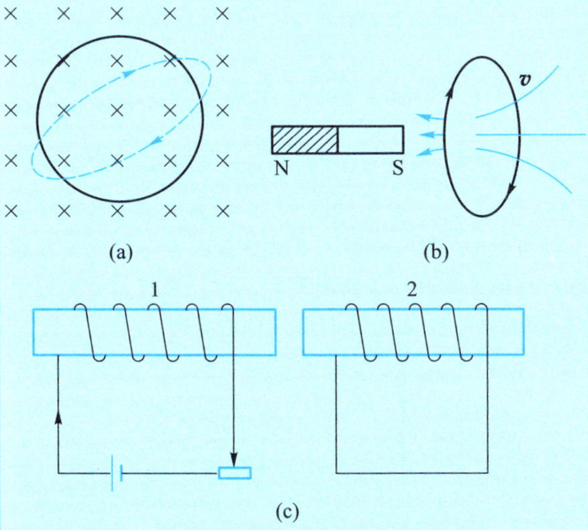

思考题 7-2 图

7-3 感应电动势的大小由哪些因素决定?如图所示,一个矩形线圈在匀强磁场中以匀角速度 ω 旋转,试比较,当它转到位置(a)和(b)时感应电动势的大小.

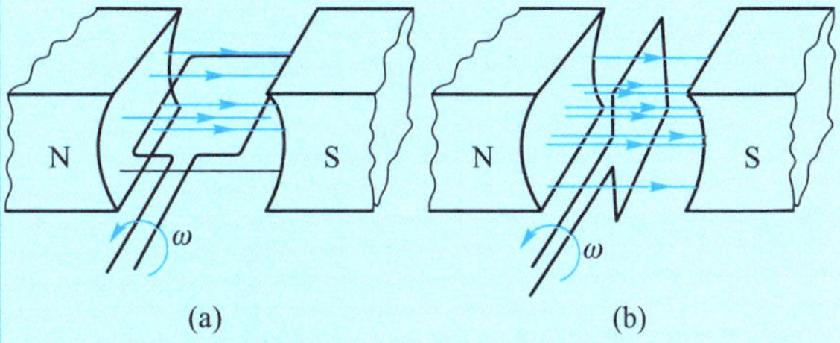

思考题 7-3 图

7-4 如图所示,匀强磁场被限制在半径为 R 的圆柱体内,且其中磁感应强度随时间的变化率 $\frac{\mathrm{d}B}{\mathrm{d}t}$ = 常量,试问:在回路 L_1 和 L_2 上各点的 $\frac{\mathrm{d}B}{\mathrm{d}t}$ 是否为零?感生电场 $\boldsymbol{E}_k$ 是否为零? $\oint_{L_1} \boldsymbol{E}_k \cdot \mathrm{d}\boldsymbol{l}$ 和 $\oint_{L_2} \boldsymbol{E}_k \cdot \mathrm{d}\boldsymbol{l}$ 各为多少?

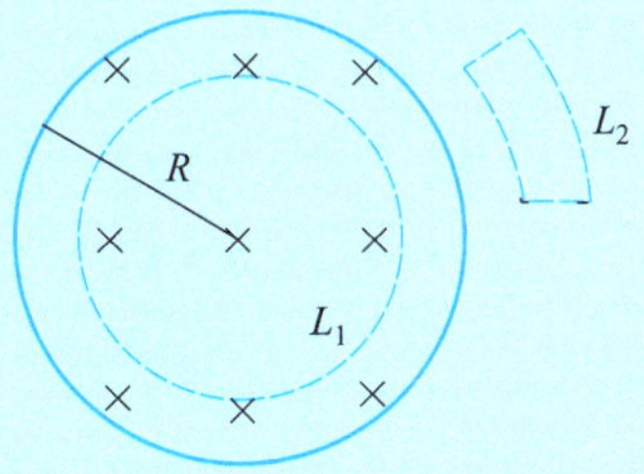

思考题 7-4 图

7-5 在磁场变化的空间里,如果没有导体,那么,在这个空间是否存在电场,是否存在感应电动势?

7-6 为什么电子感应加速器只有四分之一周期用来加速电子?

7-7 如果要设计一个自感较大的线圈,应从哪些方面去考虑？

7-8 有的电阻元件是用电阻线绕成的，为了使它只有电阻而没有自感，应如何绕制？

7-9 互感电动势与哪些因素有关？要在两个线圈间获得较大的互感，应该用什么办法？

7-10 有两个半径相接近的线圈，问如何放置方可使其互感最小？如何放置可使其互感最大？

7-11 磁能的表达式有如下两种：

$$W_m=\frac{1}{2}LI^2,\quad W_m=\frac{1}{2}\frac{B^2}{\mu}V$$

两者物理意义有何不同？式中 V 是匀强磁场所占体积．

7-12 什么叫位移电流？位移电流与传导电流有什么异同？

7-13 从哪些方面可以看出：

（1）恒定电流的磁场与静电场本质上的不同？

（2）恒定电流的磁场的 $\boldsymbol{B}$ 与静电场的 $\boldsymbol{E}$ 相对应？

（3）恒定电流的磁场的 $\boldsymbol{H}$ 与静电场的 $\boldsymbol{D}$ 相对应？

试从以下三个方面比较静电场与有旋电场：

（1）产生的原因；

（2）电场线的分布；

（3）对导体中电荷的作用．

7-14 变化的电场所产生的磁场，是否也一定随时间发生变化？变化的磁场所产生的电场，是否也一定随时间发生变化？

7-15 电容器极板间的位移电流与连接极板的导线中的电流大小相等，然而极板间的磁场越靠近轴线中心越弱，而传导电流的磁场越靠近导线越强，为什么？

习题

7-1 一截面积 $S=6\ \text{cm}^2$ 的密绕线圈，共有 50 匝，置于 $B=0.25$ T 的均匀磁场中，$\boldsymbol{B}$ 的方向与线圈的轴线平行．如使磁场 $\boldsymbol{B}$ 在 0.25 s 内线性地降为零，求线圈中产生的感应电动势 $\mathscr{E}_i$．

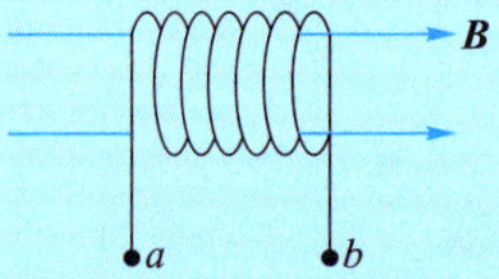

习题 7-1 图

7-2 一铁芯上绕有线圈 100 匝，已知铁芯中磁通量与时间的关系为 $\Phi=8.0\times10^{-5}\sin 100\pi t$（SI 单位），求在 $t=1.0\times10^{-2}$ s 时，线圈中的感应电动势．

7-3 两互相平行的直线电流（其电流方向相反）与金属杆 CD 共面，CD 杆的长度为 b，相对位置如图所示．CD 杆以速度 $\boldsymbol{v}$ 运动，求 CD 杆中的动生电动势，并判断 C、D 两端哪端电势较高．

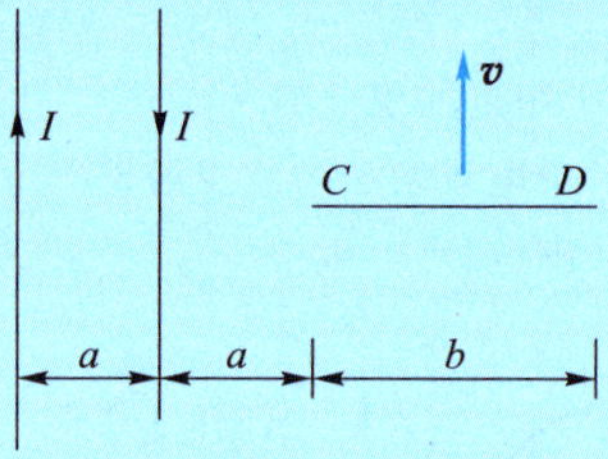

习题 7-3 图

7-4 如图所示，一长直导线中通有电流 I，有一垂直于导线、长度为 l 的金属棒 AB 在包含导线的平面内，以恒定的速度 $\boldsymbol{v}$ 沿与棒成 θ 角的方向移动．开始时，棒的 A 端到导线的距离为 a，求任意时刻金属棒中的动生电动势，并指出棒哪端的电势高．

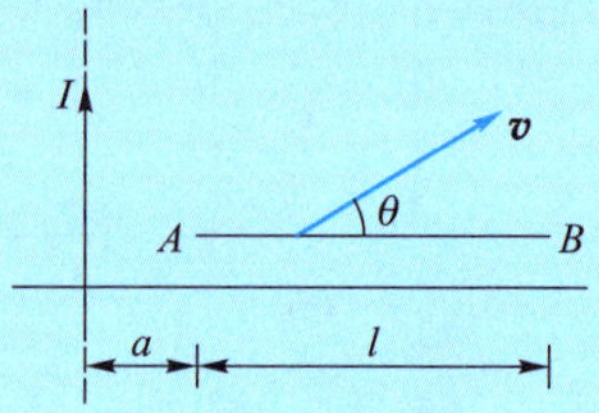

习题 7-4 图

7-5　如图所示，一根长为 L 的金属杆 ab 绕竖直轴 O_1O_2 以角速度 ω 在水平面内旋转，O_1O_2 在离细杆 a 端 $\frac{L}{5}$ 处．若已知地磁场竖直方向的分量为 $\boldsymbol{B}$．求金属杆两端间的电势差 V_a-V_b．

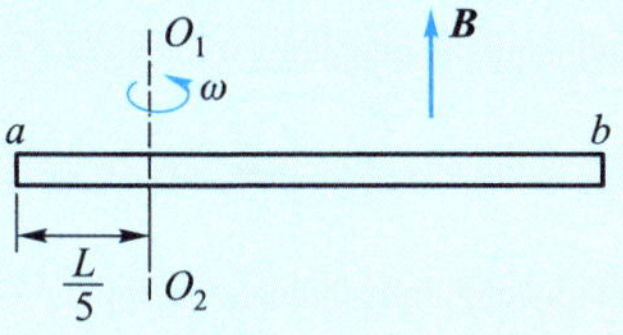

习题 7-5 图

7-6　一等边三角形的金属框 abc，边长为 l，放在均匀磁场 $\boldsymbol{B}$ 中且 ab 边平行于 $\boldsymbol{B}$，如图所示．当金属框绕 ab 边以角速度 ω 转动时，分别求出 ab 边、bc 边、ca 边的动生电动势，以及整个三角形回路的总电动势．（设回路中沿 $abca$ 方向的电动势为正．）

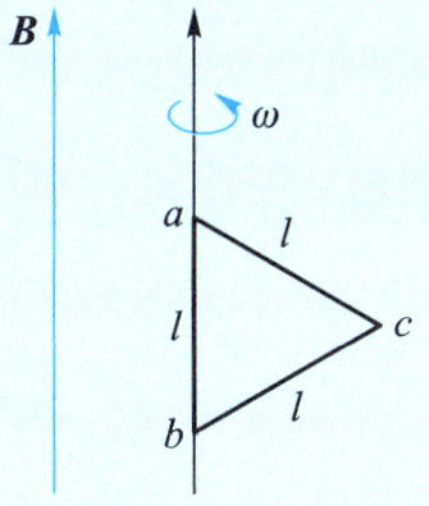

习题 7-6 图

7-7　两根平行"无限长"直导线相距为 d，载有大小相等、方向相反的电流 I，电流变化率 $\frac{\mathrm{d}I}{\mathrm{d}t}=a>0$．一个边长为 d 的正方形线圈位于导线平面内与一根导线相距 d，如图所示．求线圈中的感生电动势 $\mathscr{E}$，并说明线圈中的感应电流是顺时针方向还是逆时针方向．

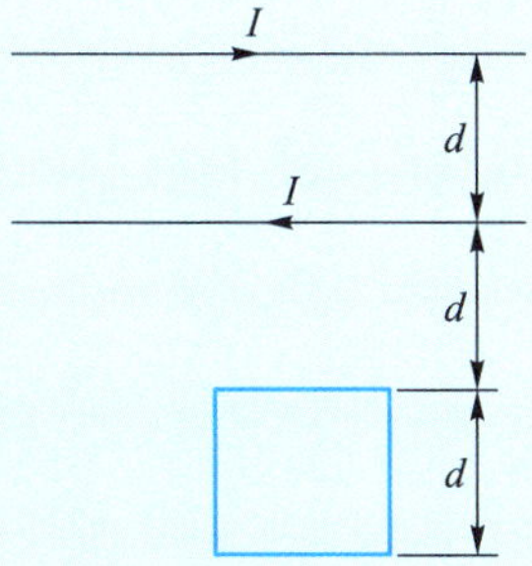

习题 7-7 图

7-8　如图所示，长直导线中的电流 I 沿导线向上，并以 $\frac{\mathrm{d}I}{\mathrm{d}t}=2\ \mathrm{A\cdot s^{-1}}$ 的速度均匀地增加．在导线附近放一个与之共面的直角三角形线框，其一边与导线平行，求此线框中产生的感生电动势的大小和方向．

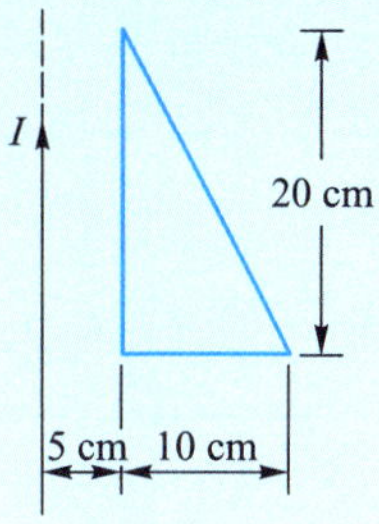

习题 7-8 图

7-9　在半径为 R 的圆柱形空间中存在着均匀磁场，$\boldsymbol{B}$ 的方向与柱的轴线平行，如图所示．有一长为 l 的金属棒放在磁场中，设 B 随时间的变化率 $\frac{\mathrm{d}B}{\mathrm{d}t}=C$，$C$ 为常量，求棒上感生电动势的大小．

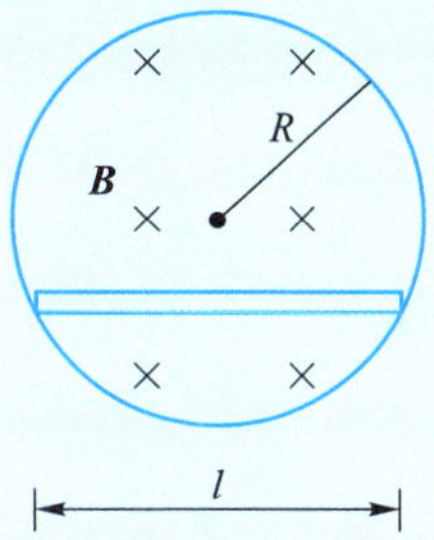

习题 7-9 图

7-10　一"无限长"直导线通有电流 $I=I_0\mathrm{e}^{-3t}$．一矩形线圈与长直导线共面放置，其长边与导线平行，位置如图所示．试求：

（1）矩形线圈中感生电动势的大小及感生电流的方向；

（2）导线与线圈的互感系数．

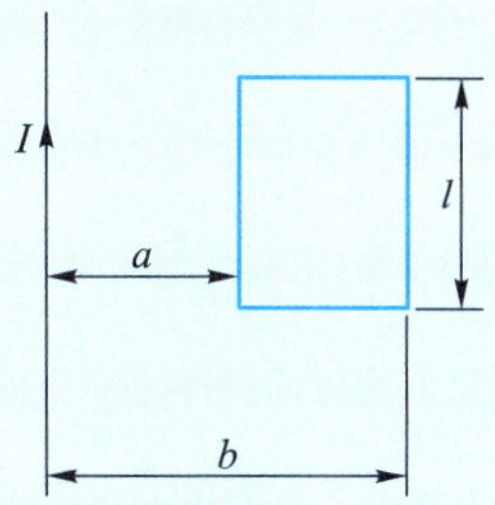

习题 7-10 图

7-11 如图所示,一对同轴"无限长"直空心薄壁圆筒,电流 I 沿内筒流上去,沿外筒流下来. 已知同轴空心圆筒单位长度的自感系数为

$$L' = \frac{\mu_0}{2\pi}$$

(1) 求同轴空心圆筒内、外半径之比;

(2) 若电流 $I = I_0 \cos \omega t$,求圆筒单位长度产生的感生电动势.

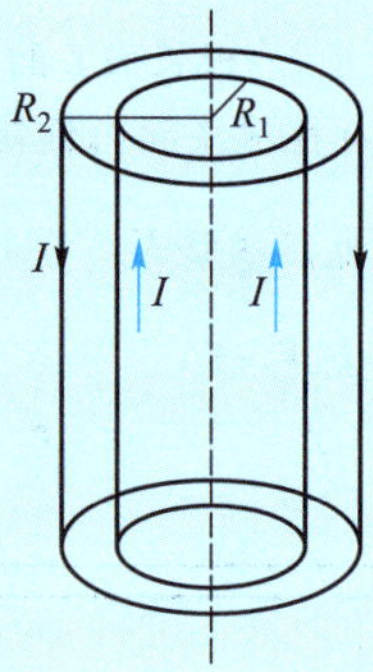

习题 7-11 图

第 7 章参考答案

第 8 章　机械振动和电磁振荡

振动是自然界极为普遍而重要的一种运动形式．物体在一定位置附近所做的来回往复的周期性运动称为机械振动，例如心脏的跳动、钟摆的摆动、活塞的往复运动等．在电路中，电流、电压、电荷量、电场强度或磁场强度在某一定值附近随时间做周期性变化，也称为振动，即电磁振荡，电磁振荡与机械振动有相似的规律．广义地说，任何一个物理量在某个定值附近反复变化都可称为振动．

本章主要讨论谐振动的特征、描述和规律，进而讨论谐振动的合成和分解，并用对比的方法讨论了电磁振荡，以突出振动的共性，最后简单地介绍了阻尼振动、受迫振动和共振现象．

8-1　简谐振动的描述

振动的形式是多种多样的，情况大多比较复杂．物体运动时，如果离开平衡位置的位移按余弦（或正弦）函数规律随时间变化，这种运动称为简谐振动．简谐振动是最简单、最基本的一种振动形式，它是研究其他复杂振动的基础．可以证明，一切复杂的振动都可以看成若干个简谐振动的合成．因此，研究简谐振动具有重要意义．

8-1-1 简谐振动的基本特征

弹簧振子的运动就是典型的简谐振动，下面以弹簧振子为例，研究简谐振动的运动规律．

如图 8-1 所示，一轻质弹簧的一端固定，另一端连接一质量为 m 的物体，构成一个弹簧振子．将弹簧振子放在光滑的水平面上，当弹簧处于原长时，物体处于平衡状态．此时物体所在的位置称为平衡位置．我们以平衡位置 O 为原点，向右为 x 轴正方向

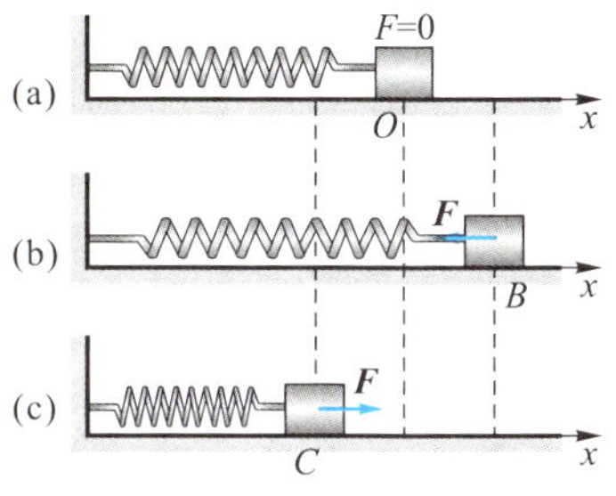

图 8-1　弹簧振子的振动

动画：简谐振动

微课：简谐振动的定义及描述

建立坐标系，如图 8-1(a)所示.

现将物体向右拉离平衡位置，到达位置 B 时，由于弹簧被拉长而使物体受到一个指向平衡位置的弹性力. 撤去外力后，物体将在弹性力的作用下向平衡位置运动，如图 8-1(b)所示. 当物体运动到平衡位置 O 时，弹簧恢复原长，弹性力减小到零. 此时物体在惯性的作用下，将冲过平衡位置向左运动，使弹簧被压缩而产生弹性力，弹性力的方向仍指向平衡位置，如图 8-1(c)所示. 于是物体在弹性力和惯性的作用下，在平衡位置附近做来回往复的运动.

根据胡克定律，在弹簧弹性形变范围内，物体受到的弹性力 F 与物体相对平衡位置的位移 x 成正比，弹性力的方向始终指向平衡位置，即

$$F=-kx \tag{8-1}$$

式中比例系数 k 为弹簧的弹性系数，它由弹簧本身的性质(材料、形状等)所决定，负号表示力与位移方向相反. 由于该力始终指向平衡位置，故又称为回复力.

根据牛顿第二定律，有

$$m\frac{\mathrm{d}^2x}{\mathrm{d}t^2}=-kx$$

即

$$\frac{\mathrm{d}^2x}{\mathrm{d}t^2}=-\frac{k}{m}x$$

令 $\omega^2=\frac{k}{m}$，上式可写成

$$\frac{\mathrm{d}^2x}{\mathrm{d}t^2}=-\omega^2x \tag{8-2}$$

式中 $\omega=\sqrt{\frac{k}{m}}$ 由弹簧的弹性系数 k 和振子的质量 m 共同决定，式(8-2)就是简谐振动所满足的微分方程，其解为

$$x=A\cos(\omega t+\varphi) \tag{8-3}$$

式(8-3)就是简谐振动的运动学方程，其中 A 和 φ 为积分常量，由简谐振动的初始条件确定.

式(8-1)、式(8-2)和式(8-3)均可描述简谐振动. 式(8-1)表明，做简谐振动的物体，一定受到指向平衡位置的线性回复力的作用；式(8-2)表明，做简谐振动的物体，其加速度的大小总与其相对平衡位置的位移大小成正比，而方向与位移方向相反；式(8-3)表明，做简谐振动的物体，其相对平衡位置的位移随时间按余弦函数做周期性变化. 物体的运动如满足上述三个特征方程之一，即可判断它做简谐振动.

8-1-2 描述简谐振动的物理量

由式(8-3)可以看出，描述简谐振动有一些特征量 A、ω、$(\omega t+\varphi)$，这些物理量清楚了，那么描述简谐振动的运动方程就确定了．下面我们就讨论这些基本量．

微课：简谐振动的三个特征量

1. 振幅

在简谐振动的运动学方程 $x=A\cos(\omega t+\varphi)$ 中，因 $|\cos(\omega t+\varphi)|\leqslant 1$，所以物体偏离平衡位置的位移的绝对值 $|x|\leqslant A$，即物体的位移在 $+A$ 和 $-A$ 之间．我们把 A 称为简谐振动的**振幅**，它表示**做简谐振动的物体离开平衡位置的最大位移的绝对值**.

2. 周期和频率

物体完全振动一次所需要的时间称为**周期**，用 T 表示，周期的单位为 s. 例如，物体从正最大位移处出发，经过平衡位置到达负的最大位移处，然后再经过平衡位置回到正最大位移处，这一段过程所需要的时间，就是一个周期．

物体做简谐振动的周期，也可以定义为物体从某一状态出发，经历一系列状态变化后又回到该状态所需的最短时间．由于每隔一个周期，振动就完全重复一次，所以，物体在任一时刻 t 的位移和速度，应与物体在 $(t+T)$ 时刻的位移和速度完全相同．根据式(8-3)，有

$$x=A\cos(\omega t+\varphi)=A\cos[\omega(t+T)+\varphi]=A\cos(\omega t+\varphi+\omega T)$$

由于余弦函数以 2π 为周期，故有

$$\omega T=2\pi$$

于是，简谐振动的周期 T 为

$$T=\frac{2\pi}{\omega} \tag{8-4}$$

物体在单位时间内所做完全振动的次数称为**频率**，用 ν 表示，频率的单位为 Hz（赫[兹]），$1\ \text{Hz}=1\ \text{s}^{-1}$. 频率与周期的关系是

$$\nu=\frac{1}{T}=\frac{\omega}{2\pi} \tag{8-5}$$

由此得

$$\omega=2\pi\nu \tag{8-6}$$

上式说明 ω 等于物体在单位时间内所做的完全振动次数的 2π 倍，所以 ω 称为角频率，又叫圆频率，ω 的单位为rad/s.

对于弹簧振子系统，$\omega=\sqrt{\dfrac{k}{m}}$，所以弹簧振子的振动周期和频

率分别为

$$T=2\pi\sqrt{\frac{m}{k}} \tag{8-7}$$

$$\nu=\frac{1}{2\pi}\sqrt{\frac{k}{m}} \tag{8-8}$$

式(8-7)和式(8-8)表明,弹簧振子的周期和频率,由系统本身的物理性质(弹簧的弹性系数 k 和振子的质量 m)决定,而与振幅的大小等无关．这种由振动系统本身固有属性所决定的周期和频率,称为系统振动的固有周期和固有频率．

3. 相位和初相位

由简谐振动的运动学方程 $x=A\cos(\omega t+\varphi)$,可以求出简谐振动的速度和加速度分别为

$$v=\frac{\mathrm{d}x}{\mathrm{d}t}=-\omega A\sin(\omega t+\varphi) \tag{8-9}$$

$$a=\frac{\mathrm{d}v}{\mathrm{d}t}=-\omega^2A\cos(\omega t+\varphi) \tag{8-10}$$

由式(8-3)、式(8-9)和式(8-10)可以看出,当振幅 A 和角频率 ω 确定时,物体的位移 x、速度 v 和加速度 a,都决定于式中的 $(\omega t+\varphi)$.

我们把 $(\omega t+\varphi)$ 叫做简谐振动的相位．相位是决定物体在 t 时刻运动状态的重要物理量．当 $t=0$ 时,相位 $(\omega t+\varphi)=\varphi$,故 φ 叫做振动的初相位,简称初相,它决定了物体在初始时刻(即 $t=0$ 时)的运动状态．

相位不仅可以用来描述物体的振动状态,还能充分体现简谐振动的周期性．物体在一个周期内所经历的振动状态没有一个是相同的,这相当于相位在 $0\sim2\pi$ 之间变化．

简谐振动的位移、速度、加速度随时间的变化关系如图 8-2 所示,其中 $x-t$ 图叫振动曲线图．可见,简谐振子的速度、加速度随时间的变化也是简谐振动,我们把 $v_m=\omega A$ 称为速度振幅,把 $a_m=\omega^2A$ 称为加速度振幅．

4. 振幅 A 和初相 φ 的确定

如前所示,简谐振动的运动学方程 $x=A\cos(\omega t+\varphi)$ 中的角频率 ω 是由振动系统本身的性质所决定的,那么,现在来说明在角频率已经确定的条件下,如果已经知道了 $t=0$ 时物体相对平衡位置时的位移 x_0 和速度 v_0,就可确定出振动的振幅 A 和初相 φ.

由式(8-3)和式(8-9)可得

$$x_0=A\cos\varphi$$

$$v_0=-\omega A\sin\varphi$$

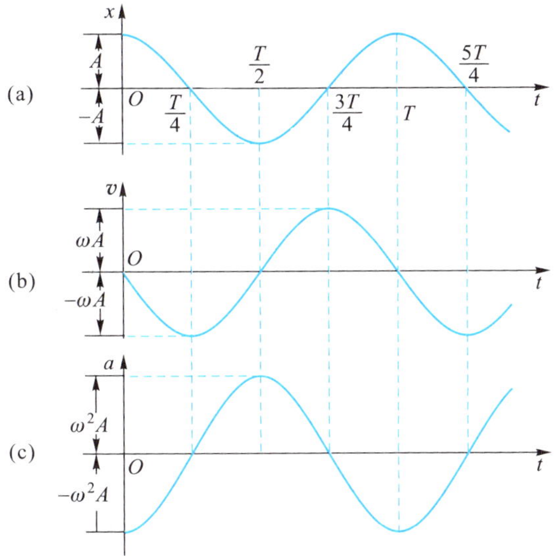

图 8-2 简谐振动的位移、速度、加速度与时间的关系($\varphi=0$ 时)

由此两式可得

$$A=\sqrt{x_0^2+\frac{v_0^2}{\omega^2}} \tag{8-11}$$

$$\tan\varphi=\frac{-v_0}{\omega x} \tag{8-12}$$

另外应用后面叙述的简谐振动的旋转矢量法,确定 A 和 φ 将更方便.

总之,对于给定的振动系统,周期(或频率)由振动系统本身的性质决定,而振幅和初相位则由初始条件决定.

例 8-1

一长为 l_0、弹性系数为 k 的轻质弹簧,上端固定,下端悬挂一质量为 m 的物体,平衡时,弹簧将伸长一段距离 δ,如图 8-3 所示. 现用手向下拉物体使之偏离平衡位置,然后无初速地释放,试写出物体运动的微分方程,并确定它的运动规律.

解: 如图 8-3 所示,以平衡位置 O 为坐标原点,向下建立 x 轴. 以物体为研究对象,当物体处于平衡位置时,有

$$mg-k\delta=0,\quad \delta=\frac{mg}{k}$$

当物体运动到坐标为 x 的位置时,物体受到重力 mg 和弹簧弹性力 $-k(x+\delta)$ 的共同作用,根据牛顿运动定律,物体运动的微分方程为

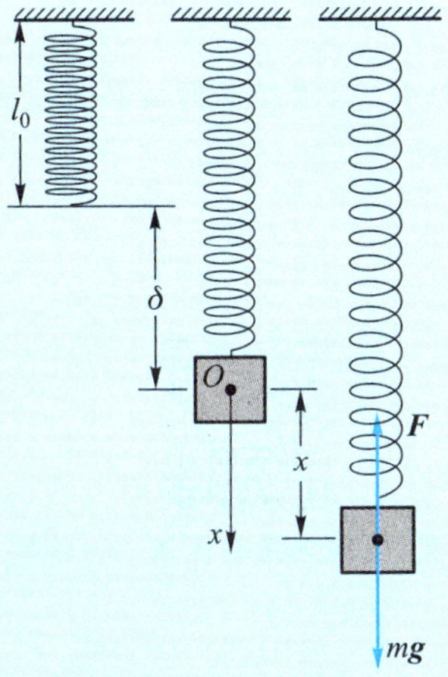

图 8-3 例 8-1 图

$$mg-k(x+\delta)=m\frac{d^2x}{dt^2}$$

令

$$\omega^2=\frac{k}{m}=\frac{g}{\delta}$$

上式可写成

$$\frac{d^2x}{dt^2}=-\omega^2x$$

这一结果与式(8-2)完全一致，表明竖直方向运动的弹簧振子也做简谐振动，只是这时的运动中心在物体的静平衡位置，并且运动的角频率不变．利用 $\omega=\sqrt{\frac{k}{m}}=\sqrt{\frac{g}{\delta}}$，可将弹簧振子的固有周期和固有频率表述为

$$T=2\pi\sqrt{\frac{\delta}{g}},\quad \nu=\frac{1}{2\pi}\sqrt{\frac{g}{\delta}}$$

由于 δ 很容易测出，因此这一关系在工程上有其实际应用价值．

8-1-3 简谐振动的旋转矢量表示法

微课：旋转矢量表示法

简谐振动的规律除了用简谐振动的运动方程和振动曲线表示外，还可以采用旋转矢量表示法，旋转矢量表示法是为了较为直观地描述简谐振动而引入的方法，运用该方法不仅能使我们看清简谐振动方程中 A、ω、φ 的物理意义，而且在很多情况下可以方便地求解简谐振动方程以及简谐振动合成等问题．

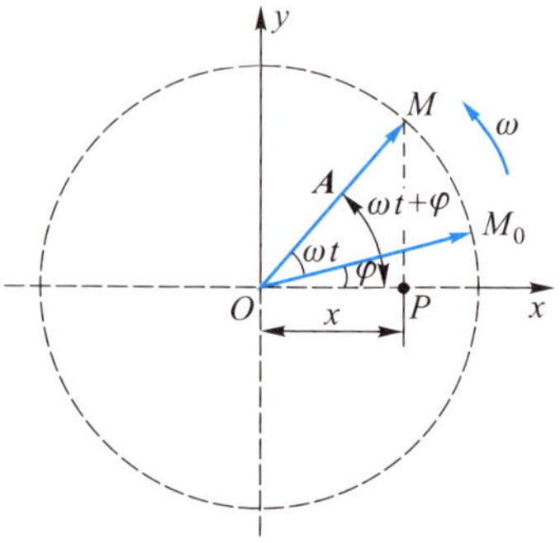

图 8-4 简谐振动的旋转矢量表示法

如图 8-4 所示，作一长度等于简谐振动振幅的矢量 $\boldsymbol{A}$，使它绕 O 点以匀角速度 ω 逆时针旋转．$t=0$ 时，矢量 $\boldsymbol{A}$ 与 x 轴的夹角为 φ，则任一 t 时刻矢量 $\boldsymbol{A}$ 与 x 轴的夹角为 $\omega t+\varphi$，矢量端点 M 在 x 轴上的投影点 P 的坐标为 $x=A\cos(\omega t+\varphi)$，这正是简谐振动的方程．

由此可见，简谐振动可以方便地用一个逆时针方向匀角速旋转的矢量来表示，它们之间的对应关系如下：旋转矢量的长度就是简谐振动的振幅 A，旋转的角速度就是简谐振动的角频率 ω，$t=0$ 时矢量 $\boldsymbol{A}$ 与 x 轴的夹角就是简谐振动的初相位 φ，t 时刻矢量 $\boldsymbol{A}$ 与 x 轴的夹角就是简谐振动的相位角 $\omega t+\varphi$，旋转矢量 $\boldsymbol{A}$ 的端点 M 在 x 轴上的投影点 P 做简谐振动．这就是简谐振动的旋转矢量表示法．

从图中可见，矢量旋转一周回到原来的位置时，简谐振动的状态不变，而相位改变了 2π，这正反映了简谐振动的周期性．

微课：旋转矢量表示法——例题

在简谐振动的旋转矢量表示法中，旋转矢量端点 M 的运动轨迹是半径为 A 的圆，该圆又称为简谐振动的参考圆．我们也可以利用简谐振动与匀速圆周运动的对应关系，来形象地描述简谐振动：一质点 M 在半径为 A 的圆周上以速率 $v=\omega A$ 沿逆时针方向做匀速圆周运动，则 M 在 x 轴上的投影点 P 做简谐振动．

利用旋转矢量表示法，还可以比较两个简谐振动在“步调”上的差异．设有两个同频率的简谐振动，它们的运动学方程分别为

$$x_1 = A_1\cos(\omega t+\varphi_1)$$

$$x_2 = A_2\cos(\omega t+\varphi_2)$$

它们的相位之差称为相位差，用 $\Delta\varphi$ 表示：

$$\Delta\varphi = (\omega t+\varphi_2) - (\omega t+\varphi_1) = \varphi_2 - \varphi_1$$

根据相位差 $\Delta\varphi$ 的不同情况，作以下几点讨论：

（1）如果 $\Delta\varphi = \varphi_2 - \varphi_1 > 0$，如图 8-5（a）所示，我们就说 x_2 振动超前 x_1 振动 $\Delta\varphi$，或者说 x_1 振动落后 x_2 振动 $\Delta\varphi$．习惯上我们常把相位差 $\Delta\varphi$ 限制在 $|\Delta\varphi| \leqslant \pi$ 内．例如，当 $\Delta\varphi = 3\pi/2$ 时，如图 8-5（b）所示，我们不说 x_2 振动比 x_1 振动超前 $3\pi/2$，而说 x_2 振动比 x_1 振动落后 $\pi/2$，或说 x_1 振动比 x_2 振动超前 $\pi/2$．

（2）如果 $\Delta\varphi = 0$（或 2π 的整数倍），这时两个振动的步调完全一致，即同时到达正最大位移处，同时到达平衡位置，又同时到达负最大位移处，我们就说这两个振动同相．

（3）如果 $\Delta\varphi = \pi$（或 π 的奇数倍），这时两个振动的步调完全相反，即当一个振动到达正最大位移处时，另一个振动正好到达负最大位移处，我们就说这两个振动反相．同相和反相的旋转矢量及 $x-t$ 曲线如图 8-6 所示．

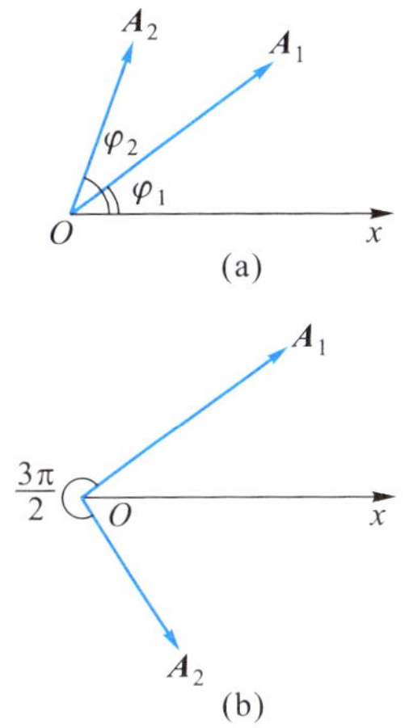

图 8-5　两个简谐振动的相位差

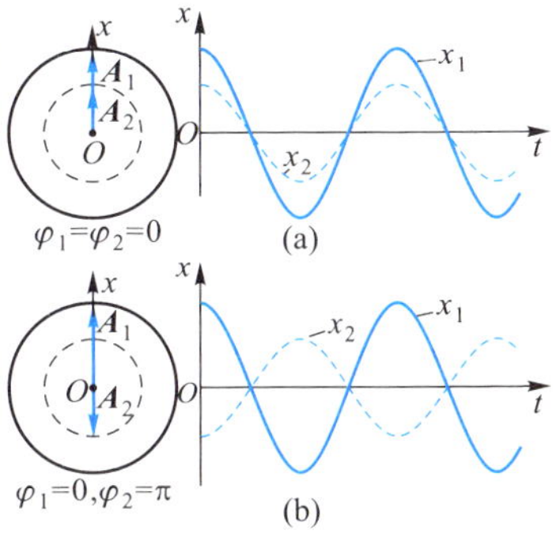

图 8-6　同相和反相的旋转矢量及 $x-t$ 图

例 8-2

一物体沿 x 方向做简谐振动，其振幅为 0.12 m，周期为 2 s，$t=0$ 时，物体位移为 0.06 m，且向 x 轴正方向运动．求：

（1）此简谐振动的运动学方程；

（2）物体从起始位置运动到 $x=0$ 所需的最短时间．

解：（1）设简谐振动的运动学方程为

$$x = A\cos(\omega t+\varphi)$$

由题意得 $A=0.12$ m，$T=2$ s，则 $\omega = \dfrac{2\pi}{T} = \pi\ \mathrm{rad\cdot s^{-1}}$，运动方程为

$$x = 0.12\cos(\pi t+\varphi)$$

将初始条件 $t=0$，$x=0.06$ m 代入上式，得

$$\cos\varphi = \frac{1}{2},\quad \varphi = \pm\frac{\pi}{3}$$

由于 $t=0$ 时物体向 x 轴正方向运动，其运动速度为

$$v = \left.\frac{\mathrm{d}x}{\mathrm{d}t}\right|_{t=0} = -\omega A\sin\varphi > 0$$

故 $\sin\varphi<0$，$\varphi = -\dfrac{\pi}{3}$，于是简谐振动的运动学方程为

$$x = 0.12\cos\left(\pi t - \frac{\pi}{3}\right)\ \text{(m)}$$

本题也可以利用旋转矢量图，方便地求出初相位．如图 8-7 所示，由初始条件 $t=0$，$x=0.06$ m，$v>0$，可画出旋转矢量的初始位置，从而得初相位 $\varphi = -\dfrac{\pi}{3}$．

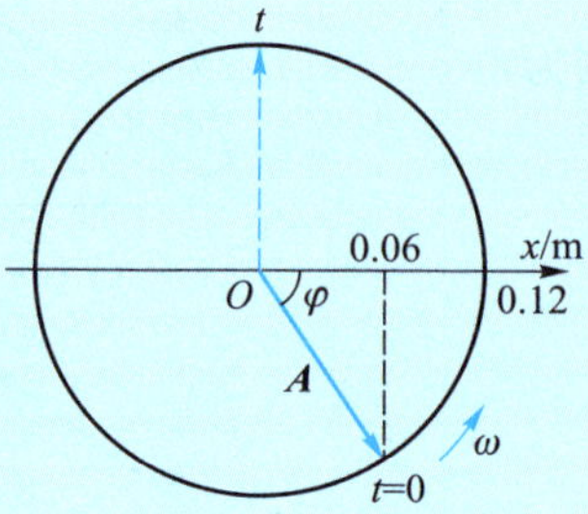

图 8-7 例 8-2 图

（2）将 $x=0$ 代入简谐振动的运动学方程，得

$$\cos\left(\pi t-\frac{\pi}{3}\right)=0,\quad \pi t-\frac{\pi}{3}=k\pi+\frac{\pi}{2}$$

解得

$$t=\left(k+\frac{5}{6}\right)\ \text{s}\quad (k=0,1,2,\cdots)$$

取 $k=0$，得物体从起始位置运动到 $x=0$ 所需的最短时间为 $\frac{5}{6}$ s.

利用旋转矢量图，同样可以方便地求出上述结果．图 8-7 中，当物体从起始位置运动到 $x=0$ 时，对应的旋转矢量转过的最小角度为

$$\Delta\varphi=\frac{\pi}{3}+\frac{\pi}{2}=\frac{5\pi}{6}$$

由 $\Delta\varphi=\omega\Delta t$，得

$$\Delta t=\frac{5}{6}\ \text{s}$$

即物体从起始位置运动到 $x=0$ 所需的最短时间为 $\frac{5}{6}$ s.

例 8-3

已知物体做简谐振动的振动曲线如图 8-8 所示，图中 x 的单位为 cm，t 的单位为 s，求此简谐振动的运动学方程．

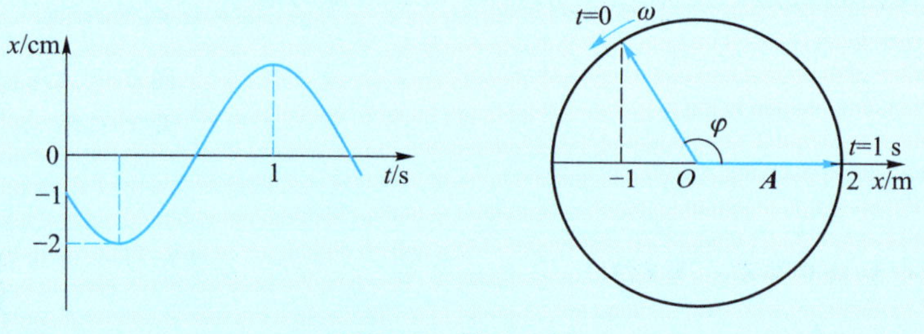

图 8-8 例 8-3 图

解：本题为根据简谐振动曲线求简谐振动的问题．设简谐振动的运动学方程为

$$x=A\cos(\omega t+\varphi)$$

由图可见，振幅 $A=2$ cm，$t=0$ 时，$x=-1$ cm，并且物体向 $-x$ 方向运动（速度 $v<0$），作旋转矢量图，得 $\varphi=\frac{2}{3}\pi$，故简谐振动的运动学方程为

$$x=2\cos\left(\omega t+\frac{2}{3}\pi\right)$$

图中 $t=1$ s 时 $x=2$ cm，说明 1 s 内简谐振动对应的旋转矢量转过的角度为 $\Delta\varphi=\frac{4}{3}\pi$，由 $\Delta\varphi=\omega\Delta t$，得 $\omega=\frac{4}{3}\pi$，于是简谐振动的运动学方程为

$$x=2\cos\left(\frac{4}{3}\pi t+\frac{2}{3}\pi\right)\ (\text{cm})$$

或

$$x=0.02\cos\left(\frac{4}{3}\pi t+\frac{2}{3}\pi\right)\ (\text{m})$$

8-2 常见的简谐振动——单摆

一长为 l 的细线，上端固定在 O 点，下端悬挂一体积很小的重物，重物的质量为 m，细线的质量和伸长可忽略不计，如图 8-9 所示，图中 C 点为重物的平衡位置．将重物略微拉离平衡位置后释放，则重物将在竖直平面内在平衡位置 C 附近来回往复摆动．这一振动系统称为单摆．通常我们把重物叫做摆锤，细线叫做摆线．

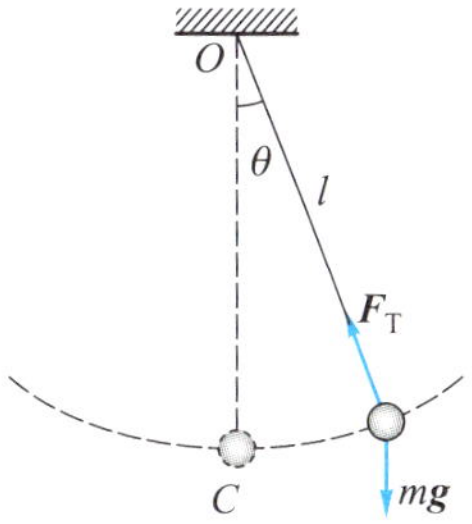

图 8-9 单摆

单摆摆动时，摆锤受到重力 $m\boldsymbol{g}$ 和摆线拉力 $\boldsymbol{F}_T$ 的作用，当摆线与竖直方向成 θ 角时，重力的切向分量为 $mg\sin\theta$，方向指向平衡位置，这就是单摆摆动时受到的回复力．规定角位移 θ 从竖直位置算起，沿逆时针方向为正，根据牛顿运动定律，有

$$-mg\sin\theta=ma_t=ml\frac{d^2\theta}{dt^2}$$

即

$$\frac{d^2\theta}{dt^2}=-\frac{g}{l}\sin\theta \tag{8-13}$$

这就是单摆运动的动力学方程．当 θ 很小时，$\sin\theta\approx\theta$，于是有

$$\frac{d^2\theta}{dt^2}=-\frac{g}{l}\theta=-\omega^2\theta \tag{8-14}$$

式中 $\omega^2=\frac{g}{l}$.

式(8-14)表明，当摆角 θ 很小时，单摆在平衡位置附近做简谐振动，其角频率和周期分别为

$$\omega=\sqrt{\frac{g}{l}},\quad T=\frac{2\pi}{\omega}=2\pi\sqrt{\frac{l}{g}} \tag{8-15}$$

由上式可见，单摆做小幅摆动的周期 T 仅决定于摆长 l 和重力加速度 g，而与单摆的质量无关，与摆幅无关．因此常利用单摆来计时和方便地测量当地的重力加速度．

8-3 简谐振动的能量

微课：简谐振动的能量
受迫振动 共振

我们以水平放置的弹簧振子为例，来讨论简谐振动的能量．忽略摩擦和空气阻力，设某一时刻 t 物体的位移为

$$x=A\cos(\omega t+\varphi)$$

则速度为

$$v=\frac{\mathrm{d}x}{\mathrm{d}t}=-\omega A\sin(\omega t+\varphi)$$

该时刻系统的动能为

$$E_{\mathrm{k}}=\frac{1}{2}mv^2=\frac{1}{2}m(\omega A)^2\sin^2(\omega t+\varphi) \tag{8-16}$$

系统的弹性势能为

$$E_{\mathrm{p}}=\frac{1}{2}kx^2=\frac{1}{2}kA^2\cos^2(\omega t+\varphi) \tag{8-17}$$

系统的总能量为

$$E=E_{\mathrm{k}}+E_{\mathrm{p}}=\frac{1}{2}m(\omega A)^2\sin^2(\omega t+\varphi)+\frac{1}{2}kA^2\cos^2(\omega t+\varphi)$$

由于弹簧振子的 $\omega^2=\frac{k}{m}$,代入上式得

$$E=\frac{1}{2}m(\omega A)^2=\frac{1}{2}kA^2 \tag{8-18}$$

上述讨论表明,弹簧振子做简谐振动的总能量与振幅的平方成正比,即总能量保持不变,而系统的动能和势能都随时间作周期性变化,并不断相互转化．当物体向平衡位置运动时,动能增大,势能减少;当物体运动到平衡位置处时,动能最大,势能为零,系统的总能量为 $E=\frac{1}{2}m(\omega A)^2$(式中 ωA 为物体的最大速率);当物体离开平衡位置时,动能减少,势能增大;当物体运动到最大位移处时,动能为零,势能最大,系统的总能量为 $E=\frac{1}{2}kA^2$.

图 8-10 给出了弹簧振子在一个振动周期 T 内动能、势能和总能量随时间的变化曲线．从图中可以看出,动能和势能的变化频率是简谐振动频率的两倍,而总能量不变．可以证明,在一个振动周期内,动能和势能的平均值相等,都等于总能量的一半．

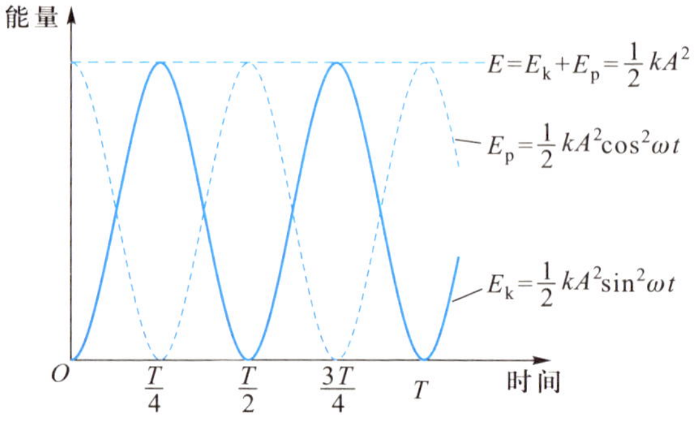

图 8-10 弹簧振子能量随时间的变化曲线($\varphi=0$ 时)

8-4 振动的合成和分解

在实际中，经常遇到一个物体同时参与多个振动的问题．这时，物体的运动就是这几个振动的合成．振动合成的理论依据是运动的叠加原理．一般振动的合成情况比较复杂，下面仅讨论同方向简谐振动的合成．

8-4-1 同方向、同频率简谐振动的合成

微课：同方向、同频率简谐振动的合成

设一个质点同时参与了 x 方向上两个独立的、角频率均为 ω 的简谐振动，其运动学方程分别为

$$x_1=A_1\cos(\omega t+\varphi_1)$$

$$x_2=A_2\cos(\omega t+\varphi_2)$$

由于两个振动是同方向的，因此任一时刻质点的合位移等于两个分振动位移的代数和，即

$$x=x_1+x_2=A_1\cos(\omega t+\varphi_1)+A_2\cos(\omega t+\varphi_2)$$

应用三角函数等关系将上式展开，得到合振动方程为

$$x=A\cos(\omega t+\varphi)$$

其中合振动的振幅 A 和初相位 φ 分别为

$$A=\sqrt{A_1^2+A_2^2+2A_1A_2\cos(\varphi_2-\varphi_1)} \qquad (8-19)$$

$$\tan\varphi=\frac{A_1\sin\varphi_1+A_2\sin\varphi_2}{A_1\cos\varphi_1+A_2\cos\varphi_2} \qquad (8-20)$$

这表明，同方向、同频率简谐振动的合振动仍是简谐振动，其频率与分振动的频率相同，振幅和初相位分别由式(8-19)和式(8-20)决定．

应用旋转矢量表示法，也能方便地得到相同的结果．如图 8-11 所示，两分振动的旋转矢量分别为 $\boldsymbol{A}_1$ 和 $\boldsymbol{A}_2$，$t=0$ 时，它们与 x 轴的夹角分别为 φ_1 和 φ_2，在 x 轴上的投影分别为 x_1 和 x_2．$\boldsymbol{A}_1$、$\boldsymbol{A}_2$ 的合矢量 $\boldsymbol{A}$ 即为合振动对应的旋转矢量．在以角速度 ω 绕点 O 逆时针旋转过程中，由于 $\boldsymbol{A}_1$ 和 $\boldsymbol{A}_2$ 的夹角 $\varphi_2-\varphi_1$ 始终保持不变，因而合矢量 $\boldsymbol{A}$ 也以角速度 ω 旋转，$\boldsymbol{A}$ 的长度即为合振动的振幅，$\boldsymbol{A}$ 在 x 轴上的投影 $x=x_1+x_2$ 就是合振动的位移．$t=0$ 时，$\boldsymbol{A}$ 与 x 轴的夹角 φ 即为合振动的初相位．A 和 φ 可直接由图中的

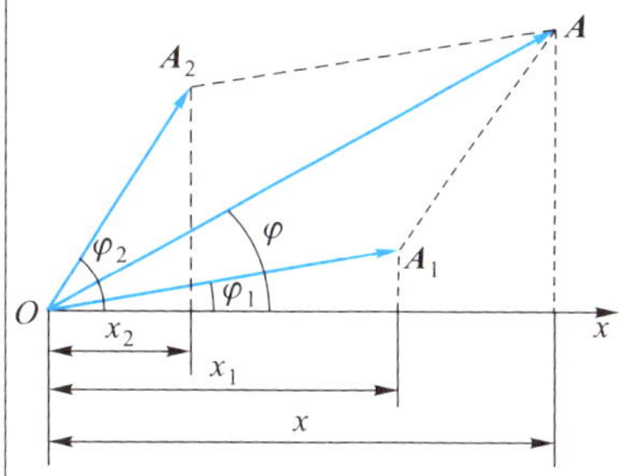

图 8-11 同方向、同频率简谐振动的合成

几何关系求得，结果与式(8-19)和式(8-20)相同.

从式(8-19)可以看出，两个分振动的相位差 $\varphi_2-\varphi_1$，对合振动起着决定性的作用. 下面讨论两种特殊情况：

(1) 当相位差 $\varphi_2-\varphi_1=2k\pi(k=0,\pm1,\pm2,\cdots)$，即两个分振动同相时，$A=A_1+A_2$，即合振幅为两个分振幅之和，合成的结果为相互加强；

(2) 当相位差 $\varphi_2-\varphi_1=(2k+1)\pi(k=0,\pm1,\pm2,\cdots)$，即两个分振动反相时，$A=|A_1-A_2|$，即合振幅为两个分振幅之差，合成的结果为相互减弱.

一般情况下，两个分振动的相位差 $\varphi_2-\varphi_1$ 可以是任意值，因而合振幅在最大值 A_1+A_2 和最小值 $|A_1-A_2|$ 之间.

8-4-2 同方向、不同频率简谐振动的合成 拍

微课：拍 李萨如图形 振动的分解

当两个同方向、不同频率的简谐振动合成时，由于这两个分振动的频率不同，它们的相位差将随时间而变化. 因此，合振动一般不再是简谐振动，其振幅和频率都将随时间而改变，情况较为复杂. 这里我们只讨论两个分振动的频率都比较大、而频率之差却比较小的情况.

为方便起见，我们讨论两个具有相同振幅 A、初相位都为零的简谐振动的合成. 设两个分振动的运动方程分别为

$$x_1=A\cos\omega_1 t=A\cos 2\pi\nu_1 t$$

$$x_2=A\cos\omega_2 t=A\cos 2\pi\nu_2 t$$

合成后的运动方程为

$$x=x_1+x_2=2A\cos\left(2\pi\frac{\nu_2-\nu_1}{2}t\right)\cos 2\pi\frac{\nu_2+\nu_1}{2}t \qquad (8-21)$$

如果 ν_2 与 ν_1 相接近，且 $|\nu_2-\nu_1|\ll(\nu_2+\nu_1)$，即两个分振动的频率较大而频率之差很小，此时式(8-21)中的第一个因子 $2A\cos\left(2\pi\frac{\nu_2-\nu_1}{2}t\right)$ 将随时间作缓慢的周期性变化，而第二个因子 $\cos 2\pi\frac{\nu_2+\nu_1}{2}t$ 是频率接近 ν_1 或 ν_2 的简谐函数. 因而此时合振动可以看成频率为$\frac{\nu_2+\nu_1}{2}$、振幅为 $\left|2A\cos\left(2\pi\frac{\nu_2-\nu_1}{2}t\right)\right|$ 的简谐振动，而合振幅在 0~2A 之间作缓慢的周期性变化.

这种**两个频率都较大、频率之差很小的同方向简谐振动合成时，产生合振幅时而加强、时而减弱的现象**叫做**拍现象**．振幅周期性的变化频率（即合振动每秒钟加强或减弱的次数）称为**拍频**．

由于余弦函数绝对值的变化周期为 π，故合振幅变化的周期为 $T=1/|\nu_2-\nu_1|$，合振幅的变化的频率，即拍频为

$$\nu=\frac{1}{T}=|\nu_2-\nu_1| \tag{8-22}$$

即拍频 ν 为两个分振动的频率之差．

拍的形成参见图 8-12，图中（a）、（b）为两个频率略有差别的同方向简谐振动 x_1 和 x_2 的振动曲线，（c）为合振动 $x=x_1+x_2$ 的曲线．

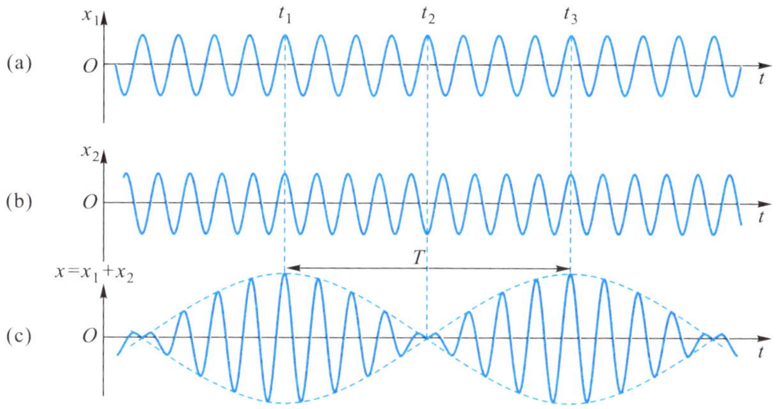

图 8-12　拍的形成

在实际生活中，我们常能观察到拍现象．例如，让两个频率相差很小的音叉同时振动，就能听到由高到低、再由低到高周期性变化的嗡嗡声，即产生“拍”音．在吹奏双簧管时，由于簧管两个簧片的频率略有差异，便能听到时强时弱的悦耳的拍音．

拍现象是一种重要的物理现象，在声学和电子技术等领域有着许多应用．例如，让标准音叉与待调整的钢琴的某一键同时发音，如果出现拍音，就表示该键的频率与标准频率有差异．调整该键直到拍音消失，则该键就被校准了．对于两个频率接近的振动信号，如果其中一个信号的频率已知，那么通过拍频的测量，就可以知道另一个待测信号的频率．这种方法常用于速度测量、无线电技术和卫星跟踪等领域．

以上讨论的是两个同方向振动的合成，当一个质点同时参与两个不同方向的振动时，质点的位移是这两个振动位移的矢量和.一般情况下，质点将做平面曲线运动，质点的轨迹可有各种形状，轨迹的形状由两个振动的频率、振幅和相位差来决定．

视频：拍现象

动画：两个相互垂直、同频率简谐振动的合成

动画：两个相互垂直、同频率、不同相位差简谐振动的合成

动画：两个相互垂直、不同频率简谐振动的合成

8-4-3 振动的分解 频谱

上面所讨论的振动都是简谐振动，实际的振动不一定是简谐振动，而是比较复杂的振动．与振动的合成相反，复杂振动可以分解为一系列不同频率的简谐振动，这样分解的依据是傅里叶（J. Fourier）级数或傅里叶积分的理论，因此这种方法称为**傅里叶分析**．傅里叶指出：任一周期性函数都可以用下列形式的简谐函数表示：

$$f(t)=A_0+\sum_{n=1}^{\infty}A_n\cos(n\omega t+\phi_n)\quad(n=1,2,3,\cdots)$$

式中 A_0、A_n 称为傅里叶系数．

利用傅里叶级数，任一周期振动可以分解成几个甚至无穷多个简谐振动，它们的频率为原周期性振动频率的整数倍，$n=1$ 的简谐振动称为基频振动；$n=2,3,\cdots$ 的谐振动分别称为 n 次谐频振动．

为了显示实际振动中所包含的各个简谐振动的振动情况（振幅、相位），常用图线把它表示出来．若用横坐标表示各个简谐频振动的频率，纵坐标表示对应的振幅，就得到简谐频振动的振幅分布图，称为振动的**频谱**（frequency spectrum）．不同的周期运动，具有不同的频谱，周期运动的各谐振成分的频率都是基频的整数倍，所以它的频谱是分立谱．图 8-13 画出了锯齿形和矩形振动的频谱．

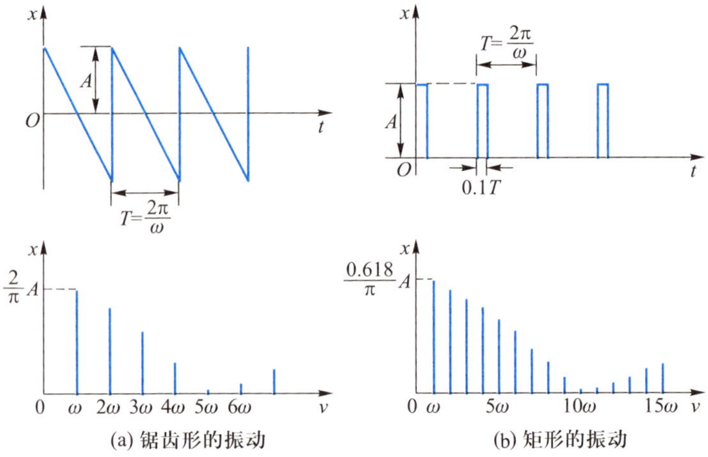

图 8-13 几种常见的周期性振动的谱

不同乐器奏出的同一音调的音色各不相同，就是各种乐器所包含的谐频振动的振幅不同所致．

频谱分析是研究振动性质的重要方法之一．在工程上人们已用所谓快速傅里叶变换(Fast Fourier Transformation. FFT)来寻找一个复杂振动是由哪些频率成分合成的．

8-5 阻尼振动 受迫振动 共振

8-5-1 阻尼振动

前面讨论的简谐振动，是一种不受任何阻力情况下的理想振动，系统一旦振动起来，将始终以不变的振幅振动下去，这种振动称为无阻尼自由振动．

实际上，系统振动时总要受到各种阻力的作用而产生能量损耗，导致系统的振幅不断减小．例如，音叉振动时，不仅要克服空气阻力而消耗能量，同时也因辐射声波而减小能量，从而使振动逐渐停止．这种振幅随时间减小的振动称为阻尼振动．实验指出，当物体以不太大的速率在黏性介质中运动时，物体所受的阻力与其运动的速率成正比，即 $F_f=-\gamma v=-\gamma\dfrac{dx}{dt}$. 式中 γ 称为阻力系数，它的大小由物体的形状、大小和介质的性质来决定．对弹簧振子，在弹性力和阻力的作用下，其运动方程为

$$m\frac{d^2x}{dt^2}=-kx-\gamma\frac{dx}{dt} \tag{8-23}$$

令 $\dfrac{k}{m}=\omega_0^2,\dfrac{\gamma}{m}=2\delta$. δ 称为阻尼系数．在 $\delta<\omega_0$ 的条件下，即阻尼较小时，式(8-23)的解为

$$x=A_0e^{-\delta t}\cos(\omega' t+\varphi_0') \tag{8-24}$$

式中

$$\omega'=\sqrt{\omega_0^2-\delta^2} \tag{8-25}$$

式(8-24)中 $A=A_0e^{-\delta t}$ 称为阻尼振动的振幅，它随时间的增加而减少．

当物体偏离平衡位置后可维持一段时间的来回往复振动，但其振幅随时间不断衰减，这种准周期性振动的情况称为欠阻尼．若物体偏离平衡位置后，将慢慢回到平衡位置并停下来，这种情

况称为过阻尼，它是一种完全非周期运动．若物体偏离平衡位置后，将较快地回到平衡位置，它的运动刚好处于准周期性振动转变为非周期运动的临界状态，这种情况称为临界阻尼．欠阻尼、过阻尼和临界阻尼的 $x-t$ 曲线如图 8-14 所示．

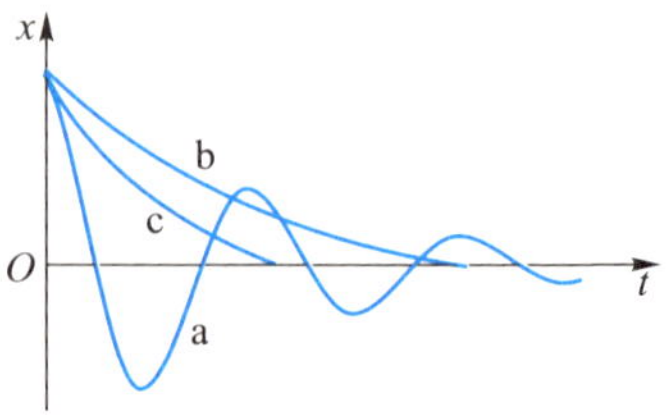

图 8-14 三种阻尼振动的比较

a—欠阻尼；b—过阻尼；c—临界阻尼

在生产、生活实际中，可根据不同的需要，用不同的方法来控制阻尼的大小．例如，汽车、摩托车上的避震器，就是采用了阻尼装置，以达到防震、减震的目的．在指针式灵敏电流计中，为了使指针能尽快停止摆动而稳定下来，也采用了阻尼装置，使指针的运动处于临界阻尼状态．

8-5-2 受迫振动

实际的振动系统，总会受到阻尼的作用，如果没有外界能量的不断补充，系统的振幅将逐渐减小而最终停止下来．为了获得持续而稳定的振动，必须对系统施加一周期性外力，以迫使它不断振动下去．系统**在周期性外力作用下所进行的振动**，称为**受迫振动**．这种周期性外力称为驱动力．许多实际的振动都属于受迫振动，例如，扬声器中纸盆的振动、演奏弦乐器时弦线的振动、机器运转引起基座的振动、地震引起建筑物的振动等．

从能量角度看，当系统达到稳态振动时，驱动力在一个周期内所做的功，恰好弥补了因阻尼而消耗的能量，从而使系统维持等幅振动．如果撤去外力，振动能量又将逐渐损耗而使系统做减幅的阻尼振动．

8-5-3 共振

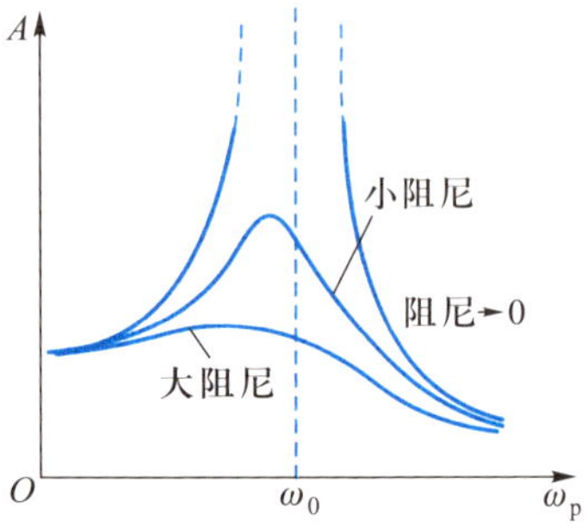

图 8-15 共振频率

图 8-15 画出了不同阻尼情况下物体的振幅 A 与驱动力频率 ω_p 的关系曲线，由图可见，当驱动力频率 ω_p 与系统的固有角频率 ω_0 相差较大时，受迫振动的振幅 A 较小；当 ω_p 与 ω_0 相接近时，振幅 A 将随之增大；当驱动力角频率 ω_p 达某一定值时，受迫振动的振幅达到极大值．这种受迫振动的振幅达到极大值的现象叫做**共振**，发生共振时的振动频率称为共振频率．当阻尼趋向于零时，共振频率等于系统的固有频率．

共振现象极为普遍，并且在实际中有着广泛的应用．例如，小提琴等乐器的木质琴身就是一个共鸣箱，它利用了共振现象以提高音响效果；收音机、电视机的调谐，就是利用电磁共振来接收某一频率的电磁波；顺磁共振、核磁共振、铁磁共振等，已成为研究物质结构的重要手段．共振有时也会带来危害．例如，汽车行驶时，如果发动机运转的频率接近车身的固有频率，车身就会发生激烈的共振而造成零部件的松动和损坏；火车经过桥梁时，如果车轮与铁轨作用的周期性外力的频率接近桥梁的固有频率，则有可能引起共振而使桥梁发生断裂．1940 年 11 月 7 日，美国著名的塔科马（Tacoma）海峡大桥坍塌的一个重要原因，就是飓风引起了桥的共振．

视频：共振摆演示实验

8-6 电磁振荡

电路中电压和电流的周期性变化称为电磁振荡（electromagnetic oscillation），电磁振荡与机械振动有类似的运动形式.产生电磁振荡的电路称为振荡电路.最简单的振荡电路是由一个电容器与一个自感线圈串联而成的，称为 LC 振荡电路.

8-6-1 LC 电路的振荡

如图 8-16 所示的电路，先使电源给电容器充电，然后将开关扳向另一边，接通 LC 振荡电路，在振荡电路刚被接通的瞬间，电容器两极板上的电荷最多，板间的电场也最强，电场的能量全部集中在电容器的两极板间.

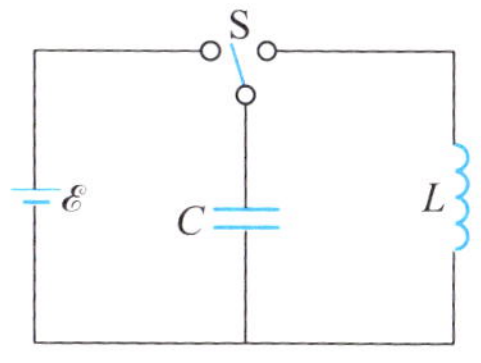

图 8-16 LC 振荡电路

当电容器放电时，因自感的存在，电路中的电流将逐渐增大到最大值，两极板上的电荷也相应地逐渐减小到零．在此过程中，电流在自感线圈中激起磁场，到放电终了时，电容器两极板间的电场能量全部转化成线圈中的磁场能量．

在电容器放电完毕时，电路中的电流达到最大值．这时，就要对电容器作反方向的充电．由于线圈的自感作用，随着电流的逐渐减弱到零，电容器两极板上的电荷又相应地逐渐增加到最大值．同时，磁场能量又全部转化成电场能量．

然后，电容器又通过线圈放电，电路中的电流逐渐增大，不过这时电流的方向与前放电时相反，电场能量又转化成磁场能量．

此后，电容器又被充电，恢复到原状态，形成了一个完整的振荡过程．

由上述可知，在 LC 电路中，电荷和电流都随时间作周期性的变化，相应地电容器中的电场强度和线圈中的磁感应强度以及电场能量和磁场能量也都随时间作周期性变化，而且不断地相互转化着．如果电路中没有任何能量损耗（如电阻的焦耳热、电磁辐射等），那么这种变化将在电路中一直持续下去，这种电磁振荡称为无阻尼自由电磁振荡，亦称 LC 电磁振荡．

8-6-2 无阻尼电磁振荡的振荡方程

下面我们定量地研究自由振荡，找出电容器极板上的电荷和电路中的电流随时间变化的规律．

设在某一时刻，电容器极板上的电荷量为 q，电路中的电流为 i，并取 LC 回路的顺时针方向为电流的正方向．线圈两端的电势差应和电容器两极板之间的电势差相等，即

$$-L\frac{\mathrm{d}i}{\mathrm{d}t}=\frac{q}{C}$$

考虑到电流 $i=\frac{\mathrm{d}q}{\mathrm{d}t}$代入得

$$\frac{\mathrm{d}^2q}{\mathrm{d}t^2}=-\frac{1}{LC}q \tag{8-26}$$

令 $\omega^2=\frac{1}{LC}$，得

$$\frac{\mathrm{d}^2q}{\mathrm{d}t}=-\omega^2q$$

显然，这和式（8-2）完全相似，此微分方程的解为

$$q=Q_0\cos(\omega t+\varphi_0) \tag{8-27}$$

式中 Q_0 为极板上电荷量的最大值，称为电荷量振幅，φ_0 是振荡的初相位，Q_0 和 φ_0 的数值由初始条件决定．ω 是振荡的角频率．自由振荡的频率和周期分别为

$$\nu=\frac{\omega}{2\pi}=\frac{1}{2\pi\sqrt{LC}},\quad T=2\pi\sqrt{LC} \tag{8-28}$$

将式（8-27）对时间 t 求导数，可得电路中任一时刻的电流

$$i=\frac{\mathrm{d}q}{\mathrm{d}t}=-\omega Q_0\sin(\omega t+\varphi_0)$$

令 $\omega Q_0=I_0$ 表示电流的最大值，称为电流振幅，则上式为

$$i=-I_0\sin(\omega t+\varphi_0)=I_0\cos\left(\omega t+\varphi_0+\frac{\pi}{2}\right) \tag{8-29}$$

式(8-27)和式(8-29)表明,在 LC 振荡电路中,电荷和电流都做简谐振动,是等幅振荡,同时还告诉我们,电荷和电流的振荡频率相同,电流的相位比电荷的相位超前$\frac{\pi}{2}$,如图 8-17 所示.

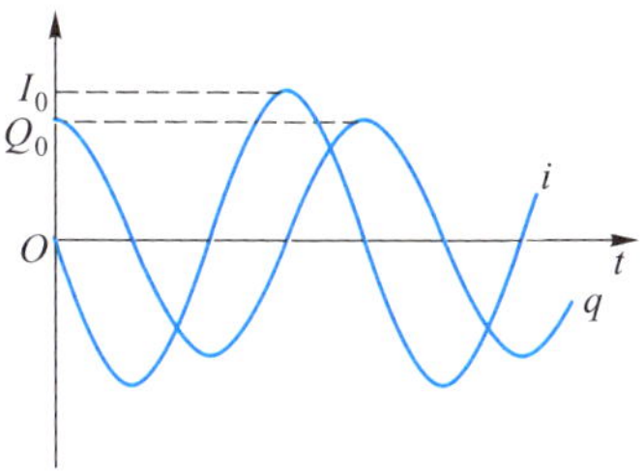

图 8-17 电荷与电流的等幅振荡

8-6-3 无阻尼电磁振荡的能量

现在进一步讨论 LC 电磁振荡电路中的电场能量、磁场能量和总能量.

设电容器的极板上带有电荷 q,则电容器中的电场能量为

$$W_e=\frac{q^2}{2C}=\frac{Q_0^2}{2C}\cos^2(\omega t+\varphi_0) \tag{8-30}$$

上式表明 LC 振荡电路中电场能量是随时间作周期性变化的.当自感线圈中通过电流 i 时,线圈中的磁场能量为

$$W_m=\frac{1}{2}Li^2=\frac{L\omega^2Q_0^2}{2}\sin^2(\omega t+\varphi_0) \tag{8-31}$$

这表明,LC 振荡电路中的磁场能量也随时间 t 作周期性变化.

把式(8-30)和式(8-31)相加,并应用 $\omega^2=\frac{1}{LC}$的关系,即得总能量

$$W=W_e+W_m=\frac{Q_0^2}{2C}\cos^2(\omega t+\varphi_0)+\frac{Q_0^2}{2C}\sin^2(\omega t+\varphi_0)=\frac{Q_0^2}{2C} \tag{8-32}$$

上式说明,在自由振荡电路中,尽管电能和磁能都随时间而变化,但总的电磁能量却保持不变.

从上面的分析可以知道,电磁振荡中的电荷量及电流对应机械振动中的位移和速度,自感对应于惯性,起着电流惯性作用.磁场能量对应于动能,电场能量对应于势能.

8-6-4 受迫振荡 电共振

当电路中有电阻存在时,由于能量的损耗,电荷和电流的振

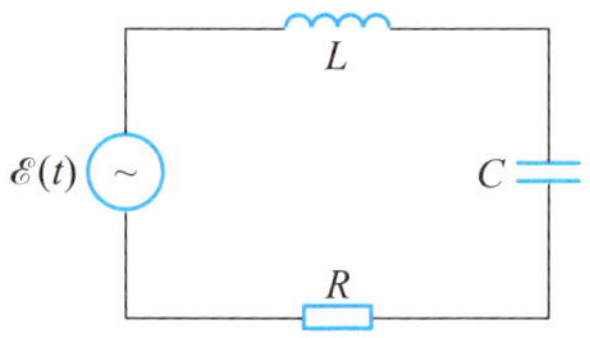

图 8-18　受迫振荡电路

幅将逐渐减小．如果在电路中加入一个电动势作周期性变化的电源，如图 8-18 所示，可以连续不断地供给能量，即可使电流振幅保持不变，这种在外加周期性电动势持续作用下产生的振荡，称为**受迫振荡**．设电源的电动势为 $\varepsilon=\varepsilon_0\cos\ \omega_d t$，则受迫振荡的微分方程可写成

$$L\frac{d^2q}{dt^2}+R\frac{dq}{dt}+\frac{q}{C}=\varepsilon_0\cos\ \omega_d t \tag{8-33}$$

在稳定状态下其解为

$$q=Q_0\cos(\omega_d t+\varphi) \tag{8-34}$$

通常我们感兴趣的不是电荷而是电流的振荡，由上式得

$$\begin{aligned} i &= \frac{dq}{dt}=-\omega_d Q_0\sin(\omega_d t+\varphi) \\ &= \omega_d Q_0\cos\left(\omega_d t+\varphi+\frac{\pi}{2}\right) \\ &= I_0\cos(\omega_d t+\varphi') \end{aligned}$$

由理论计算可知上式中

$$I_0=\frac{\mathscr{E}_0}{\sqrt{R^2+\left(\omega_d L-\frac{1}{\omega_d C}\right)^2}} \tag{8-35a}$$

$$\tan\ \varphi'=\frac{\frac{1}{\omega_d C}-\omega_d L}{R} \tag{8-35b}$$

可以看到，电流 i 的振荡角频率与电动势的角频率相同，但两者的相位并不相同．

由式(8-35a)不难看出，当电路满足条件

$$\omega_d L=\frac{1}{\omega_d C}$$

时，电流将有最大的振幅．由上述条件可得

$$\omega_d=\sqrt{\frac{1}{LC}} \tag{8-36}$$

这就是说，当外加电动势的频率和自由振荡的频率相等时，电流的振幅为最大，其值等于$\frac{\mathscr{E}_0}{R}$，这时，电流与外加电动势之间的相位差 $\varphi'=0$. 这种在周期性电动势作用下，电流振幅达到最大值的现象称为**电共振**．收音机中的调谐，就是调节电容器的电容使电路与其某一种频率的无线电信号发生共振，以选取电台．

8-6-5 电磁振荡和机械振动的类比

从上面的讨论可以知道，电磁振荡和机械振动的规律非常相似，运用类比可以把电磁振荡和机械振动对应起来，只要知道一种振动的解，就可以用类比方法得到另一种振动的解．虽然机械振动比较直观，但由于电学的迅速发展，人们对交变电路规律的熟悉程度已经超过机械振动．尤其是电学和电子仪器的发展，使机械振动的测量和计算也往往要用到电子测量仪器和电子计算设备．因此，在工程上，常常把复杂的机械振动问题用力电类比方法化成交变电路问题，然后通过计算或实验测定，找出它们的解．机械振动和电磁振荡对应的物理量列在表 8-1 中．

表 8-1　机械振动和电磁振荡对应的物理量

机械振动	电磁振荡（串联电路）
位移　x	电荷　q
速度　v	电流　i
质量　m	电感　L
弹性系数　k	电容的倒数　$\frac{1}{C}$
阻力系数　γ	电阻　R
驱动力　F	电动势　ε
弹性势能　$\frac{1}{2}kx^2$	电场能量　$\frac{1}{2}\frac{q^2}{C}$
动能　$\frac{1}{2}mv^2$	磁场能量　$\frac{1}{2}Li^2$

应用案例　用薄板共振控制噪声

控制噪声的基本原则是设法将噪声的能量转化为其他形式的能量．其中一种常用的方法是利用薄板共振消除噪声．

所谓薄板共振结构就是将薄的胶合板、硬质纤维板、木板或金属板等的周边固定在紧贴墙面的框架上，并与墙之间留有一定厚度的空气层．当声波入射到薄板上时，引起板的振动，使板发生弯曲变形．由于薄板与固定支点之间的摩擦，以及板本身的内耗使振动的能量转化为热量．若入射波的频率等于系统的固有频率，那么系统发生共振．此时振幅达到最大值，相应的噪声能

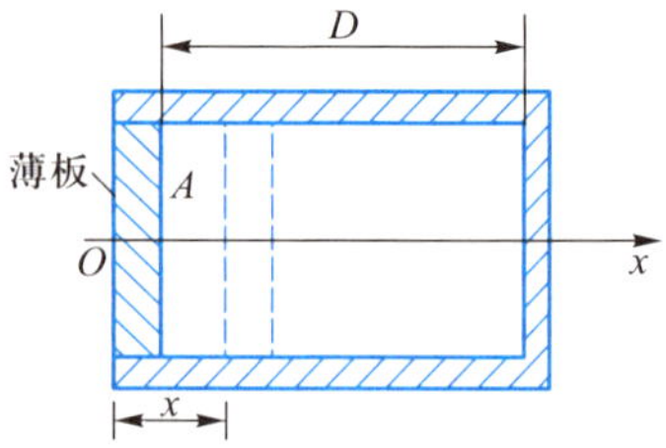

图 8-19 薄板结构示意图

量消耗也最大，从而达到控制噪声之目的．

为计算薄板共振结构系统的固有频率，可将系统视为如图 8-19所示的“活塞式”的空气弹簧．

设板的面积为 A，质量为 m（板的质量面密度为 $\sigma=m/A$）、空腔深度（薄板与墙间距离）为 D、腔内气体的压强为 p. 当声波传至薄板时，板面发生变形．设想板沿 x 轴正方向的位移为 x，腔内气体的压强增至 $p+\mathrm{d}p$. 由于声速约为数百米每秒，比热传递的速度快得多，所以腔内气体状态的变化过程可近似视为绝热过程．由理想气体绝热过程方程

$$pV^{\gamma}=C \quad (\gamma=C_p/C_V)$$

两边求微分，有

$$V^{\gamma}\mathrm{d}p+\gamma pV^{\gamma-1}\mathrm{d}V=0$$

令 $\alpha=-\dfrac{\mathrm{d}V}{V}$，由上式可得空腔内外的压强差为

$$\mathrm{d}p=\gamma\alpha p$$

于是作用于板上的合力为

$$\sum F=-A\mathrm{d}p=-\gamma A\alpha p$$

根据牛顿运动定律，上式可写成

$$m\frac{\mathrm{d}^2x}{\mathrm{d}t^2}=-\gamma A\alpha p$$

或

$$\frac{\mathrm{d}^2x}{\mathrm{d}t^2}=-\frac{\gamma A\alpha p}{m}$$

由于 $\dfrac{m}{A}=\sigma$ 及 $\alpha=-\dfrac{\mathrm{d}V}{V}=-\left(\dfrac{-xA}{DA}\right)=\dfrac{x}{D}$，代入上式得

$$\frac{\mathrm{d}^2x}{\mathrm{d}t^2}+\frac{\gamma p}{\sigma D}x=0$$

式中，γ、p、σ、D 均为常量，取 $\omega_0^2=\gamma p/\sigma D$，上式为

$$\frac{\mathrm{d}^2x}{\mathrm{d}t^2}+\omega_0^2x=0$$

这是简谐振动方程．可见，系统的固有频率为

$$f_0=\frac{\omega_0}{2\pi}=\frac{1}{2\pi}\sqrt{\frac{\gamma p}{\sigma D}}$$

已知在标准状态下空气的 $\gamma=4/3$，$p=1.013\times10^5$ Pa，以此代入上式，有

$$f_0=\frac{1}{2\pi}\sqrt{\frac{1.4\times10^5}{\sigma D}}=\frac{60}{\sqrt{\sigma D}}\ (\text{SI 单位})$$

由上式可见，系统的固有频率与其空腔的深度 D 和板的面密度 σ 有关．当入射声波的频率 f 等于系统的固有频率 f_0 时，系统发生

共振，从而可最大地消耗与此频率相应的声能，使该频率的噪声得以消除．如薄板的厚度为 5 mm、质量面密度为 $\sigma=4\ \mathrm{kg\cdot m^{-2}}$，当空腔厚度 $D=30$ mm 时，可算出其结构的共振频率约为200 Hz，说明该结构可控制 200 Hz 频率的噪声．实用木质薄板吸声结构，其厚度一般取 3～6 mm，空气腔厚度 D 取 30～100 mm. 因此，共振频率为 100～300 Hz，可控制的噪声也在此范围之内．

——摘自马文蔚等主编的《物理学原理在工程技术中的应用》(第四版)

思考题

8-1　若物体受到一个始终指向平衡位置的合力，则物体是否一定做简谐振动？

8-2　一弹簧振子在光滑水平面上做一维简谐振动，与在竖直悬挂情况下做简谐振动，其振动频率是否相同？如果把它放在光滑的斜面上，是否还做简谐振动？振动频率是否改变？当斜面倾角不同时情况又如何？

8-3　将一弹簧振子和一单摆放到月球上去，它们的振动周期是否改变？如何改变？

8-4　用旋转矢量表示法描述简谐振动时，当旋转矢量处于上半圆（即第一、第二象限）时，质点的速度是大于零还是小于零？当旋转矢量处于下半圆（即第三、第四象限）时，质点的速度是大于零还是小于零？

8-5　两个相同的弹簧挂着不同质量的物体，当它们以相同的振幅做简谐振动时，振动的能量是否相同？为什么？

8-6　共振发生的条件是什么？列举几种常见的共振现象．

8-7　在工程上常常用多个弹簧振子的串联来描述一个实际的力学系统（如图所示），例如一列火车是多节车厢挂接在一起，每节车厢可看做一个弹簧振子．分析由多个振子串联系统的运动是很有意义的工作．为简单起见，试对两个弹簧振子串联的振动作一描述．设两个振子的劲度系数相同均为 0.5 N/m，质量分别为 0.5 kg 和 1 kg. 试讨论两弹簧振子的运动方程，并编写计算机程序求解运动方程组，同时画出两弹簧振子的 $s-t$ 图．

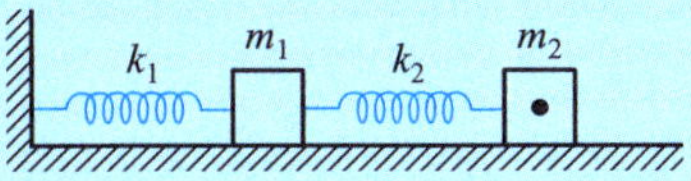

思考题 8-7 图

8-8　在 LC 振荡电路中，电场能量和磁场能量是怎样交替变化的？

8-9　无阻尼自由电磁振荡系统在振荡过程中，哪些量随时间作正弦（或余弦）变化？哪些量是常量？

习题

8-1　一物体沿 x 轴做简谐振动，振幅为 0.08 m，周期为 4 s，$t=0$ 时的位移为 0.04 m，且向 x 轴正方向运动，求：

(1) 该物体的运动方程；

(2) $t=0.5$ s 时物体的位移、速度和加速度．

8-2　一质点做简谐振动，振幅 $A=2$ cm，速度的最大值为 $5\ \mathrm{cm\cdot s^{-1}}$. 若令速度具有正最大值的那一时刻为 $t=0$，求其振动表达式．

8-3　一质点做简谐振动，其振动方程为 $x=$

$0.24\cos\left(\frac{1}{2}\pi t+\frac{1}{3}\pi\right)$ (SI 单位)，试求质点由初始状态运动到 $x=-0.12$ m，$v<0$ 的状态所需要的最短时间．

8-4 已知某简谐振动的振动曲线如图所示，求此简谐振动的表达式．

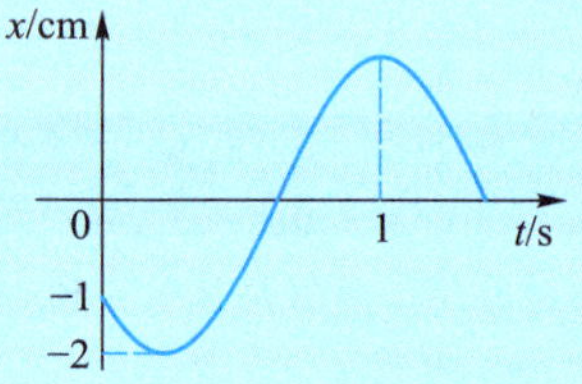

习题 8-4 图

8-5 一质点同时参与两个同方向的简谐振动，其振动方程分别为

$$x_1=5\times10^{-2}\cos\left(4t+\frac{1}{3}\pi\right)\ (\text{SI 单位})$$

$$x_2=3\times10^{-2}\sin\left(4t-\frac{1}{6}\pi\right)\ (\text{SI 单位})$$

画出两简谐振动的旋转矢量图，并求合振动方程．

8-6 质量为 0.10 kg 的物体，以振幅 1.0×10^{-2} m 做简谐振动，其最大加速度为 $4.0\ \text{m}\cdot\text{s}^{-2}$．

(1) 求振动的周期；

(2) 求物体通过平衡位置时的总能量与动能；

(3) 物体在何处其动能和势能相等？

(4) 当物体的位移为振幅的一半时动能、势能各占总能量的多少？

8-7 图示的提升运输设备，重物的质量为 1.5×10^4 kg，当重物以速度 $v=15$ m/min 匀速下降时，机器发生故障，钢丝绳突然被轧住．此时，钢丝绳相当于弹性系数 $k=5.78\times10^6$ N/m 的弹簧．求因重物的振动而引起钢丝绳内的最大张力．

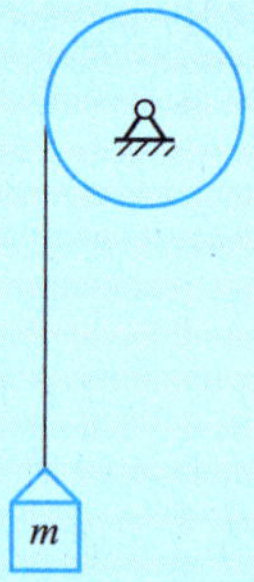

习题 8-7 图

8-8 在 LC 电路中，已知 $L=260\ \mu\text{H}$，$C=120$ pF，初始时电容器两极板间的电势差 $U_0=1$ V，且电流为零．试求：

(1) 振荡频率；

(2) 最大电流；

(3) 电容器两极板间的电场能量随时间变化的关系；

(4) 自感线圈中的磁场能量随时间变化的关系；

(5) 试证明在任意时刻电场能量与磁场能量之和总是等于初始时的电场能量．

第 8 章参考答案

第 9 章　机械波和电磁波

振动状态的传播就是波动，波动是物质运动的一种很普遍的形式．激发波动的振动系统称为波源．波通常分为两大类：一类是机械振动在介质中的传播，称为**机械波**，例如绳子上的波、声波都是机械波；另一类是变化电场和变化磁场在空间的传播，称为**电磁波**，例如无线电波、光波、X 射线、γ 射线等都是电磁波．机械波与电磁波在本质上虽然不同，但具有波动的共同特征．例如机械波和电磁波都具有一定的传播速度，都伴随着能量的传播，都能产生反射、折射、干涉和衍射等现象．

本章讨论机械波的特征和基本规律，介绍电磁波的发射和传播过程中的规律，以及惠更斯原理、波的干涉和衍射、多普勒效应．

9-1　机械波的产生和传播

微课：描述波动的物理量

NOTE

9-1-1　机械波的产生　横波和纵波

机械振动在弹性介质（固体、液体或气体）中传播所形成的波叫做**机械波**．机械波的产生，必须同时具备两个条件：一是要有做机械振动的物体，即波源；二是要有能传播振动的弹性介质．在弹性介质中，各质元之间有弹性力的作用，当介质中某一质元受外力作用而离开平衡位置时，该处介质就发生了形变，于是邻近质元将对它施加弹性回复力，使它回到平衡位置，并且由于惯性的作用而在平衡位置附近振动起来．同时，振动的质元对邻近的质元施加反作用力，迫使邻近的质元也在其平衡位置附近来回振动起来．因此，介质中一质元的振动会引起邻近质元的振动，邻近质元的振动又会引起较远质元的振动．于是，机械振动便以一定的速度在介质中向前传播，形成机械波．

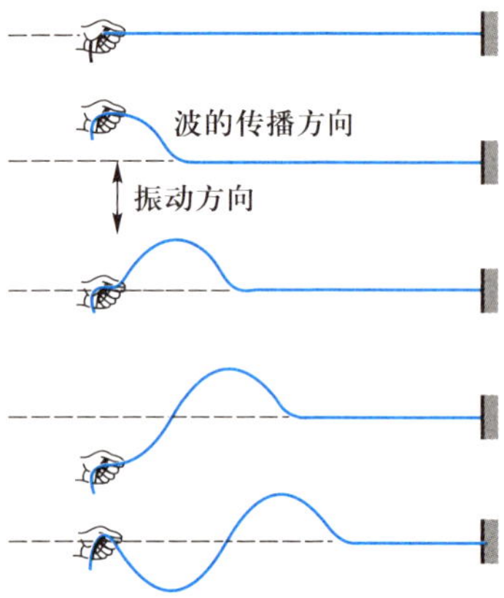

图 9-1 绳子上的横波

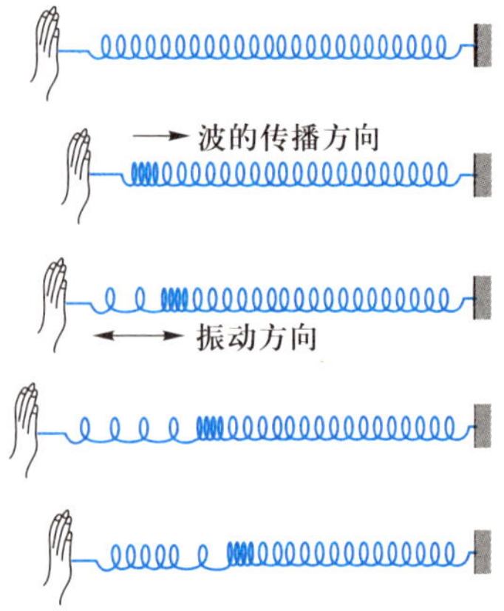

图 9-2 弹簧中的纵波

动画：横波

动画：纵波

按照质元振动方向和波传播方向之间的关系，可将波分为横波和纵波．如果质元的振动方向和波的传播方向相互垂直，这种波称为**横波**．绳子上形成的波就是典型的横波，如图 9-1 所示，绳子的一端固定，用手握住绳子的另一端并不停地做垂直于绳子的上下抖动，绳子上便交替出现凸起的波峰和下凹的波谷，并以一定速度沿绳子向前传播，形成横波.

如果质元的振动方向和波的传播方向相互平行，这种波称为**纵波**．弹簧中形成的波就是典型的纵波，如图 9-2 所示，长弹簧的一端固定，用手周期性地沿弹簧长度方向左右推拉弹簧的另一端，弹簧中便交替出现波疏和波密的区域，波以一定速度沿弹簧向前传播，形成纵波．

从图中不难看出，形成横波或纵波时，介质中各质元都在它们各自的平衡位置附近来回振动，并不随振动的传播而“随波逐流”般地前进．

进一步说，在弹性介质中形成横波时，必是一层介质相对于另一层介质发生横向的平移，即发生切变．由于固体会产生切变，因此横波能在固体中传播．而在弹性介质中形成纵波时，介质要发生压缩或拉伸，即产生体变．固体、液体、气体都会发生体变，因此，纵波可在固体、液体、气体中传播．顺便指出，水面波的形成原因是比较复杂的，不能简单地归入基本的横波或纵波．

9-1-2 波动过程的描述

为了形象地描述波在空间的传播，我们沿波的传播方向画一些带有箭头的线，这些线称为**波射线**或**波线**；把某一时刻波传播方向上振动状态（相位）相同的点所连成的面称为**波面**．波面是球面的波称为球面波，波面是平面的波称为平面波，如图 9-3 所示，任一时刻，波面可以有任意多个．波传播时，波面沿波射线方向不断向前推进，在某一时刻，由波源最初振动状态传到的各点所连成的曲面，叫做**波前**，亦称波阵面．显然，波前是波面的特例，但却是传到最前面的那个波面，所以在任一时刻，波前只有一个．在各向同性的介质中，波射线总是与波面相互垂直．

对波进行定量描述时，需要给出一些基本的物理量，描述机械波的重要物理量有波长、周期、频率和波速．

1. 波长

同一波线上相邻两个振动状态完全相同、相位差为 2π 的质点间的距离，即一个完整波形的长度，称为波长，用 λ 表示．对于横波,波长 λ 等于相邻两波峰或相邻两波谷之间的距离;对于纵波,波长 λ 等于相邻两波密或相邻两波疏之间的距离. 波长是描述波传播的空间周期性的物理量.

2. 周期和频率

波前进一个波长所需要的时间,或一个完整波形通过波线上某点所需的时间,称为波的周期,用 T 表示. 单位时间内波动所传播的完整波的数目称为波的频率,用 ν 表示. 频率是周期的倒数,即 $\nu=\dfrac{1}{T}$. 周期和频率是描述波传播的时间周期性的物理量.

3. 波速

单位时间内振动状态向前传播的距离称为波速,用 u 表示. 在不同的介质中,波速的大小是不同的,这取决于介质的性质,具体地说,就是决定于介质的密度和弹性模量.

理论和实验可以证明,在固体内可以传播横波和纵波,其传播速度分别为

$$u=\sqrt{\frac{G}{\rho}}\quad(横波)$$

$$u=\sqrt{\frac{E}{\rho}}\quad(纵波)$$

其中 G、E 和 ρ 分别为固体的切变模量、杨氏模量和密度. 在液体和气体等流体中,只能传播纵波,其传播速度为

$$u=\sqrt{\frac{K}{\rho}}$$

其中 K 和 ρ 分别为流体的体积模量和密度. 对于一根两端张紧的细线(如弦乐器中的弦线),其上传播的横波的波速为

$$u=\sqrt{\frac{F_{\mathrm{T}}}{\rho_l}}$$

式中 F_{T} 为弦线中的张力,ρ_l 为弦线的线密度,即单位长度的质量.表 9-1 列出了几种不同介质中的声速.

表 9-1 不同介质中的声速

材料	$u/(\mathrm{m\cdot s^{-1}})$	材料	$u/(\mathrm{m\cdot s^{-1}})$
空气(0 ℃)	331	玻璃	5 640
空气(20 ℃)	343	铝	6 420
水(0 ℃)	1 402	塑料	2 680
水(20 ℃)	1 482	铜	5 010
冰	5 100		

微课:波面 波线 波前

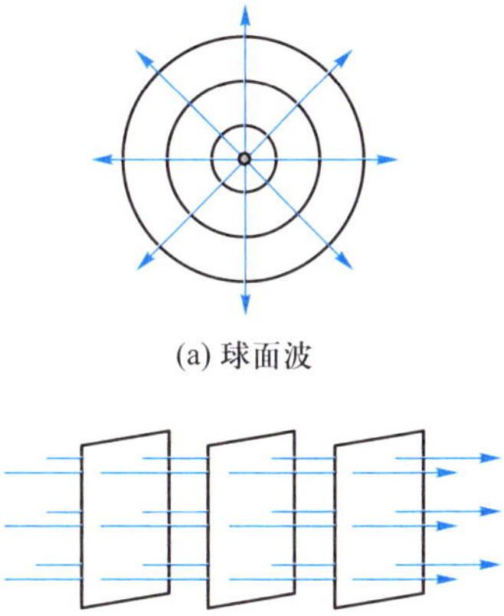

(a) 球面波

(b) 平面波

图 9-3 波阵面和波射线

由于在一个周期内，波向前传播了一个波长的距离，因此，波速 u 与波长 λ、周期 T 或频率 ν 的关系为

$$u=\frac{\lambda}{T}=\lambda\nu \tag{9-1}$$

9-2 平面简谐波的波动方程

9-2-1 平面简谐波的波动方程

微课：简谐波的波动方程

当波源在均匀、无吸收的介质中做简谐振动时，波传播方向上各点也做同频率的简谐振动，这样形成的波称为**简谐波**．简谐波是最简单、最基本的波，任何复杂的波都可以看成若干个不同频率、不同振幅的简谐波的叠加．例如，图 9-4 中的复杂波，就是由两个频率和振幅各不相同的简谐波合成的．因此，研究简谐波具有重要意义.

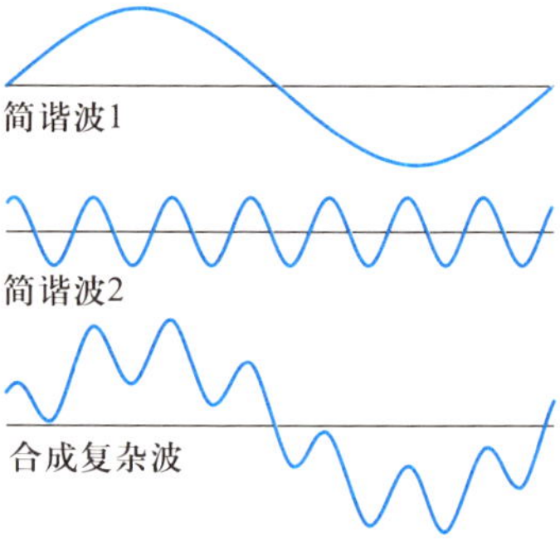

图 9-4 复杂波为简谐波的叠加

如果简谐波的波阵面为平面，则这样的波称为**平面简谐波**．在传播平面简谐波的介质中，所有质元都做与波源同频率的简谐振动，只是振动的相位沿传播方向依次落后而已．下面通过建立波动方程，定量描述平面简谐波的传播规律.

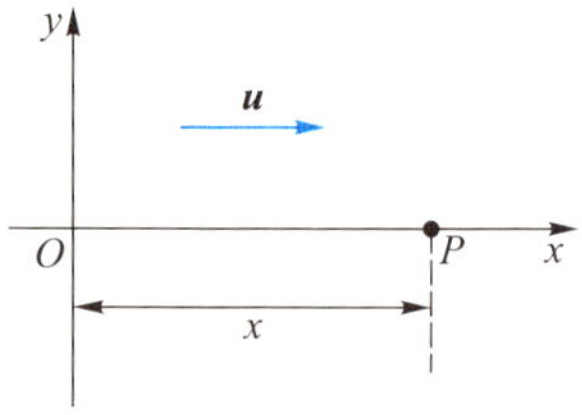

图 9-5 波动方程的推导

如图 9-5 所示，设有一平面简谐波在无吸收的无限大均匀介质中沿 Ox 轴正方向传播，波速为 u，原点 O 处质元的运动方程为

$$y_0=A\cos(\omega t+\varphi) \tag{9-2}$$

式中 y_0 为 O 处质点在时刻 t 离开其平衡位置的位移，A 为振幅，ω 为角频率，φ 为初相位．考察波线上坐标为 x 的任一点 P，由于振动从 O 点传到 P 点所需的时间为 x/u，因此，P 点在 t 时刻的位移，就是 O 点在 $(t-x/u)$ 时刻的位移，由此可得 P 点的振动方程为

$$y=A\cos\left[\omega\left(t-\frac{x}{u}\right)+\varphi\right] \tag{9-3a}$$

利用关系式 $\omega=\frac{2\pi}{T}=2\pi\nu$ 和 $u=\frac{\lambda}{T}=\lambda\nu$，可将式(9-3a)改写成以下形式：

$$y=A\cos\left[2\pi\left(\frac{t}{T}-\frac{x}{\lambda}\right)+\varphi\right] \tag{9-3b}$$

$$y=A\cos\left(\omega t-\frac{2\pi x}{\lambda}+\varphi\right) \qquad (9-3c)$$

式(9-3a)、式(9-3b)、式(9-3c)就是沿 Ox 轴正方向传播的平面简谐波的**波动方程**的几种常见形式.

如果波沿 Ox 轴负方向传播,则图 9-5 中 P 点的振动比 O 点要早开始一段时间 x/u,因此,P 点在 t 时刻的位移就是 O 点在 $(t+x/u)$ 时刻的位移,由此得沿 Ox 轴负方向传播的平面简谐波的波动方程为

$$y=A\cos\left[\omega\left(t+\frac{x}{u}\right)+\varphi\right] \qquad (9-4a)$$

$$y=A\cos\left[2\pi\left(\frac{t}{T}+\frac{x}{\lambda}\right)+\varphi\right] \qquad (9-4b)$$

$$y=A\cos\left(\omega t+\frac{2\pi x}{\lambda}+\varphi\right) \qquad (9-4c)$$

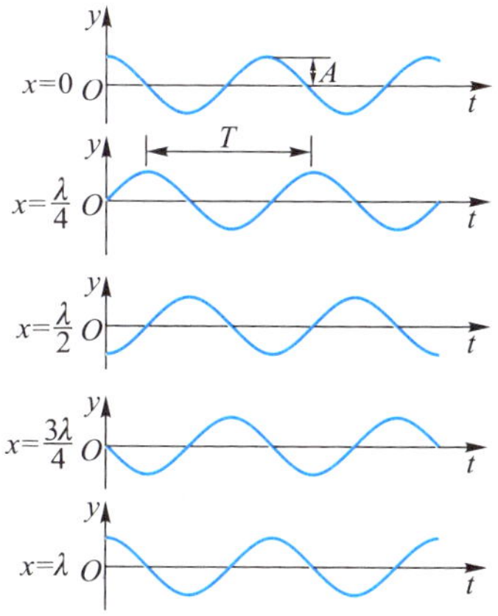

图 9-6 波线上不同质点的振动曲线

9-2-2 波动方程的物理含义

在波动方程式(9-3a)、式(9-3b)、式(9-3c)中,含有空间坐标 x 和时间坐标 t 两个自变量,由此给出了波线上任意质元 x 在任意时刻 t 的位移 y. 为了使读者对波动方程有一个更清楚的了解,我们对波动方程作以下几点讨论:

(1) 如果 x 一定,则 y 仅为时间 t 的函数. 此时,波动方程表示坐标为 x 的质元 P 的位移 y 随时间 t 的变化情况,即 x 处质元做简谐振动的情况. 图 9-6 为波线上不同位置处质元的振动曲线,从图中可以看出,与 $x=0$ 处质元的振动曲线相比,$x=\frac{\lambda}{4}$、$\frac{\lambda}{2}$、$\frac{3\lambda}{4}$、λ 处质元的相位分别比 $x=0$ 处质元的相位落后 $\frac{\pi}{2}$、π、$\frac{3\pi}{2}$ 和 2π.

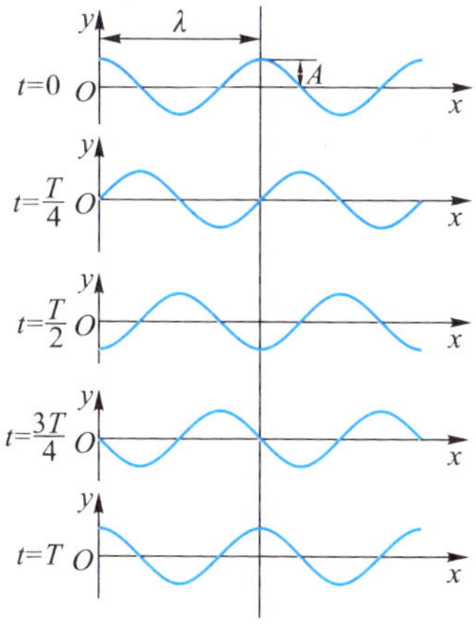

图 9-7 不同时刻的波形图

(2) 如果 t 一定,则 y 仅为坐标 x 的函数. 此时,波动方程表示 t 时刻波传播方向上各个质元的位移情况,相当于在 t 时刻对波动拍一幅照片,体现了 t 时刻的波形. 图 9-7 为不同时刻的波形图. 从波形图可以看出,经过一个周期,波向前传播了一个波长的距离.

微课:波动方程的含义及讨论

(3) 如果 x 和 t 都变化,则波动方程表示波线上各个质元在不同时刻的位移. 图 9-8 中分别画出了 t 时刻和 $t+\Delta t$ 时刻的两

个波形图，由图可见，在 Δt 时间内，波形曲线沿波传播方向移动了 $u\Delta t$ 的距离．波速 u 就是整个波形向前传播的速度，因此，波动方程描述了波形的传播．

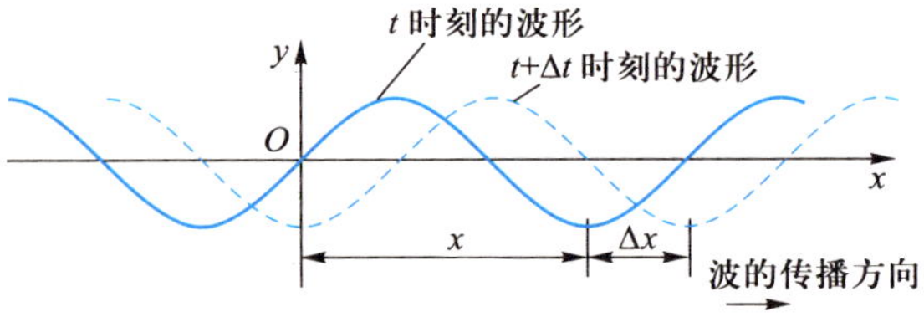

图 9-8　波形的传播

例 9-1

一平面简谐波沿 x 轴正方向传播，波的周期为 4 s，$t=0$ 时的波形如图 9-9 所示，求：

(1) 波动方程；

(2) 图中 P 处质元的振动方程.

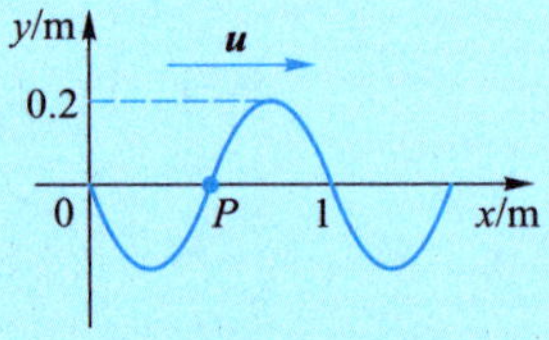

图 9-9　例 9-1 图

解：(1) 设波动方程为

$$y=A\cos\left[2\pi\left(\frac{t}{T}-\frac{x}{\lambda}\right)+\varphi\right]$$

式中 $T=4$ s，由图得 $A=0.2$ m，$\lambda=1$ m，代入波动方程得

$$y=0.2\cos\left(\frac{\pi}{2}t-2\pi x+\varphi\right)\text{（SI 单位）}$$

根据初始条件 $t=0, x=0, y=0, u>0$（由下一时刻的波形可判断 O 点向 $+y$ 方向运动），得 $\varphi=-\frac{\pi}{2}$，故波动方程为

$$y=0.2\cos\left(\frac{\pi}{2}t-2\pi x-\frac{\pi}{2}\right)$$

(2) 将 $x=0.5$ m 代入波动方程，得 P 点的振动方程为

$$y=0.2\cos\left(\frac{\pi}{2}t-\pi-\frac{\pi}{2}\right)=0.2\cos\left(\frac{\pi}{2}t+\frac{\pi}{2}\right)$$

9-3　波的能量

9-3-1　波的能量

微课：波的能量

当波在弹性介质中传播到某处时，该处原来不动的质元开始振动，因而具有动能，同时该处的介质因发生形变而具有势能．波传播时，波线上各质元由近及远地依次振动，能量也依次传播.

因此，波传播的过程也是能量传播的过程．

在介质中任取一体积为 ΔV，质量为 $\Delta m=\rho\Delta V$（ρ 为介质的密度）的质元，当波传播到该质元时，该质元将具有动能 E_k 和弹性势能 E_p，设波动方程为

$$y=A\cos\left[\omega\left(t-\frac{x}{u}\right)+\varphi\right]$$

可以证明

$$E_k=E_p=\frac{1}{2}\rho\,(A\omega)^2\Delta V\sin^2\left[\omega\left(t-\frac{x}{u}\right)+\varphi\right] \qquad (9-5)$$

而质元的总机械能为

$$E=E_k+E_p=\rho\,(A\omega)^2\Delta V\sin^2\left[\omega\left(t-\frac{x}{u}\right)+\varphi\right] \qquad (9-6)$$

式(9-5)表明，在任何时刻 t，质元的动能和势能不仅相位相同，而且大小相等．当质元通过平衡位置时，速度最大，形变也最大，动能和势能同时达到最大值；当质元到达最大位移时，速度和形变都为零，动能和势能都为零．

式(9-6)表明，质元的总机械能随时间 t 作周期性变化，说明质元的总能量不守恒，它在不断地接收和放出能量，体现了波的能量传播特征．

波的传播过程，伴随着能量的传播或能量的流动．为了描述波动的这一能量传播特征，我们引入能流和能流密度的概念．单位时间内垂直通过介质中某一面积的能量，称为能流，用 P 表示，其单位为 W（瓦）．通过垂直于波传播方向上单位面积的平均能流，称为能流密度，用 I 表示．理论计算可得

微课：能流　能流密度　声强

$$I=\frac{P}{S}=\frac{1}{2}\rho\,(A\omega)^2u \qquad (9-7)$$

式中 ρ 为介质的密度，A 为波的振幅，ω 为波动的角频率，u 为波速．能流密度 I 又称为波的强度，其单位为 W/m^2．

9-3-2 声强与声强级

频率在 20～20 000 Hz 之间的机械振动所产生的纵波称为声波，它可以引起正常人的听觉．频率低于 20 Hz 的机械波称为次声波，频率高于 20 000 Hz 的机械波称为超声波，正常人的耳朵听不到次声波和超声波．

声波的能流密度称为声强．由式(9-7)可知，声强 I 与频率

的平方成正比，即频率越高，越容易获得较大的声强．人耳能够听到的声波不仅受到频率的限制，而且必须处于一定的声强范围之内．对于每个给定的频率，声强都有上下两个限值，刚能引起听觉的最低声强称为**听觉阈**(可闻阈)，最高声强称为**痛觉阈**，人耳的听觉范围参见图 9-10.

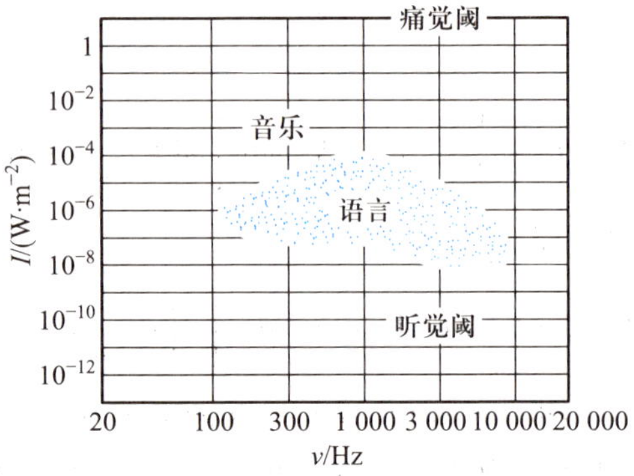

图 9-10　人耳的听觉范围

人耳对声音强弱的主观感觉称为声音的**响度**，实验表明，响度近似地与声强的对数成正比．在声学中，我们用声强的对数来标注声强的级别，**声强级** L 定义为

$$L = 10\ \lg \frac{I}{I_0}\ \text{dB}$$

式中 $I_0 = 10^{-12}\ \text{W/m}^2$ 为基准声强，它是频率为 1 kHz 的声波能引起人耳听觉的最弱声强．声强级的单位为分贝，用 dB 表示．表 9-2 列出了日常生活中几种声音的声强级.

通常我们把对人的工作、生活和健康有不良影响的声音都称为噪声，如汽车喇叭的鸣叫声、声强过高的音乐声、各种机器工作时的叫声等．噪声是造成环境污染的重要因素，它可以使人烦躁不安，降低工作和学习效率，妨碍休息和导致失眠，影响人体健康，强烈的噪声还可造成听力下降甚至耳聋．我国明令规定，工业噪声所允许的标准不得超过 90 dB. 减轻和消除噪声已成为当前环境保护的重要内容，也是每个公民应尽的责任．

表 9-2　几种声音的声强与声强级(参考值)

声源	$I/(\text{W}\cdot\text{m}^{-2})$	L/dB
喷气机起飞	10^3	150
摇滚乐演奏	1	120
响雷	10^{-1}	110
警笛	10^{-4}	80

续表

声源	$I/(\mathrm{W\cdot m^{-2}})$	L/dB
闹市(平均)	10^{-5}	70
交谈声(平均)	10^{-6}	60
收音机(轻)	10^{-8}	40
悄悄话	10^{-10}	20
树叶微动、呼吸声	10^{-11}	10
引起听觉的最弱声音(听觉阈)	10^{-12}	0

例 9-2

一婴儿发出强度为 $I=8\times10^{-6}\ \mathrm{W\cdot m^{-2}}$ 的啼哭声,求:

(1) 该啼哭声的声强级为多少分贝?

(2) 两个这样的婴儿同时啼哭,其声强级为多少分贝?

解:(1) $L_1=10\lg\dfrac{I}{I_0}\ \mathrm{dB}=10\lg\dfrac{8.0\times10^{-6}}{10^{-12}}\ \mathrm{dB}$

$=10\lg(8.0\times10^{6})\ \mathrm{dB}$

$=10\lg(8.0)\ \mathrm{dB}+10\lg(10^{6})\ \mathrm{dB}=69\ \mathrm{dB}$

(2) $L_2=10\lg\dfrac{2I}{I_0}\ \mathrm{dB}=10\lg 2\ \mathrm{dB}+10\lg\dfrac{I}{I_0}\ \mathrm{dB}$

$=3\ \mathrm{dB}+69\ \mathrm{dB}=72\ \mathrm{dB}$

由计算结果可知,两个这样的婴儿同时啼哭时,声强级仅增加 3 dB. 该结果具有普遍意义,即当声强加倍时,声强级增加 3 dB;当声强减半时,声强级减少 3 dB.

9-4 电磁波

根据麦克斯韦电磁场理论,若在空间某区域有变化电场(或变化磁场),在邻近区域将产生变化磁场(或变化电场),这变化磁场(或变化电场)又在较远区域产生新的变化电场(或变化磁场),并在更远的区域产生新的变化磁场(或变化电场),这种变化的电场和变化的磁场不断地交替产生,由近及远以有限的速度在空间传播,形成电磁波. 在物理学史上,麦克斯韦先从理论上预言了电磁波的存在,20 年后(1887 年),赫兹用实验证实了这个预言. 电磁波的发现为近代无线电通信开辟了道路.

文档:电磁波的实验检验

9-4-1 电磁波的辐射和传播

我们知道,振荡电路中的电流是周期性变化的,因此,根据麦克斯韦的理论,振荡电路能够辐射电磁波.但在普通的振荡电路中[图 9-11(a)]振荡电流的频率很低,而且电场和磁场几乎分别局限在电容器和自感线圈内,不利于电磁波的辐射,辐射功率也极小.如果把电容器两极板间距离增大,同时把自感线圈放开拉直,变成一直线,如图 9-11(b)、(c)、(d)所示.这样电场和磁场就分散在周围空间.由于 L 和 C 的减小,提高了电路的振荡频率,因而它能够辐射电磁波,并向空间四周传播.这样的直线形的电路,电流在其中往复振荡,两端出现正负交替的等量异号电荷,称为振荡偶极子或辐射偶极子(radiating dipole).任何振动电荷或电荷系都是发射电磁波的波源,如天线中振荡的电流、原子或分子中电荷的振动都会在其周围产生电磁波.

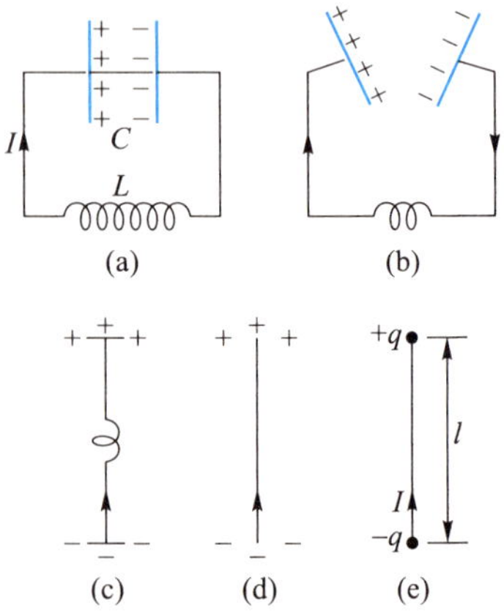

图 9-11 增高振荡电流的频率并开放电磁场的方法

1887 年,赫兹应用上述类似的振荡偶极子,实现了发送和接收电磁波.如图 9-12 所示,A、B 是中间留有小空隙(约 0.1 mm)的两铜棒,分别接到高压感应圈的两电极上,感应圈上的周期性电压加到两棒间的空气隙上,当电压升高到空气被击穿时,电流就往复地通过空气隙而发生火花,这时就相当于一个振荡偶极子,发射间断性的作减幅振荡的电磁波.如果用一个不接感应圈的相同结构的偶极子 CD 来接收,适当地选择其方向,调节两球的间隙,使它发生共振,在气隙间产生放电火花,证实了振荡偶极子能够发射电磁波.

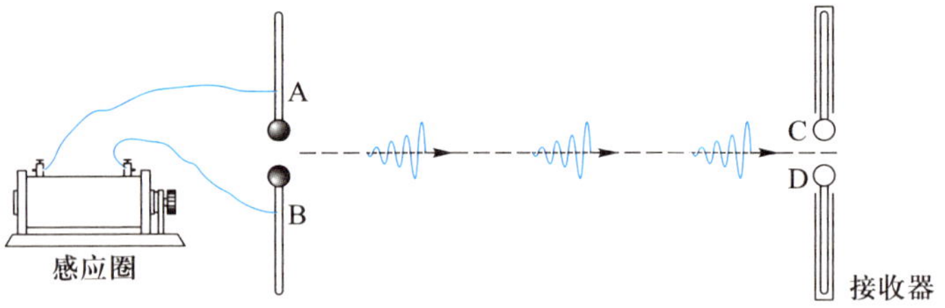

图 9-12 赫兹实验

一个振荡偶极子周围的电磁场,在理论上,可以根据麦克斯韦方程组推算出来.由于计算比较复杂,这里只作定性的介绍.

设振荡偶极子是由一对等量异号电荷组成,其距离随时间按余弦规律变化,则其电矩 p_e 也按余弦规律变化,即

$$p_e = p_0 \cos \omega t$$

式中 p_0 为电矩的振幅,ω 为角频率.由于正、负电荷相对于它们

的公共中心作谐振动，则其电场线的变化如图 9-13 所示．为简单计，只分析振荡偶极子附近的一条电场线的形状．设 $t=0$，正、负电荷重合，然后分别做简谐振动，两电荷间的电场线如图 9-13(a)、(b)、(c)所示，当振动半个周期时，正、负电荷又重合，其电场线便成闭合状，如图 9-13(d)所示，此后，正、负电荷的位置相互对调，形成方向相反的新的电场线．如图 9-13(e)所示．图 9-14表示振荡偶极子周围电磁场的一般情况，曲线代表电场线，⊗和⊙点分别表示向纸面穿入和由纸面穿出的磁感线，这些磁感线是环绕偶极子轴线的同心圆，从图中可以看出，在靠近偶极子附近的电场和磁场是很复杂的．在较远的区域，电场线形成闭合线，这一区域称为辐射区，其间电场是涡旋电场，涡旋电场在其周围产生感生磁场，这变化的磁场又产生变化电场，两者不断相互激发和相互感生，形成由近及远传播的电磁波．

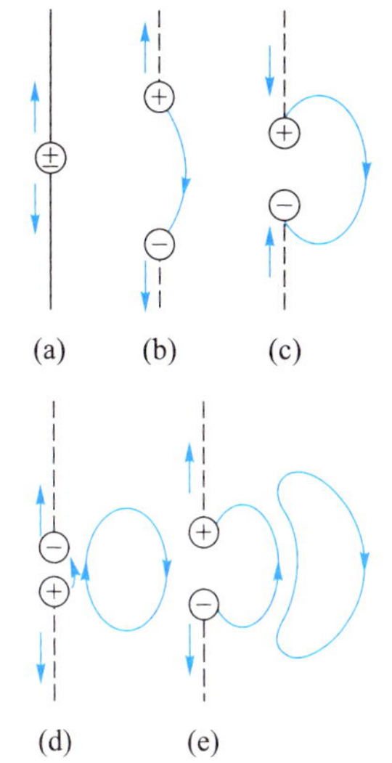

图 9-13 不同时刻振荡偶极子附近的电场线

振荡偶极子所发射的电磁波，在离偶极子足够远的空间内某一点 P 处、在时刻 t 的 $\boldsymbol{E}$、$\boldsymbol{H}$ 的量值由麦克斯韦方程可求解得到：

$$E(r,t)=\frac{\mu p_0\omega^2\sin\theta}{4\pi r}\cos\left(t-\frac{r}{u}\right) \tag{9-8}$$

$$H(r,t)=\frac{\sqrt{\varepsilon\mu}\,p_0\omega^2\sin\theta}{4\pi r}\cos\left(t-\frac{r}{u}\right) \tag{9-9}$$

式中 u 为电磁波的传播速度，它与介质的电容率 ε 和磁导率 μ 的关系为

$$u=\frac{1}{\sqrt{\varepsilon\mu}} \tag{9-10}$$

式中 r 是以偶极子(在原点)到 P 点径矢 $\boldsymbol{r}$ 的大小，θ 就是径矢 $\boldsymbol{r}$ 与偶极子轴线之间的夹角．

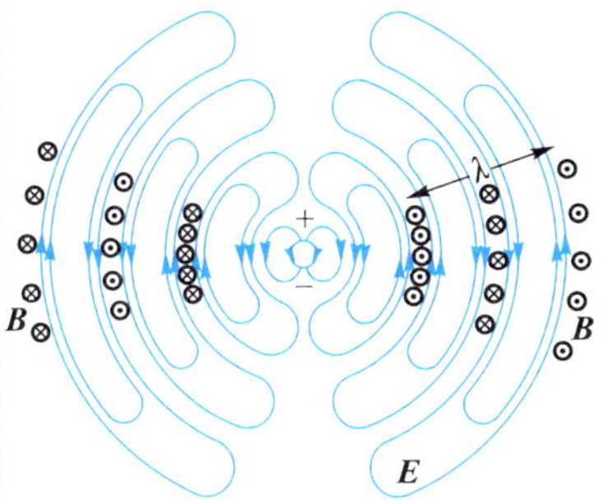

图 9-14 振荡偶极子周围的电磁场

振荡偶极子所辐射的电磁波是球面波，但在远离偶极子的一小区域内，r 和 θ 的变化很小，以上两式可用平面波的波函数来表示：

$$E=E_0\cos\omega\left(t-\frac{x}{u}\right)=E_0\cos 2\pi\left(\frac{t}{T}-\frac{x}{\lambda}\right)$$

$$H=H_0\cos\omega\left(t-\frac{x}{u}\right)=H_0\cos 2\pi\left(\frac{t}{T}-\frac{x}{\lambda}\right)$$

这就是平面电磁波的波函数，波沿 Ox 轴的正方向传播，可见在离电偶极子很远的区域，电磁波已呈现为平面波．

图 9-15 画出了平面简谐电磁波的传播情形．

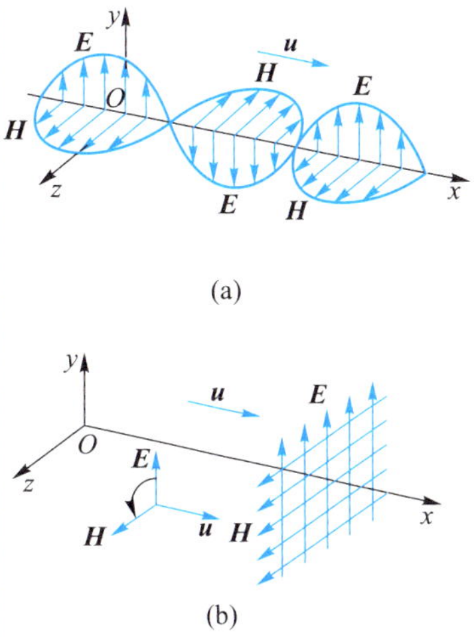

图 9-15 平面简谐电磁波

视频:电磁波是横波的演示实验

9-4-2 平面电磁波的性质

根据实验结果和理论分析,现把自由空间的平面电磁波的一般性质归纳如下.

(1) 电磁波是横波　电磁波的电场和磁场都垂直于波的传播方向,三者相互垂直. $\boldsymbol{E}$、$\boldsymbol{H}$ 和波的传播方向构成右手螺旋关系,即从 $\boldsymbol{E}$ 向 $\boldsymbol{H}$ 转动,其右手螺旋的前进方向为波的传播方向. 沿给定方向传播的电磁波,$\boldsymbol{E}$ 和 $\boldsymbol{H}$ 分别在各自平面内振动,这种特性称为偏振. 这是横波特有的性质,电磁波具有偏振性.

(2) $\boldsymbol{E}$ 和 $\boldsymbol{H}$ 同相位　$\boldsymbol{E}$ 和 $\boldsymbol{H}$ 都在作周期性的变化,而且相位相同,即同地同时达到最大,同地同时减到最小.

(3) $\boldsymbol{E}$ 和 $\boldsymbol{H}$ 的量值成比例　将式(9-8)和式(9-9)相除,即得任一时刻,在空间任一点,$\boldsymbol{E}$ 和 $\boldsymbol{H}$ 在量值上的关系为

$$\sqrt{\varepsilon}E=\sqrt{\mu}H$$

(4) 电磁波在介质中的传播速度为

$$u=\frac{1}{\sqrt{\varepsilon\mu}}$$

取决于介质的电容率 ε 和磁导率 μ. 在真空中,$\varepsilon_0=8.85\times10^{-12}\ \mathrm{F\cdot m^{-1}}$,$\mu_0=4\pi\times10^{-7}\mathrm{H\cdot m^{-1}}$,代入得电磁波在真空中的速度

$$c=\frac{1}{\sqrt{\varepsilon_0\mu_0}}=2.997\ 9\times10^{8}\ \mathrm{m/s}$$

电磁波波速的这一理论值正与光的速度精确地一致,1983 年国际计量大会决定用真空中光速来定义“米”,米是 1/299 792 458 s 的时间间隔内光在真空中传播的距离. 这不仅肯定了电磁场理论的正确,也表明光是电磁波,从而揭示了光的电磁本性.

9-4-3 电磁波的能量

电场和磁场具有能量,电磁波的传播必然伴随着电磁能量的传播,这是电磁波的主要性质之一. 电磁波所携带的电磁能量,常称为辐射能.

我们知道,电场和磁场的能量体密度分别为

$$w_{\mathrm{e}}=\frac{1}{2}\varepsilon E^2,\quad w_{\mathrm{m}}=\frac{1}{2}\mu H^2$$

式中 ε 和 μ 分别为介质的电容率和磁导率. 电磁场的总能量体

密度为

$$w=w_e+w_m=\frac{1}{2}(\varepsilon E^2+\mu H^2)$$

因为上述能量是场量 E 和 H 的函数，可知辐射能量的传播速度就是电磁波的传播速度 u，辐射能的传播方向就是电磁波的传播方向．在单位时间内通过垂直于传播方向的单位面积的辐射能，称为**能流密度**，用 $\boldsymbol{S}$ 表示．参照波的能流密度定义，有

$$S=wu=\frac{u}{2}(\varepsilon E^2+\mu H^2)$$

把 $u=\frac{1}{\sqrt{\varepsilon\mu}}$ 和 $\sqrt{\varepsilon}E=\sqrt{\mu}H$ 代入上式，得

$$S=\frac{1}{2\sqrt{\varepsilon\mu}}(\sqrt{\varepsilon}E\sqrt{\mu}H+\sqrt{\mu}H\sqrt{\varepsilon}E)=EH$$

因为辐射能的传播方向、$\boldsymbol{E}$ 的方向及 $\boldsymbol{H}$ 的方向三者相互垂直，通常将能流密度用矢量式表示为

$$\boldsymbol{S}=\boldsymbol{E}\times\boldsymbol{H} \tag{9-11}$$

$\boldsymbol{S}$、$\boldsymbol{E}$ 和 $\boldsymbol{H}$ 满足右手螺旋定则（图 9-16），$\boldsymbol{S}$ 的方向就是电磁波的传播方向．能流密度矢量 $\boldsymbol{S}$ 也称为**坡印廷（J. H. Poynting）矢量**．

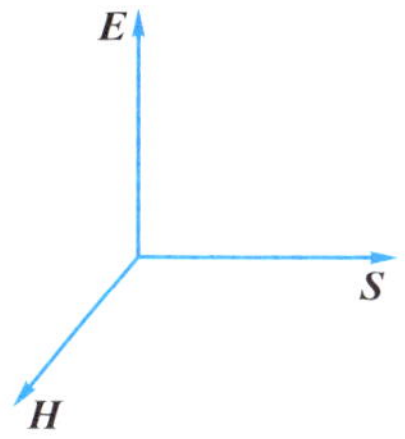

图 9-16 $\boldsymbol{S}$、$\boldsymbol{E}$ 和 $\boldsymbol{H}$ 组成右手螺旋系统

下面我们把这些结果应用到平面余弦电磁波的情形．利用式（9-11）得

$$S=E_0H_0\cos^2\left[\omega\left(t-\frac{x}{u}\right)+\phi_0\right]$$

这是能流密度的瞬时值，它作周期性的变化．取一个周期内的平均值，得平均能流密度（通常也称为辐射强度）

$$\bar{S}=\frac{1}{2}E_0H_0$$

又因 $\sqrt{\varepsilon_0}E_0=\sqrt{\mu_0}H_0$ 以及 $c=\frac{1}{\sqrt{\varepsilon_0\mu_0}}$，得

$$\bar{S}=\frac{1}{2}\varepsilon_0cE_0^2 \quad 或 \quad \bar{S}=\frac{1}{2}\mu_0cH_0^2 \tag{9-12}$$

这和机械波的情况相似，波的强度与振幅的平方成正比．

对于振荡偶极子辐射的电磁波，其能流密度为

$$S=EH=\frac{\sqrt{\varepsilon}\sqrt{\mu^3}p_0^2\omega^4\sin^2\theta}{16\pi^2r^2}\cos^2\omega\left(t-\frac{r}{u}\right)$$

振荡电偶极子在单位时间内辐射出去的能量叫做辐射功率，用 P 表示，如果把上式在以振荡电偶极子为中心，半径为 r 的球

面上积分,并把所得结果取时间平均值,可得振荡偶极子的平均辐射功率:

$$\overline{P}=\frac{\mu p_0^2\omega^4}{12\pi u} \tag{9-13}$$

式中 p_0 为振荡电偶极子电矩的振幅. 上式说明平均辐射功率与振荡偶极子频率的四次方成正比. 因此振荡偶极子的辐射功率随着频率的增高而迅速增大.

9-4-4 电磁波谱

实验表明,电磁波的范围很广,波长没有上下限的限制,从无线电波、红外线、可见光、紫外线到 X 射线和 γ 射线等都是电磁波. 它们的本质完全相同,只是波长(或频率)有很大的差异. 由于波长不同,它们就有不同的特性,而且产生的方式也各不相同. 为了便于比较,人们按照它们的波长(或频率)大小依次排列成表,叫做电磁波谱. 表 9-3 列出了各种电磁波的波长范围、应用及其主要产生方式.

表 9-3 各种电磁波的波长范围、应用及其主要产生方式

电磁波谱			应用	电磁辐射的产生方式
ν/Hz	辐射	λ/m		
10^{25}, 10^{23}, 10^{21}	γ射线	10^{-17}, 10^{-15}, 10^{-13}	癌症治疗	由原子核衰变时发出或高能粒子与原子核碰撞所产生
10^{19}	X射线	10^{-11}	材料探伤 X射线诊断	用高速电子流轰击原子中的芯电子所产生
10^{17}, 10^{15}	紫外线	10^{-9}, 10^{-7}	原子结构识别	由炽热物体、气体放电或其他光源激发分子或原子等微观客体所产生
	可见光		人类的视觉	
10^{13}	红外线	10^{-5}	红外照相、热灯	
10^{11}, 10^{9}	微波	10^{-3}, 10^{-1}	微波炉等	由电子线路中电磁振荡所激发
10^{7}, 10^{5}, 10^{3}, 10^{1}	无线电波	10^{1}, 10^{3}, 10^{5}, 10^{7}	雷达 电视 调频、调幅收音机 长波段收音机 导航	

文档:太赫兹(THz)波介绍

例 9-3

设有一平面电磁波在真空中传播，电磁波通过某点时，该点的 $E=50\mathrm{V/m}$. 试求该时刻该点的 B 和 H 的大小，以及电磁能量密度 w 和辐射强度 S 的大小．

解：由 $B=\mu_0 H$ 和 $\sqrt{\varepsilon_0}E=\sqrt{\mu_0}H$ 以及 $c=\dfrac{1}{\sqrt{\varepsilon_0\mu_0}}$ 得

$$B=\frac{E}{c}=1.67\times10^{-7}\ \mathrm{T}$$

$$H=\frac{B}{\mu_0}=0.134\ \mathrm{A/m}$$

电磁能量密度为

$$w=\varepsilon_0 E^2=2.21\times10^{-8}\ \mathrm{J/m^3}$$

辐射强度为

$$S=EH=50\times0.134\mathrm{J/(m^2\cdot s)}=6.7\ \mathrm{J/(m^2\cdot s)}$$

9-5 惠更斯原理 波的衍射和干涉

9-5-1 惠更斯原理

惠更斯（1629—1695）

文档：惠更斯

在波动中，波源的振动是通过介质中的质元依次传播出去的，因此每个质元都可以看成新的波源．例如，在图 9-17 中，水面波向前传播时，遇到一带有小孔的障碍物，就会在小孔后面出现圆形的波，它就像是以小孔为波源发出的，而与原来的波的形状无关，这说明小孔可以看成新的波源．

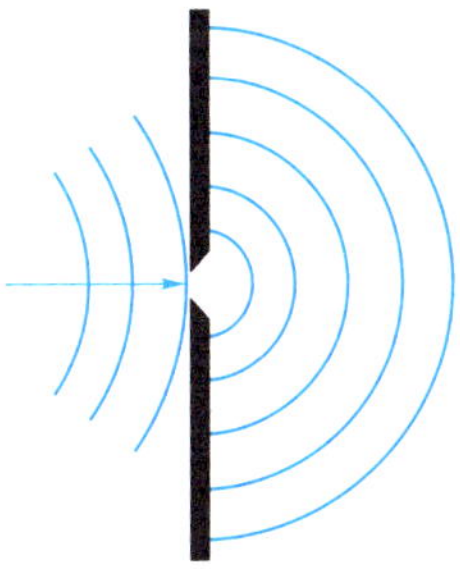

图 9-17 障碍物上的小孔成为新的波源

物理学家惠更斯在总结上述现象后指出，在波传播过程中，波阵面上各个点都可以看成向前发射子波的波源；在其后的任一时刻，这些子波的包迹就是新的波阵面．这就是惠更斯原理．

惠更斯原理适用于任何波动，无论是机械波还是电磁波，也不论波动传过的介质是均匀的或非均匀的，只要知道某一时刻的波阵面，就可以根据惠更斯原理，用几何作图法确定下一时刻的波阵面，从而确定波的传播情况．

微课：惠更斯原理

下面以球面波和平面波为例，说明惠更斯原理的应用．如图 9-18(a) 所示，一球面波以波速 u 在各向同性的均匀介质中传播，t 时刻的波阵面是以 O 为球心、半径为 $R_1=ut$ 的球面 S_1，根据惠更斯原理，S_1 上各点都可以看成向前发射子波的波源，现以 S_1 上各点为中心作半径为 $u\Delta t$ 的许多球形子波，这些子波的包迹 S_2 就是 $t+\Delta t$ 时刻新的波阵面，它就是以 O 为中心，以 $R_2=R_1+u\Delta t$

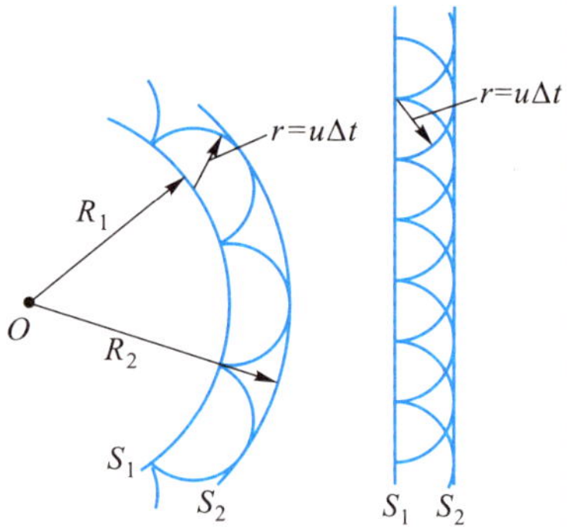

(a) 球面波　　(b) 平面波

图 9-18　用惠更斯原理求波阵面

为半径的球面．根据同样原理，已知平面波在某一时刻的波阵面 S_1，可用作图法画出下一时刻的波阵面 S_2，如图 9-18(b)所示．

当波在不均匀介质或各向异性介质中传播时，同样可以用惠更斯原理求出波阵面，但波阵面的形状和波的传播方向都可能发生变化．于是，利用惠更斯原理，便可解释光在各向异性晶体中传播时的双折射现象．利用该原理，还可导出波的反射定律和折射定律．

9-5-2 波的衍射

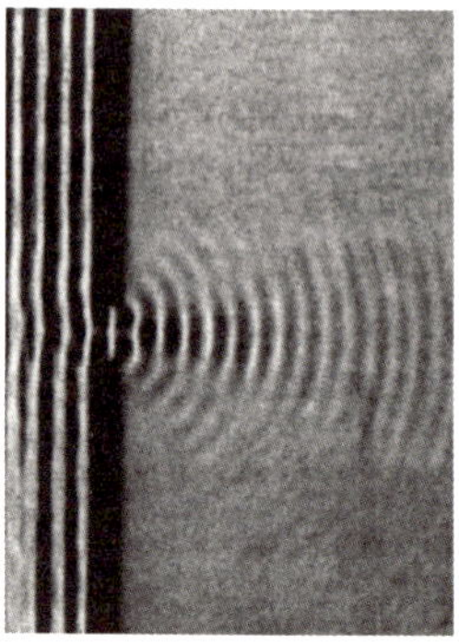

图 9-19　水波通过狭缝后的衍射现象

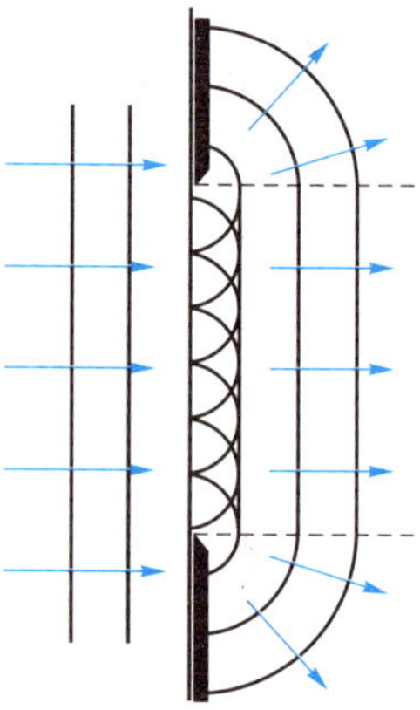

图 9-20　用惠更斯原理得到波的衍射

微课：波的衍射和干涉

波在传播过程中遇到障碍物时，能够绕过障碍物的边缘，在障碍物的几何阴影区继续传播，这种现象叫做波的衍射．衍射是波动的一个重要特征，图 9-19 所示是水波通过狭缝时所发生的衍射现象．衍射现象可以用惠更斯原理定性地说明，如图 9-20 所示，平面波到达一宽度与波长相近的狭缝时，缝上各点都可看做发射子波的波源，作出这些子波的包迹，就得出新的波前．很明显，此时波前与原来的平面略有不同，靠近边缘处波前弯曲，即波绕过了障碍物而继续传播．

衍射现象显著与否，是和障碍物(缝、挡板等)的大小与波长之比有关的，若障碍物的宽度远大于波长时，衍射现象不明显，若障碍物的宽度与波长相差不多，衍射现象就比较明显，若障碍物的宽度小于波长，则衍射现象更加明显．在声学中，由于声音的波长与所碰到的障碍物的大小差不多，故声波的衍射较显著，如在屋内能够听到室外的声音，就是声波能够绕过窗(或门)缝的缘故．

应当指出，在波的衍射现象中，用惠更斯原理能很好地解释波的传播方向问题，但却没有给出波强度的分布，后来菲涅耳对惠更斯原理作了重要补充，解决了波强度分布问题，这就是后面光学中要介绍的惠更斯-菲涅耳原理．

9-5-3 波的干涉与驻波

1. 波的叠加原理

以上讨论的是一列波在介质中的传播情况，如果有几列波同时在介质中传播，那么情况又会如何呢？实验表明，波的传播满足以下**波的叠加原理**：

（1）波传播的独立性

几列波在相遇之后，仍将各自保持它们原有的特性（频率、波长、振幅、振动方向等）不变，并按照原来的传播方向继续向前传播，就像没有遇到过其他波一样．

在管弦乐队合奏或几个人同时讲话时，我们能够分辨出各种乐器或各个人的不同声音，这就是波传播的独立性的体现．

动画：波的叠加原理

（2）波的可叠加性

在几列波相遇的区域内，任一点处质点的振动为各列波单独存在时引起该点振动的合振动，即相遇处质点的位移等于各列波单独存在时引起该点位移的矢量和．

波的叠加原理可以用来定量分析波的干涉和驻波等物理现象．

2. 波的干涉

一般情况下，振幅、频率、相位、振动方向等各不相同的几列波在某点叠加时，合振动较为复杂．下面我们讨论一种最简单又最重要的情形．

实验发现，如果**参与叠加的两列波，其波源的频率相同、振动方向相同，并且具有恒定的相位差，那么，这两列波在介质中叠加时，会出现有些地方振动始终加强、有些地方振动始终减弱的稳定的强度分布，这种现象称为波的干涉**．能产生干涉的两列波称为相干波，它们的波源称为相干波源．

下面我们从波的叠加原理出发，应用同方向、同频率简谐振动合成的结论，对干涉现象作定量分析．

如图 9-21 所示，设两相干波源 S_1、S_2 的振动方程分别为

$$y_1=A_1\cos(\omega t+\varphi_1)$$

$$y_2=A_2\cos(\omega t+\varphi_2)$$

式中 ω 为两波源做简谐振动的角频率，A_1、A_2 分别为两波源的振幅，φ_1、φ_2 分别为两波源的初相．两列波分别经过距离 r_1 和 r_2 后在 P 点相遇，它们引起 P 点的振动分别为

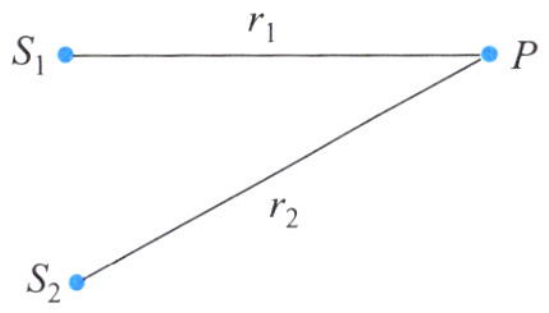

图 9-21 波的干涉

$$y_1=A_1\cos\left(\omega t+\varphi_1-\frac{2\pi r_1}{\lambda}\right)$$

$$y_2=A_2\cos\left(\omega t+\varphi_2-\frac{2\pi r_2}{\lambda}\right)$$

根据同方向、同频率简谐振动的合成规律，P 点的合振动为

$$y=y_1+y_2=A\cos(\omega t+\varphi)$$

式中 φ 为合振动的初相，由式（8-20）得

$$\tan \varphi=\frac{A_1 \sin \left(\varphi_1-\frac{2 \pi r_1}{\lambda}\right)+A_2 \sin \left(\varphi_2-\frac{2 \pi r_2}{\lambda}\right)}{A_1 \cos \left(\varphi_1-\frac{2 \pi r_1}{\lambda}\right)+A_2 \cos \left(\varphi_2-\frac{2 \pi r_2}{\lambda}\right)}$$

而 A 为合振动的振幅，由式(8-19)得

$$A=\sqrt{A_1^2+A_2^2+2A_1A_2\cos \Delta\varphi}$$

其中

$$\Delta\varphi=\left(\varphi_2-\frac{2\pi r_2}{\lambda}\right)-\left(\varphi_1-\frac{2\pi r_1}{\lambda}\right)=\varphi_2-\varphi_1-2\pi\frac{r_2-r_1}{\lambda} \quad (9-14)$$

为两列波引起 P 点振动的相位差．它由波源 S_1、S_2 振动的初相位差 $\varphi_2-\varphi_1$ 和它们到相遇点 P 的路程差 $\delta=r_2-r_1$ 决定，δ 又称两列波的**波程差**．由式(9-14)知，当

$$\Delta\varphi=2k\pi \quad (k=0,\pm1,\pm2,\cdots) \quad (9-15a)$$

时，合振幅最大，$A=A_1+A_2$；当

$$\Delta\varphi=(2k+1)\pi \quad (k=0,\pm1,\pm2,\cdots) \quad (9-15b)$$

时，合振幅最小，$A=|A_1-A_2|$．于是在空间出现有些点振动始终加强，而另一些点振动始终减弱的干涉现象，式(9-15a)和式(9-15b)为干涉加强和减弱的条件．

上述讨论表明，两相干波在空间相遇产生干涉时，干涉加强和减弱的位置，由两波源 S_1、S_2 的初相位差 $\varphi_2-\varphi_1$ 和它们到相遇点 P 的波程差 $\delta=r_2-r_1$ 决定．

如果两相干波源 S_1、S_2 的初相位相同，即 $\varphi_2=\varphi_1$，则上述干涉条件可简化为当

$$\delta=r_2-r_1=k\lambda \quad (k=0,\pm1,\pm2,\cdots) \quad (9-16a)$$

时，即波程差等于波长的整数倍的点，合振动振幅最大；当

$$\delta=r_2-r_1=(2k+1)\frac{\lambda}{2} \quad (k=0,\pm1,\pm2,\cdots) \quad (9-16b)$$

时，即波程差等于半波长的奇数倍的点，合振动振幅最小．

在其他情况下，合振动的振幅位于最大值 A_1+A_2 和最小值 $|A_1-A_2|$ 之间．

图 9-22(a)是两相干波叠加产生干涉的示意图，图中 S_1、S_2 为相干波源，实线代表离波源整数倍波长的波阵面，虚线代表离波源奇数倍半波长的波阵面．在两实线或两虚线的相交处，两振动相位相同，叠加后振幅最大；在实线与虚线的相交处，两振动相位相反，叠加后振幅最小．

图 9-22(b)为在水槽内两个同相位的点波源产生的圆形水波的干涉照片．

干涉现象是波动所特有的现象,在声学、光学和工程实际中都有着重要的应用.

微课:波干涉的讨论及应用

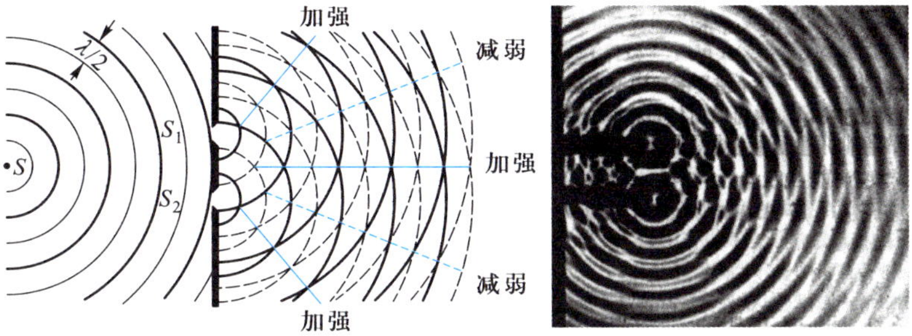

(a) 干涉示意图 (b) 水波的干涉图样

图 9-22 波的干涉现象

例 9-4

A、B 两点相距 12 m,为同一介质中的两个相干波源,如图 9-23 所示.A、B 两波源振动的振幅均为 0.1 m,频率均为 100 Hz,两波源振动的初相位相同,波速为 $u=400\ \mathrm{m/s}$,求 A、B 连线间因干涉而静止的点的位置.

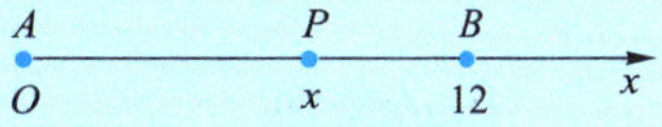

图 9-23 例 9-4 图

解: 由题意得,两相干波的振幅 $A=0.1\ \mathrm{m}$,频率 $\nu=100\ \mathrm{Hz}$,波速 $u=400\ \mathrm{m/s}$,则波长

$$\lambda=\frac{u}{\nu}=4\ \mathrm{m}$$

以 A 为坐标原点,建立 x 轴,如图 9-23 所示.

设 A、B 间坐标为 x 的 P 点因干涉而静止,则两列波在 P 点处的波程差为

$$\delta=(12\ \mathrm{m}-x)-x=12\ \mathrm{m}-2x$$

A、B 连线间因干涉而静止的点满足式(9-16b)的条件,即

$$\delta=12-2x=(2k+1)\frac{\lambda}{2}=2(2k+1)\ \mathrm{m}$$

于是有

$$x=(5-2k)\ \mathrm{m}$$

取满足 $0<x<12$ m 的 $k=-3,-2,-1,0,1,2$,得 A、B 连线间因干涉而静止的点的位置为 $x=1$ m,3 m,5 m,7 m,9 m,11 m 共 6 个静止的点.

本题中,若波源 B 的初相位比波源 A 超前 π,其他条件不变,则结果又如何?读者可根据式(9-15)和式(9-16)的条件自己判断.

3. 驻波

现在我们讨论两列振幅相同的相干波在同一直线上沿相反方向传播时所产生的叠加情况,实验装置及现象如图 9-24 所示.弦线 AB 的一端系在电动音叉上,另一端系着砝码,使弦线拉紧.音叉带动弦线 A 端振动,在弦线上产生向右传播的波,该波在 B 端反射,产生的反射波向左传播,两列波在弦线上相互叠加.移动劈尖至适当位置,可观察到弦线上有些点始终静止不动,而另一些点振幅始终最大的稳定的分段振动图样,这就是驻波.其中振幅始终为零的位置称为波节,而振幅始终最大的位置称为波腹.

微课:驻波方程

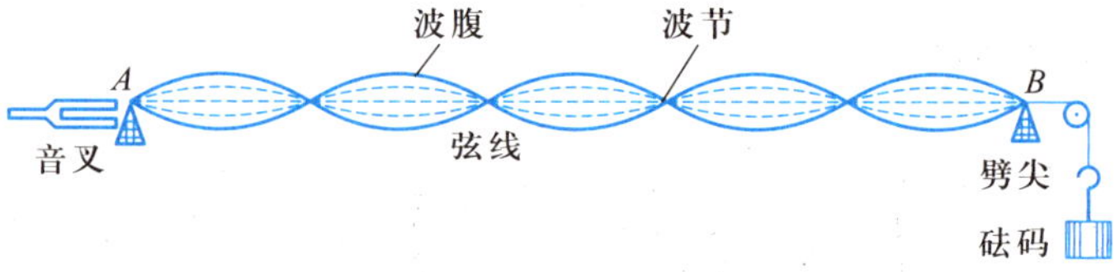

图 9-24 弦线驻波实验

为了使大家对驻波的形成及其规律有更清楚的了解，下面我们对驻波作一定量分析．设形成驻波的两列振幅相同、沿相反方向传播的相干波的波动方程分别为

$$y_1=A\cos 2\pi\left(\nu t-\frac{x}{\lambda}\right)$$

$$y_2=A\cos 2\pi\left(\nu t+\frac{x}{\lambda}\right)$$

动画：驻波

动画：驻波的形成

式中 A 为波的振幅，ν 为频率，λ 为波长．其合成波为

$$y=y_1+y_2=A\cos 2\pi\left(\nu t-\frac{x}{\lambda}\right)+A\cos 2\pi\left(\nu t+\frac{x}{\lambda}\right)$$

应用三角关系公式 $\cos\alpha+\cos\beta=2\cos\dfrac{\alpha+\beta}{2}\cos\dfrac{\alpha-\beta}{2}$，可将上式简化为

$$y=2A\cos 2\pi\frac{x}{\lambda}\cos 2\pi\nu t \qquad (9-17)$$

这就是驻波方程．式中的空间变量 x 和时间变量 t 分别出现在两个独立的余弦因子中．上式表明，当形成驻波时，弦线上各点做振幅为 $\left|2A\cos 2\pi\dfrac{x}{\lambda}\right|$、频率为 ν 的简谐振动．

下面我们对驻波方程式(9-17)作进一步的讨论．

(1) 波节和波腹

式(9-17)中，令

$$\cos 2\pi\frac{x}{\lambda}=0$$

得

$$2\pi\frac{x}{\lambda}=(2k+1)\frac{\pi}{2}$$

$$x=(2k+1)\frac{\lambda}{4}\quad(k=0,\pm1,\pm2,\cdots) \qquad (9-18)$$

这就是波节的位置．由上式可见,相邻两波节间的距离为

$$x_{k+1}-x_k=\frac{\lambda}{2}$$

即相邻两波节间的距离为半个波长．类似地,令

$$\cos 2\pi\frac{x}{\lambda}=\pm 1$$

得

$$2\pi\frac{x}{\lambda}=k\pi$$

$$x=k\frac{\lambda}{2}\quad (k=0,\pm1,\pm2,\cdots)\qquad(9-19)$$

这就是波腹的位置．同样,相邻两波腹间的距离也是半个波长．

从上述讨论可知,波节处质元振动的振幅为零,即质元始终处于静止状态;波腹处质元振动的振幅最大,等于 $2A$;其他各处质元的振幅在 $0\sim2A$ 之间;相邻两波节或相邻两波腹间的距离均为$\frac{\lambda}{2}$,波节和波腹交替作等距离排列,参见图 9-24.

(2) 驻波的相位分布

现考察弦线驻波中各质元振动的相位分布．由式(9-17)可以看出,弦线上各质元的相位与 $\cos 2\pi\frac{x}{\lambda}$ 的正负有关,满足 $\cos 2\pi\frac{x}{\lambda}>0$ 的各质元,其相位均为 $2\pi\nu t$;而满足 $\cos 2\pi\frac{x}{\lambda}<0$ 的各质元,其相位均为$(2\pi\nu t+\pi)$. 因此,在一波节$\left(满足 \cos 2\pi\frac{x}{\lambda}=0\right)$两边的质元,$\cos 2\pi\frac{x}{\lambda}$有相反的符号,说明它们的振动相位相反;而相邻两波节间的那些质元,由于 $\cos 2\pi\frac{x}{\lambda}$具有相同的符号(正或负),因此振动相位相同．

概括起来,驻波的相位分布具有以下特征:**相邻两波节间各质元振动相位相同,一波节两侧的质元振动相位相反**．

可见,形成驻波时,弦线不仅做分段振动,而且各段都在做整体的同步振动．在不同时刻,驻波有不同的波形,但该波形既不左移,也不右移,各质元以确定的振幅在各自的平衡位置附近振动,驻波的名称即由此而来．

(3) 半波损失

驻波常由入射波和在两种不同介质分界处产生的反射波叠

微课:驻波边界条件　驻波能量

视频：驻波的演示实验
——固定端反射

视频：驻波的演示实验
——自由端反射

视频：电磁波
演示实验

加而成．图 9-24 所示的驻波实验中，波在固定端 B 处反射，在该处形成驻波的一个波节．实验表明，如果波是在自由端反射的，那么在反射处形成驻波的波腹．

一般情况下，在两种介质的交界处是形成波腹还是波节，与波的种类、两种介质的性质以及入射角的大小等因素有关．对于机械波，它由介质的密度 ρ 和波速 u 的乘积 ρu（称为波阻）决定．我们把 ρu 较大的介质称为波密介质，ρu 较小的介质称为波疏介质．

当波从波疏介质垂直射向波密介质，而又被反射回波疏介质时，在反射处形成波节；反之，则形成波腹．例如，波在绳子的固定端反射，固定端就是波节；波在绳子的自由端反射，自由端会形成波腹．

如果波在两种介质的分界处形成波节，说明反射波与入射波在该处的相位相反，即反射波有相位 π 的突变．由于波线上相差半个波长的两质元的相位差为 π，因此，相当于反射波损失了半个波长，这种现象称为半波损失．若在分界处形成波腹，则反射波没有相位 π 的突变，也就是说，没有半波损失．半波损失问题不仅在机械波反射时存在，在电磁波反射时同样存在，在本书光的干涉部分还将作相关讨论．

9-6 多普勒效应

微课：多普勒效应

9-6-1 机械波的多普勒效应

多普勒（1803—1853）

文档：多普勒

在日常生活中我们常有这样的体验，当高速行驶的火车向我们鸣笛而来时，我们听到的汽笛声的音调会变高，即频率变大了；反之，当火车鸣笛并快速离去时，我们听到的汽笛声的音调会变低，即频率变小了．如果声源静止而观察者运动，或声源和观察者都运动，也会发生观察频率和声源频率不一致的现象．这种**由于波源与观察者之间的相对运动而出现观察频率和波源频率不一致的现象，称为多普勒效应**，它是奥地利物理学家多普勒（J. C. Doppler）于 1842 年首先发现的．下面我们分几种情况讨论机械波的多普勒效应，其中波源或观察者是运动还是静止都是相对于介质而言的．

(1) 波源不动,观察者以速度 v_0 运动

如图 9-25 所示,静止波源 S 发出的波在各向均匀的介质中以速度 u 向前传播,设波长为 λ,则波源频率为

$$\nu=\frac{u}{\lambda}$$

这就是观察者静止不动时接收到的波的频率.

若观察者 P 以速度 v_0 向着波源 S 运动,则波相对于观察者的速度为 $u+v_0$,即时间 t 内 $(u+v_0)t$ 距离内的波都被观察者接收到了. 由于对观察者而言,波源的波长仍为 λ,因此,观察者接收到的波的频率为

$$\nu'=\frac{u+v_0}{\lambda}=\left(\frac{u+v_0}{u}\right)\nu=\left(1+\frac{v_0}{u}\right)\nu \tag{9-20a}$$

式(9-20a)表明,当观察者向着静止的波源运动时,观察者接收到的频率为波源频率的$\left(1+\frac{v_0}{u}\right)$倍,即频率升高了.

当观察者远离波源时,通过类似的分析可得观察者接收到的频率为

$$\nu'=\left(\frac{u-v_0}{u}\right)\nu=\left(1-\frac{v_0}{u}\right)\nu \tag{9-20b}$$

即此时观察者接收到的频率低于波源的频率.

综合上述两种情况,当波源不动,观察者相对介质运动时,观察者接收到的频率为

$$\nu'=\left(1\pm\frac{v_0}{u}\right)\nu \tag{9-21}$$

式中当观察者接近波源时取"+"号,观察者远离波源时取"-"号.

(2) 观察者不动,波源以速度 v_s 运动

设波源 S 以速度 v_s 向着静止的观察者运动,在一个周期 T 内,波在介质中向前传播了一个完整的波形,此时波源从图中 S_1 向前移动到 S_2,移过的距离为 v_sT,如图 9-26 所示. 由于波源的运动,介质中的波长变短了,实际波长为

$$\lambda'=\lambda-v_sT=(u-v_s)T=\frac{u-v_s}{\nu}$$

由于静止的观察者观察到的波速就是介质中的波速 u,于是观察者接收到的波的频率为

$$\nu'=\frac{u}{\lambda'}=\frac{u}{u-v_s}\nu \tag{9-22a}$$

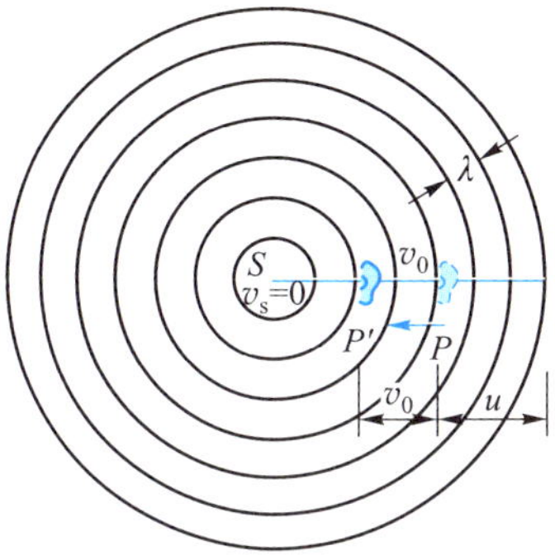

图 9-25 观察者向着静止的波源运动时的多普勒效应

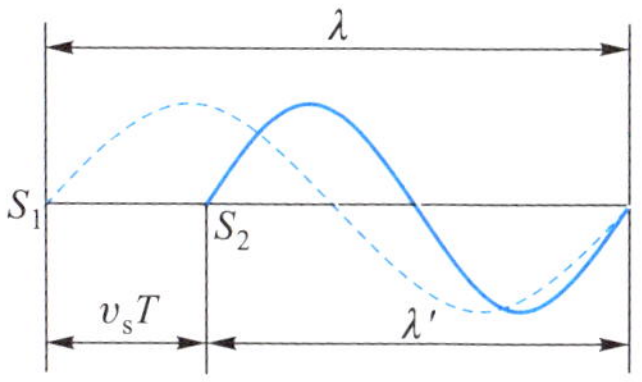

图 9-26 波源向着静止的观察者运动时的多普勒效应

式(9-22a)表明,当波源向着静止的观察者运动时,观察者接收到的频率升高了.

当波源远离观察者时,通过类似的分析可得观察者接收到的频率为

$$\nu' = \frac{u}{u+v_s}\nu \tag{9-22b}$$

即此时观察者接收到的频率低于波源的频率.

综合上述两种情况,当观察者不动,波源相对介质运动时,观察者接收到的频率为

$$\nu' = \frac{u}{u \mp v_s}\nu \tag{9-23}$$

式中当波源接近观察者时取"-"号,波源远离观察者时取"+"号.

(3) 波源和观察者同时运动

当波源以速度 v_s、观察者以速度 v_0 同时相对介质运动时,根据以上两点的分析不难推断,观察者所接收到的频率为

$$\nu' = \frac{u \pm v_0}{u \mp v_s}\nu \tag{9-24}$$

式中,当观察者向着波源运动时,分子取"+"号,远离时取"-"号;当波源向着观察者运动时,分母取"-"号,远离时取"+"号.

综上所述,多普勒效应体现为:当波源与观察者相互接近时,观察者接收到的频率增大;当波源与观察者相互远离时,观察者接收到的频率减小.

视频:声波的多普勒效应演示实验

例 9-5

一辆汽车以 30 m/s 的速度在笔直的公路上行驶,汽车喇叭声的频率为 600 Hz,已知声音在空气中的传播速度为 330 m/s.

(1) 站在路边的观察者听到该汽车喇叭声的频率为多少?

(2) 如果观察者以 10 m/s 的速度向着迎面而来的汽车运动,那么观察者听到该汽车喇叭声的频率又是多少?

解:(1) 声速 $u=330$ m/s,汽车速度 $v_s=30$ m/s,喇叭声的频率 $\nu=600$ Hz,如果汽车驶向观察者,观察者听到汽车喇叭声的频率为

$$\nu' = \frac{u}{u-v_s}\nu = \frac{330}{330-30}\times 600\ \text{Hz} = 660\ \text{Hz}$$

如果汽车驶离观察者,观察者听到汽车喇叭声的频率为

$$\nu' = \frac{u}{u+v_s}\nu = \frac{330}{330+30}\times 600\ \text{Hz} = 550\ \text{Hz}$$

(2) 观察者的速度 $v_0=10$ m/s,汽车速度 $v_s=30$ m/s,如果观察者向着迎面而来的汽车运动,则观察者与汽车相互接近,观察者听到汽车喇叭声的频率为

$$\nu' = \left(\frac{u+v_0}{u-v_s}\right)\nu = \frac{330+10}{330-30}\times 600\ \text{Hz} = 680\ \text{Hz}$$

9-6-2 电磁波的多普勒效应

不仅机械波有多普勒效应，电磁波也有多普勒效应．由于电磁波传播的速度为光速，在涉及相对运动时要用考虑相对论效应.计算表明，当波源和观察者在一直线上运动时，有

$$\nu' = \sqrt{\frac{c+v}{c-v}}\nu \tag{9-25}$$

式中 c 为光速，v 为波源与观察者（或接收器）之间的相对运动速度，当波源与观察者相互接近时，v 取正；当波源与观察者相互远离时，v 取负．

由式(9-25)可见，当波源和观察者相互接近时，观察者接收到的频率增大，相应的波长变小，称为**紫移**；当波源和观察者相互远离时，观察者接收到的频率减小，相应的波长变大，称为**红移**．

多普勒效应有着十分广泛的应用．例如，天文学家将来自星球的光谱与地球上相同元素的光谱相比较，发现星球光谱几乎都发生了红移，由此推断这些星球都在向着背离地球的方向运动，并能依靠红移计算星球的背离速度，这为“大爆炸”的宇宙理论提供了重要论据．基于多普勒效应原理的雷达系统已广泛用于车辆、导弹、人造地球卫星等运动目标的速度监测．

应用案例 用声波干涉控制噪声

内燃机、通风机、鼓风机、压缩机和燃气轮机等工作时，在排放各种高速气流的过程中，都伴随有噪声．利用干涉原理制成的干涉型消声器可以降低这种噪声．

由两相干声源 S_1 和 S_2 发出的两列相干波，分别传播了 r_1 和 r_2 后在介质中 P 点处相遇时，发生干涉现象．若两列相干声波的振幅相同，由干涉原理知，当

$$\Delta r = r_2 - r_1 = (2k+1)\frac{\lambda}{2} \quad (k=0,\pm1,\pm2,\cdots)$$

时，合振幅为

$$A = 0$$

即两列声波因相干而抵消.

图9-27是干涉型消声器的结构原理图.一列波长为λ的声波,沿水平管道自左向右传播.当入射波到达A处时,分成两束相干波,它们分别向上和向下沿着图中箭头所示的方向传播,经过了不同的距离r_1和r_2.再在B处相遇.若$\Delta r=r_2-r_1=(2k+1)\lambda/2$,则声波的振幅$A\approx0$.这就是说该频率的声波能量几乎减小为零了,这样就达到控制噪声的目的.

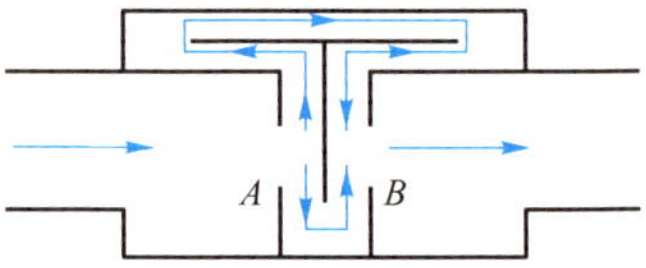

图9-27

应当指出,干涉型消声器能控制的噪声频率是有限的,它只能消除低频噪声.发动机的周期性排气噪声(正常工作期间),就是一种典型的低频噪声.一般说来,一台四缸四冲程发动机,当它以2 000 $r\cdot min^{-1}$的转速运转时,其噪声频率在200 Hz以下的噪声较大.因此常用干涉型消声器来消除这类低速转动发动机所产生的低频噪声.一台带有干涉型消声器的柴油发动机经消声处理后,其排气噪声可以降低10 dB以上.

为了使这类消声器在低频范围内具有较宽的消声频率,往往将不同结构的消声单元串联起来,并使每一单元的Δr不等,就可以对不同波长的噪声加以控制.例如,在摩托车的排气系统中,常安装如图9-28所示的干涉型消声器.

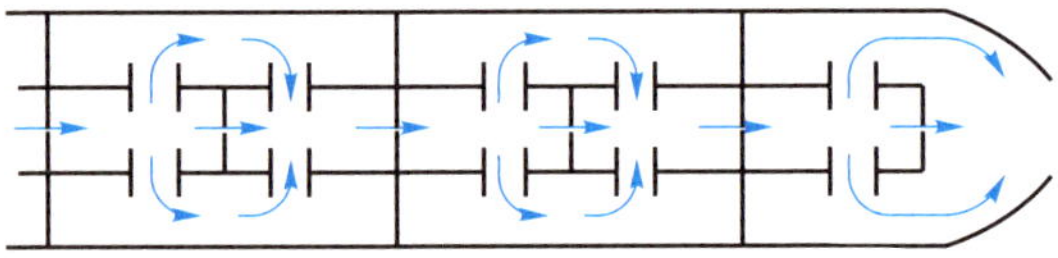
图9-28

思考题

9-1 振动和波动有什么区别和联系?机械振动是否一定能产生机械波?

9-2 波形曲线与振动曲线有什么不同?试说明之.

9-3 横波和纵波有什么区别?

9-4 当波从一种介质进入另一种介质时,波长、周期、频率、波速这几个量中,哪些量会改变?哪些量不变?

9-5 一列向x轴正方向传播的波的波形如图所示,试在图中作出A、B、C各点的运动方向,并作出经过$\frac{1}{4}$周期后的波形曲线.

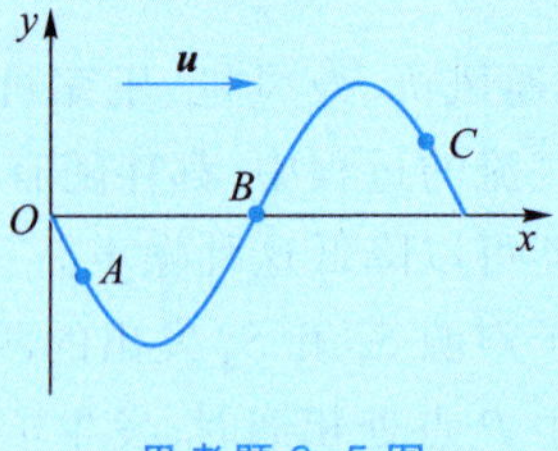

思考题9-5图

9-6 在简谐波的一条传播路径上,相距为0.2 m的两点的振动相位差为$\frac{\pi}{6}$,则该简谐波的波长为多少?

9-7 普通的LC振荡电路为什么不能用来有效

地发射电磁波？要有效地把电磁能量发送出去，振荡电路必须具备哪些条件？

9-8 驻波有什么特点？相邻两波节的间距是多少？

9-9 驻波的能量有没有定向流动？为什么？

9-10 当你以多大的速率接近一静止的声源时，你能测到该声源发出的声音频率改变 10%？

习题

9-1 一平面简谐波沿 x 轴正方向传播，波速为 $20\ \mathrm{m\cdot s^{-1}}$，原点 O 的振动方程为

$$y=0.02\cos\left(4\pi t-\frac{\pi}{4}\right)$$

求：(1) 波的周期及波长；

(2) 该平面简谐波的波动方程．

9-2 如图所示，一平面波在介质中以波速 $u=20\ \mathrm{m\cdot s^{-1}}$ 沿 x 轴负方向传播，已知 A 点的振动方程为 $y=3\times10^{-2}\cos(4\pi t+\pi)$，式中 y 单位为 m，t 单位为 s.

(1) 以 A 点为坐标原点，写出波的表达式．

(2) 以距 A 点 5 m 处的 B 点为坐标原点，写出波的表达式．

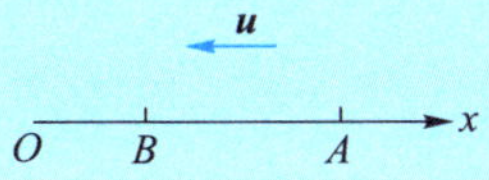

习题 9-2 图

9-3 如图所示为一平面简谐波在 $t=0$ 时刻的波形图，求：

(1) 该波的波动方程；

(2) 图中 $x=0.20$ m 处质元的振动方程．

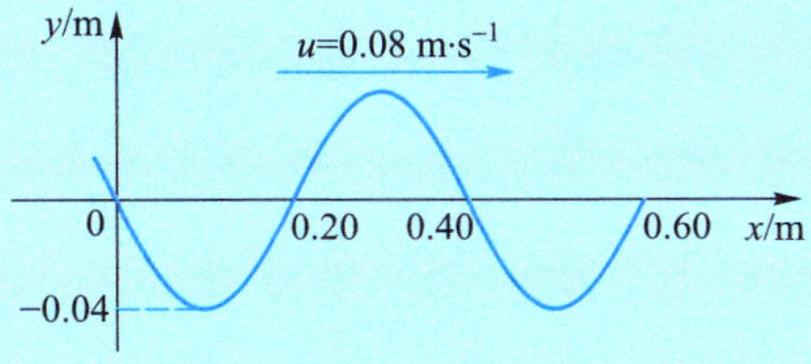

习题 9-3 图

9-4 一平面简谐波以波速 $u=0.5\ \mathrm{m\cdot s^{-1}}$ 沿 x 轴负方向传播，$t=2$ s 时刻的波形如图所示，求波动方程．

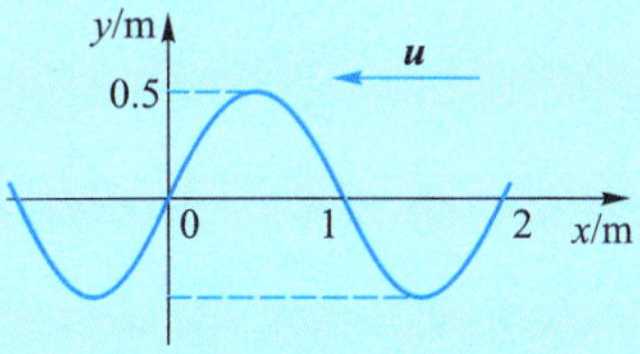

习题 9-4 图

9-5 某广播电台的平均辐射功率 $\overline{P}=15$ kW. 假定辐射出来的能流均匀地分布在以电台为中心的半个球面上，

(1) 求在离电台为 $r=10$ km 处的辐射强度；

(2) 在 $r=10$ km 处一个小的空间范围内电磁波可看做平面波，求该处电场强度和磁场强度的振幅．

9-6 如图所示是干涉型消声器的结构原理图，利用这一结构可以消除噪声．当发动机排气声的声波经管道到达 A 点时，分成两路向前而在 B 点相遇，声波因干涉而相消．如果要消除频率为250 Hz 的发动机排气噪声，求图中弯道与直道管子的长度差 $\Delta r=r_2-r_1$ 至少应为多少？（取空气中的声速为 $v=341\ \mathrm{m\cdot s^{-1}}$.）

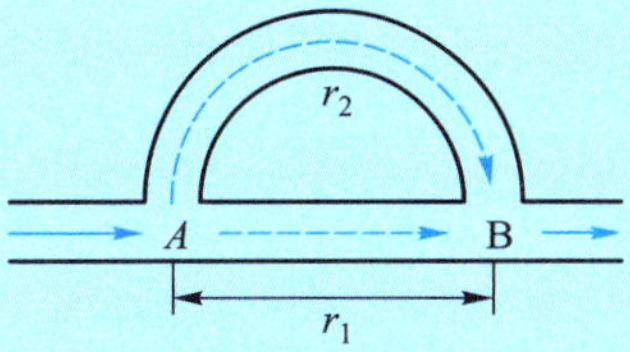

习题 9-6 图

9-7 两相干波波源位于同一介质中的 A、B 两点，如图所示，其振幅相等，频率皆为 100 Hz，B 比 A 相位超前 π，若 A、B 相距 30 m，波速为 $400\ \mathrm{m\cdot s^{-1}}$，试求 AB 连线上因干涉而静止的各点位置.

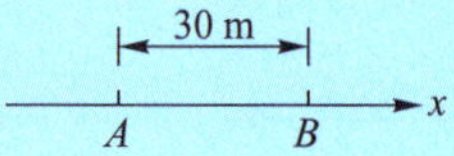

习题 9-7 图

9-8 两列简谐波在一很长的弦上传播，其波动方程分别为

$$y_1=0.04\cos\frac{\pi}{3}(4x-24t)$$

$$y_2=0.04\cos\frac{\pi}{3}(4x+24t)$$

式中 x、y_1、y_2 的单位为 m，t 的单位为 s. 求：

（1）两波的频率、波长和波速；

（2）两波叠加后的波节位置；

（3）两波叠加后的波腹位置.

9-9 一弦上的驻波方程式为 $y=0.03\cos(1.6\pi x)\cos(550\pi t)$，式中 y 和 x 的单位为 m，t 的单位为 s.

（1）若将此驻波看成由传播方向相反、振幅及波速均相同的两列相干波叠加而成的，求它们的振幅及波速；

（2）求相邻波节之间的距离；

（3）求 $t=3.0\times10^{-3}$ s 时位于 $x=0.625$ m 处质点的振动速度.

9-10 一警车以 $25\ \mathrm{m\cdot s^{-1}}$ 的速度在静止的空气中行驶，假设车上警笛声的频率为 800 Hz，求：

（1）静止站在路边的人听到警车驶近和离去时警笛声的频率；

（2）如果警车追赶一辆速度为 $15\ \mathrm{m\cdot s^{-1}}$ 的客车，则客车上的人听到的警笛声的频率是多少？（设空气中声速为 $u=330\ \mathrm{m\cdot s^{-1}}$.）

第 9 章参考答案

第 10 章　光　　学

光学是物理学的一个重要组成部分,是物理学中最古老又最具活力的分支,也是现代科学中最活跃的前沿领域之一,具有不可估量的发展前景．光学起源于公元前五百年左右,在两千多年的漫长岁月中,围绕着光的本性问题,从牛顿(I. Newton)的粒子说(1704 年,《光学》)与惠更斯(C. Huygens)的波动说(1678 年,《论光》)的长期争论,到爱因斯坦(A. Einstein)提出光的波粒二象性理论(1905 年,光量子理论),沿着实验—假说—理论—实验的道路曲折前进,经历了萌芽时期、几何光学时期、波动光学时期、量子光学时期和现代光学时期五个发展时期,逐渐发展成为内容丰富、应用广泛、与现代科技关系密切的重要学科．

NOTE

光是电磁波,光是以波动形式传播的．根据光的波动性研究光的传播规律的光学分支称为波动光学．而对于光的直线传播、光的反射和折射等现象,不涉及其波动概念,可用光线和波面等概念,运用几何方法来研究,这就是几何光学．

文档:国际光年

本章通过讨论光的干涉、衍射和偏振现象,阐述光的波动性,并简要介绍几何光学的基本知识．

10-1　光的相干性

10-1-1　光源

发光的物体称为光源,有热辐射和非热辐射两大类．常见的有利用热能激发的热辐射发光光源,如自炽灯和弧光灯等．有利用电能激发的电致发光光源,如通电气体的辉光和发光二极管(LED)等．有利用光激发的光致发光光源．如荧光、磷光和上转换材料发光等．有生物和化学反应导致的发光光源．如萤火虫、

微课:光学的发展　光波的基本特性

深海鱼及燃烧等．还有受激辐射发光的激光．

普通光源（非激光光源）发光是原子（或分子）的自发辐射．发光体中大量原子（或分子）辐射电磁波（光波），每个原子（或分子）的辐射是间歇的，持续时间为 $10^{-11} \sim 10^{-8}$ s，前后两次辐射彼此独立，且各个原子（或分子）辐射彼此独立．因而，无论是同一时刻各原子（或分子）发射的光，还是同一原子（或分子）不同时刻发射的光，彼此之间没有联系，其振动方向、频率、相位各不相同．

可见光是波长在 400～760 nm 之间、频率在 $4.3\times10^{14} \sim 7.5\times10^{14}$ Hz 之间的电磁波．不同频率的可见光会引起人眼不同的颜色感觉，具有单一频率的光波称为**单色光**．

10-1-2 相干光

光波是电磁波，是交变的电磁场的传播，即电场强度 $\boldsymbol{E}$ 和磁场强度 $\boldsymbol{H}$ 的振动在空间的传播．产生光效应的，即能引起人眼视觉和对感光器材起作用的，主要是电场强度 $\boldsymbol{E}$，因此，可以用 $\boldsymbol{E}$ 来表示光波的振动矢量，称之为**光矢量**．

波能产生干涉现象，**波的相干条件**是频率相同、振动方向相同、相位差恒定，光波的叠加符合同样的规律．满足相干条件的光称为**相干光**，对应的光源称为**相干光源**．

普通光源中，原子或分子每次发光的持续时间很短，每次发光形成一个短短的波列，而且光源中各原子或分子各自独立地发出一个个波列（图 10-1），各波列没有相关性．另外，原子或分子的发光是间歇的，同一原子各次发光相互独立．根据普通光源的发光特点可知，从两个独立的光源（即使是同频率的单色光源）或者从普通光源同一光源不同部分发出的光是非相干光，不会产生干涉．

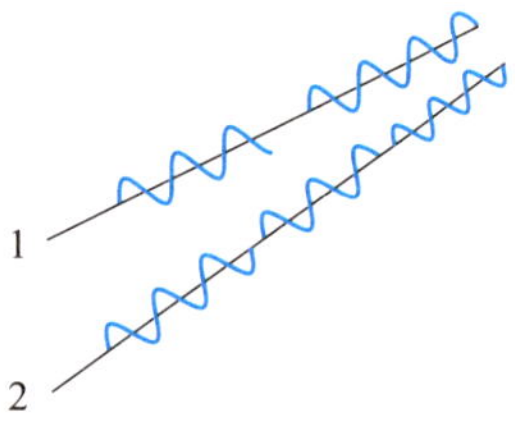

图 10-1 光波波列

微课：光的相干性　相干光的获得

那么，如何获得相干光呢？基本思想是将光源上同一点发出的一束光分成两束光，让它们经过不同路径传播后相遇．这样，一个波列分成了频率相同、振动方向相同、相位差恒定的两部分，满足相干条件，相遇时产生相干叠加，即产生干涉现象．基本方法有**分波阵面法**的双光束干涉和**分振幅法**的薄膜干涉．

10-2 分波阵面双光束干涉

10-2-1 杨氏双缝干涉实验

托马斯·杨(T. Young)在 1801 年首先利用实验研究了光的干涉现象. 杨氏双缝实验是最早利用单一光源获得相干光,成功产生光的干涉现象的典型实验. 杨氏干涉实验的成功奠定了光的波动理论的实验基础.

1. 实验光路

杨氏双缝干涉实验如图 10-2 所示. 图 10-2(a)中,将狭缝 S 放于单色光源 L 之后,形成缝光源,S 后面放置与 S 平行且对称的两个相距很近的狭缝 S_1 和 S_2,双缝 S_1、S_2 从 S 发出的波阵面上取出两部分,它们满足相干条件,即 S_1、S_2 为相干光源,发出的光在观察屏 P 上相遇,产生干涉现象. 这种获得相干光的方法称为分波阵面法.

文档:托马斯·杨

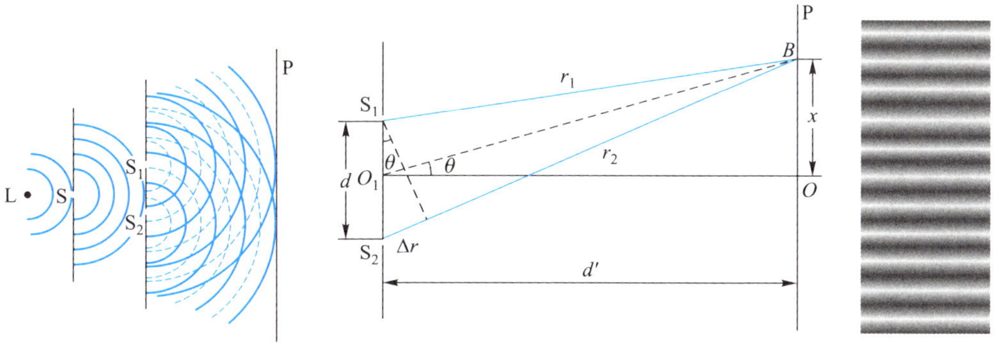

(a) (b) (c)

图 10-2 杨氏双缝干涉实验

2. 相干强弱条件

如图 10-2(b)所示,设 S_1、S_2 发出的光在屏上某一点 B 相遇,S_1、S_2 到 B 点的距离分别为 r_1、r_2,S_1、S_2 之间的距离为 d,双缝平面到与其平行的屏 P 的距离为 d',$d' \gg d$,O_1 和 O 在对称轴上,B 点到 O 点的距离为 x. 设光波波长为 λ,S_1、S_2 发出的光到 B 点的波程差为

$$\Delta r = r_2 - r_1$$

相位差为

微课:杨氏双缝干涉

$$\Delta\varphi=\frac{2\pi}{\lambda}\Delta r$$

若

$$\Delta\varphi=\pm 2k\pi \quad (k=0,1,2,\cdots)$$

即

$$\Delta r=\pm k\lambda \quad (k=0,1,2,\cdots) \qquad (10-1)$$

则干涉加强．若

$$\Delta\varphi=\pm(2k+1)\pi \quad (k=0,1,2,\cdots)$$

即

$$\Delta r=\pm(2k+1)\frac{\lambda}{2} \quad (k=0,1,2,\cdots) \qquad (10-2)$$

则干涉减弱．

3．干涉条纹

因为 $d'\gg d$，所以 $\Delta r\approx d\sin\theta$，而 $\sin\theta\approx\tan\theta=\frac{x}{d'}$，故干涉加强条件可写成

$$d\frac{x}{d'}=\pm k\lambda \quad (k=0,1,2,\cdots)$$

若满足这一条件，则 B 处为明纹的中心．于是，得到明纹(中心)位置为

$$x=\pm k\frac{d'}{d}\lambda \quad (k=0,1,2,\cdots) \qquad (10-3)$$

$k=0$ 称为零级明纹或中央明纹．对应 $k=1,2,\cdots$ 分别称为第 1 级、第 2 级……明纹，它们对称地分布于中央明纹的两侧．

微课：杨氏双缝干涉讨论

干涉减弱条件可写成

$$d\frac{x}{d'}=\pm(2k+1)\frac{\lambda}{2} \quad (k=0,1,2,\cdots)$$

若满足这一条件，则 B 处为暗纹的中心．可得暗纹(中心)位置为

$$x=\pm(2k+1)\frac{d'}{d}\cdot\frac{\lambda}{2} \quad (k=0,1,2,\cdots) \qquad (10-4)$$

相邻明纹(中心)或暗纹(中心)的间距为

$$\Delta x=x_{k+1}-x_k=\frac{d'}{d}\lambda \qquad (10-5)$$

综上可知，屏上出现的干涉条纹是一系列平行于缝的、明暗相间的等间隔直条纹，如图 10-2(c)所示．

若 d' 和 d 已知，测出 Δx，由式(10-5)可算出单色光波长 λ．若用白光照射，中央明纹仍是白色，其余各级明纹，不同波长的光

将出现在不同位置，故呈现彩色光谱.

菲涅耳（A. J. Fresnel）于 1818 年进行了许多双光束干涉实验，其中具有代表性的是菲涅耳双镜和双棱镜实验. 1834 年，劳埃德（H. Lloyd）进行了更加简单的双光束干涉实验.

微课：劳埃德镜半波损失

10-2-2 劳埃德镜实验

劳埃德镜实验光路如图 10-3 所示，图中 M 为一反射镜. 从狭缝 S_1射出的光，一部分（以①表示）直接射到屏幕 P 上，另一部分掠射到反射镜 M 上，反射后（以②表示）到达屏幕上. 反射光可看成是由虚光源 S_2发出的. S_1、S_2构成一对相干光源. 图中阴影的区域表示叠加的区域，这时，在屏幕上可以观察到明、暗相间的干涉条纹.

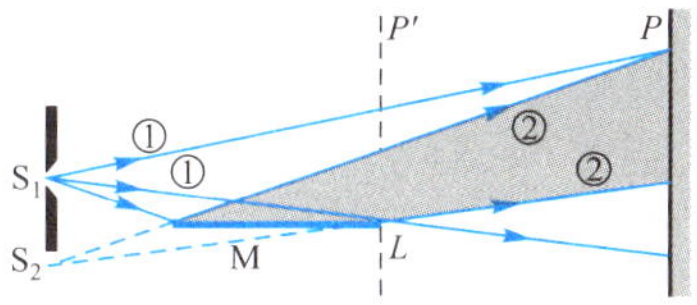

图 10-3 劳埃德镜实验示意图

若将屏幕平移至和镜面相接触的 P′位置，此时从 S_1、S_2发出的光到达接触点 L 的路程相等，在 L 处似乎应出现明纹，但是实验事实是，在接触处为一暗纹. 这表明，直接射到屏幕上的光与由镜面反射出来的光在 L 处的相位相反，即相位差为 π. 由于入射光的相位在该处不会发生变化，所以只能是反射光（从空气射向玻璃并反射）的相位突变了 π.

菲涅耳（1788—1827）

文档：菲涅耳

视频：双缝干涉

10-2-3 半波损失

理论和实验都表明，当光从折射率较小的介质（光疏介质）射向折射率较大的介质（光密介质）时，在掠射（入射角 $i\approx 90°$）和正入射（$i\approx 0°$）的情况下（本书只讨论这些情况），反射光的相位较之入射光的相位突变了 π. 这一突变，相当于经反射，反射光附加了半个波长的波程差，故称为“**半波损失**”. 这是在以后的讨论中必须加以注意的.

例 10-1

薄钢片上有两条紧靠的平行细缝，用波长 $\lambda = 456.1$ nm 的平面光波正入射到钢片上，屏幕距双缝的距离 $d' = 2.00$ m，测得中央明纹两侧的第 5 级明纹间的距离 $\Delta x' = 12.0$ mm.

（1）求两缝间的距离；

（2）以任一明纹（记作 0）向一边数到第 20 条明纹，共经过多大距离？

解：(1) 相邻明纹间距为

$$\Delta x=\frac{d'}{d}\lambda$$

根据题意

$$\Delta x'=2k\Delta x=2k\frac{d'}{d}\lambda$$

所以两缝间距为

$$d=\frac{2kd'\lambda}{\Delta x'}$$

其中，$k=5$，所以

$$d=\frac{2\times5\times2\times10^{3}\times456.1\times10^{-6}}{12}\text{ mm}\approx0.76\text{ mm}$$

(2) 此距离设为 L，等于 20 个明纹间距，即

$$L=20\Delta x=20\frac{d'}{d}\lambda=20\times\frac{\Delta x'}{2k}=20\times\frac{12}{2\times5}\text{ mm}=24\text{ mm}$$

10-3 分振幅薄膜干涉

10-3-1 光程和光程差

微课：光程

上节中光的干涉实验，两束相干光在同一种介质(如空气)中传播，其相位差 $\Delta\varphi$ 取决于到达相遇点的几何路程之差，即波程差 Δr. 当两束光分别通过不同介质时，情况就不同了，为此，我们引入光程的概念．

设一频率为 ν 的单色光在真空中波长为 λ，光速为 c，在折射率为 n 的介质中，光速为 $v=\frac{c}{n}$，波长为 $\lambda_n=\frac{v}{\nu}=\frac{c}{n\nu}=\frac{\lambda}{n}$. 若光波在该介质中通过的几何路程为 L，则相位变化为

$$\Delta\varphi=2\pi\frac{L}{\lambda_n}=2\pi\frac{nL}{\lambda}$$

即光波在折射率为 n 的介质中传播距离 L 所引起的相位变化，相当于在真空中传播距离 nL 引起的相位变化．因此，我们将折射率 n 和几何路程 L 之积 nL 定义为一个物理量，称为**光程**．这样，两相干光分别通过不同的介质传播在空间某点相遇时，干涉情况取决于两者的光程之差，即**光程差** Δ. 从同一点光源发出的光，光程差与相位差的关系为

$$\Delta\varphi=2\pi\frac{\Delta}{\lambda}\tag{10-6}$$

于是，干涉强弱条件可表述如下：

当

$$\Delta=\pm k\lambda \quad (k=0,1,2,\cdots) \tag{10-7}$$

时，干涉加强.

当

$$\Delta=\pm(2k+1)\frac{\lambda}{2} \quad (k=0,1,2,\cdots) \tag{10-8}$$

时，干涉减弱.

例 10-2

双缝干涉实验如图 10-4 所示，两缝之间的距离 $d=0.50$ mm，双缝与屏之间的距离 $d'=120$ cm，用波长 $\lambda=500$ nm 的单色光垂直照射双缝.

（1）求原点 O 上方第 5 级明纹的坐标 x；

（2）如果用厚度 $l=1.0\times10^{-2}$ mm、折射率 $n=1.58$ 的透明薄膜覆盖在图中的 S_1 缝后面，求上述第 5 级明纹的坐标 x'.

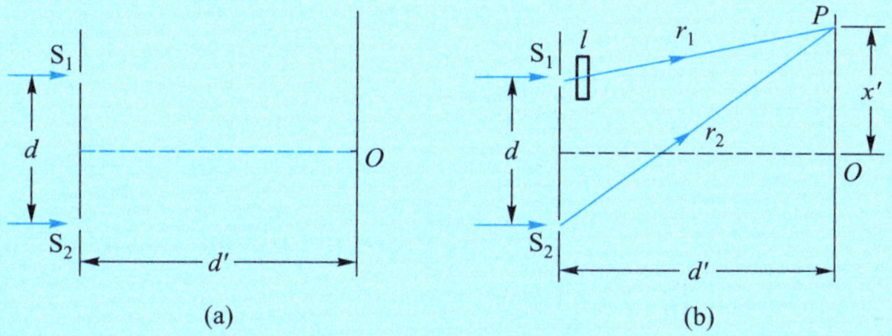

图 10-4 例 10-2 图

解：（1）根据式（10-3），原点上方明纹位置为

$$x=k\frac{d'}{d}\lambda$$

$k=5$，所以第 5 级明纹的位置为

$$x=5\times\frac{1\ 200}{0.5}\times500\times10^{-6}\ \text{mm}=6\ \text{mm}$$

（2）放置透明薄膜后，光程差变为

$$\Delta=r_2-(r_1-l+nl)=(r_2-r_1)-(n-1)l$$

而 $r_2-r_1=\frac{d}{d'}x'$，对于明纹有

$$\Delta=k\lambda$$

所以

$$\frac{d}{d'}x'-(n-1)l=k\lambda$$

得

$$x'=\frac{d'}{d}[k\lambda+(n-1)l]$$

$$=\frac{1\ 200}{0.5}[5\times500\times10^{-6}+(1.58-1)\times1\times10^{-2}]\text{mm}$$

$$=19.92\ \text{mm}$$

S_1 后放置透明薄膜后，干涉条纹整体向上（S_1 一侧）移动 $\Delta x=(19.92-6)\text{mm}=13.92$ mm，条纹形状、间距不变.

光学实验常会用到透镜，分析可知，使用透镜只改变光波的传播情况，并不引起附加的光程差.

微课:薄膜干涉

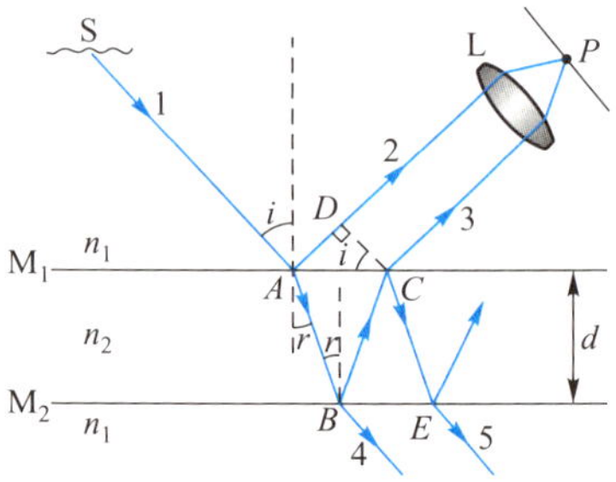

图 10-5 薄膜干涉

10-3-2 薄膜干涉

光波入射到薄膜上,经薄膜两表面反射后,入射光波的振幅(光强)被“分割”,形成相干光,产生干涉现象.这就是分振幅法薄膜干涉.阳光下肥皂泡的美丽色彩、水面上油膜的彩色条纹和许多昆虫翅膀上绚丽的花纹,都属于这种干涉现象.

如图 10-5 所示,有一折射率为 n_2、厚度为 d 的薄膜,处在折射率为 n_1 的均匀介质中,薄膜的上下表面记为 M_1 和 M_2,一条光线(光线 1)以入射角 i 入射到 M_1 上的 A 点处,发生反射(光线 2)和折射,折射角为 r,进入薄膜的折射光线在 M_2 上反射,再经过 M_1 折射而出(光线 3).光线 2、3 是相干光,它们相互平行,经透镜 L 会聚于屏上,产生干涉现象.

光线 2 和 3 的光程差为

$$\Delta_r = n_2(|AB|+|BC|)-n_1|AD|+\frac{\lambda}{2} \qquad (10-9)$$

由图 10-5 可知

$$|AB|=|BC|=\frac{d}{\cos r}$$

$$|AD|=|AC|\sin i=2d\tan r\sin i$$

代入式(10-9),得

$$\Delta_r=\frac{2d}{\cos r}(n_2-n_1\sin r\sin i)+\frac{\lambda}{2}$$

根据折射定律,$n_1\sin i=n_2\sin r$,上式变为

$$\Delta_r=\frac{2d}{\cos r}n_2(1-\sin^2 r)+\frac{\lambda}{2}=2n_2d\cos r+\frac{\lambda}{2} \qquad (10-10)$$

或

$$\Delta_r=2n_2d\sqrt{1-\sin^2 r}+\frac{\lambda}{2}=2d\sqrt{n_2^2-n_1^2\sin^2 i}+\frac{\lambda}{2} \qquad (10-11)$$

因此,干涉强弱条件为

$$\Delta_r=2d\sqrt{n_2^2-n_1^2\sin^2 i}+\frac{\lambda}{2}=\begin{cases}k\lambda & (k=1,2,\cdots)\text{干涉加强}\\(2k+1)\dfrac{\lambda}{2} & (k=0,1,2,\cdots)\text{干涉减弱}\end{cases} \qquad (10-12)$$

当然,透射光也能产生干涉现象,计算可得,两透射光线(光线 4、5)的光程差为

$$\Delta_t=2d\sqrt{n_2^2-n_1^2\sin^2 i} \qquad (10-13)$$

透射光的干涉与反射光的干涉互补，遵守能量守恒定律．要注意的是，反射光有没有“半波损失”，要看具体情况而定，而折射光则在任何情况下都不会有“半波损失”．

在实际应用中，光线通常是垂直入射，即 $i=r=0$，此时，反射光干涉强弱条件为

$$\Delta=2n_2d+\Delta'=\begin{cases}k\lambda & (k=1,2,\cdots)\text{ 明纹}\\(2k+1)\dfrac{\lambda}{2} & (k=0,1,2,\cdots)\text{ 暗纹}\end{cases}\tag{10-14}$$

其中，$\Delta'=\dfrac{\lambda}{2}$或 0，视具体情况下有无“半波损失”而定．

利用薄膜干涉，可测量薄膜厚度或光的波长．还有一个重要应用是改变光学器件表面的透射率，可制造增透膜和高反膜．对于任何透明介质，光的能量并非能全部透过界面，而总是有一部分从界面上反射回来．在空气到玻璃的界面上正入射时，反射光能约占入射光能的 5%. 在光学仪器中，往往有多个透镜组合，总的加起来光能损失十分可观，而且这些反射光在光学仪器中还会形成有害的杂光．为此，常在透镜表面镀一层薄膜，以减少光的反射，增加光的透射，这种薄膜称为**增透膜**．

微课：增透膜　增反膜

如图 10-6 所示，在折射率 $n_3=1.60$ 的玻璃表面镀一层折射率 $n_2=1.38$、厚度为 d 的氟化镁(MgF_2)薄膜．设入射光波长为 λ，讨论薄膜上下两界面的反射光 2 和 3 的干涉情况．因光程差

$$\Delta=2n_2d\tag{10-15}$$

若
$$\Delta=(2k+1)\frac{\lambda}{2}\quad(k=0,1,2,\cdots)\tag{10-16}$$

即
$$d=(2k+1)\frac{\lambda}{4n_2}\quad(k=0,1,2,\cdots)\tag{10-17}$$

则波长为 λ 的光入射时，薄膜上下两界面的反射光干涉相消，即反射光减弱了．根据能量守恒(也可由透射光的干涉条件)可知，透射光增强了，这就是增透膜的原理．

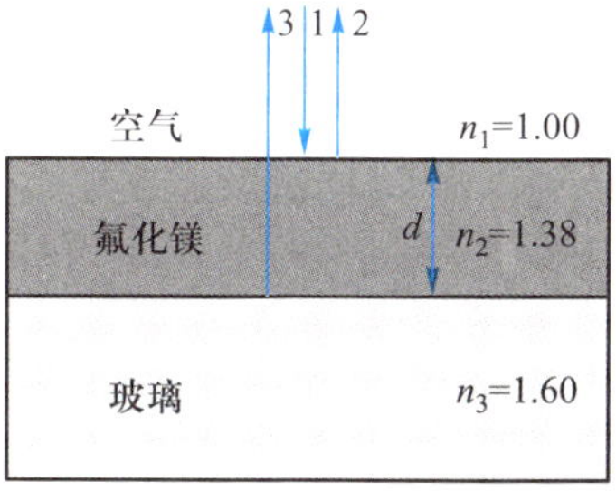

图 10-6　增透膜示意图

实际应用中有时要提高反射率，降低透射率，同样可利用薄膜干涉原理制成**高反膜**(增反射膜)．若图 10-6 中的薄膜改用硫化锌(ZnS)，其折射率 $n_2=2.40$，薄膜厚度不变，由于半波损失，可知反射光干涉相长，即反射光增强了，而透射光减弱了，即该薄膜为高反膜．

由上面的讨论可看出，增透膜或高反膜都是对特定波长的光而言的，要使哪一波长的反射光达到极大或极小，视实际需要而定．

文档：薄膜干涉的应用

微课：时间相干性

由式(10-11)可见,对于厚度均匀的薄膜,光程差取决于入射角 i,即以相同倾角入射的光,产生的相干光束有相同的光程差,对应于同一条干涉条纹. 所以这种干涉叫做**等倾干涉**.

当入射角 i 不变时,光程差仅与薄膜的厚度有关,薄膜厚度相同的地方相应的光程差相同,对应同一条干涉条纹,故这种干涉称为**等厚干涉**.

10-3-3 等厚干涉

微课:劈尖干涉

这里,我们主要讨论两种实际应用较多的等厚干涉现象——劈尖和牛顿环.

1. 劈尖

如图 10-7 所示,两块平板玻璃,一端的棱边相接触,另一端夹一薄纸或细丝(图中为看清楚,作了放大),这样,在两平板玻璃之间形成的空气薄膜称为空气劈尖.

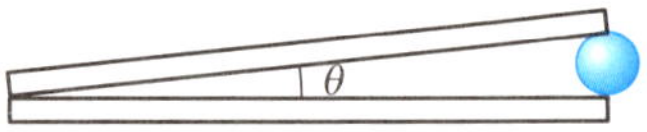

(a)

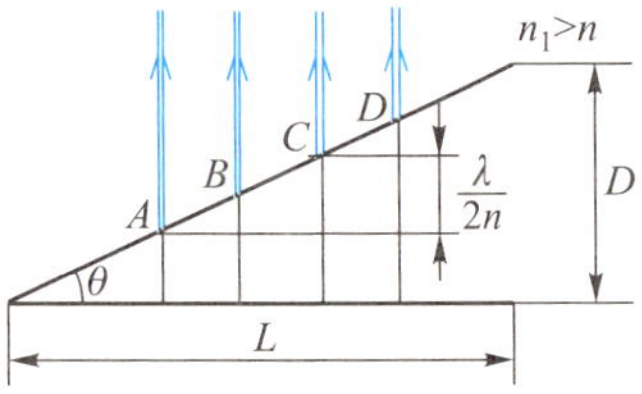

(b)

图 10-7　劈尖

当平行单色光垂直入射于劈尖,空气劈尖的上下两表面的反射光形成相干光,产生干涉条纹. 由于玻璃片夹角 θ 很小,劈尖上下表面的反射光均可看作垂直于表面. 设入射处劈尖厚度为 d,劈尖层折射率为 n,则劈尖上下表面反射光的光程差为

$$\Delta = 2nd+\frac{\lambda}{2}$$

于是,可知劈尖反射光干涉强弱条件为

$$2nd+\frac{\lambda}{2}=\begin{cases} k\lambda & (k=1,2,3,\cdots) \quad \text{干涉极大(明纹中心)} \\ (2k+1)\frac{\lambda}{2} & (k=0,1,2,\cdots) \quad \text{干涉极小(暗纹中心)} \end{cases} \tag{10-18}$$

两玻璃片接触处(棱边处)$d=0$,$\Delta=\frac{\lambda}{2}$,为暗纹,两相邻明纹(或暗纹)处劈尖的厚度差为

$$\Delta d = d_{k+1}-d_k=\frac{\lambda}{2n} \tag{10-19}$$

相邻明纹(或暗纹)的间距为

$$b=\frac{\Delta d}{\sin\theta}\approx\frac{\Delta d}{\theta}=\frac{\lambda}{2n\theta} \tag{10-20}$$

由此可知,劈尖的干涉条纹为一系列平行于棱边的、明暗相间的、等间隔直条纹.

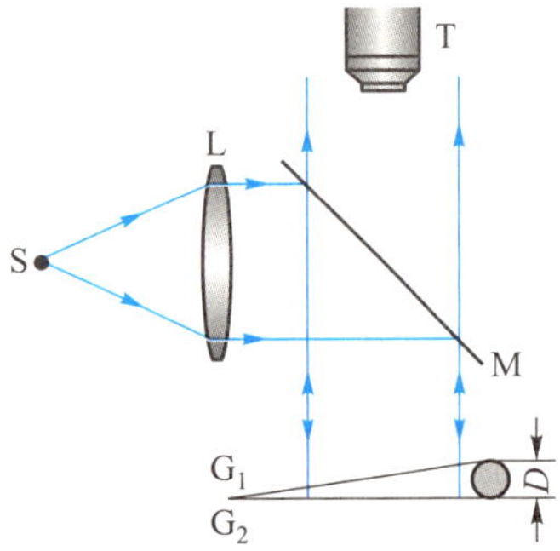

(a) 实验装置

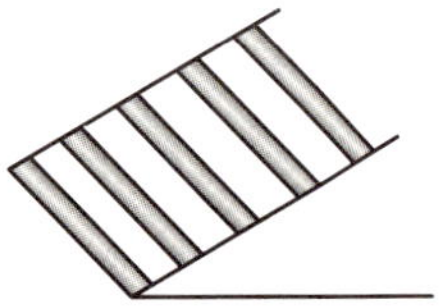

(b) 干涉条纹

图 10-8　劈尖干涉实验

观察劈尖干涉的装置如图 10-8(a)所示,图中 G_1、G_2是平板

玻璃，S 为单色光源，L 为凸透镜，M 为 45°放置的半透半反镜，T 为观察干涉条纹的显微镜．干涉条纹如图 10-8(b)所示．

利用劈尖干涉，可测量细丝直径或纸张厚度及薄膜厚度，也可用来检查表面的平整度．下面我们通过例题加以讨论．

微课：劈尖干涉的应用

例 10-3

两块长 $L=10$ cm 的玻璃片一边相接触，另一边用一细丝隔开，波长为 680 nm 的平行光垂直照射到玻璃片上，在反射光方向观察，测得从某一暗纹至其一侧第 21 条暗纹的距离为 2 cm，求细丝直径 D.

解：这是空气劈尖的干涉问题，由图 10-7 可知

$$\sin\theta=\frac{D}{L},\quad \sin\theta=\frac{\lambda}{2nb}$$

得

$$D=\frac{\lambda L}{2nb}$$

根据题意，有

$$b=\frac{2}{21-1}\ \text{cm}=1\ \text{mm}$$

代入上式，得

$$D=\frac{680\times10^{-6}\times10\times10}{2\times1}\ \text{mm}=0.034\ \text{mm}$$

例 10-4

如图 10-9(a)所示，一光学平板玻璃 A 与待测工件 B 之间形成空气劈尖，用波长 $\lambda=500$ nm 的单色光垂直照射，看到反射光的干涉条纹如图 10-9(b)所示，有些条纹弯曲部分的顶点恰好与其右边条纹的直线部分相切，问工件的上表面缺陷是凸起还是凹槽，最大高度或最大深度是多少？

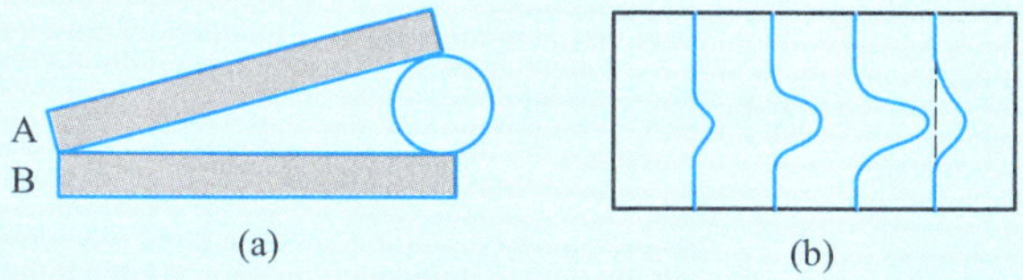

图 10-9 例 10-4 图

解：根据等厚干涉原理，厚度相同的地方对应同一干涉条纹，现条纹向右弯曲，说明某一条纹右侧薄膜厚度与其相同，即缺陷是凸起．

最大弯曲部分顶点与其右边条纹直线相切，即本该出现 $k+1$ 级条纹的地方仍在 k 级条纹上，而相邻条纹对应空气薄膜厚度差为 $\frac{\lambda}{2}$，所以最大高度为

$$\frac{\lambda}{2}=250\ \text{nm}$$

2. 牛顿环

如图 10-10(a)所示，在一平板玻璃上放一曲率半径 R 很大的平凸透镜，构成了一个上表面为球面、下表面为平面的空气薄层(空气劈尖)，当单色平行光垂直照射时，空气劈尖上下表面的反射光产生干涉，形成如图 10-10(b)所示的干涉图样．这个空气层的等厚轨迹是以接触点为圆心的同心圆，所以干涉条纹是一

微课：牛顿环

微课：牛顿环的讨论

系列明暗相间的同心圆环，称为**牛顿环**.

设入射光波长为 λ，入射处空气膜厚度为 d，则两反射光的光程差为

$$\Delta=2d+\frac{\lambda}{2}$$

设某一条纹半径为 r，由图 10-10(a)中的直角三角形，可得

$$r^2=R^2-(R-d)^2=2dR-d^2$$

已知 $R\gg d$，d^2 可以略去，故得

$$r=\sqrt{2dR}=\sqrt{\left(\Delta-\frac{\lambda}{2}\right)R}$$

根据干涉强弱条件，可得

明环半径 $$r=\sqrt{\left(k-\frac{1}{2}\right)R\lambda}\quad(k=1,2,\cdots)\qquad(10-21)$$

暗环半径 $$r=\sqrt{kR\lambda}\quad(k=0,1,2,\cdots)\qquad(10-22)$$

在透镜与平板玻璃接触处，$d=0$，$\Delta=\dfrac{\lambda}{2}$（半波损失）. 故在反射光方向观察[如图 10-10(a)所示]，牛顿环中心是暗纹（暗斑）. 进一步分析可知，条纹的分布是不均匀的，随着 k 增大，相邻明(或暗)纹间距减小，因此牛顿环是一系列中心级次低外面级次高、内疏外密、明暗相间的同心圆环，如图 10-10(b)所示.

牛顿环可用来测定光波波长或平凸透镜的曲率半径，也可用于检查透镜质量.

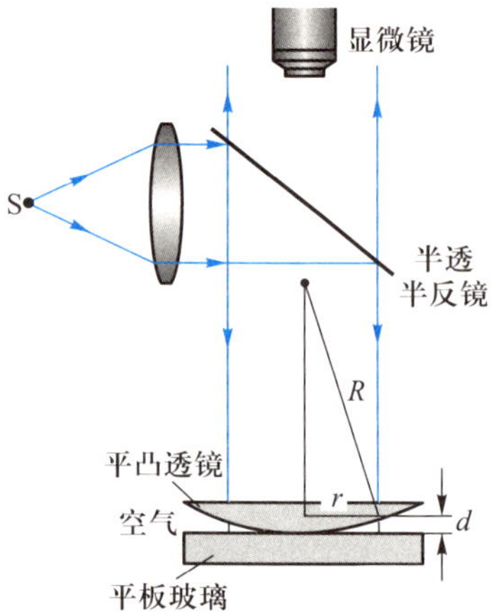

(a) 实验装置

(b) 干涉图样

图 10-10 牛顿环

视频：等厚干涉

例 10-5

如图 10-11 所示，牛顿环装置的平凸透镜与平板玻璃之间有一小缝隙，间距为 d_0. 现用波长为 λ 的单色光垂直照射，已知平凸透镜的曲率半径为 R. 求反射光形成的牛顿环的各暗环半径.

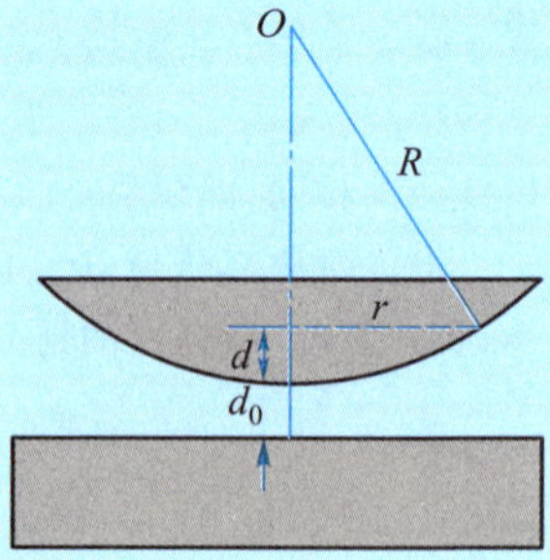

图 10-11 例 10-5 图

解：设某暗环半径为 r，由图 10-11 可知，两反射光的光程差为

$$\Delta=2d+2d_0+\frac{\lambda}{2}$$

根据几何关系，有

$$d=\frac{r^2}{2R}$$

对于暗环，有

$$\Delta=(2k+1)\frac{\lambda}{2}\quad(k=0,1,2,\cdots)$$

于是得

$$\frac{r^2}{R}+2d_0+\frac{\lambda}{2}=(2k+1)\frac{\lambda}{2}$$

解得暗环半径为

$$r=\sqrt{R(k\lambda-2d_0)}$$

其中，k 为整数且 $k>\dfrac{2d_0}{\lambda}$.

10-3-4 迈克耳孙干涉仪

根据光的干涉原理制成的干涉仪是一种精密仪器，有广泛的应用．1881 年，迈克耳孙（A. A. Michelson）精心设计了一种干涉仪，它被称为迈克耳孙干涉仪．

迈克耳孙干涉仪的基本结构和光路如图 10-12 所示．M_1、M_2 是两块平面反射镜，其中 M_1 由螺旋测微器 V_1 控制，可以前后移动，M_2 固定，可由螺钉 V_2 调节角度．G_1 和 G_2 是两块相同的平板玻璃，在 G_1 的一个表面上镀有一层半透明薄膜，使照射到 G_1 上的光，一半反射，一半透射，G_1、G_2 与 M_1、M_2 成 45° 角．

来自光源 S 的光线，平行射向 G_1，一部分被反射，向 M_1 传播（图中光线 1），经 M_1 反射后，再穿过 G_1 向 E 处传播（图中光线 1′）；另一部分穿出 G_1，穿过 G_2，向 M_2 传播（图中光线 2），经 M_2 反射再穿过 G_2，经 G_1 薄膜反射，也向 E 处传播（图中光线 2′）．显然，光线 1′和 2′是相干光，在 E 处可看到干涉条纹．G_2 的作用是使光线 1 和 2 都能三次穿过相同的平板玻璃，避免光线 1 和 2 之间有额外的光程差．所以，G_2 起补偿光程的作用，称为补偿片．

M_2 经 G_1 反射薄膜形成的虚像为 M_2'，因此来自 M_2 的反射光可看作是从 M_2' 处发出来的．如果 M_1 与 M_2 严格垂直，则 M_2' 与 M_1 严格平行，它们之间形成厚度均匀的空气薄层．结果，在视场中的干涉条纹是圆环形的等倾条纹．如果 M_1 与 M_2 并不严格垂直，那么，M_2' 与 M_1 之间有微小夹角而形成一空气劈尖．这时，观察到的干涉条纹是等间距的等厚条纹．

干涉条纹的位置取决于光程差，光线 1′和 2′在 E 处的光程差主要由 M_1 和 M_2' 之间的距离决定．若入射单色光波长为 λ，则每当 M_2 向前或向后移动 $\dfrac{\lambda}{2}$ 的距离时，视场中就有一条干涉条纹移过．所以，测出视场中移过的条纹数目 N，就可算出 M_1 移动的距离

$$d=N\frac{\lambda}{2} \tag{10-23}$$

由此，若已知波长，可以测定长度；若已知长度，可以测定波长．

迈克耳孙干涉仪既可用于观察各种干涉现象，也能用来精密测量波长、长度和折射率等，它是许多近现代干涉仪的原型，曾对相对论的建立产生重要影响．1907 年，迈克耳孙获诺贝尔物理学奖．

迈克耳孙（1852—1931）

文档：迈克耳孙

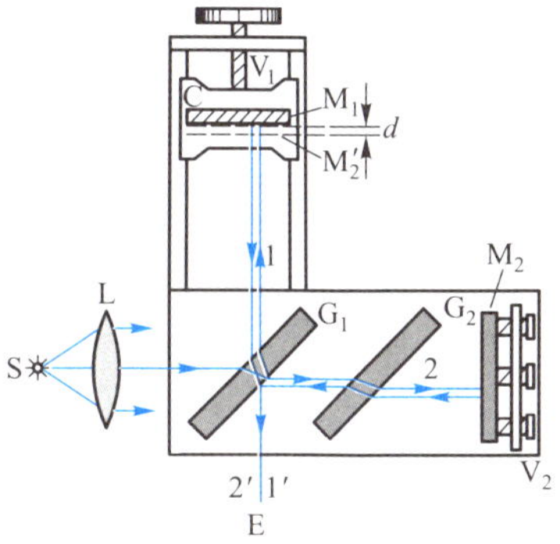

图 10-12 迈克耳孙干涉仪结构和光路图

文档：干涉仪及其应用

10-4 光的衍射

10-4-1 光的衍射现象

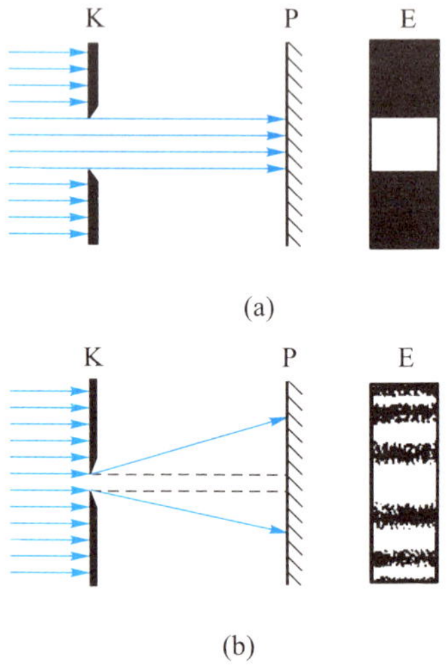

图 10-13 光通过狭缝的情况

和干涉一样，衍射也是波动的一个重要特性．光是电磁波，光在传播过程中遇到尺寸比光波波长大得不多的障碍物时，它将偏离直线传播绕过障碍物而进入其阴影区，并形成不均匀的光强分布，这种现象称为光的衍射．

如图 10-13 所示，一束单色平行光照射在一个宽度可调的狭缝 K 上，当缝宽比光波波长大得多时［图 10-13(a)］，屏 P 上呈现一个与狭缝形状几乎完全相同的光斑 E，它是入射光沿直线传播的结果．若缩小缝宽，使之可与波长相比拟，屏上的光斑将沿缝宽方向展开，出现如图 10-13(b)所示的衍射条纹，这就是光的衍射现象．

障碍物还可以是小孔、小圆屏（球）和细丝等，当它们的尺寸比光的波长大得不多时，可观察到类似的衍射现象．

10-4-2 菲涅耳衍射和夫琅禾费衍射

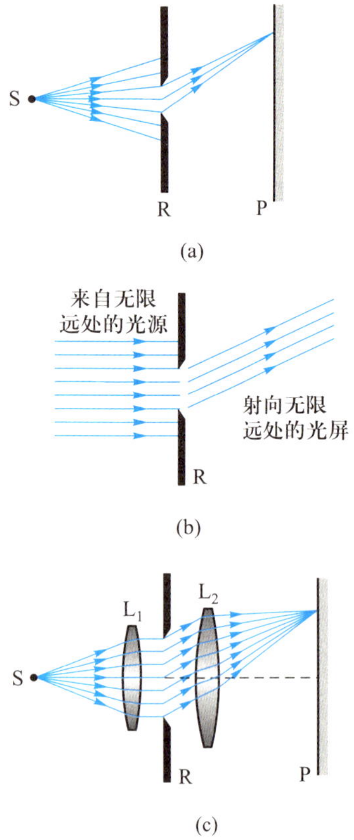

图 10-14 两类衍射

观察衍射现象的实验装置通常由光源、衍射屏（障碍物）和接收屏（观察屏）三部分组成．按它们相互之间距离的不同，一般将衍射分为两类：一类是衍射屏离光源或离接收屏的距离是有限的，称为菲涅耳（A. J. Fresnel）衍射，如图 10-14(a)所示；另一类是衍射屏与光源和接收屏的距离都是无穷远，称为夫琅禾费（J. V. Fraunhofer）衍射，如图 10-14(b)所示．这时，照射到衍射屏上的入射光和离开衍射屏的衍射光都是平行光，在实验室中，是通过两个会聚透镜来实现的，如图 10-14(c)所示．夫琅禾费衍射在理论上和实际应用上都很重要，而且它的分析与计算都比较简单．因此，本书只讨论夫琅禾费衍射．

10-4-3 惠更斯-菲涅耳原理

惠更斯原理定性解释了波的衍射现象（第 9 章第 5 节），但不能定量给出衍射图样中的光强分布．菲涅耳提出了“子波相干叠加”的概念，发展了惠更斯原理．他认为，波在传播过程中，从同一波面上各点发出的子波是相干的，经传播而在空间某点相遇时，产生相干叠加，各子波相干叠加的结果决定了该处波的振幅．这个发展了的惠更斯原理称为**惠更斯-菲涅耳原理**．

由惠更斯-菲涅耳原理发展起来的衍射理论，能对子波在空间任一点的振幅作出定量描述，并通过积分决定该点的光矢量 $\boldsymbol{E}$，但这个积分一般是比较复杂的，只有少数简单情况可求得解析解或用计算机数值运算求解．

微课：衍射的分类 惠更斯-菲涅耳原理

10-5 夫琅禾费单缝衍射和圆孔衍射

10-5-1 夫琅禾费单缝衍射

夫琅禾费单缝衍射的实验装置如图 10-15 所示，线光源 S 置于透镜 L_1 的焦平面上，形成平行光照射到单缝 K 上，衍射光经过透镜 L_2，在放置在 L_2 焦平面上的屏 P 上将出现衍射图样．

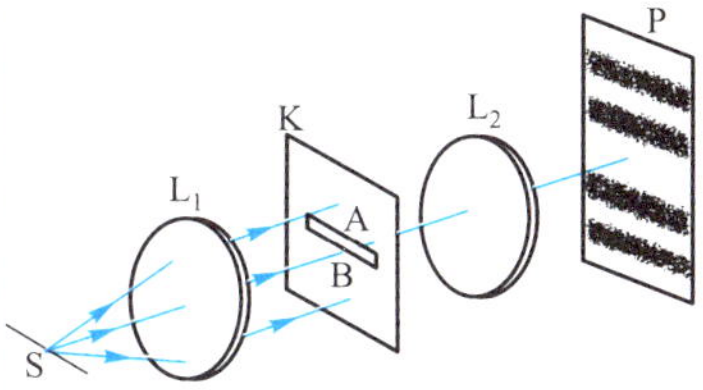

图 10-15 夫琅禾费单缝衍射实验示意图

微课：单缝衍射 半波带法

单缝衍射可以用菲涅耳波带法进行分析．如图 10-16(a)所示，平行单色光垂直照射单缝，设单缝宽度为 b，单缝所在处的波面 AB 上各点发出的子波向各个方向传播，衍射后子波波线与衍射屏法线之间的夹角 θ 称为衍射角．衍射角相同的衍射光线（如光线 2）经透镜后，会聚于屏上同一点 Q．两条边缘衍射线之间的光程差为

$$|BC| = b\sin\theta$$

Q 点处条纹的明暗完全取决于 BC．

按照菲涅耳提出的**波带法**，我们作一系列平行于 AC 的平面，间距为入射光的半波长，即$\dfrac{\lambda}{2}$，这些平面将单缝处的波面 AB 分割成 AA_1、A_1A_2 等若干个波带，如图 10-16(b)所示．各个波带面积相等，在 Q 点处所引起的光振幅近似相等，且相邻两个波带上的各对应点（如图中的 G 点和 G' 点）所发出的子波，到达 Q 点处的光程差均为$\dfrac{\lambda}{2}$（故这种波带也称为**半波带**）．于是，任何两个

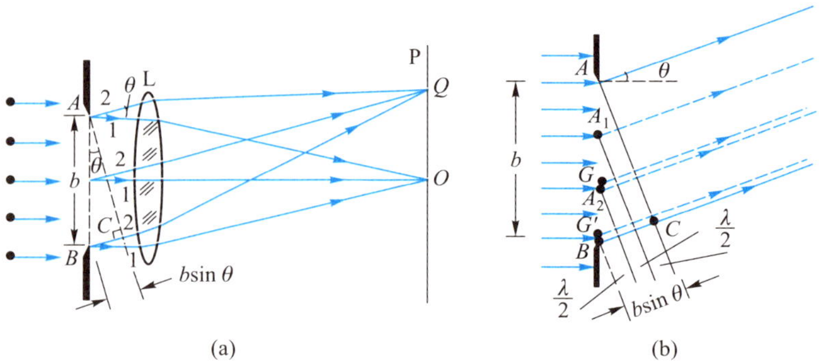

图 10-16 单缝衍射条纹的讨论

相邻波带所发出的子波在 Q 点处将相互抵消．所以，对于某给定的衍射角 θ，若 BC 恰好是半波长的偶数倍，即单缝上波面 AB 恰好能分成偶数个波带，它们相互干涉两两抵消，在屏上对应的 Q 点处将呈现暗纹．若 BC 等于半波长的奇数倍，即波面 AB 可分成奇数个波带，相互抵消后，还剩下一个波带起作用，在 Q 点处将出现明纹．上述结果可用数学公式表述如下，当衍射角 θ 满足

$$b\sin\theta=\pm 2k\frac{\lambda}{2}\quad(k=1,2,\cdots)\tag{10-24}$$

时，点 Q 处为暗纹（中心），对应 $k=1,2,\cdots$ 分别称为第 1 级暗纹、第 2 级暗纹……，在两个第 1 级（$k=1$）暗纹之间的区域，即 θ 满足

$$-\lambda<b\sin\theta<\lambda\tag{10-25}$$

为中央明纹范围，$\theta=0$ 的衍射线会聚于 O 处，各光线光程相等．O 处为中央明纹中心．

当衍射角 θ 满足

$$b\sin\theta=\pm(2k+1)\frac{\lambda}{2}\quad(k=1,2,\cdots)\tag{10-26}$$

时为其他各级明纹（中心）．

如果对任意衍射角 θ，AB 不能恰好分成整数个波带，即 BC 不等于 $\frac{\lambda}{2}$ 的整数倍，则衍射光束形成屏上光强介于最明和最暗之间的区域．单缝衍射条纹及其光强分布情况如图 10-17 所示．

由图 10-16(a) 可求出条纹的宽度．条纹在屏上距中心 O 的距离 x 为

$$x=f\tan\theta$$

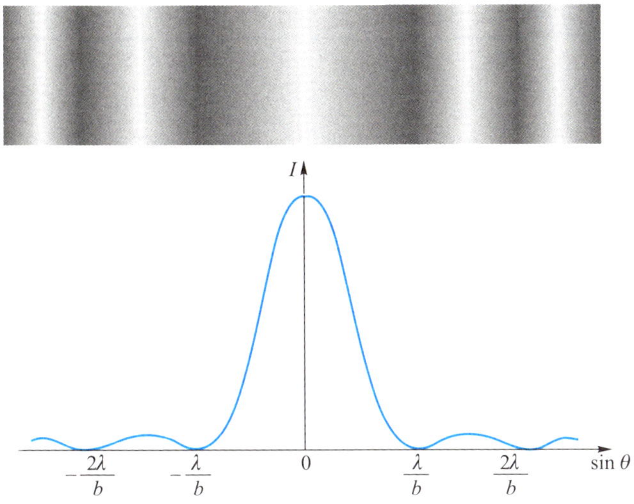

图 10-17 单缝衍射条纹和光强分布

通常衍射角 θ 很小，$\tan\theta\approx\sin\theta$，由式(10-24)，第 1 级暗纹距中心 O 的距离为

$$x_1=f\tan\theta_1=\frac{\lambda}{b}f$$

式中 f 为透镜焦距，所以中央明纹的宽度为

$$\Delta x_0=2x_1=\frac{2\lambda f}{b} \tag{10-27}$$

其他明纹的宽度（即其他任意两相邻暗纹的距离）为

$$\Delta x=f\tan\theta_{k+1}-f\tan\theta_k=\left[\frac{(k+1)\lambda}{b}-\frac{k\lambda}{b}\right]f=\frac{\lambda f}{b} \tag{10-28}$$

可见，单缝衍射条纹是在中央明纹两侧对称分布着一组明暗相间的直条纹．中央明纹的宽度为其他明纹宽度的两倍，其他各级明纹宽度相同．中央明纹明亮，两侧其他明纹较暗，且随 k 的增大亮度下降．

从以上公式可看出，入射光波长 λ 一定时，单缝宽度 b 越小，衍射效应越明显，b 变大时，条纹变得狭窄而密集，当 $b\gg\lambda$ 时，各级衍射条纹收缩于中央明纹而只能观察到一条亮纹，它是透过单缝的平行光会聚在透镜焦平面上而成的，即为单缝的像，这时光可看成是直线传播的．当 b 一定时，λ 越长，衍射角越大．若以白光照射时，衍射图样的中央明纹仍将是白色的，而其两侧的其他明纹则依次呈现一系列由紫到红的彩色条纹．

单缝衍射现象的规律，可用于测量物体间的微小间隔以及细微物体的线度等．

视频：夫琅禾费单缝衍射

微课：单缝衍射的讨论

微课：圆孔衍射　光学仪器分辨率

视频：夫琅禾费圆孔衍射

文档：助视光学仪器的分辨率

10-5-2 夫琅禾费圆孔衍射

光通过小圆孔时，也会产生衍射现象，如图 10-18(a)所示，平行单色光垂直照射到小圆孔上，在透镜 L 的焦平面处的观察屏 P 上将出现夫琅禾费圆孔衍射图样，中央是圆形亮斑，称为艾里(Airy)斑，外围是一组明、暗相间的同心圆环，如图 10-18(b)所示．如图 10-18(c)所示，若艾里斑直径为 d，透镜焦距为 f，圆孔直径为 D，单色光波长为 λ，由理论计算可得，艾里斑对透镜中心的张角 2θ 为

$$2\theta=\frac{d}{f}=2.44\frac{\lambda}{D} \tag{10-29}$$

θ 也即第一级暗环的衍射角．

(a) 圆孔衍射　(b) 衍射图样　(c) 艾里斑对透镜光心的张角与圆孔直径、单色光波长的关系

图 10-18　圆孔衍射

光学仪器中所用的孔径光阑以及透镜的边框等都相当于一个透光圆孔，因此，在成像问题中常会涉及圆孔衍射问题．由式(10-29)可讨论助视光学仪器的分辨本领问题，读者可参阅相关书籍．

例 10-6

在单缝夫琅禾费衍射装置中，用细丝代替单缝，就构成了衍射细丝测径仪．已知光波波长为 632.8 nm，透镜焦距为 50 cm，今测得中央明纹宽度为 1.0 cm，试求该细丝的直径．

解：中央明纹宽度为

$$\Delta x_0=2x_1=2f\tan\theta_1\approx 2f\sin\theta_1$$

$$b\sin\theta_1=\lambda$$

则

$$\Delta x_0=\frac{2\lambda f}{b}$$

则细丝直径为

$$b=\frac{2\lambda f}{\Delta x_0}=\frac{2\times 632.8\times 10^{-6}\times 50\times 10}{1.0\times 10}\ \text{mm}=6.328\times 10^{-2}\ \text{mm}$$

10-6 平面衍射光栅

10-6-1 光栅

由大量等宽、等间隔的平行狭缝构成的光学器件称为光栅．例如，在平板玻璃片上刻出许多平行、等宽度、等间距刻痕，就制成了透射式平面衍射光栅，刻痕为不透光部分，两刻痕之间的光滑部分可以透光，相当于狭缝．还有在不透明材料上刻平行槽纹，利用反射光形成衍射的反射式平面光栅（闪耀光栅）．

透射式平面衍射光栅如图 10-19 所示．透光缝宽为 b，缝间不透光部分宽度为 b'，相邻两缝的距离 $b+b'=d$ 称为光栅常量．设光栅的总缝数为 N. 实用的光栅，在 1 cm 宽度内有几千乃至上万条刻痕，光栅常量为 10^{-6} ~ 10^{-5} m 数量级．

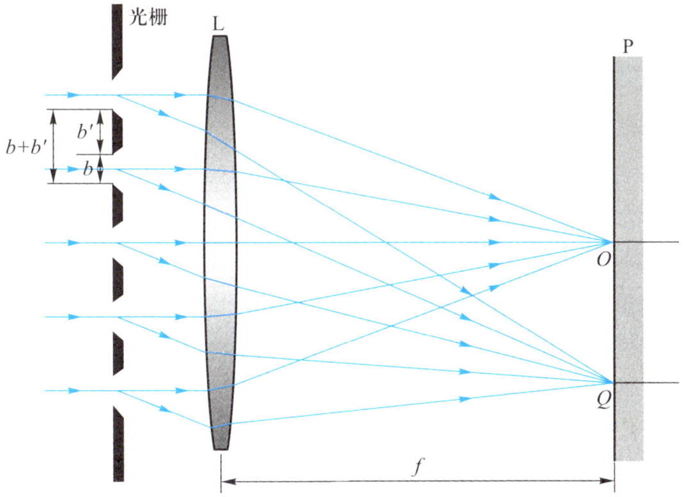

图 10-19 透射式平面衍射光栅

10-6-2 光栅衍射

如图 10-19 所示，单色平行光垂直入射到光栅上，透过光栅每个缝的光都发生衍射，都将在屏上呈现衍射图样，而通过光栅不同缝的光是相干的，要发生干涉，因此，光栅的衍射条纹是单缝衍射和多缝干涉的总效果．

采用光矢量合成法分析多光束干涉，可得到光栅衍射明、暗

微课：衍射光栅
光栅方程

条纹的分布规律．光栅上各缝是等间距的，任意相邻两缝发出的沿衍射角 θ 方向的光，到达屏上点 Q 处，它们的光程差为

$$\Delta=(b+b')\sin\theta$$

相位差为

$$\Delta\varphi=\frac{2\pi}{\lambda}(b+b')\sin\theta \qquad (10-30)$$

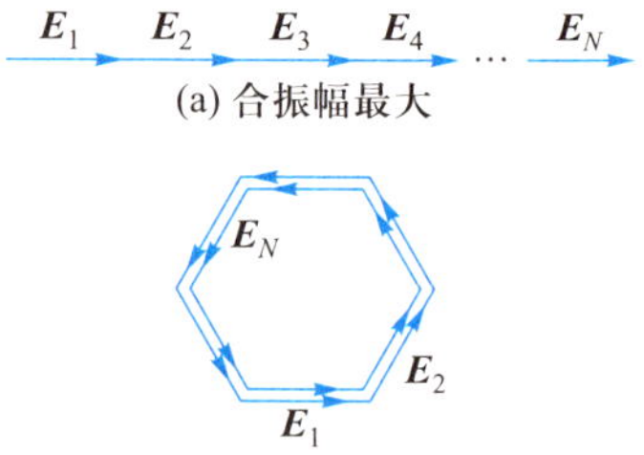

(a) 合振幅最大

(b) 合振幅为零

图 10-20　N 个光矢量叠加

若 $\Delta\varphi=\pm2k\pi$，则 N 个光矢量同相位，组成一直线，如图 10-20(a) 所示，干涉加强，呈现明纹．因此，光栅衍射明纹的条件是

$$(b+b')\sin\theta=\pm k\lambda \quad (k=0,1,2,\cdots) \qquad (10-31)$$

此式称为**光栅方程**，满足方程的这些明纹又称为主明纹或主极大．$k=0$ 为中央明纹，$k=1$，$k=2$……分别为第 1 级明纹、第 2 级明纹……

若 N 个光矢量组成一闭合多边形，如图 10-20(b) 所示，合振幅为零，呈现暗纹，此时有

$$N\Delta\varphi=\pm2k'\pi \quad (k'=1,2,3,\cdots,\text{不包括 }N,2N,\cdots)$$

因此，光栅衍射暗纹的条件是

$$(b+b')\sin\theta=\pm\frac{k'}{N}\lambda$$

$$k'=1,2,\cdots,N-1,N+1,\cdots,2N-1,2N+1,\cdots \qquad (10-32)$$

k' 不等于 $N,2N,3N,\cdots$ 诸值．

由式 (10-31) 和式 (10-32) 可看出，在相邻两主明纹之间有 $N-1$ 个暗纹，而在两个暗纹之间又必有一明纹，即在相邻两主明纹之间还有 $N-2$ 个明纹存在．计算表明，这些明纹光强约为主明纹的 4%，故称为 $N-2$ 个次明纹．

由于每一束衍射光都来自单缝衍射，所以干涉条纹的光强受到单缝衍射的**调制**，多缝干涉和单缝衍射共同决定光栅衍射的总光强，如图 10-21 所示．

如果某些 θ 值满足光栅方程主明纹条件而又恰好满足单缝衍射的暗纹条件，即每个缝的衍射光强为零，则主明纹不会出现，而呈现暗纹，这一现象称为缺级．缺级条件为

$$(b+b')\sin\theta=\pm k\lambda \quad (k=0,1,2,\cdots)$$

$$b\sin\theta=\pm k'\lambda \quad (k'=1,2,3,\cdots)$$

缺级的级数为

$$k=\frac{b+b'}{b}k' \qquad (10-33)$$

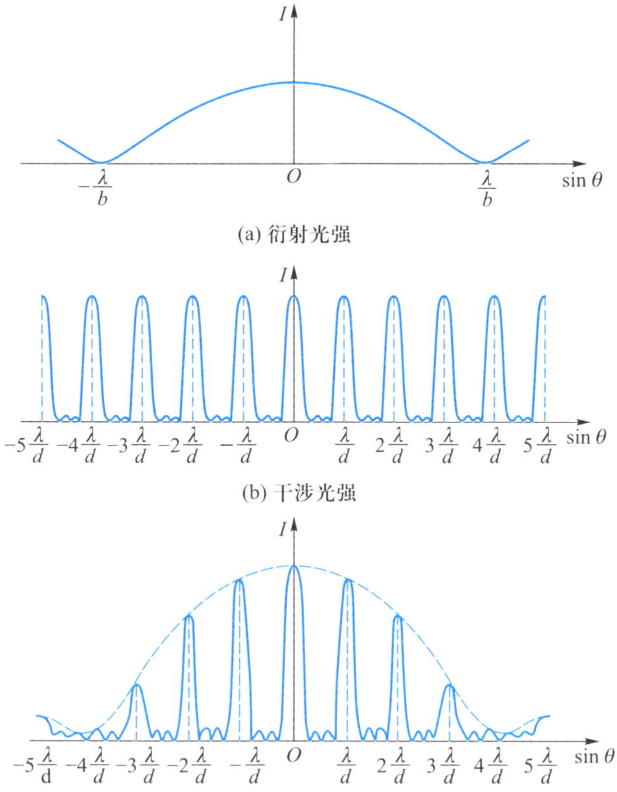

(a) 衍射光强

(b) 干涉光强

(c) 光栅衍射光强

图 10-21 光栅衍射的光强分布

微课:缺级现象衍射光谱

视频:平面衍射光栅

可见,$b+b'$与 b 为整数比时,将发生缺级现象. 例如,$\frac{b+b'}{b}=\frac{3}{1}$,则 $k=3,6,9,\cdots$ 为缺级,如图 10-22 所示.

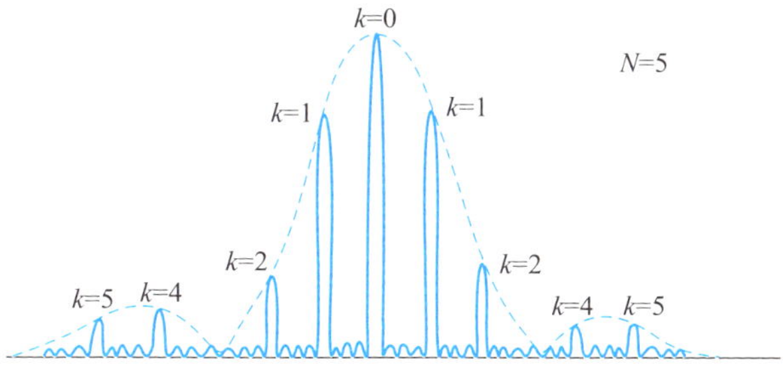

图 10-22 缺级

实际的光栅,缝数很大,缝宽很小,单缝衍射中央明纹区很宽,观察到的光栅衍射图样是各缝的衍射光束在单缝衍射中央明纹区内的干涉条纹,次极大和暗纹在主明纹间连成一片暗区,呈现的是几乎黑暗的背景上一系列锐细亮条纹,如图 10-23 所示.

图 10-23 光栅衍射图样

文档:光谱仪及其应用

文档:X 射线的衍射

10-6-3 光栅光谱

单色光经光栅衍射后形成锐细的明条纹,可精确测量其位置(θ),从而可得出光波波长.如果用白光照射,除中央明纹仍为白光外,其余各级明纹按波长从短到长由中央向外侧排开,形成**光栅光谱**.光栅是最主要的分光元件,它是光谱仪的核心器件.

例 10-7

波长为 600 nm 的单色光正入射到一透射平面光栅上,有两个相邻的主极大分别出现在 $\sin\theta_1=0.2$ 和 $\sin\theta_2=0.3$ 处,第 4 级为缺级.

(1) 试求光栅常量;

(2) 试求光栅的缝可能的最小宽度;

(3) 试列出在光屏上实际呈现的明条纹的全部级数.

解:(1) 根据光栅方程

$$d\sin\theta=\pm k\lambda$$

由已知条件,可知

$$\begin{cases}0.2d=600k\\0.3d=600(k+1)\end{cases}$$

解得

$$k=2$$

光栅常量为

$$d=6\ 000\ \text{nm}=6\times10^{-6}\ \text{m}$$

(2) 缺级条件为

$$\frac{b+b'}{b}=\frac{k}{k'}$$

由题意知 $k=4$,对应 $k'=1$,缝宽 b 最小.最小缝宽为

$$b=\frac{d}{4}=\frac{6\times10^{-6}}{4}\ \text{m}=1.5\times10^{-6}\ \text{m}$$

(3) 因为

$$-\frac{\pi}{2}<\theta<\frac{\pi}{2}$$

即 $-1<\sin\theta<1$,可得

$$-10<k<10$$

除去缺级,光屏上实际呈现的明纹的全部级数为 $0,\pm1,\pm2,\pm3,\pm5,\pm6,\pm7,\pm9$.

10-7 自然光 偏振光

微课:光的偏振性 三种光

光的干涉和衍射现象说明了光的波动性,光的偏振现象证明了光是横波.

光波是电磁波,光矢量 $\boldsymbol{E}$ 与光的传播方向垂直.在垂直于光的传播方向的平面内,光矢量 $\boldsymbol{E}$ 可以有各种不同的振动状态.普通光源发出的光是由大量原子(或分子)产生的持续时间很短的

波列组成的，这些波列的振动方向和相位是无规则的、随机变化的．因此，在垂直于光的传播方向的平面上看，几乎各个方向都有大小不等、前后参差不齐而变化很快的光矢量的振动．按统计平均来说，没有哪一个方向占优势，即 $\boldsymbol{E}$ 的振动在各个方向上的分布是对称的，振幅都相等，这种光称为**自然光**，如图 10-24(a)所示．在任意时刻，我们可以设想将每个波列的光矢量都沿任意取定的两个垂直方向分解，然后将所有光矢量的两个分量分别叠加起来，成为总光波光矢量的两个分量，由于各波列的相位和振动方向都是无规则分布的，所以这叠加而成的两个分量之间没有固定的相位关系．这样，自然光可看成两个相互独立、等振幅、相互垂直的光振动，如图 10-24(b)所示．

常用短线表示在纸面内的光振动，用点表示与纸面垂直的光振动，对于自然光，点和短线的数目相等，如图 10-24(c)所示．

如果采取某些方法，将自然光的两个相互垂直的独立振动分量中的一个完全去除掉，只保留另一方向的光振动，这种光矢量振动只在某一固定方向上的光叫做线偏振光，简称**偏振光**，表示方法如图 10-25(a)、(b)所示，光的振动方向和传播方向组成的平面称为**振动面**．线偏振光的光矢量保持在固定的振动面内，所以又称为**平面偏振光**．如果只是部分地去除了自然光两个振动分量中的一个，使得两个独立分量不相等，这种光称为**部分偏振光**，其表示方法如图 10-25(c)、(d)所示．

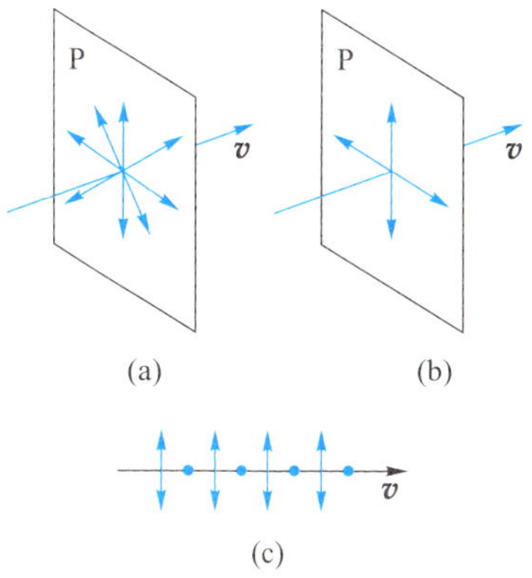

图 10-24 自然光

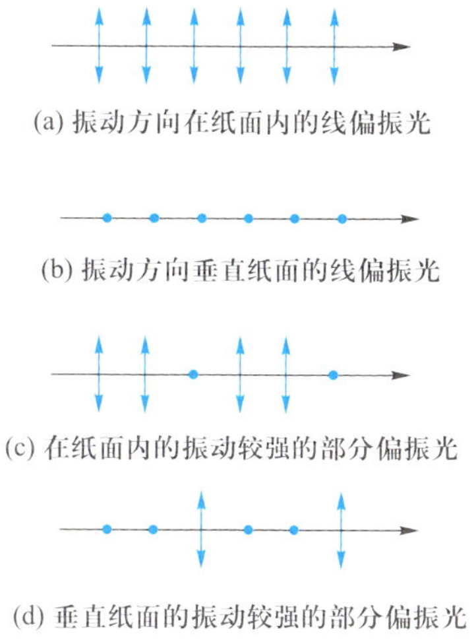

图 10-25 线偏振光和部分偏振光

10-8 起偏和检偏 马吕斯定律

10-8-1 偏振片 起偏和检偏

某些物质能吸收某一方向的光振动，而只让与这个方向垂直的光振动通过，这种性质称为二向色性．将二向色性材料涂敷于透明薄片上，就成了**偏振片**．偏振片只让某一特定方向的光振动通过，这个方向称为偏振片的**偏振化方向**或**透振方向**．

自然光照射到偏振片上，从偏振片出射的光成了线偏振光．使自然光变成偏振光的过程称为**起偏**，产生起偏作用的光学元件或装置叫做**起偏器**．偏振片是一种简单的起偏器．

检验某一入射光是否为偏振光的过程称为**检偏**，起偏器也可

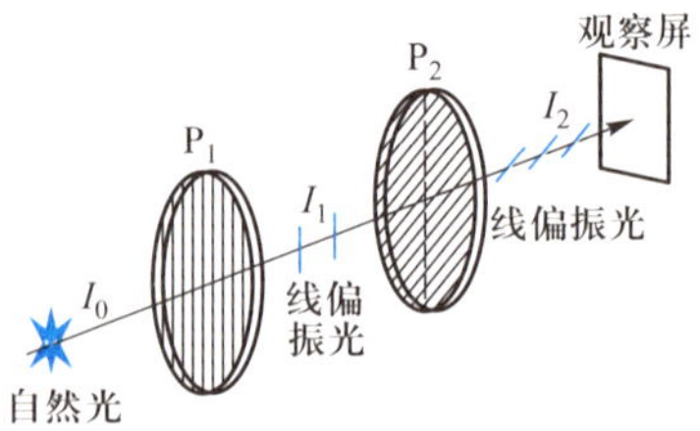

图 10-26 起偏和检偏

视频:起偏和检偏

作为**检偏器**. 如图 10-26 所示,两个偏振片 P_1 和 P_2 平行放置,它们的透振方向分别用一组平行线表示. 当自然光垂直入射于偏振片 P_1,透过的光成为线偏振光,这就是起偏. 线偏振光的振动方向平行于 P_1 的透振方向,强度为入射自然光强度的一半,即

$$I_1=\frac{1}{2}I_0 \tag{10-34}$$

式中 I_1 和 I_0 分别是从 P_1 出射的线偏振光强度和入射到 P_1 上的自然光强度.

透过 P_1 的线偏振光入射到 P_2 上,如果 P_2 的透振方向与 P_1 的透振方向平行,则透过 P_2 的光强最强,称为全明;如果 P_1、P_2 的透振方向相互垂直,则透过 P_2 的光强最弱,称为全暗,也称为消光. 因此,将 P_2 绕光的传播方向旋转,可看到透过 P_2 的光强随着 P_2 的转动而发生变化. 例如,由全明变全暗,再变全明,再变全暗,又回到全明. 旋转一周出现两次全明和两次全暗,由此可知,入射到 P_2 上的光是线偏振光. 若改用自然光照射在 P_2 上,那么在旋转 P_2 的过程中,将不会出现两次全明、两次全暗的现象. 据此,可判定照射在检偏器上的光是否为偏振光,这个过程就是检偏.

10-8-2 马吕斯定律

微课:马吕斯定律

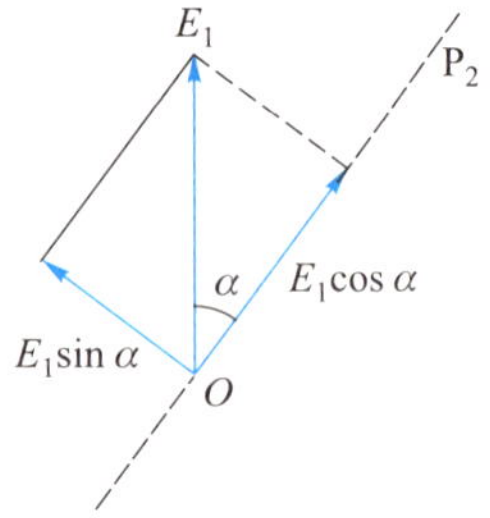

图 10-27 马吕斯定律

对于线偏振光通过检偏器后其光强的变化,可作如下分析:

如图 10-27 所示,设入射线偏振光的光矢量振幅为 E_1,其振动方向与检偏器 P_2 的透振方向之间的夹角为 α,将入射光振动分解为平行于 P_2 和垂直于 P_2 的两个分量,其振幅分别为 $E_1\cos\alpha$ 和 $E_1\sin\alpha$,而 P_2 只能让平行分量通过,所以透射光振幅为

$$E_2=E_1\cos\alpha$$

即光强为 I_1 的线偏振光通过检偏器后,光强变为

$$I_2=I_1\cos^2\alpha \tag{10-35}$$

这个关系式是马吕斯(E. L. Malus)于 1808 年由实验发现的,称为**马吕斯定律**.

当入射到检偏器上的线偏振光振动方向与检偏器偏振化方向平行时,即 $\alpha=0$ 或 π 时,$I_2=I_1$,光强最大. 若两者垂直,即 $\alpha=$

$\frac{\pi}{2}$或$\frac{3}{2}\pi$时，$I_2=0$，光强为零，没有光从检偏器射出．这就是用检偏器检偏的原理．

例 10-8

一束光由强度相同的自然光和线偏振光混合而成，此光束垂直入射到几个叠在一起的偏振片上．

（1）欲使最后出射光振动方向垂直于原入射光中线偏振光的振动方向，并且入射光中两种成分的光的出射光强相等，至少需要几个偏振片？它们的偏振化方向如何？

（2）在这种情况下，最后出射光强与入射光强之比是多少？

解：设入射光束中两种光的强度都是 I_0，总强度为 $I_1=2I_0$．

（1）通过第一个偏振片后，原自然光变为线偏振光，强度为$\frac{1}{2}I_0$，原线偏振光仍为线偏振光，振动方向转过 θ（θ 为入射线偏振光振动方向与偏振片 P_1 的偏振化方向的夹角），强度变为 $I_0\cos^2\theta$，这两部分透射光的振动方向都与 P_1 的偏振化方向一致．如果两者强度相等，则以后不论再穿过几个偏振片，都维持强度相等．如果两者强度不等，则以后出射强度也不会相等．因此，必须有

$$\frac{1}{2}I_0=I_0\cos^2\theta$$

得 $\theta=45°$.

为满足题中要求，只要最后一个偏振片偏振化方向与开始的入射线偏振光振动方向垂直即可．因此，只需要两个偏振片，按图 10-28 所示放置，图中 E 表示入射光束中线偏振光的振动方向，P_1、P_2 为两偏振片，它们的偏振化方向如图所示．

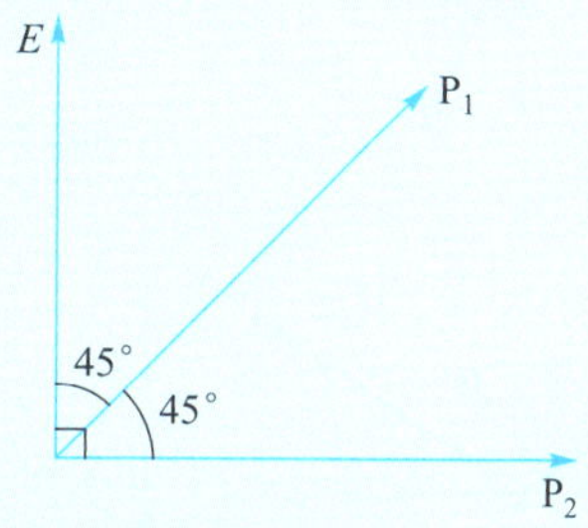

图 10-28　例 10-8 图

（2）出射光强度为

$$I_2=\frac{1}{2}I_0\cos^2 45°+I_0\cos^2 45°\cos^2 45°=\frac{1}{2}I_0$$

出射光强与入射光强的比值为

$$\frac{I_2}{I_1}=\frac{I_2}{2I_0}=\frac{1}{4}$$

10-9　反射和折射时光的偏振

当自然光入射到两种介质的分界面上时，反射光和折射光都是部分偏振光．如图 10-29(a)所示，n_1 和 n_2 分别是两种介质的折射率，i 和 r 分别是入射角和折射角，图中的点表示垂直于入射面的光振动，短线表示平行于入射面的光振动．实验和理论都表明，反射光是垂直于入射面的振动比平行于入射面的振动强的部

微课：反射和折射时光的偏振

分偏振光，而折射光是平行于入射面的振动比垂直于入射面的振动强的部分偏振光．而且，改变入射角 i，反射光的两个垂直分量强度随之发生变化，当 i 等于某一特定角度 i_B 时，反射光线和折射光线相互垂直，反射光中只有垂直于入射面的光振动而没有平行于入射面的光振动．这时，反射光为线偏振光，而折射光仍为部分偏振光，如图 10-29(b)所示．这个特定的入射角 i_B 叫做**起偏角**．

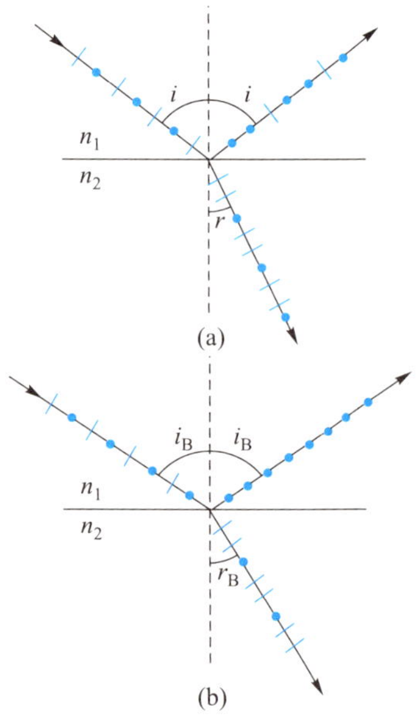

图 10-29 反射光和折射光的偏振

因为

$$i_B+r_B=\frac{\pi}{2}$$

根据折射定律，有

$$n_1\sin\ i_B=n_2\sin\ r_B$$

而

$$\sin\ r_B=\cos\ i_B$$

所以

$$\tan\ i_B=\frac{n_2}{n_1} \tag{10-36}$$

式(10-36)是 1815 年由布儒斯特(D. Brewster)从实验中得出的，称为**布儒斯特定律**，起偏角 i_B 也称为**布儒斯特角**．布儒斯特定律也可用电磁波理论证得．

当自然光按起偏角入射时，在经过一次反射、折射后，反射光虽然是线偏振光，但光强很弱．例如，对于一般的光学玻璃，反射的线偏振光强度约为入射光强度的 7.5%，部分偏振的折射光具有大部分光能．我们可以将一些玻璃片叠起来，成为玻璃片堆，如图 10-30 所示．自然光以布儒斯特角入射，则各个界面上的反射光都是光振动垂直入射面的线偏振光，反射光得到加强．同时，经过多次反射后，入射光中绝大部分垂直入射面的光振动被反射掉，于是当玻璃片足够多时，最后透射出来的折射光，基本上是只有平行于入射面光振动的线偏振光．

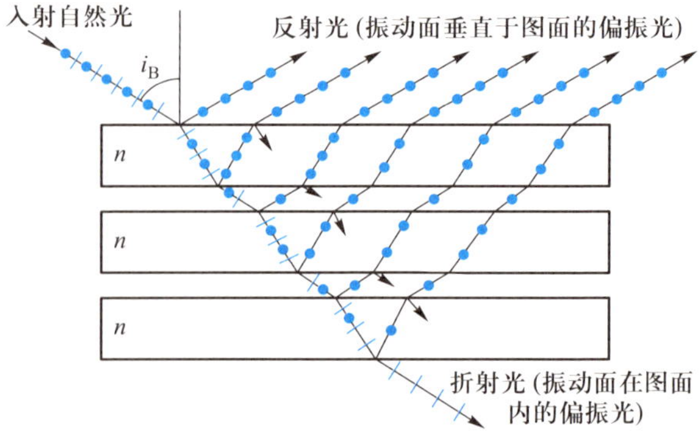

图 10-30 玻璃片堆产生线偏振光

玻璃片(堆)或透明塑料片(堆)等可以用来起偏,也可以用来检偏.

布儒斯特定律的一个重要应用是激光器中的布儒斯特窗,利用反射时光的偏振,提高激光的输出功率,并使输出激光为线偏振光.

文档:光偏振的应用

例 10-9

布儒斯特定律提供了一种测量不透明电介质折射率的方法. 今测得某电介质在空气中的起偏角为 60°,求其折射率.

解: 根据布儒斯特定律,有

$$\tan i_B = \frac{n_2}{n_1}$$

则

$$n_2 = n_1 \tan i_B$$

而空气折射率 $n_1 = 1$,布儒斯特角 $i_B = 60°$. 则该电介质的折射率为

$$n_2 = \tan 60° = \sqrt{3} = 1.73$$

10-10 几何光学简介

10-10-1 几何光学的基本实验定律

1. 光的直线传播定律

光在均匀介质中沿直线传播.

2. 光的反射定律和折射定律

光入射到两种介质的分界面时,一般会产生反射和折射现象,如图 10-31 所示,形成反射光和折射光. 实验发现:

(1) 反射光线和折射光线都在由入射光线和分界面法线所构成的入射面内;

(2) 反射角等于入射角,即

$$i_1' = i_1 \tag{10-37}$$

这就是光的反射定律;

(3) 入射角的正弦与折射角的正弦之比与介质的折射率有关,即

$$\frac{\sin i_1}{\sin i_2} = n_{21} = \frac{n_2}{n_1}$$

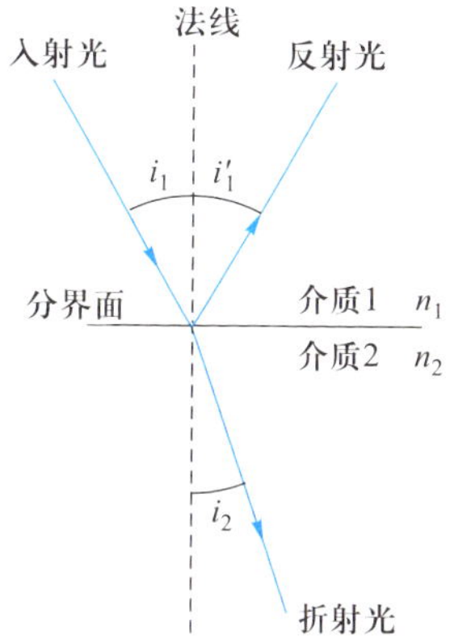

图 10-31 光的反射和折射

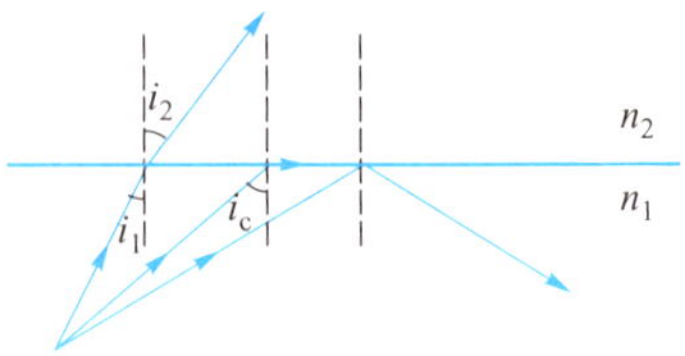

图 10-32 光的折射和全反射

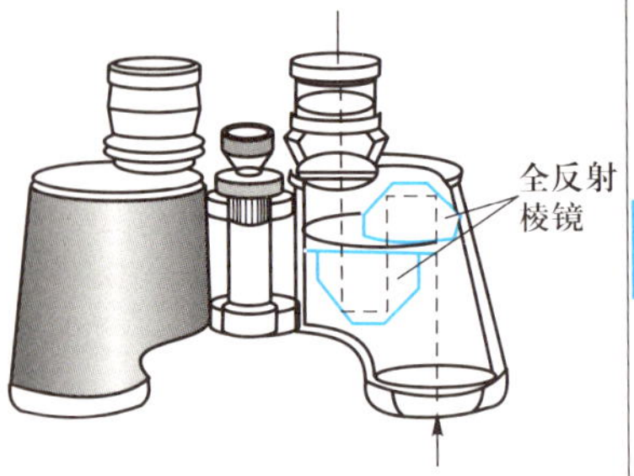

(a) 望远镜

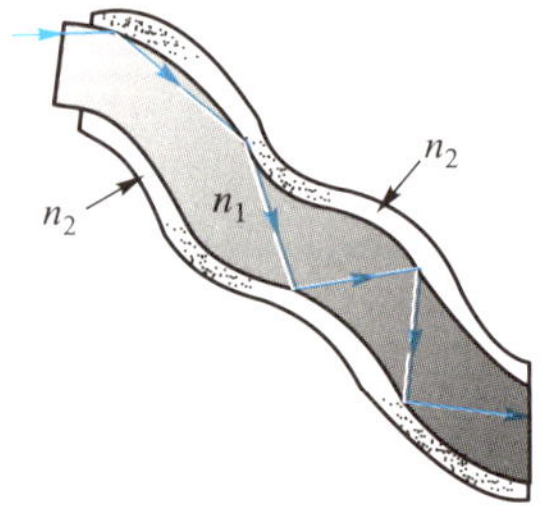

(b) 光纤

图 10-33 望远镜和光纤

文档:光纤及其应用

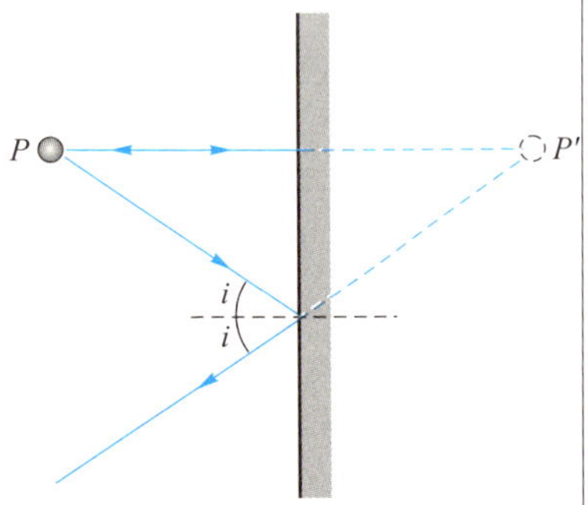

图 10-34 点光源反射成像的光路图

或

$$n_1 \sin i_1 = n_2 \sin i_2 \tag{10-38}$$

n_{21}称为介质 2 相对介质 1 的相对折射率. 这就是光的折射定律,也称为斯涅耳(W. Snell)定律.

3. 光的独立传播定律

光在传播过程中与其他光束相遇时,各光束都各自独立传播,不改变其性质和传播方向.

4. 光路可逆原理

当光线的方向返转时,光将循同一路径而逆向传播.

10-10-2 全反射

当光从折射率(n_1)大的介质(光密介质)入射到折射率(n_2)小的介质(光疏介质)的界面上,即 $n_1>n_2$,则 $i_2>i_1$,将折射角 $i_2=90°$时的入射角记为 i_c,称为临界角. 当入射角 $i_1 \geqslant i_c$ 时,光线就不再折射,而全部被反射,这种现象称为全反射,如图 10-32 所示. 全反射应用广泛,例如,望远镜中常用全反射棱镜来使光线偏折 90°;光导纤维(光纤)利用全反射将光约束在其内,使光线沿着光纤轴线方向传播,如图 10-33 所示.

10-10-3 光在平面上的反射和折射成像

1. 平面的反射成像

点光源 P 发射出的发散光照射在平面分界面,如平面镜上时,其反射光也是发散的. 所有反射光的反向延长线仍交于一点 P'. 因此,用平面镜能获得"完善"的点像,但这个点像不是由光线真实聚集而成的,称为虚像. 依此可知,由于物体乃由无限多点组成,所以,平面镜能获得"完善"的物之虚像. 图 10-34为点光源反射成像光路图. P'就是 P 的虚像,它们成镜面对称.

2. 平面的折射成像

与反射光不同,折射光的折射角与入射角不成线性关系. 因此,点光源的折射光的反向延长线一般不会相交于同一点,折射不能形成"完善"的像.

10-10-4 光在球面上的反射和折射成像

1. 球面镜的反射成像

运用反射定律可以证明如图 10-35 中的平行光入射到球形凹面镜时，其反射光线并不交于一点．但对于靠近球面对称轴（主光轴）的近轴光线而言（以后我们讨论的都属近轴光线，不再另加说明），如图 10-35 中的光线 1、2、3、4、5 则会交于一点．这一交点称为凹面镜的**焦点**，用 F 表示．利用反射定律及简单的几何关系可以证明，**焦距** f 等于球凹面**曲率半径** r 的 1/2，即 $f=r/2$．利用作图法可以确定像的位置和大小．事实上，只要选择物体端点发出的两条特殊光线，就可以简洁、快速地画出物体的成像图．在图 10-36(a)、(b)中，光线 1 平行于主光轴，反射后经过焦点 F；光线 2 通过焦点（或其反向延长线通过焦点），反射后平行于主光轴．这样，在图(a)的情形下，上述两光线反射线的延长线交点，就是物端点的虚像；而在图(b)的情形下，两反射线的交点乃是物端点的**实像**．

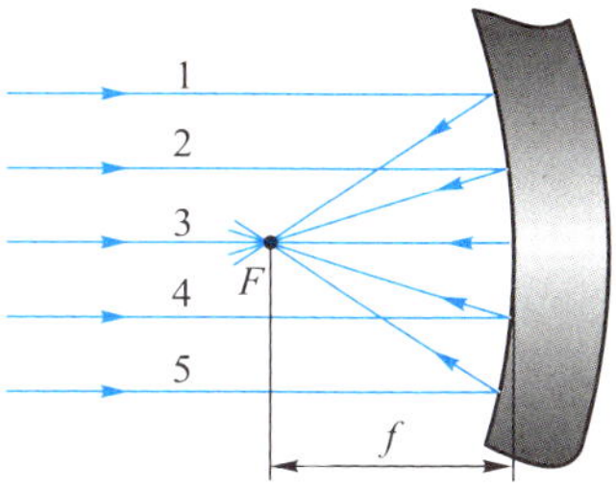

图 10-35　凹面镜的焦点

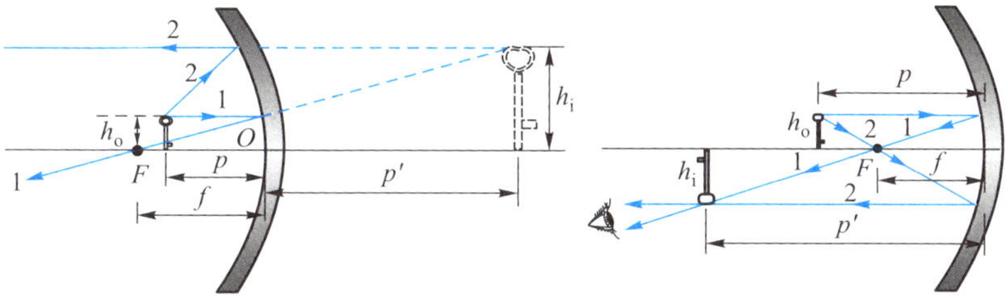

(a) 焦点之内　　(b) 焦点之外

图 10-36　凹面镜成像

球形凸面镜反射成像与凹面镜类似．一束平行于主光轴的平行光入射到凸面镜上，反射后光线发散，其反向延长线会聚于一点 F，该点为（虚）焦点，见图 10-37．与凹面镜对比，焦点在镜后．同样利用物体端点发出的两条特殊光线可方便地作出成像光路图，见图 10-37．凸面镜所成的像是虚像．

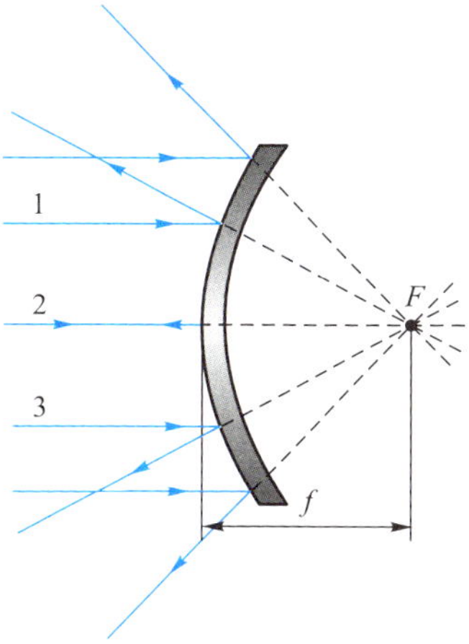

图 10-37　凸面镜焦点

若 p 为**物距**，p'为**像距**（皆从主光轴与镜面的交点 O 量起），则利用几何关系可以证明

$$\frac{1}{p}+\frac{1}{p'}=\frac{1}{f} \tag{10-39}$$

这就是球面镜的**反射成像公式**，在运用此公式时要注意正负号的规则：以球面顶点（球面与主光轴的交点）为分界点，入射光线方向自左向右为正向，则当物点、像点、焦点和曲率中心在顶点右侧时，物距、像距、焦距和曲率半径均为正；反之，在左侧则为负．例如图 10-36(a)中，$p<0, f<0, p'>0$；图 10-36(b)中，$p<0, f<0$，

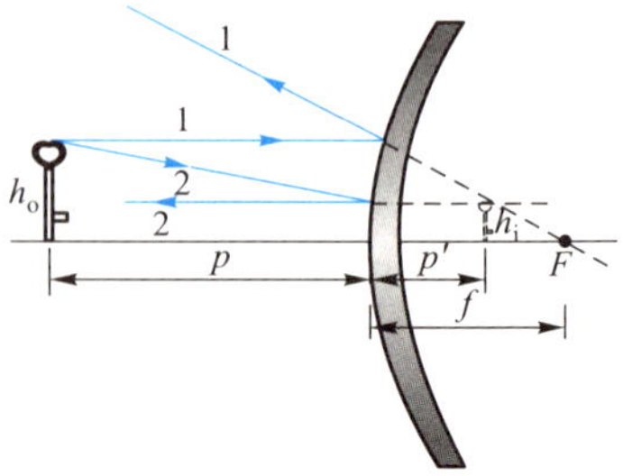

图 10-38 凸面镜成像

$p'<0$；图 10-38 中，$p<0$，$f>0$，$p'>0$.

2. 球面上的折射成像

（1）成像公式

如图 10-39 所示，主光轴上的物点 Q 在折射率为 n 的介质中发射出一条入射光，照射在介质折射率为 n'、半径为 r 的球体表面的 M 点，折射光线交于轴上的 Q'点．一般来说，由 Q 点发出的不同倾角的光线，折射后不再与主光轴交于同一点，即不存在唯一对应的成像关系．但若考虑近轴光线，则可以证明物与像有唯一对应的关系，且物距和像距遵从下述成像公式：

$$\frac{n'}{p'}-\frac{n}{p}=\frac{n'-n}{r} \tag{10-40}$$

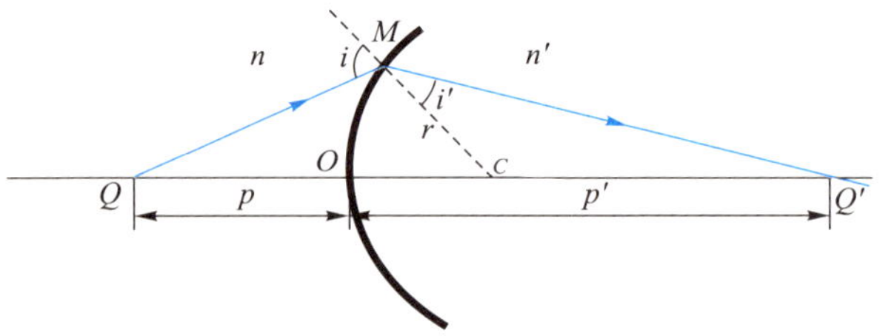

图 10-39 球面折射光路图

若式(10-40)中 $p\to\infty$，即入射光线平行于主光轴，其像点 F' 称为**像方焦点**，相应像距称为**像方焦距**，记为 f'；而当折射线平行于主光轴，即 $p'\to\infty$，其物点 F 称为**物方焦点**，相应的物距称为**物方焦距**，记为 f，于是由式(10-40)可知

$$f=-\frac{nr}{n'-n},\quad f'=\frac{n'r}{n'-n}$$

故式(10-40)也可表示为

$$\frac{f'}{p'}+\frac{f}{p}=1 \tag{10-41}$$

（2）横向放大率

一般说来，垂直于主光轴的物和像有不同的长度和正倒，若物高为 h_o，像高为 h_i，规定 h_i、h_o 在轴上方为正，下方为负．定义 $V=h_i/h_o$ 为**横向放大率**，见图 10-40，可以证明，V 与物距、像距及折射率的关系为

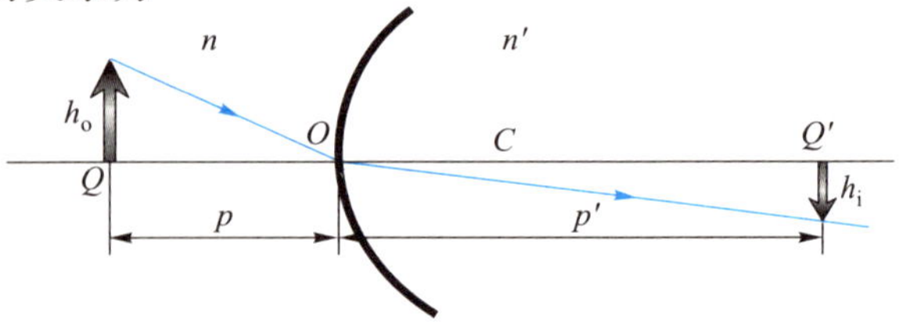

图 10-40 球面折射成像及其横向放大率

$$V=\frac{np'}{n'p} \qquad (10-42)$$

$V>0$ 表示像是正立的，$V<0$ 表示像是倒立的；$|V|>1$ 表示放大，$|V|<1$ 表示缩小．式(10-42)表明放大率与物高 h_o 无关，但这只限于近轴光线的情形；否则像与物的相似性不能保证，物体的像会变形．

对凹面的折射，上述各公式依然成立．

上述公式中，物距、像距、焦距以及曲率半径的正负选择规则仍与球面镜规则一致．

(3) 近轴光线的作图法

在近轴光线的条件下，选取下列两条特殊光线就能容易作图成像，如图 10-41 所示．平行于光轴的入射光折射后经过像方焦点 F'；经过物方焦点 F 的入射光折射后平行于光轴．两折射线(或其延长线)相交的点，即为所成的像．

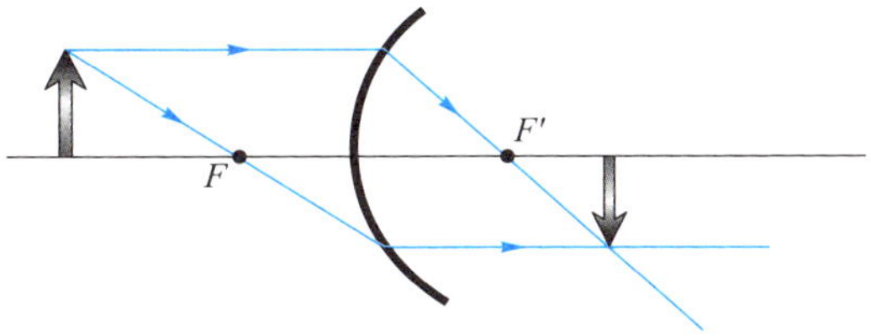

图 10-41 球面特殊光线作图法

10-10-5 薄透镜

如图 10-42 所示，透镜是由两个曲率半径分别为 r_1、r_2 的球面组成，通常透镜用玻璃或树脂制成，其折射率记作 n_L．透镜前后的介质折射率分别记作 n_o 和 n_i．若透镜的厚度 d 远小于两折射面曲率半径时，该透镜称为**薄透镜**．

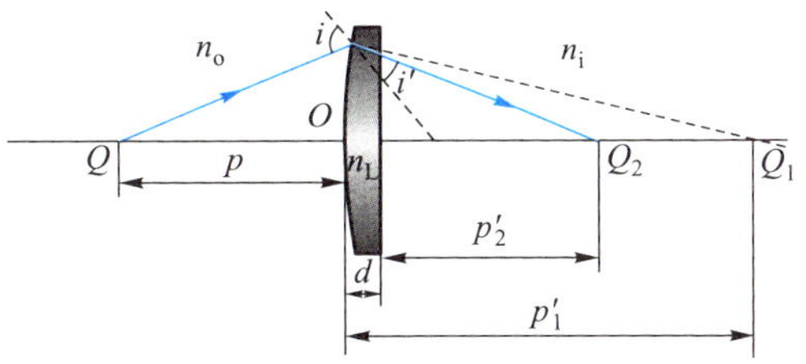

图 10-42 薄透镜成像

薄透镜有多种类型，中央厚、边缘薄的称为**凸透镜**(会聚)；边缘厚、中央薄的称为**凹透镜**(发散)．

1. 薄透镜的成像公式

在图 10-42 中，Q_1 是 Q 对 r_1 球面的像；Q_2 是 Q_1 对 r_2 球面的

像，于是 Q_2 即是 Q 的最终像．利用单球面成像关系式(10-41)两次，即可求出 Q 与 Q_2 之间的成像关系．在忽略透镜厚度 d，以 p' 替代最终成像的像距 p_2' 的情况下，我们省略具体的运算过程，直接给出相应的结果如下：

$$\frac{f'}{p'}+\frac{f}{p}=1 \tag{10-43}$$

通常，考虑透镜在空气中，$n_i=n_o\approx1$，可算得像方焦距 f' 和物方焦距 f 为

$$f'=-f=\frac{1}{(n_L-1)\left(\frac{1}{r_1}-\frac{1}{r_2}\right)} \tag{10-44}$$

此式被称为**磨镜者公式**．于是式(10-43)变为

$$\frac{1}{p'}-\frac{1}{p}=\frac{1}{f'} \tag{10-45}$$

这就是常用的**薄透镜成像公式**，在运用上式时，仍然要注意正负号的规则，即仍与球面反射类似：以薄透镜光心(薄透镜中心)为分界点，入射光线方向为正向，如入射光线自左向右，则当物点、像点、焦点和薄透镜两面的曲率中心在光心右侧时，物距、像距、焦距和曲率半径均为正；反之，在左侧则为负．如凸透镜的像方焦距 $f'>0$，凹透镜的像方焦距 $f'<0$．根据符号规则还可以界定出凸、凹透镜的类型．

图10-43是薄透镜的成像图．图中列出了**三条特殊光线：平行于主光轴的入射光线通过透镜后过像方焦点；过光心的入射光线折射后方向不变；过物方焦点的入射光线出射后平行于主光轴**．在具体作图确定像位置时，往往用其中两条光线就行了．

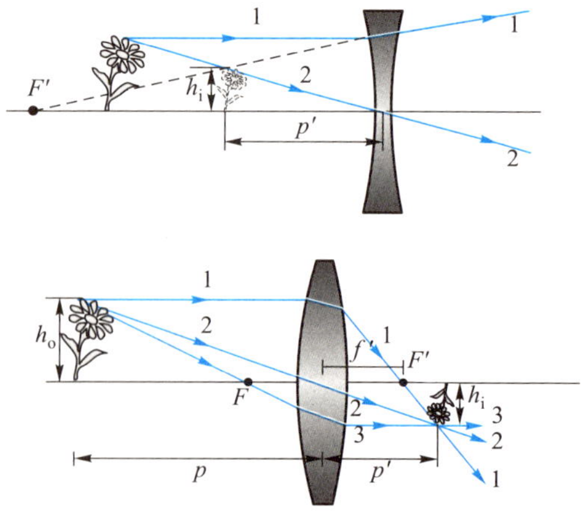

图 10-43 薄透镜成像图

2. 薄透镜成像特性

由式(10-45)可以绘出空气中的凸、凹透镜 p-p' 曲线(图 10-44),以此了解成像的特性.

由图可以清楚地看到物像距离关系和像的特性.比如在凸透镜中,当物距 $p=-2a=-2f'$ 时,像距 $p'=2a=2f'$,物像等高;$p<-a$ 时,所成像为实像,$-a<p<0$ 时,所成像为虚像.

3. 薄透镜的横向放大率

根据单球面折射横向放大率公式连续两次计算,可得薄透镜的**放大率**为

$$V=\frac{p'}{p} \tag{10-46}$$

放大率的正负及 $|V|$ 大于、等于和小于 1 的含义,与单球面时相同.

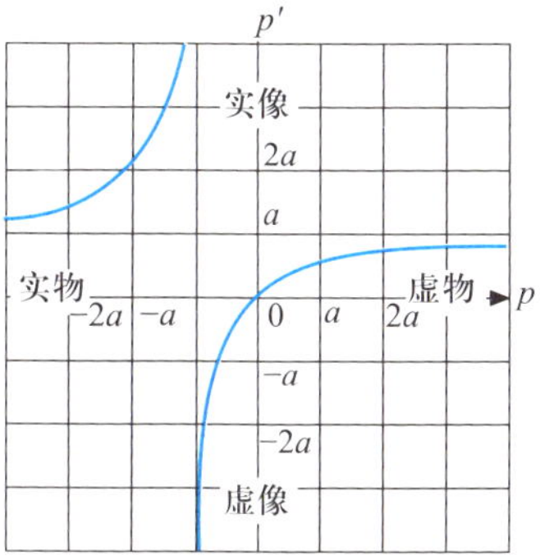

(a) 凸透镜 $f'=a>0$

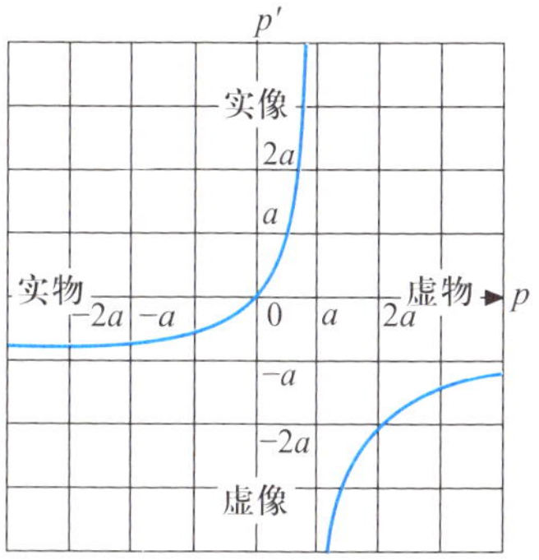

(b) 凹透镜 $f'=-a$

图 10-44 薄透镜成像性质图 ($|f|=a$)

10-10-6 显微镜、望远镜和照相机

显微镜、望远镜和照相机都是常用的光学仪器,它们都是由几个透镜组合而成的,处理透镜组合的基本方法是利用单透镜成像公式及放大率公式,逐次计算.这里介绍显微镜、望远镜和照相机的工作原理图及放大率的计算公式.

1. 显微镜

(1) 显微镜成像光路

显微镜的功能是使近距离微小物体成放大的像.根据此要求构建了由物镜(靠近物的透镜)和目镜(靠近观察者眼睛的透镜)组成的如图 10-45 所示的光路.通过调节各透镜相对于物的距离,使被观察的物体处在物镜物方焦点 F_o 外侧附近,并使它经物镜放大成实像于目镜物方焦点 F_e 内侧附近,从而能经目镜放大成虚像于人眼的明视距离 s_0(约 25 cm)附近.这样,就达到了显微镜观物的作用.

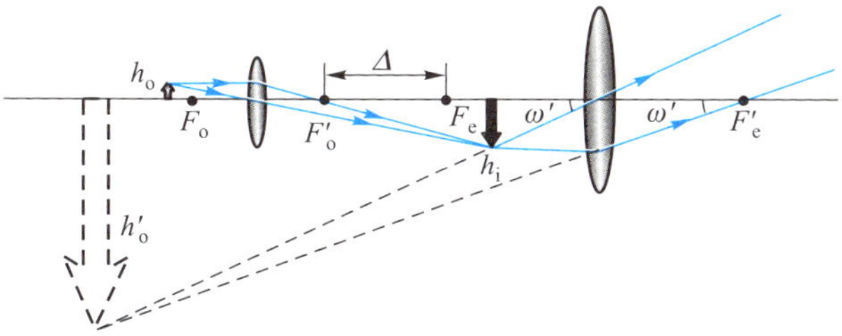

图 10-45 显微镜

(2) 显微镜的放大率

由于显微镜、望远镜等的作用是通过透镜放大物体对人眼的视角,从而达到获得放大了的物体像的目的. 因此,定义显微镜的视角放大率为 $M=\omega'/\omega$,其中 ω 为无显微镜时物体在明视距离 s_0 处对眼睛所张的视角,即 $\omega=h_o/s_0$,而 ω' 为通过显微镜最后成的虚像对眼所张的视角,它近似为前述实像对目镜的视角,即 $\omega'=h_i/f'_e$. 由于此时物镜的横向放大率 $h_i/h_o\approx-\Delta/f'_o$($\Delta$ 为光学筒长,即物镜像方焦点 F'_o 到目镜物方焦点 F_e 的距离,近似等于筒长,即物镜与目镜的间距),于是显微镜的视角放大率为

$$M=\frac{\omega'}{\omega}=\frac{h_i/f'_e}{h_o/s_0}=-\frac{s_0\Delta}{f'_o f'_e}=-\frac{s_0\Delta}{f_o f_e} \tag{10-47}$$

M 的正负与大小反映了物像的正倒和大小关系. 从式(10-47)中可以看出,为获得较大的放大率,显微镜目镜和物镜的焦距都很短,所以我们才能把筒长近似看成两焦点间的距离. 现代显微镜的 Δ 约定为 17~19 cm,因此改换不同焦距的目镜和物镜,就能获得不同的放大率.

2. 望远镜

(1) 望远镜成像光路

望远镜的结构和光路与显微镜有些类似,只是望远镜的功能是对远处物体成视角放大的像. 根据此要求构建了如图 10-46 所示的光路.

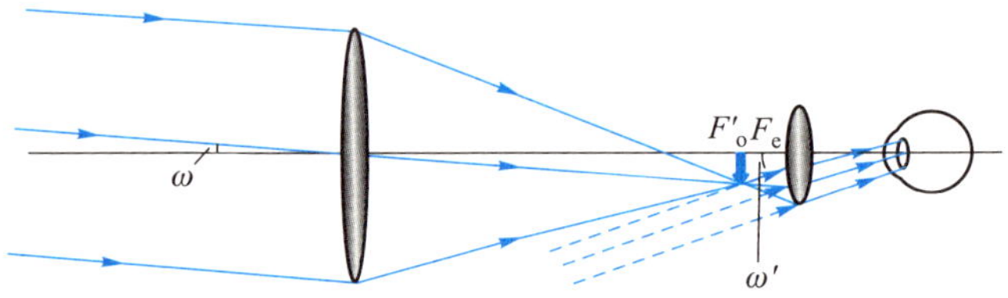

图 10-46 望远镜

通常物镜的像方焦点 F'_o 和目镜的物方焦点 F_e 几乎重合. 这就使望远镜所成之像对人眼的视角,比之人眼直接观察远物时的视角要大许多,远处的物体似乎被移近了,因此望远镜的放大作用与显微镜不同. 当然,远物不可能被移近,因此望远镜物镜所成的像比远物小许多,而显微镜的物镜是真的把微小物体放大了.

(2) 望远镜的放大率

由于物距非常大,物对眼睛所张的视角实际上与物对物镜所张的视角 ω 一样,即,$\omega=-h_i/f'_o$(因为 $h_i<0, f'_o>0$),而 $\omega'=h_i/f'_e$. 故望远镜的放大率为

$$M=\frac{\omega'}{\omega}=\frac{h_i/f'_e}{-h_i/f'_o}=-\frac{f'_o}{f'_e} \tag{10-48}$$

文档:球面射电望远镜 FAST

由此式可以看出，增大望远镜的物镜焦距并减小目镜焦距，就能显著提高望远镜的放大率．

3．照相机

照相机的功能是将远处的物会聚成缩小的实像于感光器件上．照相机的结构和光路如图 10-47 所示．

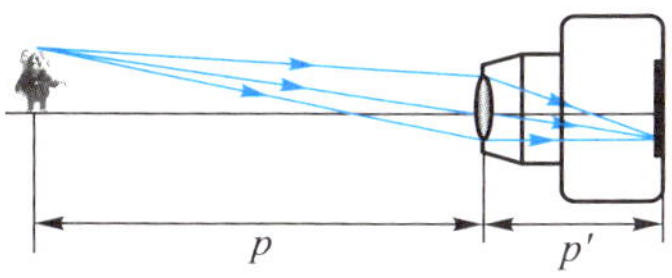

图 10-47　照相机

照相机较之上述两种仪器多一个辅助部分——光阑．它设置在镜头上，其作用有二：一是影响感光器件接收的光通量；二是影响景深．景深是照相机允许清晰成像的物点前后空间的范围．一般来说光阑直径大，曝光量大，但景深短；光阑直径小，曝光量小，但景深长．不过，曝光量的控制还可以利用快门调节曝光时间来达到．总之，在使用照相机时，应充分兼顾这三者之间的关系，作出恰当的调配．

例 10-10

某人是近视眼，他的远点（眼睛睫状肌完全松弛时所能看清楚的点）为 0.2 m，为使其在戴上眼镜后远点恢复到无穷远，他应佩戴怎样的眼镜？

解：薄透镜成像公式为

$$\frac{1}{p'}-\frac{1}{p}=\frac{1}{f'}$$

根据题意可知，$p\to-\infty$，$p'=-0.2\ \text{m}$．可得

$$f'=-0.2\ \text{m}$$

即应佩戴焦距为 0.2 m 的凹透镜（发散）眼镜．在光学中，定义光焦度 $\Phi=\frac{1}{f'}$，当 f' 以 m 为单位时，光焦度的单位为屈光度（D）．其 100 倍称为度．本题中

$$\Phi=\frac{1}{f'}=-\frac{1}{0.2\ \text{m}}=-5\ \text{D}$$

因此，应佩戴 500 度的近视眼镜（凹透镜）

应用案例　应用激光干涉探测引力波

1915 年，爱因斯坦提出广义相对论，广义相对论是 20 世纪人类在自然科学领域所取得的最辉煌的成就之一．引力波（GW）是广义相对论最重要的预言，它是时空弯曲的一种效应．

引力波不仅是检验广义相对论正确性最重要也是最后的一环，也是人类探索宇宙奥秘的全新工具．因此，在广义相对论被提出后的 100 年里，人们一直在尝试探测引力波，引力波探测成为当代物理学最重要的前沿领域之一．20 世纪 60 年代，美国物

理学家韦伯(Weber)建立了世界上第一个引力波探测器——共振棒,使引力波的研究从理论进入实验探测时代,引起引力波探测热潮,但由于其灵敏度低、频带窄等原因,至今未能成功.

应用光的干涉方法探测引力波的想法在 20 世纪 60 年代被提出.20 世纪 80 年代,激光干涉引力波探测器的小型样机诞生.20 世纪 90 年代,一些大型激光干涉引力波探测器开始建立. 近几年,相继建成几台千米级的激光干涉引力波探测器并投入运行,引力波探测进入了一个新时代.

激光干涉引力波探测器是一台改进的迈克耳孙干涉仪,其基本结构如图 10-48 所示,包括迈克耳孙干涉仪、法布里-珀罗腔、光循环镜等.

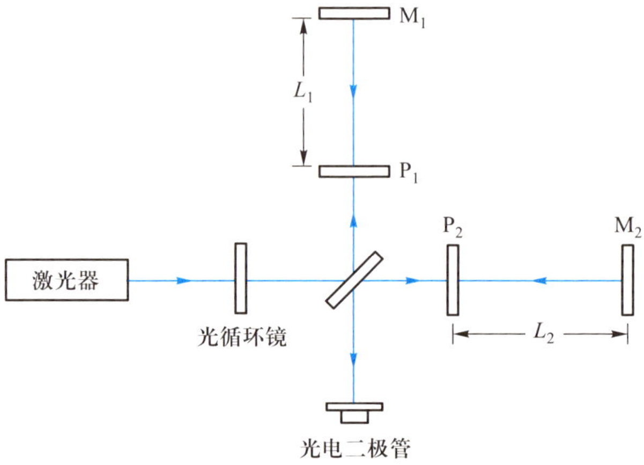

图 10-48 激光干涉引力波探测器基本结构

激光器射出的一束激光,经干涉仪相互垂直的两臂后,产生干涉,由光电二极管探测信号.

两束光在两臂中回返一次的相位差为

$$\Delta\varphi=\frac{2\pi}{\lambda}(L_2-L_1)+\pi$$

干涉光强为

$$I=I_1+I_2+2\sqrt{I_1I_2}\cos\Delta\varphi$$

若两束光强度相等,设为 I_0,即 $I_1=I_2=I_0$,上式为

$$I=2I_0(1+\cos\Delta\varphi)$$

若干涉仪两臂长度相等,即 $L_1=L_2$,则 $\Delta\varphi=\pi$,干涉相消,有

$$I=0$$

光探测器输出信号为 0. 当引力波到来时,两个臂长发生相反的变化,一臂伸长另一臂缩短,两束光干涉相消条件被打破,设此时,$L_2-L_1=\Delta L$,有

$$\Delta\varphi=\frac{2\pi}{\lambda}\Delta L+\pi$$

$I\neq 0$,光探测器有信号输出,信号大小与光程差(相位差)有关,亦即输出信号与引力波强度有关. 探测到此信号即可表明探测到引力波.

由于引力波的效应极其微弱,引起的干涉仪两臂长度的变化十分微小,所以激光干涉引力波探测器设计时在增大臂长的同时,在两臂中各加入了一个法布里-珀罗腔(由 P_1 和 M_1、P_2 和 M_2 组成),使光束在两臂中多次反射,增大光程,从而大大提高探测灵敏度.

美国激光干涉引力波天文台(LIGO)建立了臂长为 4 km 的干涉仪,于 2015 年 9 月 14 日,首先探测到引力波(GW150914),这是来自两个恒星质量量级的黑洞并合所产生的引力波信号. 2015 年 12 月 26 日,再次探测到引力波(GW151226).

在爱因斯坦发表广义相对论的 100 周年之际,应用光的干涉原理,人类首次探测到引力波,这个划时代的发现将产生重大而深远的影响.

思考题

10-1 在杨氏双缝干涉实验中,作如下改变,屏幕上的干涉条纹将如何变化?

(1) 将光源由波长为 589.3 nm 的钠黄光换成波长为 632.8 nm 的氦氖激光;

(2) 将整个装置浸入水中;

(3) 将双缝间距 d 增大;

(4) 将屏幕向双缝平移靠近.

10-2 在双缝干涉实验中,若将缝 S_2 遮住,并在 S_1 与 S_2 连线的垂直平分面处放一平面镜,如图所示,屏幕上的条纹如何变化?

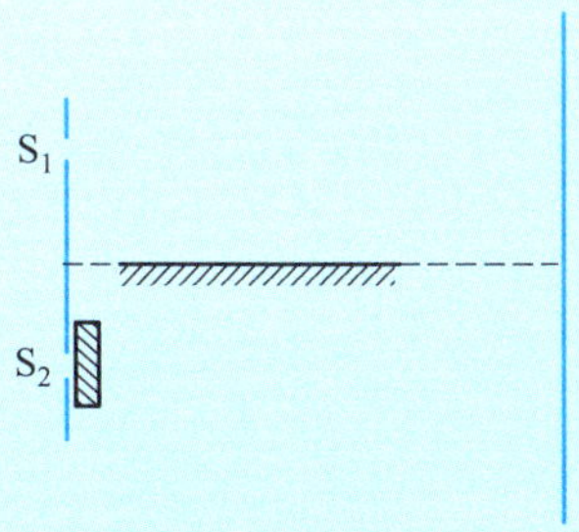

思考题 10-2 图

10-3 刚吹起的肥皂泡(很小时)看不到有什么彩色,当肥皂泡吹大到一定程度时,会看到有彩色,而且这些彩色随着肥皂泡的增大而改变. 试解释此现象,当肥皂泡大到将要破裂时,将呈现什么颜色? 为什么?

10-4 一般照相机的镜头呈现什么颜色? 为什么?

10-5 两块平板玻璃构成空气劈尖,左边为棱边,用单色平行光垂直入射. 若上面的平板玻璃慢慢地向上平移,干涉条纹有何变化? 若上面的平板玻璃以棱边为轴,沿逆时针方向做微小转动,则干涉条纹有何变化?

10-6 工业上常用表面经过精密加工、作为标准的平板玻璃(称为光学平面验规)来检验金属平面的平整程度. 如图所示,将验规放在待检平面上形成一个空气劈尖,并用单色光照射,观察到干涉条纹如图所示,问图中 A 处,待检平面是凸起还是凹下?

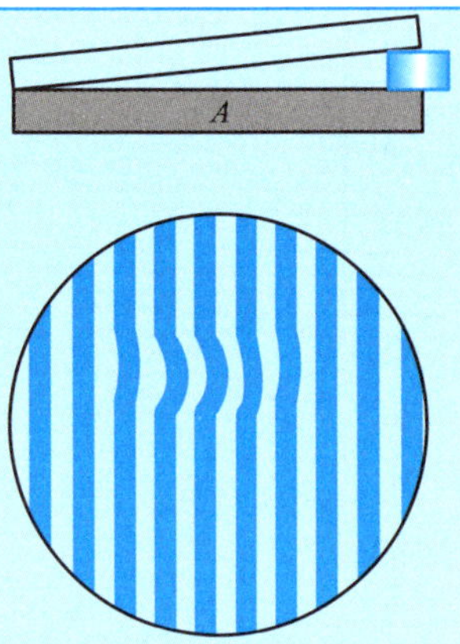

思考题 10-6 图

10-7 三种透明材料构成的牛顿环装置如图所示，图中数字为该处的折射率．用单色光垂直照射，反射光的干涉图样是怎样的？请大致将其画出来．

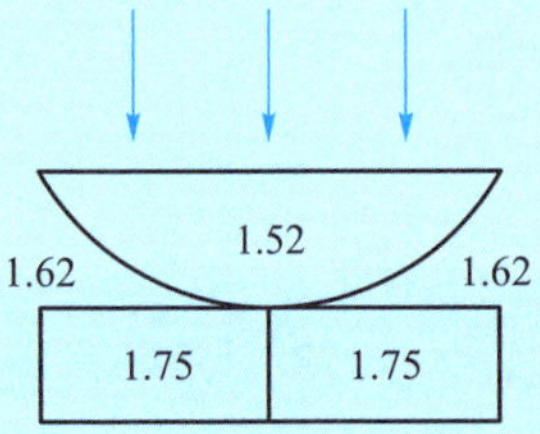

思考题 10-7 图

10-8 为什么窗玻璃在日光照射下我们观察不到干涉条纹？

10-9 在杨氏双缝干涉实验中，如果将一个狭缝的宽度加宽一些，屏幕上的干涉条纹将有什么变化？

10-10 为什么无线电波能绕过建筑物，而光波却不能？

10-11 俗话说："隔着门缝看人，把人看扁（贬）了．"从波动光学的角度看，此话有道理吗？

10-12 在如图所示的单缝夫琅禾费衍射实验中，讨论下列情况衍射图样的变化：

（1）狭缝变窄；

（2）入射光的波长增大；

（3）单缝垂直于透镜光轴稍微向上平移；

（4）单缝沿透镜光轴方向向透镜平移．

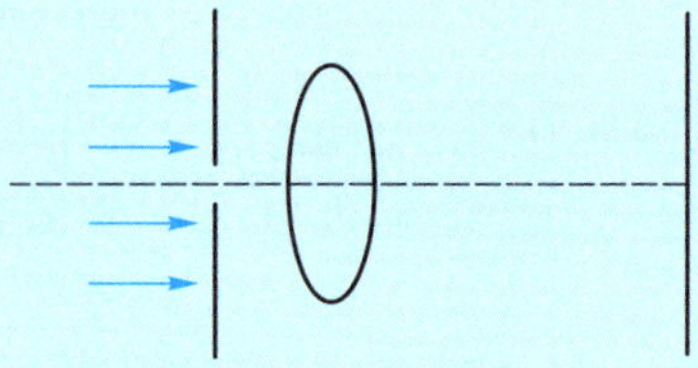

思考题 10-12 图

10-13 如何用菲涅耳波带法解释夫琅禾费单缝衍射其他各级明纹的光强随着级次 k 的增大而减小？

10-14 用肉眼观察远处的灯，有时会看到它周围有光芒辐射，这种现象是如何产生的？

10-15 如何计算夫琅禾费单缝衍射的光强分布？能否应用计算软件进行模拟？

10-16 光栅衍射和单缝衍射有何区别？为什么光栅衍射的明纹特别明亮？

10-17 若一个光栅的透光部分的宽度和不透光部分的宽度相等，一束平行单色光垂直入射，将看到怎样的衍射图样？

10-18 光的衍射现象和干涉现象有何异同？

10-19 如何用实验来鉴别自然光、线偏振光和部分偏振光？

10-20 从一池静水的表面上反射出来的太阳光是什么光？若是线偏振光，则太阳在地平线之上的仰角是多大？水的折射率为 1.33.

10-21 当一束光射到两种透明介质的分界面上时，会发生只有透射而无反射的情况吗？

10-22 为什么金刚石比磨成相同形状的玻璃仿制品显得更加光彩夺目？

10-23 要从平面镜中看到自己的全身，平面镜至少需多高？

10-24 凸面镜与凸透镜成像有何不同？

习题

10-1 波长为 500 nm 的单色平行光垂直照射在间距为 0.5 mm 的双狭缝上，在离狭缝 1 200 mm 的光屏上形成干涉图样．

(1) 求干涉条纹的间距；

(2) 如果用厚度为 0.01 mm、折射率为 1.58 的透明薄膜覆盖在 S_1 缝后面，求干涉条纹移动的距离和方向．

10-2 在杨氏实验装置中，光源波长为 640 nm，两狭缝间距为 0.4 mm，光屏离狭缝的距离为 50 cm．

(1) 求光屏上第 1 级亮纹和中央亮纹之间的距离；

(2) 若 P 点离中央亮纹为 0.1 mm，问两束光在 P 点的相位差是多少？

10-3 如图所示为用双光束干涉来测定空气折射率 n 的装置．实验前，在长度为 l 的两个相同密封玻璃管内都充以一大气压的空气．现将上管中的空气逐渐抽去，

(1) 光屏上的干涉条纹将向什么方向移动？

(2) 当上管中空气抽到完全真空时，发现屏上波长为 λ 的干涉条纹移动 N 条，试计算空气的折射率．

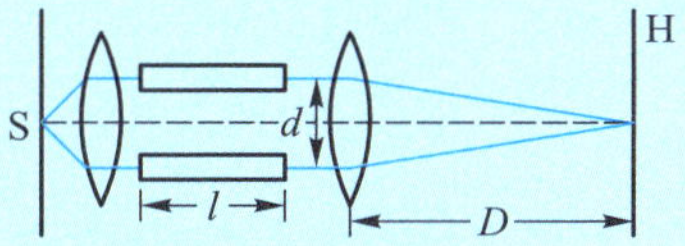

习题 10-3 图

10-4 在折射率 $n=1.50$ 的玻璃上，镀上 $n'=1.35$ 的透明介质薄膜．入射光垂直于介质膜表面照射，观察反射光的干涉，发现对 $\lambda_1=600$ nm 的光干涉相消，对 $\lambda_2=700$ nm 的光干涉相长，且在 600～700 nm 之间没有别的波长是最大限度相消或相长的情形，求所镀介质膜的厚度．

10-5 如图所示，利用空气劈尖测细丝直径，已知 $\lambda=589.3$ nm，$l=2.888\times10^{-2}$ m，测得 30 条条纹的总宽度为 4.295×10^{-3} m，求细丝直径 d．

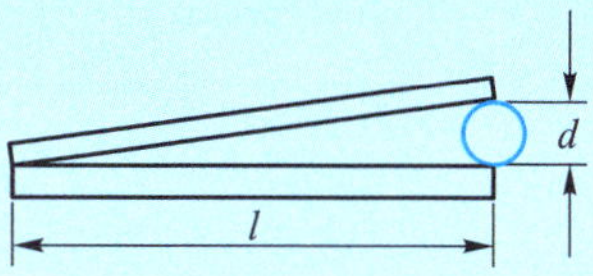

习题 10-5 图

10-6 在 Si 的表面上镀了一层厚度均匀的 SiO_2 薄膜，为了测量薄膜的厚度，将它的一部分磨成劈形．现用波长为 600 nm 的平行光垂直照射，观察反射光形成的干涉条纹．图中 AB 段共有 6 条暗纹，且 B 处恰好是一条暗纹，求薄膜的厚度．(Si 的折射率为 3.42，SiO_2 的折射率为 1.50.)

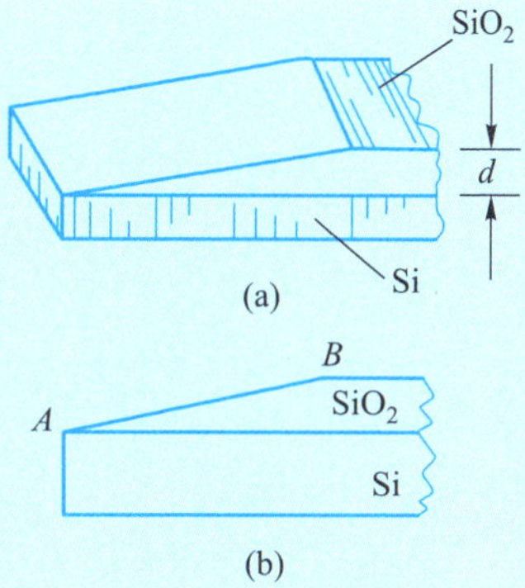

习题 10-6 图

10-7 用波长 $\lambda=500$ nm 的单色光垂直照射在由两块玻璃板构成的空气劈尖上(一端刚好接触成为劈棱)，劈尖角 $\theta=2\times10^{-4}$ rad，如果劈尖内充满折射率 $n=1.40$ 的液体．求从劈棱数起第 5 级明纹在充入液体前后移动的距离．

10-8 白光垂直照射到空气中一厚度为 380 nm 的肥皂水膜上，试问水膜表面呈现什么颜色？(肥皂膜的折射率为 1.33.)

10-9 如图所示，折射率 $n_2=1.2$ 的油滴落在 $n_3=1.50$ 的平板玻璃上，形成一上表面近似于球面的油膜，测得油膜中心最高处的高度 $d_m=1.1$ μm，用 $\lambda=600$ nm 的单色光垂直照射油膜．

(1) 油膜周边是暗环还是明环？

(2) 整个油膜可看到几个完整暗环？

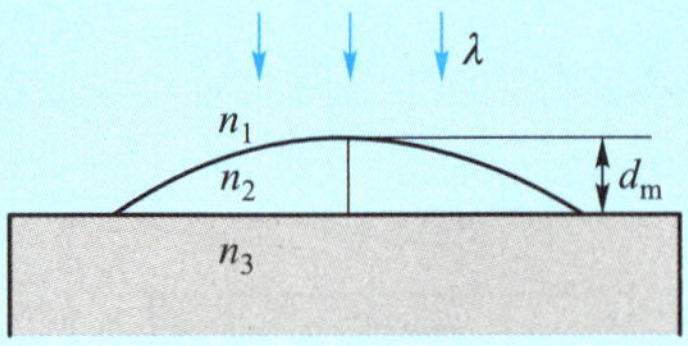

习题 10-9 图

10-10 平行单色光垂直入射在缝宽 $b=0.15$ mm 的单缝上，缝后有焦距 $f=400$ mm 的凸透镜，在其焦平面上放置观察屏，测得屏上中央明纹两侧的两个第 3 级暗纹之间的距离为 8 mm，试求入射光的波长．

10-11 波长为 600 nm 的单色光垂直入射在宽度 $b=0.10$ mm 的单缝上，观察夫琅禾费衍射图样，透镜焦距 $f=1.0$ m，屏在透镜的焦平面处．试求：

（1）中央衍射明纹的宽度 Δx_0；

（2）第 2 级暗纹离透镜焦点的距离 x_2．

10-12 如图所示，一雷达位于路边 15 m 处，它发射的微波波长是 18 mm，射束与公路成 15°角，假如发射天线的输出口宽度 $b=0.10$ m，则它监视的公路长度大约是多少？

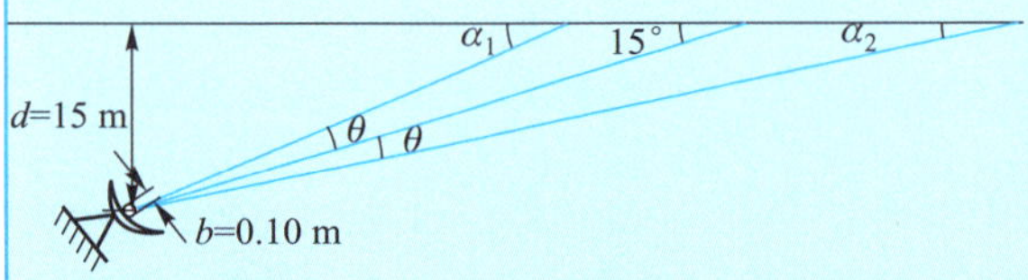

习题 10-12 图

10-13 波长为 480 nm 的平行单色光，垂直照射到宽度为 0.4 mm 的狭缝上，缝后放一焦距为 60 cm 的会聚透镜，在焦平面处有一接收屏，屏上有一点 P．分别计算当缝的两边到 P 点的相位差为 $\frac{\pi}{2}$ 和 $\frac{\pi}{6}$ 时 P 点离焦点的距离．

10-14 如图所示，狭缝宽度 $b=0.60$ mm，透镜焦距 $f=0.40$ m，一与缝平行的屏 H 放在透镜焦平面处，若以单色平行光垂直照射狭缝，则在屏上离 O 点 $x=1.4$ mm 的 P 点看到衍射明纹．试求：

（1）该入射光的波长；

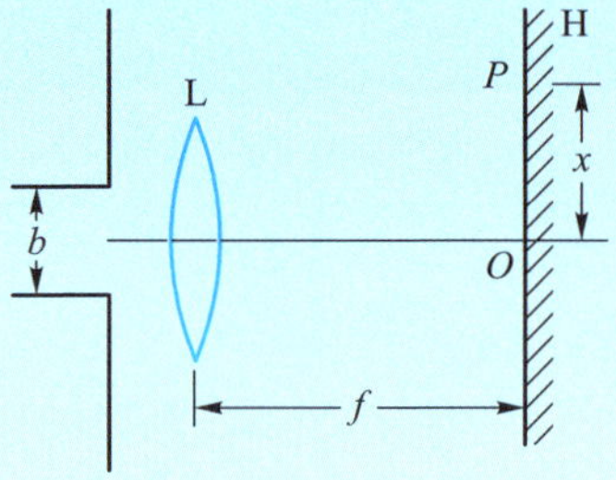

习题 10-14 图

（2）P 点条纹的级数；

（3）从 P 点看，对该光波而言，狭缝处的波阵面可作半波带的数目．

10-15 用钠光（$\lambda=589.3$ nm）垂直照射到某光栅上，测得第 3 级光谱的衍射角为 60°．

（1）若换用另一光源测得第 2 级光谱的衍射角为 30°．求后一光源发光的波长；

（2）若以白光（400～760 nm）照射在该光栅上，求第 2 级光谱的张角．

10-16 一衍射光栅，每厘米有 200 条透光缝，每条透光缝宽 $b=2\times10^{-3}$ cm，在光栅后放一焦距 $f=1$ m 的凸透镜，现以 $\lambda=600$ nm 的单色平行光垂直照射光栅．试问：

（1）透光缝的单缝衍射中央明纹宽度为多少？

（2）在该宽度内有几个光栅衍射主极大？

10-17 由强度为 I_a 的自然光和强度为 I_b 的线偏振光混合而成的一束入射光，垂直入射在一块偏振片上，当以入射光方向为转轴旋转偏振片时，出射光将出现最大值和最小值，其比值为 n．试求出 $\frac{I_a}{I_b}$ 与 n 的关系．

10-18 将三个偏振片叠放在一起，第二块和第三块偏振片的偏振化方向分别与第一块偏振片的偏振化方向成 45°和 90°角．

（1）强度为 I_0 的自然光垂直入射到这一堆偏振片上，试求经过每一块偏振片后的光强和偏振状态；

（2）如果将第二块偏振片抽走，情况又如何？

10-19 如图所示是一种外腔式激光器的谐振腔，在腔的两端装有布儒斯特窗 B，可提高激光输出功率并输出线偏振光，试解释其工作原理.若对于输出波长，布儒斯特窗材料折射率为 1.732，求布儒斯特窗与腔轴线所成的角 α.

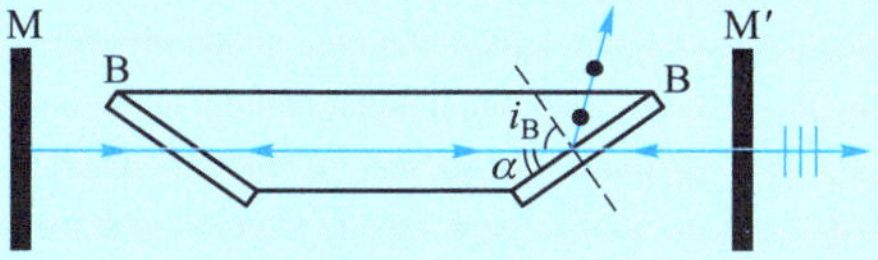

习题 10-19 图

10-20 一束自然光由空气入射到某种不透明介质的表面上，今测得此不透明介质的起偏角为 56°，求这种介质的折射率．若把此种介质放入水（折射率为 1.33）中，使自然光自水中入射到该介质表面上，求此时的起偏角．

10-21 如图所示，设光纤内层材料的折射率为 n_1，外层材料的折射率为 n_2（$n_1>n_2$），光纤外是空气．若要使光线能在光纤中传播，其最大的入射角为多大？

习题 10-21 图

10-22 一高 1.0 cm 的物体放在一曲率半径为 30 cm 的凹面镜正前方 10.0 cm 处．

（1）画出成像光路图；

（2）求像的位置和放大倍数．

10-23 将一根短金属丝置于焦距为 35 cm 的会聚透镜的主轴上，离开透镜的光心为 50 cm 处，如图所示.

（1）试绘出成像光路图；

（2）求金属丝的成像位置.

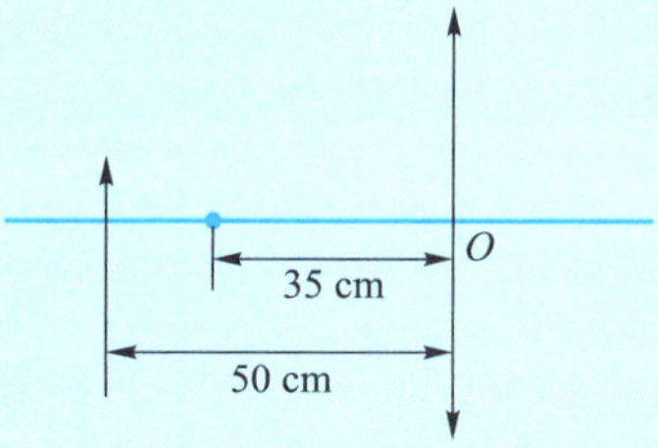

习题 10-23 图

第 10 章参考答案

第 11 章　相对论基础

NOTE

19 世纪后期,随着牛顿力学、热力学和统计物理学、光学、电磁学和电动力学的相继建立,人们习惯上所称的经典物理已趋于完备,并取得了很大的成就．许多物理学家都认为,在物理学中作出新的基础性发现的年代已经过去了,今后的工作仅是使已有的物理规律进一步完善,并将其应用于具体问题中．

然而,就在物理学家们认为物理学的大厦已经建成之时,一些新的实验事实却给经典物理以强烈的冲击,这些事实和冲击主要有三个方面,一是 1887 年迈克耳孙-莫雷实验否定了绝对参考系的存在;二是 1900 年瑞利和金斯用经典的能量均分定理来解释热辐射现象时,出现了所谓的“紫外灾难”;三是 1897 年 J. J. 汤姆孙发现了电子,说明原子不是物质的基本单元,原子是可分的．对此,经典物理无法作出正确解释,遇到极大的困难,正如著名物理学家开尔文所说:“在物理学晴朗的天空中飘浮着两朵乌云.”

面对经典物理的困境,一些清醒、敏锐而勇于创新的物理学家,重新思考物理学的一些基本问题,物理学的世界很快就发生了翻天覆地的变化．1900 年,普朗克引入了一个革命性的新概念——能量子;1905 年,爱因斯坦提出了一个革命性的新观念——狭义相对论．从而,物理学发生了自诞生以来意义最深远的革命,进入了更为辽阔的领域,近代物理随之诞生了．

相对论是近代物理的两大支柱之一．相对论是在研究电磁波的传播问题时产生的．爱因斯坦在坚信电磁场理论正确性的同时,革命性地提出了以光速不变原理和普遍相对性原理为基础的狭义相对论,彻底改变了有关时间、空间和运动的观念,揭示了质量和能量的内在联系．他进而通过有关万有引力本质的探索,建立了广义相对论．本章主要介绍狭义相对论的基本知识,包括:狭义相对论的基本原理、狭义相对论时空观和狭义相对论动力学的主要结论等.最后简要介绍广义相对论的基本知识．

11-1 狭义相对论的基本概念

11-1-1 伽利略变换式 经典时空观

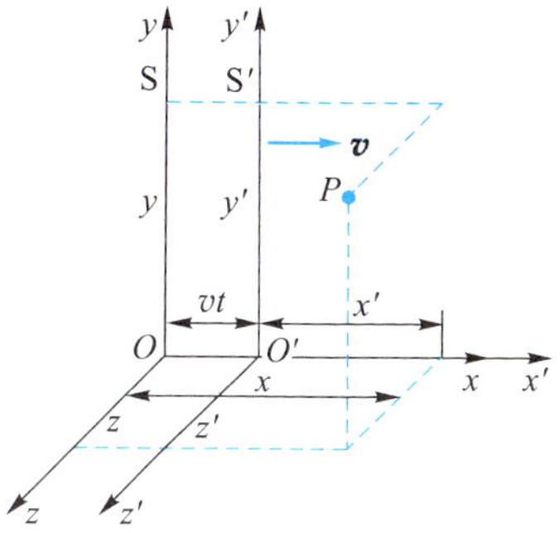

图 11-1 两个惯性参考系

物体运动情况的描述是相对于参考系而言的．如图 11-1 所示，两个惯性参考系 S($Oxyz$)和 S'($O'x'y'z'$)对应的坐标轴平行，起始时重合，且 S'系相对 S 系沿 Ox 轴正方向以速度 $\boldsymbol{v}$ 运动．可知，在时刻 t，P 点在这两个参考系中的位置坐标有如下关系：

$$\begin{cases} x'=x-vt \\ y'=y \\ z'=z \end{cases} \tag{11-1}$$

在经典力学中，时间的量度与参考系无关，将时间的绝对性考虑进来，式(11-1)应写为

$$\begin{cases} x'=x-vt \\ y'=y \\ z'=z \\ t'=t \end{cases} \quad 或 \quad \begin{cases} x=x'+vt \\ y=y' \\ z=z' \\ t=t' \end{cases} \tag{11-2}$$

这些变换式称为伽利略时空变换式．

若在 S'系中沿 $O'x'$轴放置一根细棒，棒两端点在 S'系和 S 系中的坐标分别为 x'_1、x'_2和 x_1、x_2，则由式(11-2)可知，该棒的长度为

$$l=x_2-x_1=x'_2-x'_1=l'$$

上式表明，由惯性系 S 和 S'分别量度同一物体的长度时，按伽利略变换式所得的量值是相同的，与两惯性系的相对速度 $\boldsymbol{v}$ 无关．因此，在经典力学中，空间的量度与参考系无关．

将式(11-1)对时间求一阶导数，即得经典力学的速度变换式：

$$\begin{cases} u'_x=u_x-v \\ u'_y=u_y \\ u'_z=u_z \end{cases} \tag{11-3}$$

其中 u'_x、u'_y、u'_z 是 P 点对于 S'系的速度分量，u_x、u_y、u_z 是 P 点对 S 系的速度分量，式(11-3)称为伽利略速度变换式．此式表明，质点相对于不同惯性系的速度是不同的．

将式(11-3)对时间求一阶导数，即得经典力学的加速度变换式：

$$\begin{cases} a_x' = a_x \\ a_y' = a_y \\ a_z' = a_z \end{cases} \tag{11-4a}$$

其矢量形式为

$$\boldsymbol{a}' = \boldsymbol{a} \tag{11-4b}$$

上式表明，对于不同惯性系，加速度是相同的．由于经典力学认为质点的质量是与运动状态无关的常量，所以，由式(11-4)可得，牛顿运动定律的形式在两个惯性系中是相同的，即有

$$\boldsymbol{F} = m\boldsymbol{a}, \quad \boldsymbol{F}' = m\boldsymbol{a}'$$

即牛顿运动方程对伽利略变换式来讲是不变式．由此可推断出经典力学的相对性原理，即牛顿力学的一切规律对于所有的惯性系具有相同的形式．这就是牛顿力学的相对性原理．

在伽利略变换下，时间和空间均与参考系无关，是绝对的，这就是经典力学的绝对时空观．伽利略变换式是经典时空观的数学表述．

经典力学在宏观、低速的情况下是有效的．然而，对于涉及运动速度接近或等于光速的物理现象，经典力学的基本观念受到了挑战．

11-1-2 狭义相对论的基本原理

微课：狭义相对论的两条基本原理

19 世纪后期，麦克斯韦电磁理论建立，预言了电磁波的存在，并且确定了光是电磁波．在光的电磁理论发展初期，人们认为宇宙间充满一种称为“以太”的介质，光和电磁波是靠以太来传播的，在相对以太静止的参考系中，电磁波在真空中沿各个方向的传播速度都等于常量 c，这个参考系被称为“以太参考系”，也就是所谓的绝对参考系．

当时有许多物理学家设计各种实验寻找以太参考系，其中最著名的是迈克耳孙和莫雷所做的实验．假设地球在以太中穿行，以太完全不为地球运动所带动，他们应用迈克耳孙干涉仪(详见 10-3-4)，来测量地球相对于以太的绝对运动．实验时先让一条光路沿地球运动的方向，观察干涉条纹，然后将干涉仪旋转 90°，使另一条光路沿地球运动的方向，根据地球相对于以太的绝对运动的速度与光速在方向上的不同，应该观察到干涉条纹的移动，从而求得地球相对于以太的绝对速度．

然而，迈克耳孙和莫雷在不同条件下进行了多次实验，却始

终未观察到干涉条纹的移动．迈克耳孙-莫雷实验的结果告诉人们，作为绝对参考系的以太并不存在．

1905年，爱因斯坦摒弃了以太假说和绝对参考系的假设，在前人工作的基础上，提出了狭义相对论的两条基本原理：

（1）狭义相对性原理　物理定律在所有的惯性系中都具有相同的表达形式，即所有惯性参考系对于描述物理现象都是等价的．狭义相对性原理是伽利略相对性原理的推广，它将惯性系对于力学规律的等价性推广到包括力学和电磁学在内的一切物理规律上去．也说明了绝对静止的参考系是不存在的．

（2）光速不变原理　真空中的光速是常量，它与光源或观测者的运动无关，即与惯性参考系的选择无关．

这两条原理是狭义相对论的基础，意义非常深远．作为20世纪初物理学的两项最伟大而深刻的变革之一，狭义相对论对人类社会的发展产生了极其重大的影响．

爱因斯坦(1879—1955)

文档：爱因斯坦

文档：国际物理年

微课：洛伦兹变换

11-1-3 洛伦兹变换式

显然，伽利略变换与狭义相对论的基本原理不相容．爱因斯坦根据狭义相对论的两条基本原理，建立了新的时空坐标变换式，称为洛伦兹变换式．

设有两个惯性系S和S′，其中惯性系S′沿$O'x'$轴以速度$\boldsymbol{v}$相对S系运动（图11-2），以两个惯性系的原点相重合的瞬时作为计时的起点．若有一个事件发生在P点，从惯性系S测得P点的坐标是x、y、z，时间是t；而从惯性系S′测得P点的坐标是x'、y'、z'，时间是t'．这里务必请读者注意，在伽利略变换中，$t=t'$，即事件发生的时间是与惯性系的选取无关的．这是被伽利略变换采纳的一条直接来自日常经验的定则，然而在狭义相对论中，却不能如此了．由狭义相对论的相对性原理和光速不变原理，可导出该事件在两个惯性系S和S′中的时空坐标变换式如下：

$$\begin{cases} x'=\dfrac{x-vt}{\sqrt{1-\beta^2}}=\gamma(x-vt) \\ y'=y \\ z'=z \\ t'=\dfrac{t-\dfrac{vx}{c^2}}{\sqrt{1-\beta^2}}=\gamma\left(t-\dfrac{vx}{c^2}\right) \end{cases} \tag{11-5}$$

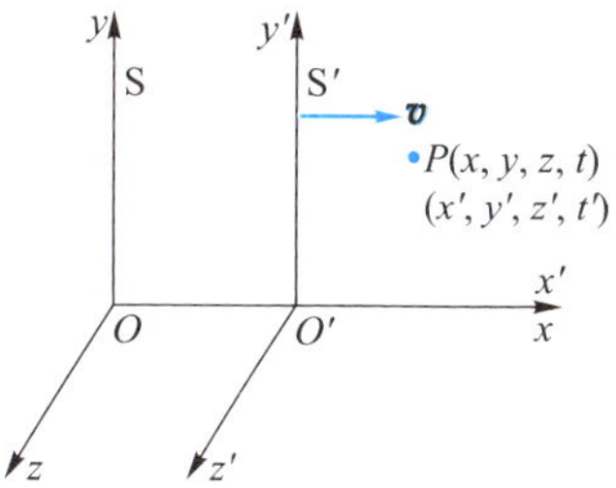

图11-2 洛伦兹变换式用图

式中 $\beta=v/c$，$\gamma=1/\sqrt{1-\beta^2}$，$c$ 为真空中光速．从式(11-5)可解得 x、y、z 和 t，即得逆变换为

$$\begin{cases} x=\dfrac{x'+vt'}{\sqrt{1-\beta^2}}=\gamma(x'+vt') \\ y=y' \\ z=z' \\ t=\dfrac{t'+\dfrac{vx'}{c^2}}{\sqrt{1-\beta^2}}=\gamma\left(t'+\dfrac{vx'}{c^2}\right) \end{cases} \tag{11-6}$$

式(11-5)和式(11-6)都叫做洛伦兹变换式．应当注意，在洛伦兹变换式中，t 和 t' 都依赖于空间的坐标，即 t 是 t' 和 x' 的函数，t' 是 t 和 x 的函数．这与伽利略变换式迥然不同．

容易看出，当惯性系 S′相对于惯性系 S 的速度 v 远小于光速 c 时，$\beta=v/c\ll1$，洛伦兹变换式就转换为伽利略变换式了．由此，我们可以说，在物体的运动速度远小于光速时，洛伦兹变换可近似为伽利略变换．因此，并不能说相对论推翻了经典力学，而只是揭示了其局限性．

11-2 狭义相对论的时空观

狭义相对论给出了一种不同于经典力学的与我们的日常经验大相径庭的新的时空观，这些令人惊奇的重要结论可由洛伦兹变换得出，并已逐步被许多近代物理实验所证实．

微课：同时性的相对性

11-2-1 同时性的相对性

假设在惯性系 S 中，时空坐标分别为(x_1,y_1,z_1,t_1)和(x_2,y_2,z_2,t_2)的两个事件同时发生，即 $\Delta t=t_2-t_1=0$，由式(11-5)可得

$$\Delta t'=t_2'-t_1'=\frac{-\dfrac{v}{c^2}(x_2-x_1)}{\sqrt{1-\beta^2}}$$

由于 $\Delta x=x_2-x_1\neq0$，所以 $\Delta t'\neq0$，即在 S 系中同时不同地点发生的两个事件，S′系中的观察者测得这两个事件不是同时发生的．“同时”具有相对性，与惯性系有关．由上式也能看出，对于 S 系中

同时（$\Delta t=0$）、同地（$\Delta x=0$）发生的两个事件，$\Delta t'=0$，即 S′系中的观察者才会测得也是同时发生的．

在经典物理中，时间是绝对的．如两个事件在惯性系 S 中观察是同时发生的，则在另一惯性系 S′中观察也是同时发生的．而狭义相对论得到，**同时具有相对性**，两个事件在惯性系 S 中观察时是同时发生的，但在惯性系 S′中观察，一般不再是同时发生的了．

微课：长度收缩

11-2-2 长度收缩

根据伽利略变换，长度的量度（即两点之间的距离）不随参考系而变．在洛伦兹变换中，长度的量度则与参考系有关．

设有两个观察者分别静止于惯性参考系 S 和 S′中，S′系以速度 $\boldsymbol{v}$ 相对 S 系沿 Ox 轴运动．一细棒静止于 S′系中并沿 $O'x'$ 轴放置，如图 11-3 所示．考虑到棒的长度应是在同一时刻测得棒两端点的距离，因此，S′系中观察者若同时测得棒两端点的坐标为 x_1' 和 x_2'，则棒长为 $l'=x_2'-x_1'$．通常把观察者相对棒静止时所测得的棒长度称为棒的**固有长度** l_0，在此处 $l'=l_0$．而 S 系中的观察者则认为棒相对 S 系运动，并同时测得其两端点的坐标为 x_1 和 x_2，即棒的长度为 $l=x_2-x_1$．利用洛伦兹变换式（11-5），有

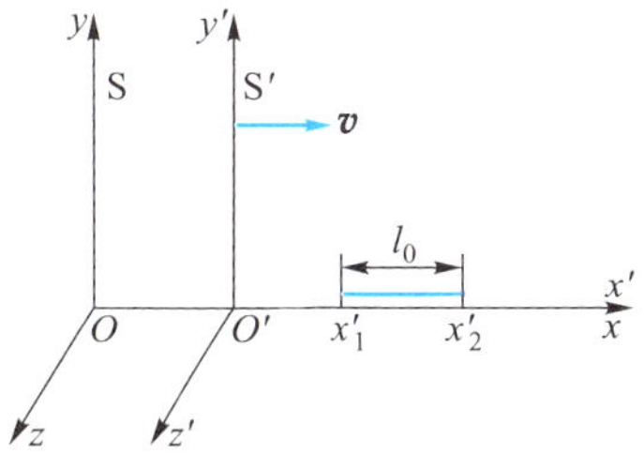

图 11-3　长度的收缩

$$x_1'=\frac{x_1-vt_1}{\sqrt{1-\beta^2}}\qquad x_2'=\frac{x_2-vt_2}{\sqrt{1-\beta^2}}$$

式中 $t_1=t_2$，将以上两式相减，得

$$x_2'-x_1'=\frac{x_2-x_1}{\sqrt{1-\beta^2}}$$

即

$$l=l'\sqrt{1-\beta^2}=l_0\sqrt{1-\beta^2}\tag{11-7}$$

由于 $\sqrt{1-\beta^2}<1$，故 $l<l'$．这就是说，从 S 系测得运动细棒的长度 l，是从相对细棒静止的 S′系中所测得的长度 l' 的 $\sqrt{1-\beta^2}$ 倍．物体的这种沿运动方向发生的长度收缩称为**洛伦兹收缩**或“**动尺收缩**”．容易证明，若棒静止于 S 系中，则从 S′系测得棒的长度，也只有其固有长度的 $\sqrt{1-\beta^2}$ 倍．

微课：火车进隧道效应

在经典物理中，长度是绝对的，与参考系的运动无关．而在狭义相对论中，在不同参考系中所测得的同一物体的长度不同．相对运动的观察者测得的在运动方向上物体的长度要缩短．如果物体速度远小于光速，即 $\beta\ll1$，由式（11-7）可得

$$l'=l$$

这时，长度可以近似看成一个绝对量，这符合我们的日常经验．

例 11-1

设想有一光子火箭，相对地球以速率 $v=0.95c$ 做直线运动．若以火箭为参考系测得火箭长为 15 m．问以地球为参考系，此火箭有多长？

解： 由式(11-7)有

$$l=l_0\sqrt{1-\left(\frac{v}{c}\right)^2}$$

得

$$l=15\sqrt{1-0.95^2}\ \text{m}=4.68\ \text{m}$$

即地球上的观察者测得该光子火箭的长度只有 4.68 m.

11-2-3 时间延缓

微课：时间延缓效应

微课：双生子佯谬

双生子效应

在狭义相对论中，时间间隔也与参考系有关．S′系中有一只静止的钟，若有两个事件先后发生在同一地点 x'，此钟记录的时刻分别为 t_1' 和 t_2'，于是在 S′系中的钟所记录两事件的时间间隔为 $\Delta t'=t_2'-t_1'$，常称为**固有时** Δt_0．而相对 S′系速率为 v 沿 x' 轴运动的 S 系中的钟所记录的时刻分别为 t_1 和 t_2，即钟所记录两事件的时间间隔为 $\Delta t=t_2-t_1$，Δt 常称**运动时**．根据洛伦兹变换式(11-6)可得

$$t_1=\gamma\left(t_1'+\frac{x'v}{c^2}\right)$$

$$t_2=\gamma\left(t_2'+\frac{x'v}{c^2}\right)$$

于是

$$\Delta t=t_2-t_1=\gamma(t_2'-t_1')=\gamma\Delta t'$$

或

$$\Delta t=\frac{\Delta t'}{\sqrt{1-\beta^2}}=\frac{\Delta t_0}{\sqrt{1-\beta^2}} \tag{11-8}$$

由式(11-8)可以看出，因为 $\sqrt{1-\beta^2}<1$，所以 $\Delta t>\Delta t'$．这就是说，S 系的钟测得 S′系中某地发生的两个事件的时间间隔，要比 S′系的钟所测得的该两个事件的时间间隔长，即运动时间大于固有时间，这称为**时间延缓**或“**动钟变慢**”．

在经典物理中，时间间隔是绝对的，与参考系的运动无关．而在狭义相对论中，时间间隔与参考系有关，是相对的概念．

同样，如果运动速度 $v\ll c$，$\beta\ll 1$，由式(11-8)可得

$$\Delta t' = \Delta t$$

此时，两事件的时间间隔近似为一绝对量.

例 11-2

设一颗星以 0.8 c 的速率远离地球，地球观测站接收到它辐射出来的闪光按 5×10^5 s 的周期变化，则固定在此星上的观测站测得的闪光周期为多少？

解：由式(11-8)可得

$$\Delta t_0 = \Delta t\sqrt{1-\beta^2} = 5\times10^5\times\sqrt{1-0.8^2}\ \text{s} = 3\times10^5\ \text{s}$$

综上所述，狭义相对论指出，时间和空间的量度均与惯性参考系的选择有关，都是相对的，时间、空间与运动三者紧密相关. 这就是狭义相对论的时空观，它深刻反映了时空的性质. 这是我们正确认识世界应有的基本观点，狭义相对论的时空观为科学、辩证的世界观提供了物理基础.

11-3 狭义相对论动力学基础

11-3-1 相对论质量、动量和力学基本方程

微课：相对论性动量和能量

在狭义相对论中，根据动量守恒定律和洛伦兹速度变换关系，得到物体的质量是与速度有关的，其表达式为

$$m = \frac{m_0}{\sqrt{1-\left(\frac{v}{c}\right)^2}} \tag{11-9}$$

式中，m 是物体以速度 $\boldsymbol{v}$ 相对惯性参考系运动时的质量，称为**相对论质量**，而 m_0 是物体相对惯性参考系静止($v=0$)时的质量，称为**静质量**. 显然，当 $v \ll c$ 时，$m\approx m_0$，即物体的速率远小于光速时，可以认为其质量为一常量，此时，经典力学适用.

在狭义相对论中，动量的表达式为

$$\boldsymbol{p} = \frac{m_0\boldsymbol{v}}{\sqrt{1-\left(\frac{v}{c}\right)^2}} \tag{11-10}$$

称为**相对论动量**，同样，当物体的速率远小于光速时，即 $v\ll c$，有

$\boldsymbol{p}=m_0\boldsymbol{v}$，这与经典力学的动量表达式相同．

当力 $\boldsymbol{F}$ 作用于质点时，由相对论质量表达式(11-10)，可得

$$\boldsymbol{F}=\frac{\mathrm{d}\boldsymbol{p}}{\mathrm{d}t}=\frac{\mathrm{d}}{\mathrm{d}t}\left[\frac{m_0\boldsymbol{v}}{\sqrt{1-\left(\frac{v}{c}\right)^2}}\right] \tag{11-11}$$

上式为相对论力学的基本方程．同样，当 $v\ll c$ 时有 $\boldsymbol{F}=m_0\frac{\mathrm{d}\boldsymbol{v}}{\mathrm{d}t}=m_0\boldsymbol{a}$，这就是经典力学中的牛顿第二定律．

11-3-2 质量与能量的关系

根据相对论力学基本方程，可以得到狭义相对论质量与能量关系式．质量与能量关系式是狭义相对论中一个重要的关系式，其表达式为

$$E_{\mathrm{k}}=mc^2-m_0c^2 \tag{11-12}$$

称为相对论动能表达式，式中 E_{k} 为物体的动能，m_0c^2 称为物体的静能量，以 E_0 表示：

$$E_0=m_0c^2 \tag{11-13}$$

mc^2 是物体运动时的能量，称为物体的总能量，以 E 表示：

$$E=mc^2 \tag{11-14}$$

上式称为质能关系式，它是狭义相对论的一个重要结论，具有重要的意义．该式指出，质量与能量之间有着密切的联系，物体或物体系统质量的改变与其能量变化之间的关系为

$$\Delta E=(\Delta m)c^2 \tag{11-15}$$

质能关系已被核反应等实验所证实，并在原子能应用方面产生了极其重大的影响．

文档：中国的核事业

11-3-3 动量和能量的关系

相对论动量 p、静能量 E_0 和总能量 E 之间有如下关系：

$$E^2=E_0^2+p^2c^2 \tag{11-16}$$

上式称为相对论动量和能量关系式．

例 11-3

已知质子的静能量为 938 MeV．设一质子以速度 $v=0.80c$ 运动，求其总能量、动能和动量．

解：质子的静能量 $E_0=m_0c^2=938\ \text{MeV}$，质子的总能量为

$$E=mc^2=\frac{m_0c^2}{(1-v^2/c^2)^{1/2}}=1\ 563\ \text{MeV}$$

质子的动能为

$$E_k=E-m_0c^2=625\ \text{MeV}$$

质子的动量为

$$p=mv=\frac{m_0v}{(1-v^2/c^2)^{1/2}}=6.68\times10^{-19}\ \text{kg}\cdot\text{m}\cdot\text{s}^{-1}$$

例 11-4

已知质子和中子的质量分别为 $m_p=1.007\ 28\ \text{u}$，$m_n=1.008\ 66\ \text{u}$，两个质子和两个中子组成一个氦核 ${}_2^4\text{He}$，实验测得它的质量为 $m_{\text{He}}=4.001\ 50\ \text{u}$，试计算两个质子和两个中子形成一个氦核时放出的能量（$1\ \text{u}=1.660\times10^{-27}\ \text{kg}$）.

解：两个质子和两个中子组成氦核之前，总质量为

$$m=2m_p+2m_n=4.031\ 88\ \text{u}$$

而从实验测定，氦核质量 m_{He} 小于质子和中子的总质量 m，这差额 $\Delta m=m-m_{\text{He}}$ 称为原子核的质量亏损，对于 ${}_2^4\text{He}$ 核，有

$$\Delta m=m-m_{\text{He}}=0.030\ 38\ \text{u}=0.030\ 38\times1.660\times10^{-27}\ \text{kg}$$

根据质能关系式得到，当系统质量改变 Δm 时，一定有相应的能量改变

$$\Delta E=\Delta mc^2$$

由此可知，当质子和中子组成原子核时，将有大量的能量放出，该能量就是原子核的结合能．形成一个氦核时所放出的能量为

$$\Delta E=0.030\ 38\times1.660\times10^{-27}\times(3\times10^8)^2\ \text{J}=0.453\ 9\times10^{-11}\ \text{J}$$

结合成 1 mol 氦核（即 4.002 g 氦核）时所放出的能量为

$$\Delta E=6.022\times10^{23}\times0.453\ 9\times10^{-11}\ \text{J}=2.733\times10^{12}\ \text{J}$$

这相当于燃烧 100 t 煤时所产生的热量．

狭义相对论客观、真实地反映了自然的规律，在整个物理学发展史上具有深远的意义，被誉为 20 世纪物理学中最伟大的成就之一，极大地推动了当代科学技术的发展．

11-4 广义相对论简介

狭义相对论只适用于惯性系．爱因斯坦经过近 10 年的研究，于 1915 年建立了包括非惯性系在内的相对论，即广义相对论.广义相对论研究引力本质和时空理论．这里简略介绍广义相对论的等效原理和广义相对论的相对性原理，以及广义相对论时空特性的几个例子．

11-4-1 广义相对论的等效原理和广义相对性原理

爱因斯坦提出：在均匀引力场中的惯性系内的一切物理现象，与不受引力场影响，但以恒定加速度运动的非惯性系内的物理现象是完全相同的．这就是广义相对论的等效原理．

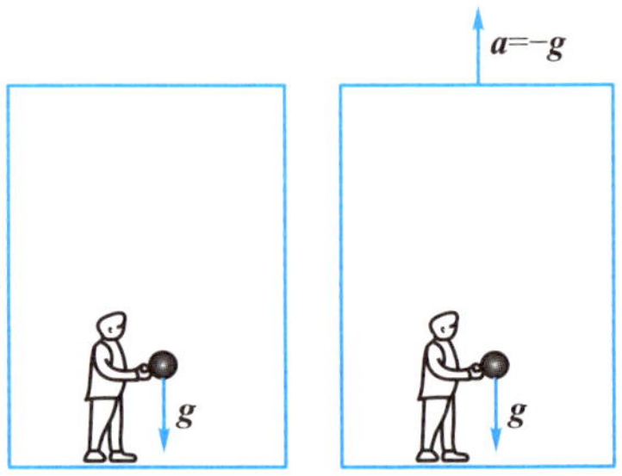

(a) 静止于地面　(b) 具有加速度a

图 11-4　空间实验室里的自由落体实验

例如，如图 11-4 所示，某人在一空间实验室里做自由落体实验．图(a)中，实验室静止于地面惯性系中，他将看到小球因引力作用而自由下落；图(b)中，实验室处于不受引力的宇宙空间，获得一个向上的加速度 $\boldsymbol{a}=-\boldsymbol{g}$，则他将看到小球的运动是和图(a)中完全相同的自由落体运动．

由此可见，引力场和加速效应是等效的，据此，爱因斯坦将狭义相对性原理推广到非惯性系，提出：所有非惯性系和有引力场存在的惯性系，对于描述物理现象都是等价的．这叫做广义相对论的广义相对性原理．

广义相对论是考虑了引力场的相对论，认为引力场将直接影响时空的性质．

11-4-2 广义相对论时空特性的四个例子

1. 光线弯曲

广义相对论的一个预言是光线弯曲．爱因斯坦指出，光线经过质量较大的物体附近时，受其强大的引力场作用，应向该物体的方向偏转，即光线在引力场中弯曲．如图 11-5 所示，从某一遥远的恒星发出的光线，经过太阳时发生弯曲．爱因斯坦计算出其偏转角为 $\alpha\approx1.75''$. 1919 年 5 月 29 日的日全食时，英国天文学家爱丁顿(A. Eddington)和戴森(F. Dyson)首次观察到光线经过太阳附近时的弯曲现象，分别测得偏转角 $\alpha\approx1.61''$和 $\alpha\approx1.98''$，后来又有几位科学家相继测得光线的偏转角．观测数据与理论预言吻合，证实了广义相对论的“光线弯曲”(时空弯曲)理论的正确性.

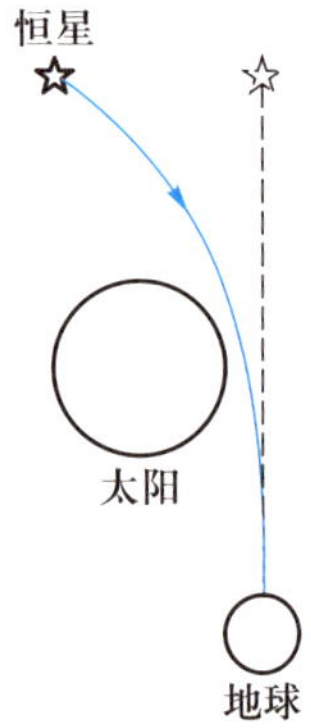

图 11-5　太阳使恒星的光线弯曲

2. 引力红移

广义相对论的另一个预言是引力红移．广义相对论证明，引力场越强，则处于引力场内的"时钟"走得越慢．由此，爱因斯坦预言，从引力强的遥远恒星所发射来的某一元素的光谱，在地球上测得的其频率要比地球上发射的频率小一些，即波长有所变长.这种由于引力作用发生的波长向长波方向移动的现象称为引力红移．1959 年，庞德（R. Pound）和雷布卡（G. Rebka）完成的实验首次观测到以太阳发出的光线到达地球时的红移现象，测得的红移量值与广义相对论的预言结果十分接近．

3. 黑洞

广义相对论的又一个预言是黑洞．爱因斯坦的引力场方程是广义相对论最凝练的数学表达式．引力场方程表述了物质分布决定了时空如何弯曲，时空弯曲决定了物质如何运动．德国物理学家施瓦西（K. Schwarzschild）在广义相对论发表一年后，得到了引力场方程的第一个精确解，理论上预言了黑洞的存在．

在宇宙中有一类非常特殊的天体，其密度巨大，引力极强，在一定范围内（对应施瓦西半径），包括电磁辐射的任何物体都无法从它的引力作用下逃逸出来，这种天体被称为黑洞．黑洞周围光线不能逃脱的临界范围称为"事件视界"（Event Horizon）.

2019 年 4 月 10 日，事件视界望远镜（Event Horizon Telescope，EHT）国际合作团队公布了人类拍摄的首张黑洞照片（如图 11-6所示）. EHT 国际合作团队利用分布于北美洲、南美洲、欧洲和南极洲的 8 台毫米波望远镜组成干涉阵，其基线长度约 10^4 m，与地球直径大小相当，得到约 20 微角秒的极高毫米波段角分辨率，捕获了 5.5×10^7 l. y.（光年）外的椭圆星系 M87 中心超大质量黑洞的图像．人类首次直接探测到 M87 星系中心的黑洞阴影以及环绕其的不对称光环，用直接成像的方法证明了宇宙中黑洞的存在．这是黑洞研究史上一个极其重要的里程碑，为爱因斯坦广义相对论提供了又一例证．

图 11-6 EHT 团队公布的黑洞照片

4. 引力波

广义相对论的另一个重要预言是引力波．1916 年爱因斯坦在他的方程中发现了弱引力场下的解，这个解描述了引力波．宇宙中大质量天体的运动，会引起其周围时空弯曲的变化，这种时空结构的改变所产生的时空几何的振荡以波动的形式在时空中传播，即为引力波，因此，引力波有如宇宙中的"时空涟漪"．引力波是以光速传播的横波，它与物质的相互作用非常弱，可以传播至很遥远的宇宙空间．

由于引力作用非常微弱，引力波探测对人类的精密测量能力提出了极端挑战．在广义相对论发表后的 100 年里，人类为探测引力波作出了不懈的努力．

图 11-7 激光干涉引力波天文台(LIGO)

2016 年 2 月 11 日,美国国家科学基金会宣布,人类首次探测到了引力波．美国激光干涉引力波天文台(LIGO)(如图 11-7 所示),于 2015 年 9 月 14 日,第一次探测到了引力波,佐证了爱因斯坦 100 年前的预言．为此,2017 年的诺贝尔物理学奖授予了韦斯(R. Weiss)、索恩(K. Thorne)和巴里什(B. Barish)三人,以表彰他们对 LIGO 探测器和引力波探测所作的决定性贡献．

引力波的发现是物理学和天文学的重大成就,不仅再次证明了爱因斯坦广义相对论的正确性,而且也开启了人类探索宇宙的一扇大门．

人类一直在追问,宇宙从哪里来? 宇宙是怎样的? 宇宙将向哪里去? 广义相对论就是研究宇宙的起源、结构和演化的科学基础．

应用案例 原子能

在核反应中,原子核发生变化,伴随着其质量的减少,会有大量的能量释放出来,这就是原子能,也称为核能．产生原子能的主要途径是核裂变和核聚变．

1. 核裂变

一些重原子核分裂成两个较轻的核,同时释放出能量,这个过程称为核裂变．典型的例子是铀原子核($^{235}_{92}U$)在热中子轰击下的裂变,其反应式为

$$^{235}_{92}U+^{1}_{0}n\rightarrow^{139}_{54}Xe+^{95}_{38}Sr+2^{1}_{0}n$$

可以计算,在此过程中释放的能量为

$$\Delta E=(\Delta m)c^2=3.3\times10^{-11}\ J$$

这个能量似乎微不足道,但这是 1 个铀原子核裂变放出的能量,若有 1 g 铀-235,其原子核个数为

$$N\approx2.56\times10^{21}$$

全部裂变时所放出的能量可达

$$\Delta E=8.5\times10^{10}\ J$$

在铀裂变过程中放出中子,若它们被其他铀核俘获,又将引起新的裂变．这样,会产生一连串的裂变,裂变数目将按指数规律增大,称为链式反应．原子弹爆炸就是发散的链式反应．如果

在受控条件下，维持稳定的链式反应，这就是核反应堆中的情形．核电站就是利用反应堆将核能转化为热能进行发电的．1943年世界上第一座裂变反应堆建成，1945年美国制造出第一颗原子弹，1954年第一座核电站建成．

2. 核聚变

轻原子核结合在一起，形成较重的核，同时释放出大量的能量，这个过程称为聚变．一个典型的例子是两个氘核（^2_1H）聚变为氦核（^3_2He），其反应式为

$$^2_1H+^2_1H\rightarrow ^3_2He+^1_0n$$

释放的能量为

$$\Delta E=(\Delta m)c^2=5.23\times10^{-13}\ J$$

1 g ^2_1H 原子核个数为 $N\approx3.01\times10^{23}$，故就单位质量而言，轻核聚变释放的能量要比重核裂变释放的能量多得多．

聚变是太阳等恒星能量的来源．氢弹是未加控制的核聚变．要有效利用核聚变的能量，必须实现受控核聚变．

经过近60年的发展，目前，受控核聚变有两种最可能实现的方式：磁约束核聚变和激光约束核聚变．

磁约束核聚变是一种利用强磁场来约束等离子体，来引发核聚变反应的技术，这种装置称为环流器，或称为托卡马克（Tokamak）装置．其示意图如图11-8所示．

图11-8 磁约束示意图

目前，最具代表性的磁约束核聚变装置是国际托卡马克实验反应堆（ITER）．2012年7月10日，我国的东方超环（EAST）超导托卡马克装置，获得稳定重复超过30秒的高约束等离子体放电，创造了世界纪录．

另一种方式是激光（惯性）约束，激光约束核聚变是利用高功率激光或高能粒子束辐射在氘氚等组成的微型靶心上，使其形成包围靶心的高温等离子体，这些等离子体膨胀向外爆炸时，产生向心聚爆力，在等离子体飞散之前，将其压缩至极高的密度和极高的温度，从而引发核燃料（氘氚）的核聚变反应，其示意图如图11-9所示．

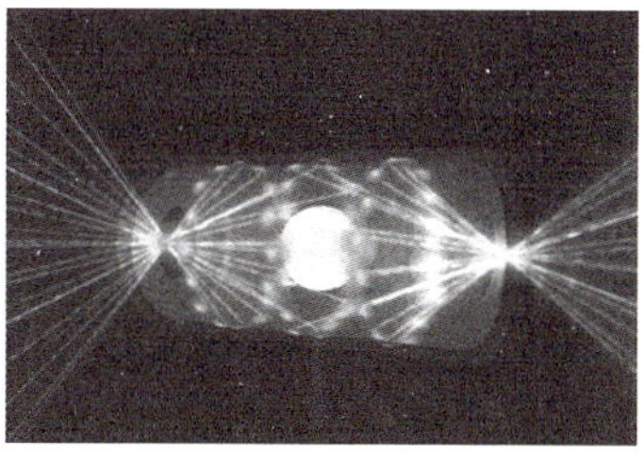
图11-9 激光约束示意图

经过几十年的发展，我国的“神光”计划和美国的国家点火计划（NIF）在核聚变研究中取得较大成果，并受到世界的关注．

与核裂变相比，核聚变不仅燃料储藏量丰富许多，而且更加清洁，并能产生更大的能量，受控聚变反应为人类解决能源问题提供了美好的前景．但是，受控核聚变在理论上和技术上还有许多有待解决的问题，未来的路还很长．

思考题

11-1 经典力学的相对性原理与狭义相对论相对性原理有何异同?

11-2 在惯性系 S 中某一地点先后发生两事件 A 和 B,其中事件 A 超前于事件 B. 试问:

(1) 在惯性系 S′中,事件 A 和 B 仍发生在同一地点吗?

(2) 在惯性系 S′中,事件 A 总是超前于事件 B 吗?

11-3 两个观察者分别处于惯性系 S 和惯性系 S′内. 在这两惯性系中各有一根分别与 S 系和 S′系相对静止的米尺,而且两米尺均沿 xx'轴放置. 这两个观察者从测量中发现,在另一个惯性系中的米尺总比自己惯性系中的米尺要短些,你怎样看待这个问题呢?

11-4 两只相对运动的标准钟 A 和 B,从 A 所在惯性系观察,哪个钟走得快? 从 B 所在惯性系观察,又是如何呢?

11-5 能否把一个物体加速到光速? 为什么?

11-6 在狭义相对论中,能否认为粒子的动能就等于$\dfrac{1}{2}mv^2$?

11-7 当你扔一块石头时,它的质量是增大、减小、还是不变? 这个效应能够检测出来吗?

11-8 什么是质量亏损? 它和原子能的释放有何关系?

11-9 广义相对论在什么方面比狭义相对论广义?

习题

11-1 惯性系 S′相对于惯性系 S 的速率为 $0.6c$,在 S 系中观测,一事件发生在 $t=2\times10^{-4}$ s 时,$x=5\times10^{3}$ m 处,求在 S′系中观测,该事件发生在何时? 何处?

11-2 一观察者测得运动着的米尺长 0.5 m,问此尺以多大的速度接近观察者?

11-3 π^+介子是一种不稳定粒子,平均寿命是 2.6×10^{-8} s,随即衰变为一个 μ 子和一个中微子,今在实验室产生一束 π^+介子,测得其相对实验室速率为 $0.8c$,则

(1) 实验室坐标系中 π^+介子的寿命为多少?

(2) π^+介子在衰变前运动了多少距离?

11-4 如一观察者测出电子质量为 $1.25m_0$,问电子速度为多少? (m_0为电子的静止质量.)

11-5 某人测得一静止棒长为 l,质量为 m,于是求得此棒线密度为 $\rho=\dfrac{m}{l}$. 假定此棒以速度 v 在棒长方向上运动,此人再测棒的线密度应为多少? 若棒在垂直长度方向上运动,它的线密度又为多少?

11-6 太阳发出的能量是由质子参与一系列反应产生的,其总结果相当于以下热核反应:

$${}^1_1\mathrm{H}+{}^1_1\mathrm{H}+{}^1_1\mathrm{H}+{}^1_1\mathrm{H}={}^4_2\mathrm{He}+2{}^0_1\mathrm{e}$$

已知一个质子(${}^1_1\mathrm{H}$)的静止质量 $m_p=1.672\ 6\times10^{-27}$ kg,一个氦核(${}^4_2\mathrm{He}$)的静止质量 $m_{He}=6.642\ 5\times10^{-27}$ kg,一个正电子(${}^0_1\mathrm{e}$)的静止质量 $m_e=0.000\ 9\times10^{-27}$ kg. 则:

(1) 这一反应所释放的能量是多大?

(2) 消耗 1 kg 质子所释放的能量是多少?

(3) 太阳释放能量的总功率为 $P=3.9\times10^{26}$ W,它每秒消耗多少千克质子?

(4) 太阳约含有 $m=1.5\times10^{30}$ kg 质子,如以上述速率消耗质子,太阳能的供给可持续多长时间?

第 11 章参考答案

第 12 章　量子物理基础

近代物理的另一个支柱是量子物理．普朗克为了解决经典物理解释黑体辐射规律的困难，提出了能量子的概念，为量子理论开创了基础．接着，爱因斯坦为了解决光电效应实验规律与经典理论的矛盾，提出了光量子假设，打开了量子理论的大门．随后，玻尔为了解释氢原子光谱的规律，引入量子化概念，促进了早期量子论的发展．在此基础上，德布罗意提出微观粒子的波动性假设．薛定谔对此进行推广，建立了波动力学．同时，海森伯和玻恩等人建立了矩阵力学．波动力学和矩阵力学统一为量子力学．

本章介绍量子物理的基本知识，包括：量子假设、光子概念、玻尔理论、德布罗意波、不确定关系和量子力学简介．

12-1　黑体辐射　普朗克的能量子假设

量子理论起源于黑体辐射问题．20 世纪以前，人们一直公认，能量的传递是以连续的方式进行的．直到 1900 年，普朗克(M. Planck)为了解决经典理论解释黑体辐射规律的困难，打破了能量连续变化的传统观念，提出了卓越的假设，引入了能量子的概念，为量子物理奠定了基础．

12-1-1　黑体　黑体辐射

微课：黑体辐射

任何物体在任何温度下都在发射电磁波，这种由于物体中的分子、原子受到热激发而发射电磁波的现象称为热辐射．另一方面，任何物体在向周围发射电磁辐射的同时，也吸收周围物体发射的电磁辐射．不同物体在某一频率范围内发射和吸收电磁辐

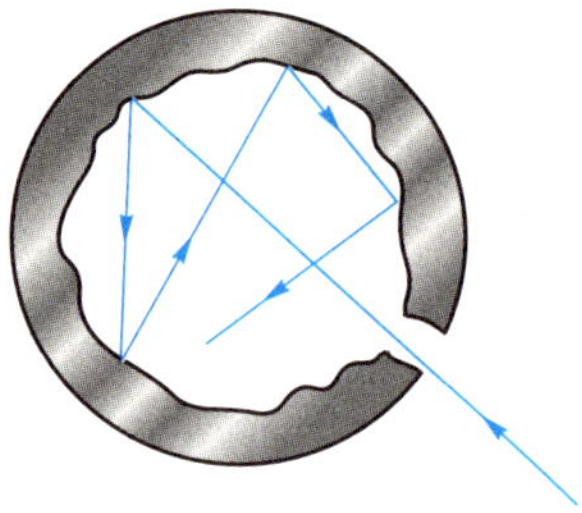

图 12-1 黑体模型

射的能力不同，而若某一物体在某频率范围发射电磁辐射的能力强，则其吸收该频率范围内电磁辐射的能力也强，反之亦然．

设想有一种物体，在任何温度下，能吸收一切外来的电磁辐射，这种物体称为**黑体**（或**绝对黑体**），黑体是一种理想模型．自然界中并不存在这种黑体，我们可以用不透明材料制成开有小孔的空腔，作为黑体模型．如图 12-1 所示，通过小孔进入空腔的电磁辐射，在空腔内多次反射，每反射一次，辐射能被腔内壁吸收掉一部分，经过许多次反射后，进入空腔的辐射几乎完全被吸收，几乎没有从小孔逃逸出来．另外，此空腔处于某确定温度时，也应有电磁辐射从小孔发射出来，从小孔发射出来的电磁辐射就可作为黑体的辐射．

1. 单色辐出度和辐出度

实验表明，热辐射具有连续的辐射能谱，含有各种波长成分，且不同波长的电磁波强度不同，辐射能按波长的分布主要取决于温度．为了定量描述热辐射的规律，引入单色辐出度和辐出度两个物理量．

热力学温度为 T 的黑体单位面积单位时间内，在波长 λ 附近单位波长范围内所辐射的电磁波能量，称为**单色辐射出射度**，简称**单色辐出度**．显然，单色辐出度是黑体的热力学温度 T 和波长 λ 的函数，用 $M_\lambda(T)$ 表示．

在单位时间内，从温度为 T 的黑体的单位面积上，所辐射出的各种波长的电磁波的能量总和，称为**辐射出射度**，简称**辐出度**．它只是黑体的热力学温度 T 的函数，用 $M(T)$ 表示．其值显然可由 $M_\lambda(T)$ 对所有波长的积分求得，即

$$M(T)=\int_0^\infty M_\lambda(T)\,\mathrm{d}\lambda$$

2. 黑体辐射的实验定律

实验测得，黑体的单色辐出度 $M_\lambda(T)$ 与波长 λ 之间关系的曲线如图 12-2 所示．

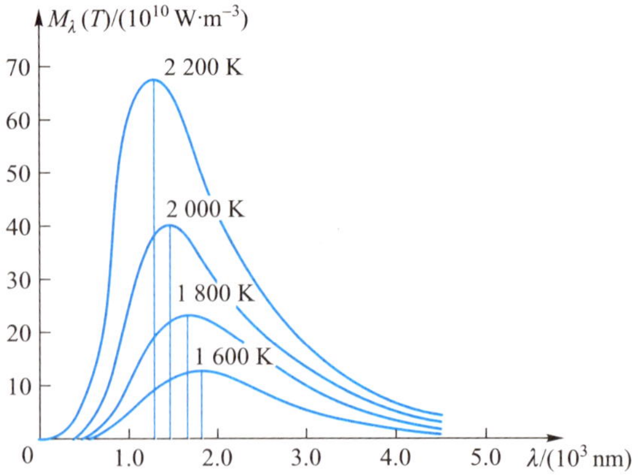

图 12-2 黑体单色辐出度实验曲线

1879 年,斯特藩(J. Stefan)得出,黑体单色辐出度曲线下的面积,即黑体辐出度 $M(T)$ 与黑体的热力学温度 T 的关系为

$$M(T)=\int_0^\infty M_\lambda(T)\,\mathrm{d}\lambda=\sigma T^4 \tag{12-1}$$

1884 年,玻耳兹曼从热力学理论上得出同样结果,故上式称为**斯特藩-玻耳兹曼定律**;式中,$\sigma=5.670\times10^{8}\ \mathrm{W\cdot m^{-2}\cdot K^{-4}}$叫做斯特藩-玻耳兹曼常量.

1893 年,维恩(W. Wien)找出了温度 T 和每一曲线的峰值波长 λ_m 之间的关系,为

$$\lambda_m T=b \tag{12-2}$$

式中,$b=2.898\times10^{-3}\ \mathrm{m\cdot K}$. 上式称为**维恩位移定律**.

这两个定律表明,热辐射功率随着温度的升高而迅速增加;热辐射的峰值波长随着温度的升高而向短波方向移动.

12-1-2 黑体辐射的经典公式及其困难

19 世纪末,许多物理学家企图在经典物理学的基础上,从理论上找出符合实验曲线的 $M_\lambda(T)$ 的数学表达式,但是都遭到了失败. 其中最具代表性的是维恩公式和瑞利-金斯公式.

1893 年,维恩假设黑体辐射单色辐出度按波长的分布类似于麦克斯韦分子速率分布,得出公式

$$M_\lambda(T)=c_1\lambda^{-5}\mathrm{e}^{-\frac{c_2}{\lambda T}} \tag{12-3}$$

式中,c_1、c_2 为两个常量,上式称为**维恩公式**.

1900 至 1905 年间,瑞利(J. W. Rayleigh)和金斯(J. H. Jeans)按照能量按自由度均分定理,得出公式

$$M_\lambda(T)=c_3\lambda^{-4}T \tag{12-4}$$

式中,c_3 为常量,上式称为**瑞利-金斯公式**.

如图 12-3 所示,维恩公式与实验曲线在短波部分符合得较好,但在长波部分相差较大. 瑞利-金斯公式在长波部分与实验曲线较符合,但在短波部分,按此公式给出的 $M_\lambda(T)$ 将随波长变短而趋于无限大,这一与实验结果完全不符的荒谬结果被称为"**紫外灾难**". 用经典物理来研究热辐射,所得结果与实验事实不相符合,经典物理面临巨大的困难.

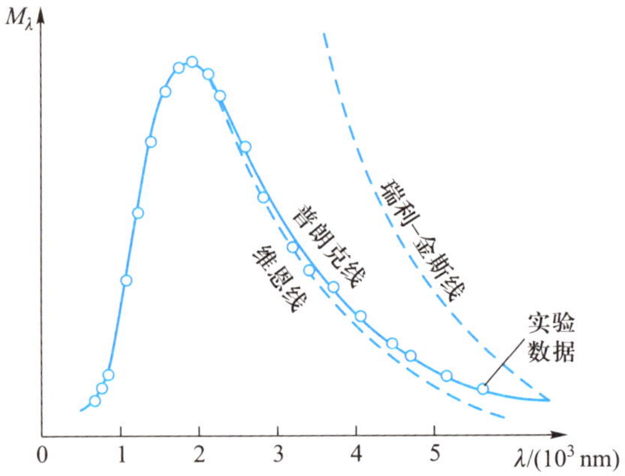

图 12-3 黑体辐射公式与实验结果的比较(圆圈为实验值)

微课:普朗克能量子理论

12-1-3 普朗克的能量子假设

1900 年 12 月 14 日,普朗克在柏林德国物理学会的一次会议上,提出了黑体辐射定律的推导,在推导黑体辐射公式时,提出了能量量子化假设. 这一天被认为是量子理论的诞辰.

普朗克提出的不同于经典物理概念的假设为:辐射黑体的电子的振动可看作简谐振子,它吸收或者发射电磁辐射能量时,不是经典物理认为的那样可以吸收或发射任意连续的能量,而是以某一基本单元 ε 的整数倍,即

$$\varepsilon,\quad 2\varepsilon,\quad 3\varepsilon,\quad \cdots,\quad n\varepsilon$$

来吸收或发射能量的,其中 n 为正整数,称为量子数. 相应于频率为 ν 的简谐振子,能量基本单元 ε 为

$$\varepsilon = h\nu \tag{12-5}$$

称为**能量子**,上式中 h 对所有谐振子都相同,称为**普朗克常量**.

普朗克(1858—1947)

文档:普朗克

振子的能量为 $nh\nu$,即振子处于不连续的能量状态,这种能量状态称为**能级**. 在辐射或吸收能量时,振子从一个能级跃迁到另一个能级. 上述假设称为**普朗克能量子假设**,或简称**普朗克量子假设**.

普朗克得到的黑体辐射公式为

$$M_\lambda(T) = \frac{2\pi hc^2}{\lambda^5}\frac{1}{e^{hc/\lambda kT}-1} \tag{12-6}$$

式中 c 是真空中光速,k 是玻耳兹曼常量,h 为普朗克常量,2018 年国际推荐值为

$$h = 6.626\ 070\ 15\times10^{-34}\ \text{J}\cdot\text{s}$$

一般计算时，取 $h=6.63\times10^{-34}$ J·s

这个公式称为普朗克黑体辐射公式，它与实验结果符合得很好(见图 12-3).

普朗克量子假设与经典物理的能量连续概念格格不入，为物理学带来了全新的思想和划时代的变化．但是，许多人从经典物理来看，认为能量子的假设是荒诞的，不可思议的，就连普朗克本人也感到难以接受，甚至认为自己破坏了经典物理的和谐，由此感到不安和惶恐，试图将能量量子化纳入经典物理体系，并为此奋斗十年之久．当然，这些努力是徒劳的．人们从普朗克量子假设的成功得到启示，也从他十年努力的失败中受到教益，更深刻地认识到量子假设是一个经典理论无法包含的崭新理论．

12-2 光电效应 光子理论

1887 年，赫兹(H. R. Hertz)在进行电磁波实验时发现了光电效应现象．1905 年，爱因斯坦提出了光量子理论，成功解释了光电效应的实验规律．

微课：光电效应的实验现象

12-2-1 光电效应及其实验规律

电子在光的作用下从金属表面逸出的现象叫做光电效应，逸出的电子称为光电子．

研究光电效应的实验装置如图 12-4 所示．真空管内装有阴极 K 和阳极 A. 它们之间加一可变电势差 $U=V_A-V_K$，光通过石英窗口 W 照射到 K 上，在光的作用下，电子从阴极 K 上逸出．光电子在电场作用下飞向阳极 A，形成光电流 I.

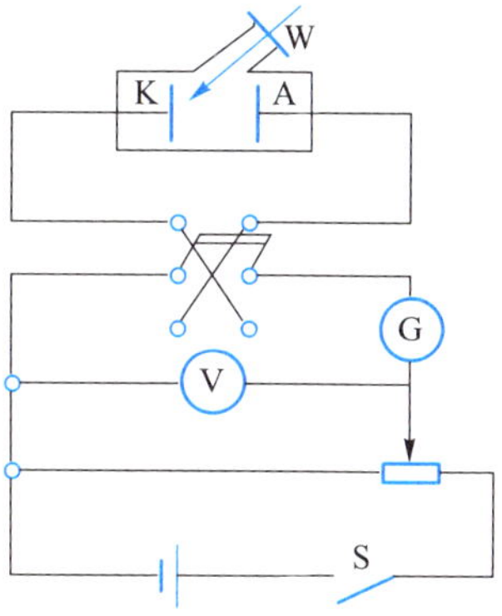

图 12-4 光电效应实验装置图

实验得到光电效应有如下规律：

1. 饱和电流

以一定强度的单色光照射阴极 K，$i-U$ 的实验曲线如图 12-5 所示．当加速电压 U 增大到一定值时，光电流 i 达到饱和值 i_m. 这时，光电子全部到达了阳极 A. 而且入射光强 I 越强，则相应的 i_m 也越大．因此，可得单位时间内逸出的光电子数目与入射光的强度成正比．

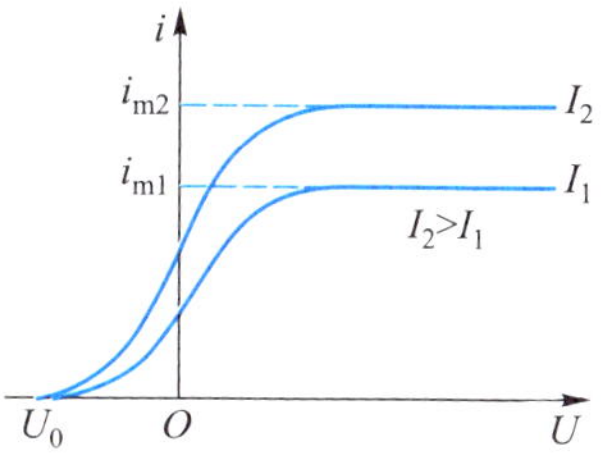

图 12-5 光电效应伏安特性曲线

2. 最大初动能

i 随着 U 的减小而减小，当 U 减小至零并变为负时，i 并不为零，表明从阴极 K 的金属表面逸出的光电子有一定的初动能，能克服电场阻碍而到达阳极．当 $U=-U_0$ 时，具有最大初动能的光电子也不能到达 A 极，i 降为零，U_0 称为遏止电势差，即

$$\frac{1}{2}mv_m^2=eU_0 \tag{12-7}$$

式中 m 和 e 分别为电子的质量和电荷量绝对值．因此可得，从金属表面逸出的光电子具有一定的动能，最大初动能与入射光强无关．

3. 截止频率

实验表明，只有当入射光频率大于某一值 ν_0 时，才能有光电子逸出，并形成光电流．若入射光频率低于 ν_0，无论光强多大，照射时间多长，都不会有光电子逸出．这个频率称为截止频率，也叫做红限．不同的金属 ν_0 不同．

4. 弛豫时间

实验证明，只要入射光频率大于 ν_0，无论其光强如何，从光照开始到光电子逸出，几乎是瞬时的，弛豫时间不超过 10^{-9} s.

12-2-2 光的波动理论的困难

光电效应的实验事实与光的经典电磁理论有着深刻的矛盾．按照经典电磁理论，入射光波使金属中的电子获得能量而逸出．入射光强越强，电子获得的能量越多，光电子的初动能越大，即光电子的初动能将随入射光强的增大而增大，这与实验事实不符．其次，按照经典电磁理论，无论何种频率的入射光，只要强度足够，都能产生光电子，光电效率应该有“截止光强”而不是“截止频率”．另外，按照经典电磁理论，电子获得逸出金属所需的能量，需要花一定的时间来积累，入射光越弱，所需积累时间越长，而实验事实却完全不是如此．

微课：光电效应的量子解释

12-2-3 爱因斯坦的光子理论

爱因斯坦发展了普朗克的能量子概念，提出了关于光的本性的新理论，提出光束是由微粒构成的粒子流，这些粒子称为光量

子，现称为光子．在真空中光子以光速 c 运动．光子的能量为

$$E=h\nu \tag{12-8}$$

式中 ν 为光子的频率，h 为普朗克常量．

根据光子理论，频率为 ν 的光照射到金属上时，金属中一个自由电子吸收一个光子，获得能量 $h\nu$，若 $h\nu$ 大于电子从金属表面逸出所需做的功 W(称为逸出功)，该电子就能从金属中逸出．由能量守恒定律，有

$$h\nu=\frac{1}{2}mv^2+W \tag{12-9}$$

其中，$\frac{1}{2}mv^2$ 为光电子的初动能，这个方程称为爱因斯坦光电效应方程．

爱因斯坦的光子理论成功解释了光电效应的实验规律．首先，对一定频率的入射光，每个光子能量一定，光强越强，表明光子数越多，产生的光电子数也越多．因此，饱和电流或光电子数与入射光强成正比．其次，从式(12-9)可见，光电子的初动能与入射光频率成线性关系，而与入射光强无关．第三，若入射光频率过低，$h\nu<W$，则无论光强多强，也不会产生光电效应．只有当 $\nu>\nu_0=\frac{W}{h}$ 时，才能产生光电效应．这个最低频率 ν_0 称为截止频率，其对应的波长称为光电效应的红限．即

$$\nu_0=\frac{W}{h} \tag{12-10}$$

第四，电子吸收光子时，光子的全部能量即刻被吸收，不需要时间积累能量．因此，光电效应的发生是瞬时的．

爱因斯坦提出光子假设，成功解释了光电效应的规律，为此获得了 1921 年度诺贝尔物理学奖．

光电效应在现代工程技术中有着重要的应用，在自动控制、光电检测等许多领域应用广泛．

微课：光电效应的应用

例 12-1

在光电效应实验中，用波长 $\lambda_1=300$ nm 的光照射时，测得遏止电势差 $U_{01}=1.85$ V；若改用 $\lambda_2=400$ nm 的光照射时，测得 $U_{02}=0.82$ V．求：

(1) 普朗克常量 h；

(2) 逸出功 W；

(3) 红限波长 λ_0．

解:(1) 根据爱因斯坦光电效应方程

$$h\nu=\frac{1}{2}mv^2+W$$

有

$$\begin{cases}h\nu_1=eU_{01}+W\\ h\nu_2=eU_{02}+W\end{cases}$$

得

$$h=\frac{e(U_{01}-U_{02})}{c\left(\frac{1}{\lambda_1}-\frac{1}{\lambda_2}\right)}$$

$$=\frac{1.6\times10^{-19}\times(1.85-0.82)}{3\times10^{8}\left(\frac{1}{300\times10^{-9}}-\frac{1}{400\times10^{-9}}\right)}\ \text{J}\cdot\text{s}$$

$$\approx6.59\times10^{-34}\ \text{J}\cdot\text{s}$$

(2) $W=h\nu_1-eU_{01}=h\dfrac{c}{\lambda_1}-eU_{01}$

$$=\left(6.63\times10^{-34}\times\frac{3\times10^{8}}{300\times10^{-9}}-1.6\times10^{-19}\times1.85\right)\ \text{J}$$

$$\approx3.67\times10^{-19}\ \text{J}$$

(3) $\lambda_0=\dfrac{c}{\nu_0}=\dfrac{hc}{W}=\dfrac{6.63\times10^{-34}\times3\times10^{8}}{3.67\times10^{-19}}\ \text{m}$

$$\approx5.42\times10^{-7}\ \text{m}=542\ \text{nm}$$

12-2-4 光的波粒二象性

微课:光的波粒二象性

康普顿实验现象

和一般的微观粒子一样,光子具有能量,也具有质量和动量.光子能量 $E=h\nu$,根据狭义相对论的质能关系式,可得光子的相对论质量为

$$m=\frac{E}{c^2}=\frac{h\nu}{c^2} \tag{12-11}$$

而光子的静质量 $m_0=0$. 光子的动量为

$$p=mc=\frac{h\nu}{c}=\frac{h}{\lambda}$$

因此,频率为 ν 的光子的能量和动量分别为

$$E=h\nu,\quad p=\frac{h}{\lambda} \tag{12-12}$$

光电效应证明了光子学说的正确性,表明光具有粒子性,而前面讨论的光的干涉、衍射和偏振现象又表明光具有波动性. 因此,光不仅具有波动性,而且具有粒子性. 式(12-12)通过普朗克常量 h 将描述粒子性的能量和动量与描述波动性的频率和波长联系起来. 光的这种双重性质称为光的**波粒二象性**.

12-3 康普顿效应

12-3-1 康普顿效应

1920 年,美国物理学家康普顿(A. H. Compton)在研究 X 射线被物质散射的实验时,发现散射线中含有波长发生了变化的成分. 康普顿实验装置的示意图如图 12-6 所示.

X 射线源 R 发出的波长为 λ_0 的 X 射线,通过光阑 D 投射到散射物质 C(如石墨)上. 用摄谱仪 S 测量不同散射角 θ 的散射 X 射线,结果如图 12-7 所示.

从实验结果可以看到,在散射 X 射线中除有与入射 X 射线波长 λ_0 相同的射线外,同时还有波长 $\lambda>\lambda_0$ 的射线,这种现象称为康普顿效应. 康普顿由于对 X 射线散射的研究成就,于 1927 年获得诺贝尔物理学奖. 在相关研究工作中,我国物理学家吴有训也作出了卓越的贡献.

康普顿(1892—1962)

文档:康普顿

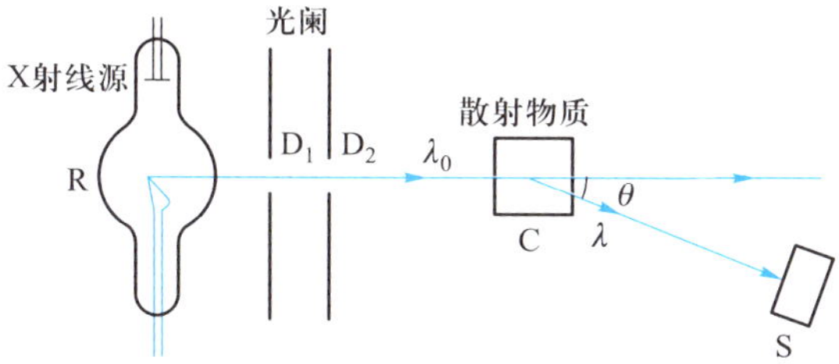

图 12-6 康普顿散射实验装置

12-3-2 经典电磁理论的困难

按照经典电磁理论,电磁波作用在物质上,将引起物质中带电粒子做与入射电磁波频率相同的振动,而辐射出同一频率的电磁辐射,即散射波与入射波频率(或波长)相同. 因此,经典电磁理论无法解释康普顿效应.

吴有训(1897—1977)

文档:吴有训

12-3-3 光子理论的解释

按照光子学说,入射 X 射线由光子组成,入射光子与散射物

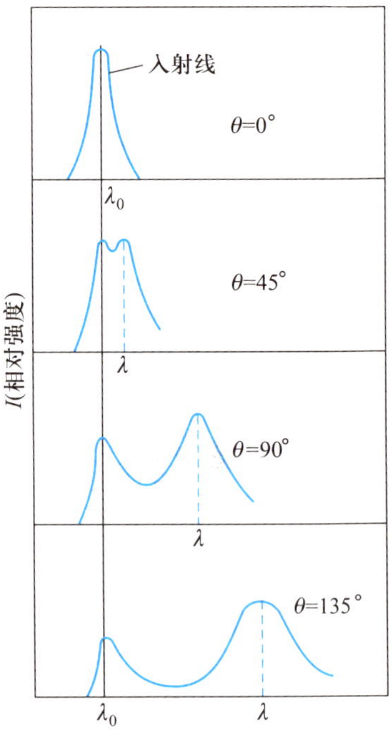

图 12-7 康普顿散射实验结果

微课:康普顿效应的定量计算及讨论

质中的自由电子或束缚较弱的电子发生弹性碰撞,将部分能量传给电子,使得散射光子的能量小于入射光子的能量,因此,散射 X 射线的波长比入射 X 射线的波长要长．当然也有部分入射光子与束缚很强的电子(即相当于与整个原子)碰撞,因原子质量比光子质量大很多,这一碰撞光子几乎没有能量损失,频率不变,所以,散射 X 射线中也有波长不变的成分．

光子和弱束缚电子的碰撞如图 12-8 所示．由于电子的速度远小于光子的速度,所以可认为电子在碰撞前是静止的,即$v_0=0$. 设频率为 ν_0 的光子沿 x 轴方向入射,碰撞后,散射光子沿着与 x 轴成 θ 角的方向散射,其频率为 ν,电子则获得了速率 v,并沿与 x 轴成 φ 角的方向运动,这个电子称为反冲电子．

光子和电子发生弹性碰撞,能量和动量均守恒．设碰撞前后电子的静质量和相对论质量分别为 m_0 和 m,根据能量守恒定律有

$$h\nu_0+m_0c^2=h\nu+mc^2 \tag{12-13}$$

若碰撞前后光子运动方向上的单位矢量分别以$\boldsymbol{e}_0$和 $\boldsymbol{e}$ 表示,根据动量守恒定律有

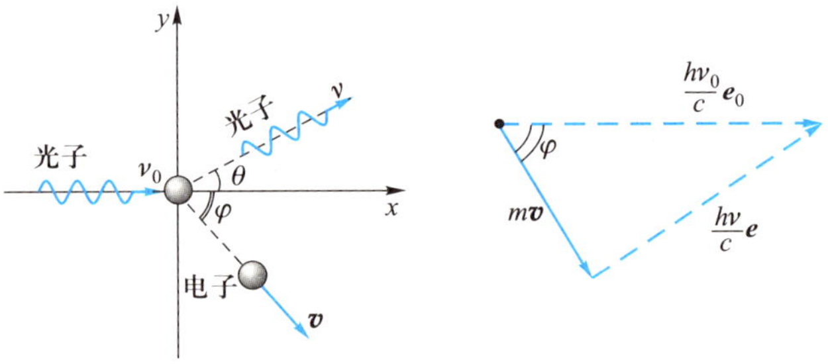

图 12-8 光子与束缚较弱的电子的碰撞及其动量变化

$$\frac{h\nu_0}{c}\boldsymbol{e}_0=\frac{h\nu}{c}\boldsymbol{e}+m\boldsymbol{v} \tag{12-14}$$

由式(12-13)和式(12-14)可解得,散射 X 射线与入射 X 射线的波长差为

$$\Delta\lambda=\lambda-\lambda_0=\frac{2h}{m_0c}\sin^2\frac{\theta}{2}=2\lambda_{\mathrm{C}}\sin^2\frac{\theta}{2} \tag{12-15}$$

式中 m_0 为电子质量,$\lambda_{\mathrm{C}}=\dfrac{h}{m_0c}=2.43\times10^{-12}$ m,称为康普顿波长．

由上式可见,$\Delta\lambda$ 与散射物质以及入射光的波长无关,仅仅决定于散射角 θ,当 θ 增大时,$\Delta\lambda$ 也增大,这些结果及其计算的理论值与实验结果很好地吻合．

康普顿效应及其光子理论解释,不仅有力地证实了光子理论的正确性,也证明了微观粒子的相互作用过程仍然严格地遵守能量守恒定律和动量守恒定律．

例 12-2

波长 $\lambda_0=0.02$ nm 的 X 射线与静止的自由电子碰撞，现从与入射方向成 90°角的方向去观察散射 X 射线，求：

(1) 散射 X 射线的波长；

(2) 反冲电子获得的能量 .

解：(1) $\Delta\lambda=\dfrac{2h}{m_0 c}\sin^2\dfrac{\theta}{2}$

$=0.024\times10^{-10}$ m $=0.002\ 4$ nm

散射 X 射线的波长为

$\lambda=\Delta\lambda+\lambda_0=(0.002\ 4+0.02)$ nm $=0.022\ 4$ nm

(2) 根据能量守恒定律，反冲电子获得的能量为

$$\Delta E=h\nu_0-h\nu=hc\left(\frac{1}{\lambda_0}-\frac{1}{\lambda}\right)=\frac{hc\Delta\lambda}{\lambda_0\lambda}$$

$$=\frac{6.63\times10^{-34}\times3\times10^{8}\times0.002\ 4\times10^{-9}}{0.02\times10^{-9}\times0.022\ 4\times10^{-9}}\ \text{J}$$

$$=1.07\times10^{-15}\ \text{J}$$

12-4 氢原子的玻尔理论

12-4-1 氢原子光谱的规律

原子发光是一种重要的现象，原子辐射的光谱含有反映原子结构的重要信息．早在量子理论建立之前，人们就积累了有关原子光谱的大量实验结果，并由此得到原子光谱的规律．

图 12-9 是氢原子光谱的可见光波段．1885 年巴耳末(J. J. Balmer)发现这些谱线的波长可用一个简单的公式来表示：

$$\lambda=364.56\frac{n^2}{n^2-2^2}\ \text{nm},\quad n=3,4,5,\cdots \tag{12-16}$$

当 $n=3,4,5,6,\cdots$ 时，按上式所得的值与实验值相当吻合，分别对应 $H_\alpha,H_\beta,H_\gamma,H_\delta$ 等谱线，这个谱线系称为巴耳末系，式(12-16)称为巴耳末公式．

1890 年里德伯(J. R. Rydberg)提出了一个更普遍的公式：

$$\sigma=R\left(\frac{1}{k^2}-\frac{1}{n^2}\right),\quad k=1,2,3,\cdots,\quad n=k+1,k+2,k+3,\cdots \tag{12-17}$$

式中，$\sigma=\dfrac{1}{\lambda}$称为波数，$R=1.097\times10^{7}\ \text{m}^{-1}$称为里德伯常量．由此

微课：氢原子的玻尔理论的基础

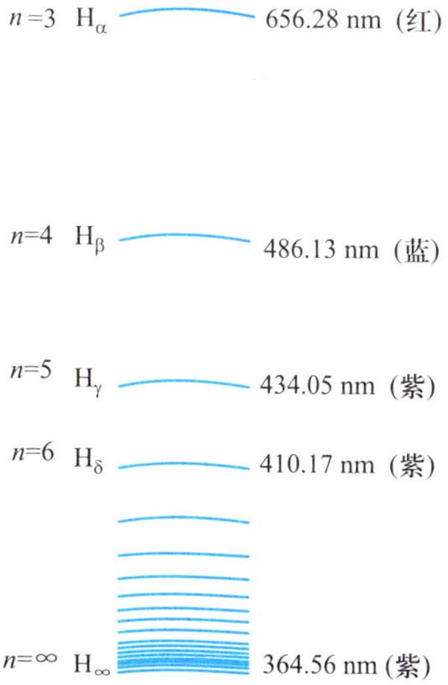

图 12-9 氢原子光谱的巴耳末系

式可得出氢原子光谱的所有线系，分别是：

$k=1, n=2,3,\cdots$ 莱曼(T. Lyman)系，(1914年)，紫外区

$k=2, n=3,4,\cdots$ 巴耳末(J. J. Balmer)系，(1885年)，可见区

$k=3, n=4,5,\cdots$ 帕邢(F. Paschen)系，(1908年)，红外区

$k=4, n=5,6,\cdots$ 布拉开(F. Brackett)系，(1922年)，红外区

$k=5, n=6,7,\cdots$ 普丰德(H. A. Pfund)系，(1924年)，红外区

$k=6, n=7,8,\cdots$ 汉弗莱(C. S. Humphreys)系，(1953年)，红外区

$k=7, n=8,9,\cdots$ 汉森(Hansen)与斯特朗(Strong)系，(1973年)，红外区

光谱实验还告诉我们，除氢原子外其他元素的光谱也有类似的规律性．

12-4-2 卢瑟福的原子模型

卢瑟福(1871—1937)

文档：卢瑟福

原子光谱线系可用简单的公式正确地表示的事实，深刻地反映了原子内在的规律性，是原子结构性质的体现．

1897年，J. J. 汤姆孙(J. J. Thomson)发现电子，他又于1903年提出了一种原子结构模型，即所谓的“葡萄干蛋糕模型”：原子中的正电荷和原子的质量均匀地分布在球体中，而带负电的电子则浸于此球体中．该模型也称为“西瓜模型”．

J. J. 汤姆孙的学生卢瑟福(E. Rutherford)由α粒子的散射实验发现，汤姆孙的原子模型有问题．1911年，卢瑟福提出了原子的**有核模型**：原子的中心有一带正电的原子核，它几乎集中了原子的全部质量，其尺寸远小于整个原子，电子围绕这个核旋转．这个原子模型也称为**行星模型**．

原子有核模型能正确解释α粒子散射实验，但根据经典电磁理论，由此模型却导出原子是不稳定的，这与事实违背，此模型也无法解释氢原子光谱的规律，总之，卢瑟福的原子有核模型与经典物理有着深刻的矛盾．

12-4-3 氢原子的玻尔理论及其缺陷

微课：氢原子的玻尔理论

为了解决上述困难，1913年，玻尔(N. Bohr)在卢瑟福原子有核模型的基础上，将量子化概念引入原子系统，提出了关于氢原子结构的早期量子理论——玻尔理论．玻尔理论的三个基本假

设是：

（1）定态假设：原子系统存在某些能量状态，在这些状态中，电子绕核做圆周运动而不辐射电磁波，这些状态称为原子系统的**稳定状态**（简称**定态**），相应的能量是不连续的，分别为 $E_1, E_2, E_3, \cdots$.

（2）量子化条件：电子以速度 v 在半径为 r 的圆周上绕核运动时，只有电子的角动量 L 等于 $h/2\pi$ 的整数倍的那些轨道才是稳定的，即

$$L = mvr = n\frac{h}{2\pi} \tag{12-18}$$

式中 h 为普朗克常量．$n = 1, 2, 3, 4, \cdots$ 叫做**主量子数**．

（3）频率条件：当原子从一个能量为 E_i 的定态跃迁到能量为 E_f 的定态时，要发射或吸收光子，光子的频率为

$$\nu = \frac{|E_i - E_f|}{h} \tag{12-19}$$

根据玻尔的三个假设可导出氢原子的能量和轨道半径．设在氢原子中，质量为 m、电荷绝对值为 e 的电子，在半径为 r_n 的稳定轨道上以速率 v_n 做圆周运动，原子核对电子的库仑力为向心力，因此有

$$\frac{mv_n^2}{r_n} = \frac{1}{4\pi\varepsilon_0}\frac{e^2}{r_n^2} \tag{12-20}$$

由第二个假设的式（12-18），得

$$v_n = \frac{nh}{2\pi m r_n} \tag{12-21}$$

把它代入式（12-20）得

$$r_n = \frac{\varepsilon_0 h^2}{\pi m e^2}n^2 = a_0 n^2, \quad n = 1, 2, 3, \cdots \tag{12-22}$$

这就是氢原子中第 n 个稳定轨道的半径，其中 $a_0 = \varepsilon_0 h^2/(\pi m e^2)$．由 ε_0、h、m 和 e，可算得 $a_0 = 5.29\times10^{-11}$ m．这是电子的第一个轨道的半径，叫做**玻尔半径**．由式（12-22）可知，电子绕核运动的轨道半径是不连续的，如图 12-10 所示．

电子在第 n 个轨道上的总能量是动能和势能之和，即

$$E_n = \frac{1}{2}mv_n^2 - \frac{1}{4\pi\varepsilon_0}\frac{e^2}{r_n}$$

将式（12-21）和式（12-22）代入上式，得

$$E_n = -\frac{me^4}{8\varepsilon_0^2 h^2}\frac{1}{n^2} = \frac{E_1}{n^2} \tag{12-23}$$

这就是电子在第 n 个稳定轨道上运动（即原子处于第 n 个定态）

玻尔（1885—1962）

文档：玻尔

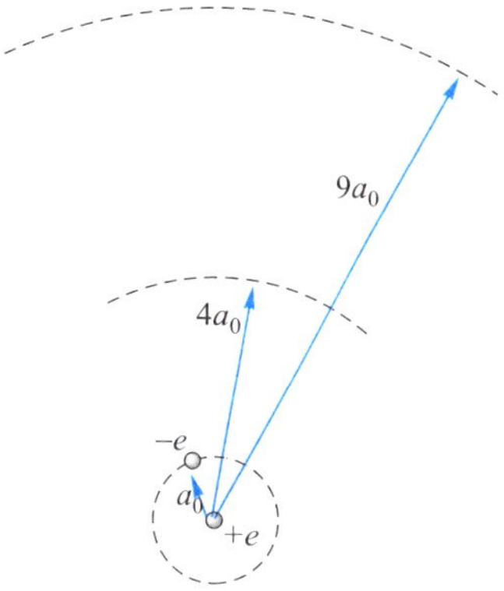

图 12-10　氢原子电子轨道

时氢原子系统的能量．由式(12-23)可见，氢原子的能量是不连续的，即能量是量子化的，这一系列的不连续的能量值称为能级．式(12-23)中，$E_1=-me^4/(8\varepsilon_0^2h^2)=-13.6\ \mathrm{eV}$，是氢原子的最低能级，称为基态能级，对应的状态称为基态．$n>1$ 的各稳定状态，其能量大于基态能量，这些状态称为激发态．

当电子从较高能级的 E_i 跃迁到较低能级的 E_f 时，由式(12-19)和式(12-23)可得，原子辐射的单色光的光子频率为

$$\nu=\frac{me^4}{8\varepsilon_0^2h^3}\left(\frac{1}{n_f^2}-\frac{1}{n_i^2}\right),\quad n_i>n_f$$

因为 $\lambda=c/\nu$，可得

$$\frac{1}{\lambda}=\sigma=\frac{me^4}{8\varepsilon_0^2h^3c}\left(\frac{1}{n_f^2}-\frac{1}{n_i^2}\right),\quad n_i>n_f \qquad (12-24)$$

式中 σ 为氢原子由高能级 E_i 跃迁到低能级 E_f 时，原子所辐射单色光的波数．式(12-24)中 $me^4/(8\varepsilon_0^2h^3c)=1.097\times10^7\ \mathrm{m}^{-1}$，这个数值与式(12-17)中的里德伯常量 R 相同．由式(12-24)可得出氢原子光谱各谱线系，由氢原子的玻尔理论得出的谱线系与实验得出的谱线系符合得很好．图 12-11 是氢原子能级跃迁与谱线系之间的关系．

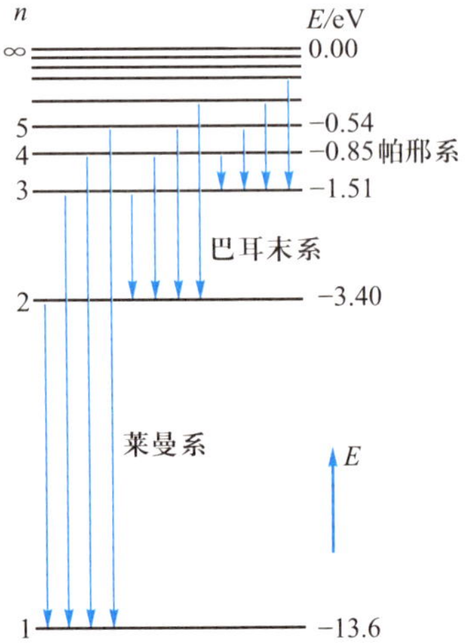

图 12-11 氢原子的能级跃迁与谱线系

氢原子的玻尔理论成功地解释了氢原子光谱的规律性，并能对只有一个电子绕核运动的类氢离子的光谱作出说明，可见玻尔理论在一定程度上反映了单电子原子系统的客观实际．

玻尔理论也存在着严重的缺陷，无法解释多电子原子的光谱，对谱的强度、宽度、偏振性等一系列问题都无法处理，其缺陷在于缺乏完整的理论体系，本质上是经典理论加上量子条件的混合物．

不可否认，玻尔的创造性工作首次打开了人们认识原子结构的大门，玻尔理论对量子力学的建立和发展具有重大的先导作用和直接的推动作用．

12-5 德布罗意波 实物粒子的波粒二象性

12-5-1 德布罗意波

微课：德布罗意波

光的干涉和衍射现象证实了光的波动性，而黑体辐射、光电

效应和康普顿效应则为普朗克和爱因斯坦关于光的量子性(粒子性)的理论提供了论据．于是,在 1923 年,光具有波粒二象性的理论已被人们理解和接受．那么,实物粒子(如电子、质子等)是否具有波动性呢？1924 年,年轻的博士生德布罗意(Louis Victor de Broglie)在光的波粒二象性的启发下,提出了实物粒子也具有波动性的假设,认为实物粒子也具有波粒二象性．

德布罗意(1892—1987)

文档:德布罗意

德布罗意认为,一个质量为 m、以速度 v 匀速运动的实物粒子,既具有以能量 E 和动量 p 所描述的粒子性,也具有以频率 ν 和波长 λ 所描述的波动性,它们之间的关系也和光子的频率、波长与能量、动量的关系相同,为

$$E=h\nu,\quad p=\frac{h}{\lambda}$$

因此,实物粒子所表现的波的波长为

$$\lambda=\frac{h}{p}=\frac{h}{mv}=\frac{h}{m_0v}\sqrt{1-\frac{v^2}{c^2}} \tag{12-25}$$

上式称为德布罗意公式．这种波称为德布罗意波或物质波．

例 12-3

电子静止质量 $m_0=9.1\times10^{-31}$ kg,以 $v=6.0\times10^6$ m·s^{-1} 速度运动．质量 $m=50$ kg 的人,以 $v=15$ m·s^{-1} 的速度运动,试比较电子与人的德布罗意波长．

解: 电子的德布罗意波长为

$$\lambda=\frac{h}{m_0v}=\frac{6.63\times10^{-34}}{9.1\times10^{-31}\times6\times10^6}\ \text{m}\approx1.2\times10^{-10}\ \text{m}$$

人的德布罗意波长为

$$\lambda=\frac{6.63\times10^{-34}}{50\times15}\ \text{m}\approx8.8\times10^{-37}\ \text{m}$$

电子的德布罗意波长与 X 射线接近,而人(宏观物体)的德布罗意波长是极其微小的,很难显示波动性．

12-5-2 德布罗意波的实验证明

德布罗意的物质波概念,很快就被实验所证实．

1. 戴维森-革末电子衍射实验

1927 年,戴维森(C. J. Davisson)和革末(L. H. Germer)进行了电子衍射实验,实验装置如图 12-12 所示．电子从灯丝 K 射出,经电势差为 U 的加速电场,通过狭缝 D 后成为很细的电子束,投射在镍晶体 M 上．电子束在晶体面上散射后进入电子探测器 B,其电流 I 由检流计 G 测出．实验发现,当加速电压 $U=$

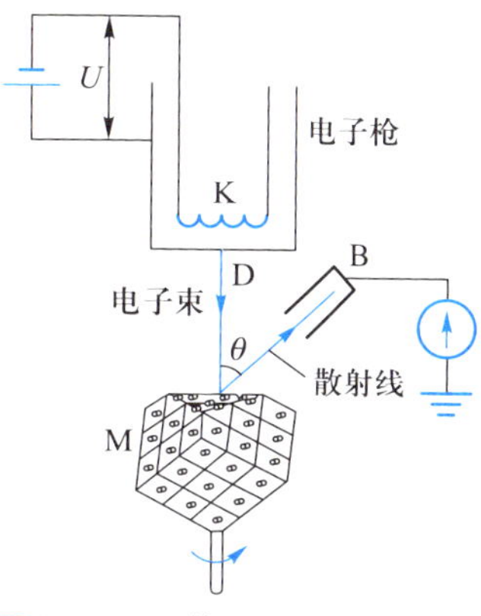

图 12-12 戴维森-革末实验示意图

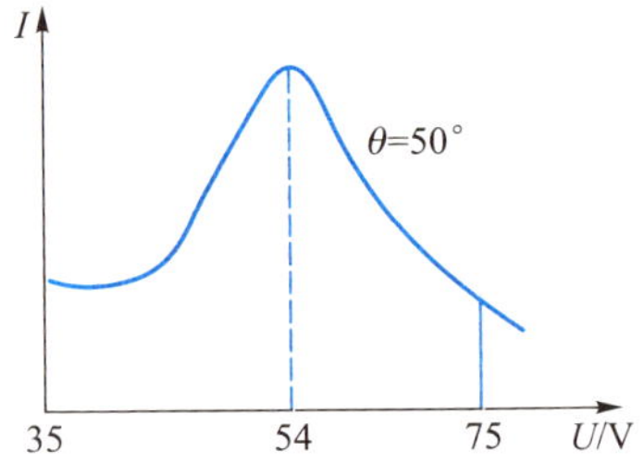

图 12-13 在散射角 $\theta=50^\circ$、加速电压 $U=54$ V 时，电流出现峰值

54 V 时，在 $\theta=50^\circ$ 的散射方向，探测器中电流出现极大值，如图 12-13 所示．

利用德布罗意公式和 X 射线在晶体上衍射的方法进行计算，可以得到 $\theta=51^\circ$，与实验结果一致．计算结果证明了电子具有波动性，并且也验证了德布罗意公式．

2. G. P. 汤姆孙电子衍射实验

1928 年，G. P. 汤姆孙（G. P. Thomson）从实验中观察到电子穿过多晶薄片时的衍射现象，实验装置和衍射图样如图 12-14 所示，从而证实了电子的波动性．戴维森和汤姆孙由于发现电子在晶体中的衍射现象，同获 1937 年诺贝尔物理学奖．

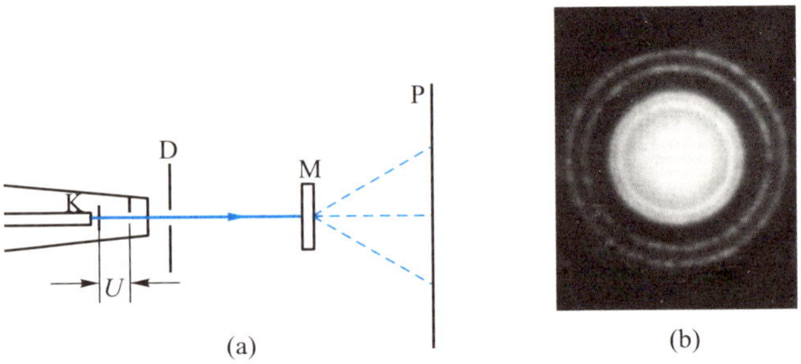

图 12-14 电子束透过多晶铝箔的衍射

1961 年，约恩孙（C. Jönsson）在铜膜上刻制出双缝，做了电子双缝干涉实验，得到了类似于光的杨氏双缝干涉的干涉图样，直接证实了电子的波动性．质子、中子、氦原子和氢分子等实物粒子也相继被证实有衍射现象，具有波动性．

文档：电子显微镜

由此可见，一切微观粒子都具有波动性，德布罗意公式是描述实物粒子波粒二象性的基本公式．微观粒子具有波粒二象性，是我们辩证地认识自然现象的一个范例．

值得一提的是，微观粒子的波动性已得到广泛应用．例如，用电子束代替可见光制成的电子显微镜具有远高于光学显微镜的分辨率，已成为当代科学研究的重要工具．

12-6 不确定关系

微课：不确定关系

在经典力学中，运动物体（质点）在任何时刻都有完全确定的位置（坐标）和动量．然而，具有波粒二象性的微观粒子，是否有确定的位置和确定的动量呢？这里，我们以电子单缝衍射实验为例进行讨论．

设有一束电子，沿 Oy 轴射向屏 AB 上缝宽为 b 的狭缝，在屏 CD 上得到衍射图样，如图 12-15 所示．如果仍用坐标和动量来描述电子的运动状态．对一个电子来说，其通过狭缝时，我们无法确定它是从缝中哪一点通过的，即不能准确地确定该电子通过狭缝时的坐标．因此，电子在 Ox 轴上的坐标不确定量为

$$\Delta x=b$$

与此同时，由于衍射的缘故，电子动量的大小虽未变化，但动量的方向有了改变．如图 12-15 所示，如果只考虑电子出现在衍射中央明纹内，有 $\sin\varphi=\lambda/b$. 因此，电子动量沿 Ox 轴方向的分量的不确定量为

$$\Delta p_x=p\sin\varphi=p\frac{\lambda}{b}$$

由德布罗意公式

$$\lambda=\frac{h}{p}$$

上式可写成

$$\Delta p_x=\frac{h}{b}$$

于是得

$$\Delta x\Delta p_x=h$$

如果将衍射图样的其他级次也考虑在内，上式应改写为

$$\Delta x\Delta p_x\geqslant h$$

上式是借助一个例子作的粗略估算，按量子力学的严格推导，可得

$$\Delta x\Delta p_x\geqslant\frac{\hbar}{2} \tag{12-26}$$

式中 Δx 和 Δp_x 分别是微观粒子在 Ox 轴上的坐标不确定量和动量不确定量，$\hbar=\dfrac{h}{2\pi}$. 这个关系式称为**不确定关系**．

不确定关系是海森伯(W. K. Heisenberg)于 1927 年提出的，由此，海森伯获得了 1932 年诺贝尔物理学奖．不确定关系表明：对于微观粒子，不能同时用确定的位置和确定的动量来描述．不确定关系是微观粒子的固有属性，是微观粒子具有波粒二象性的必然结果．

应该注意的是，作用量子 h 数值极小，所以不确定关系只对微观粒子起作用，而对宏观物体(质点)不起明显作用，因此，经典力学的确定性对宏观物体(质点)仍是十分有效的．

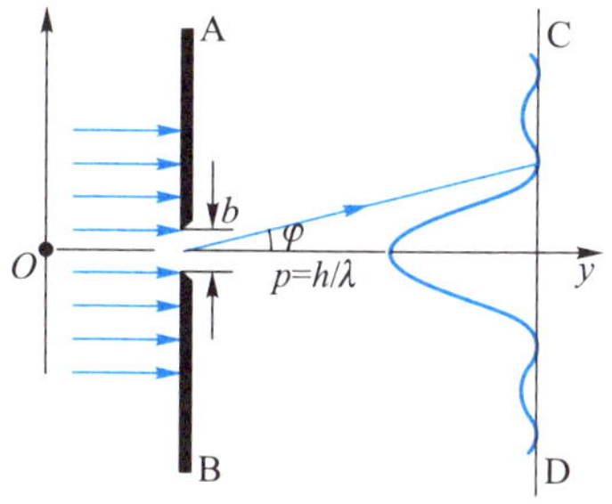

图 12-15 用电子衍射说明不确定关系

海森伯(1901—1976)

文档：海森伯

例 12-4

设子弹的质量为 10 g,枪口的直径为 5 mm,试求子弹射出枪口时横向速度的不确定量.

解: 枪口的直径可看作子弹射出枪口时横向位置的不确定量,即

$$\Delta x=5\times10^{-3}\ \text{m}$$

因为 $\Delta p_x=m\Delta v_x$,由不确定关系式 $\Delta x\Delta p_x\geqslant\frac{\hbar}{2}$,得子弹射出枪口时横向速度的不确定量为

$$\Delta v_x\geqslant\frac{\hbar}{2m\Delta x}=1.05\times10^{-30}\ \text{m}\cdot\text{s}^{-1}$$

此值和子弹每秒几百米的速度相比,是微不足道的,所以子弹的运动速度是确定的.

例 12-5

试求原子中电子速度的不确定量.

解: 原子的线度约为 10^{-10} m. 故原子中电子位置的不确定量 $\Delta x\approx10^{-10}$ m,由不确定关系可知

$$\Delta x\Delta p\geqslant\frac{\hbar}{2}$$

得

$$\Delta v\geqslant\frac{\hbar}{2m\Delta x}=5.8\times10^{5}\ \text{m}\cdot\text{s}^{-1}$$

由波尔理论可估算得氢原子中电子的轨道运动速度约为 $10^{6}\ \text{m}\cdot\text{s}^{-1}$. 可见速度的不确定量与速度大小数量级基本相同,因此可知,原子中的电子没有完全确定的位置和速度,不能看成经典粒子,波动性十分显著. 电子的运动必须用电子在空间的概率分布来描述.

由上述两个例题可见,不确定关系可以作为经典理论是否适用的一个判据.

12-7 量子力学简介

随着认识世界的活动进入微观领域,人们发现微观粒子有着与宏观物体不同的属性和规律,经典理论不适用于微观世界. 在1923—1927 年间,经过德布罗意、薛定谔、海森伯、玻恩和狄拉克等人的努力,描述微观粒子属性和规律的量子力学被建立起来.

12-7-1 矩阵力学和波动力学

组成量子力学的两个彼此等价的理论——矩阵力学和波动力学几乎同时被提出.

1925 年,海森伯(W. K. Heisenberg)在玻恩(M. Born)和约当

(E. P. Jordan)的帮助下,创立了矩阵力学．矩阵力学从物理上可观测量出发,赋予每一个物理量以一个矩阵,它们的代数运算规则与经典物理量不同,两个量的乘积一般不满足交换律．量子体系的各力学量(矩阵)之间的关系(矩阵方程)与经典力学形式上相似,但运算规则不同．矩阵力学是在对玻尔前期量子论的批判中产生的,它摒弃了一些没有实验根据的概念,同时又继承了前期量子论中合理的内核．

量子力学的另一个理论是薛定谔的波动力学．1926年,薛定谔在德布罗意的物质波思想的基础上,提出了波动力学．他假设:波粒二象性是微观粒子的普遍性质,由此,导出了量子化条件,并进一步推广了物质波的概念,建立了一个量子体系的物质波的运动方程——薛定谔方程．据此,成功解决了氢原子光谱等一系列重大问题．薛定谔因此荣获1933年诺贝尔物理学奖．

薛定谔(1887—1961)

12-7-2 波函数

文档:薛定谔

微课:波函数

文档:薛定谔的猫

薛定谔认为,可以用波函数来描述微观粒子的波动性．

我们知道,频率为ν、波长为λ、沿x轴正方向传播的平面机械波的波动方程(波函数)为

$$y(x,t)=A\cos 2\pi\left(\nu t-\frac{x}{\lambda}\right)$$

写成复数形式,有

$$y(x,t)=A\mathrm{e}^{-\mathrm{i}2\pi\left(\nu t-\frac{x}{\lambda}\right)}$$

取其实部．

对于一个自由粒子,由于不受外力,其能量和动量不变,故其德布罗意波长和频率也不变．描述自由粒子波动性的平面单色物质波的波函数为

$$\Psi(x,t)=\Psi_0\mathrm{e}^{-\mathrm{i}2\pi\left(\nu t-\frac{x}{\lambda}\right)}$$

将$E=h\nu$和$p=\dfrac{h}{\lambda}$代入上式,得

$$\Psi(x,t)=\Psi_0\mathrm{e}^{-\mathrm{i}\frac{2\pi}{h}(Et-px)} \tag{12-27}$$

式(12-27)为描述能量为E、动量为p的自由粒子的物质波的波函数．

应用物质波与光波对比的方法,可得,在某一时刻,在空间某点,粒子出现的概率正比于该时刻、该地点的波函数的平方．这是玻恩提出的波函数的统计解释．因此,也就是说,在某处德布

罗意波的强度与粒子在该处出现的概率成正比．德布罗意波是不同于机械波和电磁波的一种**概率波**．

微课：薛定谔方程

12-7-3 薛定谔方程

在量子力学中，用波函数描述微观粒子的运动状态，如果知道其所遵循的运动方程，就可由起始状态和能量，求解微观粒子的状态．1926 年，薛定谔提出波函数随时间和空间变化的方程——薛定谔方程．

一维运动的自由粒子的含时薛定谔方程为

$$-\frac{h^2}{8\pi^2 m}\frac{\partial^2 \Psi}{\partial x^2}=\mathrm{i}\frac{h}{2\pi}\frac{\partial \Psi}{\partial t} \tag{12-28}$$

在势能为 E_p 的势场中做一维运动的粒子的含时薛定谔方程为

$$-\frac{h^2}{8\pi^2 m}\frac{\partial^2 \Psi}{\partial x^2}+E_p\Psi=\mathrm{i}\frac{h}{2\pi}\frac{\partial \Psi}{\partial t} \tag{12-29}$$

在势能 E_p 只是坐标的函数而与时间无关的情况下，波函数 Ψ 可分成坐标函数 $\psi(x)$ 与时间函数 $\phi(t)$ 的乘积．可以推导得势场中一维运动粒子的定态薛定谔方程为

$$\frac{\mathrm{d}^2\psi(x)}{\mathrm{d}x^2}+\frac{8\pi^2 m}{h^2}(E-E_p)\psi(x)=0 \tag{12-30}$$

薛定谔方程是量子力学中最基本的方程，相当于经典力学中的牛顿运动定律和电磁场中的麦克斯韦方程．根据薛定谔方程，可推得微观粒子的运动规律．

量子物理和相对论一样，是 20 世纪物理学最伟大的成就之一．量子力学在认识微观世界中发挥了巨大的作用，促使了量子电动力学、量子统计、量子化学、量子生物学和新材料科学等新兴学科的诞生．极大地促进了新材料、新器件、新能源和新通信手段等的大量涌现．量子物理已成为当代新科技的基石和支柱．

应用案例 量子通信

量子通信是以量子比特为信息载体进行信息交互的一种通信技术．量子通信在确保信息安全和增大信息传输容量等方面，

具有经典通信技术无可比拟的优越性．

目前，量子通信有两种典型方案，一种是量子密钥分发（简称QKD），另一种是量子隐形传态．

量子隐形传态是利用量子纠缠来直接传输粒子的未知量子态，而不用传输粒子本身，由量子态携带信息，实现信息传递的通信方式．这种方式目前仍处于基础研究和实验阶段．

量子密钥分发又称量子保密通信，是正在走向实用化和产业化的量子通信技术．量子保密通信的安全性是基于量子不可分割性、量子态不可复制性和量子不确定性等量子力学基本原理，从原理上保证了其传送信息的不可窃听和不可破解，因此，量子保密通信能够实现无条件安全．

Bennett 和 Brassard 于 1984 年提出首个量子密钥分发协议，即 BB84 协议．该协议利用单光子偏振态作为量子比特，进行密钥分发，基本过程如下：

甲（信息发送者）要将信息发送给乙（信息接收者），并希望不被任何第三方如丙（窃听者）窃得信息内容，实现甲和乙之间的安全通信．

根据 BB84 协议，使用单光子偏振态进行信息编码，将 0°、45°、90°、135°四种线偏振态分别记为—、／、|、\，作为信息编码，约定用 0°和 45°即—和／线偏振态表示 0，用 90°和 135°即 | 和 \ 线偏振态表示 1. 将—、| 测量基记为+，称为直线基，将／、\ 测量基记为×，称为对角基．以表 12-1 所示为例，具体执行过程分八步：

表 12-1　量子保密通信示例

步骤＼光子	1	2	3	4	5	6	7	8	9	10	11	12
（1）甲发送光子偏振态	／	\	|	—	|	—	／	／	\	\	／	—
（2）乙测量结果	／	\	\	—	／	—	|	|	\	\	—	—
（3）乙公布测量基	×	×	×	+	×	+	+	+	×	×	+	+
（4）甲公布正确基	√	√		√		√			√	√		√
（5）双方保留光子	√	√		√		√			√	√		√
（6）甲得到的信息	0	1		0		0			1	1		0
乙得到的信息	0	1		0		0			1	1		0
（7）安全检测	√			√								√
（8）甲和乙得到密钥		1				0			1	1		

（1）甲发送一系列光子给乙，每个光子的状态独立地随机选取 0°、45°、90°、135°（即—、／、|、\）四种线偏振态之一；

(2) 乙对接收到的每个光子随机选用直线基+或对角基×进行状态测量,记录下测量结果及对应所用测量基;

(3) 乙向甲公布所用的测量基(不公布测量结果);

(4) 甲向乙公布哪次所用测量基是正确的;

(5) 甲和乙均只保留用对了测量基的那些光子相应的数据;

(6) 甲和乙按约定将—、/取为 0,|、\取为 1,得到经典信息;

(7) 安全检测:甲和乙在第(5)步保留下来的数据中随机选取一部分,向对方公布这部分在第(6)步中各自得到的数字,并核对双方所得数字是否相同,如果不同的数量比例(误码率)超过一定阈值,则意味着存在窃听者,双方即终止这一通信过程,若误码率低于阈值,则视为安全,通信继续.

(8) 甲和乙将剩下的未用于安全检测的数字作为密钥.完成量子保密通信.

如果窃听者丙想窃取这个密钥,可能有三种做法:一是截取甲发给乙的单光子.但是,量子不可分割性确保作为信号载体的单光子不可再分.这样,一个光子比特如果被丙截获,就无法到达乙处,这个光子比特在最后乙和甲比对信息时就会自动滤除,因而,丙窃得的光子比特毫无意义.二是丙将截获的甲发给乙的光子比特克隆成完全相同的两份,一份自己留下,另一份发给乙.但是,量子不可复制性确保窃听者丙无法克隆出正确的光子比特序列,因而无法获取正确信息.三是丙随机选用测量基测量每个光子比特,然后将测量后的光子比特冒充甲发的光子比特发送给乙.由于量子不确定性,测量对量子态必然产生干扰,因此这个冒充的光子比特将不同于原始的光子比特,这将使得甲和乙比对的误码率提高,便可知存在窃听者,即这个密钥不安全,弃之不用.由此可知,量子力学的基本原理确保了量子保密通信的安全性.

2017 年,我国建成开通世界首条 10^3 km 级量子保密通信骨干网络“京沪干线”,同年 8 月,我国发射的世界首颗量子科学实验卫星“墨子号”圆满实现了 10^3 km 级星地双向量子纠缠分发、10^3 km 级星地高速量子密钥分发和 10^3 km 级地星量子隐形传态.基于“京沪干线”与“墨子号”的天地链路,在国际上首次实现了中国和奥地利之间距离达 7 600 km 的洲际量子密钥分发,并利用共享密钥,实现了加密数据传输和视频通信.

目前,我国在量子通信领域的研究和应用水平在国际上已处于全面领跑的地位.

本章参考文献

思考题

12-1 普朗克提出了能量量子化的概念，在经典物理范围内，有没有量子化的物理量，试举例．

12-2 光电效应与康普顿效应有何异同？

12-3 如何理解光的波粒二象性？

12-4 在氢原子的玻尔理论中，为什么原子的总能量为负值？这有什么含义？

12-5 什么是德布罗意波？为什么称德布罗意波为概率波？

12-6 以同样的速率运动的一个电子和一个质子，哪一个的波长短？

12-7 在用电子做的双缝干涉实验中，电子在屏上的撞击点可以预知吗？

习题

12-1 铝的逸出功为 4.2 eV，今用波长为 200 nm 的紫外线照射到铝表面上，发射的光电子的最大初动能为多少？遏止电势差为多少？铝的红限波长是多少？

12-2 图中所示为在一次光电效应实验中得出的曲线．

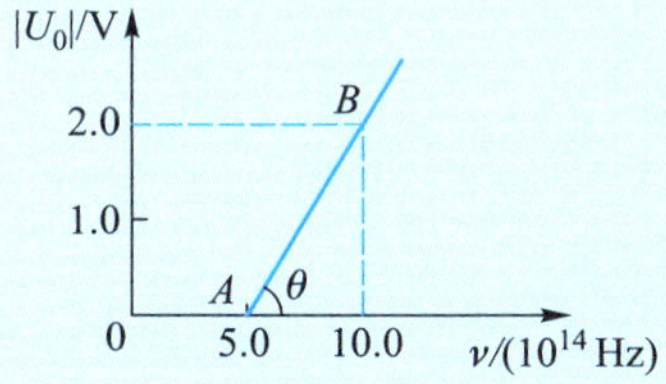

习题 12-2 图

（1）求证：对不同材料的金属，AB 线的斜率相同；

（2）由图上数据求出普朗克常量 h．（元电荷 $e=1.60\times10^{-19}$ C．）

12-3 锂的红限波长 $\lambda_0=0.5$ μm，求：

（1）锂的电子逸出功．

（2）用波长 $\lambda=0.33$ μm 的紫外线照射时的遏止电势差．

12-4 用波长 $\lambda_0=0.1$ nm 的光子做康普顿实验，散射角 $\theta=90°$．

（1）康普顿散射波长是多少？

（2）反冲电子的动能有多大？

12-5 已知 X 射线光子的能量为 0.6 MeV，在康普顿散射之后，波长变化了 20%，求反冲电子获得的动能．

12-6 如用能量为 12.6 eV 的电子轰击氢原子，将产生哪些谱线？

12-7 氢原子光谱的巴耳末线系中，有一光谱线的波长为 434 nm．试问：

（1）与这一谱线相应的光子能量为多少电子伏？

（2）该谱线是氢原子由能级 E_n 跃迁到能级 E_k 产生的，n 和 k 各为多少？

（3）最高能级为 E_5 的大量氢原子，最多可以发射几个线系？共几条谱线？其中属于巴耳末线系的有几条？请在氢原子能级图中表示出来，并说明波长最短的是哪一条谱线．

12-8 将一束光子照射到金属铯上，所释放出的光电子去激发基态氢原子．已知光子的能量 $E=14.65$ eV，金属铯的逸出功 $W=1.9$ eV．

（1）该氢原子将被激发到哪一激发态上？

（2）将可能观察到几条氢原子光谱线？求出其中属于莱曼系的谱线波长．

12-9 α 粒子在磁感强度 $B=0.025$ T 的均匀磁场中沿半径 $R=0.83$ cm 的圆形轨道运动．

（1）试计算其德布罗意波长．（α 粒子的质量 $m_\alpha=6.64\times10^{-27}$ kg）；

(2) 若使质量为 $m=0.1$ g 的小球以与 α 粒子相同的速率运动，则其波长为多少？

12-10 质量为 m_e 的电子被电势差 $U_{12}=100$ kV 的电场加速，如果考虑相对论效应，试计算其德布罗意波长，若不用相对论计算，则相对误差是多少？（电子静止质量 $m_e=9.11\times10^{-31}$ kg，普朗克常量 $h=6.63\times10^{-34}$ J · s，元电荷 $e=1.60\times10^{-19}$ C.）

12-11 设电子的德布罗意波长与光子的波长均为 0.5 nm，试求两者的动量之比和动能之比 .

12-12 铀核的线度为 7.2×10^{-15} m，求其中一个质子的动量和速度的不确定量 .

第 12 章参考答案

参 考 文 献